中等职业供热通风与空调专业系列教材

通风与空气调节

赵淑敏　主编

白扩社　主审

中国建筑工业出版社

图书在版编目(CIP)数据

通风与空气调节/赵淑敏主编. —北京：中国建筑工
业出版社，2001
（中等职业供热通风与空调专业系列教材）
ISBN 978-7-112-04650-8

Ⅰ. 通… Ⅱ. 赵… Ⅲ. ①通风—专业学校—教
材 ②空气调节—专业学校—教材 Ⅳ. TB4

中国版本图书馆 CIP 数据核字(2001)第 045525 号

《通风与空气调节》是普通中等专业学校供热通风与空调专业的主
要专业课之一。内容包括工业通风和空气调节两大部分。全书较全面地论
述了通风、空调系统的组成；设备的构造及工作原理；一般的风道系统和
水管系统的设计计算方法及系统的测试调整等。

本书可作为中专及高等职业技术学校相关专业教材，也可供空调行业
技术人员自学与参考使用。

中等职业供热通风与空调专业系列教材
通风与空气调节
赵淑敏 主编
白护社 主审

*

中国建筑工业出版社出版、发行(北京西郊百万庄)
各地新华书店、建筑书店经销
廊坊市海涛印刷有限公司印刷

*

开本：787×1092 毫米 1/16 印张：30½ 字数：742 千字
2001 年 12 月第一版 2015 年 6 月第四次印刷
定价：**42.00** 元
ISBN 978-7-112-04650-8
(23916)

本社网址：http://www.cabp.com.cn
网上书店：http://www.china-building.com.cn

前　言

　　本教材是按照建设部中等职业学校供热通风与空调专业"通风与空气调节工程教学大纲"编写的。

　　本教材力求在体现中等专业教材特色的基础上尽量体现出新规范、新标准，力求反映本学科的新发展、新技术和新动向。在内容取舍、顺序编排以及深广度等方面作了一些新的尝试。

　　本教材由山东建筑工程学院赵淑敏(绪论、第 3、6、10 至 18 章)、吕金全(第 1、2 章)、齐齐哈尔铁路工程学校朱凤兰(第 4、5、7 至 9 章)共同编写，山东建筑工程学院刘学来也参加了编写工作。全书由赵淑敏主编，由山西建筑工程职业技术学院白扩社高级讲师主审。

　　本教材是全国中专统编教材，可供中专学校(三年制、四年制)及职业中专、职工中专等使用，也可适用于高职暖通空调专业，还可作为空调行业的干部、职工专业培训教材及有关专业的师生、技术人员参考。

　　本教材在编写过程中，得到了张金和高级讲师(山东建筑工程学院)的多方面指正，也曾得到李永安教授(山东建筑工程学院)的帮助，在此致以最诚挚的谢意!

　　由于编者水平有限，加之编写时间仓促，调查研究不足，书中难免有疏漏之处，诚恳欢迎广大读者予以批评、指正。

目　录

第一篇　工 业 通 风

第二篇 空 气 调 节

绪　论

一、通风与空气调节的任务和意义

人类生存的自然环境气候变化无常,空气的成分和性质如何,将直接影响到人们的身体健康。

无论是工业建筑中为保证工人的身体健康提高产品质量,还是在公共建筑中为了满足各种人的活动和舒适的需要,都要求维持一定的空气环境标准。采用人工的方法,创造和保持满足一定要求的空气环境,这就是通风与空气调节的任务。

工程上,将只实现空气的清洁度处理和控制并保持有害物浓度在一定的卫生要求范围的技术称为工业通风。为了满足人们生活和生产科研活动对室内气候条件的要求,就需要对空气进行适当的处理,使室内空气的温度、相对湿度、压力、洁净度和气流速度等项参数能保持在一定的范围内,这种制造人工室内气候环境的技术,称为空气调节,简称空调。

通风的任务主要在于消除生产过程中产生的灰尘、有害气体和蒸气、余热、余湿的危害。空气调节的任务,就是在任何自然环境下,将室内空气维持一定的温度、湿度、气流速度以及一定的洁净度,这也是所有空气调节系统一般的要求。

所谓通风,就是把室外的新鲜空气适当的处理(如过滤、加热)后送进室内,把室内的废气经消毒、除害后排至室外,从而保持室内空气的新鲜程度,致使排放废气符合标准。而空气调节不仅要研究并解决对空气的各种处理方法(如加热、加湿、干燥、冷却、过滤等)而且要研究和解决空间内、外干扰量(即空调负荷)的计算、空气的输送和分配、为处理空气所需的冷、热源以及在干扰变化情况下的运行调节问题。

通风与空气调节对国民经济各部门的发展和对人民物质文化生活水平的提高具有重要的意义。显示通风重要作用的部门,有冶炼、铸造、锻压、热处理和蒸煮、洗染等生产车间,在这些车间的生产过程中,会产生大量的余热、余湿和有害气体等,工人在这种环境中工作会感到不适、疲倦、甚至晕倒;有选矿、烧结、耐火材料等生产车间,在这些车间的生产过程中,会产生大量的粉尘,工人长期在这种含粉尘的空气中工作,会引起严重的肺病。

空气调节应用于工业及科学实验过程一般称为"工艺性空调",而应用于以人为主的空气环境调节则称为"舒适性空调"。显示工艺空调重要作用的典型部门,有以高精度恒温恒湿为特征的精密机械及仪器制造业,在这些工业生产过程中,为避免元器件由于温度变化产生胀缩及湿度过大引起表面锈蚀,对空气的温度和相对湿度有严格规定,如 $20 \pm 0.1℃$;$50 \pm 5\%$;有对空气的洁净度有高度要求的电子工业;它除对空气的温湿度有一定要求外,还对室内空气的洁净度有严格的要求;如对超大规模集成电路的某些工艺过程,空气中悬浮粒子的控制粒径已经降低到 $0.1\mu m$,并规定每升空气中等于和大于 $0.1\mu m$ 的粒子总数不得超过一定的数量,如 3.5 粒、0.35 粒等。在纺织、印刷等工业部门,对空气的相对湿度要求较高;如在合成纤维工业中,锦纶长丝的多数工艺过程要求相对湿度的控制精度在 $\pm 2\%$。此外,如胶片、光学仪器、造纸、橡胶、烟草等工业也都有一定的温湿度控制要求。作为工业中常用的计量室、控制室及计算机房,均要求有比较严格的空气调节。药品、食品工业以及生物实验室、医院病房及手术室等,不仅要求一定的空气温湿度,而且要求控制空气的含尘浓度及细菌数量。通信、航天飞行中的座舱,飞机,轮船等均需采用空气调节。同时,在公共与民用建筑中,装有空调的大会堂、图书馆、商店、宾馆与酒店、展览馆、音乐厅、影剧院、办公楼、民用住宅到处可见。随着国民经济的发展和人民生活水平的提高,空调的应用将更加广泛。

如图 0-1 所示为一集中式空气调节系统,图中 6、7、8、9 四个设备组合成空气处理室。6 为室外新风入口,为了调节新风量在新风入口处设有可调节百叶窗。有时在入口处还要设置保温门,以备冬季系统不用时,阻断冷风的侵入,保护设备不被冻坏。图中 7 为空气过滤器,作用是过滤掉空气中的灰尘。图中 8 为喷水室,作用是对空气进行加湿等各种处理,在喷水室的前后设有挡水板,以防止水滴被空气带入空调系统。图中 9 为空气加热器,它可以把空气加热到所需要的温度。经过空气处理室就可以把空气处理到所需要的参数。

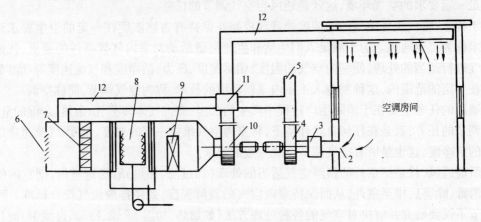

图 0-1 空调系统示意图

1—送风口;2—回风口;3—消声器;4—回风机;5—排风口;6—百叶窗;7—过滤器;
8—喷水室;9—加热器;10—送风机;11—消声器;12—送风管道

具有一定洁净度及温湿度的空气通过风机、风管及送风口分别送入各个空调房间,以满足房间的空调要求。由于空气的流动和风机的运转将产生噪声,所以在送风管及回风管上安装有消声器 11 和 3,以满足空调房间的噪声要求。为了提高空调系统的经济性,空气处理室处理的是新风和回风的混合空气。

如图 0-2 所示为全面送排风系统(通风系统),图中所示的送风系统也有空气处理室,但空气处理室中设备少,对空气的处理简单,对空气参数的处理也没有空调精度高。空气经百叶窗进入空气处理室,首先经过过滤器过滤,除掉空气中的灰尘,过滤器一般对空气进行粗净化或中净化。过滤后的空气再进入空气换热器,即对空气进行加热

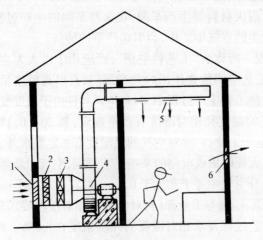

图 0-2 通风系统示意图

1—百叶窗;2—过滤器;3—换热器;4—风机;5—送风口;6—排风扇

或冷却处理。而后用风机通过风管、送风口送往通风房间。

通风系统的空气处理室往往只对空气进行简单的过滤、加热(或冷却)处理,使其符合送风的温度要求,而对湿度等一般不作要求。通风系统的排风经处理后应直接排入大气,不能循环作用。

二、通风与空气调节工程的发展概况

通风与空气调节技术的形成是在本世纪初开始的,它随着工业发展和科学技术水平的提高而日趋完善。

19世纪后半叶,随着发达国家纺织业的发展,促进了空气调节技术的发展。当时,一位叫克勒谋(Stuart W. Cramer)的工程师负责设计和安装了美国南部的三分之一纺织厂的空气调节系统。空气调节的英文名称 Air Conditioning 就是他在1906年所定名的。

在空调系统方面,首先是全空气系统,随后又发展了空气—水系统。由于空气—水系统由水管来代替大部分的大截面风道,既节约了许多金属材料,又节省了风道所占建筑物的空间,经济效益很高。在空气—水系统方面,先是诱导器系统,这是 Carrier 在1937年发明的。在60年代,由于风机盘管的出现,消除了诱导器噪声大和不易调节等主要缺点,使空气—水系统更加具有生命力,直至今天,世界各国仍然盛行。全空气系统的进一步发展则是变风量的应用,它可以按负荷变化来改变送风量,起了节能的作用。因此,近20年来,各国采用变风量的全空气系统日渐增多。

除了集中式的空调系统外,在20年代末期出现了整体式的空调机组。它是将制冷机、通风机、空气处理装置等组合在一起的成套空调设备。60多年来,空调机组发展迅速,现在通用的已有窗式、分体式和柜式等好几类机组,并发展了采用制冷剂的逆向循环在冬季供热的热泵型机组。

在我国,工艺性空调和舒适性空调几乎同时起步。1931年,首先在上海纺织厂安装了带喷水室的空气调节系统,其冷源为深井水。随后,也在一些电影院和银行实现了空气调节。几座高层建筑的大旅馆也先后设置了全空气式的空调系统。当时,高层建筑装有空调,上海是居亚洲之冠的。但在1937年,由于我国遭受日本侵略者的破坏,空气调节技术的发展被迫中断。

新中国成立后,随着国民经济的发展,空调事业逐步发展壮大。我国第一台风机盘管机组是1966年研制成功的,组合式空调机组在50年代已应用于纺织工业。现在,我们已能独立设计、制造和装配多种空调系统。在全国范围内,从事暖通空调专业的设计、研究和施工管理队伍,已具有相当的规模。

在设计、工艺、运行控制及管理方面广泛应用计算机技术,这肯定是通风与空气调节技术发展的必然趋势。目前,暖通空调工程的计算机应用在专业计算、施工图绘制方面已经推广,并将进一步普及。

在节能方面所采取的措施,一是热量的回收利用,二是节约热源和改善冷源。在空调系统方面,由定风量系统发展到变风量系统,将逐渐在国内推广。

第一篇 工 业 通 风

第一章 工业有害物及通风方式

第一节 工业有害物的来源及危害

工业有害物主要是指工业生产中散发的粉尘、有害气体及蒸气、余热和余湿。

一、粉尘的来源及危害

粉尘是指能悬浮在空气(气体)中的固体小颗粒。在冶金、机械、建材、轻工、电力等许多工业部门的生产中均产生大量粉尘。粉尘的来源主要有以下几个方面:

1. 固体物料的机械粉碎和研磨,如选矿、建材车间原材料的破碎和各种研磨加工过程;

2. 物料的混合、筛分、包装及运输,如水泥、面粉等的生产和运输过程;

3. 物质的燃烧过程,如木材、煤、油等的燃烧过程;

4. 物质被加热时产生的蒸气在空气中的氧化和凝结。如冶炼过程中产生的锌蒸气,在空气中氧化、冷凝成氧化锌固体微粒。

粉尘对人体健康、工农业生产及自然环境都将造成不容忽视的危害。

粉尘对人体的危害程度取决于粉尘的性质、粒径大小、浓度和与人体接触的时间。

1. 无机、有机粉尘,人体长期接触会引起慢性支气管炎;

2. 游离硅石、铁粉、炭粉、石棉粉等粉尘,被人体吸入会引起"矽肺"、"碳肺"、"石棉肺"等肺病,并可能并发肺癌;

3. 铅会使人贫血,损害大脑;锰、镉损坏人的神经、肾脏;

4. 沥青、焦油,人体长期接触会引起皮肤病,粉尘还能大量吸收太阳紫外线短波部分,严重影响儿童的生长发育。

粉尘对生产的影响主要有以下几个方面:

1. 降低产品质量、降低机器工作精度和使用年限:粉尘沉降在感光胶片、集成电路、化学试剂上,就会影响产品质量甚至使产品报废。降落在仪器、设备的运转部件上,会使运转部件磨损,从而降低精度,缩短使用年限;

2. 某些粉尘在一定条件下会发生爆炸:如煤粉、面粉等在空气中达到一定浓度时,遇上火花就会剧烈燃烧而引起爆炸;

3. 酸、碱性粉尘会使植物叶表面产生伤斑或影响土壤,进而影响植物的生长;

4. 粉尘还使光照度和能见度降低,影响室内外作业的视野。

粉尘对环境的危害主要有以下两个方面：

1．粉尘对大气的污染：当空气中的粉尘超过一定数量时，就会形成大气污染。大气污染对建筑物、自然景观、生态都造成危害，进而影响人类的生存，如"煤烟型"污染及沙尘暴。

2．粉尘对水土的污染：水是生物生存的前提之一。粉尘进入水中必将破坏水的品质，被人饮用会引起疾病，用于生产会降低产品质量，粉尘进入土壤将破坏土壤的性质。

二、有害气体和蒸气的来源及危害

在化工、造纸、油漆、金属冶炼、铸造、金属表面热处理等工业生产过程中，均产生大量的有害气体和蒸气。如汞矿石的冶炼过程中会散发出汞蒸气，蓄电池生产过程中会产生铅蒸气，在燃料燃烧过程中会产生一氧化碳、硫及氮的氧化物等。

有害气体和蒸气对人体健康的危害也取决于有害物的性质、浓度与接触时间。下面介绍几种常见的有害气体和蒸气，并说明它们对人体的危害。

1．一氧化碳气体，由于人体内红血球中所含血色素对一氧化碳的亲和力远大于对氧的亲和力，所以吸入一氧化碳后会阻止血色素与氧气的亲和，使人体发生缺氧现象，严重时引起窒息性中毒甚至死亡。

2．二氧化硫气体，是一种无色有硫酸味的强刺激性气体，在空气中可以氧化成三氧化硫，形成硫酸烟雾，其毒性要比二氧化硫大 10 倍。危害人体皮肤特别是人体的呼吸器官，造成鼻、咽喉和支气管发炎。

3．氮氧化物，如 NO_2 是棕红色气体，对呼吸器官有强烈刺激，能引起急性哮喘病。实验证明，NO_2 会迅速破坏肺细胞，可能是肺气肿和肺瘤的病因之一。

4．汞蒸气，汞在常温下即能大量蒸发，是一种剧毒物质，对人体的消化器官、肾脏、神经系统造成危害。

5．铅蒸气，通过呼吸道进入人体，对造血器官、神经系统造成损害。

6．苯，是一种挥发性较强的液体，苯蒸气是一种具有芳香味、易燃和麻醉性的气体。苯进入人体的途径是吸入蒸气或从皮肤表面渗入。苯中毒能危及血液及造血器官，对妇女影响较大。

有害气体和蒸气对生产的影响主要有以下两个方面：

1．降低机器使用年限，影响产品质量：二氧化硫、三氧化硫、氯化氢等气体遇到水蒸气形成酸雾时，对机器产生腐蚀破坏，使用年限降低，破坏金属材料的性质，降低产品质量。

2．某些有害气体和蒸气在一定浓度范围内易发生爆炸。如甲烷、煤气等。

有害气体和蒸气对环境的危害有以下两个方面：

1．对大气的危害：有些有害气体和大气中的水雾结合在一起，形成酸雾，对生物、植物、建筑物都将造成危害。如英国伦敦在 1952 年 12 月形成的硫酸雾，两星期内造成 4000 人死亡的严重事故。

2．对水、土的危害：各种气体在水中均有一定的溶解度，有害气体进入水中将破坏水质、有害气体溶于雨水中被带入土壤，从而对土壤造成危害。

第二节　高温与热辐射对人体生理的影响

随着生活水平的提高，人们对与自身健康、舒适直接相关的周围空气环境也有了更高的要求。前面我们分析了粉尘、有害气体和蒸气对人体的影响，下面将分析余热、余湿以及周围物体表面温度对人体生理的影响。

人体通过新陈代谢从食物中获取能量，同时向外界散发热量。在正常情况下，人体依靠自身的调节机能使自身的得热量与散热量保持平衡，使人体温度稳定在 $36\sim37℃$。如果得热量大于向环境的散热量，将引起热感觉；反之，将引起冷感觉。所以，维持人体与环境之间的热平衡对人体的舒适和健康是十分重要的。

人体散热主要通过皮肤与外界的对流、辐射和表面汗液的蒸发三种形式进行，呼吸和排泄只排出少部分热量。

皮肤与外界空气的对流换热量的大小取决于空气的温度和空气流速。空气温度低于体温时，温差愈大，人体对流散热愈多，空气流速愈大对流散热也增大；空气温度等于体温时，对流换热完全停止；空气温度高于体温时，人体不仅不能散热，反而得热，这时空气流速愈大，得热愈多。

辐射换热与空气的温度和流速无关，只取决于周围物体表面的温度。当物体表面温度高于人体表面温度时，人体得到辐射热；相反，则人体散失辐射热。物体越大，离人体越近，温差越大时，辐射换热越多。

人体蒸发散热主要取决于空气的相对湿度和流速。当空气温度高于体温，又有辐射热源时，人体已不能通过对流和辐射散出热量，但是只要空气的相对湿度较低（水蒸气分压力较小），空气流速较大，可以依靠汗液的蒸发散热；如果空气的相对湿度较高，空气流速较小，则汗液蒸发散热很少，人体就会感到闷热。空气的相对湿度愈低，流速愈大，则汗液愈容易蒸发，蒸发散热就愈大。

从上述分析可以看出，对人体最适宜的空气环境，除了要求一定的清洁度外，还要求具有一定的温度、相对湿度和空气流速，人体的舒适感主要是这三者综合影响的结果。因此，在生产车间内必须防止和排除生产中大量散发的热（余热）和水蒸气（余湿），并使室内空气具有适当的流动速度。

在工业生产中的许多车间，如机械制造工业的铸造、锻造车间，冶金工业的轧钢、冶炼车间，都散发出大量热量，具有辐射强度大、空气温度高和相对湿度低的特征。根据卫生标准规定，一般车间内工作地点的夏季空气温度，应按车间内外温差计算，不得超过表1-1的规定。

车间内工作地点的夏季空气温度　　　　　　　　　　表 1-1

夏季通风室外计算温度(℃)	22 及以下	23	24	25	26	27	28	29~32	33 及以上
工作地点与室外温差(℃)	10	9	8	7	6	5	4	3	2

根据高温车间的环境特征，在高温车间内防止高温对人体危害的最根本办法是采取综合性措施。如采用改进生产工艺、合理布置热源、用隔热设备隔离热源等办法与通风方法相结合就能收到良好的防暑降温效果。某些企业或车间（如炼焦、平炉、轧钢等）的工作地点温度的确受条件限制，在采用一般降温措施后，仍不能达到表1-1要求时，可再适当放宽，但不得超过2℃。同时，应在工作地点附近设置工人休息室，休息室的温度一般不超过室外温度。

第三节 有害物浓度、卫生标准和排放标准

一、有害物浓度

粉尘、有害气体和蒸气等有害物对人体、工艺设备、大气环境等的危害,不仅取决于它的性质、与人体的接触时间,而且和有害物浓度有关。单位体积空气中的有害物含量称为浓度。一般地说,浓度越大,危害越大。

粉尘的浓度有两种表示方法。一种是质量浓度;即每立方米空气中所含粉尘的质量。单位是 mg/m³ 或 g/m³。另一种是计数浓度,即每立方米空气中所含粉尘的颗粒数。单位是个/m³。通风工程中一般采用质量浓度,在洁净空调工程中常用计数浓度。

有害气体和蒸气的浓度也有两种表示方法。一种是质量浓度;另一种是体积浓度,即每立方米空气中所含有害气体和蒸气的毫升数,单位是 mL/m³。因为 $1mL = 10^{-6}m^3$,所以 $1mL/m^3 = 1ppm$。1ppm 表示空气中某种有害气体或蒸气的体积浓度为百万分之一。如某车间一氧化碳的浓度为 15ppm,就是指每立方米空气中含有一氧化碳 15mL。

在标准状态下,有害气体和蒸气的质量浓度和体积浓度可按下式进行换算:

$$C = 22.4 \frac{Y}{M} \quad mL/m^3 \tag{1-1}$$

式中　C——有害气体和蒸气的体积浓度,mL/m³;

　　　Y——有害气体和蒸气的质量浓度,mg/m³;

　　　M——有害气体和蒸气的摩尔质量,g/mol。

【例 1-1】　在标准状态下 30mg/m³ 的一氧化碳相当于多少 mL/m³。

【解】　一氧化碳的摩尔质量 $M = 28g/mol$

$$\therefore \quad C = 22.4 \frac{Y}{M} = 22.4 \times \frac{30}{28} = 24 \quad mL/m^3$$

二、卫生标准

为了使工业企业的设计符合卫生要求,保护工人、居民的安全和身体健康,提高产品质量,我国于 1962 年颁布了《工业企业设计卫生标准》,1979 年又作了修订,颁发《工业企业设计卫生标准》(TJ 36),作为全国通用设计卫生标准,从 1979 年 11 月 1 日起实行。

卫生标准对居住区大气中有害物的最高容许浓度、车间空气中有害物质的最高容许浓度、空气的温度、相对湿度和流速等都作了规定。它是设计和检查工业通风效果的重要依据。卫生标准中关于居住区大气中及车间空气中有害物质的最高容许浓度见附录 1—1 和附录 1—2。在卫生标准中规定,危害性大的物质的容许浓度低,而且居住区的卫生要求比生产车间高。例如,卫生标准中规定,车间空气中的一般粉尘的最高容许浓度为 10mg/m³,而含有 10% 以上游离二氧化硅的粉尘仅为 2mg/m³;在车间空气中二氧化硫的最高容许浓度为 15mg/m³,而居住区大气中则仅为 0.15mg/m³(日平均)。

卫生标准中规定的车间空气中有害物质的最高容许浓度,是按工人在此浓度下长期进行生产劳动而不会引起急性或慢性职业病为基础制订的。居住区大气中有害物质的一次最高容许浓度,一般是根据不引起粘膜刺激和恶臭而制订的;日平均最高容许浓度,主要是根据防止有害物质的慢性中毒而制订的。当然,卫生标准不是一成不变的,它是随着经济技术的发展,人民生活水平的提高而不断提高要求。而且自然界中,生产工艺过程中所散发的有

害物是多种多样的,因此,此标准将不断的修订和补充。

三、排放标准

排放标准是为了使居住区的有害物质含量达到卫生标准的要求,所规定的有害物质的最大排放量或排放浓度。早在1973年我国就颁发了《工业"三废"排放试行标准》(GBJ 4),从1974年起试行。在该标准中对13类有害物的排放量或排放浓度作了规定(见附录1—3)。工业企业排入大气的有害物含量(或浓度)应该符合排放标准的规定。

随着我国环境保护事业的发展,1982年制订了《大气环境质量标准》(GB 3095)。同时,不同行业还根据本行业的特点,制定了相应的标准,如《水泥工业污染物排放标准》(GB 4915)、《锅炉大气污染物排放标准》(GB 13271)等。在《水泥工业污染物排放标准》中规定,含游离 SiO_2 小于10%的粉尘,其允许的排放浓度为100mg/m³;含游离 SiO_2 大于10%的粉尘,其允许的排放浓度为50mg/m³。它比《工业"三废"试行排放标准》中的规定更为严格。因此,对已制订行业标准的生产部门,应以行业标准为准。随着我国建设事业的发展和对环境质量要求的提高,我国于1987年9月5日在第六届全国人民代表大会常务委员会第二十二次会议上通过了《大气污染防治法》,规定从1988年6月1日起施行。对于不符合排放标准的企业,分别视情节轻重处以罚款、赔偿损失、责令停业、关闭、直到追究刑事责任。为《工业"三废"排放试行标准》的实施提供了政策和法令的保障。

第四节　通风方式的分类

通风工程的任务就是在局部地点或整个车间把不符合卫生标准的污浊空气排至室外,把新鲜清洁的空气或经过净化后符合卫生标准的空气送入室内,使房间内的空气参数符合卫生要求,以保证人们的身体健康及产品质量。通风方式的分类方法较多,按不同的分类方法有不同的名称。

一、按通风系统的动力来分

通风方式按照空气流动动力的不同,可分为自然通风和机械通风两大类。

(一) 自然通风

自然通风是依靠室内外空气的温度差所造成的热压,或者室外风力作用在建筑物上所造成的风压,使房间内外的空气进行交换的一种通风方式。可分为热压作用下的自然通风、风压作用下的自然通风和热压与风压共同作用下的自然通风。

1. 热压作用下的自然通风

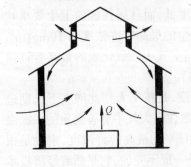

图1-1　热压作用下的自然通风

热压作用下的自然通风是依靠室内外空气温度差所造成的热压,使房间内外的空气进行交换的一种通风方式。对于产生大量余热的房间,由于室内空气温度高、密度小,而室外空气温度低、密度大,从而造成下部门、窗进风,上部窗排风的气流形式。污浊的热空气从上部排出,室外新风从下部进入工作区,工作环境就得到了改善。如图1-1所示。

2. 风压作用下的自然通风

利用自然风力作用在建筑物上所造成的风压,使房间内外的空气进行交换的通风方式称为风压作用下的自然通风。如图1-2所示,具有一定流速的自然风作用在建筑物的迎风面上,由于流速减小,静压增大,使建筑物迎风面的压力大于室内空气的压力,迎风面门窗则进风;在背风面则正好相反,背风面的门窗排气。这样,室内外的空气得到了交换,使工作区的空气环境得到改善。

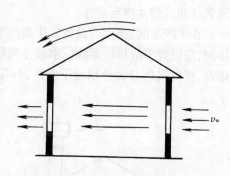

图1-2　风压作用下的自然通风

3. 热压、风压共同作用下的自然通风

前面已介绍了在热压或风压单独作用下的自然通风,而实际上任何产生余热的建筑物的自然通风,都是在热压、风压共同作用下实现的。具体分析见第七章。

影响自然通风量大小的因素很多,如室内外空气的温差、室外空气的流速及流向、门窗洞的面积、位置等。所以自然通风量不是常数而是随室内外条件的变化而变化,同样室内所需要的通风量也不是常数,而是随工艺条件的变化而变化。自然通风的优点在于不需要设置动力设备,对于有大量余热的车间,是一种有效而且最经济的通风方式;其缺点是,无法处理进入室内的室外空气,也难于对从室内排向室外的污浊空气进行处理;其次,自然通风量受很多条件的影响,通风效果不稳定。要使自然通风量满足室内的要求,就要进行不断的调节,调节方法是:调节进排风孔洞的开启度。

(二)机械通风

利用通风机产生的动力,使室内外空气进行交换的通风方式称为机械通风。其优点是:通风量、风压不受室外气象条件的限制,通风比较稳定,对空气处理比较方便,通风调节也比较灵活。缺点是:投资较多,消耗动力,运行费较高。

二、按通风系统的作用范围划分

按通风系统作用范围的大小,通风方式可分为局部通风和全面通风。

(一)局部通风

局部通风是利用局部气流,使局部工作地点不受有害物的污染,造成符合要求的空气环境。可分为局部排风系统和局部送风系统。

1. 局部排风

在有害物产生地点安装的排除污浊空气的系统称为局部排风系统。如图1-3所示为一种比较简单的机械局部排风系统。排气罩2把污染源1产生的有害物吸入罩内,用管道送入空气净化装置3,除掉空气中的工业有害物,而后经排风机、风帽排入大气。这种系统可以用较小的风量获得较好的通风效果。它适用于安装局部排风设备不影响工艺设备的生产操作、污染源集中且较小的场合。

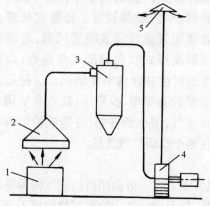

图1-3　机械局部排风系统
1—有害物源;2—排气罩;3—净化装置;
4—排风机;5—风帽

局部排风也可利用自然通风来实现,如图1-4所示为自然局部排风系统示意图。在热压和风压的综合作用下,被污染的热空气经接受式排气罩2、

风管 3 和风帽 4 排至室外。

在生产车间,当生产设备发生偶然事故或故障,会突然散发大量有害气体或爆炸性的气体时,应设置事故排风系统。事故排风的吸风口(排气罩)设置在有害物散发量可能最大的地点,排风机的开关分别设于室内、外便于操作的地点,排风一般不进行处理。如图 1-5 所示。

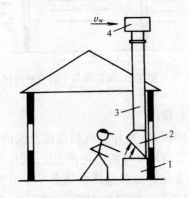

图 1-4　自然局部排风系统
1—污染源;2—排气罩;3—风管;4—避风风帽

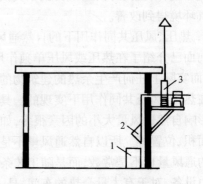

图 1-5　事故排风系统
1—毒气罐;2—排气罩;3—风机

2. 局部送风

对于面积很大,操作人员较少的生产车间,用全面通风的方式改善整个车间的空气环境,既困难又不经济,同时也是不必要的。例如某些高温车间,没有必要对整个车间进行降温,只需向个别的局部工作地点送风,在局部地点造成良好的空气环境,这种通风方法称为局部送风。

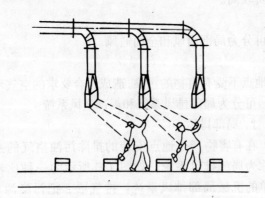

图 1-6　系统式局部送风系统示意图

局部送风系统可分为系统式和分散式两种。如图 1-6 所示为某铸造车间浇注工段系统式局部送风系统示意图。经过集中处理后的空气,通过管道送至局部工作地点。这种形式所需送风量小,工人首先呼吸到新鲜空气,效果较好。分散式局部送风一般使用轴流风扇或喷雾风扇,将室内空气以射流形式吹向局部工作地点,以提高人体的对流和汗液蒸发散热。这种形式的优点是设备简单、投资小;缺点是采用室内循环空气,卫生条件差,易造成粉尘等有害物在整个车间扩散飞扬。

(二) 全面通风

全面通风是对整个房间进行通风换气的一种通风方式。它一方面用清洁空气稀释室内空气中的有害物浓度,同时不断地把污染空气排至室外,使室内空气中的有害物浓度不超过卫生标准规定的最高容许浓度。全面通风可分为全面排风、全面送风和全面送、排风三种。

1. 全面排风

全面排风是从整个房间全面排除有害物的通风方式。它既可以是自然通风,也可以是机械通风。如图 1-1 为全面自然排风系统。图 1-7 为全面机械排风系统。在风机 3 的作用下,污浊的空气经吸风口 1 进入空气净化设备 2,除掉空气中的有害物后,经风机 3 和风帽 4 排入大气。而较干净的空气从其他房间或门、窗补充进来,以冲淡有害物。这种排风方式适用于污染源比较分散,面积大,且不固定的场合。

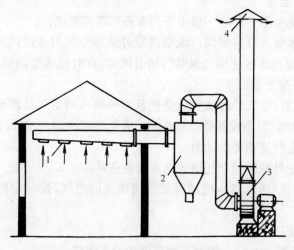

图 1-7 全面机械排风系统
1—排气口;2—净化设备;3—风机;4—风帽

2.全面送风

把符合卫生要求的空气送到整个房间各个部位的送风系统称为全面送风。可以通过自然通风或机械通风来实现。如图 1-8 所示为全面机械送风系统示意图,经过处理后的空气,在风机作用下,经风管、送风口送入整个房间的各个部位,而排风可通过排风口或门窗排出,这种通风方式使送风口附近的空气较洁净,而排风区域的空气污浊,且易使一些死角有害物超标。当有害物源比较多又分散,且需要保证的环境面积比较大时,可采用全面送风方式。

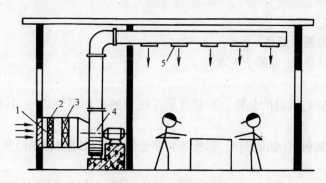

图 1-8 全面机械送风系统
1—百叶窗;2—空气过滤器;3—加热器;4—风机;5—送风口

3.全面送排风

在门窗密闭,自然排风或进风比较困难的房间,常采用图 1-8 所示的全面送风和图 1-7

所示的全面排风相结合的全面送、排风系统。根据送风量和排风量的不同,可以使房间保持正压或负压,不足的风量则通过门窗渗入或挤出。

第五节 通风系统的组成及部件

一、通风系统的组成

1. 机械送风系统见图 1-8,它一般由下列设备和部件组成:

(1) 采风口(新风吸入口):采风口就是将室外洁净空气引入送风系统的吸入口。采风口上装有百叶风格,寒冷地区还应加保温门和引风道,有时做成竖向风道称为采风塔,采风塔一般用砖或钢筋混凝土做成。

(2) 空气处理装置:空气处理装置就是把从室外吸入的空气处理到设计送风参数的装置。其中包括空气过滤、加热设备等。夏季使用时还应有冷却、去湿设备。

(3) 送风机:为空气流动提供动力。

(4) 送风管道:把处理后的空气输送到室内各送风点。

(5) 空气分配装置(送风口):把送风管道输送来的空气,按一定的气流组织送到工作区。

2. 机械排风系统

机械排风系统见图 1-7,它一般由下列部件和设备组成:

(1) 排风口或排气罩:排风口用以排除室内污浊空气;排气罩是用来捕集有害物的。

(2) 净化处理设备:为了防止大气污染,或回收原材料,当排出空气中的有害物含量超过排放标准时,必须用净化处理设备处理,除去排风中的有害物,达到排放标准后,排入大气。净化处理设备主要有除尘器和有害气体净化设备两大类。

(3) 排风机:向机械排风系统提供空气流动的动力。为了防止风机的磨损和腐蚀,通常把它放在净化设备的后面。

(4) 排气口、排气塔及风帽:三者都是排风系统的末端装置,把排风系统中的空气排入大气。

(5) 排风管道。

二、通风系统的基本部件

1. 送风口、排风口:详见第十五章。

2. 通风管道

通风管道是风管与风道的总称。它是通风系统中的主要部件之一,其作用是用来输送空气。

风管是指用金属板材(如薄钢板、铝板等)、非金属板材(如塑料板等)及玻璃钢制成的用于输送空气的管子。

风道是指用砖、(钢筋)混凝土、矿渣石膏、石棉水泥、木板等制成的用于输送空气的管道。

通风管道的断面形状常用的有圆形、方形和矩形等。同样截面积的管道,以圆形截面最节省材料,而且强度高、空气流动阻力小,因此采用圆形通风管道的较多,特别是除尘系统一般应选用圆形管道。当考虑到美观和便于与建筑工程配合时,才用矩形或其他截面形状的通风管道。如民用建筑中的玻璃钢风管、砖砌风道等一般采用矩形的。

3. 阀门

通风系统中的阀门主要是用来启动风机、调节流量和平衡系统。其种类较多,下面介绍几种常用的阀门。

(1) 风机启动阀 风机启动阀有插板阀、圆形瓣式启动阀和光圈式启动阀等几种。图1-9为离心式通风机吸入口的塑料插板阀。当风机型号在 $4\frac{1}{2}^{\#}$ 以下时,闸板无支撑。

图1-10为圆形瓣式启动阀,装在离心风机的吸入口上,当扳动手柄时,瓣式叶片发生旋转,从而调节空气的流通面积。它与插板启动阀相比,结构复杂,造价高,但占地面积小,操作方便。

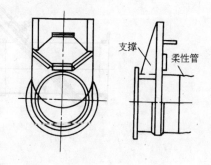

图1-9 风机吸入口塑料插板阀

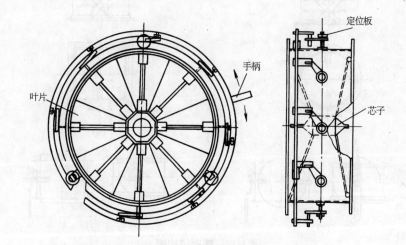

图1-10 圆形瓣式启动阀

启动离心式通风机时,应将风机启动阀关闭,以防风机起动电流大时烧毁电机。当通风机的转速稳定以后,启动过程结束,再打开启动阀,通风机投入正常运转。

(2) 调节阀 调节阀的作用是对通风系统的流量进行调节或分配。常用的调节阀有密闭式斜插板阀、蝶阀、三通调节阀、对开式多叶调节阀等。

图1-11为密闭式斜插板阀的结构图,它由阀体、阀板和连接短管组成。一般用于密封性要求较高的除尘和气力输送管道上。在水平管段、插板应以45°角顺气流安装;在垂直管段(气流向上),插板应以45°角逆气流安装。详见图1-11(b)。

图1-12为蝶阀结构图。按启闭方式不同可分为拉链式和手柄式蝶阀;按断面形状不同可分为圆形、方形和矩形蝶阀。图(a)为圆形拉链式蝶阀,图(b)为方形拉链式蝶阀,图(c)为圆形手柄式蝶阀,图(d)为方形手柄式蝶阀。其结构都是由阀体、阀板和启闭装置组成。当安装高度小于1.5m时,用手柄式蝶阀,安装高度大于1.5m时用拉链式蝶阀。可用于分支管上或风口前,作风量调节用。这种阀门只要改变阀板的转角就可以调节风量,操作起来很简便。但由于它的严密性较差,故不宜作关断用。

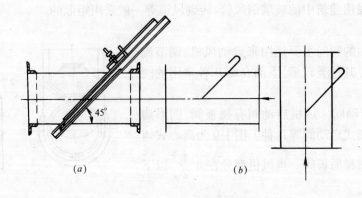

图 1-11 密闭式斜插板阀
(a)结构图;(b)安装示意图

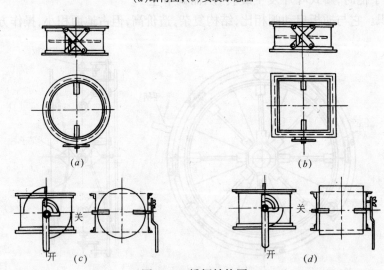

图 1-12 蝶阀结构图
(a)圆形拉链式蝶阀;(b)方形拉链式蝶阀;(c)圆形手柄式蝶阀;(d)方形手柄式蝶阀

图 1-13 为三通调节阀。可分为手柄式和拉杆式三通调节阀,适用于矩形直通三通管、裤叉管,不适用于直角三通管。当扳动手柄或拉杆时,阀板跟着转动,从而调节支管流量。手柄式三通调节阀的手柄可根据需要,安装在风管上部或下部;而拉杆式三通调节阀的安装位置,在拉杆一侧必须满足拉杆伸出及操作方便的要求。

(3) 止回阀 止回阀的作用是:当风机停止转动时防止气体倒流。根据风管形状的不同,可分为圆形止回阀和方形止回阀;根据阀门的安装位置不同,可分为在垂直管道上安装的垂直式止回阀和在水平管道上安装的水平式止回阀。图 1-14 为水平式圆形和方形止回阀,上阀板装有可调整的线锤,用于调节上阀板,使启闭灵活。当气体倒流时,阀板绕轴旋转,关闭管道。止回阀的使用范围要求风管中的风速不得小于 8m/s。

(4) 防火阀 防火阀用于通风及空调系统,一旦发生火灾时能自动切断气流,防止火灾蔓延。图 1-15 为圆形和方、矩形风管防火阀,分别用于水平气流风道中的圆形和方、矩形风管上,其中装有一套信号及联锁装置,当管道内温度达到熔点温度时,易熔片熔断,(易熔片的熔点温度一般为72℃,当设计要求高于或低于此温度时,可另选所需熔点的易熔片)阀

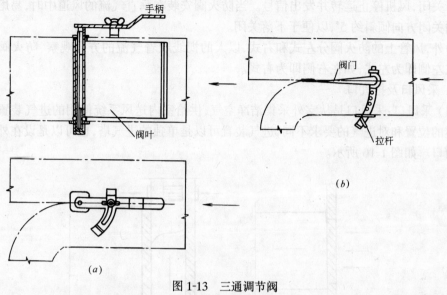

图 1-13　三通调节阀

(a)手柄式;(b)拉杆式

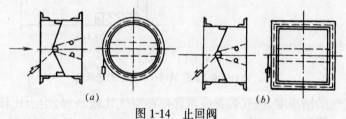

图 1-14　止回阀

(a)圆形风管止回阀;(b)方形风管止回阀

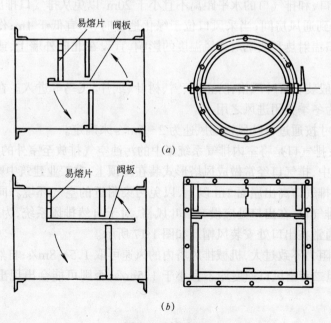

图 1-15　防火阀

(a)圆形风管防火阀;(b)方、矩形风管防火阀

门自行关闭,风机停止运转并发出信号。当防火阀安装在垂直气流的风道中时,易熔片一端必须向关闭方向倾斜约 5°,以便于下落关闭。

另外,风管上的防火阀分左式和右式,以人的视线顺着气流的方向观察,防火阀上的检查门在左侧即为左式,如在右侧即为右式。

4. 采风口及排气口

(1) 采风口:采风口是从室外采集洁净空气,供给室内送风系统使用的进气装置。根据进气室的位置和对进气的要求不同,进气装置可以是单独的进气塔,也可以是设在外墙上的进风窗口。如图 1-16 所示。

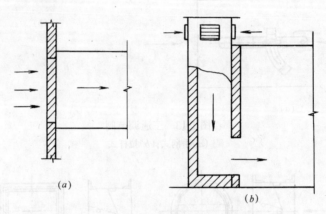

图 1-16　采风口
(a)设于外墙上的进风口;(b)单独的进风塔

为了保证进气的洁净度,进气装置应该选择在空气比较新鲜,尘土比较少,离开废气排出口较远的地方。进气口的位置一般应高出地面 2m 以上,并且尽可能设在排气口的上风侧并应低于排气口,和排气口的水平距离不宜小于 20m,以免从排气口排出的废气或污染了的空气再被吸回到通风房间;当采风口位于绿化地带时,不宜低于 1m;作为降温用的采风口,为了避免太阳辐射热和西晒对送风温度的影响,宜设在北向外墙上,或采用符合卫生要求的地道风。

采风口上一般装有百叶风格,防止雨、雪、树叶、纸片、飞鸟等进入。在百叶风格里面还装有保温阀,作为冬季关闭进风之用。

采风口的尺寸按通过百叶风格的风速为 2~5m/s 来确定。

(2) 排气口:排气口是将室内排气系统集中的污浊空气排放至室外的排气装置。

在民用建筑中,排气口经常做成风塔形式装在屋顶上;在工业建筑中则经常做成排气立管。两者都要求排气口高出屋面 1m 以上,以免污染附近的空气环境。同样,为了防止雨、雪、飞鸟等进入排气口,在出口处应设有百叶风格,对于自然排风系统,为了防止冷风倒灌、加强排风效果,通常在出口处安装风帽。如图 1-17 所示。

为了使排风阻力不致过大,机械排风塔内的风速可取 1.5~8m/s;自然排风塔内的风速可取 1.5m/s。但二者出风口速度均不宜小于 1.5m/s,否则可能会出现出口风速过小而引起冷风倒灌。

5. 风帽

为了防止雨、雪等进入排气管或利用室外空气流速形成风压以加强排风能力的排风末端装置为风帽。如图 1-17 所示。

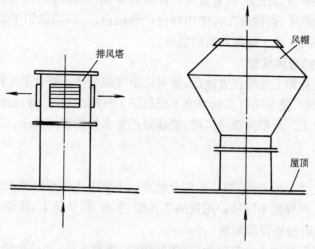

图 1-17　屋面上的排气塔

图 1-18 为圆伞形风帽,适用于一般机械排风系统。

图 1-19 为锥形风帽,适用于除尘系统及非腐蚀性有毒系统。

图 1-20 为筒形风帽,适用于自然通风系统,不适用于机械通风系统。

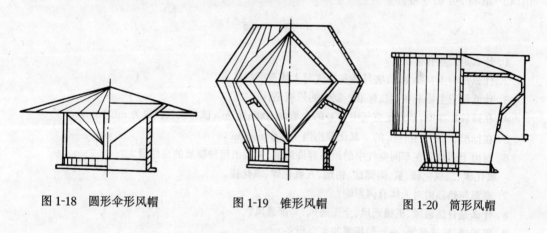

图 1-18　圆形伞形风帽　　　　图 1-19　锥形风帽　　　　图 1-20　筒形风帽

第六节　防治工业有害物的综合措施

一个生产车间往往同时散发数种有害物,甚至一种工艺设备就散发数种有害物,散发情况比较复杂。实践证明,在多数情况下,单靠通风方法去防治工业有害物,即不经济有时又很难达到预期的效果,必须采取综合措施。首先应从改进工艺设备和操作方法入手,减少甚至杜绝有害物的产生和散发,在此基础上再采取合理的通风措施,并建立严格的检查管理制度,这样才能有效地防治工业有害物的危害。

一、改进工艺设备和工艺操作方法,从根本上防止和减少有害物的产生和散发

改进工艺设备和工艺操作方法,能有效地解决防尘、防毒问题。如:用湿式作业代替干式作业可以大大减少粉尘的产生。在石粉加工厂用水磨石英工艺代替干磨石英工艺后,车间空气中的硅尘浓度由几百毫克降至几毫克;在产尘车间内用湿法清扫可以防止二次尘源的产生。采用氟碳表面活性剂,能有效抑止镀液的蒸发;用无毒原料代替有毒原料,能从根本上防止有害物的产生,如油漆工业中用锌白代替铅白,可以消除铅中毒的危害;采用无氰电镀、无汞仪表等等,清除了剧毒物质的危害。

二、采用合理的通风措施

在改进工艺设备和工艺操作方法后,如室内空气质量仍不符合卫生标准的要求,应采用局部或全面通风措施,使车间有害物浓度不超过卫生标准的规定,通风排气中的有害物浓度达到排放标准的要求。采用局部通风时,要尽量把有害物源密闭起来,以期达到用最小的风量获得最好的效果。

三、个人防护

由于技术或工艺上的原因,当某些作业地点达不到卫生标准的要求时,应采用个人防护措施。如按工种不同穿戴不同防护用途的工作服、手套、配备防尘、防毒口罩或面具等。

四、建立严格的检查管理制度

为了确保通风系统的正常有效运行,做好防尘、防毒工作,必须加强通风设施的维护和管理,建立必要的规章制度。必须按照规定,定期测定车间空气中的有害物浓度,作为检查和落实防尘防毒工作的主要依据。对在有害环境中的操作人员,应进行定期体格检查,如发现问题,应采取有力措施,对于达不到卫生标准的作业环境,有关部门可责令限期改进,对于情况严重者,可勒令停产。

习　题

1. 什么是工业有害物?

2. 什么是粉尘? 粉尘、有害气体和蒸气对人体有哪些危害?

3. 什么是卫生标准和排放标准? 制定的依据是什么?

4. 在排放标准中,若规定空气中 SO_2 的含量为 $1000mg/m^3$,试将该值换算为 mL/m^3。

5. 在标准状态下,10ppm 的一氧化碳相当于多少 mg/m^3?

6. 写出下列物质在车间空气中的最高容许浓度,并指出何种物质的毒性最大?
一氧化碳、二氧化硫、氯、丙烯醛、铅烟、五氧化砷、氧化镉。

7. 高温与热辐射对人体有何影响?

8. 什么是自然通风、机械通风,全面通风,局部通风?

9. 机械送、排风系统,一般包括哪些主要设备?

10. 通风系统的主要部件有哪些? 作用是什么?

11. 防治工业有害物有哪些措施?

第二章 全 面 通 风

全面通风有自然通风,机械通风或自然与机械的联合通风等方式。全面送风的主要作用是:用新鲜洁净的空气把整个车间的有害物浓度稀释到最高容许浓度以下,补充室内所需热量,保证室内的压力要求。全面排风的主要作用是:排除室内污染空气,消除室内的余热、余湿,通过净化处理,使排入大气的有害物浓度符合国家或行业规定的排放标准。

第一节 工业有害物量的计算

全面通风量的大小同单位时间内有害物源散入车间空气中的有害物的数量成正比。要确定车间所需全面通风量,就要首先确定散入车间的有害物数量。

一、粉尘量的确定

各种设备及生产过程的粉尘散发量,一般不能用理论公式计算,只能通过查阅设备说明书或通过现场测定、调查研究、参考经验数据来确定。测定方法详见第九章。

二、有害气体和蒸气散发量的计算

1. 燃烧时散发的有害气体量:

(1) 固体或液体燃料燃烧时

一氧化碳 $\qquad G_1 = 0.233 Q_b C_g$ (2-1)

二氧化硫 $\qquad G_1 = 20 S_g$ (2-2)

(2) 天然气燃烧时

一氧化碳

$$G_2 = 0.125 Q_b (V_{CH_4} + 2V_{C_2H_6} + 3V_{C_3H_8} + 4V_{C_4H_{10}} + 5V_{C_5H_{12}})$$ (2-3)

(3) 人造气体燃料燃烧时

一氧化碳

$$G_2 = 0.125 Q_b (V_{CO} + V_{CH_4} + 2V_{C_2H_4} + 6V_{C_6H_6})$$ (2-4)

式中　G_1——有害气体散发量,g/kg;

$\qquad G_2$——有害气体散发量,g/Nm³;

$\qquad Q_b$——燃料的化学成分不完全燃烧的百分比,见表2-1;

$\qquad C_g$——燃料中含碳的百分比;

$\qquad S_g$——燃料中含硫的百分比;

$V_{CO}、V_{C_nH_n}$——燃料中所含一氧化碳等气体的容积百分比。

2. 炉子缝隙漏出的烟气量:

可按燃烧过程产生的有害物总量的3%~8%考虑。

3. 设备或管道不严密处漏出的有害气体量:

燃料种类	$Q_b(\%)$	燃料种类	$Q_b(\%)$
木　料	4	木　炭	3
泥　煤	4	焦　炭	3
褐　煤	4	重　油	2
烟　煤	3	人造煤气	2
无烟煤	3	天然气	2

$$G = CV \sqrt{\frac{M}{273 + t}} \tag{2-5}$$

式中 G——有害气体量，kg/h；

       C——系数，$P < 1$at 时 $C = 0.121$，$P = 1 \sim 16$at 时，$C = 0.166 \sim 0.189$；

       V——设备或管道内部容积，m^3；

       M——气体分子量；

       t——气体温度，℃。

4. 柴油机散发的有害气体量：

$$G = N(3K_1 + 30K_2) \tag{2-6}$$

式中 G——有害气体量，mg/h；

       N——柴油机额定功率，kW；

       K_1——汽缸系数，mg/(kW·h)；

       K_2——油箱系数，mg/(kW·h)。

       对于丙烯醛 $K_1 = K_2 = 1.2$；

       对于一氧化碳 $K_1 = 1.07$、$K_2 = 1.74$；

       对于二氧化碳 $K_1 = 214.4$、$K_2 = 0$。

三、散热量的计算

1. 设备、容器等的外表面散热量按下式计算：

$$Q = KA(t_r - t_n) \text{ W} \tag{2-7}$$

或

$$Q = \alpha_f A(t_b - t_n) \text{ W} \tag{2-8}$$

式中 Q——外表面散热量，W；

       K——设备、容器外壁的传热系数，$W/(m^2 \cdot K)$；

       A——设备、容器散热的外表面积，m^2；

       t_n——室内温度，℃；

       t_r——设备内热介质温度，℃；

       t_b——设备散热表面的温度，℃；

       α_f——设备外壁的换热系数，$W/(m^2 \cdot K)$。

当室内风速为 $0.2 \sim 0.3$m/s 时，α_f 可取 $11.63W/(m^2 \cdot K)$。

2. 工业炉散热量

当已测得炉壁外表面温度或已知炉内温度及炉壁构造时，可按式(2-7)或式(2-8)计算求得炉体表面的散热量。

由经常开启的炉门散入室内的辐射热可按图 2-1 查得。当炉口尺寸较小且炉口的炉壁较厚时,应将由图 2-1 查得的 q_f 值乘以折减系数 K。

折减系数 K 可由图 2-2 查得。对于长方形炉口,应先分别从该图中求出长和宽(即 A 和 B)的折减系数 K_A 和 K_B,然后取其平均值:

$$K_{pj} = \frac{K_A + K_B}{2}$$

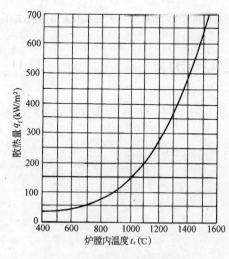

图 2-1 敞开炉门的辐射散热量　　　　　　图 2-2 炉门折减系数 K

不经常开启的炉门(如退火炉、干燥炉等),可不考虑其辐射热。

当已知燃料消耗量时,可按下式概略计算炉子散热量(包括加热工件散热):

$$Q = GQ_r \eta \beta \text{ kW} \tag{2-9}$$

式中　Q——炉子散热量,kW;

　　　G——燃料消耗量,冬季取平均消耗量;夏季取最大消耗量,kg/h;

　　　Q_r——燃料热值,kJ/kg;

　　　η——燃料燃烧效率:固体、液体、气体燃料分别取 $0.9 \sim 0.97$、$0.95 \sim 1.0$、1.0;

　　　β——散热系数,见表 2-2。

散 热 系 数 β 值　　　　　　　　　　　表 2-2

炉子型式	β	炉子型式	β
固定炉底室式炉	$0.45 \sim 0.55$	立 式 炉	$0.35 \sim 0.40$
连续加热炉	$0.50 \sim 0.55$	加 热 槽	$0.40 \sim 0.45$
双眼式炉	$0.40 \sim 0.50$	开 隙 式 炉	$0.40 \sim 0.50$

3. 电炉和电热槽的散热量

电加热炉(槽)散热量可按表 2-3 做概略计算。

4. 金属冷却散热量

固态金属冷却散热量:

$$Q = GC_g(t_k - t_z) \text{ kJ} \tag{2-10}$$

21

液态金属冷却散热量：

电炉和电热槽的散热量 表 2-3

型 式	散入厂房内的热量 Q(kW)	
	包括加热工件的散热量	不包括加热工件的散热量
电 热 炉	$0.7N_e$	$(0.25\sim0.35)N_e$
电 热 槽	$0.3N_e$	$(0.15\sim0.2)N_e$

注：1. N_e—电炉(槽)的额定功率，kW。

  2. 炉门或槽上装设排风罩时，散入厂房内的热量按表中"不包括加热工件的散热量"一栏的30%采用；加热工件的散热量另计。

$$Q = G[C_y(t'_r - t_r) + i + C_g(t_r - t_z)] \text{ kJ} \qquad (2-11)$$

式中　Q——散热量，kJ；

  G——金属材料的重量，kg；

 C_g、C_y——固态、液态金属的比热，kJ/(kg·K)；

  t_k、t_z——金属开始冷却和冷却终了时的温度，℃；

  t_r'——金属完全熔化后开始冷却的温度，℃；

  t_r——金属的熔点温度，℃；

  i——金属的熔解热，kJ/kg。

5. 电动设备、焊接设备散热量

(1) 电动设备散热量可按下列方法计算

a. 工艺设备及其电机都在同一室时：

$$Q = \eta_1 \eta_2 \eta_3 \frac{N}{\eta} \text{ kW} \qquad (2-12)$$

b. 电动机散热量：

$$Q = \eta_1 \eta_2 \eta_3 N \frac{1-\eta}{\eta} \text{ kW} \qquad (2-13)$$

c. 工艺设备散热量：

$$Q = \eta_1 \eta_2 \eta_3 N \text{ kW} \qquad (2-14)$$

d. 一般机械加工车间的电动设备散热量，可按下式做概略计算：

$$Q = nN \text{ kW} \qquad (2-15)$$

式中　Q——散热量，kW；

  η_1——电机容量利用系数，一般取 0.7~0.9；

  η_2——负荷系数，一般取 0.5~0.8；

  η_3——同时使用系数，一般为 0.5~1.0；

  N——电动设备的安装功率(额定功率)，kW；

  η——电动机效率；

  n——综合系数，一般电动设备和不用乳化液的机械加工机床取 0.25，用乳化液的机床取 0.15~0.2。

(2) 电焊机散热量按下式计算

$$Q = n_1 n_2 N \text{ kW} \tag{2-16}$$

式中 Q——散热量,kW;

N——电焊机功率,kW;

n_1——同时使用系数;

n_2——负荷系数,一般取 0.6。

(3) 气焊(割)散热量

$$Q = 48.15 V \cdot n \text{ kJ/h} \tag{2-17}$$

式中 Q——散热量,kJ/h;

V——乙炔消耗量,L/h;

n——系数,一般焊接车间气焊喷嘴利用系数平均为 0.85。

概略计算时,一个焊接工作点的平均散热量可取:电焊 $Q = 16750 \text{kJ/h}$;气焊 $Q = 41870 \text{kJ/h}$。

6. 锅炉散热量

锅炉设备的散热量可按下式估算:

$$Q = 3350 \Sigma A \text{ kJ/h} \tag{2-18}$$

式中 Q——散热量,kJ/h;

ΣA——包括炉墙、炉顶、省煤器、空气预热器、管道及辅机的表面积,m^2。

7. 蒸汽锻锤散热量

$$Q = G(i_j - i_p) \text{ kJ/h} \tag{2-19}$$

式中 G——汽锤蒸汽耗量,kg/h;

i_j——进入汽锤的蒸汽热焓,kJ/kg;

i_p——汽锤排出废气的热焓,kJ/kg。

8. 照明设备散热量

白炽灯: $\qquad Q = n_1 N \text{ kW} \tag{2-20}$

荧光灯: $\qquad Q = n_1 n_2 n_3 N \text{ kW} \tag{2-21}$

式中 N——灯具安装功率,kW;

n_1——同时使用系数;

n_2——镇流器散热系数:镇流器装在室内时取 1.2,装在吊顶内时取 1.0;

n_3——安装系数:明装时为 1.0;暗装且灯罩上部有孔,利用自然通风散热于顶棚内时,取 0.5~0.6;暗装而罩上无孔时,视顶棚内通风情况取 0.6~0.8。

9. 人体散热量

$$Q = \varphi n q \text{ kJ/h} \tag{2-22}$$

式中 φ——考虑不同性质工作场所,成年男子、成年女子和儿童的比例不同的群集系数,见表 11-4;

n——人数,个;

q——每个成年男子的散热量,kJ/h,见附录 11-10(2)。

四、散湿量计算

1. 敞露水面散湿量

$$G = \beta (P_{q \cdot b} - P_q) A \frac{B}{B'} \ \text{kg/h} \tag{2-23}$$

式中　G——敞露水面散湿量,kg/h;

　　　A——蒸发表面积,m^2;

　　　$P_{q \cdot b}$——相应于水表面温度下的饱和空气的水蒸气分压力,Pa;

　　　P_q——室内空气中的水蒸气分压力,Pa;

　　　B——标准大气压力,101325Pa;

　　　B'——当地实际大气压力,Pa;

　　　β——蒸发系数,kg/(m·h·Pa)。

蒸发系数 β 按下式确定:

$$\beta = (\alpha + 0.00013 \nu) \tag{2-23'}$$

式中　ν——蒸发表面的空气流速,m/s;

　　　α——周围空气温度为 15~30℃ 时,在不同水温下的扩散系数,kg/(m^2·h·Pa),其数值见表 2-4。

水 蒸 气 扩 散 系 数　　　　　　　　　　　　表 2-4

水温(℃)	<30	40	50	60	70	80	90	100
α	0.00017	0.00021	0.00025	0.00028	0.0003	0.00035	0.00038	0.00045

2. 沿地面流动的热水表面蒸发量

$$G = \frac{G_l C (t_1 - t_2)}{r} \tag{2-24}$$

式中　G——蒸发量,kg/h;

　　　G_l——流动的水量,kg/h;

　　　C——水的比热,4.1868kJ/(kg·K);

　t_1, t_2——水的初温和终温,℃;

　　　r——汽化热,平均取 2450kJ/kg。

3. 人体散湿量

$$G = ng\varphi \ \text{g/h} \tag{2-25}$$

式中　G——人体散湿量,g/h;

　　　g——每个成年男子的散湿量,见附录 11-10(2);

　　　φ——考虑不同性质的工作场所,成年男子、成年女子和儿童的比例,其散湿量不同的群集系数,见表 11-3。

第二节　全面通风量的确定

全面通风量是指在合理的气流组织条件下,将车间内连续均匀散发的有害物稀释到卫生标准规定的最高容许浓度以下所必需的通风量。

单位时间进入室内空气中的有害物(粉尘、有害气体和蒸气、余热和余湿等)数量,是确定全面通风量的原始资料。

一、消除粉尘的全面通风(换气)量的确定

要使车间内空气中的粉尘量(或浓度)不变,就必须使单位时间内车间内空气得到的粉尘量(包括车间内尘源散发的粉尘和送风带入的粉尘)与单位时间内从车间内排出的粉尘量(即排风带走的粉尘)相等。设某车间有害物源散发的粉尘量为 X g/s,车间内粉尘的最高容许浓度为 y_z g/m³,送风空气中的粉尘浓度为 y_0 g/m³,送、排风量(即全面通风量)为 L m³/s。那么,要使车间内空气中的粉尘浓度在最高容许浓度以下,必须使车间得到粉尘量($X + Ly_0$)g/s,等于车间排出的粉尘量,Ly_z g/s。

即:

$$X + Ly_0 = Ly_z$$

$$L = \frac{X}{y_z - y_0} \ \text{m}^3/\text{s}$$

实际上,室内有害物的分布及送风气流是不可能非常均匀的;混合过程也不可能在瞬时完成;即使室内平均有害物浓度符合卫生标准,有害物源附近空气中的有害物浓度,仍然会比室内平均值高得多。为了保证有害物源附近工人呼吸带的有害物浓度控制在容许值以下,实际上所需的全面通风量要比上式的计算值大得多。因此,需要引入一个安全系数 κ。上式可以改写成

$$L = \frac{\kappa X}{y_z - y_0} \ \text{m}^3/\text{s} \tag{2-26}$$

式中　L——消除粉尘需要的全面通风(换气)量,m³/s;

　　　κ——安全系数,一般取 3~10;

　　　X——有害物散发量,g/s;

　　　y_z——车间内粉尘的最高容许浓度,g/m³;

　　　y_0——送风空气中粉尘浓度,g/m³。

同理,可以确定消除有害气体和蒸气、余热和余湿的全面通风(换气)量。

二、消除余热的全面通风(换气)量

可按下式计算

$$L = \frac{Q}{\rho_s(i_p - i_s)} \ \text{m}^3/\text{s} \tag{2-27}$$

式中　L——消除余热的全面通风(换气)量,m³/s;

　　　Q——余热量,kW;

　　　ρ_s——送风空气的密度,kg/m³;

　　　i_p——排风空气的焓,kJ/kg;

　　　i_s——送风空气的焓,kJ/kg。

实际上,引起空气温度变化的只是显热部分,潜热不会引起空气温度变化。所以,在通风工程要求不甚严格的情况下,可以采用下式进行简单计算。

$$L = \frac{Q'}{c\rho_s(t_p - t_s)} \ \text{m}^3/\text{s} \tag{2-28}$$

式中　L——全面通风(换气)量,m³/s;

　　　Q'——余热量中的显热量,kW;

　　　c——空气的比热,1.01kJ/(kg·K);

ρ_s——送风空气的密度,kg/m³;

t_p——排风空气的温度,℃;

t_s——送风空气的温度,℃。

三、消除余湿的全面通风(换气)量

可按下式计算:

$$L = \frac{W}{\rho_s(d_p - d_s)} \text{ m}^3/\text{s} \tag{2-29}$$

式中　L——全面通风(换气)量　m³/s;

W——余湿量,g/s;

ρ_s——送风空气的密度,kg/m³;

d_s——送风空气的含湿量,g/kg;

d_p——排风空气的含湿量,g/kg;

四、消除有害气体和蒸气的全面通风(换气)量

可按下式计算:

$$L = \frac{\kappa Z}{C_z - C_o} \text{ m}^3/\text{s} \tag{2-30}$$

式中　L——全面通风(换气)量,m³/s;

κ——安全系数,一般取 3~10;

Z——有害气体或蒸气的散发量,g/s;

C_z——车间有害气体和蒸气的最高容许浓度,g/m³;

C_o——送风空气中有害气体或蒸气的浓度,g/m³。

应当注意,根据卫生标准规定,当数种溶剂(苯及其同系物、醇类、醋酸酯类)的蒸气,或数种刺激性气体(三氧化硫、二氧化硫、氟化氢及其盐类等),同时在室内放散时,由于它们对人体的作用是叠加的,全面通风(换气)量应按各种气体和蒸气分别稀释至最高容许浓度所需空气量的总和计算。同时放散数种其他有害物时,全面通风(换气)量应按分别计算出的稀释各有害物所需的风量中的最大值计算。

当散入室内的有害物量无法具体计算时,全面通风(换气)量可按类似房间换气次数的经验数值进行计算:

$$L = nV_f \text{ m}^3/\text{h} \tag{2-31}$$

式中　V_f——房间的体积,m³;

n——通风房间的换气次数,次/h。

所谓换气次数,就是通风换气量 L 与通风房间体积 V_f 的比值。各种房间的换气次数,可从有关资料中查得。

【例 2-1】　某车间内同时散发四种有机溶剂的蒸气,散发量分别为:苯,60mg/s;甲醇,70mg/s;乙醇,80mg/s,醋酸乙酯,100mg/s。已知该车间消除余热所需的全面通风量为15m³/s,求该车间所必需的全面通风量。($\kappa = 5$)。

【解】　由附录 1-2 查得各有机溶剂蒸气的最高容许浓度分别为:苯 $C_z = 40$mg/m³,甲醇 $C_z = 50$mg/m³,醋酸乙酯 $C_z = 300$mg/m³,乙醇,没有浓度规定,可不计风量。

送风为清洁空气,即送风空气中有机溶剂的浓度为零,即 $C_o = 0$

根据公式(2-30)
$$L = \frac{\kappa Z}{C_2 - C_o}$$

把各溶剂蒸气稀释到最高容许浓度以下所需风量分别为:

苯:
$$L_1 = \frac{5 \times 60}{40} = 7.5 \ \text{m}^3/\text{s}$$

甲醇:
$$L_2 = \frac{5 \times 70}{50} = 7 \ \text{m}^3/\text{s}$$

乙醇:
$$L_3 = 0$$

醋酸乙酯:
$$L_4 = \frac{5 \times 100}{300} = 1.67 \ \text{m}^3/\text{s}$$

根据卫生标准规定,数种有机溶剂同时存在,所需的全面通风量为各自所需风量之和。即:

$$L = L_1 + L_2 + L_3 + L_4 = 7.5 + 7 + 0 + 1.67 = 16.17 \ \text{m}^3/\text{s}$$

该风量已满足消除余热所需要的风量,故该车间所必需的全面通风量为 $16.17\text{m}^3/\text{s}$。

第三节　全面通风气流组织

全面通风的效果,不仅取决于通风量的大小,还与通风气流的组织有关。所谓气流组织就是合理地布置送、排风口位置,分配风量以及选用风口型式,以便用最小的通风量达到最佳的通风效果。在建筑形式、工艺过程等已知的情况下,如何组织送、排风气流使其在一定的通风量的作用下,使全面通风效果最好,这就是全面通风气流组织要研究的重要课题。

一、全面通风气流组织设计原则

一般通风房间的气流组织有多种方式,设计时要根据有害物源位置、工人操作位置、有害物性质及浓度分布等具体情况,按下述原则确定。

1. 全面通风的送、排风应避免使含有大量热、湿或有害物质的空气流入没有或仅有少量热、湿或有害物质的作业地带或经常有人停留的地方。

2. 要求洁净的房间,当周围环境较差时,应保持室内正压;当室内的有害气体和粉尘有可能污染相邻房间时,则应保持负压。

3. 送风口应尽量接近操作地点。送入通风房间的洁净空气,要先经过操作地点,再经污染区域排至室外。

4. 排风口应尽量靠近有害物源或有害物浓度高的区域,把有害物迅速从室内排出。

5. 在整个通风房间内,尽量使送风气流均匀分布,减少涡流,避免有害物质在局部地区的积聚。

二、影响气流组织的因素

影响气流组织的因素较多,主要因素是有害物源的位置与工人操作位置、有害物的特性与车间散热量、送、排风口的位置及型式等。

1. 气流组织和有害物源的位置、工人操作位置的关系

图 2-3 所示为某车间气流组织的平面示意图。图中箭头表示送、排风气流的流动方向,"○"表示工人所处的工作地点,"╳"表示有害物散发源的位置。

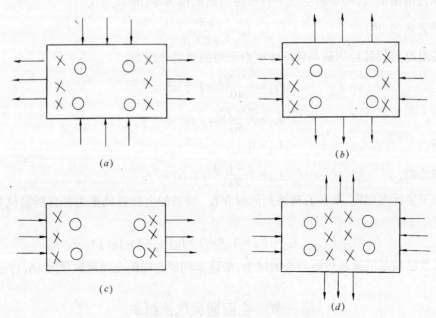

图 2-3　气流组织平面示意图

图(a)是将清洁的空气先送到工人的操作位置及经常停留的地带,经过有害物散发源后,从两侧排出室外。这个方案中,有害物不经过工人的呼吸区,工人操作位置的空气是新鲜的,显然气流组织是合理的。

图(b)和图(c)的气流组织是不合理的。因为送风空气先经过有害物源,携带着有害物再进入工人的呼吸区,工人吸入的空气比较浑浊。

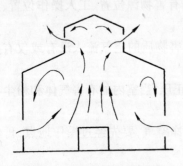

图 2-4　热车间的气流组织

把图(b)中的有害物散发源放置于车间中部就形成了图(d)。送风空气先经过工作地带,再进入有害物散发源,从中间排出,显然气流组织也是合理的。

2. 气流组织和有害物特性、车间散热量的关系

对于同时散发有害气体和余热的热车间,一般采用图 2-4 所示的下送上排的方式。清洁空气从车间下部进入,在工作区散开,带着有害气体或余热流至车间上部,最后经设在上部的排风口排出。这样的气流组织有以下一些特点:

(1) 新鲜空气能以最短的路线到达工人的作业区,避免在途中受污染;

(2) 工人首先接触新鲜空气;

(3) 符合车间内有害气体或蒸气和热量的分布规律,即一般情况下,热车间上部有害气体或蒸气浓度较高,上部的空气温度总是较高的。

密度较大的有害气体或蒸气及粉尘,并不一定沉积在热车间的下部。因为它们不是单独存在,而是和空气混合在一起的,所以决定这些有害物在车间空间内分布的不是它们自身的密度,而是混合气体的密度。在车间内空气中,有害物质的含量通常是很少的,一般在

0.5g/m³ 以下,它引起空气密度的增加值,一般不会超过 0.3～0.4g/m³。但是当空气温度变化1℃时,例如由 15℃ 升高到 16℃,空气密度由 1.226kg/m³ 减小到 1.222kg/m³,即空气密度减少值为 4g/m³。由此可见,只要室内空气温度分布有极小的不均匀,有害物就会随室内空气一起运动。因此,有害物本身的密度大小对其浓度分布的影响是极小的。只是在室内没有对流气流时,密度较大的有害气体及粉尘才会积聚在车间下部。另外有些比较轻的挥发物如汽油、醚等,由于蒸发吸热,使周围空气冷却,会和周围空气一起有下降的趋势。

如果不问具体情况,只看到有害气体密度大于空气密度的一个方面,将会得出有害气体浓度分布的错误结论。

3.气流组织和送、排风口位置及型式的关系

在整个房间内布置全面通风的送、排风口时,应使进风气流均匀分布,尽量减少死角,减少涡流区。这是因为空气在涡流区内再循环,会使有害物浓度不断积聚造成局部空气环境恶化。如果在涡流区积聚的是易于燃烧或爆炸性有害物,则在达到一定浓度时就会引起燃烧或爆炸。图 2-5 所示为模型实验获得的送、排风口位置和型式不同时,室内气流分布情况。

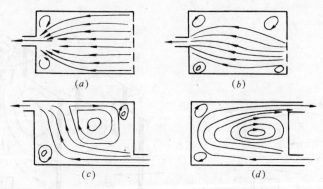

图 2-5　送排风口位置对室内气流分布的影响

图中(a)为在房间侧墙的整个高度上都布置均匀送风口,气流比较均匀,涡流较小,但送风口结构较复杂。(b)图只是将均匀送风口布置在侧墙的下部,在角上形成的涡流区较大,通风效果不如前者。实际工程中大多采用图(c)和图(d)形式的气流组织方式,这是因为一般车间都产生余热,使有害物积聚在上部,送风口简单,涡流区较小,工人操作区空气较洁净新鲜,效果较好。

从模型实验还可以看出,房间内气流分布情况主要取决于送风口的位置,而排风口则影响较小。这是因为排风口的作用范围远小于送风射流的作用范围所造成的。

三、气流组织的方式

通过前面的分析,在工程设计中,一般采用以下的气流组织方式:

(1)有害物源散发的有害气体温度比周围空气温度高,或者车间存在上升热气流,不论有害气体密度大小,均应当采用下送上排的方式。

(2)如果没有热气流的影响,当散发的有害气体密度比空气小时,则应采用下送上排的方式;比空气密度大时,应当采用上下两个部位同时排出的方式,并在中间部位将清洁空气直接送到工作地带。

四、气流组织实例

1．自然通风气流组织

车间自然通风的气流组织形式同工艺设备布置情况、建筑形式及尺寸有关。建筑形式及各尺寸包括土建设计的主体部分和自然通风设计的开窗面积和位置。

（1）单跨车间自然通风气流组织形式

只考虑热压作用的车间，热源应尽量布置在中部天窗的下面，将操作区布置在两侧，这样可使进风气流未经污染进入工作区，热气流到达天窗的距离短，排风效果好。如图 2-4 所示。对一些夏季风速较高且主导风向比较稳定的地区，也可以利用风压造成穿堂风，这时，热源则应设于下风侧，空气从迎风面进入室内，横穿车间，从背风面流出，以保证良好的通风效果。如图 2-6 所示。

（2）双跨车间自然通风的气流组织形式

双跨车间两跨都是冷车间或热车间时，自然通风同单跨区别不太大。当两跨一为冷跨、一为热跨时，就要认真研究气流组织。如果组织不好，不仅热跨车间的热量不能有效地排除，而且会侵入冷跨车间，在夏季破坏冷跨车间的空气环境。比较好的气流组织形式见图 2-7所示。

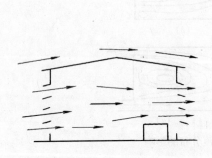

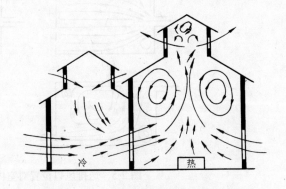

图 2-6　开敞式厂房的自然通风　　　　　图 2-7　冷、热双跨车间自然通风

这种气流组织形式的特点是：热跨车间高度较大，而且热源在车间中部。高度大，热压作用下的排风量就最大，这样冷跨向热跨补充风量，热跨车间的余热就不能进入冷跨。

（3）三跨车间的气流组织形式

在多跨厂房内，应将冷、热跨间隔配置，尽量避免热跨并联。在建筑上应让热跨高度大，冷跨高度小。如图 2-8 所示。

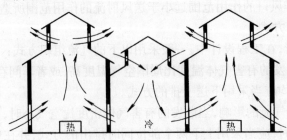

图 2-8　三跨间气流组织

这种气流组织形式是冷跨进风,热跨排风。自然通风效果好。

（4）多层建筑自然通风的气流组织

在多层建筑中,应将热源或有害物源设在建筑物的上层,下层用于进气。如图2-9所示为某电解车间气流组织示意图。由于散热量很大,为降低车间工作区温度,冲淡有害物浓度,将车间改为双层,在电解槽两侧设置四排连续进风格子,最大限度地让新鲜空气经地面格子板直接进入工作地带,大大提高了自然通风的效果。

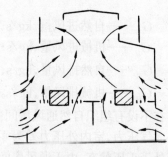

图2-9 双层厂房的自然通风

2. 机械通风气流组织

机械通风的气流组织,应满足送风尽可能先进入工人操作区,排风口应尽可能设置在有害物浓度高的区域的要求。如图2-10所示为几种不同的气流组织形式。其中(a)、(b)、(c)所示的气流组织方式通风效果差,而(d)、(e)、(f)所示的气流组织方式通风效果较好。

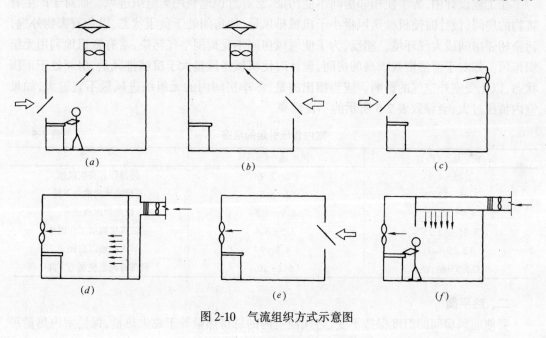

图2-10 气流组织方式示意图

第四节 空气平衡与热平衡

一、空气平衡

在通风房间中,无论采用何种通风方式,单位时间内进入室内的空气质量应和同一时间内排出的空气质量相等,即通风房间的空气质量要保持平衡,这就是一般所说的空气平衡或风量平衡。

如前所述,通风方式按动力可分为自然通风和机械通风两大类,因此,空气平衡方程式可表示为:

$$G_{zj} + G_{jj} = G_{zp} + G_{jp} \qquad (2\text{-}32)$$

式中　　G_{zj}——自然进风量,kg/s;

　　　　G_{jj}——机械进风量,kg/s;

　　　　G_{zp}——自然排风量,kg/s;

　　　　G_{jp}——机械排风量,kg/s。

在不设有组织自然通风房间中,当机械送风量 G_{jj} 等于机械排风量 G_{jp} 时,室内压力等于室外大气压力,室内外压力差为零。当机械送风量大于机械排风量($G_{jj} > G_{jp}$)时,室内压力升高处于正压状态,由于通风房间不是非常严密的,室内的部分空气就会通过房间不严密的缝隙或窗户、门洞渗透到室外,以达到新的空气平衡,我们把渗透到室外的这部分空气量,称为无组织排风量。反之,当机械送风量小于机械排风量($G_{jj} < G_{jp}$)时,室内压力降低,处于负压状态,这时室外空气就会通过门窗、孔洞及缝隙渗入到室内,同样也可达到新的空气平衡,我们把渗入到室内的这部分空气量称为无组织进风量。上述分析表明,不论通风房间处于正压还是负压,空气平衡原理总是适用的。

在工程设计中,为了使相邻房间不受污染,常有意识地利用无组织进风。如对于产生有害物的房间,设计时使机械送风量小于机械排风量,使房间处于负压状态,以免有害物外逸,污染相邻房间或大气环境。相反,为了使通风房间不受周围空气污染,常有意识地利用无组织排风。如对于清洁度要求高的房间,设计时使机械送风量大于机械排风量,房间处于正压状态,以免受室外空气的影响。应当指出的是,冬季房间内的无组织进风量不宜过大,如果室内负压过大,会导致表 2-5 所示的不良后果。

室内负压引起的危害　　　　　　　　表 2-5

负压 (Pa)	风速 (m/s)	危害
2.45~4.9	2~2.9	使操作者有吹风感
2.45~12.25	2~4.5	自然通风的抽力下降
4.9~12.25	2.9~4.5	燃烧炉出现逆火
7.35~12.25	3.5~6.4	轴流式排风扇工作困难
12.25~49	4.5~9	大门难以启闭
12.25~61.25	6.4~10	局部排风系统能力下降

二、热平衡

要使通风房间的温度保持不变,必须使室内的总得热量等于总失热量,保持室内热量平衡,即热平衡。

$$\Sigma Q_d = \Sigma Q_s \qquad (2\text{-}33)$$

式中　　ΣQ_d——总得热量,kW;

　　　　ΣQ_s——总失热量,kW。

由于工业厂房的设备、产品及通风方式的不同,各车间得热量、失热量的差别较大。一般通过高于室温的生产设备、产品、照明采暖设备及送风系统等取得热量。所有得热之和为车间的总得热。又通过围护结构、低于室温的生产材料、水分蒸发、冷风渗透及排风系统等损失热量。所有失热之和为车间的总失热量。

对于某一具体车间的各项得热量、失热量,应根据具体情况进行分析,具体如何计算,详见本章第一节及有关设计手册。

如果在通风系统实际运行时,车间的得热量和失热量同设计值不符,则室内空气温度就可能偏离设计要求。当得热量大于失热量时,室内空气温度将升高,使失热量也跟着增大;同理,失热大时,室内空气温度将降低,使得热量增大;最终使车间总得热量等于总失热量,达到室内温度变化后的热平衡。

从上面的分析可以看出,通风房间的空气平衡和热平衡是自然界的客观规律。设计时不遵守上述规律,实际运行时,会在新的室内状态下达到新的平衡,但此时的室内参数已发生变化,达不到设计预期的要求。因此,在进行通风系统设计时,应使房间的空气量和热量同时达到平衡,以保证室内空气参数符合设计要求。但在实际设计时很难既保证空气平衡又保证热平衡。这是因为室内温度、送风温度、送风量等都要符合规范的规定,它们又都影响着平衡问题。比如冬季车间根据空气平衡得出机械送风量,但机械送风必须携带一定热量以保持热平衡,那么送风温度就不一定符合规范的要求。碰到类似问题可采用下列方法处理:

1. 如根据热平衡求得的冬季送风温度低于规范的规定,可直接提高送风温度到规范规定的数值进行送风。结果是室内温度有所提高,这在冬季是有利的。

2. 如根据热平衡求得的冬季送风温度高于规范的规定,应降低送风温度到规定范围,增大机械送风量。结果是自然进风量减少,室内压力略有提高。室内温度变化不大是可行的。

3. 如根据热平衡求得的夏季送风温度高于规范的规定,可直接降低送风温度进行送风。结果是室内温度稍有降低,这在夏季是有利的。

4. 如根据热平衡求得的夏季送风温度低于规范的规定,应提高送风温度到规定范围。

应当指出,任何车间在实际运行时,空气和热量都是平衡的,设计合理时,室内参数符合卫生要求,反之,不符合卫生要求。

在保证室内卫生和工艺要求的条件下,为降低通风系统的运行能耗,提高经济效益,在进行车间通风系统设计时,可采取以下节能措施:

1. 在集中采暖地区,设有局部排风的建筑,因风量平衡需要送风时,应首先考虑自然补风(包括利用相邻房间的清洁空气)的可能性。所谓自然补风是指利用该建筑的无组织渗透风量来补偿局部排风量。如果该建筑的冷风渗透能满足排风要求,则可不设机械送风装置。这是因为,从热平衡的观点看,由于在采暖设计中已考虑了渗透风量所需的耗热量,所以用冷风渗透风量补偿局部排风量不会影响室内温度。

2. 当相邻房间未设有组织进风装置时,可取其冷风渗透量的50%作为自然补风。

3. 对于每班运行不足2小时的局部排风系统,经过风量和热量平衡计算,对室温没有很大影响时,可不设机械送风系统。

4. 设计局部排风系统时,要有全局观点,不能片面追求大风量,应改进局部排风罩的设计,在保证效果的前提下,尽量减小局部排风量,以减小车间的进风量和排风热损失,这一点,在严寒地区特别重要。

5. 利用净化后的空气再循环使用。根据卫生标准规定,经净化设备处理后的空气中,如有害物浓度不超过最高容许浓度的30%,空气可再循环使用。

6. 把室外空气直接送到局部排风罩或排风罩的排风口附近,补充局部排风系统排出的风量,可减小车间排风热损失。

7．为充分利用排风余热。节约能源,在条件许可时,应设置热回收装置。

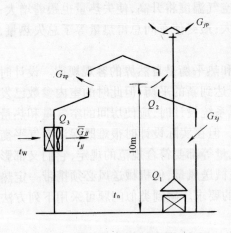

图2-11　车间通风示意图

实际的通风问题比较复杂,有时要根据排风量确定进风量;有时根据热平衡确定送风参数;有时既有局部送排风系统,又有全面通风系统,既要确定风量,又要确定空气参数。不管问题如何复杂,只要掌握了空气平衡、热平衡原理,这些问题不难解决。

【例2-2】　如图2-11所示为某车间送排风系统,生产设备总散热量 $Q_1 = 350\text{kW}$,围护结构失热量 $Q_2 = 420\text{kW}$,上部天窗排风量 $L_{zp} = 2.8\text{m}^3/\text{s}$,从工作区排走的风量 $L_{jp} = 4.25\text{m}^3/\text{s}$,自然进风量 $L_{zj} = 1.32\text{m}^3/\text{s}$,车间工作区温度 $t_n = 18℃$,上部天窗排风温度 $t_{zp} = 20.4℃$,室外空气温度 $t_w = -12℃$。试确定:(1)机械送风量;(2)机械送风温度;(3)加热机械送风所需热量 Q_3。

【解】　1．根据 $t_n = 18℃$,$t_{zp} = 20.4℃$,$t_w = -12℃$,查得空气密度分别为: $\rho_{-12} = 1.35\text{kg/m}^3$,$\rho_{18} = 1.21\text{kg/m}^3$,$\rho_{20.4} = 1.20\text{kg/m}^3$。

2．根据空气平衡求机械送风量 G_{jj}

$$G_{zj} + G_{jj} = G_{zp} + G_{jp}$$

∴ $G_{jj} = G_{zp} + G_{jp} - G_{zj} = L_{zp}\rho_{20.4} + L_{jp}\rho_{18} - L_{zj}\rho_{-12}$
$$= 2.8 \times 1.2 + 4.25 \times 1.21 - 1.32 \times 1.35 = 6.721 \text{ kg/s}$$

3．根据热平衡求机械送风温度 t_{jj}

$$\Sigma Q_d = \Sigma Q_s$$

即: $Q_1 + G_{jj} \cdot C \cdot t_{jj} + G_{zj} \cdot C \cdot t_w = Q_2 + G_{zp} \cdot C \cdot t_{zp} + G_{jp} \cdot C \cdot t_n$
$$350 + 6.72 \times 1.01 \times t_{jj} + 1.32 \times 1.35 \times 1.01 \times (-12)$$
$$= 420 + 2.8 \times 1.2 \times 1.01 \times 20.4 + 4.25 \times 1.21 \times 1.01 \times 18$$

解上式得 $t_{jj} = 37.47℃$

4．加热机械送风所需热量 Q_3
$$Q_3 = C \cdot G_{jj}(t_{jj} - t_w) = 1.01 \times 6.72 \times (37.47 + 12)$$
$$= 335.76 \text{ kW}$$

第五节　事　故　通　风

在生产车间,当生产设备发生偶然事故或故障时,会突然散发大量有害气体或有爆炸性的气体时,应设置事故排风系统。事故排风的风量应根据工艺设计所提供的资料通过计算确定。当工艺设计不能提供有关计算资料时,应按每小时不小于房间全部容积的8次换气量确定。即:

$$L = 8V_f \, \text{m}^3/\text{h} \tag{2-34}$$

式中　V_f——房间容积，m^3。

事故排风必须的排风量应由经常使用的排风系统和事故排风的排风系统共同保证。事故排风的风机开关应分别设在室内、外便于操作地点。

事故排风的室内排风口应设在有害气体或爆炸性危险物质散发量可能最大的地点。事故排风不设进风系统补偿，而且一般不进行净化处理。事故排风的室外排放口不应布置在人员经常停留或经常通行的地点，而且应高出 20m 范围内最高建筑物的屋面 3m 以上。当其与机械送风系统采风口的水平距离小于 20m 时，应高于采风口 6m 以上。

习　题

1. 计算消除粉尘、有害气体和蒸气所需的全面通风量时，为什么要乘以安全系数？

2. 计算全面通风换气量时有些什么规定？为什么这样规定？

3. 影响全面通风气流组织的主要因素是什么？

4. 气流组织的设计原则是什么？

5. 什么是空气平衡和热平衡？通风设计如果不考虑空气平衡和热平衡，会出现什么现象？

6. 某车间内同时散发铅尘和铝粉尘，各自的散发量为铅 0.36mg/h，铝 9.00mg/h，试计算该车间所需全面通风量。（$\kappa = 7$）

7. 某车间同时散发余热和余湿，余热量为 50kW，余湿量为 1.39g/s。已知夏季室外通风温度为 $t_w = 30℃$，相对湿度为 55%，要求车间内温度不超过 35℃，相对湿度为 75%，计算该车间所需的全面通风量。（$\kappa = 6$）

8. 某车间同时散发一氧化碳和二氧化硫，散发量为：一氧化碳 140mg/s，二氧化硫 56mg/s，试计算该车间所需的全面通风量。（$\kappa = 5$）

9. 某车间局部排风量 $G_{jp} = 0.56\text{kg/s}$，冬季室内工作区温度 $t_n = 15℃$，采暖室外计算温度为 $t_w = -25℃$，围护结构耗热量为 $Q = 5.8\text{kJ/s}$，为使室内保持一定的负压，机械送风量为排风量的 90%，试确定机械送风系统的风量和送风温度？

10. 已知某车间内生产设备发热量为 70kW，围护结构失热量为 80kW，上部天窗自然排风量为 $1.4\text{m}^3/\text{s}$，机械局部排风量为 $5\text{m}^3/\text{s}$，无组织自然进风量为 $1.4\text{m}^3/\text{s}$，室内作业地点温度为 $t_n = 18℃$，室外空气温度为 $-15℃$，天窗排风温度为 20℃。求机械送风量、机械送风温度和加热机械送风所需的热量。

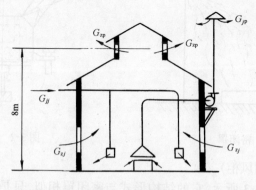

图 2-12　题 10 图

11. 什么是事故通风？其风量如何确定？

第三章 局部排气罩

局部排风系统是利用局部气流直接在有害物质产生地点对其加以控制或捕集,不使其扩散到车间作业地带。与全面通风方法相比,它具有排风量小,控制效果好等优点。因此在放散热、蒸气或有害物质的建筑物内,应首先考虑采用局部排风。只有不能采用局部排风或采用局部排风后达不到卫生标准要求时,再考虑采用全面通风。

局部排风罩是局部排风系统的重要组成部分。它的效能对整个局部排风系统的技术经济性能具有十分重要的影响。设计完善的局部排风罩用较小的风量即可获得最佳的控制效果,保证车间作业地带的有害物质浓度符合卫生标准的要求。

第一节 局部排气罩的分类

一、分类

局部排气罩的形式很多,按其工作原理的不同可分为以下几种类型。

1．密闭罩

如图 3-1 所示,它把有害物源全部密闭在罩内,罩上设有较小的工作孔①,以观察罩内工作,并从罩外吸入空气,罩内污染空气由风机②排出。它只需较小的排风量就能有效控制工业有害物的扩散,排风罩气流不受周围气流的影响。它的缺点是,工人不能直接进入罩内检修设备,有的看不到罩内的工作情况。用于除尘系统的密闭罩也称防尘密闭罩,如图 3-2 所示。

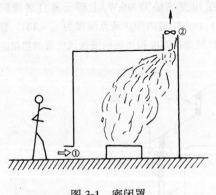

图 3-1 密闭罩

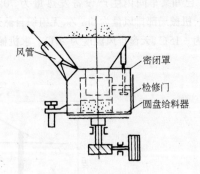

图 3-2 防尘密闭罩

2．柜式排风罩(通风柜)

柜式排风罩如图 3-3 所示,它的结构形式与密闭罩相似,只是罩的一面全部敞开。图 3-3 左边是小型通风柜,操作人员可把手伸入罩内工作,如化学实验室用的通风柜。图 3-3 右边是大型的室式通风柜,操作人员可以直接进入柜内工作,它适用于喷漆、粉状物料装袋等。

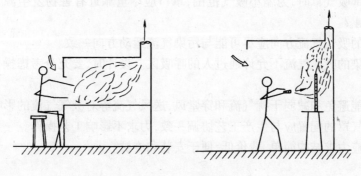

图 3-3　柜式排风罩

3．外部吸气罩

由于工艺条件限制,生产设备不能密闭时,可把排风罩设在有害物源附近,依靠风机在罩口造成的抽吸作用,在有害物发散地点造成一定的吸入速度,把有害物吸入罩内。这类排气罩统称为外部吸气罩。当污染气流的运动方向与罩口的吸气方向不一致时,如图 3-4 所示,需要较大的排风量。按照吸气气流运动方向的不同,分为上吸式、侧吸式和下吸式。

4．接受式排气罩

有些生产过程或设备本身会产生或诱导一定的气流运动,带动有害物一起运动,如高温热源上部的对流气流及砂轮磨削时抛出的磨屑及大颗粒粉尘所诱导的气流等。对这类情况只需把排气罩设在污染气流前方,有害物会随气流直接进入罩内,如图 3-5 所示。这类排气罩称为接受罩。

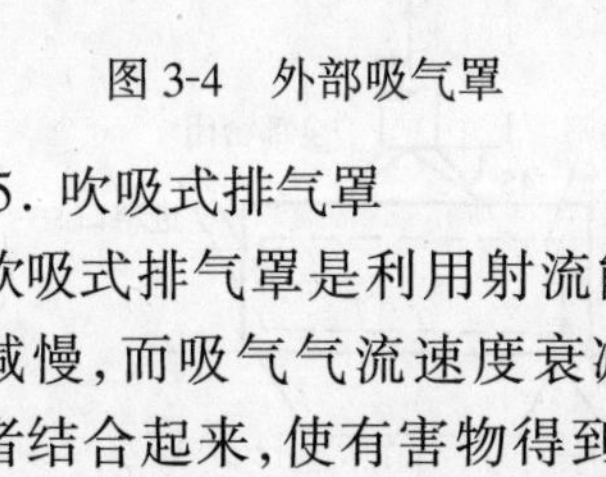

图 3-4　外部吸气罩

图 3-5　接受罩

5．吹吸式排气罩

吹吸式排气罩是利用射流能量密集,速度衰减慢,而吸气气流速度衰减快的特点。把两者结合起来,使有害物得到有效控制的一种方法,见图 3-6。它具有风量小,控制效果好,抗干扰能力强,不影响工艺操作等特点,适用于槽面较宽的工业槽排气系统。

二、局部排气罩的设计原则

1．为提高排气效果,减小污染范围,应优先采用密闭罩。

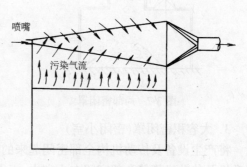

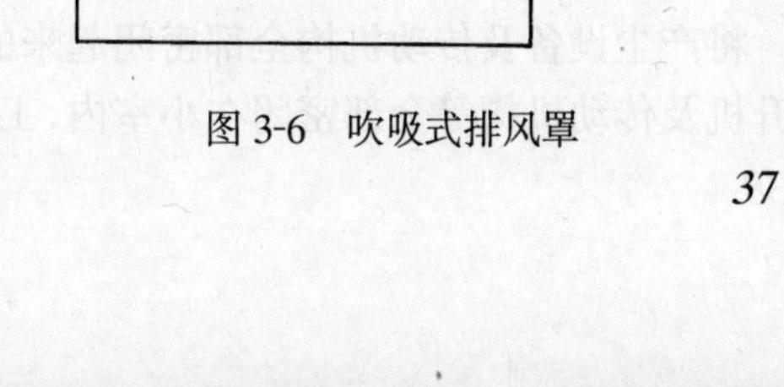

图 3-6　吹吸式排风罩

37

2．设置外部吸气罩时，为缩小吸气范围，罩口应尽量靠近有害物发生源，并加挡板，以便于捕集和控制。

3．排气罩的吸气气流方向应尽可能与污染气流运动方向一致。

4．已被污染的吸入气流不允许通过人的呼吸区。设计时，要充分考虑操作人员的位置和活动范围。

5．要尽可能避免和减弱干扰气流和穿堂风，送风气流等对吸气气流的影响。

6．局部排气罩的配置应与生产工艺协调一致，力求不影响工艺操作。

7．排气罩应力求结构简单，造价低，便于安装和维护。

第二节 密 闭 罩

一、密闭罩的分类

按照密闭罩和工艺设备的配置关系，密闭罩可分为三类：局部密闭罩，整体密闭罩和大容积密闭罩。

1．局部密闭罩

只将有害物散发源局部予以密闭的密闭罩称局部密闭罩。这种密闭罩适用于生产设备很大，不能整体密闭，或虽能整体密闭，但有碍工艺操作的场合。对于防尘密闭罩，适用于含尘气流速度低，瞬时增压不大的扬尘点。

图 3-7 为皮带运输机转落点的局部密闭罩。由于物料下落时，产生粉尘，所以在落点设局部密闭罩，把粉尘排走。

局部密闭罩的特点是罩容积小，在保证排气效果时所需抽风量小。但由于是局部密闭，有害物可能逸出罩外。

2．整体密闭罩

将产生有害物的设备大部或全部密闭起来，只有传动设备留在罩外的密闭罩称整体密闭罩，如图 3-8 所示。该罩适用于有振动或含尘气流速度高的设备，或生产设备整体密闭不妨碍工艺操作的情况。它的特点是有害物被全部密闭在罩内，有害物控制效果好。

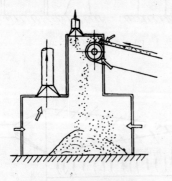

图 3-7 局部密闭罩

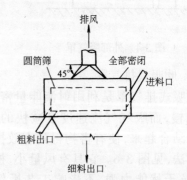

图 3-8 整体密闭罩

3．大容积密闭罩（密闭小室）

将产尘设备及传动机构全部密闭起来的密闭罩称大容积密闭罩。图 3-9 所示为振动筛提升机及传动机构等全部密闭在小室内，工人可以直接进入室内检修。这种密闭方式适用

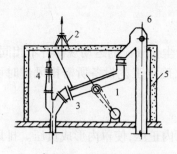

图 3-9　密闭小室
1—振动筛；2—小室排风口；3—卸料口；
4—排风口；5—密闭小室；6—提升机

于多点产尘，阵发性产尘，尘化气流速度大的设备或地点。它的特点是体积大，需要较大的抽气量。优点是有害物被控制在密闭罩内，对室外空气造成污染小。

选择密闭罩要根据工艺过程，工业有害物的特性，设备安装和维修，以及车间内设备的布置情况来确定。一般应首先考虑局部密闭罩，其次是整体密闭罩和大容积密闭罩。

二、密闭罩排风量的确定

密闭罩排风量是保证通风效果时所需的最小排风量。确定排风量的原则是保证罩内各点都处于一定的负压值，以防止有害物外逸，同时避免罩内物料被大量抽走。各种密闭罩必须保证的最小负压值见表 3-1。

各种罩必须保持的最小负压　　　　　　　　　　　表 3-1

设　　备	最小负压值(Pa)	设　　备	最小负压值(Pa)
干磨机和混碾机	1.5~2.0	筛子：条　　筛	1.0~2.0
破碎机：圆锥式	0.8~1.0	多角转筛	1.0
棍　　式	0.8~1.0	筛振动	1.0~1.5
锤　　式	20.0~30.0	盘式加料器	0.8~1.0
磨　机：笼磨机	60.0~70.0	贮料槽	10.0~15.0
球磨机	2.0	皮带机转运点	2.0
筒磨机	1.0~2.0	提升机	2.0
双轴搅拌机	1.0	螺旋运输机	1.0

从理论上分析，密闭罩的排气量可根据进、排风量平衡确定。

$$L = L_1 + L_2 + L_3 + L_4 \tag{3-1}$$

式中　L——密闭罩的排风量，m^3/s；

　　　L_1——物料下落时带入罩内的诱导空气量或者由于工艺过程带入的空气量，m^3/s；

　　　L_2——从孔口或不严密缝隙吸入的空气量，m^3/s；

　　　L_3——因工艺需要鼓入罩内的空气量，m^3/s；

　　　L_4——在生产过程中因受热使空气膨胀，或水分蒸发所增加的空气量，m^3/s。

在上述因素中，L_3 取决于工艺设备配置，只有少量自带鼓风机的设备如混砂机等才需考虑。L_4 在工艺过程发热量大，物料含水率高时才需考虑，如水泥厂的转筒烘干机。因此上式可简化为：

$$L = L_1 + L_2 \tag{3-2}$$

风量 L_2 可按下式计算：

$$L_2 = \mu F \sqrt{2\Delta p / \rho} \ \ m^3/s \tag{3-3}$$

式中　F——敞开的孔口及缝隙总面积，m^2；

　　　μ——孔口（及缝隙）的流量系数，它与孔口（及缝隙）的局部阻力系数 ζ 的关系是 $\mu = \dfrac{1}{\sqrt{\zeta}}$；

Δp——罩内最小负压值,Pa,见表 3-1;

ρ——敞开孔口及缝隙处进入空气密度,kg/m³。

由于不同的工艺设备,它们的操作方式,罩的结构形式,尘化气流的运动规律各不相同。因此难以用统一的公式进行计算。目前大都采用经验数据,确定工艺设备所需排风量时可直接查阅有关资料。

三、排风口(点)位置的确定

尘源密闭后,要防止粉尘外逸,还需进行排风,以消除罩内正压,使罩内形成负压。排风口(点)的设置应遵循以下原则。

1. 排风口应设在罩内压力较高的部位,有利于消除罩内正压。例如在皮带转运点,当落差大于 1m 时,排风口应设在下部皮带处。

斗式提升机输送冷料时,应把排风口设在下部受料点;输送物料温度在 150℃ 以上时,因热压作用需在上部排风;物料温度在 50~150℃ 时,需上、下同时排风。

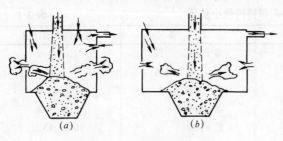

图 3-10 物料的下溅

2. 图 3-10 是粉状物料下落时,产生飞溅的情况。这种高速气流无法用排风方法去抑止。正确的防止方法是避免在飞溅区有孔口和缝隙。或者设置宽大的密闭罩,使尘化气流到达罩壁上的孔口前,速度已大大减弱,因此,在皮带运输机上排风口至卸料溜槽的距离至少应保持 300~500mm。

3. 为尽量减少把粉状物料吸入排风系统,排风口不应设在气流含尘高的部位或飞溅区内。罩口风速不宜过高,通常采用下列数值:

筛落的极细粉尘　　　$v=0.4\sim0.6m/s$;

粉碎或磨碎的细粉　　$v<2m/s$;

粗颗粒物料　　　　　$v<3m/s$。

第三节　通　风　柜

通风柜的工作原理与密闭罩相似,为了防止通风柜内机械设备的扰动、化学反应或热源的热压以及室内横向气流的干扰等原因引起的有害物逸出,必须对通风柜进行排风,使柜内形成负压,并在工作孔上造成一定的吸入速度(或称控制风速)。

这种排气罩的特点是操作方便。与密闭罩比较,由于开口较大,所需风量也较大。

一、通风柜的型式

按排风方式不同,通风柜可分为上部排风、下部排风和上、下联合排风三种形式。

1. 上部排风的通风柜

当通风柜内产生的有害气体密度比空气小时,或当通风柜内有发热体时,为有效地防止有害气体从操作口上缘逸出,应选择上部排风的通风柜。图 3-11 为一般常用的上部排风式通风柜,这类通风柜结构简单,应用广泛。

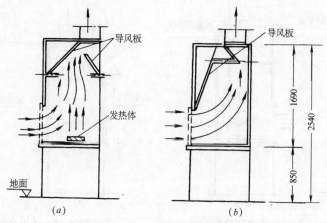

图 3-11　上部排风的通风柜

2．下部排风的通风柜

当通风柜内没有发热体,且产生的有害气体密度比空气大,柜内气流下降,为有效地防止有害气体从操作口下缘逸出,应选择下部排风的通风柜。图 3-12 为排风条缝口紧靠操作台面,或距操作台面有一定的高度。

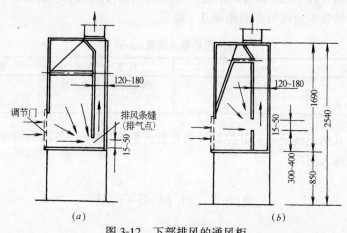

图 3-12　下部排风的通风柜

3．上、下联合排风的通风柜

当通风柜内既有发热体,同时又产生密度大小不等的有害气体时,为有效地适应各种不同操作条件的变化,最好选择上、下联合排风的通风柜。图 3-13 这种通风柜使用灵活,但结构比较复杂。

对通风柜设置在采暖或对温、湿度有控制要求的空调房间时,为节约采暖、空调能耗,可采用图 3-14 所示的送风式通风柜。从工作孔上部送入取自室外(或相邻房间)的补给风,送风量约为排风量的 2/3～3/4,其排风量的 1/4～1/3 为室内空气。

二、通风柜排风量的确定

柜式排风罩的排风量可按下式计算

$$L = L_1 + vF\beta \ \mathrm{m^3/s} \tag{3-4}$$

41

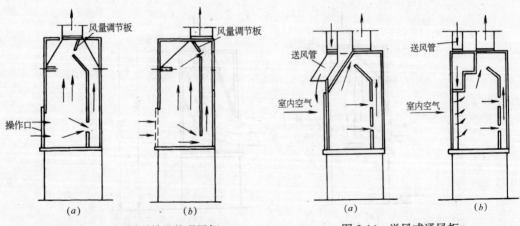

图 3-13　上、下同时排风的通风柜　　　　图 3-14　送风式通风柜

式中　L_1——柜内有害气体散发量，m^3/s；

$\quad\quad v$——工作孔上的吸入速度，m/s；

$\quad\quad F$——工作孔及不严密缝隙面积，m^2；

$\quad\quad \beta$——安全系数，$\beta = 1.05 \sim 1.1$。

对于化学实验室用的通风柜，工作孔上的吸入速度可按表 3-2 确定。对某些特定的工艺过程工作孔上的吸入速度可参照附录 3-1 确定。

通风柜的吸入速度(m/s)　　　　　　　　表 3-2

有害物性质	吸入速度 v	有害物性质	吸入速度 v
无毒有害物	0.25~0.375	剧毒或有少量放射性	0.5~0.6
有毒或有危险的有害物	0.4~0.5		

通风柜工作孔的速度分布对其控制效果有很大影响，速度分布不均匀，污染气流会从吸入速度低的部位逸入室内。

第四节　外部吸气罩

外部吸气罩是利用排气罩的抽吸作用，在有害物发生地点(控制点)造成一定的气流运动，将有害物吸入罩内，加以捕集。

一、吸气口气流的运动规律

1. 点汇吸气口

空气在某一点连续而均匀地被吸入时，它的吸气范围是一个空间球面，该点称为点汇。见图 3-15。

根据流体力学，位于自由空间的点汇吸气口的排风量为：

$$L = 4\pi r_1^2 v_1 = 4\pi r_2^2 v_2 \quad m^3/s \quad\quad (3-5)$$

式中　v_1、v_2——点 1 和点 2 的空气流速，m/s；

$\quad\quad r_1$、r_2——点 1 和点 2 至吸气口的距离，m。

吸气口设在墙上时，吸气范围受到限制，将减小一半，其排风量为：

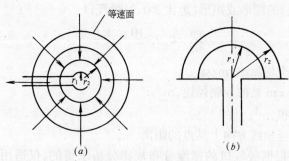

图 3-15　点汇吸气口

$$L = 2\pi r_1^2 v_1 = 2\pi r_2^2 v_2 \ \mathrm{m^3/s} \tag{3-6}$$

式中各项意义同前。

从公式(3-5)、(3-6)可得：

$$\frac{v_1}{v_2} = \left(\frac{r_2}{r_1}\right)^2$$

由此可以得出结论：吸气口外某一点的空气流速与该点至吸气口的距离的平方成反比例。

2．圆形或矩形吸气口的气流运动规律

实际工程中所应用的吸气口不同于点汇，(吸气口)都有一定的面积和形状，而不是一个点，因此不能把点汇吸气口的气流运动规律直接应用于外部吸气罩的计算上。为了解决吸气口的设计计算问题，到目前为止还没有找到一种完整的理论方法来解决，一般都是根据实验结果整理出各种吸气口的计算公式。图 3-16、图 3-17 是通过实验求得的四周无法兰边和四周有法兰边的圆形吸气口上的速度分布图。

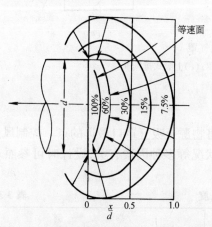
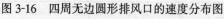

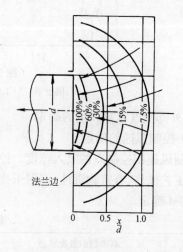

图 3-16　四周无边圆形排风口的速度分布图　　图 3-17　四周有边圆形排风口的速度分布图

经数据处理，上述的实验结果可用下式表示：

(1) 对于四周无边的圆形或矩形(边比≥0.2)吸气口：

$$\frac{v_0}{v_x} = \frac{10x^2 + F}{F} \tag{3-7}$$

(2) 对于四周有边的圆形或矩形(边比≥0.2)吸气口:

$$\frac{v_0}{v_x} = 0.75 \frac{10x^2 + F}{F} \tag{3-8}$$

式中　v_0——罩口的平均流速,m/s;

　　　　v_x——距罩口 xm 处的控制风速,m/s;

　　　　F——罩口面积,m^2;

　　　　x——吸气口至轴线方向上某点的距离,m。

式(3-7)、(3-8)是根据吸气口的速度分布规律分析求得的,仅适用于 $x \leqslant 1.5d$(d——罩口直径)的场合。当 $x > 1.5d$ 时,实际的速度衰减要比计算值大。

二、外部吸气罩的类型及排风量的确定

1. 外部吸气罩的类型

根据吸气罩口的形状分为圆形和矩形等;

根据吸气罩设置的位置分为侧吸罩和上吸罩;根据吸气罩的构造分为四周有法兰边和无法兰边两种。如图 3-18。

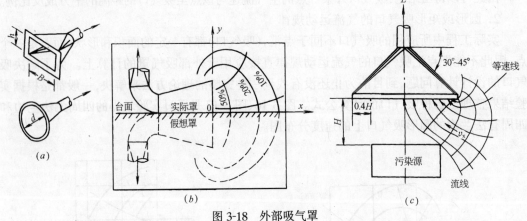

图 3-18　外部吸气罩

(a)侧吸罩;(b)工作台上的侧吸罩;(c)上吸式排风罩

2. 外部吸气罩排风量的确定

(1) 控制风速的确定

控制风速即控制点的吸入速度。控制点即有害物源至吸气罩口最远的点。控制风速的大小与工艺操作、有害物毒性、周围干扰气流运动状况等多种因素有关,设计时可参照表 3-3 和表 3-4 确定。

控　制　速　度　　　　　　　　　　　表 3-3

序　号	有害物的散发状态	v_x(m/s)	举　　　　例
1	在静止空气中,以极低的扩散速度散发时	0.25~0.5	水槽液面蒸气的蒸发、脱脂,气体或烟从敞口容器中外逸等
2	在较弱的气流状态中,以较低的扩散速度扩散	0.5~1.0	涂漆小室,间断的容器装料,焊接台,电镀槽,酸洗槽,低速传动带转运点等

序　号	有害物的散发状态	v_x(m/s)	举　　例
3	在较强的气流状态中,以较大的扩散速度扩散时	1.0~2.5	喷漆小室,粉料装筒,破碎机,高速传送带的转运点等
4	在很强的气流状态中,以很高的惯性速度散发时	2.5~10	砂轮机,喷(抛)丸清理,磨床,旋转铣床等

控制风速的取值条件　　　　　　　　　　　表 3-4

序　号	控制风速取下限值的条件	控制风速取上限值的条件
1	当室内气流速度较小或有害物易捕时	当存在妨碍室内气流流动的障碍时
2	当毒性小,对人体危害程度较小时	当毒性较大时
3	间断生产或产量较小时	当产量大,使用时间较长时
4	罩子较大时	罩子较小时

(2) 排风量的确定

1) 前面无障碍的外部吸气罩

a. 圆形排风罩或矩形(边比≥0.2)排风罩

根据公式(3-7)、(3-8),前面无障碍四周无边和有边的圆形排风罩或矩形(边比≥0.2)排风罩,其排风量按下式计算:

$$四周无边 \quad L = (10x^2 + F)v_x \text{ m}^3/\text{s} \tag{3-9}$$

$$四周有边 \quad L = 0.75(10x^2 + F)v_x \text{ m}^3/\text{s} \tag{3-10}$$

式中　L——罩口排风量,m^3/s。

从上式可以看出,在罩口设置法兰边,可阻挡四周无效气流,在同样条件下,其排风量可减少 25%。

b. 方形或矩形(边比<0.2)排风罩

对边比<0.2 的矩形排风罩口的气流流谱进行分析对比后发现,它们的速度衰减要比圆形罩小。矩形排风口的速度衰减是随(b/a)的增大而增大的。a 是罩口的长边尺寸,b 是罩口的短边尺寸。图 3-19 是根据气流流谱得出的计算图。根据 x/b,由该图求得 v_x/v_0,即可算出罩口排风量。

【例 3-1】　有一尺寸为 $300 \times 600 \text{mm}$ 的矩形排风罩(四周无边),要求在距罩口 $x = 900 \text{mm}$ 处,造成 $v_x = 0.25 \text{m/s}$ 的吸入速度,计算该排风罩的排风量。

【解】

$$\frac{a}{b} = \frac{600}{300} = 2.0$$

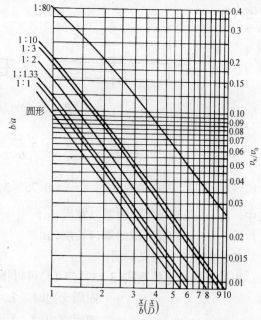

图 3-19　矩形排风口的速度计算图

$$\frac{x}{b} = \frac{900}{300} = 3.0$$

由图 3-19 查得
$$\frac{v_x}{v_0} = 0.037$$

罩口上平均风速 $v_0 = \frac{v_x}{0.037} = \frac{0.25}{0.037} = 6.76 \text{ m/s}$

罩口排风量 $L = 3600 v_0 F = 3600 \times 6.76 \times 0.3 \times 0.6$
$$= 4380 \text{ m}^3/\text{h}$$

对于四周有边的矩形吸气口,其排风量修正可与公式(3-10)相似,即为无法兰边时的 75%。

c. 设在工作台上的侧吸罩($x < 2.4\sqrt{F}$)

设在工作台上的侧吸罩如图 3-18(b)所示。可以把它看成是一个假想大排风罩的一半,其排风量按下式计算:

四周无边时 $L = (5x^2 + F)v_x \text{ m}^3/\text{s}$ (3-11)

四周有边时 $L = 0.75(5x^2 + F)v_x \text{ m}^3/\text{s}$ (3-12)

【例 3-2】 有一喷漆工作台设置侧吸罩,罩口四周有边,罩口尺寸为 $250 \times 400\text{mm}$,罩口至被漆工件最远距离 $x = 250\text{mm}$,计算侧吸罩的排风量。

【解】

查表 3-3 取 $v_x = 1 \text{ m/s}$

排风量 $L = 0.75(5x^2 + F)v_x = 0.75(5 \times 0.25^2 + 0.25 \times 0.4) \times 1$
$$= 0.31 \text{ m}^3/\text{s}$$

d. 缝口侧吸罩(边比小于 0.2)

这种吸气罩的形状如图 3-20 所示。根据实验得出条缝吸气罩沿罩口轴线方向的流线变化式为:

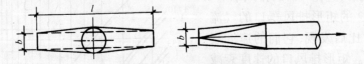

图 3-20 外设条缝吸气罩

四周无边时 $\frac{v_0}{v_x} = 3.7 \frac{x}{b}$ $\left(b \leqslant \frac{l}{10}\right)$ (3-13)

四周有边时 $\frac{v_0}{v_x} = 0.75 \times 3.7 \times \frac{x}{b} = 2.8 \frac{x}{b}$ $\left(b \leqslant \frac{l}{10}\right)$ (3-14)

式中 b——条缝吸气罩的罩口宽度,m;

l——条缝吸气罩的罩口长度,m。

其他各项符号意义同前。

根据流线变化关系式(3-13)、(3-14)可得排风量计算公式:

四周无边时 $L = 3.7 l x v_x \text{ m}^3/\text{s}$ (3-15)

四周有边时 $L = 2.8 l x v_x \text{ m}^3/\text{s}$ (3-16)

有边设在工作台上 $\qquad L = 2lxv_x \text{ m}^3/\text{s}$ $\qquad$ (3-17)

式中各项符号意义同前。

2）上吸式排气罩

排风罩设在工艺设备上方时，罩口的流线分布及安装尺寸如图 3-18(c)所示。为避免横向气流影响，要求 H 尽可能小于或等于 $0.3a$（a——罩口长边尺寸）。

上吸罩罩口尺寸的大小可根据污染源（障碍物）的大小按下式确定：

$$A = A_1 + 0.8H \text{ m} \qquad (3-18)$$
$$B = B_1 + 0.8H \text{ m} \qquad (3-19)$$

式中 A、B——罩口长、短边尺寸，m；

$\qquad A_1$、B_1——污染源长、短边尺寸，m；

$\qquad H$——罩口距污染源的距离，m。

其排风量按下式计算：

$$L = \kappa PHv_x \text{ m}^3/\text{s} \qquad (3-20)$$

式中 P——排风罩口敞开面的周长，m；

$\qquad v_x$——边缘控制点的控制风速，m/s；

$\qquad \kappa$——安全系数，通常取 $\kappa = 1.4$。

【例 3-3】 有一浸漆槽槽面尺寸为 0.6×1.0m，为排除有机溶剂蒸气，在槽上方设排风罩，罩口至槽面距离 $H = 0.4$m，罩的一个长边设有固定挡板，计算排风罩排风量。

【解】

根据表 3-3 取 $\qquad\qquad v_x = 0.25 \text{m/s}$

罩口尺寸 $\qquad\qquad$ 长边 $A = 1.0 + 0.8 \times 0.4 = 1.32 \text{ m}$

$\qquad\qquad\qquad\qquad$ 短边 $B = 0.6 + 0.8 \times 0.4 = 0.92 \text{ m}$

因一边设有挡板，罩口周长

$$P = 1.32 + 2 \times 0.92 = 3.16 \text{ m}$$

根据公式(3-20)，排风量

$$L = \kappa PHv_x = 1.4 \times 3.16 \times 0.4 \times 0.25 = 0.44 \text{ m}^3/\text{s}$$

应当指出，上述讨论的外部吸气罩排风量的计算方法的核心是在边缘控制点上造成一定的控制风速，以便把有害物全部吸入罩内，该计算方法称为控制风速法。这种方法的不足之处是没有考虑污染气流对排气罩的影响，所以控制风速法仅适用于污染气体发生量接近零的冷过程，如低温敞口槽、手工刷漆、焊接等。日本学者研究了排风罩口上同时有污染气流和吸气气流的情况，并给出了相应的排风量计算公式。

三、外部吸气罩的设计原则

1. 在不妨碍工艺操作的前提下，排风罩口应尽可能靠近有害物发生源。

2. 在排风罩口四周增设法兰边，可使排风量减少 25% 左右。在一般情况下，法兰边宽度为 150～200mm，根据国外学者研究，法兰边宽度可近似取罩口宽度一半。

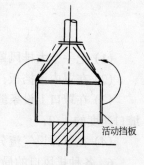

图 3-21 设有活动挡板的伞形罩

3．对上吸式排风罩，工艺条件允许时可在罩口四周设固定式活动板，见图3-21。

4．排风罩的扩张角 α 对罩口的速度分布及排风罩的压力损失有较大影响。表3-5是在不同 α 角下(v_c/v_0)的变化。v_c 是罩口的中心速度，v_0 是罩口的平均速度。图3-22是不同 α 下排风罩局部阻力系数的变化曲线。在 $\alpha=30°\sim60°$ 时，压力损失最小。综合罩的结构，速度分布，压力损失三方面的因素，设计外部吸气罩时，其扩张角 α 应小于或等于 $60°$。

5．当罩口尺寸较大，难以满足上述要求时可采取图3-23所示的措施。

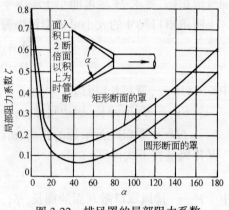

图 3-22　排风罩的局部阻力系数

不同 α 角下的速度比　　　　表 3-5

α	v_c/v_0
30°	1.07
40°	1.13
60°	1.33
90°	2.0

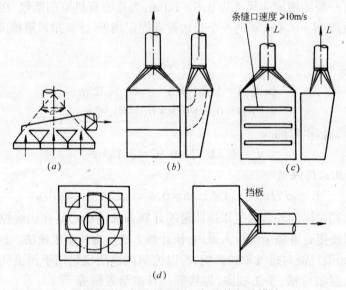

图 3-23　保证排风罩口气流均匀的措施

（1）把一个大排风罩分割成若干个小排气罩；

（2）在罩内设挡板；

（3）在罩口上设条缝口，要求条缝口处风速在 10m/s 以上，而静压箱内风速不得超过条缝口速度的 $1/2$；

（4）在罩口设气流分布板。

6．各种排风口的局部阻力系数见表3-6。

罩子形状图例	名　称	局部阻力系数 ζ
	直管	0.93
	有边直管	0.49
	带直管的柜橱	0.49
	喇叭口直管	0.04
	带小孔直管(取小孔 = P_d)	1.78
	小孔结合有边直管	~2.3 或 1.78(小孔 P_d) +0.49(直管 P_d)
	柜橱结合喇叭口直管	0.06~0.10
	收集箱或沉降室	1.5
	双层罩(内层圆锥形)	1.0

第五节　接　受　罩

一、热源上部接受式排风罩

热源上部接受罩在外形上和吸式外部吸气罩完全相同,但作用原理不同。对接受罩而言,罩口外的气流运动是生产过程本身造成的,接受罩只起接受作用。它的排风量取决于接受的污染空气量大小,接受罩的断面尺寸应大于罩口处接受气流的尺寸。

(一)热源上部的热射流

热源上部的热射流主要有两种形式,一种是生产设备本身散发的热射流如炼钢电炉炉顶散发的热烟气;一种是高温设备表面对流散热时形成的热射流。对于前者必需实测确定,下面对后者进行分析研究。

当热物体和周围空间有较大温差时,通过对流散热把热量传给相邻空气,周围空气受热上升,形成热射流。对热射流观察发现,在离热源表面$(1\sim 2)B$(B——热源直径)处(通常在 $1.5B$ 以下)射流发生收缩,在收缩断面上流速最大,随后上升气流逐渐缓慢扩大。可以把它近似看作是从一个假想点源以一定角度扩散上升的气流,见图 3-24。

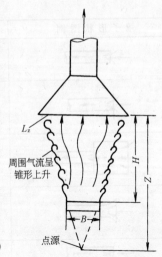

图 3-24 热源上部的接受罩

热源上方的热射流呈不稳定的蘑菇状脉冲式流动,难以对它进行较精确的测量。由于实验条件各不相同,不同研究者得出的具体结果不尽相同,但总的变化规律是一致的。

通过对不同研究者得出的具体结果分析,推荐按下面的公式计算。

在 $H/B=0.9\sim7.4$ 的范围内,在不同高度上热射流的流量。

$$L_z = 0.04Q^{\frac{1}{3}}Z^{\frac{3}{2}} \text{ m}^3/\text{s} \qquad (3\text{-}21)$$

式中 Q——热源的对流散热量,kJ/s。

$$Z = H + 1.26B \text{ m} \qquad (3\text{-}22)$$

式中 H——热源至计算断面距离,m;

B——热源水平投影的直径或长边尺寸,m。

在某一高度上热射流的断面直径

$$D_Z = 0.36H + B \text{ m} \qquad (3\text{-}23)$$

通常近似认为热射流收缩断面至热源的距离 $H_0 \leqslant 1.5\sqrt{A_p}$($A_P$ 为热源的水平投影面积)。当热源的水平投影面积为圆形时 $H_0 = 1.5\left(\frac{\pi}{4}B^2\right)^{\frac{1}{2}} = 1.33B$。因此收缩断面上的流量按下式计算:

$$L_0 = 0.04Q^{\frac{1}{3}}[(1.33+1.26)B]^{\frac{3}{2}} = 0.167Q^{\frac{1}{3}}B^{\frac{3}{2}} \text{ m}^3/\text{s} \qquad (3\text{-}24)$$

热源的对流散热量

$$Q = \alpha F \Delta t \text{ W} \qquad (3\text{-}25)$$

式中 F——热源的对流放热面积,m²;

Δt——热源表面与周围空气温度差,℃;

α——对流放热系数,W/(m²·℃)。

$$\alpha = A\Delta t^{\frac{1}{3}} \qquad (3\text{-}26)$$

式中 A——系数,水平散热面 $A = 1.7$;垂直散热面 $A = 1.13$。

(二) 热源上部接受罩排风量计算

从理论上说,只要接受罩的排风量等于罩口断面上热射流的流量,接受罩的断面尺寸等于罩口断面上热射流的尺寸,污染气流就能全部排除。实际上由于横向气流的影响,热射流会发生偏转,可能逸入室内。接受罩的安装高度 H 越大,横向气流的影响越严重。因此,生产上采用的接受罩,罩口尺寸和排风量都必须适当加大。

根据安装高度 H 的不同,热源上部的接受罩可分为两类,$H \leqslant 1.5\sqrt{A_p}$ 的称为低悬罩,$H > 1.5\sqrt{A_p}$ 的称为高悬罩。

1. 罩口尺寸的确定

由于低悬罩位于收缩断面附近,罩口断面上的热射流横断面积一般是小于(或等于)热源的平面尺寸。在横向气流影响小的场合,排风罩口尺寸应比热源尺寸扩大 150~200mm。

横向气流影响大的场合,按下式确定:

$$\text{圆形} \quad D = d + 0.5H \text{ m} \tag{3-27}$$

$$\text{矩形} \quad A_1 = a + 0.5H \text{ m} \tag{3-28}$$

$$B_1 = b + 0.5H \text{ m} \tag{3-29}$$

式中 D——罩口直径,m;

　　A_1、B_1——罩口尺寸,m;

　　　　d——热源水平投影直径,m;

　　a、b——热源水平投影尺寸,m。

高悬罩的罩口尺寸按下式确定:

$$D = D_z + 0.8H \text{ m} \tag{3-30}$$

2. 排风量计算

高悬罩排风量按下式计算:

$$L = L_z + v'F' \text{ m}^3/\text{s} \tag{3-31}$$

式中 L_z——罩口断面上热射流流量,m³/s;

　　　F'——罩口的扩大面积,即罩口面积减去热射流的断面积,m²;

　　　v'——扩大面积上空气的吸入速度,$v' = 0.5 \sim 0.75$m/s。

对于低悬罩,其排风量可按下式计算:

$$L = L_0 + v'F' \text{ m}^3/\text{s} \tag{3-32}$$

式中 L_0——收缩断面上的热射流流量,m³/s。

高悬罩排风量大,易受横向气流影响,工作不稳定,设计时应尽可能降低其安装高度。在工艺条件允许时,可在接受罩上设活动卷帘,如图 3-25 所示。罩上的柔性卷帘设在钢管上,通过传动机构转动钢管,带动卷帘上下移动,升降高度视工艺条件而定。

二、砂轮机等防护吸尘罩

当运动的机械或设备以一定的方向将粉尘甩出时,排风罩应设计成接受罩形式,罩子的形状与运动的机械相符合,其开口正好朝向粉尘甩出的方向。

图 3-26 为砂轮接受罩的几种形式。图 3-26(a)的接受罩与砂轮分开,但应尽可能互相靠近,这时可以捕集甩出的粉尘和携带的气流。罩口面积应与甩出的气流扩散断面相适应。这种接受罩排风量较大,但在砂轮后部仍然有很微小的粉尘扩散出来,而不能全部接受。图 3-26(b)为密闭形接受罩,接受罩将砂轮加以密闭,按照粉尘甩出的轨迹进行抽风。这种形式排风罩的排风量较小,但在工件的上部仍有微细粉尘扩散难以捕集。为了更好地捕集这部分粉尘,可在其上部加设辅助罩,如图 3-26(c)所示。

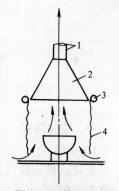

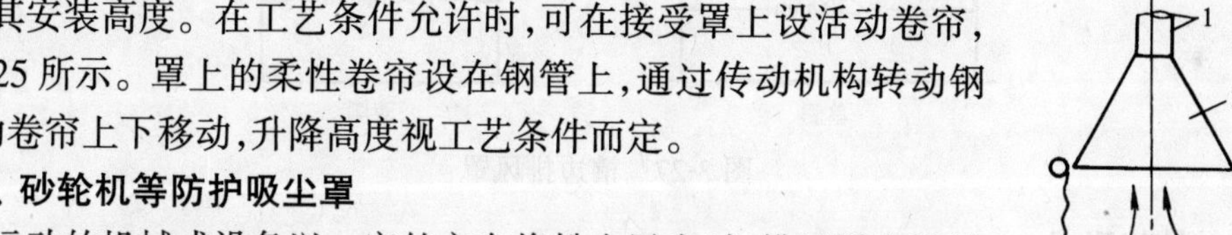

图 3-25　带卷帘的
接受罩

1—风管;2—伞形罩;
3—卷绕装置;4—卷帘

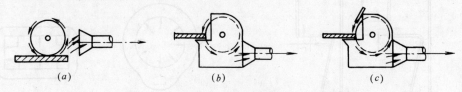

(a) 　　　　　　　　　(b) 　　　　　　　　　(c)

图 3-26　砂轮接受罩

为了减少排风量一般都采用图 3-26(b) 的形式,此时的排风量可按下列经验公式计算:

$$L = DL_m \text{ m}^3/\text{s} \tag{3-33}$$

式中　D——砂轮或抛光轮直径,mm;

L_m——每 mm 轮径的排风量,$\text{m}^3/(\text{s·mm})$。对砂轮 $L_m = \dfrac{2}{3600}$,对毛毡抛光轮 $L_m = \dfrac{2}{3600}$,对布质抛光轮 $L_m = \dfrac{6}{3600}$。

当固定砂轮机为双头砂轮时,按上式计算出的排风量应乘以 2。

第六节　槽边吸气罩

槽边排风罩是外部吸气罩的一种特殊形式,专门用于各种工业槽(如电镀槽,酸洗槽等)。它的特点是不影响工艺操作,有害气体不经过人的呼吸区。由于槽边排风罩的气流运动方向与有害气体的运动方向是不一致的,因此所需的排风量较大。

槽边吸气罩分为单侧和双侧,见图 3-27。槽宽 $B < 500\text{mm}$ 时宜采用单侧排风,槽宽 $B = 500 \sim 800\text{mm}$ 时宜采用双侧排风;槽宽 $B > 800\text{mm}$、$< 1200\text{mm}$ 时必须双侧排风;槽宽 $B > 1200\text{mm}$ 时可采用吹吸式排风罩(即吹吸罩)。$D = 500 \sim 1000\text{mm}$ 时宜采用环形排风罩。

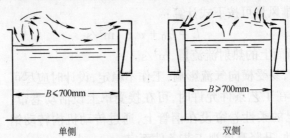

图 3-27　槽边排风罩

一、结构形式

1. 条缝式

条缝式槽边吸气罩的结构如图 3-28 所示。它的特点是截面高度 E 较大,$E \geqslant 250\text{mm}$ 的称为高截面,$E < 250\text{mm}$ 的称为低截面。按照断面尺寸$(E \times F)$,有 $200\text{mm} \times 200\text{mm}$,$250\text{mm} \times 200\text{mm}$。$250\text{mm} \times 250\text{mm}$ 三种规格。对于 $D = 500 \sim 1000\text{mm}$ 的圆形槽,可以采用图 3-29 所示的周边型排风罩。截面高度 E 增大后,如同在排风口上设置了挡板,减小了吸气范围。但是 E 的增大也给工人操作带来不便。因此,条缝式槽边吸气罩主要用于机械化的生产线。当条缝式槽边吸气罩在一条生产线上使用时,应采用相同 E 值的排风罩,以保持吸气罩安装在同一水平高度上。

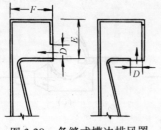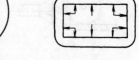

图 3-28　条缝式槽边排风罩　　　　图 3-29　周边型槽边排风罩

2．平口式

平口式槽边吸气罩有分组式(图 3-30)和整体式(图 3-31)两种。它主要用于手工操作的生产线。在同样条件下,其排风量要较条缝式大。

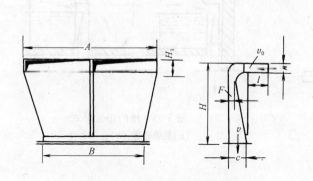

图 3-30　分组式槽边排风罩

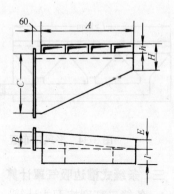

图 3-31　整体式槽边排风罩

二、设计原则

1．为保证排风口气流分布均匀,应采取以下措施

(1) 对整体式平口槽边吸气罩提高条缝口风速,使其保持在 10m/s 以上,而静压箱内风速应小于条缝口风速的一半。借助条缝口的压力损失,使气流分布均匀,见图 3-32。

(2) 对条缝式排气罩,条缝口面积(f)和罩横断面积(F)之比 f/F 愈小,速度分布愈均匀。当 $f/F \leqslant 0.3$ 时,可以近似认为是均匀,采用等高条缝。当 $f/F > 0.3$ 时,应采用图 3-33 所示的楔形条缝口。楔形条缝口高度可近似按表 3-7 确定。

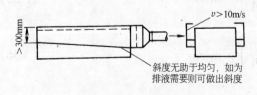

图 3-32　提高条缝口风速

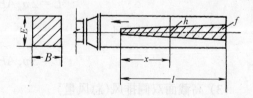

图 3-33　楔形条缝口

楔形条缝口高度的确定　　　　　　　　　　　　　表 3-7

f/F	$\leqslant 0.5$	$\leqslant 1.0$
条缝末端高度 h_1	$1.3h_0$	$1.4h_0$
条缝始端高度 h_2	$0.7h_0$	$0.6h_0$

注:h_0——条缝口平均高度。

(3) 槽长 $l > 1500$mm 时,可沿槽长度方向分设 2~3 个排风罩,见图 3-34。

2．为提高槽边排风罩的效果,减少排风量可采取以下的措施

(1) 需设置排风罩的工作槽应尽量靠墙布置,见图 3-35,以减小吸气范围。

(2) 尽量降低排风罩口至液面高度,一般不得小于 150mm。

(3) 条件许可时,可在槽上设盖板。当槽面无法覆盖时,可在液面上加覆盖料(如塑料球、棒等)、抑止剂等措施,以减少液面有害物质挥发。

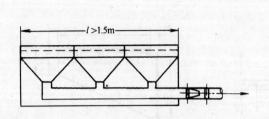

图 3-34 多风口布置

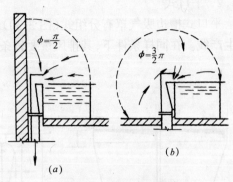

图 3-35 槽的布置形式
(a)靠墙布置;(b)自由布置

三、条缝式槽边吸气罩计算

1. 条缝口高度按下式计算

$$h = \frac{L}{3600 l v_0} \tag{3-34}$$

式中 h——条缝口高度,m;

       L——条缝口排风量,m^3/h;

       l——条缝口长度,m;

       v_0——条缝口风速,一般取 $7\sim10m/s$。

2. 排风量计算

(1) 高截面单侧排风

$$L = 2v_x AB \left(\frac{B}{A}\right)^{0.2} \text{m}^3/\text{s} \tag{3-35}$$

(2) 低截面单侧排风

$$L = 3v_x AB \left(\frac{B}{A}\right)^{0.2} \text{m}^3/\text{s} \tag{3-36}$$

(3) 高截面双侧排风(总风量)

$$L = 2v_x AB \left(\frac{B}{2A}\right)^{0.2} \text{m}^3/\text{s} \tag{3-37}$$

(4) 低截面双侧排风(总风量)

$$L = 3v_x AB \left(\frac{B}{2A}\right)^{0.2} \text{m}^3/\text{s} \tag{3-38}$$

(5) 高截面周边型排风

$$L = 1.57 v_x D^2 \text{ m}^3/\text{s} \tag{3-39}$$

(6) 低截面周边型排风

$$L = 2.36 v_x D^2 \text{ m}^3/\text{s} \tag{3-40}$$

式中 A——槽长,m;

       B——槽宽,m;

       D——圆槽直径,m;

       v_x——边缘控制点的控制风速,m/s。v_x 值可按附录3-2确定。

3. 条缝式槽边吸气罩的压力损失

$$\Delta P = \zeta \frac{\rho v_0^2}{2} \text{ Pa} \tag{3-41}$$

式中　ζ——局部阻力系数，$\zeta = 2.34$；

　　　v_0——条缝口上空气流速，m/s；

　　　ρ——周围空气密度，kg/m³。

四、平口式槽边排气罩的排风量

单侧排风时

$$L_D = L_D'' K \text{ m}^3/\text{s} \tag{3-42}$$

双侧排风时

$$L_s = L_s'' K \text{ m}^3/\text{s} \tag{3-43}$$

式中　L_D''——条缝式槽边吸气罩底截面单侧排风量，m³/s；

$$L = 3 v_x AB \left(\frac{B}{A}\right)^{0.2} \text{ m}^3/\text{s}$$

　　　L_s''——条缝式槽边吸气罩底截面双侧排风量，m³/s；

$$L = 3 v_x AB \left(\frac{B}{2A}\right)^{0.2} \text{ m}^3/\text{s}$$

　　　K——修正系数，单侧排风 1.15，双侧排风 1.20。

第七节　吹吸式排气罩

一、吹吸式排气罩的特点

图 3-36 是二维吹、吸风口的速度分布图，从图上可以看出，吸风口外气流速度衰减快，而吹风口吹出的射流能量密集程度高，速度衰减慢。吹吸式排气罩是把吹、吸气流相结合的一种通风方法，它具有抗干扰能力强，不影响工艺操作，所需排风量小，污染控制效果好等优点。在国内外得到广泛应用。

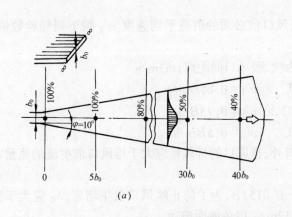

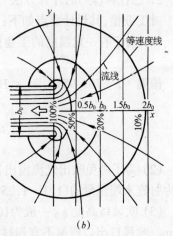

图 3-36　吹和吸的速度分布比较

(a)二维吹风口的速度分布；(b)二维吸风口的速度分布

二、吹吸式排气罩的选择计算

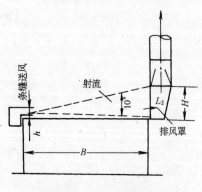

图 3-37　吹吸式排风罩

由于吹吸气流运动的复杂性,目前尚缺乏精确的计算方法。下面介绍目前较常用的几种计算方法。

1. 美国联邦工业卫生委员会(ACGIH)推荐的方法

工业槽上的吹吸式排气罩如图 3-37 所示。

假设吹出气流的扩展角 $\alpha = 10°$,条缝式排风口的高度 H 按下式计算:

$$H = B\,\mathrm{tg}\,\alpha = 0.18B \tag{3-44}$$

式中　H——吸风口高度,m;

　　　B——吹、吸风口间距,m。

排风量 L_2 取决于槽液面面积,液温,干扰气流等因素。

$$L_2 = (1800 \sim 2750)A \ \mathrm{m^3/h} \tag{3-45}$$

式中　　　A——液面面积,$\mathrm{m^2}$。

$(1800 \sim 2750)$——每 $\mathrm{m^2}$ 液面所需的排风量,$\mathrm{m^3/(m^2 \cdot h)}$。

吹风量按下式计算:

$$L_1 = \frac{1}{BE}L_2 \ \mathrm{m^3/h} \tag{3-46}$$

式中　L_1——吹风量,$\mathrm{m^3/h}$;

　　　E——修正系数,见表 3-8。

修 正 系 数 E　　　　　　　　　　　表 3-8

槽宽 B(m)	$0 \sim 2.4$	$2.4 \sim 4.9$	$4.9 \sim 7.3$	7.3 以上
修正系数 E	6.6	4.6	3.3	2.3

吹风口尺寸按出口流速 $5 \sim 10 \mathrm{m/s}$ 确定。

2. 巴杜林(苏)的计算方法

对工业槽,其设计要点如下:

(1) 对于有一定温度的工业槽,吸风口前必须的射流平均速度 v'_1 按下列经验数值确定:

槽温　$t = 70 \sim 95℃$,$v'_1 = B$(B 为吹、吸风口间距离,m)m/s

　　　　　　　$t = 60℃$,　$v'_1 = 0.85B \mathrm{m/s}$

　　　　　　　$t = 40℃$,　$v'_1 = 0.75B \mathrm{m/s}$

　　　　　　　$t = 20℃$,　$v'_1 = 0.5B \mathrm{m/s}$

(2) 为了避免吹出气流溢出排风口外,排风口的排风量应大于排风口前射流的流量,一般为射流末端流量的 $(1.1 \sim 1.25)$ 倍。

(3) 吹风口高度 h_0 一般为 $(0.01 \sim 0.015)B$,为了防止吹风口发生堵塞,h_0 应大于 $5 \sim 7\mathrm{mm}$。吹风口出口流速不宜超过 $10 \sim 12\mathrm{m/s}$,以免液面波动。

(4) 要求排风口上的气流速度 $v_1 \leqslant (2 \sim 3)v'_1$,$v_1$ 过大,排风口高度 H 过小,污染气流

容易逸入室内。但是 H 也不能过大,以免影响操作。排风口高度 $H=(0.18\sim0.27)B\,\mathrm{m}$。

【例 3-4】 某工业槽宽 $B=2.0\,\mathrm{m}$,长 $l=2\,\mathrm{m}$,槽内溶液温度 $t=40℃$,采用吹吸式排气罩。计算吹、吸风量及吹、吸风口高度。

【解】 (1) 吸风口前射流末端平均风速

$$v'_1=0.75B=0.75\times2=1.5\ \mathrm{m/s}$$

(2) 吹风口高度 $h_0=0.015B=0.015\times2=0.03\mathrm{m}=30\mathrm{mm}$

(3) 根据流体力学平面射流的公式计算吹风口出口流速 v_0

因 $v'_1=1.5\mathrm{m/s}$ 是指射流末端有效部分的平均风速,可以近似认为射流末端的轴心风速 $v_\mathrm{m}=2v'_1$。

$$v_\mathrm{m}=2v'_1=2\times1.5=3\ \mathrm{m/s}$$

按照平面射流计算

$$\frac{v_\mathrm{m}}{v_0}=\frac{1.2}{\sqrt{\dfrac{aB}{h}+0.41}}$$

吹风口出口流速

$$v_0=\frac{v_\mathrm{m}\sqrt{\dfrac{aB}{h}+0.41}}{1.2}=\frac{3\times\sqrt{\dfrac{0.2\times2}{0.03}+0.41}}{1.2}=9.27\ \mathrm{m/s}$$

(4) 吹风口的吹风量

$$L_1=h_0lv_0=0.03\times2\times9.27=0.56\ \mathrm{m^3/s}$$

(5) 计算吸风口前射流流量 L'_1

根据流体力学

$$\frac{L'_1}{L_1}=1.2\sqrt{\frac{aB}{h}+0.41}$$

$$L'_1=1.2L_1\sqrt{\frac{aB}{h}+0.41}$$

$$=1.2\times0.56\sqrt{\frac{0.2\times2}{0.03}+0.41}=2.49\ \mathrm{m^3/s}$$

(6) 排风口的排风量

$$L_2=1.1L'_1=1.1\times2.49=2.74\ \mathrm{m^3/s}$$

(7) 排风口气流速度

$$v_2=3v'_1=3\times1.5=4.5\ \mathrm{m/s}$$

(8) 排风口高度

$$H=L_2/lv_2=2.74/2\times4.5=0.304\ \mathrm{m}$$

取 $H=300\mathrm{mm}$

习　题

1. 局部排气罩有哪些类型? 设计与布置时应注意哪些事项?

2. 吸尘罩的排风量是不是愈多愈好? 为什么?

3. 为什么只要条件容许,应首先考虑采用密闭罩? 怎样确定密闭罩的排风量?

4．设计外部吸气罩时应考虑哪些问题？

5．为提高槽边排风罩的效果，减少排风量可采取哪些措施？

6．什么是吹吸罩？它有什么优点？在什么情况下宜采用吹吸罩？

7．有一侧吸气罩罩口尺寸为 300mm×300mm。已知其排风量 $L=0.54\text{m}^3/\text{s}$，按下列情况计算距罩口 0.3m 处的控制风速。

(1) 自由悬挂，无法兰边

(2) 自由悬挂，有法兰边

(3) 放在工作台上，无法兰边

8．有一镀银槽，槽面尺寸 $A×B=800\text{mm}×600\text{mm}$，槽内溶液温度为室温，采用低截面条缝式槽边排气罩，计算其排风量，条缝口尺寸及阻力。

9．某金属熔化炉，炉内金属温度为 500℃，周围空气温度为 20℃，散热面为水平面，$d=0.7\text{m}$，在热设备上方 0.5m 处设接受罩，计算其排风量。

10．某产尘设备设有防尘密闭罩，已知罩上缝隙及工作孔面积 $F=0.08\text{m}^2$，它们的流量系数 $\mu=0.4$，物料带入罩内的诱导空气量为 $0.2\text{m}^3/\text{s}$。要求在罩内造成 25Pa 的负压，计算该排风罩的排风量。如果罩上又出现面积为 0.08m^2 的孔洞没有及时修补，会出现什么现象？

11．有一工业槽，长×宽为 2000mm×1500mm，槽内溶液温度为常温，在槽上设置吹吸式排风罩。计算吹吸风量及吹、吸风口高度。

第四章　除尘及有害气体净化

人类在生产和生活的过程中,需要有一个清洁的空气环境(包括大气环境和室内空气环境)。但是,许多生产过程如水泥、耐火材料、有色金属冶炼、铸造等都会散发大量粉尘,如果任意向大气排放,将污染大气,危害人民健康,影响工农业生产。因此含尘空气必须经过净化处理,达到排放标准才排入大气。有些生产过程如原材料加工、食品生产、水泥等排出的粉尘都是生产的原料或成品,回收这些有用物料,具有很大的经济意义。在这些工业部门,除尘设备既是环保设备又是生产设备。

为了保证室内空气的清洁度,通风空调系统的进风需要净化处理。对于以温湿度要求为主的空调系统,进风空气的含尘浓度一般要求不超过 $1\sim2\text{mg}/\text{m}^3$。有些生产过程如电子、精密仪表等对空气的清洁度有更高的要求。这样粉尘的净化就有重要的意义。

本章主要阐述除尘技术的基本理论和除尘机理,目前常用除尘器的型号、性能、结构。

第一节　粉　尘　的　特　性

粉尘是悬浮于空气中的固体微粒。块状物料破碎成细小的粉状微粒后,除了继续保持原有的主要物理化学性质外,还出现了许多新的特性,如爆炸性、带电性等等。在这些特性中,与除尘技术关系密切的,有以下几个方面:

一、粉尘的密度

根据实验方法和应用场合的不同,粉尘的密度分为真密度和容积密度两种。

自然状态下堆积起来的粉尘在颗粒之间及颗粒内部充满空隙,我们把松散状态下单位体积粉尘的质量称为粉尘的容积密度。如果设法排除颗粒之间及颗粒内部的空气,则可测出在密实状态下单位体积粉尘的质量,我们把它称为真密度(或尘粒密度)。研究单个尘粒在空气中的运动时采用真密度,计算灰斗体积时则采用容积密度。

二、粉尘的分散度

粉尘的粒径分布称为分散度。由于粉尘是由粒径不同的颗粒组成的,各粒径粉尘只占总粉尘的一部分。如果某粒径粉尘的质量和总质量相比较大,这种粉尘的分散度就大。通常把各种不同粒径粉尘质量占总质量的百分比称为质量分散度,简称分散度。

尘源不同所产生的粉尘的分散度也不同。

设粉尘样品中某一粒径粉尘质量为 S_d 克,粉尘的总质量为 S_0 克,则该粉尘的分散度为:

$$f_\text{d} = \frac{S_\text{d}}{S_0} \times 100\% \tag{4-1}$$

且有

$$\sum_{i=1}^{\infty} f_{\text{d}i} = 1 \tag{4-2}$$

式中　f_d——某粒径粉尘的分散度,%;

S_d——某粒径粉尘的质量,g;

S_0——粉尘的总质量,g;

f_{di}——第 i 种粒径粉尘的分散度,%。

粉尘的分散度一般是根据测定决定的,但在测定时由于粒径有无穷多个,用任何方法都很难把各种粒径粉尘质量测出。所以通常是把粉尘按粒径分组。如:$0 \sim 5\mu m$、$5 \sim 10\mu m$、$10 \sim 20\mu m$、$20 \sim 40\mu m$、$40 \sim 60\mu m$ 等。把每一组的质量测出和总质量相比,即得出该组的分散度,也称分组质量百分数。

三、粉尘的粘附性

粉尘相互间的凝聚与粉尘在器壁上的堆积,都与粉尘的粘附性有关。前者会使尘粒逐渐增大,有利于提高除尘效率;后者会使除尘设备或管道发生故障和堵塞。粒径小于 $1\mu m$ 的细粉尘主要由于分子间的作用产生粘附,如铅丹、氧化钛等;吸湿性、溶水性粉尘或含水率较高的粉尘主要由于表面水分产生粘附,如盐类、农药等纤维状粉尘的粘附主要与壁面状态有关。

四、比表面积

粉尘的比表面积为单位质量(或体积)粉尘具有的表面积,一般用 cm^2/g 或 cm^2/cm^3 表示。其大小表示颗粒群总体的细度,它和粉尘的润湿性和粘附相关。

五、粉尘的亲水性

尘粒是否易于被水(或其他液体)润湿的性质称为粉尘的亲水性。根据粉尘被水润湿程度的不同可分为两类。容易被水润湿的如泥土等称为亲水性粉尘;难以被水润湿的粉尘如炭黑等称为疏水性粉尘。亲水性粉尘被水润湿后会发生凝聚、增重,有利于粉尘从空气中分离。疏水性粉尘则不宜用湿法除尘。

粒径对粉尘的亲水性也有很大的影响,$5\mu m$ 以下(特别是 $1\mu m$ 以下)的尘粒因表面吸附了一层气膜,即使是亲水性粉尘也难以被水润湿。只有液滴与尘粒之间具有较高相对速度时,才能冲破气膜使其润湿。有的粉尘(如水泥、石灰等)与水接触后,会发生粘结和变硬,这种粉尘称为水硬性粉尘。水硬性粉尘不宜采用湿法除尘。

六、粉尘的爆炸性

固体物料破碎后,总表面积大大增加,例如每边长 $1cm$ 的立方体粉碎成每边长 $1\mu m$ 的小粒子后,总表面积由 $6cm^2$ 增加到 $6m^2$,由于表面积增加,粉尘的化学活泼性大为加强。某些在堆积状态下不易燃烧的可燃物如糖、面粉、煤粉等,当它以粉末状悬浮于空气时,与空气中的氧有了充分的接触机会,在一定的温度和浓度下,可能发生爆炸。设计除尘系统时,必须高度注意。

七、带电性和比电阻

悬浮在空气中的尘粒由于摩擦、碰撞和吸附会带有一定的电荷,带电量的大小与尘粒的表面积和含湿量有关。在同一温度下,表面积大、含湿量小的尘粒带电量大;表面积小、含湿量大的尘粒带电量小。

比电阻是某种物质粉尘,当横断面积为 $1cm^2$,厚度为 $1cm$ 时所具有的电阻,是除尘工程中表示粉尘导电性的一个参数。

电除尘器就是利用尘粒能带电的特性进行工作的。

粉尘的比电阻是粉尘的重要特性之一,它对电除尘器的有效运行具有重大影响,一般通过实测求得。有关问题将在电除尘中详述。

八、粉尘的流动性和扩散性

大颗粒物料一旦破碎成粉尘，它就具有了流动性和扩散性。粉尘能随气流流动的特性称粉尘的流动性。由于粉尘粒径和质量较小，它能随气流一起流动，粉尘和气体一起流动时，流动阻力和单独气体流动不同。气力输送就是粉尘流动性的典型例子。

细小粉尘在空间具有布朗特性，粒径越小，布朗运动越剧烈，在无规则运动的情况下，粉尘充满整个空间，这种特性称粉尘的扩散性。在湿法除尘及布袋除尘器内，$d_c \leqslant 0.3 \mu m$ 的粉尘基本上是靠扩散特性来除掉的。

九、粉尘的堆积角和滑动角

粉尘通过小孔连续地下落到某一水平面上、自然堆积成的尘堆的锥体母线与水平面上的夹角称为堆积角，它与物料的种类、粒径、形状和含水率等因素有关。对于同一粉尘，粒径愈小、堆积角愈大，一般平均值为 35°～40°。它是设计贮灰斗、下料管、风管等的主要依据。

堆积角越小，在同样体积时锥底就大，反之亦然。在设计除尘器灰斗时，应使倾角大于堆积角，即大于 50°。这样粉尘才能充满灰斗，灰斗的体积才能充分利用。

粉尘的滑动角是将粉尘置于光滑的平板上，使该板倾斜到粉尘能沿平板滑下的角度。即平板与水平面的夹角。一般为 40°～55°。在设计除尘器贮灰斗及旋风除尘器下部锥体的倾角时，都应大于粉尘的滑动角，以便使粉尘能自由下滑，不至于在上部积存，淤积堵塞。

不同的粉尘，粒径不同，含水分不同时，安息角和滑动角是不同的。在静止和运动气流中，粉尘的安息角和滑动角也不同。这些都可以通过实验测定。

十、含水率

粉尘含水率为粉尘中所含水分的质量与粉尘总质量的比值，如下式：

$$W = \frac{M_w}{M_w + M_d} \tag{4-3}$$

式中　M_w——粉尘中所含水分质量，g；

　　　M_d——干粉质量，g；

　　　W——粉尘的含水率，%。

测定含水率的最基本方法是将一定量(约 100g)的尘样放在 105℃的烘箱中烘干后的质量与烘前质量之差，即为粉尘中所含水分的质量便可求得含水率。

十一、磨损性

粉尘的磨损性主要取决于颗粒的运动速度、硬度、密度、粒径等因素。当气流运动速度大、含尘浓度高、粒径大而硬，并且有棱角时，磨损性大，因此，在进行粉尘净化系统设计时应适当地控制气流速度，并加厚某些部位的壁厚。

第二节　除尘机理及除尘器的性能指标

一、除尘机理

把粉尘从含尘气流中分离出来的机理称除尘机理，目前常用除尘器的除尘机理主要有以下几个方面：

1. 重力除尘机理

气流中的尘粒可以依靠重力自然沉降，从气流中进行分离。由于尘粒的沉降速度一般较小，这个机理只适用于粗大尘粒净化，如 $d_c > 50\mu m$。

2. 离心力

含尘气流作圆周运动时，由于惯性离心力的作用，尘粒和气流会产生相对运动，使尘粒从气流中分离。这个机理主要用于 $10\mu m$ 以上的尘粒。

3. 惯性碰撞

含尘气流在运动过程中遇到物体的阻挡(如挡板、纤维、水滴等)时，气流要改变方向进行绕流，细小的尘粒会随气流一起流动。粗大的尘粒具有较大的惯性，它会脱离流线，保持自身的惯性运动，这样尘粒就和物体发生了碰撞。这种现象称为惯性碰撞，惯性碰撞是过滤式除尘器、湿式除尘器和惯性除尘器的主要除尘机理。

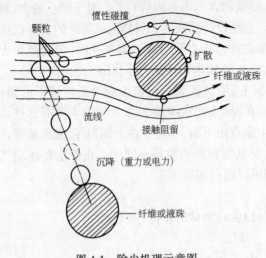

图 4-1　除尘机理示意图

4. 接触阻留

细小的尘粒随气流一起绕流时，如果流线紧靠物体(纤维或液珠)表面，有些尘粒因与物体发生接触而被阻留，这种现象称为接触阻留。另外当尘粒尺寸大于纤维网眼而被阻留时，这种现象称为筛滤作用。粗孔或中孔的泡沫塑料过滤器主要依靠筛滤作用进行除尘。

5. 扩散

小于 $1\mu m$ 的微小粒子在气体分子撞击下，像气体分子一样作布朗运动。如果尘粒在运动过程中和物体表面接触，就会从气流中分离，这个机理称扩散。对于 $d_c \leqslant 0.3\mu m$ 的尘粒，这是一个很重要的机理。

从湿式除尘器和袋式除尘器的分级效率曲线可以发现，当 $d_c = 0.3\mu m$ 左右时，除尘器效率最低。这是因为在 $d_c > 0.3\mu m$ 时，扩散的作用还不明显，而惯性的作用是随 d_c 的减小而减小的。当 $d_c \leqslant 0.3\mu m$ 时，惯性已不起作用，主要依靠扩散，布朗运动是随粒径的减小而加强的。

6. 静电力

悬浮在气流中的尘粒，都带有一定的电荷，可以通过静电力使它从气流中分离。在自然状态下，尘粒的带电量很小，要得到较好的除尘效果，必须设置专门的高压电场，使所有的尘粒都充分荷电。

7. 凝聚

凝聚作用不是一种直接的除尘机理。通过超声波、蒸汽凝结、加湿等凝聚作用，可以使微小粒子凝聚增大，然后再用一般的除尘方法除去。

工程上常用的各种除尘器往往不是简单地依靠某一种除尘机理，而是几种除尘机理的综合运用。例如卧式旋风水膜除尘器中，既有离心力的作用，又同时兼有冲击和洗涤的作用。近年来，为了提高除尘效率，提高捕集微细粉尘的能力，研制了多种机理的除尘器，如静电强化旋风除尘器、静电强化袋式除尘器、静电强化湿式除尘器等。

二、除尘器分类

根据除尘机理的不同,目前常用的除尘器可分为以下几类:

1．机械式除尘器

它是利用质量力(重力、惯性力、离心力)的作用使粉尘从气流中分离出来的。如重力沉降室、惯性除尘器、旋风除尘器等。

2．过滤式除尘器

它是利用织物或多孔填料层的过滤作用使粉尘从气流中分离出来的。如袋式除尘器、颗粒层除尘器等。

3．电除尘器

它是利用高压电场使尘粒荷电,在库仑力的作用下使粉尘从气流中分离出来的。有干式(干法清灰)和湿式(湿法清灰)两种。

4．湿式除尘器

它是利用液滴或液膜洗涤含尘气流,使粉尘从气流中分离出来的。如水浴除尘器、自激式除尘器、旋风水膜除尘器、文丘里除尘器等。

根据气体净化程度的不同,可分为以下几类:

1．粗净化　主要除掉粗大的尘粒,一般用作多级除尘的第一级。

2．中净化　主要用于通风除尘系统,要求净化后的空气含尘浓度不超过 $100\sim200\text{mg}/\text{m}^3$。

3．细净化　主要用于通风空调系统的进风系统和再循环系统,要求净化空气含尘浓度不超过 $1\sim2\text{mg}/\text{m}^3$。

4．超净化　主要除掉 $1\mu\text{m}$ 以下的细小尘粒,用于清洁度要求较高的洁净房间,净化后的空气含尘浓度视工艺要求而定。

三、除尘器的性能指标

评价除尘器的优劣,可以有各种指标,如除尘效率、阻力、处理风量、漏风率、耗钢量、一次投资、运行费用、占地面积或占用空间体积、使用寿命等。前四项属于技术性能指标,其余各项属于经济指标。在选择除尘器时,必须综合予以考虑。但是低阻(阻力低)高效(效率高)仍是目前评价除尘器性能的主要指标。

表 4-1 列出的各类除尘器的性能参数是概略的,可作为除尘器相互比较时参考,但不能作为选择除尘器的依据。

除尘器的性能比较 表 4-1

除尘器名称	适用的粒径范围 (μm)	效　率 (%)	阻　力 (Pa)	设　备　费	运　行　费
重力沉降室	>50	<50	$50\sim130$	低	低
惯性除尘器	$20\sim50$	$50\sim70$	$300\sim800$	低	低
旋风除尘器	$5\sim15$	$60\sim90$	$800\sim1500$	低	中
水浴除尘器	$1\sim10$	$80\sim95$	$600\sim1200$	低	中
卧式旋风水膜除尘器	$\geqslant5$	$95\sim98$	$800\sim1200$	中	中
自激式除尘器	$\geqslant5$	95	$1000\sim1600$	中	中
电除尘器	$0.5\sim1$	$90\sim98$	$50\sim130$	高	中

除尘器名称	适用的粒径范围 (μm)	效　率 (%)	阻　力 (Pa)	设　备　费	运　行　费
袋式除尘器	0.5~1	95~99	1000~1500	中	高
文丘里除尘器	0.5~1	90~98	4000~10000	低	高

（一）除尘器效率

1. 除尘器全效率

除尘器效率是评价除尘器性能的重要指标之一。在一定的运行工况下除尘器除下的粉尘量占进入除尘器粉尘量的百分数称除尘器的全效率。

除尘器全效率

$$\eta = \frac{G_3}{G_1} \times 100\%$$ (4-4)

式中　G_1——进入除尘器的粉尘量，g/s；

　　　G_3——除尘器除下的粉尘量，g/s。

式（4-4）可以改写为

$$\eta = \frac{L_1 y_1 - L_2 y_2}{L_1 y_1} \times 100\%$$ (4-5)

如果除尘器结构严密，没有漏风，即 $L_1 = L_2$。此时式（4-5）可简化为

$$\eta = \frac{y_1 - y_2}{y_1} \times 100\%$$ (4-6)

式中　L_1、L_2——分别为除尘器进、出口的风量，m³/h；

　　　y_1、y_2——分别为除尘器进、出口的空气含尘浓度，g/m³。

公式（4-4）要通过称重求得全效率，称为质量法，用这种方法测出的结果比较准确，主要用于实验室。由于生产过程的连续性，质量法在生产现场往往难以进行，因此在生产现场一般采用浓度法，也就是先同时测出除尘器前后的空气含尘浓度，再按公式（4-5）或（4-6）求算全效率。

有时由于除尘器进口含尘浓度很高，或者使用单位对除尘器的除尘效率要求很高，用一种除尘器不能满足要求或达不到所要求的效率时，可采用两级或多级除尘，即在除尘系统中将两台或多台不同类型的除尘器串联起来使用。

根据除尘效率的定义，可得到计算多级除尘总效率的公式：

$$\eta = \eta_1 + (1 - \eta_1)\eta_2$$
$$\eta = 1 - (1 - \eta_1)(1 - \eta_2)$$ (4-7)

式中　η_1——第一级除尘器效率；

　　　η_2——第二级除尘器效率。

当两台除尘器串联使用时见图 4-2。

应当注意，两个型号相同的除尘器串联运行时，由于它们的运行工况不同，η_1 和 η_2 也是不相同的。

n 个除尘器串联时其总效率为

$$\eta = 1 - (1 - \eta_1)(1 - \eta_2)\cdots(1 - \eta_n)$$ (4-8)

除尘器并联见图 4-3，粉尘总量为 G，进入第一级除尘器的粉尘质量为 G_1，进入第二级除尘器的粉尘质量为 G_2。两级除尘器除下的粉尘量分别为 $G_1 \eta_1$ 和 $G_2 \eta_2$，则并联总效率

为：

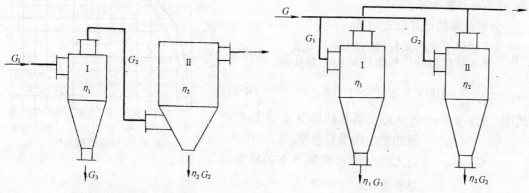

图 4-2 两台除尘器串联   图 4-3 两台除尘器并联

$$\eta = \frac{G_1 \eta_1 + G_2 \eta_2}{G} = \frac{G_1}{G}\eta_1 + \frac{G_2}{G}\eta_2 = g_1\eta_1 + g_2\eta_2$$

如有多级除尘器并联则其效率为

$$\eta = \sum_{i=1}^{n} g_i \eta_i \qquad (4-9)$$

式中　g_i——进入第 i 级除尘器的粉尘质量份额,%。

2. 穿透率

有时两台除尘器的全效率分别为 99% 或 99.9%,两者非常接近,似乎两者的除尘效果差别不大。但是从大气污染的角度去分析,两者的差别是很大的,前者排入大气的粉尘量要比后者高出十倍。因此,有些文献中,除了用除尘器效率外,还用穿透率 P 表示除尘器的性能。

穿透率:未被捕集的粉尘量占进入除尘器粉尘量的百分数称为穿透率:

$$P = \frac{G_2}{G_1} \times 100\% = (1 - \eta) \times 100\% \qquad (4-10)$$

可见除尘效率与穿透率是从不同的方面说明同一个问题,但是在有些情况下,特别是对高效除尘器,采用穿透率可以得到更明确的概念。例如有两台在相同条件下使用的除尘器,全效率分别为 99% 或 99.9%,两者非常接近,似乎两者的除尘效率差别不大;但从穿透效果来看,第一台为 1%,第二台为 0.1%,相差达 10 倍。说明从第一台排放到大气中的粉尘量要比第二台多 10 倍。从环保角度来看,用穿透率来评定除尘器的性能更为直观。

除尘器全效率的大小与处理粉尘的粒径有很大关系。例如有的旋风除尘器处理 $40\mu m$ 以上的粉尘时,效率接近 100%,处理 $5\mu m$ 以下的粉尘时,效率会下降到 40% 左右。因此,只给出除尘器的全效率对工程设计是没有意义的。要正确评价除尘器的除尘效果,必须按粒径标定除尘器效率。

3. 除尘器的分级效率

除尘器除下的某粒径的粉尘质量与进入除尘器中该粒径的粉尘总质量的比值,称除尘器的分级效率。除尘器的分级效率同粒径的关系如图 4-4,所示为 XCX 型旋风除尘器的分级效率曲线。

从图 4-4 看出,粒径越大,分级效率越高。粒径越小,越不容易被除掉。

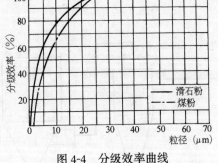

图 4-4　分级效率曲线

分级效率的计算公式如下:

$$\eta = \frac{\text{捕集下来的某粒级内的粉尘质量}}{\text{进入除尘器的该粒级内的粉尘总质量}} \times 100\%$$

$$= \frac{G_3 f_{3d}}{G_1 f_{1d}} \times 100\% = \eta \frac{f_{3d}}{f_{1d}} \times 100\% \qquad (4\text{-}11)$$

式中　f_{1d}、f_{3d}——进入除尘器和捕集下来的某粒径级的粉尘质量分散度,%;

G_1、G_3——进入除尘器和捕集下来的粉尘的总质量,kg。

把公式变形后积分

$$\sum_{i=1}^{n} \eta f_{3d} = \sum_{i=1}^{n} \eta_d f_{1d}$$

左边 $\sum_{i=1}^{n} \eta f_{3d} = \eta$,因 η 可看做和 f_{3d} 无关,故

$$\therefore \qquad \eta = \sum_{i=1}^{n} \eta_d f_{1d} \times 100\% \qquad (4\text{-}12)$$

式(4-12)即总效率同分级效率的关系。

【例 4-1】　已知某除尘器的分级效率和进口粉尘的质量分散度如下表,计算该除尘器的全效率。

粉尘粒径(μm)	0~5	5~10	10~20	20~40	40~60	>60
分散度(%)	10.4	14.0	19.6	22.4	14.0	19.6
分级效率(%)	27.7	86.8	95.8	97	97.8	100

【解】　$\eta = \sum\limits_{i=1}^{n} \eta_d f_{1d} \times 100\%$

$= 0.277 \times 0.104 + 0.868 \times 0.14 + 0.958 \times 0.196 + 0.97 \times 0.224$

$+ 0.978 \times 0.14 + 1 \times 0.196 = 0.8883 = 88.83\%$

除尘器的全效率是各种粒径粉尘的平均效率,它只能表明捕集粉尘总量多少,而不能说明对某种粒径粉尘的捕集程度。分级效率能够说明除尘器对不同粒径粉尘,特别是微细粉尘(这种粉尘对大气环境和人体健康的危害较大)的捕集能力。确定除尘器的分级效率,有助于正确地进行除尘器的选择。

四、除尘器的阻力

含尘气体经过除尘器后,它的压力损失称为除尘器阻力,一般用除尘器进、出口断面上的全压差表示。除尘器的耗能量与除尘器的阻力呈正比。阻力越小,动力消耗就越小,运行费用就越低。

除尘器的压力损失 ΔP 按下式计算:

$$\Delta P = \zeta \frac{v^2}{2} \rho \quad \text{Pa} \qquad (4\text{-}13)$$

式中　ζ——除尘器的局部阻力系数；

　　　v——除尘器进口气流速度，m/s。

五、除尘器的经济性

经济性是评定除尘器的重要指标之一。它包括除尘器的设备费和运行维护费两部分。

1．设备费

设备费主要是材料的消耗、设备加工和安装、各种辅助设备的费用等。

2．运行维护费

运行维护费主要是能源消耗，包括使含尘气流通过除尘设备所做的功和除尘或清灰的附加能量。

第一种能耗表现在风机的功率消耗上，根据除尘器阻力及处理风量，风机消耗功率可用下式计算：

$$W = \frac{\Delta P L}{1000 \times 3600 \times \eta_f} \text{ kW} \tag{4-14}$$

式中　W——风机消耗的功率，kW；

　　　ΔP——除尘器阻力，Pa；

　　　η_f——风机效率，%；

　　　L——除尘器所处理的风量，m³/h。

显然，除尘器阻力越高，所消耗的能量也越高。而除尘器阻力又和除尘效率呈正比，要使除尘效率提高，就同时增加了运行能耗，所以在实际工作中要全面考虑。

第二种能耗与各种除尘器的特点有关，例如电除尘器的振打清灰要消耗电能，湿式除尘器消耗水，袋式除尘器消耗压缩空气等等。评定除尘器的性能，除了上述主要性能指标外，还有一些因素要考虑，如占地面积，劳动条件，购买、运输等等。

第三节　重力沉降室和惯性除尘器

任何粉尘都要经过一定的传播过程，才能以空气为媒介侵入人的机体组织。使尘粒从静止状态变成悬浮于周围空气中的作用，称为"尘化"作用。主要的尘化作用有：

1．剪切压缩造成的尘化作用；

2．诱导空气造成的尘化作用；

3．综合性尘化作用；

4．热气流上升造成的尘化作用。

一、粉尘的运动规律

1．粉尘的运动方程

先来讨论单个尘粒，如某一尘粒在气流中受各种力的作用而运动，运动服从牛顿运动规律。那么它的方程应为：

$$\Sigma F = m_c \frac{\mathrm{d}v}{\mathrm{d}t} \tag{4-15}$$

式中　ΣF——粉尘所受所有力的合力，N；

　　　m_c——尘粒质量，kg；

$\dfrac{\mathrm{d}v}{\mathrm{d}t}$——尘粒在外力作用下产生的加速度，$m/s^2$。

在不同的除尘器内，作用在尘粒 m_c 上的外力是不同的。如在重力沉降室中尘粒所受的力有重力、阻力和浮力。旋风除尘器中尘粒所受的力有离心力、重力、阻力和浮力。而在电除尘器中尘粒所受的力是重力、电场力、阻力和浮力。一旦除尘器形式确定，找出各种力代入方程就可进行求解。

2. 沉降速度

在静止空气中，尘粒所受的外力是重力：

$$F = m_c g$$

在静止空气中，尘粒所受的阻力是：

$$P_R = kf\frac{v^2}{2}\rho$$

把外力和阻力代入方程可得：

$$m_c g - kf\frac{v^2}{2}\rho = m_c\frac{\mathrm{d}v}{\mathrm{d}t} \tag{4-16}$$

而空气的阻力系数 $k = \dfrac{24}{\mathrm{Re}}$（Re＜1）时代入上式可得：

$$m_c g - \frac{24}{\mathrm{Re}}f\frac{v^2}{2}\rho = m_c\frac{\mathrm{d}v}{\mathrm{d}t} \tag{4-17}$$

式中　Re——尘粉和气流相对运动的雷诺数；

　　　f——尘粒在垂直于气流运动方向上的投影面积，m^2；

　　　ρ——气流的密度，kg/m^3；

　　　v——尘粒对气流的相对速度，m/s。

当尘粒在静止空气中受重力自由下降时，尘粒将加速下降，在加速下降过程中尘粒所受的阻力也将增大，直到重力和阻力相等时，尘粒将等速下降，这个等速下降的速度称沉降速度。

由 $F = P_R$ 得：

$$v_s = \frac{\rho_c d_c^2 g}{18\mu} \quad m/s \tag{4-18}$$

该式只适用于 Re＜1 的范围。

3. 悬浮速度

当尘粒以沉降速度下降时，如遇到和沉降速度相等的上升气流时，这时尘粒所受到的重力和阻力相等。尘粒既不上升也不下降，而是悬浮在空气中，这时，尘粒的沉降速度称作悬浮速度。

对于某一尘粒来说，其沉降速度与悬浮速度两者的数值相等，但意义不同。前者是指尘粒下落时所能达到的最大速度，而后者是指上升气流能使尘粒悬浮所需的最小速度。如果上升气流速度大于尘粒的悬浮速度，尘粒必然上升；反之，则必定下降。

二、重力沉降室

重力沉降室是利用尘粒本身重力使其从含尘气流中分离出来的设备。随着含尘气流向前流动，尘粒靠自重向下沉降，最后分离出来。所以首先要创造一个有利于尘气分离的条件,即让含尘气流最好是低速流动。重力沉降室就是使含尘气流运动速度大大降低的设备。
如图4-5所示。

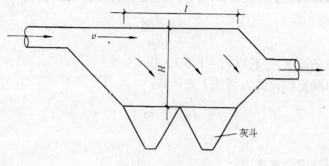

图4-5　重力沉降室

（一）重力除尘原理

根据 $L = Fv$ 可知,F 越大、v 越小越有利于尘气分离。

式中　F——过流截面面积,m^2;

　　　v——截面上流速,m/s。

从上式可看出当 F 为无穷大时,v 才能趋近于零,这在工程上是不可能的。工程上一般 $v = 0.3 \sim 0.5$m/s。

在沉降室内气流中的尘粒在垂直方向上如只受重力和阻力,则沉降速度可用式(4-18)表示:

$$v_s = \frac{\rho_c d_c^2 g}{18\mu} \quad \text{m/s}$$

按此沉降速度,所能沉降下的尘粒直径为:

$$d_c = \sqrt{\frac{18\mu v_s}{\rho_c g}} \quad \text{m} \tag{4-19}$$

因含尘气流在沉降室内以速度 v 向前运动,那么尘粒一方面以沉降速度 v_s 下降;另一方面以水平速度 v 继续前进,见图4-6。要使尘粒沉降下来,就必须让尘粒下降到底的时间小于尘粒在沉降室内的水平运动时间,即:

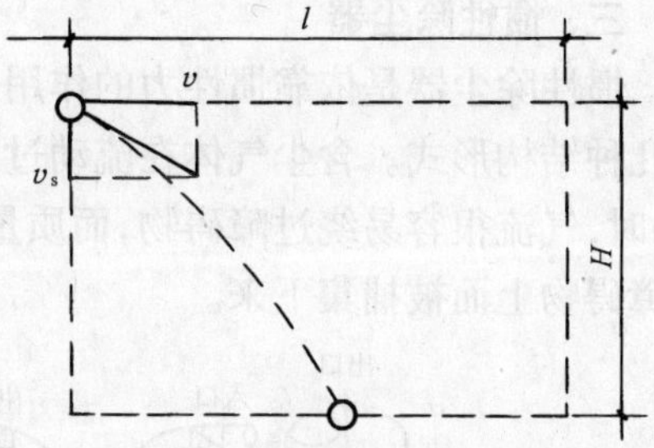

$$\tau = \frac{l}{v} \quad \text{s} \tag{4-20}$$

$$\tau_s = \frac{H}{v_s} \quad \text{s} \tag{4-21}$$

图4-6　尘粒的运动轨迹

且　　　　　$\tau \geqslant \tau_s$

$$\frac{l}{v} \geqslant \frac{H}{v_s} \tag{4-22}$$

式中　τ——尘粒在沉降室内水平运动时间,s;

　　　τ_s——尘粒下降到沉降室底部的时间,s;

l、H——沉降室长和高,m。

（二）重力沉降室的设计计算

1. 根据要处理掉的粉尘粒径 d_c 计算沉降速度 v_s,按式 4-18 计算:

$$v_s = \frac{\rho_c d_c^2 g}{18\mu}$$

2. 确定沉降室的高度,一般取 $H=1.5\sim2.0$m。

3. 计算重力沉降室的长度 l,可按下式计算:

$$l \geqslant \frac{Hv}{v_s}\ \text{m} \tag{4-23}$$

式中各项意义同前。

4. 确定重力沉降室的宽度 B:

$$B = \frac{L}{Hv}\ \text{m} \tag{4-24}$$

式中各项意义同前。

5. 计算重力沉降室能沉降的最小粉尘粒径 d_{cmin}:

$$d_{cmin} = \sqrt{\frac{18\mu Hv}{l\rho_c g}}\ \text{m} \tag{4-25}$$

式中各项意义同前。

从式(4-25)看出,降低沉降室高度 H 和气流运动速度 v,或者增大沉降室长度,可以提高沉降室的捕集效率。但 l 越大或 v 过小,又会使沉降室体积庞大。所以设计沉降室时,应从技术经济和现场情况综合考虑。气流运动速度要根据尘粒的密度和粒径确定,一般取 $0.3\sim2$m/s。

重力沉降室仅适用于捕集密度大,颗粒粗(粒径大于 $50\mu m$)的粉尘。尽管重力沉降室具有结构简单、造价低、施工容易、维护管理方便、阻力小(一般为 $50\sim150$Pa)等优点,但由于它除尘效率低、占地面积大,故一般只作为多级除尘中的粗净化。

三、惯性除尘器

惯性除尘器是依靠惯性力的作用使尘粒从气流中分离出来的。图 4-7 所示惯性除尘器的几种结构形式。含尘气体在流动过程中遇到设置在其前方的某种障碍物(如挡板、百叶片等)时,气流很容易绕过障碍物,而质量较大的尘粒由于惯性继续按原来气流方向前进,碰撞到障碍物上而被捕集下来。

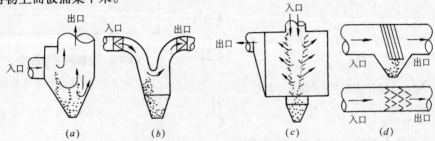

图 4-7　惯性除尘器

(a)碰撞式;(b)反转式;(c)百叶式;(d)多级碰撞式

一般惯性除尘器的气流速度越高,气流方向转变角度越大,转变次数越多,除尘效率越高,但阻力也越大。惯性除尘器用于净化密度和粒径较大的金属或矿物性粉尘具有较高的除尘效率。对粘结性和纤维性粉尘,因其易堵塞,故不宜采用。由于其除尘效率不高,故多用于多级除尘中的第一级,捕集 $20\mu m$ 以上的粗粉尘。其阻力因型式不同差别很大,一般为 $100\sim1000Pa$。

第四节 旋风除尘器

旋风除尘器是利用气流旋转过程中作用在尘粒上的离心力,使粉尘从含尘气流中分离出来的。旋风除尘器结构简单、体积小、造价低、维护管理方便、除尘效率比重力沉降室和惯性除尘器都要高,因而得到广泛应用。它主要用于处理粒径大（$10\mu m$ 以上）、密度大的粉尘,既可单独使用,也可作为多级除尘的第一级。

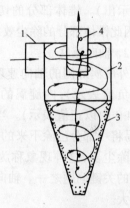

图 4-8 普通旋风除尘器
1—进气口;2—筒体;3—锥体;
4—排出管

普通旋风除尘器的结构如图 4-8 所示,它是由进气口、筒体、锥体、排出管(内筒)四部分组成。含尘气体由除尘器进气口沿切线方向进入后,沿外壁由上向下作旋转运动,这股向下旋转的气流称为外旋涡。外旋涡到达锥体底部后,转而向上,沿轴心向上旋转,最后从排出管排出。这股向上旋转的气流称为内旋涡。向下的外旋涡和向上的内旋涡旋转方向是相同的。气流作旋转运动时,尘粒在离心力的作用下向外壁移动。到达外壁的粉尘在下旋气流和重力的共同作用下沿壁面落入灰斗。

一、旋风除尘器内的流场

通过对旋风除尘器内整个流场的测定发现,实际的气流运动是很复杂的,除了切向和轴向运动外,还有径向运动,是一个三维速度场。图 4-9 所示,旋风除尘器内某一断面上的速度分布和压力分布。

（一）速度分布

1. 切向速度

旋风除尘器内气流的切向速度分布如图 4-9 所示,从该图可以看出,外旋涡的切向速度 v_t 是随半径 r 的减小而增加的,在内、外旋涡的交界面上,v_t 达到最大。可以近似认为,内、外旋涡交界面的半径 $r_0 \approx (0.6\sim0.65)r_p$,$r_p$ 为排出管半径。内旋涡的切向速度是随着 r 的减小而减小的。

某一断面上的切向速度分布可用下式表示:

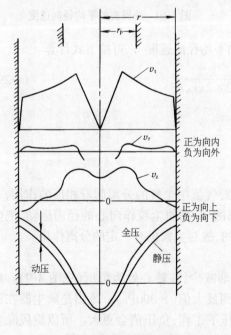

图 4-9 旋风除尘器内的流场

71

外旋涡	$v_t^{1/n} r = C$	(4-26)
内旋涡	$v_t / r = C'$	(4-27)

式中　　v_t——切向速度,m/s;

　　　　r——气流质点的旋转半径,即距轴心的距离,m;

　　　　n、C、C'——常数,通过实验确定。

一般 $n = 0.5 \sim 0.8$,如取 0.5,式(4-26)可以改写为

$$v_t^2 r = C \qquad (4-28)$$

在不同断面上,气流的切向速度是变化的(图中未示出)。锥体部分的切向速度要比筒体部分大,因此锥体部分的除尘效果要比筒体部分好。

2. 轴向速度

外旋涡外侧的轴向速度 v_z 是向下的(图 4-9中以负值表示),内旋涡的轴向速度则是向上的(图 4-9 中以正值表示)。当气流由锥体底部上升时,易将一部分已除下来的微细粉尘重新扬起,并带出除尘器,这种现象称为返混。这是影响除尘效率的关键问题之一。轴向速度在排出管底部达到最大。

3. 径向速度

内旋涡的径向速度 v_r 是向外的(图 4-9 中用负值表示)。外旋涡的径向速度沿除尘器高度的分布是不均匀的,上部断面大,下部断面小。

如果近似把内、外旋涡的交界面看成是一个正圆柱面,外旋涡气流均匀地经过该圆柱面进入内旋涡(见图 4-10)。那么,交界面上外旋涡气流的平均径向速度 v_{r_0} 可按下式计算

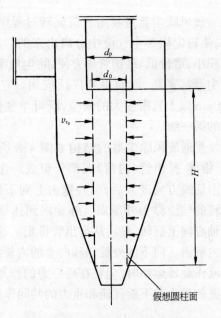

图 4-10　外涡旋的平均径向速度

$$v_{r_0} = \frac{L}{3600A} = \frac{L}{3600 \times 2\pi r_0 H} \qquad (4-29)$$

式中　　L——旋风除尘器处理风量,m³/h;

　　　　A——假想圆柱面的表面积,m²;

　　　　r_0——内、外旋涡交界面的半径,m;

　　　　H——假想圆柱面的高度,m。

气流的切向速度 v_t 和外旋涡的径向速度 v_r 对气流中尘粒的分离起着相反的作用,v_t 产生的离心力使尘粒作向外的径向运动,而外旋涡的 v_r 则使尘粒作向心的径向运动,把尘粒推入内旋涡。但由于内旋涡的径向速度是向外的,故对尘粒仍有一定的分离作用。

(二) 压力分布

旋风除尘器内的压力分布是沿外壁向中心逐渐减少,在轴心处为负压(见图 4-9)。负压一直延伸到除尘器底部,在除尘器底部,负压达到最大值(−300Pa)。该图是除尘器在正压(+900Pa)条件下工作得到的,如果除尘器在负压下工作,负压值会更大。所以旋风除尘器底部要保持严密。如果不严密,就会有大量的外部空气从底部被吸入,形成一股上升气

流,把已分离下来的一部分粉尘重新带出除尘器,使除尘效率降低。

了解旋风除尘器内的速度分布和压力分布,对分析除尘器的性能和解释分离机理都是有帮助的。

二、筛分理论

旋风除尘器自摩尔斯(Morse)于1885年从美国政府取得第一个专利到今天已有一百多年历史。随着对旋风除尘器流场的广泛测定的理论研究的不断深化,人们对旋风除尘器分离机理的认识已从早期的见涡不见汇的"转圈理论"(1932年由罗辛等人提出)发展成见涡又见汇的"筛分理论"。

转圈理论从旋风除尘器内只存在旋涡流场入手,认为只要气流在筒体内转圈次数足够,粉尘就能从含尘气流中分离出来。根据转圈理论得到的分割粒径仅仅与筒体高度有关,而与锥体高度无关,这显然与实际情况不符合。

筛分理论弥补了转圈理论的缺点,它的要点是:在旋风除尘器内存在涡、汇流场,处于外旋涡内的尘粒在径向同时受到方向相反两种力的作用。由旋涡流场产生的离心力 F_1 使尘粒向外推移,由汇流场产生的向心力 P 又使尘粒向内飘移。离心力的大小与尘粒直径的大小有关,粒径越大离心力越大,因而必定有一临界粒径 d_k,其所受到两种力的作用正好相等。凡粒径 $d > d_k$ 者,向外推移作用大于向内飘移作用,结果被推移到除尘器外壁而被分离。相反,凡 $d < d_k$ 的尘粒,向内飘移作用大于向外推移作用而被带到上升的内旋涡中,随着排气排出除尘器。因而可以设想有一张无形的筛网,其孔径为 d_k。凡粒径 $d > d_k$ 者被截留在筛网一面;而 $d < d_k$ 者则通过筛网排出除尘器。那么筛网在什么位置呢?在内、外旋涡的交界面上切向速度最大,尘粒在该处受到的离心力也最大,因此可以设想筛网的位置应位于内、外旋涡的交界面处。对于粒径为 d_k 的尘粒,因 $F_1 = P$,它将在交界面上不停地旋转。由于各种随机因素的影响,从概率统计的观点可以认为处于这种状态的尘粒有50%的可能被分离,也同时有50%的可能进入内旋涡而排出除尘器,即这种尘粒的分级效率为50%。除尘器的分级效率等于50%时的粒径称为分割粒径,用 d_{c50} 表示。

根据上述定义,当交界上的 $F_1 = P$ 时

$$\frac{\pi}{6} d_{c_{50}}^3 \rho_c \frac{v_{t_0}^2}{r_0} = 3\mu\pi v_{r_0} d_{c_{50}}$$

分割粒径
$$d_{c_{50}} = \left[\frac{18\mu v_{r_0} r_0}{\rho_c v_{t_0}^2} \right]^{\frac{1}{2}} \text{ m} \tag{4-30}$$

式中　μ——空气的动力粘度,Pa·s;

r_0——交界面的半径,m;

v_{r_0}——交界面上气流的径向速度,m/s,按式(4-29)计算;

ρ_c——尘粒密度,kg/m³;

v_{t_0}——交界面上气流的切向速度,m/s。

分割粒径是反映除尘器除尘性能的一项重要指标,$d_{c_{50}}$ 越小,说明除尘效率越高。从式(4-30)可以看出,$d_{c_{50}}$ 并随 ρ_c 和 v_{t_0} 的增加而减小的,并随 r_0 和 v_{r_0} 的减小而减小的。这就是说,旋风除尘器的除尘效率是随切向速度和尘粒密度的增加、径向速度和排出管直径的减

小而增加的,在其中起主要作用的是切向速度。

已知 $d_{c_{50}}$ 可按下列实验式近似地求得旋风除尘器的分级效率

$$\eta_d = 1 - \exp\left[-0.693\left(\frac{d_c}{d_{c_{50}}}\right)\right]$$ （4-31）

式中 d_c——粉尘粒径,μm;

        $d_{c_{50}}$——分割粒径,μm。

应当指出,粉尘在旋风除尘器内的分离过程是很复杂的现象,它是难以用一个公式来表达。例如,有些理论上不能捕集的细小尘粒由于凝聚或被大尘粒裹夹而带至器壁被捕集分离出来。相反,由于反弹和局部涡流的影响,有些理论上应该除下的粗大尘粒却回到内旋涡。另外有些已分离的尘粒,在下落过程中也会重新被气流带走。内涡旋气流在锥体底部旋转向上时,也会被带走部分已分离的尘粒。上述这些情况,在理论计算中是没有包括的,因此根据某些假设条件得出的理论公式还不能进行较精确的计算。目前旋风除尘器的效率一般是通过实测确定。

三、影响旋风除尘器性能的主要因素

影响旋风除尘器性能的因素很多,使用条件和结构型式对旋风除尘器的性能都有不同程度的影响。

在使用条件方面,影响旋风除尘器性能的因素有:

1. 进口风速

旋风除尘器内气流的旋转速度是随进口风速的增加而增大的。增大进口风速,能提高气流在除尘器内的旋转速度,使粉尘受到的离心力增大,从而提高除尘效率,同时也增大了除尘器的处理风量。但进口风速不宜过大,过大会导致除尘器阻力急剧增加(除尘器阻力与进口风速的平方呈正比),耗电量增大。而且进口风速过高,还会加剧粉尘的反混,影响粉尘的沉降,反而导致除尘效率下降。从技术、经济两方面考虑,进口风速有一合适的范围,一般为 $15\sim25m/s$,但不应低于 $10m/s$,以防进气管积尘。

2. 含尘气体的性质

粉尘真密度和粒径增加,会使除尘效率显著提高。气体温度的提高和粘度的增大,皆引起除尘效率下降。进口含尘浓度增高时,除尘器的阻力会有所下降,但对效率影响不大。

3. 除尘器底部的严密性

旋风除尘器无论是在正压下还是在负压下运行,其底部总是处于负压状态,如果除尘器底部不严密,从外部渗入的空气会把正在落入灰斗的一部分粉尘带出除尘器,使除尘效率显著下降。所以,如何在不漏风的情况下进行正常排尘是保证旋风除尘器正常运行的一个十分重要问题。

在结构上,影响旋风除尘器性能的因素有:

1. 入口型式

旋风除尘器的入口型式大致可分为切向进入式和轴向进入式两类,如图 4-

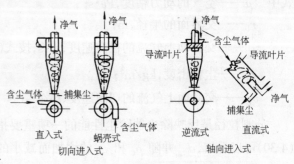

图 4-11 旋风除尘器的入口型式

11 所示。切向进入式又分为直入式和蜗壳式等。直入式入口是进气管外壁与筒体相切,蜗壳式入口是进气管内壁与筒体相切,外壁采用渐开线形式。蜗壳式入口增大进口面积比较容易,又因进口处有一环形空间,使进口气流距筒体外壁更近。这样,既缩短了尘粒向筒壁的沉降距离,又可减少进口气流与内旋涡之间的相互干扰,对降低进口阻力和提高除尘效率皆有利。

轴向进入式是靠固定的导流叶片促使气体作旋转运动。叶片形式有各种不同的设计。与切向进入式相比,在同一压力损失下,处理的气体量可增加二倍左右,而且气流容易分配均匀,所以主要用其组合成多管旋风除尘器,用于处理气体量大的场合。逆流式的阻力一般为 800~1000Pa,除尘效率与切向进入式比较没有显著差别。直流式的阻力小,一般为 400~500Pa,但除尘效率也较低。

2. 筒体直径

在相同的旋转速度下,筒体直径越小,尘粒受到的离心力越大,除尘效率越高,但处理风量减少,而且筒径过小还会引起粉尘堵塞,所以筒径一般不小于 150mm,为保证除尘效率不致降低太大,筒径一般不大于 1000mm。如果处理风量大时,可采用并联组合形式或多管旋风除尘器。

旋风除尘器规格的命名及各部分尺寸比例多以筒径 D 为准。

3. 排出管直径

理论和实践都表明,减小排出管直径可以减小内旋涡的范围,有利于提高除尘效率,但是不能取得过小,以免阻力增大,一般取 $d_p = (0.4 \sim 0.66)D$。

4. 筒体和锥体高度

增加筒体和锥体高度,从直观上看,似乎增加了气流在除尘器内的旋转圈数,有利于尘粒的分离。但是实际上,由于外旋涡有向心的径向运动,使下旋的外旋涡气流在下旋过程中不断进入上旋的内旋涡中,因此筒体和锥体的总高度过大并没有什么实际意义。实践经验表明,一般筒体高度以不超过 5D 为宜。在锥体部分,由于断面不断减小,尘粒到达外壁的距离也逐渐减小,气流的旋转速度不断增加,尘粒受到的离心力也不断增大,这对尘粒的分离都是有利的。现代的高效旋风除尘器大都是长锥体,就是这个原因。目前国内的高效旋风除尘器,如 CZT 型和 XCX 型也都采用长锥体,锥体长度为 $(2.8 \sim 2.85)D$。

5. 排尘口直径

排尘口直径一般为 $(0.7 \sim 1)d_p$ 左右。过小会影响粉尘沉降,再次被上升气流带走,同时易被粉尘堵塞,特别是粘性粉尘,故排尘口直径应大于 70mm。

现将旋风除尘器各组成部分的尺寸对除尘器性能的影响,列于表 4-2 中。需要指出的是,这些尺寸的增大或减小不是无限的,达到一定程度后,其影响显著减小,甚至有可能因其他因素的影响而由有利因素转化为不利因素,这是在设计中要引起注意的。有的因素对效率有利,但对阻力不利,因此也必须加以兼顾。

旋风除尘器结构尺寸对性能的影响   表 4-2

增　　大	阻　　力	效　　率	造　　价
筒体直径	降　　低	降　　低	增　　加
进口面积(风量不变)	降　　低	降　　低	——

增　加	阻　力	效　率	造　价
进口面积(风速不变)	增　加	增　加	—
筒体高度	略　降	增　加	增　加
锥体高度	略　降	增　加	增　加
圆锥开口	略　降	增加或降低	—
排出管插入长度	增　加	增加或降低	增　加
排出管直径	降　低	降　低	增　加
相似尺寸比例	几乎无影响	降　低	—
圆锥角	降　低	20～30 为宜	增　加

在运行工况上影响除尘器效率的因素如下:

1. 旋风除尘器保持几何相似,但直径改变为

$$\frac{100 - \eta_a}{100 - \eta_b} = \left(\frac{D_a}{D_b}\right)^{1/2} \tag{4-32}$$

式中　η_a——试验时的除尘效率;

　　　η_b——工况改变时的除尘效率;

　　　D_a——试验除尘器的直径;

　　　D_b——实际除尘器的直径。

2. 被处理风量改变

旋风除尘器的除尘效率和进入除尘器的流速有关。但当结构不变时处理风量大,进口速度就大,除尘效率也大,阻力增大。人们通过大量的实验发现,除尘效率同进口流速基本上呈直线关系。在流量变化不大的情况下,可用下式确定被处理风量改变后的除尘效率:

$$\frac{100 - \eta_a}{100 - \eta_b} = \left(\frac{L_b}{L_a}\right)^{1/2} \tag{4-33}$$

式中　L_a——试验风量;

　　　L_b——实际风量。

3. 旋风除尘器尺寸及处理风量不变,气体粘度改变

从分割粒径计算公式可以看出,气体粘度增大时,分割粒径也增大,除尘效率就下降;反之除尘效率提高。除尘效率同粘度的关系可用下式表示:

$$\frac{100 - \eta_a}{100 - \eta_b} = \left(\frac{\mu_a}{\mu_b}\right)^{1/2} \tag{4-34}$$

式中　μ_a——试验时气体粘度;

　　　μ_b——实际气体粘度。

4. 粉尘真密度改变

粉尘的真密度越大,分割粒径越小,除尘效率增大。粉尘真密度同除尘效率的关系可用下式表示:

$$\frac{100 - \eta_a}{100 - \eta_b} = \left(\frac{\rho_{cb}}{\rho_{ca}}\right)^{1/2} \tag{4-35}$$

式中 ρ_{ca}——试验粉尘真密度；

　　　ρ_{cb}——实际粉尘真密度。

　　应当指出,上述公式都是近似的。另外粉尘的进口浓度对除尘效率和阻力也都有影响。进口浓度较高时,除尘效率提高,阻力下降。进口浓度低于 $20g/m^3$ 时,它的影响可不予考虑。

四、旋风除尘器的排灰装置

　　旋风除尘器不仅要把粉尘从气流中分离出来,而且还要把灰排掉。旋风除尘器的排灰装置很多,有挡板式、回转式、布袋式及水槽式等,这些排灰装置各有优缺点。一般要求排灰装置结构简单、造价低、安装使用方便、密封性好、占空间小、易于更换、通用性强、二次污染小等。

　　图 4-12 所示为几种常用的排灰装置。图中(a)为挡板式,它是在灰斗下设一挡板,挡板可以绕轴旋转,当关上挡板时有锁定装置,打开挡板时,灰斗内灰靠自重下落,为了使挡板严密,一般在挡板上粘一层橡皮。这种装置结构简单,制作也方便,但放灰时,因旋风除尘器内是负压,下部灰斗处负压最大,所以外界空气被吸入除尘器,同时造成已除下的灰被重新卷入除尘器,这种现象称返混。

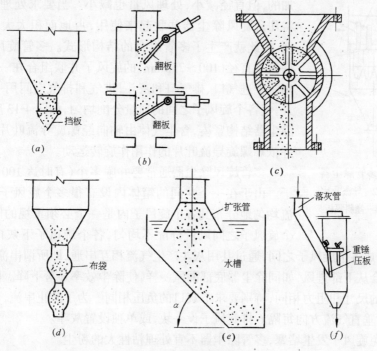

图 4-12　排灰装置

(a)挡板式;(b)双翻板式;(c)回转式;(d)布袋式;(e)水槽式;(f)压板式

　　图中(b)为双翻板式,它是利用翻板另一端的平衡锤和翻板上灰的重量平衡来排灰的,灰重时,翻板打开排灰。灰轻时,翻板在平衡锤的作用下关闭。它设有两块翻板轮流启闭,减少了漏风和返混。这种排灰装置结构较复杂,而且占用较大的高度,给除尘器的安装带来麻烦。

　　图中(c)为回转式排灰装置,在电机的带动下,刮板缓慢的旋转,既保证连续排灰,又能使下部保持严密。但这种排灰装置造价、运行费较高。

图中(d)为布袋式排灰装置,布袋下端是开口的,不排灰时下端夹紧,以免漏风。排灰时,先把布袋上端夹紧,再打开下端排灰。这种排灰装置,造价低、安装方便,但操作较麻烦,而且布袋本身应耐高温,不透气。

图中(e)为水槽式排灰装置,这种装置是在现场除尘器下端作水槽。使用时槽内充上水,让除尘器底部插入水中一定深度,槽的底面作一定的坡度,倾角应大于粉尘在水中的滑动角,最后从水槽最低部挖灰。这种装置的最大优点是密封性好,而且还可以降低除尘器的安装高度,减少粉尘的二次污染。但不适用于水硬性粉尘。在北方还要注意防冻。

图中(f)为压板式排灰装置,它的作用效果与(a)图相差不多。

五、几种常用的旋风除尘器

旋风除尘器的结构型式很多,如组合式、旁路式、扩散式、直流式、平旋式、旋流式等。直到目前为止,其结构型式方面的研究工作一直在进行,新的型式仍在不断出现。这里仅对国内几种常用的旋风除尘器作一简要介绍。

(一)多管旋风除尘器

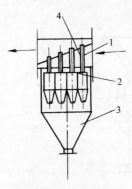

图4-13 多管除尘器
1—旋风子;2—导流叶片;
3—灰斗;4—倾斜隔板

如前所述,旋风除尘器的效率是随着筒体直径的减小而增加的,但直径减小,处理风量也减小。当要求处理风量大时,如将几台旋风除尘器并联起来使用,占地面积太大,管理也不方便,因此就产生了多管组合的结构形式。多管旋风除尘器是把许多小直径(100~250mm)的旋风子并联组合在一个箱体内,合用一个进气口、排气口和灰斗,进气和排气空间用一倾斜隔板分开,使各个旋风子之间的风量分配均匀,如图4-13所示。为了使除尘器结构紧凑,含尘气体由轴向经螺旋导流叶片进入旋风子,并依靠螺旋导流叶片的作用作旋转运动。

多管旋风除尘器通常要并联多个(有时达100个以上)旋风子。由于在一个共同的箱体内设有很多个旋风子,所以保证气流均匀地分布到各个旋风子内是一个必须重视的问题。如果各个旋风子之间风量分配不均匀,各个旋风子下灰口的负压亦不相同,就会造成各个旋风子之间,通过共用灰斗产生气流相互串通,即所谓串流现象。这时,有的旋风子会从下部进风,如同除尘器底部漏风一样,使除尘效率显著下降。因此通常要求各个旋风子的尺寸和阻力相同,特别要求下灰口的负压相同。为了防止串流,可在灰斗中设阻风隔板,沿垂直气流方向每隔6排旋风子设一块,或单独设置灰斗。

为了避免旋风子发生堵塞,多管除尘器不宜处理粘性大的粉尘。

在处理风量相同时,多管除尘器的除尘效率要比切向进气的旋风除尘器高。由于布置紧凑,多管除尘器还可减少空间,例如处理4600m³/h风量时,用筒体直径为0.9m的高效旋风除尘器,总高度约为7.6m,而多管除尘器仅为2.4m。

多管除尘器除立式外,也可以做成卧式和倾斜式。近年来在小型锅炉(蒸发量在35t/h以下)烟气除尘中,有使用陶瓷多管除尘器的。其旋风子是用陶瓷烧制而成,可节省钢材,耐磨和防腐性能好。

(二)旁路旋风除尘器

对旋风除尘器的流场测定表明,在旋风除尘器内,除了主旋转气流(图 4-8)外,在除尘器整个高度上还存在两个旋涡,一个是处于顶盖附近一直到排出管下端的上旋涡;另一个是处于锥体部分的下旋涡(见图 4-14)。上旋涡使部分细粉尘聚集在顶盖附近,形成上灰环。上灰环沿筒壁向上旋转,到达顶部后,转而向下,沿着排出管外壁到达排出管下端,在从下向上的内旋气流(内旋涡)带动下,会将一部分未经分离的细粉尘带出除尘器,导致除尘效率降低。

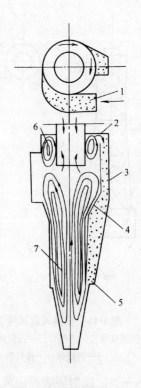

为了消除上旋涡所造成的不利影响,在除尘器上专门设置一个与锥体部分相通的旁路分离室,让上旋涡携带着细粉尘从分离口 1 进入旁路分离室,沿旁路经回风口流至除尘器下部与下旋涡汇合,而粉尘则从气流中分离出来落入灰斗。在旁路分离室中部设有分离口 2,使一部分下旋气流(下旋涡)带着较粗粉尘由此口进入分离室,回到除尘器底部。为了使上旋涡形成更明显,除尘器顶盖要比进口高出一定距离。旁路旋风除尘器的排出管插入深度比普通旋风除尘器短,故阻力比普通旋风除尘器低。

试验表明,如将旁路关闭,除尘效率会显著下降。用尘粒密度 $\rho_c = 2700 \mathrm{kg/m^3}$、中位粒径 $d_{50} = 14 \mu m$ 的滑石粉做试验,当进口风速 $v = 17.5 \mathrm{m/s}$ 时,旁路旋风除尘器的效率约为 85% 左右。

图 4-14 旁路旋风除尘器
1—含尘空气进口;2—分离口;3—旁路分离室;4—分离口;5—回风口;6—上旋涡(上灰环);7—下旋涡

旁路旋风除尘器有多种结构型式,其主要性能见表 4-3。

CLP/A、CLP/B 型除尘器主要性能　　　　　　　表 4-3

项　目	型　号	入口风速(m/s)			型　号	入口风速(m/s)		
		12	15	17		12	16	20
	CLP/A-3.0	830	1040	1180	CLP/B-3.0	700	930	1160
	CLP/A-4.2	1570	1960	2200	CLP/B-4.2	1350	1800	2250
处理风量	CLP/A-5.4	2420	3030	3430	CLP/B-5.4	2200	2950	3700
	CLP/A 7.0	4200	5250	5950	CLP/B-7.0	3800	5100	6350
m³/h	CLP/A-8.2	5720	7150	8100	CLP/B-8.2	5200	6900	8650
	CLP/A-9.4	7780	9720	11000	CLP/B-9.4	6800	9000	11300
	CLP/A-10.6	9800	12250	13900	CLP/B-10.6	8550	11400	14300
阻力系数	CLP/A-X	8.0			CLP/B-X	5.8		
ζ	CLP/A-Y	7.0			CLP/B-Y	4.8		

注:X 型除尘器出口装有蜗壳。

（三）扩散式(倒锥形)旋风除尘器

扩散式旋风除尘器的结构如图 4-15 所示,它在结构上有以下两个特点:

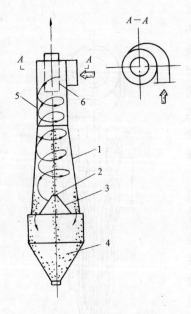

图 4-15　扩散式旋风除尘器
1—倒圆锥体；2—透气口；3—反射屏；4—灰斗；
5—圆筒体；6—排气管

1．圆筒体较短，下接倒圆锥体；

2．倒圆锥体下部装有倒漏斗形的反射屏（又称挡灰盘）。

扩散式旋风除尘器的除尘过程是这样的，含尘气流进入除尘器后，从上向下作旋转运动，在到达锥体下部时，由于反射屏的作用，大部分气流折转向上由排出管排出。紧靠器壁的少量气流随同浓缩的粉尘沿倒锥下沿与反射屏之间的环缝进入灰斗。携尘气流进入灰斗后，由于速度降低，粉尘得到分离，净化气流由反射屏中心透气孔向上排出，与上升的主气流混合后经排出管排出除尘器。由于反射屏上不积灰，这就避免在一般旋风除尘器中当内旋气流上升时会将灰斗内一部分粉尘带走的情况，从而提高了除尘效率。

反射屏的形状对除尘效率有一定的影响。反射屏的角度和环缝宽度取决于粉尘的浓度和性质。浓度大时，环缝宽度应取大一些。反射屏的倾斜角一般取 $45°\sim60°$，对于流动性好、安息角小的粉尘倾斜角宜小一些。反射屏表面应光滑，其中心透气孔可以控制旋转气流进入灰斗的流量，孔径一般取 $(0.05\sim0.1)D$，D 为圆筒体直径。透气孔越大，进入灰斗的空气越多，在灰斗中气流旋转越剧烈，粉尘越不易沉降，从而使返回气流含尘量增多，效率降低。因此透气孔不宜过大。

用尘粒密度 $\rho_c=2700kg/m^3$、中位粒径 $d_{50}=14\mu m$ 的滑石粉做试验，当进口风速 $v=15.4m/s$ 时，扩散式旋风除尘器的效率约为 87% 左右。这种除尘器的阻力比旁路旋风除尘器大些，其阻力系数 $\zeta=8.5\sim10.8$。

扩散式旋风除尘器的主要性能见表 4-4。

CLK 型扩散式除尘器主要性能　　　　　　　　　　　　表 4-4

项　目	型　号	进口风速(m/s)					
		10	12	14	16	18	20
处理风量 (m³/h)	CLK-D 150	210	250	295	335	380	420
	CLK-D 200	370	445	525	590	660	735
	CLK-D 250	595	715	835	955	1070	1190
	CLK-D 300	840	1000	1180	1350	1510	1680
	CLK-D 350	1130	1360	1590	1810	2040	2270
	CLK-D 400	1500	1800	2100	2400	2700	3000
	CLK-D 450	1900	2280	2600	3040	3420	3800
	CLK-D 500	2320	2780	3250	3710	4180	4650
	CLK-D 600	3370	4050	4720	5400	6060	6750
	CLK-D 700	4600	5520	6450	7350	8300	9200

第五节 袋式除尘器

袋式除尘器是一种高效除尘器,对微细粉尘也有较高的效率,一般可达 99％,如果设计合理,使用得当,维护管理得好,除尘效率不难达到 99.9％以上。袋式除尘器处理风量范围大,可由每小时数百立方米到每小时数百万立方米。可以制成直接设于室内、机床附近的小型除尘机组,也可以作成大型的除尘器室,即所谓袋房。一个袋房可以集中安装上万条滤袋。袋式除尘器适应性强,不受粉尘比电阻的限制,不存在水系的污染和泥浆处理问题。即使进口含尘浓度在一相当大的范围内变化,对除尘效率和阻力影响都不大。由于合成纤维滤料的应用和清灰技术的发展,大大扩大了袋式除尘器的应用范围。目前在各种高效除尘器中,袋式除尘器是最有竞争力的一种。袋式除尘器不宜处理粘性强或吸湿性强的粉尘,特别是烟气温度不能低于露点温度,否则会产生结露,使滤袋堵塞。当烟气温度过高时,需采用特殊滤料,或者采取冷却措施。

一、袋式除尘器的工作原理

图 4-16 是袋式除尘器结构图。含尘气体进入除尘器后,通过并列安装的滤袋,粉尘被阻留在滤袋的内表面,净化后的气体从除尘器上部出口排出。随着粉尘在滤袋上的积聚,除尘器阻力也相应增加。当阻力达到一定数值后,要及时清灰,以免阻力过高,除尘效率下降。图 4-16 所示的除尘器是通过凸轮振打机构进行清灰的。

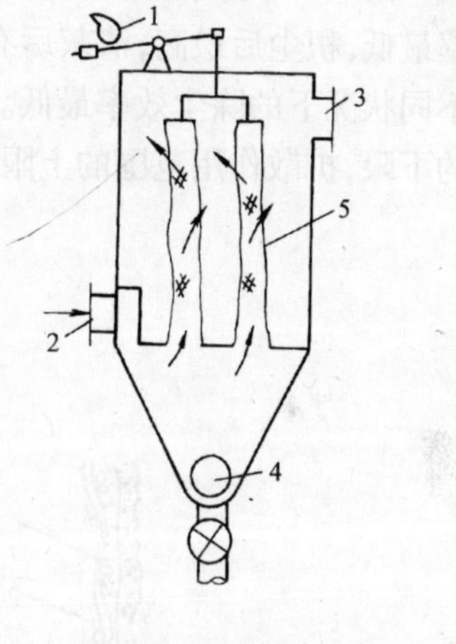

袋式除尘器是利用纤维织物的过滤作用将含尘气体中的粉尘阻留在滤袋上的。这种过滤作用通常是通过下列几种除尘机理的综合作用而实现的。

图 4-16　袋式除尘器结构图
1—凸轮振打机构;2—含尘气体进口;3—净化气体出口;4—排灰装置;5—滤袋

1. 筛滤效应

当粉尘的粒径大于滤袋纤维间隙(网孔)或滤袋上已粘附的粉尘层的孔隙时,尘粒无法通过滤袋,就被阻留下来。这种除尘机理称为筛滤效应。

2. 惯性碰撞效应

当含尘气体靠近滤袋纤维时,空气绕纤维而过,但较大的尘粒由于其惯性作用而偏离流线,碰撞到纤维上而被阻留下来。这种除尘机理称为惯性碰撞效应。

3. 钩住(截留)效应

当含尘气体接近滤袋纤维时,如果靠近纤维的尘粒部分突入纤维边缘,尘粒就会被纤维边缘钩住。这种除尘机理称为钩住效应。

4. 扩散效应

当尘粒的直径在 $0.3\mu m$ 以下时,由于受到气体分子不断碰撞而偏离流线,像气体分子一样作不规则的布朗运动,这就增加了尘粒与滤袋纤维的接触机会,使尘粒被捕集。这种除尘机理称为扩散效应。尘粒越小,这种不规则的运动就越剧烈,尘粒被捕集的机会也越多。

5. 静电效应

尘粒和滤料都可能因某种原因带有静电。当尘粒与滤料纤维所带电荷电性相同时,滤袋就排斥尘粒,使除尘效率降低,如果尘粒与滤料所带电荷电性相反,尘粒就会吸附在滤袋上。这种除尘机理称为静电效应。

含尘气体通过洁净滤袋(新滤袋或清洗后的滤袋)时,由于洁净的滤袋本身的网孔较大(一般滤料为 $20\sim50\mu m$,表面起绒的约为 $5\sim10\mu m$),气体和大部分微细粉尘都能从滤袋经纬线和纤维之间的网孔通过,而粗大的尘粒则被阻留下来,并在网孔之间产生"架桥"现象。随着含尘气体不断通过滤袋纤维间隙,被阻留在纤维间隙的粉尘量也不断增加。经过一段时间后,滤袋表面便积聚一层粉尘,这层粉尘称为初尘层,见图 4-17,在以后的过滤过程中,初尘层便成了滤袋的主要过滤层。由于初尘层的作用,即使过滤很细的粉尘,也能获得较高的除尘效率。这时滤料主要起着支撑粉尘层的作用。随着粉尘在滤袋上的积聚,除尘效率不断增加,但同时阻力也增加,当阻力达到一定程度时,滤袋两侧的压力差就很大,会把有些已附在滤料上的微细粉尘挤压过去,使除尘效率降低。另外,除尘器阻力过高,会使通风除尘系统的风量显著下降,影响吸尘罩的工作效果。因此当阻力达到一定数值后,要及时进行清灰,清灰时不应破坏初尘层,以免除尘效率下降过多,滤料损伤加快。

图 4-18 为同一滤料在不同状况下的分级效率曲线,由图可以看出,洁净滤料的除尘效率最低,积尘后最高,清灰后有所降低。还可以看出,对粒径为 $0.2\sim0.4\mu m$ 左右的粉尘,在不同状况下的除尘效率最低。这是因为这一粒径范围粒径正处于惯性碰撞和钩住作用范围的下限,扩散作用范围的上限。

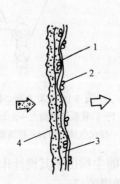

图 4-17　滤料上的初层

1—经线;2—纬线;3—初层;4—粉尘层

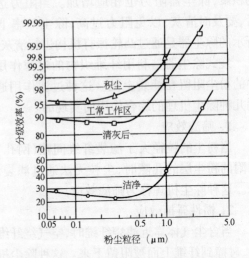

图 4-18　滤料在不同状况下的分级效率

二、过滤风速

袋式除尘器的过滤风速是指气体通过滤袋表面时的平均速度。若以 L 表示通过滤袋的气体量(m^3/h),A 表示滤袋总面积(m^2),则过滤风速为

$$v_f = \frac{L}{60A} \text{ m/min} \tag{4-36}$$

工程上还使用比负荷 g_f 的概念,它是指每平方米滤袋表面积每小时所过滤的气体量(m^3),因此比负荷为:

$$g_f = \frac{L}{A} \ m^3/(m^2 \cdot h) \tag{4-37}$$

显然有

$$g_f = 60 v_f \tag{4-38}$$

过滤风速(或比负荷)是反映袋式除尘器处理气体能力的重要技术经济指标,它对袋式除尘器的工作和性能都有很大影响。提高过滤风速或节省滤料(减少过滤面积),能提高滤料的处理能力。但风速过高会把积聚在滤袋上的粉尘层压实,并发生严重的粉尘再附,使阻力急剧增加。由于滤袋两侧的压力差增大,使微细粉尘渗入到滤料内部,甚至透过滤料,致使出口含尘浓度增加。这种现象在滤袋刚清完灰后更为明显(见图4-19)。过滤风速高还会导致滤料上迅速形成粉尘层,引起过于频繁的清灰,增加清灰能耗,缩短滤袋的使用。在低过滤风速的情况下,阻力低效率高,但需要的滤袋面积也增加,除尘器的体积占地面积、投资费用也在相应加大。因此,过滤风速的选择要综合粉尘的性质(如尘粒大小等)、进口含尘浓度、滤料种类、清灰方法、工作条件等因素来确定。一般说来,处理较细或难于捕集的粉尘和气体温度高,含尘浓度大时应取较低的过滤风速。表4-5列出某些数据,可供选择参考。

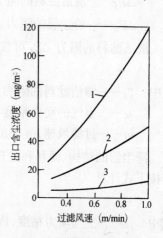

图 4-19　出口含尘浓度与过滤风速的关系

1—刚清灰后;2—两次清灰之间;
3—清灰前

袋式除尘器的过滤风速(m/min)　　　　　表 4-5

等级	粉 尘 种 类	清 灰 方 式		
		振打与逆气流联合	脉冲喷吹	反吹风
1	炭黑[①]、氧化硅(白炭黑);铅[①]、锌[①]升华物以及其他在气体中由于冷凝和化学反应而形成的气溶胶;化妆粉;去污粉;奶粉;活性炭;由水泥窑排出的水泥[①]	0.45~0.6	0.8~2.0	0.33~0.46
2	铁[①]及铁合金[①]的升华物;铸造尘;氧化铝[①];由水泥磨排出的水泥[①];碳化炉升华物[①];石灰[①];刚玉;安福粉及其他肥料;塑料;淀粉	0.6~0.75	1.5~2.5	0.45~0.55
3	滑石粉;煤;喷砂清理尘;飞灰[①];陶瓷生产的粉尘;炭黑(二次加工);颜料;高岭土;石灰石[①];矿尘;铝土矿;水泥(来自冷却器)[①];搪瓷[①]	0.7~0.8	2.0~3.5	0.6~0.9
4	石棉;纤维尘;石膏;珠光石;橡胶生产中的粉尘;盐;面粉;研磨工艺中的粉尘	0.8~1.5	2.5~4.5	—
5	烟草;皮革粉;混合饲料;木材加工中的尘;粗植物纤维(大麻、黄麻等)	0.9~2.0	2.5~6.0	—

① 指基本上为高温粉尘,多用反吹风清灰除尘器捕集。

三、袋式除尘器的阻力

袋式除尘器的阻力不仅决定着它的能耗而且还决定着除尘效率和清灰的时间间隔。袋式除尘器的阻力与它的结构形式、滤料特性、过滤风速、粉尘浓度、清灰方式、气体温度及气

体粘度等因素有关,可按下式推算

$$\Delta P = \Delta P_c + \Delta P_f + \Delta P_d \ \text{Pa} \tag{4-39}$$

式中　ΔP_c——除尘器的结构阻力,在正常过滤风速下,一般为 $300\sim500\text{Pa}$;

　　　ΔP_f——清洁滤料的阻力,Pa;

　　　ΔP_d——粉尘层的阻力,Pa。

清洁滤料的阻力 ΔP_f 可按下式计算

$$\Delta P_f = \zeta_f \mu v_f / 60 \ \text{Pa} \tag{4-40}$$

式中　ζ_f——清洁滤料的阻力系数,m^{-1}。涤纶为 $7.2\times10^7\text{m}^{-1}$,呢料为 $3.6\times10^7\text{m}^{-1}$;

　　　μ——空气的动力粘度,Pa·s;

　　　v_f——过滤风速,m/min。

降尘器的结构、滤料和处理风量确定以后,ΔP_c 和 ΔP_d 都是定值。粉尘层的阻力 ΔP_d 可按下式计算

$$\Delta P_d = \alpha\mu\,(v_f/60)^2 y_1\tau \tag{4-41}$$

式中　μ——空气动力粘度,Pa·s;

　　　v_f——过滤风速,m/min;

　　　y_1——除尘器进口含尘浓度,kg/m^3;

　　　τ——过滤时间,s;

　　　α——粉尘层的平均比阻力,m/kg:

$$\alpha = \frac{180(1-\varepsilon)}{\rho_c d^2\times\varepsilon^3} \ \text{m/kg} \tag{4-42}$$

式中　ε——粉尘层的空隙率。一般长纤维滤料约为 $0.6\sim0.8$,短纤维滤料约为 $0.7\sim0.9$;

　　　ρ_c——尘粒密度,kg/m^3;

　　　d——球形粉尘的体面积平均直径,m。

除尘器处理的粉尘和气体确定以后,α、μ 都是定值。从式(4-41)可以看出,粉尘层的阻力取决于过滤风速、进口含尘浓度和过滤持续时间。除尘器允许的 Δp_d 确定后,v_f、y_1 和 τ 这三个参数是相互制约的。处理含尘浓度低的气体时,清灰时间间隔(即滤袋过滤持续时间)可以适当延长;处理含尘浓度高的气体时,清灰时间间隔应尽量缩短。进口含尘浓度低、清灰时间间隔短、清灰效果好的除尘器可以选用较高的过滤风速;反之,则应选用较低的过滤风速。

四、滤料

滤料是袋式除尘器的主要部件,其造价一般占设备费用的 $10\%\sim15\%$。除尘器的效率、阻力以及维护管理都与滤料的材质、性能和使用寿命有关。

性能良好的滤料应满足下列要求:

1. 容尘量大,清灰后仍能保留一部分粉尘在滤料上,以保持较高的过滤效率;

2. 透气性能好、阻力低;

3. 抗拉、抗皱折、耐磨、耐高温、耐腐蚀,机械强度高;

4. 吸湿性小、易清灰;

5. 尺寸稳定性好,成本低,使用寿命长。

滤料的性能除了与纤维本身的性质(如耐温、耐腐蚀、耐磨损等)有关外,还与滤料的结构有很大关系。例如薄滤料、表面光滑的滤料(如丝绸)容量小,清灰容易,但过滤效率低,适用含尘浓度低、粘性大的粉尘,采用过滤风速不宜太高;厚滤料、表面起绒的滤料(如毛毡)容尘量大、清灰后还可保留一定容尘,过滤效率高,可以采用较高的过滤风速。到目前为止,还没有一种"理想"的滤料能满足上述所有要求,因此只能根据含尘气体的性质,选择最符合于使用条件的滤料。

常用的滤料有毛织滤布、尼龙、涤纶绒布、诺梅克斯、玻璃纤维等。

目前国内在净化高温烟气时仍多采用玻璃纤维滤料。

1987年从美国戈尔公司引进的GORE-TEX薄膜表面滤料,可耐温260℃,对微细粉尘,除尘效率也接近100%。该滤料是由聚四氟乙烯膨胀后压制而成,其厚度为$100\mu m$,眼孔为$0.1\mu m$,可根据含尘气体的性质,贴在所需的滤料上,构成复合滤料。它表面光洁,清灰容易,阻力小,是发展高效袋式除尘器,实现净化空气再循环的一种理想滤料。

为了使滤料能耐更高的温度,国外(如美、俄和联邦德国)已有使用金属纤维(不锈钢)制成的滤料,这种滤料能承受$600\sim700℃$高温,同时具有良好的抗化学侵蚀性,能够用于高含尘浓度和采用较高的过滤风速。但因其价格昂贵,故只能在特殊情况下使用。

现将国内外常用滤料的主要性能列于表4-6中。

五、袋式除尘器的结构型式

袋式除尘器有许多结构型式,通常可以根据以下特点进行分类。

(一) 按清灰方式可分:

1. 机械清灰

包括人工振打、机械振打和高频振荡等。一般说来,机械振打的振动强度分布不均匀,要求的过滤风速低,而且对滤袋的损伤较大,近年来逐渐被其他清灰方式所代替,但是由于某些机械振打方式简单,投资少,因而在不少场合仍在采用。

这种清灰方式的特点是:滤料过滤风速大,处理等量气体时比较容易,清灰设备小,但振打装置容易损坏,滤料寿命短,维修工作量也较大。

2. 脉冲喷吹清灰

它是以压缩空气为动力,利用脉冲喷吹机构在瞬间内喷出压缩空气,通过文氏管诱导数倍二次空气高速喷入滤袋,使滤袋产生冲击振动,同时在逆气流的作用下,将滤袋上的粉尘清除下来。这种方式的清灰强度大,可以在过滤工作状态下进行清灰,允许采用较大的过滤风速。脉冲喷吹是目前主要清灰方式之一,中心喷吹脉冲袋式除尘器、环隙喷吹脉冲袋式除尘器、顺喷脉冲袋式除尘器、对喷脉冲袋式除尘器都是采用这种清灰方式。

这种清灰方式的特点是:清灰能力大,可以在过滤状态下清灰,允许的过滤风速也较高。但必须有空气压缩机和一套控制脉冲喷吹的机构,设备复杂,造价较高,它是目前常用的一种清灰方式。

3. 逆气流清灰

它是采用室外或循环空气以含尘气流相反的方向通过滤袋,使其上的粉尘脱落。在这种清灰方式中,一方面是由于反向的清灰气流直接冲击尘块;另一方面由于气流方向的改变,滤袋产生胀缩振动而使尘块脱落。

表 4-6

国内外常用滤料的主要性能

纤维的商品名称	原料或聚合物	抗拉强度 (10⁵Pa)	断裂延伸率 (%)	20℃下的吸湿率(%) φ=65%	20℃下的吸湿率(%) φ=95%	耐热温度(℃) 长期	耐热温度(℃) 短期	可燃性	耐磨性	耐无机酸	耐有机酸	耐碱性	耐氧化物	耐溶剂性
棉 花	纤维素	30~49	7~8	7~8.5	24~27	75~85	95	可燃	可以	很差	可以	好	可以	很好
羊 毛	蛋白质	10~17	25~35	10~15	21.9	80~90	100	可燃	可以	可以	可以	很差	差	可以
丝 绸	蛋白质	38	17			70~80	90	可燃	可以	可以	可以	很差	差	可以
尼 龙	聚酰胺	38~72	16~50	4~4.5	7~8.3	75~85	95	可燃	很好	很差	可以	好	可以	很好
诺梅克斯	芳香族聚酰胺	40~55	14~17	4.5~5		220	260	不燃	很好	可以	很好	好	可以	很好
涤 纶	聚脂	40~49	16~55	0.4	0.5	130	160	可燃	很好	好	好	可以	好	很好
	聚脂化合物	25~55	24~45	0.4		180	200	可燃	很好	好	好	可以	好	很好
腈 纶	聚丙烯腈	23~30	24~40	1~2	4.5~5	110~130	150	可燃	好	很好	很好	很好	好	很好
丙 纶	聚丙烯	45~52	22~25	0	0	85~95	120	可燃	好	很好	好	好	好	很好
维尼纶	聚乙烯醇	24~35	12~25	3.4	0.9	115	180		好	很好	很好	很好	可以	好
氯 纶	聚氯乙烯	33	13	0.3		65~70	80~90	不燃	差	很好	很好	很好	很好	可以
特氟纶	聚四氟乙烯			0	0	220	270	不燃	差	很好	很好	很好	很好	可以
玻璃纤维	铝硼硅酸盐玻璃	145~158	3~4	0.3		240	315	不燃	很差	很好	很好	差	很好	很好
玻璃纤维	经有机硅处理	145~158	3~4	0	0	260	350	不燃	差	很好	很好	差	很好	很好
玻璃纤维	经石墨、聚四氟乙烯处理	145~158	3~4	0	0	300	350	不燃	差	很好	很好	可以	很好	很好

逆气流可以是用正压将气流吹入滤袋(反吹风清灰),也可以是以负压将气流吸出滤袋(反吸风清灰)。清灰气流可以由主风机供给,也可以单设反吹(吸)风机。

逆气流清灰在整个滤袋上的气流分布比较均匀,可采用长滤袋。但清灰强度小,过滤风速不宜过大,通常都是采用停风清灰。

采用高压气流反吹清灰(如回转反吹袋式除尘器所采用的清灰方式)可以得到较好的清灰效果,可以在过滤工作状态下进行清灰,但需另设中压或高压风机。这种方式可采用较高的过滤风速。

在有些情况下,可采用机械振打和逆气流相结合的方式,以提高清灰效果。

这种清灰方式的特点是:结构简单、易损部件少,操作易掌握。与机械振动清灰相比,滤袋使用寿命长,同时造价也较低。

(二)按滤袋形状可分为:

1. 圆袋

通常的袋式除尘器的滤袋都采用圆袋(图 4-20a、b、c、d、e)。圆袋结构简单,便于清灰。滤袋直径一般为 100~300mm,最大不超过 600mm。直径太小有堵灰可能;直径太大,则有效空间的利用较少。袋长为 2~12m。

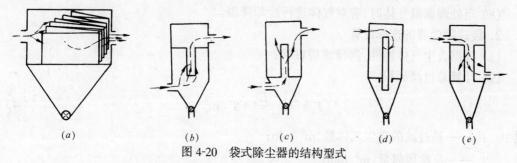

图 4-20 袋式除尘器的结构型式
(a)扁袋;(b)下进外滤式;(c)下进内滤式;(d)上进外滤式;(e)上进内滤式

2. 扁袋

扁袋(图 4-20a)除尘器是由一系列扁长滤袋所组成。在除尘器体积相同的情况下,采用扁袋比圆袋多 30%以上过滤面积。在过滤面积相同情况下,扁袋除尘器的体积要比圆袋小。尽管扁袋除尘器有着明显的优点,但是目前在工业中的使用量仍大大少于圆袋除尘器,其主要原因是扁袋的结构较复杂,换袋比较困难。

(三)按过滤方式可以分为:

1. 内滤式

含尘气体首先进入滤袋内部,由内向外过滤,粉尘积附在滤袋内表面(图 4-20c、e)。内滤式一般适用于机械清灰和逆气流清灰的袋式除尘器。

2. 外滤式

含尘气体由滤袋外部通过滤料进入滤袋内,粉尘积附在滤袋外表面(图 4-20b、d)。为了便于过滤,滤袋内要设支撑骨架(框架)。外滤式适用于脉冲喷吹袋式除尘器和回转反吹袋式除尘器。

(四)按进风方式可分为:

1. 下进风

含尘气流由除尘器下部进入除尘器内(图 4-20*b*、*c*)。

2．上进风

含尘气流由除尘器上部进入除尘器内(图 4-20*d*、*e*)。上进风有助于粉尘沉降、减少粉尘再附。

从以上分类可以看出,袋式除尘器是一种形式繁多,能够适用于各种不同场合的较为灵活的除尘设备。

六、袋式除尘器的应用与选择

1．袋式除尘器的应用

(1) 袋式除尘器主要用于清除含尘气体中细小而干燥的工业粉尘,其初含尘量可在 200mg/m³ 以上,当被净化空气含尘量超过 5g/m³ 时,要增设预处理除尘器,以降低入口含尘浓度;

(2) 袋式除尘器可用于面粉制造工业、砂轮制造工业、铸造车间、喷砂车间、耐火材料加工车间等等;

(3) 袋式除尘器不适用于含有酸、油雾、游离三氧化硫及凝结水的含尘气体;

(4) 一般不宜用于净化有爆炸危险或带有火花的烟气;

(5) 当处理高温气体时,应对气体进行冷却降温。

2．袋式除尘器的选择计算

(1) 根据含尘气体特性,选择滤袋材料;

(2) 计算总过滤面积 F

$$F = \frac{L_1 + L_2}{v} + F_2 \text{ m}^2 \tag{4-43}$$

式中　L_1——被过滤的含尘气体量,m³/min;

　　　L_2——反吹风风量,m³/min;

　　　v——过滤风速,m/min;

　　　F_2——处于清灰部分的过滤面积,m²。

(3) 计算滤袋个数 n

$$n = \frac{F}{f} \text{ 个} \tag{4-44}$$

式中　f——每个滤袋的过滤面积,m²/个。

(4) 设计清灰装置。

【例 4-2】　已知某铸造车间的粉尘散发地点局部排气量为 5000m³/h,准备选择机械振打清灰布袋除尘器,计算总过滤面积。

【解】　查表 4-5 选过滤风速 $v = 1$m/min

根据公式(4-43)　　　　　　　　$L_2 = 0, F_2 = 0$

所以　　　　　　　　$F = \frac{L_1}{v} = \frac{5000}{60 \times 1} = 83.3 \text{ m}^2$

根据 $F = 84$m² 查样本就可确定除尘器的具体型号。

七、袋式除尘器的结构性能和特点简介

(一) 机械振打袋式除尘器

机械振打袋式除尘器是利用机械振打机构使滤袋产生振动,将滤袋上的积尘抖落到灰斗中的一种除尘器。根据机械装置不同可以使袋子上下振动、左右振动及扭转振动。如图4-21所示。

1. 垂直方向振打

采用垂直方向振打清灰效果好,但对滤袋的损伤较大,特别是在滤袋下部。

2. 水平方向振打

水平方向振打可分为上部水平方向振打和腰部水平方向振打。水平方向振打虽然对滤袋损伤较小,但在滤袋全长上的振打强度分布不均匀。采用腰部水平振打可减少振打强度分布不均匀性。在高温烟气净化中,如果用抗弯折强度较差的玻璃纤维作滤料时,应采用腰部水平振打方式。

机械振打袋式除尘器的过滤风速一般取 0.6~1.6m/min,阻力约为 800~1200Pa。

(二)脉冲喷吹袋式除尘器

脉冲喷吹袋式除尘器是目前国内生产量最大、使用最广的一种带有脉冲喷吹机构的袋式除尘器,它有多种结构形式,如中心喷吹、顺喷、对喷等。

目前常用的脉冲袋式除尘器的滤袋长度一般不超过 2~2.5m,再长则清灰效果不好,所以当处理风量较大时,占地面积就比较大。例如处理风量为 16200m³/h 的 120 条滤袋的 MC型袋式除尘器,当过滤风速为 3m/min时,占地面积需要 6.24m²。另外脉冲袋式除尘器清灰用的压缩空气压力,一般需要 $(5~7)×10^5$Pa,而许多工厂现有的压缩空气管网达不到这样高的压力,以致清灰效果受到影响。

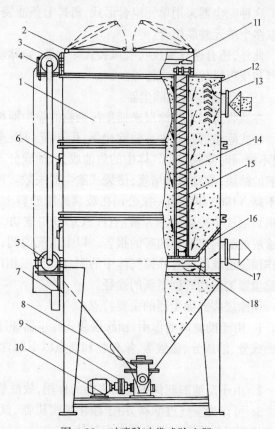

图 4-22 对喷脉冲袋式除尘器

1—箱体;2—上掀盖;3—上贮气包;4—电磁阀和直通脉冲阀;5—下贮气包;6—检查门;7—脉冲控制仪;8—排灰阀;9—靠背轮;10—电机;11—上喷吹管;12—挡灰板;13—进气口;14—弹簧骨架;15—滤袋;16—净气联箱;17—排气口;18—下喷吹管

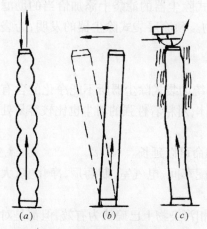

图 4-21 机械振动清灰示意图

为了增加滤袋长度,降低喷吹压力,北京市劳动保护科学研究所于1983年研制了一种对喷脉冲袋式除尘器,它的结构如图4-22所示。含尘气体从中箱体上方进入除尘器,经滤袋过滤后,在袋内自上而下流至净气联箱汇集,再从下部排气口排出。在上箱体和净气联箱中均装有喷吹管。清灰时,上、下喷吹管同时向滤袋喷吹。各排滤袋的清灰由脉冲控制仪控制程序进行。

对喷脉冲袋式除尘器具有以下特点:

1．占地面积小

因为这种除尘器采用上、下对喷清灰方式,故滤袋可长达5m,较一般脉冲袋式除尘器的滤袋长2.5~3m。在同样过滤面积条件下,占地面积可以小;在相同占地面积情况下,过滤面积可增加50%左右。

2．喷吹压力低

这种除尘器采用了低压喷吹系统,使喷吹压力由一般的$(5\sim7)\times10^5$Pa降到$(2\sim4)\times10^5$Pa,可适应一般工厂压缩空气管网的供气压力。

3．箱体结构较合理

这种除尘器采用单元组合形式,每排七条滤袋,每五排组成一个单元,处理风量大时,可采取多个单元并联组合。

此外,还有逆气流反吹吸风袋式除尘器,如脉动反吹风袋式除尘器、回转反吹风袋式除尘器和反吸风袋式除尘器等。

(三) 预涂层袋式除尘器

在滤袋上添加预涂层来捕集污染物的除尘器称为预涂层袋式除尘器。

袋式除尘器是一种高效除尘器,但传统的袋式除尘器难以处理粘着性、固着性强的粉尘,不能同时除脱含尘气体中的焦油成分、油成分、硫酸雾等污染物,否则滤料上就会出现硬壳般的结块,导致滤袋堵塞,使袋式除尘器失效。用它来处理低浓度含尘气体时,除尘效率也不高。1962年美国一家公司在玻璃纤维滤料上添加预涂层(助滤剂用煅烧白云石)来捕集锅炉烟气中冷凝的SO_3液滴(H_2SO_4)获得成功,1973年吉路德又提出了在铝工业中用加预涂层的滤料来捕集油雾的报告。以上情况说明,在袋式除尘器的滤袋上添加恰当的助滤剂作预涂层能够同时除掉气体中的固、液、气三相污染物。预涂层袋式除尘器的发明,为袋式除尘器的应用开创了新的途径。

预涂层袋式除尘器的主要特点:

1．由于助滤剂的作用,预涂层袋式除尘器能净化传统的袋式除尘器所不能净化的含有焦油成分、油成分、硫酸雾、氟化物和露点以下的含尘气体,对粘着性强的粉尘也比较容易处理。

2．由于助滤剂起保护滤料表面的作用,故滤袋的寿命可以延长。

3．可作为空气过滤器,用于净化精密机器、仪表装配车间、电气室、制药厂、净化室、大型空气压缩机进口的低浓度含尘气体。

虽然预涂层袋式除尘器和助滤剂在捕集某些气、液相污染物上已确认为有效,但都是对特定的污染物和特定的工艺过程中取得的实践经验,对其他污染物和工艺过程是否适用还有待于进一步研究和探讨。所以,关于预涂层袋式除尘器的结构形式、助滤剂的选择和添加方法仍是今后应该加深开发和研究的课题。

八、颗粒层除尘器简介

颗粒层除尘器是利用具有一定粒径范围的固体颗粒作为过滤介质,从含尘气体中分离粉尘的设备。其除尘机理与袋式除尘器相似,主要靠筛滤、惯性、拦截、扩散等机理使粉尘附着于颗粒滤料的表面。随着容尘量的增加,颗粒层的除尘效率相应提高,压力损失也增大。

除了容尘量外,颗粒滤料的粒径和厚度、过滤风速是直接影响除尘效率和压力损失的主要因素。

颗粒滤料多采用石英砂,优点是耐高温、耐磨、耐腐蚀、而且价廉易得。也可以采用其他材料。

颗粒层的除尘效率低于袋式除尘器和静电除尘器,其突出优点是耐高温,可以用于350℃的除尘系统。我国研究开发了耙式颗粒层和沸腾颗粒层两种产品,先后在耐火、烧结、水泥等行业试用,现在尚未进入成熟和推广阶段。

1. 颗粒层除尘器的构造及类型

(1) GFE 型耙式颗粒层除尘器

GFE 型耙式颗粒层除尘器,如图 4-23 所示。筒体结构类似旋风除尘器,含尘气体切向进入,靠旋风的作用除去部分粗尘粒,然后经中心管到达筒体上部、并自上而下地通过颗粒滤料,粉尘被阻留,净气则通过切换阀和出口排出。

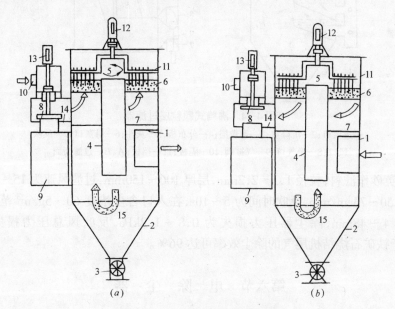

图 4-23　GFE 型耙式颗粒层除尘器
(a)反吹清灰状态;(b)过滤状态
1—入口;2—旋风筒;3—格式排灰阀;4—内管;5—耙子;6—砂粒层;7—净化后气体;
8—圆盘截止阀;9—排风总管;10—反吹风管;11—上箱体;12—电机;13—阀门驱动器;
14—净气出口;15—含尘气体

清灰时,切换阀动作,净气出口被关闭,反吹风入口开启,由反吹风机提供的清灰气流自下而上地通过颗粒层,使颗粒滤料处于流化状态,梳耙也同时转动,促使粉尘脱离颗粒滤料。并使颗粒层保持平整。这些粉尘经由中心管进入旋风筒体下部,部分粉尘落入灰斗,其余则随反吹气流由入口流向含尘气体总管,并进入其他单元净化。

这种除尘器通常由3～20个过滤单元组成,由含尘气体总管、净气总管和反吹风总管相连,各单元轮流清灰。

该耙式颗粒层除尘器的过滤速度一般为33～50cm/min,含尘浓度高时取25cm/min。进口含尘浓度一般为5g/m³,最高不能超过20g/m³。除尘效率可达96%,压力损失1～2kPa,梳耙使用寿命为1～2年。

(2) 沸腾颗粒层除尘器

沸腾颗粒层除尘器如图4-24所示,过滤单元内不设梳耙,只设有颗粒层、进口切换阀和出口切换阀。多个过滤单元垂直叠加,以管道相接,并同沉降室组成一体。含尘气体先经沉降室,然后在过滤单元净化。清灰时,反吹气流由下而上通过颗粒层,使其呈沸腾状态,粉尘因颗粒间的碰撞、摩擦而脱落。

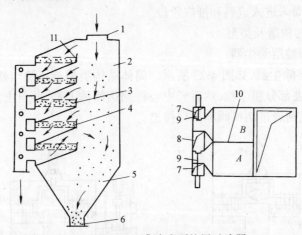

图4-24 沸腾式颗粒层过滤器

1—进风口;2—沉降室;3—颗粒层;4—分布板;5—灰斗;6—排灰口;7—反吹风口;8—净气口;9—气缸阀;10—隔板;11—挡板;A、B—过滤断面

采用石英砂作滤料,粒径1.3～2.2mm,层厚100～150mm,过滤风速为15～25cm/min,反吹风速为50～73cm/min,反吹时间为5～10s,在入口含尘浓度60～5g/m³ 范围内,反吹周期相应为4～48min,除尘器压力损失为0.8～1.2kPa,反吹风总压力损失为1.5～2.6kPa,用于铁矿石烧结机尾气的除尘效率可达96%。

第六节 电除尘器

电除尘器是利用高压电场使尘粒荷电,在库仑力作用下使粉尘从气流中分离出来的一种除尘设备。

一、电除尘器的优缺点

电除尘器的主要优点是:

1. 除尘效率高,对小于 0.1μm 的粉尘仍有较高的除尘效率。

2. 处理气体量大,单台设备每小时可处理几十万甚至上百万立方米的烟气。

3. 能处理高温烟气。采用一般涤纶布的袋式除尘器工作温度需要控制在 120～130℃以下,而电除尘器一般可在 350～400℃下工作。采取某些措施后,耐温性能还能提高,这样就大大简化了烟气冷却设备。

4. 能耗低,运行费用小。虽然电除尘器在供给高压放电上需要消耗部分电能,但由于电除尘器阻力低(仅100～300Pa),在风机消耗的电能上却可大大节省,因而总的电能消耗较其他类型除尘器要低。

电除尘器的缺点是:

1. 一次投资费用高,钢材消耗量大。

2. 设备庞大,占地面积大。

3. 对粉尘的比电阻有一定要求。若在适宜范围之外,就需要采取一定措施才能达到必要的除尘效率。

4. 结构较复杂,对制造、安装、运行的要求都比较严格,否则不能维持所需的电压,除尘效率将降低。

由于电除尘器具有上述优点,因而在冶金、水泥、电站锅炉以及化工等工业中得到大量应用。

二、电除尘器的工作原理

图4-25为管式电除尘器的示意图。接地的金属圆管叫收尘极(或集尘极),与高压直流电源相连的细金属线叫电晕极(又称电晕线或放电极)。电晕极置于圆管中心,靠重锤张紧。含尘气体从除尘器下部进口引入,净化后的气体从上部出口排出。

含尘气体在电除尘器中的除尘过程(见图4-26)大致可以分为三个阶段:

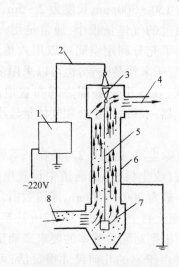

图4-25 管式电除尘器示意图
1—高压直流电源;2—高压电缆;3—绝缘子;
4—净化气体出口;5—电晕极;6—收尘极;
7—重锤;8—含尘气体进口

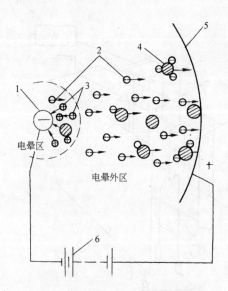

图4-26 电除尘器的工作原理图
1—导线(电晕极);2—电子;3—正离子;4—
尘粒;5—圆筒壁或极板(收尘极);
6—高压直流电源

1. 粉尘的荷电

在电晕极与收尘极之间施加直流高电压,使电晕极附近的气体电离(即电晕放电,简称电晕),生成大量的自由电子和正离子。电晕放电一般只发生在非均匀电场中具有曲率半径较小的电晕极表面附近约2～3mm的小区域内,即所谓电晕区内。在电晕区内,正离子立即被电晕极(工业上应用的电除尘器采用负电晕极)吸引过去而失去电荷。自由电子则因受电场力的驱使向收尘极(正极)移动,并充满到两极间的绝大部分空间(电晕外区)。含尘气体通过电场空间时,正在向两极运动的自由电子和正离子通过碰撞和扩散而附在尘粒上,使尘粒荷电。

2. 粉尘的沉积

荷电粉尘在电场力作用下,向极性相反的电极运动。由于电晕外区的范围比电晕区大得多,所以进入极间的大多数尘粒是带负电,是朝着收尘极的方向运动而沉积在其上。只有少数尘粒会带正电而沉积在电晕极上。

3. 清灰

在收尘极上尘粒放出荷电,当表面上的粉尘沉积到一定厚度后,用机械振打或其他清灰方式将其除去,使之落入灰斗中。电晕极也会附着少量粉尘,隔一定时间也要进行清灰。

为保证电除尘器在高效率下运行,必须使上述三个过程进行得十分有效。

三、电除尘器的结构型式和主要部件

(一) 结构型式

电除尘器的结构型式很多,可以根据其不同特点,分成不同类型:

1. 根据收尘极的形式,可分为管式和板式两种。

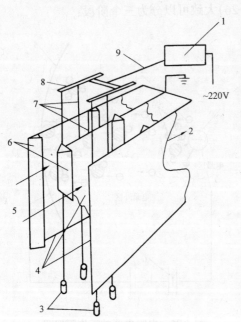

图4-27　板式电除尘器
1—高压直流电源;2—净化气体;3—重锤;4—收尘极;5—含尘气体;6—挡板;7—电晕极;8—高压母线;9—高压电缆

管式电除尘器(见图4-25)就是在圆管中心放置电晕极,而把圆管的内壁作为收尘的表面。管径通常为150～300mm,长度为2～5m。由于单根圆管通过的气体量很小,通常是用多管并列而成。为了充分利用空间可以用六角形(即蜂房形)的管子来代替圆管,也可以采用多个同心圆的形式,在各个同心圆之间布置电晕极。管式电除尘器一般适用于处理气体量较小的情况。

板式电除尘器(见图4-27)是在一系列平行的金属薄板(收尘极板)的通道中设置电晕极。极板间距一般为200～350mm,通道数由几个到几十个,甚至上百个,高度为2～12m甚至15m。除尘器长度根据对除尘效率的要求来确定。板式电除尘器由于它的几何尺寸很灵活,可做成各种大小,以适应各种气体量的需要,因此在除尘工程中得到广泛采用。

2. 根据气流流动方式,可分为立式和卧式两种。

立式电除尘器内,气流通常是由下而上沿垂直方向通过。

立式电除尘器由于高度较高,可以从其上部将净化后气体直接排入大气中而不需要另设烟囱。由于立式电除尘器是往高度方向发展,因而占地面积少。当需要增加电场长度(对

94

立式电除尘器即其高度)来提高除尘效率时,立式就不如卧式灵活。此外,在检修方面也不如卧式方便。

卧式电除尘器内,气流水平通过其占地面积大,占空间小,施工安装检修方便。

3．根据清灰方式,可分为干式和湿式两种。

干式电除尘器是通过振打或者利用刷子清扫使电极上的积尘落入灰斗中。这种方式清灰,处理简单,便于综合利用,因而最为常用。但这种清灰方式易使沉积于收尘极上的粉尘再次扬起而进入气流中,造成二次扬尘,致使除尘效率降低。

湿式电除尘器是采用溢流或均匀喷雾等方式使收尘极表面经常保持一层水膜,当粉尘到达水膜时,顺着水流走,从而达到清灰的目的。湿法清灰完全避免了二次扬尘,故除尘效率很高,同时没有振打设备,工作也比较稳定,但是产生大量泥浆,如不加适当处理,将会造成二次污染。

(二) 主要部件

电除尘器由除尘器本体和供电装置两大部分组成。除尘器本体包括电晕极、收尘极、清灰装置、气流分布装置、外壳和灰斗等。

1．电晕极

电晕极是产生电晕放电的电极,应有良好的放电性能(起晕电压低、击穿电压高、放电强度强、电晕电流大),较高的机械强度和耐腐蚀性能。电晕极的形状对它的放电性能和机械强度都有较大的影响。

电晕极有多种形式,如图 4-28 所示。最简单的一种是圆形导线。圆形导线的放电强度与其直径呈反比,直径越小,起晕电压越低,放电强度越高。但导线太细时,其机械强度较低,在经常性的清灰振打中容易损坏,因此工业电除尘器中通常都采用直径为 2~3mm 的镍铬线作为电晕极。

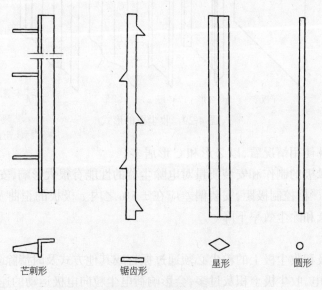

芒刺形　　　锯齿形　　　星形　　　圆形

图 4-28　电晕极的形式

星形电晕极是用 4~6mm 的普通钢材冷拉而成。它是利用沿极线全长上的四个尖角放电的,放电强度和机械强度都比圆形导线好,所以得到广泛应用。星形线也采用框架方式固定。

芒刺形和锯齿形电晕极的特点是用尖端放电代替沿极线全长上的放电,因而放电强度高,在正常情况下,比星形电晕线产生的电晕电流高一倍左右,而起晕电压却比其他形式都低。

2. 收尘极

收尘极的结构形式直接影响到电除尘器的除尘效率、金属消耗量和造价,所以应精心设计。对收尘极的一般要求是:

(1) 易于荷电粉尘的沉积,振打清灰时,沉积在极板上的粉尘易于振落,产生二次扬尘要小;

(2) 金属消耗量小。由于收尘极的金属消耗量占整个电除尘器金属消耗量的30%～50%,因而要求极板做得薄些轻些。极板厚度一般为1.2～2mm,用普通碳素钢冷轧成型。对于处理高温烟气(大于400℃)的电除尘器,在极板材料和结构形式等方面都要作特殊考虑;

(3) 气流通过极板空间时阻力要小;

(4) 极板高度较大时,应有一定刚性,不易变形。

极板的形式(见图4-29)有平板形、Z形、C形、波浪形、曲折形等。

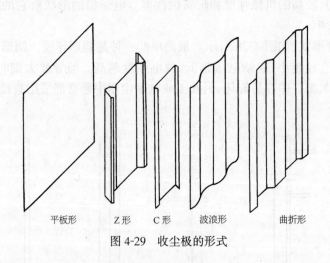

平板形　　Z形　　C形　　波浪形　　曲折形

图4-29　收尘极的形式

从目前国内外使用情况看,以Z形和C形居多。

收尘极和电晕极的制作和安装质量对电除尘器的性能有很大影响,安装前极板、极线必须调直,安装时要严格控制极距,安装偏差应在±5%之内。极板的歪曲及极距的不均匀会导致工作电压降低和除尘效率下降。

3. 清灰装置

沉积在电晕极和收尘极上的粉尘必须通过振打或其他方式及时清除。电晕极上积灰过多,会影响电晕放电,收尘极上积灰过多,会影响荷电尘粒向电极运动的速度,对于高比电阻粉尘还会引起反电晕。因此,及时清灰是维持电除尘器高效运行的重要条件。

干式电除尘器的清灰方式有多种,如机械振打、压缩空气振打、电磁振打及电容振打等。目前应用最广效果较好的清灰方式是锤击振打。

4．气流分布装置

电除尘器内气流分布的均匀程度对除尘效率有很大影响,气流分布不均匀,在流速低处所增加的除尘效率,远不足以弥补流速高处效率的降低,因此总效率是降低了。据国外资料介绍,有的电除尘器由于改善了气流分布,使除尘效率由原来的80%提高到99%。

气流分布板一般为多孔薄板。圆孔板(孔径为40～60mm,开孔率为50%～65%)和方孔板是最常用的形式(如图4-30)。还采用百叶窗式的(见图4-31),这种分布板的主要优点是,可以在安装后,根据气流分布情况进行调整。

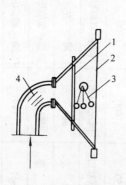

图 4-30　气流分布装置
1—第一层多孔板;2—第二层多孔板;
3—分布板振打装置;4—导流叶片

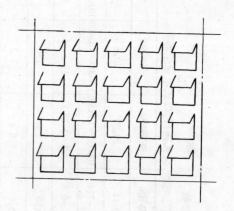

图 4-31　百叶式气流分布板

在除尘器正式投入运行前,必须进行测试调整,检查气流分布是否均匀。美国工业气体净化协会提出的评定气流分布的标准为:在除尘器入口法兰前1.5m或1.5m以下断面上的风速至少应有85%的点速度处于平均速度±25%以内,而所有各点速度值都处于平均速度±40%以内。

如果不符合要求,必须重新调整,达到要求后才能投入运行。大型的电除尘器在设计前最好先做气流分布的模型试验,确定气流分布板的层数和开孔率。

5．除尘器外壳

除尘器的外壳必须保证严密,减少漏风。国外一般漏风率控制在2%～3%以内。漏风将使进入电除尘器的风量增加和风机负荷增大,由此造成电场内风速过高,使除尘效率降低,而且在处理高温烟气时,冷空气漏入会使局部地点的烟气温度降到露点温度以下,导致除尘器内构件粘灰和腐蚀。

6．供电装置

电除尘器只有得到良好供电的情况下,才能获得高效率。随着供电电压的升高,电晕电流和电晕功率皆急剧增大,有效驱进速度和除尘效率也迅速提高。因此,为了充分发挥电除尘器的作用,供电装置应能提供足够的高电压并具有足够的功率。

现将我国生产的SHWB型电除尘器的性能列于表4-7中。

四、影响电除尘器性能的主要因素

影响电除尘器性能的因素很多,除前面已提到的如电极形式、气流分布、工作电压等外,粉尘的比电阻和气体含尘浓度对电除尘器的性能也有很大影响。

SHWB型电除尘器性能参数

（收尘极为板式乙形，电晕极为框式星形线（螺旋式星形线），室二电场，交叉振打，卧式电除尘器）

表 4-7

项　　目	SHWB3	SHWB5	SHWB10	SHWB15	SHWB20	SHWB30	SHWB40	SHWB50	SHWB60
有效断面积（m²）	3.2	5.1	10.4	15.2	20.11	30.39	40.6	53	63.3
处理风量（m³/h）	6900~9200	11100~14700	30000~37400	43800~54700	57900~72400	109000~136000	146000~183000	191000~248000	2286000~296000
电场风速（m/s）	0.6~0.8	0.6~0.8	0.6~0.8	0.6~0.8	0.6~0.8	1~1.25	1~1.25	1.0~1.3	1.0~1.3
正负极距离（mm）	140	140	140	140	150	150	150	150	150
电场长度（m）	4	4	5.6	5.6	5.6	6.4	7.2	8.8	8.8
每个电场的收尘板排数	6	9	12	15	16	18	22	22	26
每个电场的电晕板排数	5	8	11	14	15	17	21	21	25
收尘板板总面积（m²）	106	159	440	647	776	1331	1982	3118	3743
收尘板板长度（mm）	2300	2300	3400	4000	4500	6000	6500	8500	8500
收尘板振打方式	挠臂锤机械振打	同　左	同　左	同　左	同左（双面）	同左（双面）	同左（双面）	同左（双面）	同左（双面）
电晕板振打方式	电磁振打	同　左	提升脱离机构	同　左	同　左	同　左	同　左	同　左	同　左
电晕线形式	星　形	星　形	星　形	星　形	星　形	星　形	星形或螺旋形	星形或螺旋形	同　左
每个电场电晕线长度（m）	105	147	459	725	861	1491	星 2264，螺 2485	星 3511，螺 4897	星 4290，螺 5275
气体通过电场时间（s）	5~6.7	5~6.7	5~6.7	5~6.7	5~6.7	5.1~6.4	5.8~7.2	6.8~8.8	6.8~8.8
电场内气体压力（Pa）	+200~-2000	+200~-2000	+200~-2000	+200~-2000	+200~-2000	+200~-2000	+200~-2000	+200~-2000	+200~-2000

项目	SHWB3	SHWB5	SHWB10	SHWB15	SHWB20	SHWB30	SHWB40	SHWB50	SHWB60
阻力（Pa）	<200	<200	<300	<300	<300	<300	<300	<300	<300
气体允许最高温度（℃）	300	300	300	300	300	300	300	300	300
设计效率（%）	98	98	98	98	98	98	98	98	98
硅整流装置规格	GGK0.1A/72kV	GGK0.1A/72kV	GGK0.2A/72kV	GGK0.2A/72kV	GGK0.7A/72kV	GGK0.7A/72kV	GGK0.7A/72kV	GGK1.0A/72kV	GGK1.0A/72kV
硅整流装置数量（套）	1	1	2	2	2	2	2	2	2
设备外形尺寸（mm）	2730×5475×7240	3589×6545×7436	6500×9893×11440	6950×10547×11630	7700×11116×12376	8500×13225×13573	9500×14510×14980	9930×16430×18040	10950×18452×18360
阴极振打用电动机组：行星摆线针轮减速器 $i=3481$	XWED0.4~63 2组	同左	XWED0.4~63 2组	同左	XWED0.4~63 8组	同左	同左	同左	XWED0.4~63 4组
阴极振打用电动机组：行星摆线针轮减速器 $i=3481$	—	—	同左	同左	同左	同左	同左	同左	同左
卸尘装置用减速电机	JTC-5021kW，48转/分,1台	同左	JTC-5621.6kW，31转/分,2台	同左	JTC-7512.6kW，31转/分,2台	同左	JTC-7524.2kW，31转/分,2台	同左	同左
设备质量（kg）	7790	12375	39097	48208	64561	78328	11823	134921	172742

注：1. 应依据选型计算进行设备选型，不要直接按本表所列处理风量、电场风速和设计效率进行设备选型。
2. 生产厂：上海冶金矿山机械厂。

（一）粉尘的电阻

工业气体中的粉尘比电阻往往差别很大，低者（如炭黑粉尘）约为 $10^3\Omega\cdot cm$，高者（如 105℃下的石灰石粉尘）可达 $10^{14}\Omega\cdot cm$。

如果粉尘比电阻过低，即粉尘层导电性能良好，荷负电的粉尘接触到收尘极后很快就放出所带的负电荷，失去吸力，从而有可能重返气流而被气流带出除尘器。使除尘效率降低。

反之如果粉尘比电阻过高，即粉尘层导电性能太差，负电荷的粉尘到达收尘极后，负电荷不能很快释放而逐渐积存于粉尘层上，这就可能产生两种影响：一是由于粉尘仍保持其负极性，它排斥随后向收尘极运动的粉尘粘附在其上，使除尘效率下降；二是随着极板上沉积的粉尘不断加厚，粉尘层和极板之间便造成一个很大的电压降。如果粉尘层中有裂缝，空气存在裂缝中，粉尘层与收尘极之间就会形成一个高压电场（粉尘层表面为负极，收尘极为正极），使粉尘层内的气体电离，产生反向放电。由于它的极性与原电晕极相反，故称反电晕。反电晕时发生的正离子向原电晕极方向运动，在运动过程中，与带负电荷的粉尘相遇，从而使粉尘所带的负电荷部分被正离子中和。由于粉尘电荷减少，因而削弱了粉尘在收尘极上沉积。所以，如果发生反电晕，除尘效率就会显著降低。

常用电除尘器所处理的粉尘比电阻最适宜范围为 $10^4\sim5\times10^{10}\Omega\cdot cm$。在工业中经常遇到高于 $5\times10^{10}\Omega\cdot cm$ 的所谓高比电阻粉尘。为了扩大电除尘器的应用范围，防止反电晕的发生，就必须解决高比电阻粉尘的收尘问题。对这个问题，国内外都非常重视，提出了各种处理措施，大致可归纳为两种。

1. 提高粉尘的导电性，降低粉尘的比电阻。如利用喷雾增湿、降低或提高气体温度、在烟气中加入导电添加剂等。

2. 改变供电方式，采用新型结构的电除尘器。

为提高电除尘器的效率，解决高比电阻粉尘的收尘问题，出现了许多新型结构的电除尘器，如超高压宽间距电除尘器、原式电除尘器、三极预荷电除尘器、双区电除尘器、高温电除尘器、横向极板电除尘器等。

（二）气体含尘浓度

在电除尘器的电场空间中，不仅有许多气体离子，而且还有许多极性与之相同的荷电尘粒。荷电尘粒的运动速度比气体离子的运动速度低得多。因此含尘气体通过电除尘器时，单位时间转移的电荷量要比通过清洁空气时少，即电晕电流小。含尘浓度越高，电场内与电晕极极性相同的尘粒就越多。如果含尘浓度很高，电晕电场就会受到抑制，使电晕电流显著减少，甚至几乎完全消失，以致尘粒不能正常荷电，这种现象称为电晕闭塞。目前对造成电晕闭塞的含尘浓度极限值尚无准确数据，一般认为气体含尘浓度在 $40\sim60g/m^3$ 以下尚不会造成电晕闭塞。

防止电晕闭塞的措施主要有：

1. 提高电除尘器的工作电压，以加快电风速度；

2. 采用放电强度高的电晕极（如芒刺形电极），以增强电风；

3. 增设预净化设备，当进口含尘浓度超过 $40g/m^3$ 时，应先进入其他除尘器（如旋风除尘器）进行初净化，然后再进入电除尘器。

近年来，为进一步提高电除尘器的效率，适应捕集高比电阻粉尘的需要，采用新型结构的电除尘器。

第七节 湿式除尘器

湿式除尘器是通过含尘气体与液滴或液膜的接触使尘粒从气流中分离的。它具有结构简单、造价低、除尘效率高,能同时进行有害气体净化等优点,适用于处理非纤维性和非水硬性的各种粉尘,尤其适宜净化高温、易燃易爆气体。它的缺点是有用物料不能干法回收,泥浆处理比较困难。

一、湿式除尘器的除尘机理

除尘机理:依靠凝聚效应实现尘气分离。

凝聚作用不是一种直接的除尘机理,但通过凝聚作用,可以使微细尘粒凝聚成大颗粒,易于被捕集。

目前常用的湿式除尘器,主要通过尘粒与液滴的惯性碰撞进行除尘。惯性碰撞特性可用惯性碰撞数来描述:

$$N_i = \frac{v_y d_c^2 \rho_c}{18 \mu d_y} \tag{4-45}$$

式中　N_i——惯性碰撞;

v_y——气流与液滴的相对运动速度,m/s;

d_c——尘粒直径,m;

ρ_c——尘粒密度,kg/m^3;

μ——空气动力粘度,Pa·s;

d_y——液滴直径,m。

惯性碰撞数是和 Re 数一样是一个准则数。N_i 数越大,说明尘粒和液滴的碰撞机会越多,碰撞越强烈,由惯性碰撞所造成的除尘效率也越高。对于以惯性碰撞为主要除尘机理的湿式除尘器来说,要提高除尘效率,必须提高 N_i 数。从式(4-45)可以看出,工艺条件确定后,要提高 N_i 数,必须提高气液的相对运动速度 v_y 和减小液滴直径 d_y。目前工程上常用的各种湿式除尘器基本上是围绕这两个因素发展起来的。

必须指出,并不是液滴直径 d_y 越小越好,d_y 过小,液滴容易随气流一起运动,减小了气液的相对运动速度。试验表明,液滴直径约为捕集粒径的 150 倍时,效果最好,过大或过小都会使除尘效率下降。气流的速度也不宜过高,以免增加除尘器阻力。

二、湿式除尘器的结构形式

湿式除尘器的种类很多,但是按照气液接触方式,分为两大类。

1.尘粒随气流一起冲入液体内部,尘粒加湿后被液体捕集,它的作用是液体洗涤含尘气体。属于这类的湿式除尘器有自激式除尘器、卧式旋风水膜除尘器、泡沫塔等。

2.用各种方式向气流中喷入水雾,使尘粒与液滴、液膜发生碰撞。属于这类的湿式除尘器有文丘里除尘器、喷淋塔等。

三、几种常用的湿式除尘器

湿式除尘器的种类很多,下面介绍常用的几种。

(一)自激式除尘器

自激式除尘器内先要贮存一定量的水,它利用气流与液面的高速接触,激起大量水滴,使尘粒从气流中分离,水浴式除尘器、冲激式除尘器等都属于这一类。

1. 水浴除尘器

它是湿式除尘器中结构最简单的一种,其结构如图4-32所示。含尘气体从进口进入后,在喷头处以高速喷出,冲击水面,激起大量水花和雾滴,粗大的尘粒随气流冲入水中而被捕集,细小的尘粒随气流折转180°向上时,通过与水花和雾滴接触而被除下,净化后的气体经挡水板脱水后排出。

水浴除尘器的效率和阻力主要取决于气流的冲击速度和喷头的插入深度,并随着冲击速度和插入深度的增大而增加。当冲击速度和插入深度增大到一定值后,如继续增加,其除尘效率几乎不变化,而阻力却急剧增加。水浴除尘器的冲击速度一般取 8~14m/s,喷头的插入深度 h_0 取 20~30mm。这种除尘器的效率一般可达 85%~95%,阻力约为 400~700Pa。

水浴除尘器的结构简单,可用砖或钢筋混凝土砌筑,耗水量少(0.1~0.3L/m³),适合中小型工厂采用。但对微细粉尘的除尘效率不高,泥浆处理比较麻烦。

2. 冲激式除尘器

冲激式除尘器的结构如图4-33所示。含尘气体进入除尘器后转弯向下,冲击水面,粗大的尘粒被水捕集直接沉降在泥浆斗内。未被捕集的微细尘粒随着气流高速通过S形通道(由上下两叶片间形成的缝隙),激起大量水花和水雾,使粉尘与水充分接触,得到进一步净化。净化后的气体经挡水板排出。

国产的 CCJ 型冲激式除尘器自带风机,组装成除尘机组,它结构紧凑、占地面积小、施工安装方便,处理风量变化(20%以内)对除尘效率几乎没有影响。由于采用刮板运输机自动刮泥和自控供水方式,耗水量很少,约为 0.04L/m³。缺点是金属消耗量大,阻力高,价格较贵。

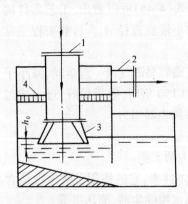

图4-32 水浴除尘器
1—含尘气体进口;2—净化气体出口;
3—喷头;4—挡水板

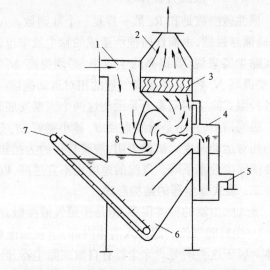

图4-33 冲激式除尘器
1—含尘气体进口;2—净化气体出口;3—挡水板;4—溢流箱;
5—溢流口;6—泥浆斗;7—刮板运输机;8—S形通道

CCJ 型除尘机组的技术性能见表4-8。

(二)卧式旋风水膜除尘器

配套数据 机组型号	除 尘 器			
	风量(m³/h)		阻力(Pa)	净化效率(%)
	额 定	适用范围		
CCJ-5	5000	3500～5500		
CCJ-10	10000	7000～11000		
CCJ-20	20000	14000～22000	1000～1600	95～98
CCJ 30	30000	22000～33000		
CCJ-40	40000	33000～44000		
CCJ-50	50000	44000～55000		

卧式旋风水膜除尘器的结构如图 4-34 所示,它由横卧的外筒和内筒构成,内外筒之间设有螺旋形导流片。含尘气体由一端沿切线方向进入除尘器后,沿导流片作旋转运动。尘粒在离心力作用下甩向外壁,到达壁面被水膜捕集。在旋转气流带动下,除了在壁面形成水膜外,还产生大量水滴,促使尘粒分离。

这种湿式除尘器,由于加入了离心力的作用,所以能达到较高的除尘效率。用中位粒径 $d_{50}=6\mu m$ 的耐火粘土粉尘进行试验,除尘效率为 98% 左右,除尘器阻力约为 900～1100Pa。

(三) 文丘里除尘器

湿式除尘器要得到较高的除尘效率,必须造成较高的气液相对运动速度和非常细小的液滴。文丘里除尘器就是为了适应这个要求而发展起来的。

文丘里除尘器的结构如图 4-35 所示,它由文丘里管(由收缩管、喉管和扩散管三部分组成)、喷水装置和旋风分离器所组成。含尘气体以 60～120m/s 的高速通过喉管,这股高速气流冲击从喷水装置(喷嘴)喷出的液体使之雾化成无数细小的液滴,液滴冲破尘粒周围的气膜,使之加湿、增重。在运动过程中,通过碰撞尘粒还会凝聚增大,增大(或增重)后的尘粒随气流一起进入旋风分离出来,干净气体从分离器排出管排出。

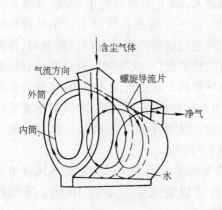

图 4-34 卧式旋风水膜除尘器

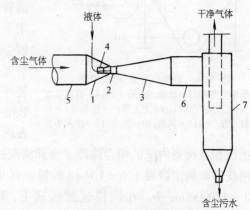

图 4-35 文丘里除尘器
1—收缩管;2—喉管;3—扩散管;4—喷水装置;
5—进气管;6—连接管;7—旋风分离器

文丘里除尘器是一种高效除尘器,对 $1\mu m$ 的微细粉尘,除尘效率也能达到 97%。它结构简单、体积小、布置灵活、投资费用低，可处理高温高湿烟气。缺点是阻力大，一般为6000～7000Pa。

第八节　静电强化复合式除尘器

在通常的除尘器中加入电的作用以提高其性能的除尘器称为静电强化复合式除尘器。实践表明，在同一除尘器中利用互相促进的不同机理是提高除尘器性能的有力措施，特别是在通常的除尘器中加入电的作用，通过静电强化，可以提高其捕集微细粉尘的效率。几乎各种除尘器都可以用静电强化，组成各种类型的静电强化复合式除尘器。下面介绍其中有代表性的几种。

一、静电强化旋风除尘器

用作分离汽车排气中微细尘粒的静电强化旋风除尘器，它是在筒径为50mm的小型旋风除尘器内设置直径为0.3mm的镍络丝4根作电晕线，以12伏蓄电池作电源，利用油浸感应线圈产生高电压，形成放电。用粒径小于1μm的氯化铵粉尘作试验表明，仅用普通旋风除尘器几乎不能分离，但在静电强化旋风除尘器中却可以100%地捕集。

二、静电强化袋式除尘器

静电强化袋式除尘器有多种形式，图4-36为美国精密工业公司设计的称作阿皮特朗(Apitron)的静电强化袋式除尘器。这种除尘器的滤筒由三部分组成。上部为织物制成的滤袋，其中心设一根压缩空气喷吹管，一直向下延伸到靠近滤袋下端；下部为一金属圆管(收尘极)中心悬挂一根作为电晕线(放电极)的金属丝；中部为文氏管。实际上它们就相当于普通的管式电除尘器和袋式除尘器二级串联。含尘气体从金属圆管底部进入，向上平行流过电晕线，在电场作用下使尘粒荷电并沉积在管壁上。未被捕集的粉尘随气流通过滤袋而受到过滤。清灰时，压缩空气从喷吹管喷出(一次空气)，通过文氏管从滤袋外部诱导数倍二次空气流入滤袋，使滤袋突然收缩，再加上气流的反向作用，将积附在滤袋内表面上的粉尘清除下来。一次和二次混合的气流又把沉积在圆管内壁的粉尘除掉。全部清灰过程约半秒钟。

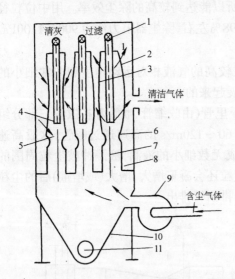

图4-36　静电强化袋式除尘器
1—压缩空气阀；2—滤袋；3—粉尘层；4—清灰喷吹管；5—二次空气吹扫；6—文氏管；7—电晕线(－)；8—收尘极(＋)；9—风机；10—灰斗；11—排灰装置

阿皮特朗除尘器对1.6～4.0μm的粉尘有99.99%的除尘效率。组合后处理风量可达85000～1700000m^3/h。在同样过滤风速下，阻力由常规袋式除尘器的1000Pa降到约100Pa。如果保持同样的阻力，则处理风量可增加3倍。

国内已研制出多种形式的静电强化袋式除尘。如辽宁省劳动保护科学研究所研制的电焊烟尘净化机组，就在袋滤器前增设线-板式预荷电装置。试验表明，增设预荷电装置后，除氡子体复合净化器，则在过滤器(两级过滤，前级为滤袋，后级为滤纸)前设置双区电除尘器。测定结果表明,当电除尘器工作时,该净化器捕集氡子体的效率可达98%,若电除尘器不工作,捕集氡子体效率则明显下降,只有80%～90%。

三、静电强化湿式除尘器

静电强化湿式除尘器有各种不同的结构
形式,图4-37为华盛顿大学提出的一种。这
种除尘器由荷电区、洗涤器和脱水器三部分组
成,在洗涤区内装有两排喷淋管。含尘氧化气
体进入洗涤器前,先通过荷电区。在荷电区
中,由于负电晕放电使尘粒荷负电。在洗涤器
内的喷嘴处于高压正电位,由于静电感应使雾
滴荷正电。进入洗涤的尘粒因与雾滴所带电
荷的极性相反而加强了相互间凝聚,并为雾滴
所捕集。脱水器为正电晕放电,于是气流中荷
正电的雾滴最终被捕集到带负电的极板表面上。

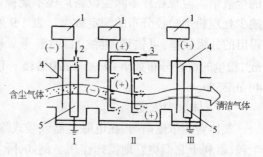

图 4-37 静电强化湿式除尘器
Ⅰ—荷电区;Ⅱ—洗涤器;Ⅲ—脱水器
1—供电设备;2—冲洗水进口;3—洗涤水进口;
4—放电极;5—极板

用DOP[①]做试验的结果表明,雾滴和尘粒都不荷电时,除尘效率为24.98%,仅雾滴荷
电时的效率为49.75%,雾滴和尘粒都荷电时效率为89%～99.68%。可见荷电结果可使除
尘效率大为提高。

第九节 除 尘 器 的 选 择

一、除尘器的选用原则

选择除尘器时,必须全面考虑有关因素,如除尘效率、阻力、一次投资费用、占用建筑空
间以及维护管理难易等。在通常情况下除尘效率常常是主要的。一般说来,选择除尘器时
应注意以下几个方面的问题。

1. 排放标准和除尘器进口含尘浓度

在通风除尘系统中设置除尘器的目的主要是为了保证排至大气的气体含尘浓度能够达
到排放标准的要求。因此,排放标准是选择除尘器的首要依据。

依照排放标准,再根据除尘器进口含尘浓度,即可按公式确定除尘器必须的除尘效率。

除尘器出口含尘浓度 y_2,也就是排至大气的含尘浓度。由此可见,要达到同样的排放
标准,不同的进口含尘浓度 y_1 对除尘器将有不同的效率要求。y_1 越大,要求达到的除尘效
率越高。因此,除尘器进口含尘浓度是选用除尘器的第二个重要依据。

如果单级除尘不能满足要求时,可采用多级除尘。

2. 粉尘的性质

粉尘的性质对除尘器的正常运行和性能都有较大的影响。例如,粘性大的粉尘容易粘
结在除尘器表面,一般不宜采用干法除尘;水硬性或疏水性粉尘不宜采用湿法除尘;用电除
尘器处理比电阻过大或过小的粉尘,则需要采取一定措施才能达到必要的效率;处理磨琢性
粉尘时,旋风除尘器内壁应衬垫耐磨材料,袋式除尘器应选用耐磨滤料;对于有爆炸危险性
的粉尘,必须采取防爆措施。

不同的除尘器对不同粒径的粉尘除尘效率是完全不同的,同一除尘器对不同粒径的粉

尘除尘效率也是不同的,选择除尘器时必须了解处理粉尘的粒径分布和除尘器的分级效率。如果知道处理粉尘的粒径分布和各种除尘器的分级效率,就可以比较准确地计算出除尘器的全效率。但现在许多除尘设备厂还不能提供精确可靠的分级效率资料,而且使用单位也缺少处理粉尘粒径分布的测定数据。表 4-9 列出国外用标准粉尘对不同除尘器进行试验后得出的分级效率,可供选用除尘器时参考。标准粉尘为二氧化硅粉尘,密度 $\rho_c = 2700 \mathrm{kg/m^3}$,粉尘的粒径分布如下:$0 \sim 5\,\mu\mathrm{m}\,20\%$;$5 \sim 10\,\mu\mathrm{m}\,10\%$;$10 \sim 20\,\mu\mathrm{m}\,15\%$;$20 \sim 44\,\mu\mathrm{m}\,20\%$;$> 44\,\mu\mathrm{m}\,35\%$。

3. 气体含尘浓度

气体含尘浓度高时,在电除尘器或袋式除尘器前应设置低阻力的初净化设备,除去粗大尘粒,以利于它们更好地发挥作用。例如,降低除尘器进口的含尘浓度,可以提高袋式除尘器的过滤风速,防止电除尘器产生电晕闭塞。对湿式除尘器则可以减少泥浆处理量,节省投资及减轻工人的体力劳动。

4. 气体的温度和性质

选择除尘器前,要了解处理气体的温度数据,当处理气体温度高于除尘器所能承受的温度时,必须采取冷却措施。用袋式除尘器处理高湿气体时,要采取措施,防止结露。如果气体中同时含有害气体,可以考虑采用湿式除尘,但必须注意防腐问题。

除了上述因素外,选择除尘器时还必须结合我国国情和使用单位的实际情况。例如,脉冲袋式除尘器对没有压缩空气源、技术力量薄弱的工厂并不一定适用,相反,没有振打机构的简易袋式除尘器却受到欢迎。对于缺乏资金钢材的小型工厂采用水浴除尘器要比其他的湿式除尘器更为适合。

5. 了解各种除尘器的性能、特点及适用范围

除尘器的主要性能是全效率、分级效率、压力损失、处理风量、适用粒径范围、特点、能量消耗、价格等。各类除尘器的全效率和分级效率实验效率数据见表 4-9。各种除尘器的适用范围、压力损失见表 4-10。

各类除尘器的分级效率 表 4-9

除尘器名称	全效率（%）	不同粒径下的分级效率（%）				
		$0 \sim 5\mu\mathrm{m}$	$5 \sim 10\mu\mathrm{m}$	$10 \sim 20\mu\mathrm{m}$	$20 \sim 44\mu\mathrm{m}$	$>44\mu\mathrm{m}$
带挡板的沉降室	58.6	7.5	22	43	80	90
简单旋风除尘器	65.3	12	33	57	83	91
长锥旋风除尘器	84.2	40	79	92	99.5	100
电除尘器	97.0	90	94.5	97	99.5	100
文氏管除尘器(阻力 7.5kPa)	99.5	99	99.5	100	100	100
袋式除尘器	99.7	99.5	100	100	100	100

6. 粉尘的回收及处理

选择除尘器时,必须同时考虑粉尘的回收和处理问题。对于需要回收的除尘方式,宜采用干式除尘器。当采用湿式除尘时,要考虑污水及泥浆的处理,不能造成二次污染。对于北方地区冬季还应考虑冻结问题。

7. 除尘器的安装和运行管理

选用除尘器时,应尽可能选用价格低、安装方便、运行管理简单且费用低的除尘器。

除尘器名称	除尘机理	除尘粒径 d_c (μm)	除尘效率 η (%)	除尘器阻力 (Pa)	净化程度	除尘器的特点	应用范围
重力沉降室	依靠粉尘自身的重力实现尘气分离	<50	<50	50~130	粗净	结构简单,阻力小,不堵塞,占地面积大,除尘效率低	目前使用较少,可用于第一级除尘
惯性除尘器	依靠惯性碰撞,使尘气分离	20~50	50~70	300~800	粗净	结构简单,阻力较小,除尘效率较低	使用较少,可作为第一级除尘
旋风式除尘器	含尘气流旋转运动产生离心力使尘气分离	5~20	60~85	800~1500	中净	结构简单,没有运转部件,运行可靠,阻力中等,除尘效率较高	使用广泛,多用于矿物性粉尘
颗粒层除尘器	碰撞惯性、截留,扩散附着等综合作用				中净	耐高温、耐蚀、耐磨、造价低	近年来应用日益增多
袋式除尘器	碰撞、截留、扩散附着、静电吸引等综合作用	0.5~1	95~99	1000~1500	精净	除尘本体结构简单、除尘效率高、清灰机构复杂、滤料耗量大	应用广泛,多用于除尘末级,不适合于含湿、油的尘气
电除尘器	高压电场中,空气电离后,粉尘荷电移向集尘极放电沉积	0.5~1	90~99	50~130	精净	除尘效率高、阻力小、设备复杂、占地面积大	应用广泛,火力发电、冶金、水泥、化工等
湿式除尘器	除尘机理与颗粒层除尘相似,水滴、水膜等使尘变湿变重,有利于尘气分离	1~10	80~95	800~1200	中净	除下粉尘变成泥污排出,物料不能回收	应用较多

二、除尘器的型号识别

除尘器的型式代号一律采用汉语拼音字母,以表示除尘器的工作原理和结构型式特点。
第一位字母表示除尘器按工作原理分类,分为下列四大类:

(1) 旋风式——X(Xuan,旋);

(2) 　湿式——S(Shi,湿);

(3) 过滤式——L(Lü,滤);

(4) 静电式——D(Dian,电)。

第二位、第三位字母以表示除尘器的构造型式特点为主:

例如:L——立式(Li,立);

　　　 S——双级(Shuang,双);

　　　 C——长锥体(Chang,长);

　　　 W——卧式(Wo,卧);

　　　 T——筒式(Tong,筒);

　　　 P——旁路(Pang,旁);

　　　 G——多管(Guan,管);

M——水膜(Mo,膜);

K——扩散(Kuo,扩)。

型号举例:

XLG——旋风、立式、多管除尘器;

LMC72——过滤、脉冲、72个袋除尘器。

三、除尘器选择例题

【例 4-3】 已知含滑石粉的气体流量为 $4000m^3/h$,气体温度为 $30℃$,滑石粉粉尘的真密度为 $\rho_c = 2700kg/m^3$,滑石粉的粒径分布如表所示,气体中含尘浓度为 $2g/m^3$,当地的排放标准为 $150mg/m^3$。试选择一合适的除尘器来对含尘气流进行处理。

粒径范围(μm)	0~5	5~10	10~20	>20
粒径分布 f_d(%)	10	18	36	36

【解】 (1) 计算除尘器要达到的除尘效率

用公式(4-5)计算:

$$\eta = \left(1 - \frac{G_2}{G_1}\right) \times 100\% = \left(1 - \frac{L_2 y_2}{L_1 y_1}\right) \times 100\% \quad 近似 L_2 = L_1$$

$$\therefore \quad \eta = \left(1 - \frac{y_2}{y_1}\right) \times 100\% = \left(1 - \frac{150}{2000}\right) \times 100\%$$
$$= 92.5\%$$

(2) 根据滑石粉的特性和要求达到的除尘效率,对照表 4-10,可选用袋式除尘器、电除尘器和湿式除尘器。又因湿式除尘器要对污水和泥浆进行处理,电除尘器造价和运行费用较高,故采用袋式除尘器。

(3) 根据除尘器的分级效率和被处理粉尘的分散度,计算除尘器所能达到的总除尘效率:

$$\eta' = \sum_{i=1}^{n} \eta_d f_d \times 100\%$$

袋式除尘器的分级效率,见表 4-10:

$$\therefore \quad \eta' = \sum_{i=1}^{n} \eta_d f_d \times 100\%$$
$$= 99.5 \times 0.1 + 100 \times 0.9$$
$$= 99.95\%$$

(4) $\eta' = 99.95\%$ $\eta = 92.5\%$

$\therefore \eta' > \eta$ 满足要求。

(5) 确定除尘器的具体型号规格

计算所需过滤面积:

$$F = \frac{L_1 + L_2}{v} + F_2$$

如选用机械振打除尘器 $L_2 = 0$ $F_2 = 0$ 查表 4-5 选过滤风速 $v = 1m/min$。

$$\therefore \quad F = 4000/60 \times 1 = 66.7 \ m^2$$

根据 $F = 66.7m^2$ 查样本或手册,选 LD18-108 型除尘器。

(6) 确定除尘器阻力

查样本或手册得阻力 $\Delta P = 784.5 \sim 981 \text{Pa}$。

第十节 有害气体净化

为了保护工人及居民的身体健康,提高产品质量,保护大气环境,国家对车间内有害气体的最高允许浓度、居民区有害气体的最高允许浓度及有害气体的排放浓度等都作了相应的规定。当工艺设备散发的有害气体数量较大,使得车间内有害气体的浓度超过国家规定时,就必须采用通风的措施从车间排出有害气体,以保证车间的卫生条件。同样,当从车间排出的气体超过国家规定的排放标准及居民区卫生标准时,也要把有害气体除掉,以满足国家规定的排放标准和居民区卫生标准。

此外,对可利用气体,也应尽量考虑回收利用,变害为利。

目前对某些有害气体暂时还缺乏经济有效的处理方法,在不得已的情况下,只好用高烟囱将没有达到排放标准的废气排入高空,利用大气进行稀释,使地面附近的有害气体浓度不超过卫生标准中"居住区大气中有害物质最高容许浓度"。应当指出,高空排放只能解决局部地区的污染问题,排入大气的有害物质的总量并没有减少,没有从根本上解决大气污染问题。

一、有害气体的净化方式

净化处理掉车间排气中所含有害气体的方法很多。最常用的有燃烧法、冷凝法、吸收法和吸附法四种。

（一）燃烧法

使排气中有害气体通过燃烧变成无害物质的一种方法称燃烧法。燃烧净化仅能烧毁那些可燃的或在高温下能分解的有害气体。其化学作用主要是燃烧氧化,个别情况下是热分解。因此燃烧净化不能回收空气中含有的原来物质,只是把有害物质烧掉。但是根据条件可回收燃烧氧化过程中产生的热量。

燃烧法的优点是方法简单,设备投资也较少。缺点是不能回收有用物质。这种方法广泛适用于可燃和高温下能分解的有机溶剂蒸气及碳氢化合物的净化处理,这些物质在燃烧氧化过程中被氧化成二氧化碳和水蒸气。

燃烧法又分直接燃烧、热力燃烧和催化燃烧三种。

1. 直接燃烧

直接燃烧也称直接火焰燃烧,它直接用可燃的有害废气进行燃烧,只适用于有害气体中所含可燃组分浓度较高或者燃烧氧化后放出热量(即热值)比较高的气体。因为只有燃烧氧化时放出的热量能够补偿向周围传热而失去的热量时,才能维持燃烧区的温度,即维持燃烧。

直接燃烧法通常在1100℃以上进行,完全燃烧后的生成物应是 CO_2、N_2 和水蒸气。直接燃烧法不适用于可燃组分浓度低的有害气体,因此在通风工程中一般不直接采用。例如有的炼油厂的烟囱长年点燃就是把排出的废气直接烧掉。

2. 热力燃烧

利用辅助燃料来加热有害气体,帮助它燃烧的方法称热力燃烧。适用于可燃有机质含量较低的有害气体净化。一般热力燃烧的反应温度为 760~820℃，需要依靠辅助燃料燃烧供热，以达到这个反应温度。目前在我国主要利用锅炉燃烧室或生产用的加热炉进行热力燃烧。例如某药厂将有机废气直接送入锅炉烧掉。

3. 催化燃烧

利用催化剂来加快燃烧速度的方法。由于催化剂的作用可使有害气体中的可燃物质在较低温度下氧化分解。图 4-38 所示催化装置示意图，含有有机溶剂蒸气的通风排气经风机和防止回火过滤器进入回收器，被从燃烧室排出的高温净化空气预热。随后进入燃烧室，在此升温加热到 250~300℃，加热的空气通过催化层时便进行氧化反应，即所谓完全燃烧。这些 350~400℃ 的净化气体再经热回收器，预热未经处理的空气，回收其热量后排空。工业废气中的有机物或恶臭物质几乎都能用适当的催化剂使之氧化除去。由于它反应温度低，消耗燃料少，设备体积小，是一种有发展前途的经济的净化方法。催化燃烧时所使用的催化剂，其种类是根据有害气体的性质决定的。催化燃烧常用的催化剂是：铂(Pt)与钯(Pd)。催化剂的载体一般用氧化铝-氧化镁型和氧化硅型。载体可制成球状、柱状和蜂窝状等。把催化剂载于载体上置于反应器中，当有害气体通过反应器时，即可被催化燃烧，除去毒性，使有害气体得到净化。

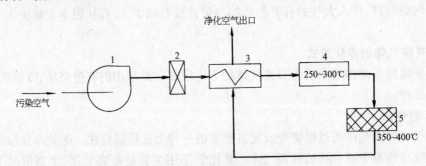

图 4-38　催化燃烧示意图

1—风机；2—回火过滤器；3—热回收器；4—燃烧室；5—催化剂层

图 4-39 所示为，催化燃烧净化玻璃纤维布烘干产生废气的设备图。因为玻璃纤维布 13

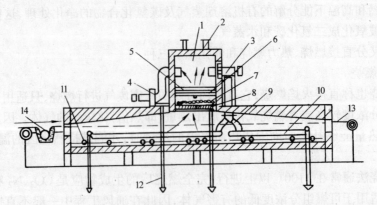

图 4-39　催化燃烧工艺流程

1—催化燃烧室；2—防爆管；3—废气换热风机；4—废气排放风机；5—热电偶；6—催化剂；
7—催化前预热电加热器；8—催化前废气管状换热器；9—分流管；10—气相管状换热器；
11—启动烘干用电加热器；12—排空管；13—玻璃纤维布；14—浸胶槽

110

在浸胶槽14内浸胶后应进行烘干。在烘干时将放出大量有害气体。浸胶用溶剂为环氧树脂和酚醛树脂,稀释剂用的是工业乙醇。

在刚开始工作时,烘干玻璃布启动烘干用电加热器11,在风机3和4的抽吸下,布表面挥发的大量有机溶剂蒸气连同炉外空气一起进入催化燃烧室1,在催化前预热电加热器7的加热下,达280℃的起燃温度,经过催化剂层6时燃烧,从而消除了废气的毒性。

在工作正常时,借助催化燃烧室内产生的热废气来代替起动用电加热器11和催化前预热电加热器7,方法是用废气换热风机3把热废气抽出送入气相管状换热器10和催化前废气管状换热器8,调整废气换热风机3的风量即可调整烘干和加热的温度,保证催化燃烧继续循环进行,有害气体得到不断的燃烧净化。

(二) 冷凝法

把排气中含有的有害气体冷凝,使之变成液体,从排气中分离出来的方法称冷凝法。这种方法设备简单,管理方便,净化效率低。只适用于冷凝温度高、浓度高的有害蒸气的净化。

图4-40所示为粘胶丝生产中塑化槽的二硫化碳冷凝回收装置流程图。在风机9的作用下,二硫化碳气体经吸气罩3依次抽入预冷器4、第一冷却器5和第二冷却器6中,有害气体一步步被冷却,变成液体从排气中分离出来,流入计量筒。被净化后的气体经风机9排入大气。

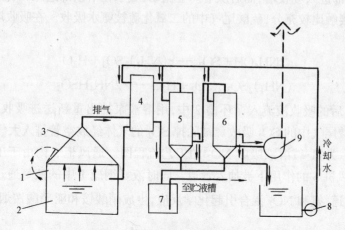

图4-40　二硫化碳冷凝回收示意图

1—挡板;2—塑化槽;3—吸气罩;4—预冷器;5—第一冷却器;
6—第二冷却器;7—计量筒;8—水泵;9—风机

(三) 吸收法

利用某些液体喷淋排气,从而吸收掉排气中有害气体和蒸气的方法,称吸收法。吸收法的特点是既能吸收有害气体,又能除掉排气中的粉尘。广泛用于有害气体(特别是无机气体)的净化。这种方法的缺点是增加了水处理问题,净化效率难以达到100%。

吸收法分物理吸收和化学吸收两种。物理吸收是用液体吸收有害气体和蒸气时纯物理溶解过程。它适用于水中溶解度比较大的有害气体和蒸气。一般吸收效率较低。物理吸收是可逆的,解吸时不改变被吸收气体的性质。化学吸收是在吸收过程中伴有明显的化学反应,不是纯溶解过程。化学吸收效率较高,特别是处理低浓度气体,是目前应用较多的有害气体处理方法。

为了强化吸收过程可以通过以下途径:

1. 增强气液接触面积;

2. 增加气液的运动速度,减小气膜和液膜的厚度,降低吸收阻力;

3. 采用溶解度系数高的吸收剂;

4. 增大供液量,降低液相主体浓度,增大吸收推动力。

吸收设备必须满足气液之间有较大的接触面积和一定的接触时间;气液之间扰动强烈,吸收阻力低,吸收效率高;采用气液逆流操作,增大吸收推动力;气体通过时阻力小;耐磨、耐腐蚀,运行安全可靠;构造简单,便于制作和检修等基本要求。

用于气体净化的吸收设备种类很多如喷淋塔、填料塔、湍球塔、筛板塔、舌形板塔等。图 4-41 所示为用喷淋塔喷淋氨水吸收二氧化硫的工艺流程图。硫酸尾

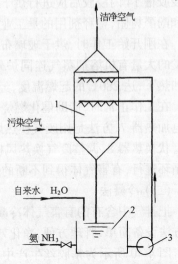

图 4-41　氨水吸收二氧化硫流程
1—吸收塔;2—循环槽;3—溶液泵

气从吸收塔 1 底部进入吸收塔,而后从下向上流动,氨水在塔顶部进入,从上向下喷淋,由于两者逆向流动,接触比较充分,硫酸尾气中的二氧化硫被氨水吸收。在吸收塔内化学反应方程为:

$$2NH_4OH + SO_2 \longrightarrow (NH_4)_2SO_3 + H_2O$$

$$(NH_4)_2SO_3 + SO_2 + H_2O \longrightarrow 2NH_4HSO_3$$

吸收了 SO_2 后的吸收液流入循环槽 2 中,用溶液泵抽出重新送进吸收塔,这样循环往复,不断地对硫酸尾气中的 SO_2 吸收。被除掉 SO_2 的气体经放空管排入大气(放空)。

图 4-42 所示为氨-碱溶液吸收 NO_2 的工艺流程图。通风柜 3 内由于工艺过程产生有 NO_2 气体,在通风机 5 的作用下被抽入管道。同时液氨钢瓶 1 中的液氨通过减压后变成氨蒸气也被抽入管道,氨和 NO_2 混合引起化学反应,生成硝酸铵和亚硝酸铵烟雾,反应方程式

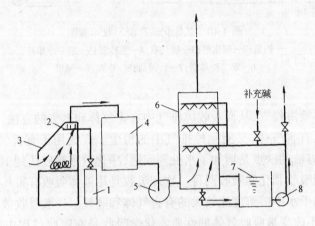

图 4-42　氨-碱溶液吸收 NO_2 流程
1—液氨钢瓶;2—氨分布器;3—通风柜;4—缓冲器;5—通风机;
6—吸收塔;7—碱液循环槽;8—碱液泵

如下：

$$2NH_3 + 2NO_2 + H_2O \longrightarrow NH_4NO_3 + NH_4NO_2$$

硝酸铵和亚硝酸铵烟雾经缓冲器 4 降速沉淀一部分,未被吸收的 NO_2 及氨气等被通风机 5 抽出送往吸收塔 6 的底部,在吸收塔内从下向上流动,同时 NaOH 溶液从上向下流动,两者混合,NO_2 被碱液进一步吸收,生成硝酸钠和亚硝酸钠反应方程式如下：

$$2NaOH + 2NO_2 \longrightarrow NaNO_3 + NaNO_2 + H_2O$$

在这两阶段吸收过程中所生成的硝酸盐和亚硝酸盐都可以作肥料。

（四）吸附法

利用多孔性固体吸附剂来吸附有害气体和蒸气的方法,称吸附法。吸附法是借助于固体吸附剂和有害气体及蒸气分子间具有分子引力、静电力及化学键力而进行吸附的。靠分子引力和静电力进行吸附的称物理吸附。物理吸附是可逆的,降低气相中吸收质分压力,提高被吸附气体温度,吸附质会迅速解吸,而不改变其化学成分。靠化学键力而进行吸附的称化学吸附。化学吸附比较稳定,必须在高温下才能解吸。化学吸附是不可逆的,吸附后被吸附物质已发生化学变化,改变了原来的特性。必须注意,物理吸附和化学吸附有时很难区分,有时既有物理吸附又有化学吸附。

工业上常用的吸附剂有活性炭、硅胶、活性氧化铝、分子筛等。

硅胶等吸附剂称为亲水性吸附剂,主要用于吸附水蒸气和气体干燥。活性炭是应用较广的一种吸附剂,它的比表面积最大,特别适用于吸附分子直径大的碳氢化合物,对于沸点高的有机气体有较大的吸附量。必须注意,活性炭并不是万能的吸附剂,对一氧化碳、氮氧化物等无机气体及乙醛、甲烷、乙烯等低分子碳氢合物并不适用。

对于混合气体可把两种以上吸附剂混合使用,用价廉的吸附剂作预处理,活性炭作最后处理,这是降低吸附剂成本的一种方法。

图 4-43 所示为用活性炭吸附二氧化硫的工艺流程。含有 SO_2 的烟气进入文氏管,同时 H_2SO_4 稀溶液用泵送入文氏管入口和烟气混合,烟气中的 SO_2 被洗掉一部分,而且烟气温度降低,低温烟气进入吸附器被活性炭吸附,净化后的烟气送至烟囱排入大气。

由于活性炭经过一段时间后,在表面上由于吸附 SO_2 形成 H_2SO_4,吸附能力减小。因此需把存在于活性炭

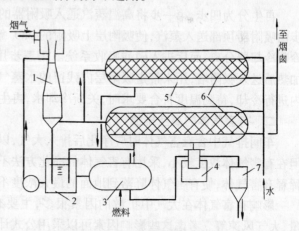

图 4-43　活性炭吸附 SO_2 流程
1—文氏管洗涤器；2—循环槽；3—浸没燃烧器；4—冷却器；
5—吸附器；6—活性炭床；7—过滤器

表面的 H_2SO_4 取下,使活性炭恢复吸附能力,这称为再生。再生的方法是用水洗出活性炭表面的硫酸。水进入吸附器,携带 H_2SO_4 后流入循环槽,活性炭就恢复了吸附能力。

稀硫酸溶液进入浸没燃烧器 3 加热,水分蒸发,浓度提高,再进入冷却器 4 冷却降温后,可用来制造化肥。

图 4-44 为丝光沸石吸附氮氧化物的工艺流程。含有氮氧化物的废气用风机 1 送入冷

却塔 2 的底部,在冷却塔 2 上部喷淋水,把废气中有害气体吸收一部分同时冷却废气。在除雾器 3 内把废气携带的硝酸雾滴除下。而后进入吸附器。NO_x 被吸附后,净气从上部排入大气或经加热后作为干燥气用。当吸附器Ⅰ失去吸附能力时,转换用吸附器Ⅱ进行吸附,吸附器Ⅰ进行再生。即两个吸附器交替使用,交替再生。

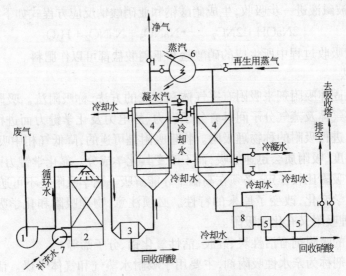

图 4-44　丝光沸石吸附氮氧化物流程
1—通风机;2—冷却塔;3—除雾器;4—吸附器;5—分离器;
6—加热器;7—循环水泵;8—冷凝冷却器

再生分为四步,第一步将高温蒸汽通入吸附器的夹套内进行加热,使吸附层升温。第二步由吸附器顶部送入蒸汽,使吸附层上吸附的 NO_x 解吸,随蒸汽一起进入冷凝冷却器 8,经冷凝冷却器分离,而后进入硝酸吸收系统。第三步用吸附后的净气作为干燥气经加热器 6 加热后送入吸附塔,用来带走吸附层内残留的水蒸气。第四步将冷却水通入吸附器的夹套内进行冷却,待到温度符合要求时,关断冷却水,再生结束。吸附器可以重新进行吸附。

二、有害气体的高空排放

车间排气中含有害气体时应净化后排入大气,以保证居住区的空气环境符合卫生标准。但在有害气体浓度较小,采用有害气体的净化方法不经济时,可采用高空排放扩散的方法来稀释有害气体,使有害气体降落到地面的最大浓度不超过卫生标准的规定。

影响有害气体在大气中扩散的因素很多,主要有地形情况、大气温度、排气温度、排气量、大气风速等。考虑这些影响因素可以采用公式计算排气立管高度,也可以用公式绘制的线算图查取排气立管高度。图 4-45 就是对地形平坦、大气处于中性状态时排气立管高的线算图。

图中纵坐标为 $(y_{max} v_{10})/(1000 C \cdot L)$,$y_{max}$ 为"居住区大气中有害物质的最高容许浓度"mg/m^3;v_{10} 为距地面 10m 高度处的平均风速(由各地气象台取得)m/s;C 为排气中有害物浓度 mg/m^3,L 为排气量 m^3/s。图中横坐标为 $\left(\dfrac{10.8}{\pi} \dfrac{\Delta T}{T_p} L + \sqrt{L v_{ch}} \times \dfrac{3}{\sqrt{\pi}}\right) \Big/ v_{10}$ 和 $\left(\dfrac{\Delta T}{T_p} L\right)^{0.60} \Big/ v_{10}$,其中 ΔT 为排气立管出口处排气和大气的温差 K,T_p 为排气温度 K,v_{ch}

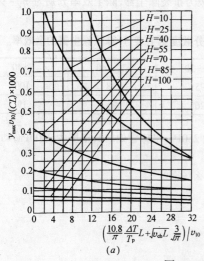
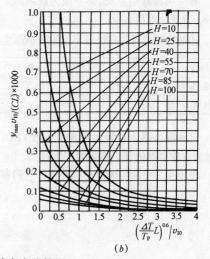

图 4-45 排气立管高度线算图

(a)$\Delta T < 35K$ 或 $Q_h < 2093.4kW$;(b)$\Delta T \geqslant 35K$ 2093.4kW$\leqslant Q_h < 20934kW$

为排气立管出口处排气速度 m/s,一般取 15m/s 左右。其他符号意义同前。图中每条曲线代表一个排气立管高度。

有害气体高空排放的一般原则:

净化处理后的排出口应高出屋脊,排出口的上缘高出屋脊的高度,一般不得小于下列规定:

1. 当排出无毒气体时为 0.5m。

2. 当排出最高容许浓度大于 5mg/m³ 的有毒气体时为 5m。

3. 当排出最高容许浓度小于 5mg/m³ 的有毒气体时为 3m。

上述规定只适用于直接从设备抽气的排风系统。当排出剧毒气体或周围环境有严格要求时,排出口高度应通过计算或查线算图确定。

习　题

4-1 除尘器机理有几种? 除尘器通常分哪几类?

4-2 工业粉尘有哪些基本特征?

4-3 两个同型号的除尘器串联运行时,哪一级的除尘效率高,为什么?

4-4 什么是尘粒的沉降速度,它和悬浮速度有何不同?

4-5 漏风对除尘器出口含尘浓度有什么影响?

4-6 怎样计算多级除尘器的总效率?

4-7 什么是除尘器的阻力? 袋式除尘器的阻力包括哪几部分?

4-8 选择除尘器时要注意哪些问题?

4-9 什么是除尘器的总效率及分级效率,两者有何区别?

4-10 影响旋风除尘器效率及阻力的因素有哪些?

4-11 袋式除尘器是依靠什么除尘机理将粉尘阻留在滤袋内的?

4-12 为什么电除尘器又称为静电除尘器? 它是怎样将粉尘从气流中分离出来的?

4-13 影响电除尘器效率的因素主要有几种?

4-14 有一两级除尘系统,第一级为旋风除尘器,第二级为布袋除尘器,除尘效率分别为 $\eta_1 = 90\%$, $\eta_2 = 99.5\%$,求总效率是多少?

4-15 已知某除尘器的分级效率及进入该除尘器粉尘的分散度见下表,计算该除尘器的全效率。

粒径(μm)	0~5	5~10	10~20	20~40	>40
分级效率(%)	70	92.5	95	98	100
分散度(%)	13	17	26	25	19

4-16 已知除尘器入口管处的真空度为1730Pa,动压为250Pa;出口管处的真空度为3000Pa,动压为150Pa。试问此除尘器的压力损失为多少?

4-17 吸收法与吸附法各有什么特点?它们各适用于什么场合?

第五章　进气的加热与净化

通风,就是把室外的新鲜空气适当的处理(如过滤、加热)后送进室内,把室内的废气经消毒、除害后排至室外,从而保持室内空气的新鲜程度,致使排出的废气符合排放标准。当车间内空气由于某种原因(有害物散发),不符合卫生标准的规定时,则需对车间进行通风换气。我们把对进气进行加热的设备称空气加热器;对进气进行过滤的设备称空气过滤器。

空气过滤器的作用就是对进气进行净化,使之符合车间的卫生标准的要求。根据车间卫生标准的不同可分别采用:粗效过滤器、中效过滤器和高效过滤器。

空气加热器的作用就是对进气进行加热,提高送风温度到规范的规定值,满足人体舒适感的需要。本章主要阐述通风空调工程中常用空气过滤器、空气加热器的构造、特点。

第一节　空气加热器

一、空气加热器的类型、构造

(一)空气加热器,根据使用热媒不同可分为热水加热器和蒸汽加热器。

(二)空气加热器按构造不同可分为光管式和肋管式两大类。

1. 光管式空气加热器的构造和特点

构造见图 5-1。它是由若干排钢管和联箱(较粗的管子)焊接而成。一般在现场按标准图加工制作。

这种加热器的特点是加热面积小,金属消耗多。但表面光滑,易于清灰,不易堵塞,空气阻力小,易于加工。适用于灰尘较大的场合。

2. 肋管式空气加热器的构造和特点

肋片管式空气加热器根据肋片加工的方法不同而分为套片式、绕片式、镶片式和轧片式。其结构材料有钢管钢片、钢管铝片和铜管铜片等。

图 5-2(a)所示为皱折绕片式,它是将狭带状薄金属片用轧皱机沿纵向在狭带的一边轧成皱折,然后在绕片机上按螺旋状绕在管壁上而成。图中(b)为光滑绕片式,它是用光滑的薄金属片,绕在管壁上面形成的。

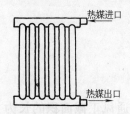

图 5-1　光管焊制的空气加热器

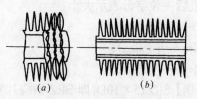

图 5-2　空气加热器的肋管构造
(a)皱折绕片式;(b)光滑绕片式

另外,套片式加热器是将薄金属片冲出管孔,而后顺次套在管子上。这种加热器由于很难保证套片和管壁密切接触,所以增大了接触热阻,换热效果较差。轧片式是用较厚的金属管在专门的轧管机上轧制出肋片直接做成肋管,肋管和管壁是一体的,互相接触好,因此传热系数较高(和套片式相比)。

该类换热器的特点是传热面积大,金属消耗少,传热系数比光管式加热器小,热稳定性好。但空气阻力大,制造较麻烦。

目前常用的空气加热器的型号及性能见表 5-1。

各种空气加热器的型号及性能

表 5-1

加热器型号		散热面积(m²)	通风净截面积(m²)	材　料	适用介质	生　产　厂
SRZ		6.23~31.27	0.154~1.226	钢管钢片	蒸汽或热水	沈阳冷暖风机厂 天津暖风机厂 北京西城风机厂 长沙散热器厂 上海金山红光空调器厂
SRL		11.0~127.5	0.11~0.85	钢管铝片		哈尔滨空调机厂 哈尔滨暖风机厂
SXL	A	4.4~115.0	0.144~1.944	钢管镶嵌铝片	蒸　汽	天津暖风机厂
	B	8.0~115.0	0.144~1.944		热水(冷水)	
S		4.5~58.5	0.144~0.936	铜管铜片	蒸　汽	上海通惠机器厂
B		1.5~13.13	0.029~0.22		蒸汽或热水	上海金山红光空调厂
U_II		1.5~58.5	0.058~0.936			
I		6.32~63.2	0.152~1.52	钢管钢片		
GL_II		4.7~120.4	0.083~0.998	钢管钢片	蒸汽、热水(冷水、盐水)	上海通惠机器厂 长沙散热器厂

二、空气加热器的型号识别

空气加热器的型号由汉语拼音和一串数字组成。

第一位字母表示设备名称:

S——散热器(san);

第二位字母表示肋片加工方法:

R——绕(rao);

X——镶(xiang);

第三位字母表示系列代号;

数字表示几何尺寸;

最后一位字母表示大小:

D——大(da);

X——小(xiao);

Z——中(zhong)。

【例】SRZ15×10D,即 SRZ 型绕片空气热交换器,其通风正截面积的长为 1505mm,宽为 1001mm,大型(D),片距为 5mm。如 SRL5×5×3,即表示一台 SRL 型绕片式空气热交换器,5×5 表示通风正截面积长×宽等于 500mm×545mm,其数字 3 表示散热器管排为

3 排。

第二节 空气加热器的计算

空气加热器选择计算的任务就是在给定热媒的前提下,根据被处理空气量的多少和要求被加热空气的温升、温降的多少,在产品样本上选择合适加热器的型号、台数和组合方式,并计算空气通过加热器的阻力和水流经加热盘管的阻力。

一、基本计算公式

加热空气所需热量:

$$Q_x = G(i_2 - i_1) = 1.01 \times G(t_2 - t_1) \text{ kW} \tag{5-1}$$

加热器的散热量:

$$Q_s = KF\Delta t_m \text{ kW} \tag{5-2}$$

式中　K——加热器的传热系数,kW/(m²·℃);

　　　F——加热器的散热面积,m²;

　　　t_1、t_2——被加热空气的初温和终温,℃;

　　　i_1、i_2——被加热空气的初焓和终焓,kJ/kg;

　　　1.01——空气的定压质量比热,kJ/(kg·℃);

　　　G——空气流量,kg/s;

　　　Δt_m——热媒与被加热空气的平均温差,℃。

根据传热的基本理论,传热平均温差一般采用下式计算:

$$\Delta t_m = \varepsilon_{\Delta t} \frac{\Delta t' - \Delta t''}{\ln \dfrac{\Delta t'}{\Delta t''}} \text{ ℃} \tag{5-3}$$

式中　$\varepsilon_{\Delta t}$——温差修正数;

　　　$\Delta t'$——换热器一端的热流体和冷流体的温差,℃;

　　　$\Delta t''$——换热器另一端的热流体和冷流体的温差,℃。

温差修正系数 $\varepsilon_{\Delta t}$ 的值和换热器内流体的流动方式、壳程及管程数、两流体的进出口温度有关。对于一侧流体混合,一侧流体不混合的流动方式 $\varepsilon_{\Delta t}$ 可查图 5-3。

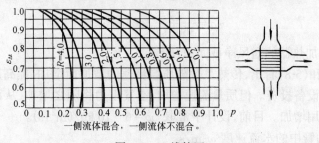

一侧流体混合,一侧流体不混合。

图 5-3　$\varepsilon_{\Delta t}$线算图

图中

$$P = \frac{t_2'' - t_2'}{t_1' - t_2'} = \frac{\text{冷流体的加热度}}{\text{两流体的进口温差}}$$

$$R = \frac{t'_1 - t''_1}{t''_2 - t'_2} = \frac{热流体的冷却度}{冷流体的加热度}$$

式中 t'_1、t''_1 为热流体的进出口温度，t'_2、t''_2 为冷流体的进出口温度，℃。

通风工程中，取算术平均温差所引起的误差不大，因此往往用算术平均温差 Δt_m 代替对数平均温差 Δt_m。

当热媒为热水时：

$$\Delta t_m = \frac{t'_1 + t''_1}{2} - \frac{t'_2 + t''_2}{2} \tag{5-4}$$

式中　t'_1、t''_1——热媒进出口温度；

　　　t'_2、t''_2——冷媒进出口温度。

当热媒为蒸汽时：

$$\Delta t_m = t_q - \frac{t'_2 + t''_2}{2} \tag{5-5}$$

式中　t_q——蒸汽饱和温度，在热力性质表中查得。

考虑到传热系数因表面积灰、管内结水垢、肋片接合不紧等影响而降低，所以计算的加热器散热量，应大于空气吸热量，即：

$$Q_s = (1.1 \sim 1.3)Q_x \text{ kW} \tag{5-6}$$

二、选择计算公式中各参数值的确定

(1) 传热系数 K 的确定：因为影响传热系数的因素很多，很难用数学方法推导出来。通常用下列实验公式计算求得：

热媒为热水时：$\qquad K = A(v\rho)^n \omega^p \text{ W/(m}^2 \cdot \text{℃)} \tag{5-7}$

热媒为蒸汽时：$\qquad K = B(v\rho)^m \text{ W/(m}^2 \cdot \text{℃)} \tag{5-8}$

式中　　　$v\rho$——空气的质量流速，kg/(m²·s)；

　　　　　ω——水在加热器肋管中的流速，m/s；

A、B、n、m、p——与加热器构造、空气和热媒流动状态有关的实验常数及指数。

(2) 空气的质量流速 $v\rho$ kg/(m²·s)

空气质量流速 $v\rho$ 是指单位时间内通过每平方米加热器通风净截面积上的空气质量。可用下式计算：

$$v\rho = \frac{G}{3600 \cdot f} \text{ kg/(m}^2 \cdot \text{s)} \tag{5-9}$$

式中　f——空气加热器的通风净截面积，m²。

由公式(5-7)和(5-8)看出，传热系数随质量流速的增加而增加，提高质量流速可减小加热器的面积，减少设备投资。但质量流速增加，空气阻力将随之增加，从而会增大风机的动力消耗，使运行费用增加。目前，设计中常取 $v\rho = 6 \sim 10 \text{ kg/(m}^2 \cdot \text{s)}$。

(3) 加热器肋管中的水流速度 ω m/s

从 $\qquad\qquad K = A(v\rho)^n \omega^p \text{ W/(m}^2 \cdot \text{℃)}$

$\Delta H = D\omega^s \text{ Pa}$ 可知 $\omega\uparrow$、$\Delta H\uparrow$、$K\uparrow$，即流速增加可加大传热系数 K 值。但流速增加又会使热水通过加热器的阻力急剧增加，因而会增大水泵的电能消耗。一般对于低温热水取 $\omega = 0.6 \sim 1.8 \text{m/s}$，对高于 100℃ 的高温水，由于水温降较大，可以取小些。

根据热平衡 $G \times 1.01(t_2 - t_1) = 3600 f_s \omega \rho_{水} \xi_{水}(t_r - t_h)$ 得

$$\omega = \frac{G \times 1.01(t_2 - t_1)}{3600 f_s \times 1000 \times 4.19(t_r - t_h)} \text{ m/s} \tag{5-10}$$

式中 f_s——空气加热器中流通热水的肋管总截面积，m^2；

       ω——进入换热器内热水的流速，m/s；

       t_r——热水温度，℃；

       t_h——回水温度，℃。

其他符号意义同前。

三、空气加热器的阻力

风阻：空气流过加热器的阻力称风阻。是通风系统总阻力一部分，它与加热器的型式、构造以及空气质量流速有关，一般采用下式计算：

$$\Delta P = c(v\rho)^y \text{ Pa} \tag{5-11}$$

式中 c、y——与加热器构造有关的实验常数和指数；

       ΔP——空气流过加热器的阻力，Pa。

为安全起见，按上式所计算的空气阻力应考虑 10% 的附加值。

水阻：热媒流经加热盘管的阻力称为水阻，是水泵扬程的一部分。热媒为蒸汽时，加热器入口处的蒸汽压力，应保持不小于 30kPa 的余压用来克服加热器的阻力和保持凝结水管中有一定的余压。热媒为热水时，加热器的阻力可按下面的实验公式计算：

$$\Delta H = D\omega^s \text{ Pa} \tag{5-12}$$

式中 D、s——与加热器构造有关的实验常数和指数；

       ΔH——热水流过加热器的阻力，Pa。

所计算的热水阻力应考虑 20% 的附加值。

热媒为蒸汽时，可不作水阻计算。

国产各种空气加热器的传热系数和阻力计算公式见表 5-2。

部分空气加热器的传热系数和阻力计算公式　　　　　　　表 5-2

加热器型号		传热系数 $K[\text{W}/(\text{m}^2 \cdot ℃)]$		空气阻力	热水阻力
		蒸　汽	热　水	(Pa)	(kPa)
SRZ 型	5、6、10D	$13.6(v\rho)^{0.49}$		$1.76(v\rho)^{1.998}$	
	5、6、10Z	$13.6(v\rho)^{0.49}$		$1.47(v\rho)^{1.98}$	D 型：
	5、6、10X	$14.5(v\rho)^{0.532}$		$0.88(v\rho)^{2.12}$	$15.2\omega^{1.96}$
	7D	$14.3(v\rho)^{0.51}$		$2.06(v\rho)^{1.17}$	Z、X 型：
	7Z	$14.3(v\rho)^{0.51}$		$2.94(v\rho)^{1.52}$	$19.3\omega^{1.83}$
	7X	$15.1(v\rho)^{0.571}$		$1.37(v\rho)^{1.917}$	
SRL 型	B×A/2	$15.2(v\rho)^{0.40}$	$16.5(v\rho)^{0.24}*$	$1.71(v\rho)^{1.67}$	
	B×A/3	$15.1(v\rho)^{0.43}$	$14.5(v\rho)^{0.28}*$	$3.03(v\rho)^{1.62}$	
SYA 型	D	$15.4(v\rho)^{0.297}$	$16.6(v\rho)^{0.36}\omega^{0.226}$	$0.86(v\rho)^{1.96}$	
	Z	$15.4(v\rho)^{0.297}$	$16.6(v\rho)^{0.38}\omega^{0.226}$	$0.82(v\rho)^{1.94}$	
	X	$15.4(v\rho)^{0.297}$	$16.6(v\rho)^{0.36}\omega^{0.226}$	$0.78(v\rho)^{1.87}$	

加热器型号		传热系数 $K(\text{W/m}^2 \cdot \text{℃})$		空气阻力	热水阻力
		蒸　汽	热　水	(Pa)	(kPa)
I 型	2C	$25.7(v\rho)^{0.375}$		$0.80(v\rho)^{1.985}$	
	1C	$26.3(v\rho)^{0.423}$		$0.40(v\rho)^{1.985}$	
GL 或 GL-II 型		$19.8(v\rho)^{0.608}$	$31.9(v\rho)^{0.46}\omega^{0.5}$	$0.84(v\rho)^{1.862} \times N$	$10.8\omega^{1.854} \times N$
B、U 型或 U-II 型		$19.8(v\rho)^{0.608}$	$25.5(v\rho)^{0.556}\omega^{0.115}$	$0.84(v\rho)^{1.862} \times N$	$10.8\omega^{1.854} \times N$

注：1. $v\rho$—空气质量流速，$\text{kg/(m}^2 \cdot \text{s)}$；$\omega$—水流速，m/s；$N$—排数；

　　2. *—用130℃过热水，$\omega = 0.023 \sim 0.037\text{m/s}$；

　　3. GL-II 型和 U-II 型的传热系数公式，系根据单排条件得出，当为两排时，应乘以 0.98；4 排时，应乘以 0.93；6
排时，应乘以 0.87。

四、空气加热器选择计算例题

下面通过例题详细介绍一下空气加热器的选择计算方法及步骤。

【例 5-1】　如果要将 18000kg/h 的空气从 $t_1 = -10$℃，加热到 $t_2 = 20$℃，热媒是 0.5 表
压的饱和蒸汽，饱和温度 $t_q = 110.8$℃，试选择合适的加热器。

【解】　（1）计算加热空气所需要热量

$$Q_x = 1.01G(t_2 - t_1)$$
$$= 18000 \times 1.01 \times [20 - (-10)]$$
$$= 5.45 \times 10^5 \text{kJ/h} = 151.5 \text{ kW}$$

（2）选择经济质量流速 $v\rho$，计算空气通过加热器的通风净面积 f

取 $v\rho = 8\text{kg/(m}^2 \cdot \text{s)}$

则：

$$f = \frac{G}{3600 \cdot v\rho} = \frac{18000}{3600 \times 8} = 0.625 \text{ m}^2$$

（3）初选加热器型号

根据 $f = 0.625\text{m}^2$ 初选 SRZ 型 10×6D，采用两台并联，总空气流通面积 $f_总 = 2 \times$
$0.381 = 0.762\text{m}^2$。从附录 5-1 查得：总散热面积 $25.13 \times 2 = 50.26\text{m}^2$。

（4）求实际的质量流速

$$v\rho = \frac{18000}{3600 \times 0.762} = 6.56 \text{ kg/(m}^2 \cdot \text{s)}$$

（5）求换热器传热系数

从表 5-2 查得：　　　　$K = 13.62(v\rho)^{0.49} \text{ W/(m}^2 \cdot \text{℃)}$

$$K = 13.62(6.56)^{0.49} = 34.234 \text{ W/(m}^2 \cdot \text{℃)}$$

（6）求加热器的散热量

$$Q_s = KF\Delta t_m$$
$$= 34.234 \times 50.26\left(110.8 - \frac{20 - 10}{2}\right)$$
$$= 1.82 \times 10^5 \text{W} = 182 \text{ kW}$$

（7）检查安全率

$$\frac{Q_s - Q_x}{Q_x} \times 100\% = \frac{182 - 151.5}{182} \times 100\% = 16.7\%$$

基本符合要求,选 SRZ10×6D 两台是合适的。

(8) 计算空气侧阻力

由表 5-2 查得:

$$\Delta P = 1.76(v\rho)^{1.998}\ \text{Pa}$$

$$\therefore \qquad \Delta P = 1.76(6.56)^{1.998} = 75.9\ \text{Pa}$$

附加 10%:

$$\Delta P = 75.9 \times 1.1 = 85.3\ \text{Pa}$$

五、空气加热器的安装与调节

(一) 空气加热器的安装

空气加热器可以垂直安装,也可水平安装。当被处理的空气量较大时,可以采用并联组合安装。当被处理的空气要求温升较大时宜采用串联组合安装。当空气量较大,温升要求较高时可采用串、并联组合安装。详见图 5-4。

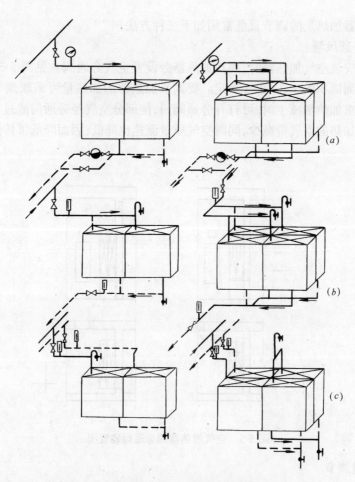

图 5-4 空气加热器与热媒管路的连接方式

(a)蒸汽管路并联;(b)热水管路并联;(c)热水管路串联

热媒管路的连接方式也有串联与并联之分。蒸汽管路与加热器只能采用并联,并且注意水平安装时,应有1%的坡度,以便把凝结水顺利的排走。热水管路与加热器可以串、并联或串并联混合联,详见图5-4,并联时水通过加热器的阻力小,有利于减小水泵的能量消耗。串联时水通过加热器的阻力大,提高了进入加热器的热水流速,传热系数和水力稳定性都有所提高。从空气流动方向来看,逆流的传热温差大,换热效果好;顺流的传热温差小,换热效果较差。

在使用空气加热器时,应注意安装相应的安全附件。如在加热器的蒸汽管入口处应安装压力表和调节阀,在凝结水管路上应设疏水器。

在热水加热器的供、回水管路上应安装调节阀和温度计,并在管路的最高点安装放气阀,最低点安装泄水阀等。

(二) 空气加热器加热量的调节

空气加热器的供热量是在热媒和被处理空气状态参数一定的条件下根据设计工况来确定的,但随着室外空气状态参数的不断变化,为满足送风温度的需要,则必须对加热量进行调节。

空气加热器加热量的调节目前常用如下三种方法:

1. 调节旁通风量

在设计和安装空气加热器时,要在加热器旁设置空气旁通阀。见图5-5,旁通阀的面积可按加热器正面面积的 1/3~1/4 确定。要调节加热器的加热量可采取调节旁通阀的开度来进行。当要求加热量减少时,可打开旁通阀门,使部分空气经旁通门流过,不被加热,由于流过加热器被加热的空气量减少,同时空气质量流速也降低,因而降低了传热系数和减少了传热量。

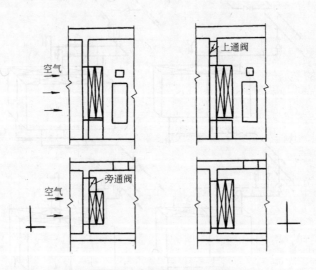

图 5-5　空气加热器的旁通阀装置图示

2. 热媒量调节

当室外空气温度升高,需要的加热量减小时,也可采用调节热媒流量来进行调节。见图5-6,利用设在热媒管上的三通阀使部分热媒经旁通阀绕过加热器,减少了进入加热器的热媒流量,从而达到调节热量的目的。

3. 热媒质调节

124

质调节只适用热媒为热水的加热器。在保持流经加热器的热水流量不变情况下,改变热水温度来达到调节加热量的目的。见图 5-7,供水温度的调节是通过改变流经蒸汽换热器的水量多少来实现的,进入蒸汽换热器的水量改变时,使传热系数和平均温差也发生变化,从而达到调节热量(供水温度)的目的。

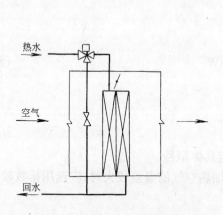

图 5-6　热媒量调节图示

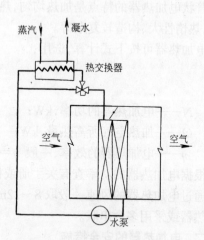

图 5-7　热媒质调节图示

第三节　电　加　热　器

以消耗电能来对空气进行加热的设备称电加热器。电加热器一般常用于小加热量的空气调节系统,作为再热调节之用。

电加热器加热均匀、热量稳定、效率高、体积小、反应灵敏、控制方便,因此又称精加热。

一、电加热器的类型、构造

电加热器有两种基本结构形式,一种是裸线式,另一种是管式。

裸线式电加热器(见图 5-8)电阻丝暴露在空气中,流过电阻丝的空气与灼热的电阻丝直接接触而被加热。电加热器的外框用双层钢板中间垫以绝缘层,在钢板上装固定电阻丝的瓷绝缘子。根据需要,电阻丝可做成单排或多排组合。这种电加热器结构简单、安全性差,容易断丝,但热惯性小,传热迅速。

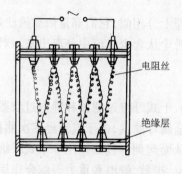

图 5-8　裸线式电加热器

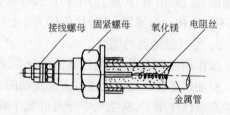

图 5-9　管状电加热器

管状加热器(见图 5-9),是用若干根管状电热元件组成。这些管状元件是将镍铬电阻丝绕成螺旋形,装在特制的金属套管内,套管与电阻丝之间填充导热好、电绝缘的结晶氧化镁。管式电热元件可以作成蛇形和直线形,交错排列在壳体上,形成抽屉式,便于安装和维修。

管状电加热器的特点是加热均匀,热量稳定,经久耐用、安全性好。与裸线式电加热器相比,热惰性大、构造较复杂等。

电加热器可按下式计算、选用:

$$N = \frac{Q}{\eta} \text{ kW} \tag{5-13}$$

式中 N——电加热器的功率,kW;

Q——加热空气所需热量,kW;

η——电加热器的效率,一般 $\eta = 86\%$。

根据电加热器的功率查有关手册或样本选定具体型号。

通过电加热器的风速一般取 $8 \sim 12 \text{m/s}$。当加热空气的温差较大时,应选用排数较多的电加热器或采用多台串联。

二、电加热器的安全措施

在使用电加热器时,应注意电加热器与风机一定要有启闭联锁装置,即只有在风机运转时,电加热器才允许接通电源;停机时,只有电加热器关闭,风机才能停转,以免把电加热器烧坏。

第四节 进气的过滤与净化

通风系统的一部分或全部进风来自室外空气。通常由于自然和人为的原因,使得室外空气中含有许多灰尘或其他杂质。为了保证室内空气环境满足卫生要求,不允许通风系统将不符合卫生标准的空气直接送入室内,必须先进行过滤净化处理,以免危害人身健康,影响产品质量。

室内送风采用再循环空气时,若室内空气的含尘浓度超过规定的标准时,也应对循环空气过滤净化,然后再送入室内,以保持房间内空气的洁净程度。

一、空气过滤器的过滤原理、类型及构造

1. 空气过滤器的过滤原理

空气过滤器的过滤原理与袋式除尘器的除尘原理十分相似,它们都是依靠筛滤效应、惯性碰撞、接触、阻留、扩散、静电和重力等综合作用将粉尘从含尘气流中分离出来。对不同滤料,不同结构的过滤器,各种作用的大小也不相同。

2. 空气过滤器的类型

按作用原理不同,空气过滤器可分为浸油过滤器、干式纤维过滤器和静电过滤器三种类型。浸油过滤器是使空气通过多层浸油的金属网或金属环滤料,由于气流经多次曲折运动,灰尘在惯性作用下,从空气中分离出来并被油粘住,从而起到了过滤作用。干式纤维过滤器过滤空气是靠气流通过纤维滤料时的惯性、接触、阻留、扩散、静电和重力等综合作用将灰尘从空气中分离出来。静电过滤器与电除尘的原理基本相同。但在空调系统中使用时,常采用两段式结构,即电离段与集尘段分开。

3. 空气过滤器的性能指标

空气过滤器的性能指标是衡量空气过滤器质量优劣,效果如何的性能参数。评定空气过滤器的性能指标与评定除尘器的性能指标十分相似。主要有过滤效率、穿透率、过滤器阻力、容尘量和过滤面积等。

过滤效率、穿透率、过滤器的阻力与袋式除尘器相同,这里不再重述。

(1) 容尘量:容尘量是过滤器上允许沾尘量的最大值。如果过滤器上沾附的尘量超过这个最大值,那么过滤器的阻力将增大。同时,过滤效率也下降。所以过滤器上沾尘量超过容尘量时,就应清灰或更换过滤器。

判断容尘量的方法是根据阻力的增加情况来看,当在一定风量下,因积灰而使阻力达到终阻力时,积灰量即达到最大值。终阻力一般为初阻力的 2～4 倍。

(2) 过滤风量 V:过滤风量是每台过滤器在经济过滤风速下的处理空气量,用 V 表示,单位为 m^3/h。厂家在过滤器性能表中一般经过实验给出过滤风量。

4. 常用空气过滤器

(1) 初效空气过滤器

初效空气过滤器一般用于对粒径＞$10\mu m$ 的粉尘进行过滤。常用滤料为金属网、金属环玻璃丝、粗孔聚氨酯泡沫塑料等。

a. CWA 型初效过滤器:如图 5-10 所示。这种空气过滤器,滤料采用粗孔无纺布,作成楔形或袋形,固定在金属外壳上,即形成单体过滤器。它一般用于通风空调工程中,对常温、常湿空气过滤处理。它的性能见表 5-3。

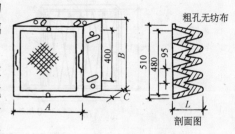

图 5-10　CWA 型过滤器结构

CWA 型过滤器性能表　　　　表 5-3

型　号	额定风量 (m^3/h)	外　形　尺　寸　(mm)				阻力(Pa)		过滤面积 (m^2)	计数效率(%)	
		A	B	C	L	初	终		≥$1\mu m$	≥$5\mu m$
CWA-1	1500	520	520	120	110	40	98	0.8	9	63
CWA-2	1000	520	520	70	60	69	147	0.5	13	47

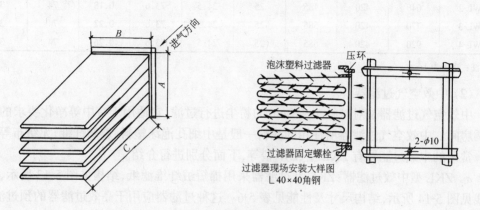

图 5-11　M 型过滤器结构

127

b. M 型泡沫塑料过滤器:如图 5-11 所示。这种过滤器是用厚 15mm 的泡沫塑料为滤料,滤料可拆下清洗,重复使用。滤料套在楔形金属框架上。这样空气流通面积增大,可以降低流速,减小阻力,提高过滤效率。它适用于常温、常湿、不含有机溶剂的空气,作初效过滤。它的主要性能见表 5-4。

M 型过滤器的性能   表 5-4

型　号	额定风量 (m³/h)	外　形　尺　寸　(mm)			阻力(Pa)		过滤面积 (m²)	过滤效率 (%)
		A	B	C	初	终		
M-Ⅰ	2000	520	520	610	39.2	196.2	3.2	50
M-Ⅱ	2000	440	470	700	39.2	196.2	3.2	50

c. WL 型泡沫塑料过滤器:如图 5-12 所示。这种过滤器的滤料采用厚度为 25mm 的粗孔泡沫塑料两面用 $\phi0.15\sim\phi1.2$ 的尼龙丝夹住,框架用钢板压制而成。这种过滤器和 M 型相比,过滤面积小,在过滤等量空气时阻力大。它用于含尘量低于 $0.5mg/m^3$ 以下的常温、常湿空气过滤净化。其性能见表 5-5。

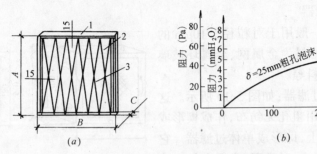

图 5-12　WL 型外形尺寸和性能曲线
(a)外形尺寸;(b)容尘量与阻力的关系
1—框架;2—泡沫塑料;3—尼龙丝

WL 型过滤器主要技术性能   表 5-5

型　号	额定风量 (m³/h)	外　形　尺　寸　(mm)			阻力(Pa)		过滤面积 (m²)	过滤效率(%)	
		A	B	C	初	终		人工尘	大气尘
WL-1	1000	420	740	25	24.5	73.6	0.28	74	35
WL-2	640	420	485	25	24.5	73.6	0.18	74	35
WL-3	770	420	585	25	24.5	73.6	0.22	74	35
WL-4	920	420	685	25	24.5	73.6	0.26	74	35

注:滤速为 1m/s。

(2) 中效空气过滤器

中效空气过滤器是对粒径 $1\sim10\mu m$ 的粉尘进行过滤,它适用于有中等净化要求的通风空调房间。中效空气过滤器所使用的滤料一般是中细孔泡沫塑料、玻璃纤维、无纺布等。

常用的中效过滤器有 ZKL 型、ZW 型等,下面分别进行介绍。

a. ZKL 型中效过滤器:ZKL 型过滤器采用棉短绒纤维滤纸,结构见图 5-13 所示,性能曲线见图 5-14 所示,结构尺寸及性能见表 5-6。这种过滤器应用于高效过滤器的预过滤,及一般洁净度要求不高的进、排风系统。使用条件为常温、常湿、微量酸、碱及有机溶剂的空气过滤。

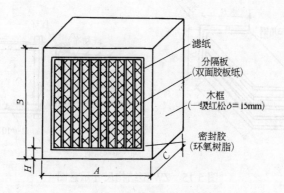

图 5-13　ZKL 型结构外形图

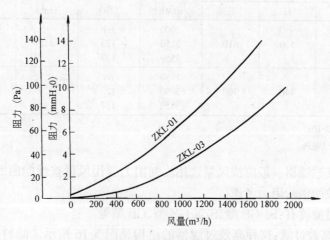

图 5-14　ZKL 型的风量和阻力关系

ZKL 型中效过滤器的技术性能　　　　　　表 5-6

| 型　　号 | 外　形　尺　寸　（mm） | | | | 额定风量 | 钠焰效率 | 初阻力 |
	A	B	C	H	（m³/h）	（%）	（Pa）
ZKL-01	484	484	200	15	1000	>90	<98
ZKL-03	600	600	300	15	1500	>90	<79

注：钠焰效率是利用钠焰法测定的效率，它是以氯化钠的固体尘在氢焰中燃烧，激发一种橙黄色火焰，并通过光电火焰光度计来测定氯化钠粒子浓度的，然后根据过滤器前后的粒子浓度求出效率。

　　b. ZW 型中效过滤器：这种过滤器采用细孔无纺布滤料，它的结构见图 5-15 所示。由金属框架支承滤料，滤料作成袋形，这样过滤面积大，可增大过滤风量，减小过滤阻力。适用于常温、常湿、一般酸、碱及有机溶剂的空气过滤。其主要性能见表 5-7。

　　（3）高效空气过滤器

　　高效空气过滤器主要是过滤 $1\mu m$ 以下的粉尘，一般用于洁净房间的空气过滤。高效过滤器常采用超细玻璃纤维滤纸、超细石棉纤维滤纸和合成纤维滤布等作滤料。

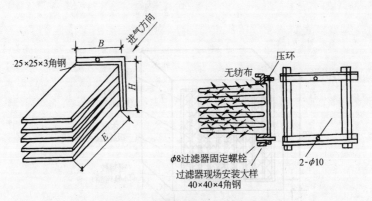

图 5-15　ZW 型结构尺寸示意图

ZW 型中效过滤器技术性能　　　　　　　　　　　　表 5-7

型　号	外　形　尺　寸（mm）			风量 (m³/h)	初阻力 (Pa)	过滤面积 (m²)	计数过滤效率(%)	
	B	H	E				≥2μm	≥5μm
ZW-1	520	520	610	2000	69	3.5	65	88
				3150	123		78	90
				3550	137		85	95
ZW-2	470	440	700	1950	69	3.5	65	88
				3050	123		78	90
				3450	137		85	95

注：1. 滤料为 TL-2-16；

　　2. 终阻力均为 196Pa。

　　高效空气过滤器一般应按风量选用。初阻力要用风量查性能曲线确定,终阻力在没有实验数据时按两倍初阻力考虑。

　　常用的高效过滤器有:SJ-GB 型、SZX-GX 型、GB 型等。

　　a. SJ-GB 型高效过滤:这种高效过滤器的结构见图 5-16 所示。滤料采用超细玻璃纤维纸,用木头作外框,滤纸和外框之间灌注环氧树脂胶密封。本过滤器适用于洁净厂房空气净化工程的最后一级空气过滤。使用条件是常温,允许含微酸、碱与有机溶剂的空气过滤。本过滤器的风量与阻力的关系见图 5-17 所示,尺寸及性能见表 5-8。

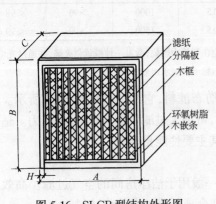

图 5-16　SJ-GB 型结构外形图

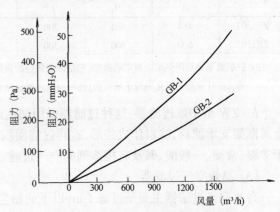

图 5-17　SJ-GB 型风量和阻力关系图

SJ-GB 型技术性能　　　　　　　　　　　　　　　　　　　　表 5-8

型号	外形尺寸（mm）				滤料		材质			风量（m³/h）	钠焰效率（%）	初阻力（Pa）	容尘量（g）
	B	A	C	H	名称	面积（m²）	外框	隔板	密封				
SJ-GB-1	484	484	220	20	超	9.7				1000		245	≥500
SJ-GB-2	630	630	220	20	细	17.0	木	胶	不	1500		226	≥750
SJ-GB-3	500	500	180	20	玻	8.6				1000	≥	275	≥400
SJ-GB-4	500	700	180	20	璃	11.9		纸		1000	99.9	196	≥600
SJ-GB-5	520	600	180	20	纤	10.6				1000		226	≥500
SJ-GB-6	520	860	180	20	维	15.3	材	板	带	1500		245	≥700
SJ-GB-7	630	860	180	20	纸	18.9				1500		177	≥750
SJ-GB-8	900	520	180	20		16.0				1500		177	≥750

　　b. SZX-GX 型高效空气过滤器：这种过滤器结构如图 5-18 所示，采用超细玻璃纤维纸作滤料，木质外框，滤料和外框间采用环氧树脂密封，该过滤器适用于洁净厂房和空气净化工程的最后一级空气过滤。使用条件是常温、常湿、允许含有微量酸、碱与有机溶剂的空气过滤。该过滤器风量与阻力的关系见图 5-19 所示，技术性能见表 5-9。

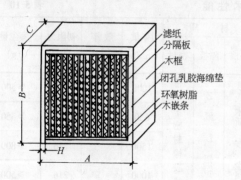

图 5-18　SZX-GX 型结构外形图

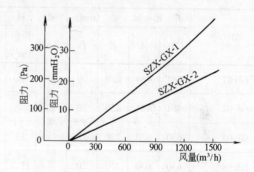

图 5-19　SZX-GX 型风量和阻力关系图

SZX-GX 型技术性能　　　　　　　　　　　　　　　　　　　　表 5-9

型号	外形尺寸（mm）				滤料		材质			风量（m³/h）	钠焰效率（%）	初阻力（Pa）	容尘量（g）
	B	A	C	H	名称	面积（m²）	外框	隔板	密封				
SZX-GX-1	484	484	220	20	超	9.7			闭	1000		245	≥500
SZX-GX-2	630	630	220	20	细	17.0	木		孔	1500		226	≥750
SZX-GX-3	500	500	180	20	玻	8.6			乳	1000	≥	275	≥400
SZX-GX-4	500	700	180	20	璃	11.9		纸	胶	1000	99.97	196	≥600
SZX-GX-5	520	600	180	20	纤	10.6			海	1000		226	≥500
SZX-GX-6	520	860	180	20	维	15.3	材		绵	1500		245	≥700
SZX-GX-7	630	860	180	20	纸	18.9			垫	1500		177	≥750

　　c. GB 型高效过滤器：它采用超细玻璃纤维纸作滤料，金属镀锌板或木质作外框，组装时滤纸沿分隔板往返多次，然后用胶粘剂封装而成。结构见图 5-20 所示，风量和阻力关系见图 5-21 所示，主要技术性能见表 5-10。

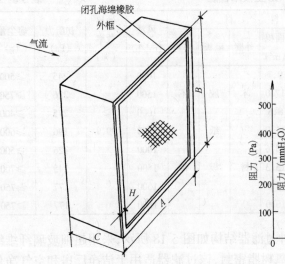

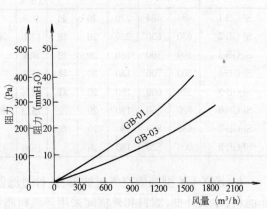

图 5-20　GB型结构外形图　　　　　　图 5-21　GB型风量和阻力关系图

GB 型 技 术 性 能　　　　　　　　　　　表 5-10

型　号		外 形 尺 寸 （mm）				滤 料		材　　质			风量 （m³/h）	效率 （%）	初阻力 （Pa）	容尘量 （g）
		B	A	C	H	名称	面积 （m²）	外框	隔板	密封				
GB-01	-Z -L	484	484	220	20	超细玻璃纤维纸	11	Z：木质 L：金属	Z：纸 L：铝箔	带一个密封橡胶垫	1000	99.99	216	＞500
GB-02	-Z -L	484	484	150	20		7				650		216	＞350
GB-03	-Z -L	630	630	220	20		18				1500		216	＞800
GB-04	-Z -L	630	630	150	20		11.5				1000		216	＞500

注：使用条件：Z：$t<60℃$，$\varphi<80\%$；L：$t<100℃$，$\varphi<100\%$。

　　本过滤器适用范围为：各种高精度、高纯度、高可靠性的产品研制和生产车间。使用条件为常温、常湿和含有微量酸、碱、有机溶剂的空气过滤。

二、过滤器的应用

（1）过滤器的选用原则

选择空气过滤器时必须全面考虑，根据具体情况选择合适的空气过滤器。

a．室内要求的净化标准：如室内要求一般净化就可以采用初效过滤器，如室内要求中等净化就应采用初效、中效两级过滤器，如果室内要求超净净化，就应采用初效、中效、高效三级过滤。

b．室外空气的含尘量和尘粒特征：室外空气的含尘量和尘粒特征（环境本底）是选择空气过滤器的重要数据。

不同地区大气中的含尘浓度是不同的，同时还受气候、时间和风速的影响。一般要根据实测确定。

表 5-11、5-12 分别列出室外含尘量的大致数值，它是以重量浓度和计数浓度表示的。

表 5-13 是一个典型的大气中粉尘的分散度。当缺乏测量手段时可近似选用。

室外含尘量	表 5-11
地　　点	含尘质量浓度(mg/m³)
农村或远郊	0.2~0.8
城市中心	0.8~1.5
轻工业厂区	1.0~1.8
重工业厂区	1.5~3.0

室外含尘量	表 5-12
地　　点	含尘计数浓度≥0.5μm(个/L)
农村地区	3.0×10^4
大城市内	12.0×10^4
工业中心	25.0×10^4

实测大气粉尘的粒径分布　　　　　　表 5-13

范围 (μm)	平均粒径 (μm)	各区间的比例(%)		范围 (μm)	平均粒径 (μm)	各区间比例(%)	
		质　量	个　数			质　量	个　数
30~10	20	28	0.05	3	2	6	1.07
10~5	7.5	52	0.17	1~0.5	0.75	2	6.78
5~3	4	11	0.25	0.5~0	0.25	1	91.68

从表 5-13 可以看出,大气中粉尘粒径≤1μm 的尘粒个数所占比例数高达 98.0%,而占质量百分数却很小,约 3%。所以在超净空调中主要采用计数浓度。

c. 过滤器的特征:过滤器的特征主要是过滤效率、阻力、穿透率,容尘量及处理风量。在条件容许的情况下,应尽可能选用高效、低阻、容尘量大、处理风量大、制造安装方便、价格低廉的空气过滤器。

d. 含尘气体的性质:和选用空气过滤器有关的含尘气体的性质主要是:温度、湿度、含酸、碱及有机溶剂的数量。因为有的过滤器允许在高温下使用,而有的过滤器只能在常温、常湿下使用。其他性质也有这样的问题。

(2) 过滤器的安装注意事项

a. 在安装过滤器时如只有一级初效过滤器,应安装在空气处理室的前端。因为安装在前端可减少后边各设备(加热器、冷却器、喷水室等)表面积灰。

b. 对于三级过滤器,从中效过滤器至高效过滤器设在系统的正压段。而且高效过滤器应设在系统的末端(出风口处),这是为了防止管道及设备对净化后空气的再污染。

c. 中效和高效过滤器必须在过滤器和框架间加装垫片,保证严密性。

d. 过滤器侧向布置时,其波纹板要垂直于地面,以免积灰太多,增大阻力和影响过滤效果。

习　题

5-1　为什么流过加热器外侧的空气流速不能太大,也不能太小?

5-2　在实际工作中如何确定加热器的串联组合或并联组合?

5-3　阐述以热水为热媒的空气加热器的加热量如何调节?

5-4　空气过滤器的滤尘机理是什么?

5-5　在安装空气过滤器时应注意什么问题?

5-6　选用加热器应注意什么问题?

5-7　选用过滤器应考虑什么问题?

5-8　蒸汽或热水加热器的热媒管路应如何连接?

5-9　将 $G = 10000$kg/h 的空气从 $t_1 = 5℃$,加热至 $t_2 = 35℃$,热媒为 130℃的高温水,试选择合适的加热器。

第六章 通风系统风道的设计计算

通常管道把通风系统的进风(采气)口、空气热、湿、净化处理设备、送(排)风口和风机联成了一体,是通风和空气调节系统的重要组成部分。通风管道的设计任务,就是要合理组织空气流动,在保证使用效果的前提下,达到初投资和运行维护费用最低。同时,还应该和建筑设计密切配合,做到协调和美观。因此,通风管道设计的好坏,直接影响到整个通风、空调工程在建造与使用方面的技术经济性能。为此,必须统筹考虑通风管道设计中的各种问题。

风道设计的目的是:(1)确定风道的位置及选择风道的尺寸;(2)计算风道的压力损失以及选择风机;(3)送、吸风口的选择和计算。

本章主要阐述通风管道的设计原理和计算方法。

第一节 风 道 中 的 阻 力

风道内空气流动的阻力有两种,一种是由于空气本身的粘滞性及其与管壁间的摩擦而产生的沿程能量损失,称为摩擦阻力或沿程阻力;另一种是空气流经风管中的管件及设备时,由于流速的大小和方向变化以及产生涡流造成比较集中的能量损失,称为局部阻力。

一、摩擦阻力

根据流体力学原理,空气在任何横断面形状不变的管道内流动时,摩擦阻力可按下式计算:

$$\Delta P_m = \lambda \frac{l}{4R_s} \frac{v^2}{2} \rho \quad \text{Pa} \tag{6-1}$$

对于圆形风管,摩擦阻力计算公式可改写为:

$$\Delta P_m = \frac{\lambda}{D} l \frac{v^2}{2} \rho \quad \text{Pa} \tag{6-2}$$

圆形风管单位长度的摩擦阻力(又称比摩阻)为:

$$R_m = \frac{\lambda}{D} \frac{v^2}{2} \rho \quad \text{Pa/m} \tag{6-3}$$

以上各式中

λ——摩擦阻力系数;

v——风管内空气的平均流速,m/s;

ρ——空气的密度,kg/m³;

l——风管长度,m;

R_s——风管的水力半径,m;

$$R_s = \frac{f}{P}$$

f——管道中充满流体部分的横断面积,m²;

P——湿周,在通风、空调系统中即为风管的周长,m;

D——圆形风管直径,m。

摩擦阻力系数 λ 与空气在风管内的流动状态和风管管壁的粗糙度有关。在通风和空调系统中,薄钢板风管的空气流动状态大多数属于紊流光滑区到粗糙区之间的过渡区。通常,高速风管的流动状态也处于过渡区。只有管径很小、表面粗糙的砖、混凝土风管内的流动状态才属于粗糙区。计算过渡区摩擦阻力系数的公式很多,下面列出的公式适用范围较大,在目前得到较广泛的采用:

$$\frac{1}{\sqrt{\lambda}} = -2\lg\left(\frac{K}{3.71D} + \frac{2.51}{\mathrm{Re}\sqrt{\lambda}}\right) \tag{6-4}$$

式中　K——风管内表面的绝对粗糙度,mm;

　　　Re——雷诺数;

　　　D——风管直径,mm。

进行通风管道的设计时,为了避免繁琐的计算,可根据公式(6-3)和(6-4)制成各种形式的计算表或线算图,附录6-1就是一种线算图,附录6-2为《全国通用通风管道计算表》可供计算管道阻力时使用。只要已知流量、管径、流速、比摩阻四个参数中的任意两个,即可利用附录6-1图求得其余的两个参数。目前所用的线算图种类很多,它们都是在某些特定的条件下作出的,使用时必须注意。附录6-1右图列出的线算图是按过渡区的 λ 值,在大气压力 $B_0 = 101.3\mathrm{kPa}$、温度 $t_0 = 20℃$、空气密度 $\rho_0 = 1.204\mathrm{kg/m^3}$、运动粘度 $\nu_0 = 15.06\times10^{-6}\mathrm{m^2/s}$、管壁粗糙度 $K = 0.15$ 的条件下得出的。图中左半部分为不同粗糙度时的比摩阻。

当实际计算条件与作图条件出入较大时,应加以修正。

（一）绝对粗糙度的修正

在通风和空调工程中使用各种材料制作风管,这些材料的粗糙度各不相同,其具体数值见表6-1。

各种材料所作风管的粗糙度 K　　　　　　　　　表6-1

风 管 材 料	粗糙度(mm)	风 管 材 料	粗糙度(mm)
薄钢板或镀锌薄钢板	0.15～0.18	胶 合 板	1.0
塑 料 板	0.01～0.05	砖 砌 体	3～6
矿渣石膏板	1.0	混 凝 土	1～3
矿渣混凝土板	1.5	木 板	0.2～1.0

风管管壁的粗糙度不同时,用附录6-1右图算出的 R_m 值必须进行修正。

$$R_{ma} = \varepsilon_k R_{mo} \quad \mathrm{Pa/m} \tag{6-5}$$

式中　R_{ma}——实际的比摩阻,Pa/m;

　　　R_{mo}——由附录6-1查出的比摩阻,Pa/m;

　　　ε_k——粗糙度修正系数,见图6-1或表6-2。

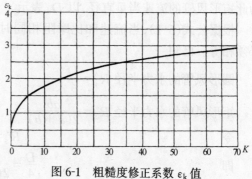

图 6-1　粗糙度修正系数 ε_k 值

（二）密度和粘度的修正

粗糙度修正系数 ε_k 表 6-2

管道内表面	例	ε_k	管道内表面	例	ε_k
特别光滑	塑料管	0.9	特别粗糙	金属软管	2.0
中等粗糙	混凝土管	1.5			

$$R_{ma} = R_{mo}(\rho_a/\rho_o)^{0.91}(\nu_a/\nu_o)^{0.10} \tag{6-6}$$

式中 R_{ma}——实际的比摩阻，Pa/m；

      R_{mo}——由附录 6-1 查出的比摩阻，Pa/m；

      ρ_a——实际的空气密度，kg/m³；

      ν_a——实际的空气运动粘度，m²/s。

（三）空气温度和大气压力的修正

$$R_{ma} = \varepsilon_t \varepsilon_B R_{mo} \quad Pa/m \tag{6-7}$$

式中 ε_t——温度修正系数；

      ε_B——大气压力修正系数。

$$\varepsilon_t = \left(\frac{273+20}{273+t_a}\right)^{0.825} \tag{6-8}$$

$$\varepsilon_B = (B_a/101.3)^{0.9} \tag{6-9}$$

式中 t_a、B_a——为实际的空气温度（℃）和大气压力（kPa）。

ε_t、ε_B 可由图 6-2 直接查出。

（四）矩形风管的摩擦阻力

为了利用圆形风管的线算图或计算表，计算矩形风管的摩擦阻力，需要把矩形风管断面尺寸折算成相当的圆形风管直径，即折算成当量直径，再根据此求得矩形风管的比摩阻。

当量直径有两种，一种是流速当量直径，一种是流量当量直径。

1. 流速当量直径

如果某一圆形风管中的空气流速与矩形风管的空气流速相等，并且比摩阻也相等，则该圆形风管的直径就称为此矩形风管的流速当量直径，以 D_v 表示。

根据公式(6-1)，当流速和比摩阻相同时，水力半径必须相等。已知

圆形风管的水力半径 $R'_s = \dfrac{D}{4}$

矩形风管的水力半径 $R''_s = \dfrac{ab}{2(a+b)}$

令 $R'_s = R''_s$

即 $\dfrac{D}{4} = \dfrac{ab}{2(a+b)}$

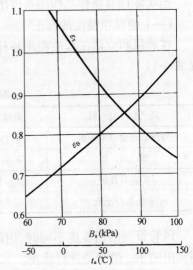

图 6-2 温度和大气压力的修正曲线

则
$$D = \frac{2ab}{a+b} = D_v$$

D_v 称为边长为 $a \times b$ 的矩形风管的流速当量直径。

2．流量当量直径

如果某一圆形风管中的空气流量与矩形风管中的空气流量相等，且比摩阻也相等，则该圆形风管的直径就称为此矩形风管的流量当量直径，以 D_L 表示。

圆形风管流量
$$L = \frac{\pi D^2}{4} v'$$

$$v' = \frac{4L}{\pi D^2}$$

$$R'_m = \frac{\lambda}{D_L} \cdot \frac{\left(\frac{4L}{\pi D^2}\right)^2}{2} \rho$$

矩形风管流量
$$L = abv''$$

$$v'' = \frac{L}{ab}$$

$$R''_m = \frac{\lambda}{4} \frac{1}{\left[\frac{ab}{2(a+b)}\right]} \frac{(L/ab)^2}{2} \rho$$

令 $R'_m = R''_m$ 有

$$D_L = 1.27 \sqrt[5]{\frac{a^3 b^3}{a+b}} \text{ m} \qquad (6\text{-}10)$$

利用 D_v 或 D_L 计算矩形风管的摩擦压力损失时，应注意其对应关系。采用 D_v 时必须按 D_v 和 v 由附录 6-1 查出 R_m；采用 D_L 时必须按 D_L 及 L 由附录 6-1 查出 R_m。

【例 6-1】 兰州市某工厂有一通风除尘系统，采用薄钢板风管。已知风量 $L = 1500\text{m}^3/\text{h}(0.417\text{m}^3/\text{s})$、管内空气流速 $v = 12\text{m/s}$、空气温度 $t = 100\text{℃}$。确定风管管径和单位长度摩擦压力损失。

【解】 由附录 6-1 查得：$D = 200\text{mm}$，$R_{mo} = 11 \text{ Pa/m}$。

由图 6-2 查得 $\varepsilon_t = 0.82$

兰州的大气压力 $B_a = 82.5\text{kPa}$，由图 6-2 查得 $\varepsilon_B = 0.83$

实际的单位长度摩擦压力损失
$$R_{ma} = \varepsilon_t \varepsilon_B R_{mo} = 0.82 \times 0.83 \times 11 = 7.5 \text{ Pa/m}。$$

【例 6-2】 有一薄钢板制作矩形风管，已知其尺寸为 $a \times b = 200\text{mm} \times 150\text{mm}$、风量 $L = 1500\text{m}^3/\text{h}$、$B = 101.3\text{kPa}$、$t = 20\text{℃}$，试计算该风管的单位长度摩擦压力损失。

【解】 风管内流速 $v = \dfrac{1500}{3600 \times 0.2 \times 0.15} = 13.9 \text{ m/s}$

以流速为准的当量直径
$$D_v = \frac{2ab}{a+b} = \frac{2 \times 0.2 \times 0.15}{(0.2+0.15)} = 0.170 \text{ m}$$

以流量为准的当量直径
$$D_L = 1.27 \sqrt[5]{\frac{a^3 b^3}{a+b}} = 1.27 \sqrt[5]{\frac{(0.2 \times 0.15)^3}{0.2+0.15}} = 0.19 \text{ m}$$

根据 $D_v=170\text{mm}$，$v=13.9\text{m/s}$，由附录6-1查得 $R_m=15\text{Pa/m}$。

根据 $D_L=190\text{mm}$，$L=1500\text{m}^3/\text{h}$，由附录6-1查得 $R_m=15\text{Pa/m}$。

（五）管内流速的确定

风管内的风速对系统的经济性有较大影响。流速高，风道断面小，材料消耗少，建造费用小，但是系统的压力损失大，动力消耗增大，运行费用增加，有时还可能加速管道的磨损。流速低，压损小，动力消耗少，但风道断面大，材料的建造费用增加。对除尘系统，流速过低会造成粉尘沉积，堵塞管道。因此必须进行全面的技术经济比较，确定适当的经济流速。各种管道内的气流速度见表6-3、表6-4和表6-5。

一般通风系统中常用空气流速(m/s)　　　　表6-3

类　别	风管材料	干　管	支　管	室内进风口	室内回风口	新鲜空气入口
工业建筑机械通风	薄钢板、 砖、混凝土等	6～14 4～12	2～8 2～6	1.5～3.5 1.5～3.0	2.5～3.5 2.0～3.0	5.5～6.5 5～6
工业辅助及民用建筑 　自然通风 　机械通风		0.5～1.0 5～8	0.5～0.7 2～5			0.2～1.0 2～4

空调系统中的空气流速(m/s)　　　　表6-4

风速(m/s)　　　部　位	低　速　风　管						高　速　风　管	
	推　荐　风　速			最　大　风　速			推　荐	最　大
	居　住	公　共	工　业	居　住	公　共	工　业	一般建筑	
新风入口	2.5	2.5	2.5	4.0	4.5	6	3	5
风机入口	3.5	4.0	5.0	4.5	5.0	7.0	8.5	16.5
风机出口	5～8	6.5～10	8～12	8.5	7.5～11	8.5～14	12.5	25
主风道	3.5～4.5	5～6.5	6～9	4～6	5.5～8	6.5～11	12.5	30
水平支风道	3.0	3.0～4.5	4～5	3.5～4.0	4.0～6.5	5～9	10	22.5
垂直支风道	2.5	3.0～3.5	4.0	3.25～4.0	4.0～6.0	5～8	10	22.5
送风口	1～2	1.5～3.5	3～4.0	2.0～3.0	3.0～5.0	3～5	4	—

除尘通风管道内最低空气流速(m/s)　　　　表6-5

粉尘性质	垂直管	水平管	粉尘性质	垂直管	水平管
粉状的粘土和砂	11	13	铁和钢(屑)	19	23
耐火泥	14	17	灰土、砂尘	16	18
重矿物粉尘	14	16	锯屑、刨屑	12	14
轻矿物粉尘	12	14	大块干木屑	14	15
干型砂	11	13	干微尘	8	10
煤灰	10	12	染料粉尘	14～16	16～18
湿土(2%以下水分)	15	18	大块湿木屑	18	20
铁和钢(尘末)	13	15	谷物粉尘	10	12
棉絮	8	10	麻(短纤维粉尘、杂质)	8	12
水泥粉尘	8～12	18～22			

二、局部阻力

当空气流过断面变化的管件(如各种变径管、风管进出口、阀门)、流向变化的管件(弯头)和流量变化的管件(如三通、四通、风管的侧面送、吸风口)都会产生局部阻力。

局部阻力按下式计算:

$$Z = \zeta \frac{\rho v^2}{2} \text{ Pa} \tag{6-11}$$

式中　ζ——局部阻力系数,见附录6-3。

局部阻力系数通常由试验确定,详见附录6-3。选用时要注意试验用的管件形状和试验条件,特别要注意 ζ 值对应的是何处的动压值。

局部阻力在通风、空调系统中占有较大的比例,有时甚至是主要的。在设计风管时,为了减少局部阻力,通常采取以下措施:

1．避免风管断面的突然变化,用渐扩管或渐缩管代替突然扩大或突然缩小,中心角 $\alpha \leqslant 45°$ 为宜,如图6-3所示。

2．减少风管的转弯,用弧弯代替直角弯。图6-4展示了各种弯头的局部阻力系数 ζ 值大小。弧弯管的曲率半径不宜过小,一般 $R = (1\sim4)D$(D 为管径)。对矩形弯头,如果受条件限制而曲率半径较小时,应在其中装设导流叶片,减少涡流。

3．对于三通应注意以下问题和措施

三通的作用是使气流分流或合流。图6-5为一合流三通中流体运动的情况。流速不同的两股气流在汇合时发生碰撞,以及气流速度改变时形成涡流是造成局部阻力的原因。气流分流时流速也发生变化,引起局部阻力损失。

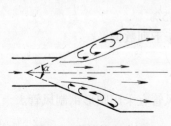

图6-3　渐扩管内空气
的流动状态

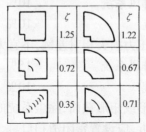

图6-4　各种弯头局部阻力
系数 ζ 值的比较

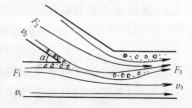

图6-5　合流三通内空气流动状态

三通局部阻力的大小与三通断面的形状、分支管中心夹角、用作分流还是合流以及支管与总管的面积和流量比(即流速比)有关。为了减少三通的局部阻力,分支管中心夹角一般不超过30°,三通支管应具有一定的曲率半径,尽量使两个支管与总管的气流速度相等。

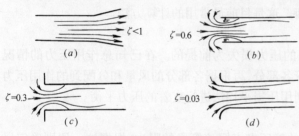

图6-6　风管进、出口阻力

4．降低排风口出口流速,以减小出口的动压损失。同时减小气流在风管进口的局部阻力。流体在出口处,为了减小局部阻力,常把出口作成扩散角较小的渐扩管,如图6-6所示。

空气进入风管时,由于产生气流与管道内壁分离和涡流现象而造成局部阻力。不同的进口形成，局部阻力相差很大，如图 6-6 所示。为了减小进口局部阻力，进口可作成流线型。

5. 风管和风机的连接要合理，使气流在进出风机时均匀分布，不要有流向和流速的突然变化。

6. 合理布置管件，防止相互影响。

在设计时，如在各管件之间留有大于三倍的直管距离，就可避免各管件之间相互干扰，产生影响。

第二节　通风管道系统的设计计算

在进行通风管道系统的设计计算时，必须首先确定各送(排)风口的位置和送(排)风量、管道系统和净化设备的布置、风管材料等。

设计计算的目的是确定各管段的管径(或断面尺寸)和压力损失，保证系统内达到要求的风量分配，并为风机选择和绘制施工图提供依据。

一、风道的设计原则

1. 风管的计算压力损失，宜按下列数值附加

一般送排风系统	10%～15%
除尘系统	15%～20%

2. 风管漏风量应根据管道长短及其气密程度，按系统风量的百分率计算。风管漏风率宜采用下列数值：

一般送排风系统	10%
除尘系统	10%～15%

3. 通风系统各并联管段间的压力损失相对差额，不宜大于下列数值：

一般送排风系统	15%
除尘系统	10%

4. 通风系统的风管宜采用圆形或矩形截面，除尘系统的风管宜采用圆形钢制风管。

5. 在容易积尘的异形管件附近，应设置密闭清扫口。

二、各种计算方法概述

进行通风管道系统水力计算的方法很多，如假定流速法，等压损法和静压复得法等。在一般的通风系统中用的最普遍的是假定流速法和等压损法。

1. 假定流速法

假定流速法是以风管内空气流速作为控制指标，计算出风管的断面尺寸和压力损失，再对各环路的压力损失进行调整，达到平衡。这是目前最常用的计算方法。

2. 等压损法

等压损法是以单位长度风管有相等的压力损失为前提的。在已知总作用压力的情况下，将总压力按风管长度平均分配给风管各部分，再根据各部分的风量和分配到的作用压力确定风管尺寸。对于大的通风系统，可利用压损平均法进行支管的压力平衡。

3. 静压复得法

静压复得法是利用风管分支处复得的静压来克服该管段的阻力，根据这一原则确定风

管的断面尺寸。此法适用于高速空调系统的风道设计计算。

三、假定流速法风道设计

下面通过例题说明假定流速法风道设计的计算方法与步骤。

【例6-3】 有一通风除尘系统如图6-7所示，风管全部用钢板制作，管内输送含有轻矿物粉尘的空气，气体温度为常温。各排风点的排风量和各管段的长度如图6-7所示。该系统采用袋式除尘器进行排气净化，除尘器压力损失 $\Delta P = 1200\text{Pa}$。对该系统进行设计计算。

【解】

1. 绘制通风除尘系统轴测图（如图6-7）

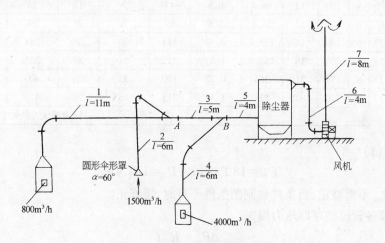

图6-7 通风除尘系统的系统图

2. 对系统图分段，注明各管段的长度、风量并进行编号

查除尘器样本，除尘器的反吹风量为1740m³/h，除尘器漏风率按10%考虑。因此管段6和7的风量为：

$$L_6 = L_7 = (800 + 1500 + 4000) \times 1.1 + 1740 = 8670 \ \text{m}^3/\text{h}$$

3. 确定最不利管路

最不利管路即阻力最大的管线（距风机最远的排风点），从图6-7看出，最不利管路为①～③～⑤～⑥～⑦管路。

4. 选定系统不同管段的流速，列入表6-6中。

5. 根据选定的流速和已知流量，计算风管断面尺寸（或管径）。确定管径（或断面尺寸）时，应采用附录6-4所列的通风管道统一规格，以利于工业化加工制作。

例如：管段(1)

$$F_1 = \frac{800}{3600 \times 14} = 0.0159 \ \text{m}^2$$

$$D_1 = 140 \quad \text{mm}, \quad v_{1s} = 14.4 \ \text{m/s}$$

按上述方法计算出各管段的直径及实际流速列入表6-6中。

6. 计算各管段的单位长度摩擦压力损失

风管断面尺寸确定后，应按管内实际流速计算压力损失。

用实际流速和直径查附录6-1，确定 R_m，求得动压值，填入表6-6。

管段编号	流量 L 〔m^3/h (m^3/s)〕	长度 l (m)	管径 D (mm)	流速 v (m/s)	动压 $\frac{v^2}{2}\rho$(Pa)	局部阻力系数 $\Sigma\zeta$	局部压力损失 Z (Pa)	单位长度摩擦压力损失 R_m(Pa/m)	摩擦压力损失 $R_m l$ (Pa)	管段压力损失 $Z+R_m l$ (Pa)	备 注
1	800(0.22)	11	140	14	117.6	1.4	164.6	18	198	363	
3	2300(0.64)	5	240	14	117.6	0.2	24	12	60	84	
5	6300(1.75)	5	380	14	117.6			5.5	27.5	27.5	
6	8670(2.4)	4	500	12	86.4	0.5	43	3	12	55	
7	8670(2.4)	8	500	12	86.4	0.8	69	3	24	93	
2	1500(0.42)	6	180	16	153.6	0.72	111	20	120	231	压力不平衡
4	4000(1.11)	6	280	16	153.6	1.38	212	14	84	385	压力不平衡
2	1500(0.42)	6	170	21	264	0.72	190	35	210	400	
4	4000(1.11)	6	270	19.5	228	1.38	315	16	96	410	

除尘器压力损失 1200Pa

如管段(1)

$$R_m = 18\ \text{Pa/m}, \quad P_d = 124.4\ \text{Pa}$$

本题 R_m 不需修正,当条件和制图条件不符时,需修正。

7. 计算各管段的摩擦压力损失

$$\Delta P_m = R_m l$$

8. 计算各部件局部阻力系数,见附录 6-3。

如管段(1)　　　　设备密闭罩　　　　$\zeta = 1.0$

　　　　　　　　支流三通($\theta = 30°$)　　$\zeta = 0.18$

　　　　　　　　90°弯头($R = 1.5D$)　　$\zeta = 0.2$

　　　　　　　　$\Sigma\zeta = 1 + 0.18 + 0.2 = 1.38$

9. 计算各管段局部压力损失。

10. 求各管段总压力损失。

11. 求最不利管路的总压力损失。

12. 选择风机

选择风机用的风量、风压

风量　　　　$L' = K_L \cdot L = 1.1 \times 8670 = 9537\ \text{m}^3/\text{h}$

风压　　　　$\Delta P' = K_p \Delta P = 1.15 \times 1859 = 2138\ \text{Pa}$

查手册选:4-68№4.5A 离心通风机,其性能为:$\Delta P = 2110\text{Pa}, L = 9702\text{m}^3/\text{h}, n = 2900\text{r}/\text{min}$。

13. 支管计算

计算方法同管段(1)。

14. 对并联管路进行压力平衡计算

当并联支管的压力损失差超过规定的差额时,可用下述方法进行压力平衡。

(1) 调整支管管径

这种方法是通过改变管径，即改变支管的压力损失，达到压力平衡。调整后的管径按下式计算

$$D' = D(\Delta P / \Delta P')^{0.225} \tag{6-12}$$

式中　D'——调整后的管径，m；

　　　D——原设计的管径，m；

　　　ΔP——原设计的支管压力损失，Pa；

　　　$\Delta P'$——为了压力平衡，要求达到的支管压力损失，Pa。

应当指出，采用本方法时不宜改变三通支管的管径，可在三通支管上增设一节渐扩（缩）管，以免引起三通支管和直管局部压力损失的变化。

（2）增大排风量

当两支管的压力损失相差不大时（例如在 20% 以内），可以不改变管径，将压力损失小的那段支管的流量适当增大，以达到压力平衡。增大的排风量按下式计算：

$$L' = L(\Delta P' / \Delta P)^{0.5} \tag{6-13}$$

式中　L'——调整后的排风量，m^3/h；

　　　L——原设计的排风量，m^3/h。

其他符号意义同前。

（3）增加支管压力损失

阀门调节是最常用的一种增加局部压力损失的方法，它是通过改变阀门的开度，来调节管道的压力损失。应当指出，这种方法虽然简单易行，不需严格计算，但是改变某一支管上的阀门位置，会影响整个系统的压力分布。要经过反复调节，才能使各支管的风量分配达到设计要求。对于除尘系统还要防止在阀门附近积尘，引起管道堵塞。

对节点 A 进行压力平衡计算

$$\Delta P_1 = 363 \quad \text{Pa}, \Delta P_2 = 231 \text{ Pa}$$

$$\frac{\Delta P_1 - \Delta P_2}{\Delta P_2} = \frac{363 - 231}{231} = 57\% > 10\%$$

因该处压力不平衡，改变管段 2 的管径，以增大压力损失

$$D_2' = D_2 \left(\frac{\Delta P}{\Delta P'} \right)^{0.225} = 180 \times \left(\frac{231}{363} \right)^{0.225} = 162.5 \text{ mm}$$

取 $D_2' = 170 \text{mm}$

经计算（见表 6-6），$\Delta P_2' = 400 \text{ Pa}$

$$\frac{\Delta P_2' - \Delta P_1}{\Delta P_1} = \frac{400 - 363}{363} \approx 10\%$$

对节点 B 进行压力平衡计算

$$\Delta P_1 + \Delta P_3 = 363 + 84 = 447 \text{Pa}, \Delta P_4 = 385 \text{ Pa}$$

$$\frac{(\Delta P_1 + \Delta P_3) - \Delta P_4}{\Delta P_4} = \frac{447 - 385}{385} = 16\% > 10\%$$

改变管段 4 的管径，以增大压力损失

$$D_4' = 280 \times \left(\frac{385}{447} \right)^{0.225} = 270 \text{ mm}$$

经计算(见表 6-6)，$\Delta P'_4 = 411$ Pa

$$\frac{447 - 411}{411} = 8.7\% < 10\%$$

该除尘系统的总风量 $\qquad L = 8670$ m³/h

该除尘系统的总压力损失 $\qquad \Delta P = 400 + 84 + 27.5 + 55 + 93 + 1200 = 1859$ Pa

四、通风除尘系统风管压力损失的估算

在绘制通风除尘系统的施工图前，必须按上述方法进行计算，确定各管段的管径和压力损失。在进行系统的方案比较或申报通风除尘系统的技术改造计划时，只需对系统的总压力损失作粗略的估算。根据经验的积累，某些通风除尘系统的压力损失如表 6-7 所示，供参考。表中所列的风管压损只包括排风罩的压损，不包括净化设备的压损。

通风除尘系统风管压损估算值 表 6-7

系 统 性 质	管内风速 (m/s)	风管长度 (m)	排风点个数	估算压力损失 (Pa)
一般通风系统	<14	30	2 个以上	300～350
一般通风系统	<14	50	4 个以上	350～400
镀槽排风	8～12	50		500～600
炼钢电炉(1～5t)炉盖罩除尘系统	18～20	50～60	2	1200～1500(标准状态)
木工机床除尘系统	16～18	50	>6	1200～1400
砂轮机除尘系统	16～18	<40	>2	1100～1400
破碎、筛分设备除尘系统	18～20	50	>3	1200～1500
破碎、筛分设备除尘系统	18～20	30	≤3	1000～1200
混砂机除尘系统	18～20	30～40	2～4	1000～1400
落砂机除尘系统	16～18	15	1	500～600

对于一般通风系统，风管压力损失值 ΔP(Pa)也可按下式估算

$$\Delta P = R_m \cdot l(1 + K) \tag{6-14}$$

式中 $\quad R_m$——单位长度风管的摩擦压力损失，Pa/m；

$\quad l$——到最远送风口的送风管总长度加上到最远回风口的回风管的总长度，m；

$\quad K$——局部压力损失与摩擦压力损失的比值。

弯头三通少时，取 $K = 1.0～2.0$；

弯头三通多时，可取 $K = 3.0～5.0$。

第三节　均匀送风管道的计算

根据工业与民用建筑的使用要求，通风和空调系统的风管有时需要把等量的空气，以相同的风速沿风管侧壁的成排孔口或短管均匀送出，这种风管称为均匀送风管道。这种均匀送风方式可使送风房间得到均匀的空气分布，而且风管的制作简单，节约材料。因此，均匀送风管道在车间、会堂、冷库和气幕装置中广泛应用。

均匀送风管道的计算方法很多，下面介绍一种近似的计算方法。

一、均匀送风管道的设计原理

空气在风管内流动时，其静压垂直于管壁。如果在风管的侧壁开孔，由于孔口内外存在

静压差,空气会按垂直于管壁的方向从孔口流出。由于静压差产生的流速为:

$$v_j = \sqrt{2P_j/\rho} \ \text{m/s} \tag{6-15}$$

空气在风管内的流速为:

$$v_d = \sqrt{2P_d/\rho} \ \text{m/s} \tag{6-16}$$

式中 P_j——风管内空气的静压,Pa;

P_d——风管内空气的动压,Pa。

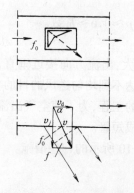

因此,空气从孔口流出时,它的实际流速和出流方向不仅取决于静压产生的流速和方向,还受管内流速的影响,如图6-8所示。在管内流速的影响下,孔口出流方向要发生偏斜,实际流速为合成速度,可用下列各式计算有关数值:

1. 孔口出流方向与实际流速

孔口出流与风管轴线间的夹角 α(出流角)为:

$$\text{tg}\alpha = \frac{v_j}{v_d} = \sqrt{P_j/P_d} \tag{6-17}$$

孔口实际流速:

图6-8 侧孔出流状态图

$$v = \frac{v_j}{\sin\alpha} = \sqrt{v_j^2 + v_d^2} = \sqrt{\frac{2(P_j + P_d)}{\rho}} = \sqrt{\frac{2P_d}{\rho}} \tag{6-18}$$

2. 孔口流出风量及孔口面积

孔口流出风量:

$$L_0 = 3600\mu f v \ \text{m}^3/\text{h} \tag{6-19}$$

式中 μ——孔口的流量系数;

f——孔口在气流垂直方向上的投影面积,m^2,由图6-8可知:$f = f_0\sin\alpha = f_0\dfrac{v_j}{v}$;

f_0——孔口面积,m^2;$f_0 = a \times b$。

式(6-19)可改写为

$$L_0 = 3600\mu f_0\sin\alpha \cdot v = 3600\mu f_0 v_j$$
$$= 3600\mu f_0 \sqrt{2P_j/\rho} \ \text{m}^3/\text{h} \tag{6-20}$$

令 $v_0 = \mu v_j$,则上式可写为:

$$L_0 = 3600 v_0 f_0 \ \text{m}^3/\text{h} \tag{6-21}$$

式中 v_0——空气在孔口面积 f_0 上的平均流速,m/s。

3. 保证均匀送风的条件

从公式(6-20)可以看出,对侧孔面积 f_0 保持不变的均匀送风管,要使各侧孔的送风量保持相等,必须保证各侧孔的静压 P_j 和流量系数 μ 相等,要使出口气流尽量保持垂直,要求出流角 α 尽量大些接近90°,下面分析如何实现上述要求。

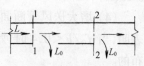

图6-9 各侧孔静压相等的条件

(1)保持各侧孔静压相等。

在图6-9所示管道上断面1、2的能量方程式为:

$$P_{j1} + P_{d1} = P_{j2} + P_{d2} + (Rl + Z)_{1-2} \tag{6-22}$$

$$P_{d1} - P_{d2} = (Rl + Z)_{1-2}$$

若

则

$$P_{j1} = P_{j2}$$

这表明,两侧孔间静压保持相等的条件是两侧孔间的动压降等于两侧孔间的压力损失。

(2) 保持各侧孔下流量系数相等

流量系数 μ 与孔口形状、出流角 α 及孔口流出风量与孔口前风量之比(即 $L_0/L = \overline{L}_0$,$\overline{L}_0$ 称为孔口的相对流量)有关。

在 $\alpha \geqslant 60°$,$\overline{L}_0 = 0.1 \sim 0.5$ 范围内,对于锐边的孔口可近似认为 $\mu \approx 0.6 \approx$ 常数。

(3) 增大出流角 α

风管中的静压与动压之比愈大,气流在孔口的出流角 α 也就愈大,出流方向接近垂直,比值减小,气流会向一个方向偏斜。这时,即使各侧孔风量相等,也达不到均匀送风的目的。

要保持 $\alpha \geqslant 60°$,必须使 $P_j/P_d \geqslant 3.0 (v_j/v_d \geqslant 1.73)$。在要求高的工程,为了使空气出流方向垂直管道侧壁,可在孔口处装置垂直于侧壁的挡板或把孔口改成短管。

4. 为了保证送风管道沿长度方向均匀送风,工程上常采用图 6-10 所示的一些措施。

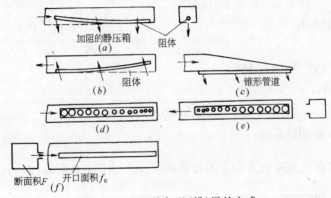

图 6-10 实现均匀送(排)风的方式

(1) 送风管断面积 F 和孔口面积 f_0 不变时,管内静压会不断增大,可根据静压变化,在孔口上设置不同的阻体,使不同的孔口具有不同的压力损失(即改变流量系数),见图 6-10(a)、(b)。

(2) 孔口面积 f_0 和 μ 值不变时,可采用锥形风管改变送风管断面积,使管内静压基本保持不变,见图 6-10(c)。

(3) 送风管断面积 F 及孔口 μ 值不变时,可根据管内静压变化,改变孔口面积 f_0,见图 6-10(d)、(e)。

(4) 增大送风管断面积 F,减小孔口面积 f_0。对于图 6-10(f)所示的条缝形风口,试验表明,当 $f_0/F < 0.4$ 时,始端和末端出口流速的相对误差在 10% 以内,可近似认为是均匀分布的。

二、均匀送风管道的计算方法

先确定侧孔个数、侧孔间距及每个侧孔的送风量,然后计算出侧孔面积、送风管道直径(或断面尺寸)及管道的压力损失。

146

图 6-11 均匀送风管道

下面通过实例说明均匀送风管道的计算步骤和方法。

【例 6-4】 如图 6-11 所示,总风量为 8000m³/h 的圆形均匀送风管道,采用 8 个等面积的侧孔送风,孔间距为 1.5m。试确定其孔口面积、各断面直径及总压力损失。

【解】

1. 根据室内对送风速度的要求,设定孔口平均流速 v_0,从而计算出静压速度 v_j 和侧孔面积。

设侧孔的平均出流速度 $v_0 = 4.5$m/s,则

侧孔面积

$$f_0 = \frac{L_0}{3600 v_0} = \frac{8000}{3600 \times 4.5 \times 8} = 0.062 \text{ m}^2$$

侧孔静压流速

$$v_j = \frac{v_0}{\mu} = \frac{4.5}{0.6} = 7.5 \text{ m/s}$$

侧孔应有的静压

$$P_j = \frac{v_j^2 \rho}{2} = \frac{7.5^2 \times 1.2}{2} = 33.8 \text{ Pa}$$

2. 按 $v_j/v_d \geqslant 1.73$ 的原则设定 v_{d1},求出第一侧孔前管道断面 1 处直径 D_1(或断面尺寸)。

设断面 1 处管内空气流速 $v_{d1} = 4$m/s,则 $\frac{v_{j1}}{v_{d1}} = \frac{7.5}{4} = 1.88 > 1.73$,出流角 $\alpha = 62°$。

断面 1 的动压

$$P_{d1} = \frac{\rho v_{d1}^2}{2} = \frac{1.2 \times 4^2}{2} = 9.6 \text{ Pa}$$

断面 1 的直径

$$D_1 = \sqrt{\frac{8000}{3600 \times 4 \times 3.14/4}} = 0.84 \text{ m}$$

断面 1 全压

$$P_{q1} = P_{d1} + P_{j1} = 9.6 + 33.8 = 43.4 \text{ Pa}$$

3. 计算管段 1-2 的压损 $(Rl + Z)_{1-2}$,再求出断面 2 处的全压 $P_{q2} = P_{q1} - (Rl + Z)_{1-2} = P_{d1} + P_{j1} - (Rl + Z)_{1-2}$。

管段 1-2 的摩擦压力损失

已知风量 $L = 7000$m³/h,管径应取断面 1、2 的平均直径,但 D_2 未知,近似以 $D_1 = 840$mm 作为平均直径。查附录 6-1 得 $R_{m1} = 0.17$Pa/m。

摩擦压力损失

$$\Delta P_{m1} = R_{m1} l_1 = 0.17 \times 1.5 = 0.26 \text{ Pa}$$

管段 1-2 的局部压力损失

空气流过侧孔直通部分的局部阻力系数由表 6-8 查得：

空气流过侧孔直通部分的局部阻力系数　　　　　　　　　表 6-8

	L_0/L	0	0.1	0.2	0.3	0.4	0.5	0.6	0.7	0.8	0.9	~1
	ζ	0.15	0.05	0.02	0.01	0.03	0.07	0.12	0.17	0.23	0.29	0.35

当 $L_0/L = 1000/8000 = 0.125$ 时，用插入法得 $\zeta = 0.042$。

局部压力损失

$$Z_1 = 0.042 \times 9.6 = 0.40 \text{ Pa}$$

管段 1-2 的压力损失

$$\Delta P_1 = R_{m1} l_1 + Z_1 = 0.26 + 0.40 = 0.66 \text{ Pa}$$

断面 2 全压

$$P_{q2} = P_{q1} - (R_{m1} l_1 + Z_1) = 43.4 - 0.66 = 42.74 \text{ Pa}$$

4. 根据 P_{q2} 得到 P_{d2}，从而算出断面 2 处直径。管道中各断面的静压相等（均为 P_j），故断面 2 的动压为：

$$P_{d2} = P_{q2} - P_j = 42.74 - 33.8 = 8.94 \text{ Pa}$$

断面 2 流速

$$v_{d2} = \sqrt{\frac{2 \times 8.94}{1.2}} = 3.86 \text{ m/s}$$

断面 2 直径

$$D_2 = \sqrt{\frac{7000}{3600 \times 3.86 \times 3.14/4}} = 0.80 \text{ m}$$

5. 计算管段 2-3 的压损 $(Rl + Z)_{2-3}$ 后，可求出断面 3 直径 D_3。

管段 2-3 的摩擦压力损失

以风量 $L = 6000 \text{m}^3/\text{h}$，$D_2 = 800\text{mm}$ 查附录 6-1 得 $R_{m2} = 0.154 \text{ Pa/m}$。

摩擦压力损失

$$\Delta P_{m2} = R_{m2} l_2 = 0.154 \times 1.5 = 0.23 \text{ Pa}$$

管段 2-3 的局部压力损失

当 $\dfrac{L_0}{L} = \dfrac{1000}{7000} = 0.143$ 时，由表 6-8，查得 $\zeta = 0.037$。

局部压力损失：

$$Z_2 = 0.037 \times 8.94 = 0.33 \text{ Pa}$$

管段 2-3 的压力损失

$$\Delta P_2 = P_{m2} l_2 + Z_2 = 0.23 + 0.33 = 0.56 \text{ Pa}$$

断面 3 全压

$$P_{q3} = P_{q2} - (R_{m2} l_2 + Z_2) = 42.74 - 0.56 = 42.18 \text{ Pa}$$

断面 3 动压

$$P_{d3} = P_{q3} - P_j = 42.18 - 33.8 = 8.38 \text{ Pa}$$

断面 3 流速

$$v_{d3} = \sqrt{\frac{2 \times 8.38}{1.2}} = 3.74 \text{ m/s}$$

断面 3 直径

$$D_3 = \sqrt{\frac{6000}{3600 \times 3.74 \times 3.14 / 4}} = 0.75 \text{ m}$$

依次类推,继续计算各管段压损$(R_m l + Z)_{3-4} \cdots \cdots (R_m l + Z)_{(n-1)-n}$,可求得其余各断面直径 $D_i \cdots \cdots D_{n-1}, D_n$。最后把各断面连接起来,成为一条锥形风管。

断面 1 应具有的全压 43.4Pa,即为均匀送风管道的总压力损失。

必须指出,在计算均匀送风管道时,为了简化计算,把每一管段起始断面的动压作为该管段的平均动压,并假定侧孔流量系数 μ 和摩擦阻力系数 λ 为常数。

第四节　风道中空气压力分布

空气在风管中流动时,由于风管阻力和流速变化,空气的压力是不断变化的。研究风管内空气压力的分布规律,有助于我们更好地解决通风和空调系统的设计和运行管理问题。

一、吸风风道的压力分布

图 6-12 为一简单吸风风道的压力分布图。绘制该图时,可采用两种不同的基准。

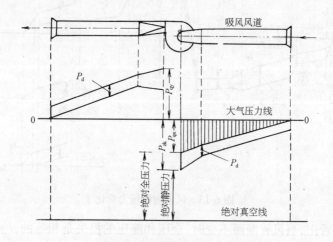

图 6-12　简单吸风风道的压力分布图

若以大气压力作为基准时,其静压称为相对静压,大于大气压力者为正,小于大气压力者为负。显然对于吸风道来说,其全压和静压均为负值。

若以绝对真空作为基准时,其静压称为绝对静压。从压力分布图上可以看出,不论吸风风道或压送风道,都是从绝对真空线向上截取绝对静压的数值,画出绝对静压线沿风道长度的变化。然后从绝对静压线再向上截取动压的数值,就可画出绝对全压线沿风道长度的变化。可见,以绝对真空线作为画压力分布图的起点,无论对吸风风道还是压送风道,绝对静压和绝对全压只有大小之分,而没有正负之别。绝对全压和绝对静压之差等于动压。

从图 6-12 还可看出,绝对全压值(即总阻力)向着通风机方向沿途下降,在风机吸入口处达到最大值。由工程热力学可知,大气压力与风机入口绝对静压力之差称为真空度,并用 P_{zk} 表示。显然,风机吸入口的真空度应等于吸入口的总阻力加上吸入口的动压。即

$$P_{zk} = (\Delta P_m + \Delta P_j) + \frac{v^2 \rho}{2} \tag{6-23}$$

同理,吸风风道任意截面上的真空度应等于该截面上的总阻力加上该截面上的动压。利用真空度(或称为负静压)的概念进行吸风风道的计算是比较方便的。若将真空度值还原为总阻力,只需减去相应截面上的动压即可。

二、单风机的通风系统

图 6-13 为单风机系统风管内压力的变化,风管布置图包括一个轴流风机,送风管和回风管的通风布置,风管内压力的分布图,给出全压值 P_q 和静压值 P_j 相对于室外大气压力的变化斜率。

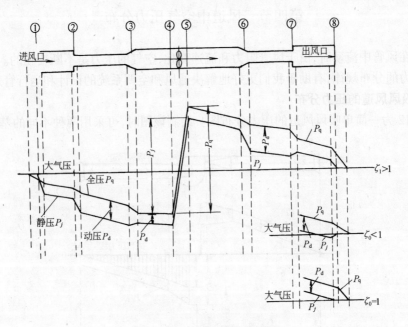

图 6-13　风道内的压力变化

从图上可以看出,当风管断面不变时,全压和静压的损失是相等的,均是由于沿程摩擦损失造成的。

从扩张段③和⑦处可以看到,动压值 P_d 减小了,全压减小了,而静压值可能增大,这些管段上所表示的静压值的增加就是大家所知道的静压复得。

在收缩段②和⑥处,沿着空气的流动方向,动压值加大了,而静压值和全压值都减小了,但他们减小的值是不等的。

在出风口⑧处,全压的损失取决于出风口的形状和流动特性,其局部阻力系数值的变化可大于 1、等于 1 或小于 1。对于局部阻力系数的这几种可能性,其全压和静压值的变化均在图中标出了。当局部阻力系数小于 1 时,在要离开出风口前,其静压值小于大气压(即为负值)。该处的静压值可按其总压值减去动压值而计算得出。在进风口①处,压力损失取决

于进风口的形状。刚离开进风口处,其全压值为气流上方即进口处的大气压力(在这里我们设定为零)和部件局部阻力之差。在进风口的进口处,静压值为零,刚离开进口处其静压为负值,其代数和等于全压值(在这儿为负值)和动压值之差。

从图上可以看出,不论在风道的哪个断面上,全压值总是等于静压和动压之和(动压总是为正值)。

从图上分析可知,系统的全压损失 $\Delta P_q = P_{q5} - P_{q4}$,系统的静压损失 $\Delta P_j = P_{j5} - P_{j4}$,但对于风机来说,其全压值为 $P_q = P_{q5} - P_{q4}$,其静压值为 $P_j = P_q - P_d = P_{q5} - P_{q4} - P_{d5}$。当风机的进口和出口的风速相等或相近时,则整个系统的全压损失和静压损失基本相等。

三、双风机的通风系统

图6-14 为双风机系统风管内压力变化图。一个热风采暖系统,冬天需加热送热风,为了节约能源,除满足必要的新风量外,尽量使用回风。在过渡季节,为了加大新风量而减少直至不用回风时,回风就通过排风阀排出。

对于双风机系统来说,要注意到零点的位置。从图 6-14 中可以看到,在②~③段,由于回风机的加压,该处风管处于正压区,回风可以通过排风阀排出。③为零位阀,通过该阀处的风压应为零。而在风管③~④处,由于送风机的抽吸作用,处于负压区,新风和回风均可进来。

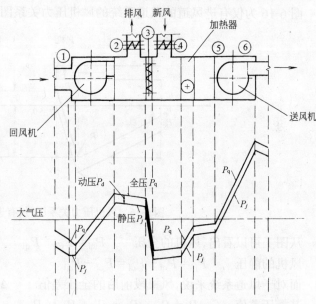

图 6-14 双风机系统风管内的压力变化

四、风机和风道系统压力的关系

风机叶片将静或动的能量给予空气,这个能量表示为总压力的增加,它可转换为静压和动压。这两个值是相互影响,可互换的,即可由动压变成静压,也可由静压变为动压。但不管在任何时候,全压总是等于静压和动压之和。这个概念非常重要,特别在谈到负压时,很容易搞乱。一定要记住静压的定义,即如下式所表示出的。

$$P_j = P_q - P_d$$

风机的全压值 P_q 是风机加到空气流的能量的真实表示。风道系统的压力损失即为所有各部件的全压损失之和,即从风机入口侧至出口侧所有风道系统的风道和部件的全压损失之总和,则风道系统的能量损失就是风道系统的全压损失,也就是所需要的风机全压值。仅仅在特殊的情况下,即风道的速度在风道的入口侧和出口侧各个部件处均相等时,风道的静压损失才等于全压损失。因而在进行风机选择和风道系统设计时,利用风道的全压损失则更为合适。

要特别注意的是一个风道系统在风机段前后的全压差值等于风机的全压值,但其静压差值不一定等于风机的静压值。下面通过 3 个风道系统来加以分析。

图 6-15 为仅有出风道的风道系统的风机压力关系图。

从图上可以看出,风机的全压 $P_{qf} = P_{q2} - P_{q1} = P_{q2}$,风机的静压 $P_{jf} = P_{qf} - P_{df} = P_{j2}$

这时,对于风道系统来说,通过风机段的全压差值

$$\Delta P_q = \Delta P_{q2} - P_{q1} = P_{q2} = P_{qf}$$

其静压差值 $\Delta P_j = P_{j2} - P_{j1} = P_{j2} = P_{jf}$

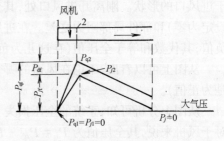

图 6-15 风机压力关系图(仅有出风风道)

图 6-16 为仅有进风道的风道系统的风机压力关系图。

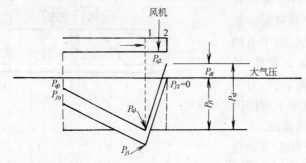

图 6-16 风机压力关系图(仅有进风道)

从图上可以看出,风机的全压 $\qquad P_{qf} = P_{q2} - P_{q1}$

风机的静压 $\qquad P_{jf} = P_{qf} - P_{df} = P_{j2} - P_{q1}$

而对于风道系统来说,风机段前后的全压差值 $\qquad \Delta P_q = P_{q2} - P_{q1} = P_{qf}$

其静压差值 $\qquad \Delta P_j = P_{j2} - P_{j1} = P_{jf} + P_{d1} \neq P_{jf}$

图 6-17 为带进风道和出风道的风道系统的风机压力关系图。

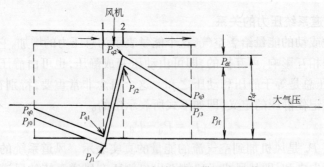

图 6-17 风机压力关系图(带进出风道)

从图上可以看出,风机全压 $P_{qf} = P_{q2} - P_{q1}$

风机静压 $\qquad P_{jf} = P_{qf} - P_{df} = P_{j2} - P_{q1}$

对于风道系统来说,通过风机段的全压差值 $\Delta P = P_{q2} - P_{q1} = P_{qf}$

其静压差值 $\qquad \Delta P_j = P_{j2} - P_{j1} = P_{jf} + P_{d1} \neq P_{jf}$

第五节　风道设计中的有关问题

一、风道的布置

风管布置直接关系到通风、空调系统的总体布置。它与工艺、土建、电气、给水排水等专业密切相关,应相互配合、协调一致。

1. 除尘系统的排风点不宜过多,以利各支管间压力平衡。如排风点多,可用大断面集合管连接各支管。集合管内流速不宜超过 3m/s,集合管下部应设卸灰装置,见图 6-18、6-19。

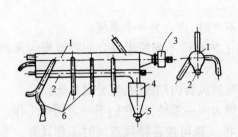

图 6-18　水平安装的集合管
1—集合管;2—螺旋运输机;3—风机;
4—集尘箱;5—卸尘阀;6—排风管

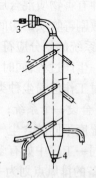

图 6-19　垂直安装的集合管
1—集合管;2—排风管;3—风机;4—卸尘阀

2. 除尘风管应尽可能垂直或倾斜敷设,倾斜敷设与水平面的夹角最好大于 45°(见图 6-20)。如果由于某种原因,风管必须水平敷设或与水平面的夹角小于 30°时应采取措施,如加大管内风速,在适当位置设置清扫孔等。

3. 排除含有剧毒、易燃、易爆物质的排风管,其正压管段一般不应穿过其他房间。穿过其他房间时,该段管道上不应设法兰或阀门。

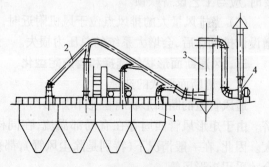

图 6-20　通风除尘管道的敷设
1—料仓;2—风管;3—除尘器;4—风机

4. 除尘器宜布置在除尘系统的风机吸入段,如布置在风机的压出段,应选用排尘风机。

5. 为了防止风管堵塞,除尘风管的直径不宜小于下列数值:

排送细小粉尘(矿物粉尘)	80mm
排送较粗粉尘(如木屑)	100mm
排送粗粉尘(如刨花)	130mm
排送木片	150mm

6. 输送潮湿空气时,需防止水蒸气在管道或袋式除尘器内凝结,管道应进行保温。管内壁温度应高于气体露点温度 10～20℃。

7. 风管的布置应力求顺直,尽量缩短管线,减少分支管线的数目,节省材料;应避免复杂的局部管件,弯头、三通等管件要安排得当,与风管的连接要合理,以减少阻力和噪声。

二、通风系统划分的基本原则

当建筑物内在不同地点有不同的送、排风要求,或建筑面积较大,送、排风点较多时,为便于运行管理,常分设多个送、排风系统。系统划分的原则是:

1. 空气处理要求相同、室内参数要求相同的,可划为同一系统。

2. 同一生产流程,运行班次和运行时间相同的,可划为同一系统。

3. 对下列情况应单独设置排风系统:

(1) 两种或两种以上有害物质混合后能引起燃烧或爆炸;

(2) 两种有害物质混合后能形成毒害更大或腐蚀性的混合物或化合物;

(3) 放散剧毒物质的房间和设备。

4. 除尘系统的划分应符合下列要求:

(1) 同一生产过程,同时工作的扬尘点相距不大时,宜合为一个系统;

(2) 同时工作但粉尘种类不同的扬尘点,当工艺允许不同粉尘混合回收或粉尘无回收价值时,也可合设一个系统;

(3) 温湿度不同的含尘气体,当混合后可能导致风管内结露时,应分设系统;

(4) 在同一工序中如有多台并列设备,不宜划为同一系统,因它们不一定同时工作。如需把并列设备的排风点划为一个系统,系统的总排风量可按各排风点同时工作计算。非同时工作的排风点的排风量较大时,系统的总排风量可按各同时工作的排风点的排风量计算,同时应附加各非同时工作排风点排风量的 15%~20%。在各排风支管上必须装设阀门,必要时,应与工艺设备联锁。

(5) 当排风量大的排风点位于风机附近时,不宜和远处排风量小的排风点合为一系统。增设该排风点后,会增大系统的总压力损失。

三、风道断面形状的选择和管道定型化

1. 风道断面形状的选择

通风管道的断面形状有圆形和矩形两种。在同样断面下,圆形风管周长最短,最为经济。由于矩形风管四周存在有局部涡流,在同样风量下,矩形风管的压力损失比圆形风管大。因此,在一般情况下(特别是除尘风管),都采用圆形风管,只是有时为了便于和建筑配合才采用矩形风管。

当风管中流速较高,风管直径较小时,例如除尘系统和高速空调系统都用圆形风管。当风管断面尺寸大时,为了充分利用建筑空间,通常采用矩形风管。例如低速空调系统都采用矩形风管。

矩形风管与相同断面积的圆形风管的压损比值为:

$$\frac{R_{mj}}{R_{my}} = \frac{0.49(a+b)^{1.25}}{(a+b)^{0.625}} \tag{6-24}$$

式中　R_{mj}——矩形风管的单位长度摩擦压力损失,Pa/m;

　　　R_{my}——圆形风管的单位长度摩擦压力损失,Pa/m;

　　　a、b——矩形风管的边长,m。

公式(6-24)的关系如图 6-21 所示。从该图可以看出,随 a/b 的增大,压力损失比 $R_{mj}/$

154

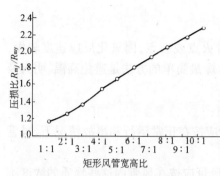

图 6-21 矩形风管和圆形风管
压力损失比

R_{my} 也相应增大。由于矩形风管的表面积也是随 a/b 的增大而增大的。因此设计时应尽量使 a/b 接近于 1，最多不宜超过 3。

2. 管道定型化

随着我国国民经济的发展，通风空调工程大量增加。为了最大限度地利用板材，实现风管制作、安装机械化，工厂化，在建设部组织下，1985 年确定了"通风管道统一规格"，见附录 6-4。

四、风管材料的选择

一般应采用钢板制作，其优点是不燃烧、易加工、耐久、也较经济。对洁净要求高或有特殊要求的工程，可采用铝板或不锈钢板制作，对于有防腐要求的工程，可采用塑料或玻璃钢制作。采用建筑风道时，宜用钢筋混凝土制作。

选用风管材料时，应优先选用非燃烧材料制作。保湿材料也应优先考虑非燃烧材料。风管材料应根据使用要求和就地取材的原则选用。

五、通风系统的防火及防爆

1. 防火

对某些火灾危险性大的和重要的建筑，高层和多层建筑，在风管系统中的适当位置应装设防火阀，如图 6-22 所示。图 6-23 所示为防火阀。

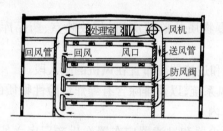

图 6-22　防火阀安装位置

图 6-23　防火阀

在有火灾危险的车间中，送、排风装置不应设在同一通风机室内。

防火阀的工作原理及安装的位置详见第十三章第七节。

2. 防爆

爆炸是指物质从一种状态迅速变成另一种状态，在瞬间以机械功形式放出大量能量的现象。视爆炸原因的不同分为物理性爆炸和化学性爆炸两种。锅炉等受压容器，因内部压力超过设备承受压力所引起的爆炸属于物理性爆炸。可燃混合物因剧烈氧化反应而产生大量高温气体，使空间内压力剧增而形成的爆炸是由于化学变化引起的，称为化学性爆炸。

引起可燃混合物爆炸的基本条件为：

(1) 可燃物浓度在爆炸极限内

可燃物与空气混合后，能够维持燃烧的最低浓度称为爆炸下限，其最高浓度称为爆炸上限。只有在上、下限之间，可燃物点燃后造成的局部燃烧放热，才能使周围可燃物达到燃烧条件。

爆炸极限受使用条件的影响，随温度增高，爆炸下限降低，爆炸上限增高，随压力增大，爆炸下限变化不明显,但爆炸上限明显增大。

(2) 可燃物温度高于着火点或燃点

对于浓度在爆炸极限内的可燃物,如果温度低于着火点或燃点,因氧化反应速度较慢,反应放热还不足以形成火焰,故不能形成爆炸。因此防爆最简单的方法是避免高温、明火及静电火花。

为防止爆炸的发生,设计时应采取以下的防爆措施:

(1) 排除有爆炸危险物质的局部排风系统,其风量应按在正常运行和事故情况下,风管内这些物质浓度不大于爆炸下限的 50% 计算。

排除有爆炸危险的气体、蒸气的局部排风系统,其风量应按在风管内这些物质的浓度不超过下限的 25% 计算。

因此,局部排风系统的排风量,除按第三章所述方法计算外,还应按下式进行校核计算:

$$L \geqslant \frac{G}{0.5 y_{\mathrm{L}}} \qquad\qquad (6\text{-}25)$$

式中　L——局部排风量,m^3/h;

　　　G——单位时间内进入局部排风罩的可燃物量,g/h;

　　　y_{L}——可燃物爆炸浓度下限,g/m^3。

(2) 防止可燃物在通风系统的局部地点(设备、管道或个别死角)积聚。

(3) 排除和输送含有爆炸危险性物质的空气混合物的通风设备及管道均应接地。

三角胶带上的静电应采取有效方法导除。通风设备及风管不应采用积聚静电的绝缘材料制作。

(4) 当民用建筑内设有贮存易燃或易爆物质的单独房间(如放映室、药品库、实验室等),如设置排风系统,应设计成独立的系统。

(5) 用于净化爆炸性粉尘的干式除尘器和过滤器应布置在风机的吸入段。

(6) 甲、乙类生产厂房的全面和局部通风系统,以及排除含有爆炸危险性物质的局部排风系统,其设备不应布置在地下室、半地下室内。

(7) 用于净化爆炸危险性粉尘的干式除尘器和过滤器应布置在生产厂房之外(距敞开式外墙不小于 10m),或布置在单独的建筑物内。但符合下列条件之一时,可布置在生产厂房内的单独房间中(地下室除外):

　　a. 具有连续清灰能力的除尘器和过滤器;

　　b. 定期清灰的除尘器和过滤器,当其风量不大于 15000m^3/h,且集尘斗中的贮灰量不大于 60kg 时。

(8) 排除爆炸危险物质的局部排风系统,其干式除尘器和过滤器等不得布置在经常有人或短时间有大量人员逗留的房间(如工人休息室、会议室等)的下面或侧面。

(9) 在除尘系统的适当位置(如管道、弯头、除尘器等)上应设图 6-24 所示的或其他形式的(如薄膜式等)防爆阀。防爆阀不得装在有人停留或通行的地方。对于爆炸浓度下限大于 65g/m^3 的粉尘,可不设防爆阀。

(10) 有防火防爆要求的通风系统,其进风口应设置在不可能有火花溅落的安全地点,必要时,应加围护装置;排风口应设在室外安全处。

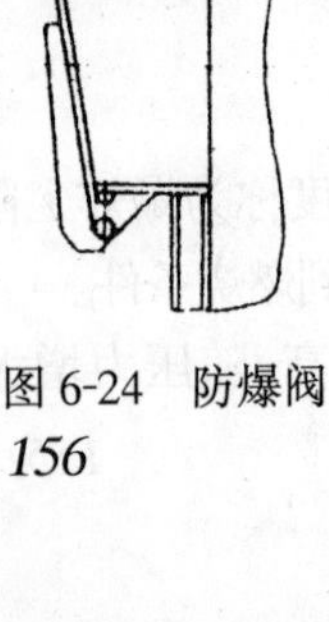

图 6-24　防爆阀

含有爆炸危险气体的局部排风系统,其排风口应高出建筑物的空气动力阴影区和正压区。

(11) 排除有爆炸危险的气体和蒸气混合物的局部排风系统,其正压段不得通过其他房间。

(12) 用于甲、乙类生产厂房和其他类生产厂房排除有爆炸危险物质的排风系统,其通风机和电动机及调节装置等均应采用防爆型的,且通风机和电动机应直联或采用三角胶带传动。

当通风机和电动机露天布置时,通风机应采用防爆型的,在非爆炸或火灾危险场所,电动机可采用封闭型的。

未尽事宜,可详见有关设计资料。

六、管道的防腐、泄水和保温

1.防腐

(1) 遭受气体侵蚀的构件,均需刷防腐涂料;

(2) 采用镀锌钢板作风道;

(3) 排除强烈腐蚀性气体时,最好采用聚氯乙烯塑料风道和塑料风机。

2.泄水

(1) 沿流动方向将风道作成不小于 0.005 的坡度,在风道最低点设水封管将水排至下水道;

(2) 在通风机机壳底部装一带有水封的排水管。

3.保温

(1) 在寒冷地区,敷设在室外的风管,为防止风管内表面结露,应进行保温;

(2) 排放高温空气的通风系统,为防止操作人员被烫伤和降低工作地点的温度,也应采取保温措施。

第六节   通风工程施工图

通风工程施工图是由设计说明、风管及设备的平面布置图、通风系统透视图、剖面图和施工详图等组成。

1.设计说明

设计图纸无法表达的问题,一般采用设计说明表达。设计说明应包括以下内容:

(1) 与通风除尘有关的室内外气象参数、工作地点有害物浓度和排放浓度标准。

(2) 通风除尘(或有害气体净化)方式、系统划分、所选用的除尘、净化、冷却、风机等设备的说明,能达到的工业卫生和环保要求。

(3) 隔振、降噪、防火、防爆措施。

2.平面图

风管及设备平面布置图要把建筑与通风有关的部分(墙、门、窗、柱、楼梯等)用细实线画出来。

平面图上要注明风管设备与建筑物的关系及相关尺寸,图上还应有技术要求的文字说明。

图 6-25 所示为某纸机汽罩通风平面图。

3.通风系统透视图

通风系统透视图应能正确反映系统各设备、风管之间的相对位置和标高,图上应标出设备的编号、风管的标高、管径等,并应列出材料表及技术要求。

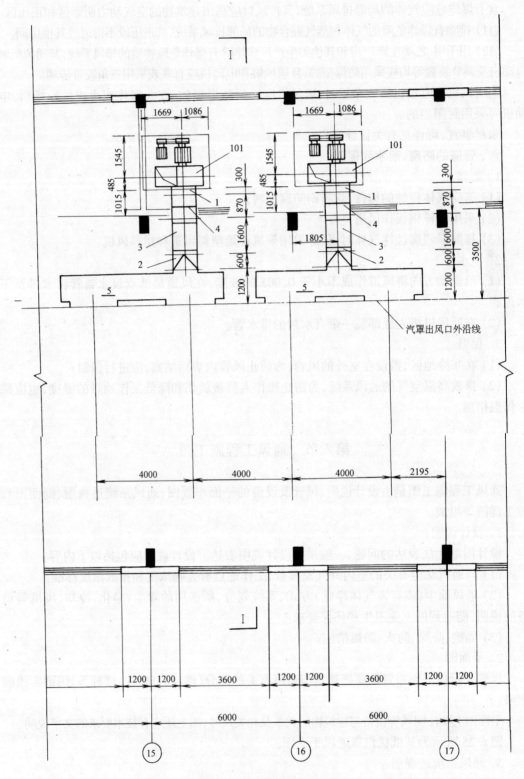

图 6-25　纸机汽罩通风平面图

表 6-9 为汽罩通风材料、设备一览表。

汽罩通风材料、设备一览表　　　　　　　　　　　表 6-9

编号	名　称	规 格 尺 寸	材料、设备参数	件数	备　注
1	软 风 管	$\phi1000$　$L=300\text{mm}$	帆　布	2	
2	天圆地方	$1000\times1000-\phi1000$	无机不燃玻璃钢	2	$L=600\text{mm}$
3	乙 字 管	$\phi1000$ $L=1600\text{mm}$	无机不燃玻璃钢	2	$H=1065\text{mm}$
4	弯 风 管	$\phi1000$　$L=870\text{mm}$	无机不燃玻璃钢	2	$H=346\text{mm}$
5	直 风 管	1000×1000　$L=6400\text{mm}$	无机不燃玻璃钢	2	风管接口位置参照平剖面图
6	圆伞形风帽			2	
101	玻璃钢离心风机	4-72-11　No10	风量 37650-40100m³/h 风压 130-121Pa	2	功率为 22kW

另外,通风除尘(或有害气体净化)的施工图有时还包括剖面图和施工详图。当某些设备的构造或管道间的连接情况在平面图和系统图上表示不清楚,也无法用文字说明时,可以将这些部位画成剖面图。图 6-26 为纸机汽罩通风平面图中的Ⅰ—Ⅰ剖面图。施工详图是指设备安装图、零部件、罩子加工安装图,以及所选用的各种通用图和重复使用图。

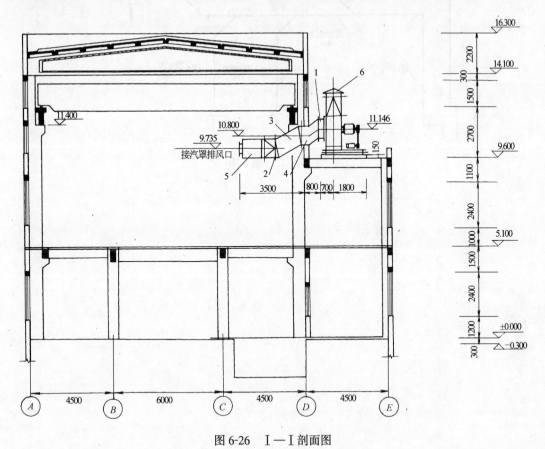

图 6-26　Ⅰ—Ⅰ剖面图

习　题

1. 减少局部阻力的措施有哪些？

2. 简述流速控制法风道设计的方法与步骤。

3. 通风除尘系统阻力计算的目的是什么？

4. 有一圆形薄钢板风管，管径 $D = 500\text{mm}$，管长 $l = 6\text{m}$，风管内空气流量 $L = 3000\text{m}^3/\text{h}$，空气温度 $t = 25℃$，相对湿度 $\varphi = 65\%$，$K = 0.15\text{mm}$，求该管段的摩擦阻力。

5. 一矩形风管的断面尺寸为 $400\text{mm} \times 200\text{mm}$，管长 8m，风量为 $0.88\text{m}^3/\text{s}$，在 $t = 20℃$ 的工况下运行，如果采用薄钢板或混凝土（$K = 3.0\text{mm}$）制风管，试分别用流速当量直径和流量当量直径计算其摩擦阻力。

6. 有一排风系统如图 6-27 所示，全部为钢板制作的圆形风管，$K = 0.15\text{mm}$，各管段流量及长度见图中所注，矩形伞形风罩的扩张角为 60°，吸入三通分支管的夹角为 30°，系统排出空气的温度为 40℃，试进行此系统的水力计算。

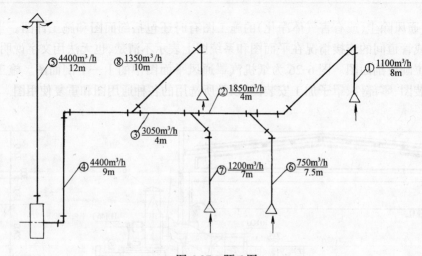

图 6-27　题 6 图

第七章 自 然 通 风

自然通风是利用室内外温度差所造成的热压或风力作用所造成的风压来实现有组织换气的一种全面通风方式。

高温车间,采用自然通风可以得到很大的换气量。它是一种最经济的通风方法,设备费用少,不耗电力,管理简单。据计算,每小时生产 100t 钢的马丁炉车间,每小时送风量需要量 1000t,才能消除余热。如果采用机械通风来输送这么大的风量,每小时要耗电 1000kW,如果用自然通风,不但可以节省电能,而且还能节省大量设备费用。

自然通风的应用范围很广,通常用于有余热的房间,如冶金厂,机械厂及发电厂的高温车间等,要求进风空气中有害物质浓度不超过车间工作地点空气中有害物质最高容许浓度的 30%。当工艺要求进风需经过滤和处理时或进风能引起雾或凝结水时,不得采用自然通风。

设计工业建筑自然通风时,应从通风设计、总图布置、建筑形式、工艺配置等几方面综合考虑,才能达到良好地有组织自然通风,改善作业地带的卫生条件,创造良好的全面通风环境。

第一节 自然通风的作用原理

如果建筑物外墙上的门窗孔洞两侧由于热压和风压造成压力差 ΔP,空气就会经门窗孔洞进入室内,空气流过门窗孔洞时阻力等于孔洞内外的压差 ΔP,(见图 7-1 所示)即:

$$\Delta P = \zeta \frac{v^2}{2} \rho \ \text{Pa} \qquad (7\text{-}1)$$

式中　ΔP——门窗孔洞两侧的压力差,Pa;

　　　v——空气流过门窗孔洞时的流速,m/s;

　　　ρ——空气的密度,kg/m³;

　　　ζ——门窗孔洞的局部阻力系数。

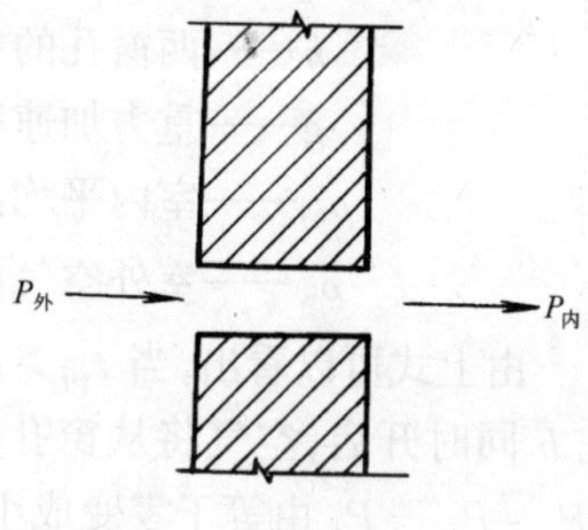

变换式(7-1)得

$$v = \sqrt{\frac{2\Delta P}{\zeta\rho}} = \mu \sqrt{\frac{2\Delta P}{\rho}} \ \text{m/s} \qquad (7\text{-}2)$$

图 7-1　建筑物外墙上孔洞示意图

式中　μ——窗孔的流量系数,$\mu = \dfrac{1}{\sqrt{\zeta}}$,$\mu$ 值的大小和窗孔

　　　的构造有关,一般小于 1。

通过窗口的空气量为:

$$L = vF = \mu F \sqrt{\frac{2\Delta P}{\rho}} \ \text{m}^3/\text{s} \qquad (7\text{-}3)$$

或

$$G = L\rho = \mu F \sqrt{2\Delta P\rho} \ \text{kg/s} \qquad (7\text{-}4)$$

式中　F——孔洞的截面积,m²。

上式表明,对于某一固定的建筑结构,只要已知窗孔两侧的压力差 ΔP 和窗孔面积 F 就

可以求得通过该窗孔的空气量,其自然通风量的大小取决于孔洞两侧压差的大小。

一、热压作用下的自然通风

1. 总压差的计算

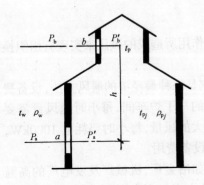

图 7-2　热压作用下的自然通风

当室内外空气温度不同时,在车间的进、排风孔上将造成一定的压力差。进排风窗孔压力差的总和称为总压力差。

如图 7-2 所示为车间的进、排风窗孔的布置情况。室内外空气温度分别为 t_{pj} 和 t_w,密度为 ρ_{pj} 和 ρ_w。设上部天窗为 b,下部侧窗为 a,窗孔外的静压力分别为 P_a、P_b,窗孔内的静压力分别为 P'_a、P'_b。如室内温度高于室外温度,即 $t_{pj} > t_w$,则 $\rho_{pj} < \rho_w$。

如果我们首先关闭窗孔 b,仅开窗孔 a,不管最初窗孔 a 两侧的压差如何,由于空气的流动,总能使 $P_a = P'_a$。当窗孔 a 的内外压差为 $\Delta P = P'_a - P_a = 0$ 时,空气停止流动。

这时根据流体静力学原理可知:

$$\begin{cases} P_b = P_a - gh\rho_w \\ P_b{}' = P_a{}' - gh\rho_{pj} \end{cases}$$

则窗孔 b 的内外压差为 $\Delta P_b = P'_b - P_b = (P'_a - gh\rho_{pj}) - (P_a - gh\rho_w)$

$$= (P'_a - P_a) + gh(\rho_w - \rho_{pj})$$

则　　　　　　　　　　$\Delta P_b = \Delta P_a + gh(\rho_w - \rho_{pj})$　　　　　　　　(7-5)

式中　ΔP_a、ΔP_b——窗孔 a 和 b 的内外压差,Pa;

　　　　h——两窗孔的中心间距,m;

　　　　g——重力加速度,$g = 9.8066 \mathrm{m/s^2}$;

　　　　ρ_{pj}——室内平均温度下的空气密度,$\mathrm{kg/m^3}$;

　　　　ρ_w——室外空气的密度,$\mathrm{kg/m^3}$。

由上式可以看出,当 $t_{pj} > t_w$ 时,$\rho_w > \rho_{pj}$ 窗孔 b 两侧压差 ΔP_b 大于 0。如果窗孔 a 和窗孔 b 同时开启,空气将从窗孔 b 流出。随着室内空气的向外流动,室内的静压逐渐降低,$\Delta P_a = P_a{}' - P_a$ 由等于零变成小于零。这时室外空气就由窗孔 a 流入室内,直至进排风量相等达到新的平衡,形成由室内、外温差而造成的空气流动。

通风工程规定:室内外压差大于零,即 $\Delta P_b > 0$,排风为正;

　　　　　　　　室内外压差小于零,即,$\Delta P_a < 0$ 进风为负。

反之,当 $t_{pj} < t_w$ 时,$\rho_w < \rho_{pj}$,上部天窗进风,下部侧窗排风,冷加工车间即出现这种情况。因为对于冷加工车间上部进风、下部排风时,污染空气被进风携带,将经过工人的呼吸区,在这种情况下,应关闭进排风窗口,停止自然通风。所以我们只讨论下进上排的热车间的自然通风。

变换式(7-5)得:

$$\Delta P_b + |-\Delta P_a| = \Delta P_b + |\Delta P_a| = gh(\rho_w - \rho_{pj})$$　　　　(7-6)

由式(7-6)可知,进风窗孔和排风窗孔两侧压差的绝对值之和与两窗孔的高差 h 和室内外的空气密度差成正比。我们把 $gh(\rho_w - \rho_{pj})$ 称为热压。从公式(7-6)可知,提高热压的大小途径就有两个:(1)增加孔口间距 h;(2)增加室内外空气的温差。如果没有孔口间高差或没有室内外空气的温差就不会产生热压作用下的自然通风。

2. 余压的概念

为便于计算,我们把室内某一点的压力和室外同标高未受扰动的空气压力的差值称为该点的余压。仅有热压作用时,窗孔内外的压差即为窗孔内的余压,该窗孔的余压为正,则窗孔排风,反之窗孔进风。

由公式(7-5)可以看出,如果我们以窗孔 a 的中心平面作为一个基准面,任何窗孔的余压等于窗孔 a 的余压和该窗孔与窗孔 a 的高差和室内外密度差的乘积之和。室内同一水平面上各点的静压都是相等的,因此某一窗孔的余压也就是该窗孔中心平面上室内各点的余压。

3. 各孔口压差

公式(7-6)表示进、排风窗孔的总压差,要求进、排风量,就必须求出进、排风窗孔各自的压差,代入公式(7-3)和(7-4)才能求出进排风量的大小。

如把公式(7-6)中 ΔP_b 看做函数(因变量),h 看做自变量,ΔP_a 看做常数,$gh(\rho_w - \rho_{pj})$ 为斜率,它就是一个直线方程。把这一直线方程的图形画出,即为图 7-3 所示。从图中可以看出,在热压作用下,余压沿车间高度的变化。余压值从进风窗孔 a 的负值逐渐增大到排风窗孔 b 的正值。在 0—0 平面上,余压等于零,我们把这个平面称为中和面。位于中和面的窗孔上是没有空气流动的。

因中和面上压差为零,所以,如果知道了中和面至 a 的距离为 h_1,至 b 的距离 h_2,则可以求出进、排风孔的压差。

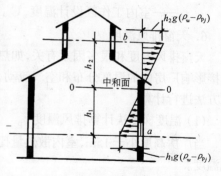

图 7-3 压差沿车间高度的变化

$$\Delta P_a = -h_1(\rho_w - \rho_{pj})g \text{ Pa} \tag{7-7}$$

$$\Delta P_b = h_2(\rho_w - \rho_{pj})g \text{ Pa} \tag{7-8}$$

式中　h_1、h_2——窗孔 a、b 至中和面的距离,m;

其他符号意义同前。

有了各窗孔的压差就可以利用式(7-3)和(7-4)求风量。

4. 中和面

中和面的位置直接影响进排风口内外压差的大小,影响进排风量的大小。根据空气平衡,在没有机械通风时,车间的自然进风等于自然排风,

即:
$$G_{zj} = G_{zp}$$

根据式(7-4)得

$$G_{zj} = F_j \mu_j \sqrt{2|\Delta P_j|\rho_w} \text{ kg/s}$$

$$G_{zp} = F_p \mu_p \sqrt{2\Delta P_p \rho_p} \text{ kg/s}$$

近似认为 $\mu_j = \mu_p$、$\rho_w = \rho_p$ 两式相等则：

$$\frac{F_j^2}{F_p^2} = \frac{\Delta P_p}{|\Delta P_j|} \tag{7-9}$$

又因为 $\Delta P_p = gh_2(\rho_w - \rho_{pj})$、$|\Delta P_j| = gh_1(\rho_w - \rho_{pj})$
代入式(7-9)得

$$\frac{F_j^2}{F_p^2} = \frac{h_2}{h_1} \tag{7-10}$$

而 $$h = h_2 + h_1 \ \text{m} \tag{7-11}$$

于是式(7-10)和式(7-11)联立即可求 h_2、h_1，从而确定中和面位置。

5. 车间平均温度

车间内平均温度很难准确求得,一般采用下式近似计算：

$$t_{pj} = \frac{t_p + t_n}{2} \tag{7-12}$$

式中 t_{pj}——车间空气的平均温度,℃;

$\quad\quad t_p$——上部天窗的排风温度,℃;

$\quad\quad t_n$——室内工作区设计温度,℃。

6. 天窗排风温度

天窗排风温度和很多因素有关,如热源位置,热源散热量,工艺设备布置情况等。它们直接影响厂房内的温度分布和空气流动,情况复杂,目前尚无统一的解法。一般采用下列两种方法进行计算。

(1) 温度梯度法计算排风温度 t_p

当厂房高度小于 15m,室内散热量比较均匀,且不大于 $116\text{W}/\text{m}^3$ 时,可采用下式计算排风温度。

$$t_p = t_n + \Delta t(H - 2) \ \text{℃} \tag{7-13}$$

式中 Δt——温度梯度,即沿高度方向每升高 1m 温度的增加值。可按表 7-1 选用;

温度梯度 Δt 值(℃/m) 表 7-1

室内散热量	厂 房 高 度 (m)										
(W/m³)	5	6	7	8	9	10	11	12	13	14	15
12~23	1.0	0.9	0.8	0.7	0.6	0.5	0.4	0.4	0.4	0.3	0.2
24~47	1.2	1.2	0.9	0.8	0.7	0.6	0.5	0.5	0.5	0.4	0.4
48~70	1.5	1.5	1.2	1.1	0.9	0.8	0.8	0.8	0.8	0.8	0.5
71~93		1.5	1.5	1.3	1.2	1.2	1.2	1.2	1.1	1.0	0.9
94~116				1.5	1.5	1.5	1.5	1.5	1.5	1.4	1.3

$\quad\quad H$——排气口中心距地面的高度,m;

其他符号意义同前。

(2) 有效系数法计算排风温度

当车间内散热量大于 $116\text{W}/\text{m}^3$,车间高度大于 15m 时,应采用有效系数法计算天窗的排风温度。即

164

$$t_\mathrm{p} = t_\mathrm{w} + \frac{t_\mathrm{p} - t_\mathrm{w}}{m} \, ℃ \qquad\qquad (7\text{-}14)$$

式中　m——有效系数；

其他符号意义同前。

有效系数 m 同热源占地面积、热源高度等有关。常用下式计算：

$$m = m_1 \times m_2 \times m_3 \qquad (7\text{-}15)$$

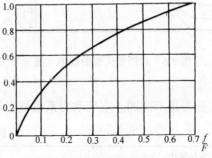

式中　m_1——与热源面积对地面面积之比 f/F 有关的系数，见图 7-4；

　　　m_2——与热源高度有关的系数，见表 7-2；

　　　m_3——与热源辐射散热量 Q_f 和总散热量 Q 之比有关系的系数，按表 7-3 选用。

图 7-4　m_1 与 f/F 值的关系曲线

			m_2 值				表 7-2
热源高度 （m）	$\leqslant 2$	4	6	8	10	12	$\geqslant 14$
m_2	1	0.85	0.75	0.65	0.60	0.56	0.5

			m_3 值				表 7-3
比值 Q_f/Q	$\leqslant 0.40$	0.50	0.55	0.60	0.65	0.70	
m_3	1.0	1.07	1.12	1.18	1.30	1.45	

二、风压作用下的自然通风

1. 风压作用下的自然通风原理

在风力作用下，室外气流流经建筑物时，由于受到建筑物的阻挡，将发生绕流（见图 7-5）。建筑物四周气流的压力分布将因此而发生变化；迎风面气流受到阻碍，动压降低，静压升高，侧面和背面由于产生局部涡流，因而使静压降低。这种静压增高和降低与周围气压形成的压力差称风压。迎风面静压升高，风压大于周围气压，称为正压；背风面静压下降，风压小于周围气压，称为负压。风压为负值的区域称为空气动力阴影。见图 7-6，双凹型天窗的窗孔 2 和 4 处于动力阴影之内，所以，虽是迎风面风压仍为负压。

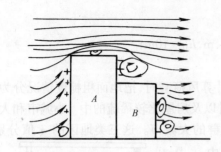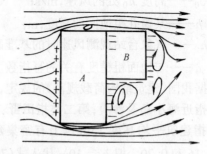

图 7-5　建筑物四周的气流分布

由于正压区室外静压大于室内静压，室外空气就要通过孔洞进入室内。在负压区正相反，室内空气通过孔洞向室外排放。这就形成了风压作用下的自然通风。

风压的大小与作用在建筑物外表上风速的大小、建筑物的几何形状等因素有关。风向一定时，建筑物外围护结构上某一点的风压值可用下式表示：

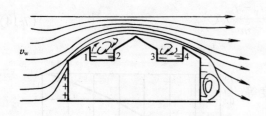

图 7-6 双凹型天窗周围的气流分布

$$P_f = K \frac{\rho}{2} v_h^2 \, \text{Pa} \qquad (7-16)$$

式中 K——风压系数；

       v_h——高度 h 处室外风速，m/s；

       ρ——室外空气密度，kg/m³。

     K 值为正，说明该点的风压为正值，K 值为负，说明该点的风压为负值。不同形状的建筑物在不同方向的风力作用下空气动力系数分布是不同的。空气动力系数要在风洞内通过模型试验求得，见表 7-4。

风 压 系 数 K   表 7-4

平面长宽比 $L:D$	K 值	风向角 θ				图 示
		0°	22.5°	45°	67.5°	
3:2	K_1	0.7	0.6	0.4	−0.2	
	K_2	−0.7	−0.2	0.4	0.6	
	K_3	−0.6	−0.4	−0.4	−0.5	
	K_4	−0.7	−0.5	−0.4	−0.4	
1:1	K_1	0.8	0.6	0.4	−0.2	
	K_2	−0.7	−0.2	0.4	0.6	
	K_3	−0.6	−0.5	−0.5	−0.6	
	K_4	−0.7	−0.6	−0.5	−0.5	

2. 风速随高度的变化规律

     风速是随高度发生变化的，各地气象站给出的气象资料中，风速是指距地面 10m 处的风速，但车间的进排风窗孔不一定正好处于 10m 高的位置。所以，要讨论风压的大小就必须求出各高度上的风速。气象学告诉我们，风速的轮廓线可近似用下式表示：

$$v_h = v_0 \left(\frac{h}{h_0}\right)^\alpha \, \text{m/s} \qquad (7-17)$$

式中 v_h——高度 h 处的风速，m/s；

       v_0——高度 h_0 处的风速，m/s；

       h——某窗孔距地面的高度，m；

       h_0——气象台站观测风速时的基准高度，m，$h_0 = 10\text{m}$；

       α——与地面粗糙度有关的幂指数。

     根据我国《建筑结构荷载规范》的规定，在计算风荷载时，把地面粗糙度情况分为三类：第一类指近海小岛及沙漠；第二类指田野、乡村以及房屋比较稀疏的中、小城市和大城市；第三类指建筑平均高度 15m 以上有密集建筑群的大城市。这三类地区的 α 值分别取为 0.12、0.16 和 0.20。把 $h_0 = 10\text{m}$ 代入式(7-17)中可得：

$$v_h = v_0 \left(\frac{h}{10}\right)^\alpha \, \text{m/s} \qquad (7-18)$$

3. 风压的计算

     如图 7-7 所示为风压作用下的自然通风厂房。

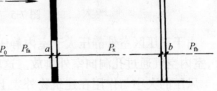

图 7-7   风压作用下的自然通风厂房

如果迎风面的风压为 P_{fa}，背风面的风压为 P_{fb}，则压差 $P_{fa}-P_{fb}$ 将消耗在进风窗孔和排风窗孔及空气流过室内的阻力损失上。当忽略空气流经室内的阻力，并认为进排风窗孔的局部阻力相等时，进、排风窗孔将各消耗一半压差，用下式表示：

$$\Delta P_f = \frac{1}{2}(P_{fa} - P_{fb}) \text{ Pa} \tag{7-19}$$

将式(7-16)代入得：

$$\Delta P_f = \frac{K_a - K_b}{2} \times \frac{v_h^2}{2}\rho \text{ Pa} \tag{7-20}$$

式中　ΔP_f——迎风面或背风面窗孔的压差，Pa；

　　　K_a——迎风面的风压系数；

　　　K_b——背风面的风压系数；

　　　ρ——空气密度，kg/m³；

　　　v_h——某一高度上的风速，m/s。

利用式(7-3)和(7-4)即可计算风压作用下的自然通风进、排风量。但需注意，背风面压差为正，迎风面为负。

三、风压、热压共同作用下的自然通风

当热压、风压同时作用于某一窗孔时，窗孔的总压差则为热压差和风压差之差。

如图 7-8 所示为热压、风压共同作用的情况。

窗孔 a 的总压差为：

$$\Delta P_{az} = \Delta P_a - K_a \frac{v_{ha}^2}{2}\rho \text{ Pa} \tag{7-21}$$

窗孔 b 的总压差为：

$$\Delta P_{bz} = \Delta P_b - K_b \frac{v_{hb}^2}{2}\rho \text{ Pa} \tag{7-22}$$

窗孔 b' 的总压差为：

$$\Delta P_{bz'} = \Delta P_b' - K_b' \frac{v_{hb}'^2}{2}\rho \text{ Pa} \tag{7-23}$$

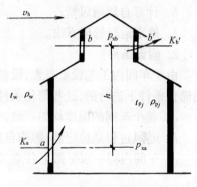

图 7-8　热压、风压共同作用
下的自然通风

式中　ΔP_{az}——窗孔 a 的总压差，Pa；

　　　ΔP_{bz}——窗孔 b 的总压差，Pa；

ΔP_a、ΔP_b——窗孔 a、b 的热压差，Pa；

v_{ha}、v_{hb}——窗孔 a、b 高度处室外风速，m/s。

其他符号意义同前。

从式(7-21)中可以看出，因 ΔP_a 为负值，且 $K_a>0$，所以，窗孔 a 风压差和热压差叠加，总压差增大，进风量增大。窗孔 b' 热压差为正，且 $K_b'<0$，则总压差也增大，排风量增大。窗孔 b 热压差为正，且 $K_b>0$，则风压为负，热压为正，两者互相抵消，不利于排风。当风压的负值比热压还大时，就发生倒灌，不但不能排风，反而进风。所以在热压、风压同时作用时，迎风面不能开天窗，背风面不宜开下部侧窗，否则通风效果不好。但由于室外风向、风压很不稳定，实际工程中通常不考虑风压，仅按热压作用设计自然通风。

第二节 热压作用下自然通风的计算

车间自然通风的计算分为两类：一类是设计计算，另一类是校核计算。下面我们分别进行讨论。

一、自然通风的设计计算

自然通风的计算目的主要是为了消除车间的余热。自然通风的设计计算是根据已确定的工艺条件和要求的工作区温度计算必需的全面换气量，确定进排风窗孔位置和窗孔面积。

1．已知条件和设计目的

（1）已知条件

a．车间内余热量 Q；

b．工作区设计温度 t_n；

c．室外空气温度 t_w；

d．车间内热源的几何尺寸、分布情况。

（2）设计目的

a．确定各窗孔的位置和面积；

b．计算自然通风量；

c．确定运行管理方法。

2．假设条件

由于车间内工艺设备布置，设备散热等情况很复杂，目前自然通风计算方法是在一系列的简化条件下进行的，这些简化条件是：

a．整个车间的温度均匀一致，车间的余热量不随时间变化；

b．通风过程是稳定的，影响自然通风的因素不随时间变化；

c．车间内同一水平面上各点的静压相等，静压沿高度方向的变化符合流体静力学规律；

d．车间内空气流动时不受任何物体的阻挡；

e．不考虑局部气流的影响，热射流、通风气流到达排风口前已经消散；

f．进、排风口为方形或长方形孔口。

3．设计计算步骤

a．计算消除余热所需的全面通风量，用式(2-27)计算；

b．确定窗孔位置及中和面位置；

c．查取物性参数，如空气密度、空气比热、窗孔流量系数等；

d．计算各窗孔的内外压差，用式(7-7)和式(7-8)计算；

e．分配各窗孔的进、排风量，计算各窗孔的面积。

【例7-1】 已知某车间的余热量 $Q=650\mathrm{kW}$，$m=0.5$，室外空气温度 $t_w=32℃$，室内工作区温度 $t_n=35℃$。车间如图7-9所示，$\mu_1=\mu_2=0.5$，$\mu_3=\mu_4=0.6$，如果不考虑风压的作用，求所需的各窗孔面积。

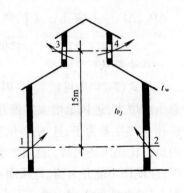

图7-9 例7-1题图

【解】 (1) 求消除余热所需的全面通风量

排风温度：

$$t_p = t_w + \frac{t_n - t_w}{m} = 32 + \frac{35 - 32}{0.5} = 38 \ ℃$$

$$\therefore \quad G = \frac{Q}{c(t_p - t_w)} = \frac{650}{1.01 \times (38 - 32)} = 107.26 \ \text{kg/s}$$

(2) 确定窗孔位置及中和面位置

进、排风窗孔位置见图 7-9，设中和面位置在 h 的 1/3 处，即

$$h_1 = \frac{1}{3}h = \frac{1}{3} \times 15 = 5 \ \text{m}$$

$$h_2 = 15 - 5 = 10 \ \text{m}$$

(3) 查取物性参数

根据 $t_p = 38℃$ $t_w = 32$ ℃

$$t_{pj} = \frac{t_p + t_n}{2} = \frac{38 + 35}{2} = 36.5 \ ℃$$

查得 $\quad \rho_p = 1.135 \ \text{kg/m}^3 \quad \rho_w = 1.157 \ \text{kg/m}^3 \quad \rho_{pj} = 1.140 \ \text{kg/m}^3$

(4) 计算各窗孔的内外压差

$$\Delta P_1 = \Delta P_2 = -gh_1(\rho_w - \rho_{pj})$$
$$= -9.8066 \times 5 \times (1.157 - 1.140) = -0.8336 \ \text{Pa}$$
$$\Delta P_3 = \Delta P_4 = gh_2(\rho_w - \rho_{pj})$$
$$= 9.8066 \times 10 \times (1.157 - 1.140) = 1.667 \ \text{Pa}$$

(5) 分配各窗孔的进排风量，计算各窗孔面积

根据空气平衡方程

$$G_1 + G_2 = G_3 + G_4$$

令 $\quad\quad\quad G_1 = G_2 \quad\quad G_3 = G_4$

$\therefore \quad\quad\quad G_1 = \mu_1 F_1 \sqrt{2|P_1|\rho_w}$

$\therefore \quad\quad\quad F_1 = F_2 = G_1/\mu_1 \sqrt{2|P_1|\rho_w}$

$$= \frac{107.26}{2} \Big/ 0.5 \sqrt{2 \times 0.8336 \times 1.157} = 77.23 \ \text{m}^2$$

同理 $\quad F_3 = F_4 = \frac{107.26}{2} \Big/ 0.6 \sqrt{2 \times 1.667 \times 1.135} = 45.95 \ \text{m}^2$

二、自然通风的校核计算

自然通风的校核计算是在工艺、土建、窗孔位置和面积确定的条件下，计算能达到的最大自然通风量，校核工作区的温度是否满足卫生标准的要求。

1. 假设条件

同设计计算的假设条件。

2. 已知条件和计算目的

(1) 已知条件

a. 车间内余热量 Q；

b. 工作区设计温度 t_n；

c. 室外空气计算温度 t_w；

d. 各窗孔位置及面积。

(2) 计算目的

a. 消除余热所需的自然通风量；

b. 所能达到的自然通风量；

c. 运行操作方法及程序。

3. 校核计算步骤

a. 求消除余热所需的自然通风量；

b. 确定中和面位置；

c. 查取物性参数 ρ_w、ρ_p、ρ_{pj}；

d. 计算各窗孔的内外压差（用式(7-7)和式(7-8)）；

e. 计算各窗孔进、排风量(用式(7-4))；

f. 校核自然通风量能否满足要求。

【例 7-2】 已知某车间下侧窗孔面积 $F_1 = 100\text{m}^2$，上侧窗孔面积 $F_2 = 65\text{m}^2$。$\mu_1 = \mu_2 = 0.65$，室外空气温度 $t_w = 30℃$，$t_n = 35℃$。上、下窗中心间距 $h = 10\text{m}$，从地面至天窗中心线的距离为 $H = 12\text{m}$，室内余热量 $Q = 600\text{kW}$，散热强度为 $50\text{W}/\text{m}^3$。试进行校核计算。

【解】 (1) 求消除余热所需的全面通风量

排风温度 $$t_p = t_n + \Delta t (H - 2)$$

查表 7-1 得 $$\Delta t = 0.8 ℃/\text{m}$$

$$\therefore \qquad t_p = 35 + 0.8 \times (12 - 2) = 43 ℃$$

$$\therefore \qquad G = \frac{Q}{c(t_p - t_w)} = \frac{600}{1.01 \times (43 - 30)} = 45.69 \text{ kg/s}$$

(2) 确定中和面位置

$$\therefore \qquad \left(\frac{F_1}{F_2}\right)^2 = \frac{h_1}{h_2}; \quad h_1 + h_2 = h$$

即 $$\left(\frac{100}{65}\right)^2 = \frac{h_1}{h_2}; \quad h_1 + h_2 = 10 \text{ m}$$

解得 $$h_1 = 2.97 \text{ m} \qquad h_2 = 7.03 \text{ m}$$

(3) 查物性参数

$$t_{pj} = \frac{t_p + t_n}{2} = \frac{43 + 35}{2} = 39 ℃$$

$$\rho_w = 1.165 \text{ kg/m}^3 \qquad \rho_{pj} = 1.132 \text{ kg/m}^3 \qquad \rho_p = 1.117 \text{ kg/m}^3$$

(4) 计算各窗口的内外压差

$$\Delta P_1 = -gh_1(\rho_w - \rho_{pj}) = -9.8066 \times 2.97 \times (1.165 - 1.132) = -0.961 \text{ Pa}$$

$$\Delta P_2 = gh_2(\rho_w - \rho_{pj}) = 9.8066 \times 7.03 \times (1.165 - 1.132) = 2.275 \text{ Pa}$$

(5) 计算各窗口的进排风量

$$G_1 = \mu_1 F_1 \sqrt{2|\Delta P_1|\rho_w}$$

$$= 0.65 \times 100 \times \sqrt{2 \times 0.961 \times 1.165} = 97.26 \text{ kg/s}$$

$$G_2 = \mu_2 F_2 \sqrt{2|\Delta P_2|\rho_p}$$

$$= 0.65 \times 65 \sqrt{2 \times 2.275 \times 1.117} = 95.25 \text{ kg/s}$$

进、排风量基本相等,计算正确。

(6) 校核

所需风量　　　　　　　　　$G = 45.69 \text{ kg/s}$

能达到的风量　　　　　　　$G' = 95.25 \text{ kg/s}$

$$G' > G$$

能满足消除余热的要求。

第三节　避风天窗、屋顶通风器及风帽

一、避风天窗的形式与性能

车间的天窗按通风的功能分为普通天窗和避风天窗两类。不管风向如何变化都能正常排风的天窗称避风天窗。避风天窗的形式很多,下面介绍几种常用的形式。

1. 矩形天窗

如图 7-10 所示为矩形天窗的示意图。天窗为上悬式,因为在迎风面的天窗可能发生倒灌现象,所以在天窗两侧增设挡风板。不论室外风向如何变化,天窗均处于负压,能保证正常排风。

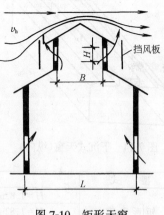

图 7-10　矩形天窗

挡风板可以采用钢板、木板、石棉板等。挡风板下端应有支架固定在屋顶上,高度应大于天窗高度的 5% ～ 10%,下端距屋顶应有 10～20cm 的距离,便于排水和排除积雪。这种天窗的特点是采光面积大,建筑结构复杂,造价高。

2. 曲、折线型天窗

图 7-11 所示为曲、折线型天窗,把矩形天窗的竖直板改成曲线型和折线型板就成为曲,折线型天窗。这种天窗当风吹过时产生的负压比矩形天窗大,排风能力也大。但结构复杂,固定较麻烦。

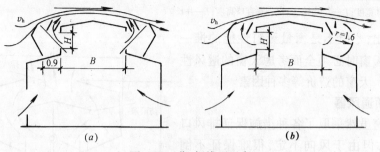

(a)　　　　　　　　　　　　(b)

图 7-11　曲、折线型天窗

(a)折线型天窗;(b)曲线型天窗

3. 下沉式天窗

图 7-12、7-13、7-14 所示为下沉式天窗。这种天窗是让屋面部分下沉形成的,不像前述

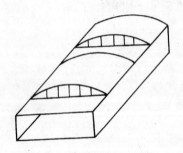

图 7-12　下沉式天窗(横向)

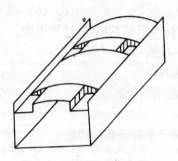

图 7-13　下沉式天窗(天井)

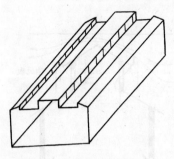

图 7-14　下沉式天窗(纵向)

两种要用板材重新做挡板。对于横向下沉式,当风向为横向时排风效果不如纵向好。同理对于纵向下沉式,当风向为纵向时不如横向排风效果好。而天井式不论风向如何变化都能达到良好地排风,但其结构较复杂。下沉式天窗的缺点是天窗的高度受屋架高度限制,清灰、排水比较困难。

天窗的局部阻力系数是衡量避风效果好坏的重要指标。局部阻力系数大,避风效果差,局部阻力系数小,避风效果好。几种常用避风天窗的局部阻力系数 ζ 值见表 7-5。

几种常用天窗的 ζ 值　　　　　　　　　表 7-5

型　式	尺　寸	ζ 值	备　注
矩形天窗	$H=1.82m$　$B=6m$　$L=18m$	5.38	无窗扇有挡雨片
	$H=1.82m$　$B=9m$　$L=24m$	4.64	
	$H=3.0m$　$B=9m$　$L=30m$	5.68	
天井式天窗	$H=1.66m$　$l=6m$	$4.24\sim4.13$	无窗扇有挡雨片
	$H=1.78m$　$l=12m$	$3.38\sim3.57$	
横向下沉式天窗	$H=2.5m$　$L=24m$	$3.4\sim3.18$	无窗扇有挡雨片
	$H=4m$　$L=24m$	5.35	
折线型天窗	$H=1.6m$　$B=3.0m$	2.74	无窗扇有挡雨片
	$H=2.1m$　$B=4.2m$	3.91	
	$H=3.0m$　$B=6m$	4.85	

注：B—喉口宽度；L—厂房跨度；H—垂直口高度；l—井长。

必须指出, ζ 值不是衡量天窗性能的惟一指标。选择天窗时必须全面考虑天窗的避风性能、单位面积、天窗的造价等多种因素。

二、屋顶通风器

避风天窗虽然采取了各种措施保证排风口处于负压区,但由于风向不定,很难保证不倒灌。而且采用避风天窗使建筑结构复杂,安装也不方便。屋顶通风器就可克服以上缺点,见图 7-15。它是由外壳、防雨罩、蝶阀及喉口部分组成。外壳用合金镀锌板,板厚 $\delta=1.0mm$。

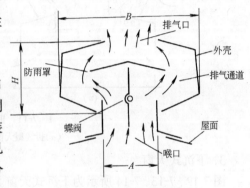

图 7-15　屋顶通风器示意图

喉口和车间内相连,当室内温度大于室外空气温度时,在热压的作用下,车间内热气流通过喉口进入屋顶通风器,从排气口排出。另一方面由于室外风速的作用,在排气口处造成负压,把车间内有害气体抽出。

该屋顶通风器是全避风型,无论风向怎样发生变化,也都能达到良好的排风效果。

其特点是:重量轻(采用镀锌钢板),施工方便(在工厂制造,运到现场组装),可以更换。屋顶通风器结构尺寸见表7-6。

屋顶通风器尺寸表　　　　　　　　　　　　　表7-6

序　号	型　号	尺　寸(mm)				板厚(mm)
		A	B	H	C	
1	T-6	600	1560	835	600	0.8
2	T-7.5	750	1940	1030	750	0.8
3	T-9	900	2330	1230	900	0.8
4	T-10	1000	2590	1370	1000	0.8
5	T-12	1200	3110	1635	600	1.0
6	T-15	1500	3800	2030	750	1.0
7	T-20	2000	5180	2690	1000	1.0
8	T-25	2500	5650	3350	1250	1.0

注:C—开闭阀的宽度。

只考虑热压时,每米长通风器排风量见表7-7。

每米长通风器排风量[m³/(m·h)]　　　　　　　表7-7

进排风温差　　　型　号	高　差			
	10		20	
	送　风　温　差　(℃)			
	5	10	5	10
T-6	1924	2719	2721	3845
T-7.5	2405	3249	3401	4807
T-9	2886	4079	4082	5768
T-10	3207	4532	4535	6409
T-12	3848	5198	5442	7691
T-15	4811	6798	6803	9614
T-20	6414	9064	9070	12818
T-25	8018	11330	11338	16023

三、风帽

1. 风帽结构

风帽是装在自然排风系统的末端,充分利用风压的作用加强自然通风排风能力的一种装置。图7-16是典型筒形风帽结构图。它是由渐扩管挡风圈、遮雨盖等组成。挡风圈相当于避风天窗中的挡风板,当风不管在水平任何方向吹过,排风口都处于负压区内,所以自然通风量增大。

有时风帽也可以装在屋顶上,进行全面排风。

2. 风帽的选择计算

选择的目的主要是根据风帽直径,确定风帽的具体型号。

同时考虑热压及风压时,风帽直径用下式计算:

$$D = 0.0188 L^{1/2} \left[\frac{0.4 v_w^2 + 1.7 H_r}{1.2 + \Sigma \zeta + 0.6 \dfrac{l}{D}} \right]^{-1/4} \tag{7-24}$$

式中 L——所需排风量,m^3/h;

  v_w——室外风速,m/s;

  H_r——热压,Pa;

  l——风管长度,m;

  $\Sigma\zeta$——风帽前的风管局部阻力系数之和,无弯管时 $\Sigma\zeta = 0.5$;

  D——风帽直径,m。

根据风帽直径查表即可确定风帽的具体型号。用式(7-24)求 D 比较麻烦,为方便起见,用此式绘制成线算图,见图 7-17。只要知道风量 L、室外风速 v_w 和热压 H_r,就很方便地从图中查出风帽直径 D。筒形风帽尺寸见表 7-8。

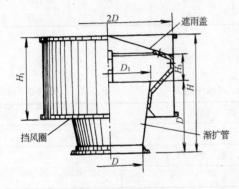

图 7-16 筒形风帽

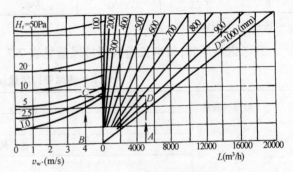

图 7-17 筒形风帽线算图

筒 形 风 帽 尺 寸 表 表 7-8

尺 寸	型 号								
	2	3	4	5	6	7	8	9	10
D	200	280	400	500	630	700	800	900	1000
D_1	252	353	504	630	794	882	1008	1134	1260
H_1	240	336	480	600	756	840	960	1080	1200
H_3	80	112	160	200	252	280	320	360	400
H	340	476	680	850	1071	1190	1360	1530	1700

注:筒形风帽只适用于自然通风。

【例 7-3】 已知某局部地点需排风量为 $L = 5000 m^3/h$,室外风速 $v_w = 4 m/s$,由于室内外温差所造成的热压为 5Pa。试选择筒形风帽。

【解】 根据 $v_w = 4 m/s$,$H_r = 5Pa$ 和 $L = 5000 m^3/h$ 查图 7-17 得 $D = 800 mm$。根据 $D = 800 mm$,查表 7-8 选 8 号筒形风帽。其中 $D_1 = 1008 mm$,$H_1 = 960 mm$,$H_3 = 320 mm$,$H = 1360 mm$。

174

第四节　生产工艺、建筑形式对自然通风的影响

实际工程中,自然通风量的大小与工业厂房形式、工艺布置密切相关,处理好它们之间的协调关系才能取得较好的自然通风效果。反之不但造成经济上的浪费,而且会直接影响工人的劳动条件。因此,在确定车间的设计方案时,通风、工艺和建筑等各专业应密切配合,对有关问题综合考虑。

一、建筑形式的选择

1. 为了增大进风面积,增加进风量,热车间应尽量采用单跨车间,主要进风侧不得加辅助建筑物。

2. 热车间宜采用避风天窗,端部应予封闭。

3. 夏季自然通风的进风窗,其下沿距地面不应高于1.2m;冬季自然通风的进风窗,其下沿一般不低于4m。自然通风窗应有足够的开启面积。

4. 尽量利用穿堂风以加强自然通风。

5. 为了降低工作区温度,冲淡有害物浓度,厂房宜采用双层结构,如图 7-18 所示。车间主要有害物源设在二楼,四周楼板做成格子形,空气由底层经格子形楼板直接进入二层,可以大大提高自然通风效果。

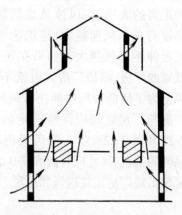

图 7-18　双层厂房的自然通风

6. 不需要调节天窗开启度的热车间,可以采用不带窗扇的避风天窗,但应考虑防雨措施。

二、工艺布置

1. 工作区应尽可能布置在靠外墙的一侧,这样可使室外新鲜空气首先进入工作区,有利于工作区降温,如图 7-19 所示。

2. 热源应尽量布置在天窗下方或下风侧,如图 7-20 所示,热源散热能以最短距离排出,减小热气流的污染范围。

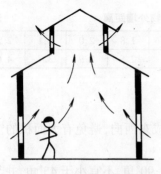

图 7-19　工作区的布置情况

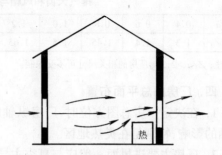

图 7-20　热源布置在下风侧

3. 对于多跨车间应将冷、热跨间隔布置,以加强自然通风。

散热量大的热源(如加热炉、热料等)应布置在房外面夏季主导风向的下风处。同时,对布置在厂房内的热源,应采取措施进行有效的隔热。

车间内较大的工艺设备不宜布置在自然通风进风窗孔附近,否则由于设备的阻挡,自然进风量减小。

4．当散热设备设置在多层建筑物内时,在工艺允许的情况下,应将其布置在建筑物的最上层。如必须布置在其他各层时,应采取措施防止热空气影响上层部分。

三、各厂房之间的协调关系

当室外风吹过厂房时,迎风的正压区和背风的负压区都要延伸一定的距离,延伸距离的大小,和风速及建筑物的形状、高度有关。风速越大,建筑物越高,压力区延伸距离就越大。如果在正压区有一低矮的厂房,则该厂房天窗就不能正常排风。为了使低矮厂房能正常进风和排风,厂房与厂房之间应保持一定的距离。图7-21和图7-22所示为避风天窗和风帽排风时的情况,尺寸应符合表7-9的规定,才能使低矮厂房正常进风和排风。

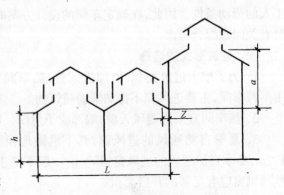

图 7-21　避风天窗与相邻较高建筑物距离

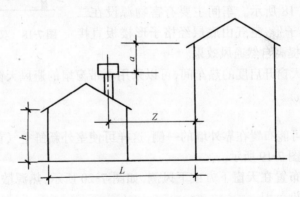

图 7-22　风帽与相邻较高建筑物距离

排气天窗和风帽与相邻较高建筑物外墙距离　　　　　　表 7-9

Z/a	0.4	0.6	0.8	1.0	1.2	1.4	1.6	1.8	2.0	2.1	2.2	2.3
$L-Z/h$	1.3	1.4	1.45	1.5	1.65	1.8	2.1	2.5	2.9	3.7	4.6	5.5

注：$Z/a>2.3$ 时厂房的相关尺寸可不受限制。

四、厂房的总平面布置

1．在决定厂房总图方位时,厂房纵轴应尽量布置成东西向,避免有大面积的窗和墙受日晒的影响,特别是在炎热地区。

2．厂房主要进风面一般应与夏季主导方向成 $60°\sim90°$ 角,不宜小于 $45°$ 角,并与避免西晒问题同时考虑。在炎热地区的冷加工厂房,一般应以避免西晒为主。

五、厂房型式的选择与布置

1．热加工厂房的平面布置,不宜采用"口"型或"口口"型等布置,应尽量布置成"L"型、"凵"型或"凵凵"型等型式。开口部分应位于夏季主导风向的迎风面,而各翼的纵轴与主导风向成 0°～45°角。

2．"凵"或"凵凵"型建筑物各翼的间距一般不小于相邻两翼高度和的一半,最好在 15m 以上。如建筑物内不产生大量有害物时,其间距可减至 12m,但须符合防火规范的规定。

3．放散大量余热的车间和厂房应尽量采用单层建筑,并且在厂房四周不宜建披屋,当确有必要时,应避免建在夏季主导风向的迎风面。

4．在多跨厂房中,应将冷、热跨间隔布置,尽量避免热跨相邻。

习　题

7-1　何谓热压?何谓风压?

7-2　何谓余压?在仅有热压作用时,余压和热压有何关系?

7-3　何谓中和面?已知中和面位置如何求各窗孔的余压?

7-4　热车间内在高度方向上温度如何变化?

7-5　自然通风的设计计算步骤是什么?

7-6　何谓屋顶通风器,它的工作原理是什么?

7-7　有一车间,已知车间余热为 2000kW,侧窗和天窗的中心线距离为 10m,室外温度为 $t_w = 22℃$,室内温度(工作区)为 $t_n = 27℃$,各窗口流量系数为 $\mu_1 = \mu_2 = 0.6$,试确定天窗和侧窗的面积。

7-8　某车间工作台附近需要排出空气为 3000m³/h,排风用风帽。室外风速 $v_f = 4m/s$,由室内外温差所造成的热压为 3.5Pa。试选择合适的风帽。

7-9　某单跨车间剖面见图 7-23 所示,车间余热量为 300kW,$m = 0.4$,室外温度为 20℃($\rho = 1.2kg/m^3$),室内工作区温度为 $t_n = 30℃$,下部侧窗面积为 32m²,流量系数 $\mu_1 = 0.5$。求天窗的开窗面积。

7-10　某车间形式如图 7-24 所示,室内工作区温度为 32℃,室外空气温度为 27℃,下部窗孔面积 $F_1 = 60m²$,上部天窗面积 $F_2 = 30m²$,$\mu_1 = \mu_2 = 0.6$,室内 $m = 0.5$。求该车间全面换气量及中和面位置。

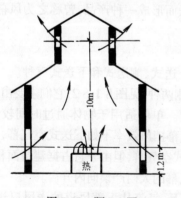

图 7-23　题 7-9 图

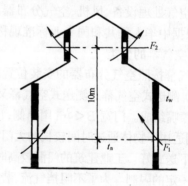

图 7-24　题 7-10 图

7-11　某单跨车间,已知车间总余热量 $Q = 250kW$,$m = 0.46$,进风窗面积 $F_1 = 40m²$,排风窗面积 $F_2 = 25m²$,且进排风窗的系数相等,$\mu_1 = \mu_2 = 0.5$,进排风窗孔中心高差 $H = 10m$,夏季室外通风计算温度为 $t_w = 29℃$,无局部排风。校核自然通风量及作业地带的空气温度。

第八章　局部送风与隔热降温

第一节　空　气　幕

一、空气幕的作用和分类

空气幕是一种局部送风装置。它的系统组成和全面通风有很多相同之处,都是由空气处理室、送风机、风管和空气幕送风管组成;和全面通风不同的是送风管设在大门边沿,利用变截面均匀送风的空气分布器,以一定的速度和温度喷出幕状气流,借以封闭大门、门厅、通道、门洞、柜台等,减少或隔绝外界气流的侵入,以维持室内或某一工作区域的环境条件,同时还可以阻挡粉尘、有害气体及昆虫的进入。空气幕的隔热、隔冷、隔尘、隔虫特性不仅可以维护室内环境而且还可以节约建筑能耗。

1. 空气幕的作用

(1) 防止室外冷、热气流侵入;

(2) 防止余热和有害气体的扩散;

(3) 阻挡灰尘、有害气体、昆虫的侵入。

2. 空气幕的组成

空气幕可由空气处理设备、风机、风管系统及空气分布器组成。随着技术的发展,目前已可将空气处理设备、风机、空气分布器三者组合起来而形成一种产品,曾称之为风幕机、风幕等,根据中华人民共和国专业标准现称为空气幕。

3. 空气幕的分类

空气幕按照空气分布器的安装位置不同可分为上送式、侧送式和下送式三种。

(1) 侧送式空气幕　侧送式空气幕又分单侧和双侧两种,见图8-1、8-2,它们主要由均匀送风管和喷嘴组成。门宽 $B<4m$ 用单侧, $B\geqslant 4m$ 用双侧。单侧适用于物体通过时间较短的大门,双侧适用于物体通过时间较长的大门。侧送式空气幕挡风效率不如下送式空气幕,但卫生条件较下送式好。工业建筑的门洞较高时常采用侧送式空气幕,但由于它占据建筑面积,使用时受到一定的限制。为了不阻挡气流,装有侧送式空气幕的大门严禁向内开启。

(2) 下送式空气幕　见图8-3。它安装在地面之下,气流从下部风道的送风口送出,射流最强区在门洞下部,因此抵挡冬季冷风从门洞下部侵入时的挡风效率最好,而且不受大门开启方向的影响。但是下送式空气幕的送风口在地面下,容易吹起地面灰尘和被脏物堵塞,下送风的气流容易将衣裙扬起不受人们欢迎。目前下送式空气幕已很少使用。

(3) 上送式空气幕　见图8-4。它安装在门洞上部,这种空气幕安装简便,不占建筑面积,不影响美观,送风气流的卫生条件较好,适用于一般的公共建筑,如商店、旅馆、会堂、影剧院、体育馆、机场、地铁车站、候机室等。尽管上送式空气幕阻挡室外冷风效率不如下送式空气幕,但仍然是最有发展前途的一种形式。目前,组装式上送空气幕的应用十分普遍。它是由贯流风机和空气加热器等组成,采用室内空气再循环。运行经济,安装也十分方便。

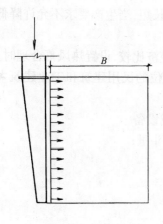

图 8-1　单侧空气幕

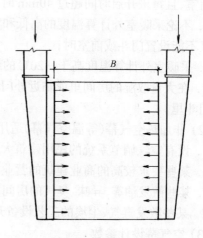

图 8-2　双侧空气幕

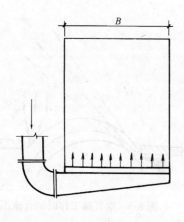

图 8-3　下送式空气幕

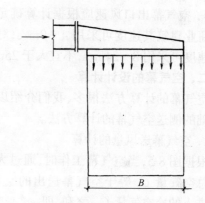

图 8-4　上送式空气幕

　　一般的大门空气幕其目的只是阻挡室外冷(热)空气,通常只设吹风口,不设回风口,让射流和地面接触后自由向室内外扩散,这种大门空气幕称简易空气幕。对于要求高的建筑,为了较好的组织气流,在大门上方设吹风口,地面设回风口,空气经过滤、加热等处理后循环使用。为了不使人有不舒适的吹风感,送风速度不宜超过 4～6m/s。

　　空气幕按送风气流的加热状态分为非加热空气幕(等温空气幕)和热空气幕。

　　(1) 热空气幕　在空气幕内设有加热器,以热水、蒸汽或电为热媒。热空气幕可将空气幕加热到所需的温度。它适用于需要供暖的建筑物,常用于严寒地区。

　　(2) 非加热空气幕(等温空气幕)　空气幕内不设加热装置,构造简单、体积小、适用范围广,常用于空调建筑及非严寒地区。

　　4. 空气幕的设置条件

　　通风工程中可根据建筑所在地区的室外温度,室内空气温度、速度要求,控制污染源的要求及室内洁净度要求等选用相应的空气幕。

　　(1) 热风幕适用于下列建筑物

　　a. 采暖室外温度等于或低于 -20℃ 的地区,当车间主要通道大门开启频繁不能设置门

斗或前室,且每班开启时间超过 40min 时;

b. 不论采暖室外计算温度的高低和大门开启时间长短,当生产要求不允许降低室内温度而又不能设置门斗或前室时;

c. 采暖室外计算温度高于 −20℃ 的地区,经技术经济比较,设置热风幕合理时;

d. 在大量散湿的房间里或临近外门有固定工作岗位的民用建筑和工业建筑大门的门厅和门斗里。

(2) 非加热空气幕(等温空气幕)适用于下列建筑或设备

a. 设有空气调节系统的民用建筑大门的门厅和门斗里;

b. 某些要求较高的商业建筑的营业柜台;

c. 某些散发油雾、异味、臭气的房间门口;

d. 某些散发毒气、尘埃的工艺设备开口处。

(3) 空气幕设计参数

a. 热空气幕的送风温度,应根据计算确定。对于公共建筑和生产厂房的外门,不宜高于 50℃;对于高大的外门,不应高于 70℃。

b. 空气幕出口风速应根据计算确定。对于民用及商业建筑其速度可采用 4~9m/s;对于工业建筑其速度可采用 8~24m/s,不宜大于 25m/s。

二、空气幕的设计计算

空气幕的计算方法很多,我们介绍以自然通风为基础的侧送空气幕的计算方法。

1. 空气幕送风量的计算

根据图 8-5,当空气幕工作时,通过大门进入室内的总空气量 G_j 等于空气幕送出的空气量 G_k 和室外进入的冷空气量 G_w 之和,即

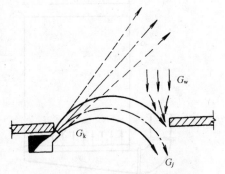

图 8-5 空气幕工作时的合流图

$$G_j = G_k + G_w \tag{8-1}$$

空气幕送出的空气量与空气幕工作时进入室内的总空气量之比为空气幕效率,用符号 η 表示。

$$\eta = \frac{G_k}{G_j} = \frac{G_k}{G_k + G_w} \tag{8-2}$$

变换式(8-2)得:

$$(1 - \eta) G_j = G_w \tag{8-3}$$

$$G_j = \frac{G_w}{1 - \eta} \tag{8-4}$$

一般侧送空气幕 $\eta = 0.7 \sim 1.0$;下送空气幕 $\eta = 0.6 \sim 0.8$。

$\eta = 1$ 时,即 $G_k = G_j$,$G_w = 0$。这时空气幕空气量等于经大门进入室内的总空气量,即外部气流完全被挡住。

$\eta = 0$ 时,即 $G_j = G_w$,空气幕不工作,大门进入的空气量全部为室外空气。

(1) 厂房内有天窗的热空气幕的空气量

在天窗和侧窗关闭不严密的厂房内,当空气幕工作时,大门的全部高度一般处于进风状

态。通过大门进入的总空气量为：

$$G_j = 3600 F_m \mu \sqrt{2 g h_z (\rho_w - \rho_{np}) \rho_w} \quad \text{kg/h} \tag{8-5}$$

式中　F_m——大门净面积，m^2；

　　　h_z——室内中和面高度，m；

　　ρ_w、ρ_{np}——室外及室内空气密度，kg/m^3；

　　　　μ——空气幕工作时，大门的流量系数。

空气幕工作时大门的流量系数 μ 值，和 η 值、空气幕不工作时大门的流量系数 μ_0、大门结构尺寸以及空气幕射流与大门平面之间的夹角 α 有关，详见表8-1。

单侧或双侧空气幕工作时大门的流量系数　　　　　表 8-1

$\dfrac{G_k}{G_j}$	单侧空气幕 $\dfrac{F_k}{F_m} = \dfrac{b}{B}$				双侧空气幕 $\dfrac{F_k}{F_m} = \dfrac{2b}{B}$			
	1/40	1/30	1/20	1/15	1/40	1/30	1/20	1/15
空气幕射流与大门平面成45°角								
0.5	0.235	0.265	0.306	0.333	0.242	0.269	0.306	0.333
0.6	0.201	0.226	0.270	0.299	0.223	0.237	0.270	0.299
0.7	0.170	0.199	0.236	0.269	0.197	0.217	0.242	0.267
0.8	0.159	0.181	0.208	0.238	0.182	0.199	0.226	0.243
0.9	0.144	0.162	0.193	0.213	0.169	0.185	0.212	0.230
1.0	0.133	0.149	0.178	0.197	0.160	0.172	0.195	0.215
空气幕射流与大门平面成30°角								
0.5	0.269	0.300	0.338	0.367	0.269	0.300	0.338	0.367
0.6	0.232	0.263	0.303	0.330	0.240	0.263	0.303	0.330
0.7	0.203	0.230	0.272	0.301	0.221	0.240	0.272	0.301
0.8	0.185	0.205	0.245	0.275	0.203	0.222	0.245	0.275
0.9	0.166	0.186	0.220	0.251	0.187	0.206	0.232	0.251
1.0	0.151	0.174	0.202	0.227	0.175	0.192	0.219	0.237

注：b—空气幕喷嘴宽度，m；F_k—喷嘴面积，m^2；F_m—大门净面积，m^2；B—大门宽度，m；G_k—空气幕送出的空气量，kg/h；G_j—通过大门进入的总空气量，kg/h。

空气幕必须送出的空气量：

$$G_k = \eta G_j \quad \text{kg/h} \tag{8-6}$$

通过大门进入室内的室外冷空气量为

$$G_w = G_j - G_k = (1 - \eta) G_j \tag{8-7}$$

室内中和面的高度

$$h_z = \frac{H}{\left[\dfrac{F_m}{F_p} \mu (1 - \eta) + \left(\dfrac{F_j}{F_p}\right)\right]^2 \dfrac{\rho_w}{\rho_{np}} + 1} \quad \text{m} \tag{8-8}$$

式中　H——天窗中心至大门中心距离，m；

　　　F_p——天窗、侧窗排风缝隙总净面积，按实际情况确定，缺乏数据时，可参照表8-2确定，m^2；

F_j——进风缝隙总净面积，m^2。按表 8-2 确定。对于敞开的孔洞，其缝隙总面积为开启孔洞的外尺寸并乘以系数 k，$k = 0.64$。

当空气幕由室外吸取空气时，则上式中的 $(1-\eta)$ 可以忽略不计。不同构造的窗门每米缝隙的净面积见表 8-2。

表 8-2

木　框				金　属　框				门
单　层		双　层		单　层		双　层		
窗	天 窗	窗	天 窗	窗	天 窗	窗	天 窗	
0.003	0.005	0.002	0.003	0.002	0.004	0.0014	0.0028	0.01

注：对于重要的厂房，采用表中所列数值时，应乘以系数 $K = 1.5 \sim 2.0$

（2）厂房内无天窗的热空气幕的空气量

在无天窗或侧窗和天窗关闭非常严密的厂房内，空气幕工作时，大门的下部进风，上部排风。则：

$$G_j = 3600 \times \frac{2}{3} B h_z \mu \sqrt{2g h_z (\rho_w - \rho_{np}) \rho_w} \text{ kg/h} \tag{8-9}$$

式中　B——大门宽度，m；

其他符号意义同前。

中和面高度

$$h_z = \frac{H}{1 + (1-\eta)^{2/3} \left(\dfrac{\mu}{0.6}\right)^{2/3} + \left(\dfrac{\rho_w}{\rho_{np}}\right)^{1/3}} \text{ m} \tag{8-10}$$

式中　H——大门高度，m；

其他符号意义同前。

在这种情况下，空气幕必须送出的空气量仍用公式 (8-6) 计算。

当设置侧送式空气幕时，送风管的喷嘴总高度，应从地面起至 h_z 处。

上述两种情况只考虑热压，没有考虑风压，如大门处于主导风向时，则应对上述结果进行调整。

2. 空气幕的热工计算

（1）空气幕的送风温度　空气幕工作时，送出的空气与室外空气混合后进入室内，混合温度 t_h 不能过低，否则影响室内温度 t_n。对于散热量大的车间，$t_h = t_n - (8 \sim 10℃)$；对于散热量小的车间，$t_h = t_n - (5 \sim 8℃)$；散湿量较大的车间，$t_h = t_n - 2℃$。当室内温度不允许降低时，$t_h = t_n$。

空气幕送风温度：

$$t_k = \frac{t_h - (1-\eta) t_w}{\eta} ℃ \tag{8-11}$$

式中　t_h——混合温度，℃；

　　　t_w——采暖室外计算温度，℃。

（2）加热空气幕空气量所需热量：

$$Q = 1.01(t_k - t_j) G_k \text{ kJ/h} \tag{8-12}$$

式中　t_j——进入空气加热器前的空气温度，℃；

其他符号意义同前。

3. 空气幕的空气分布器阻力计算

分布器阻力按下式计算：

$$\Delta P = \zeta_0 \frac{v_0^2}{2} \times \rho \ \text{Pa} \tag{8-13}$$

式中　ζ_0——空气分布器的局部阻力系数,侧送式或上送式 $\zeta_0 = 2.0$;下送式 $\zeta_0 = 2.6$;

　　　v_0——空气分布器的出口速度,m/s。

4. 空气幕设计数据的选择

(1) 空气幕的送风温度应按式(8-11)计算确定,一般以50℃左右为宜。

(2) 空气在风管内的流速

对于工业厂房一般采用8~14m/s。对于公共建筑和民用建筑采用4~8m/s。空气幕喷嘴的射流速度可在5~20m/s范围内,当要求射流不吹乱来往行人头发时,射流速度不应超过6~8m/s。空气流速过高容易引起噪声,民用建筑对此要求尤为严格。

(3) 送风射流的角度

由空气幕射出空气的角度过大会出现随室外气流摆动的现象,过小又可能出现引射现象,所以一般建议取30°~45°。

(4) 空气幕喷嘴尺寸与距墙的最大距离

侧送式空气幕喷嘴宽度 b 可取 80~250mm,喷嘴长度一般为宽度的2~3倍。

为了保证空气幕的良好效果,喷嘴应尽量靠近大门,侧送式空气幕喷嘴与大门最大距离不要超过门宽的20%,在喷嘴不能靠近大门时,应在门框与喷嘴之间设置挡板,以消除其间的缝隙。

(5) 空气幕的送风管构造如图8-6所示,详见国标图集 T210-1~2。

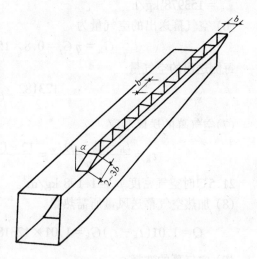

图8-6　空气幕结构图

【例 8-1】　某工厂要求设计一大门空气幕。已知大门宽 $B = 4.7$m,高 $H = 5.6$m,从大门中心到天窗中心高 $h = 15$m,天窗为单层钢窗,窗缝总长 $L_t = 1200$m,侧窗也为单层钢窗,窗缝总长 $L_c = 1000$m,门缝总长 $L_m = 100$m,车间内其余大门是经常关闭的,生产工艺不产生余热,车间平均温度 $t_{np} = 16$℃,$\rho_{np} = 1.222$kg/m³,室外采暖计算温度为 $t_w = -26$℃,$\rho_w = 1.427$kg/m³,开启大门后,室内在大门周围空气混合温度允许降至 $t_h = 12$℃。

【解】　(1) 利用表8-2确定天窗缝、侧窗缝和门缝总面积,因为设有天窗,所以初步估计中和面一定会在大门高度以上,因此将天窗缝隙面积先作为排风面积,其余两项作为进风面积。

$$F_p = 1200 \times 0.004 = 4.8 \ \text{m}^2$$
$$F_j = 100 \times 0.01 + 1000 \times 0.002 = 3 \ \text{m}^2$$

（2）因 $B=4.7\text{m}$，采用双侧空气幕，并定空气幕喷嘴与大门平面夹角 $\alpha=45°$，喷嘴宽度 $b=150\text{mm}$。亦即选用机车大门空气幕送风管 4 型。

此时：

$$\frac{2b}{B}=\frac{2\times0.15}{4.7}\approx\frac{1}{15}$$

（3）取 $\eta=0.8$，空气幕全部吸取室内空气，根据表 8-1 查得 $\mu=0.243$。

（4）确定中和面高度

$$h_z=\cfrac{H}{\left[\dfrac{F_m}{F_p}\mu(1-\eta)+\left(\dfrac{F_j}{F_p}\right)\right]^2\dfrac{\rho_w}{\rho_{np}}+1}$$

$$=\cfrac{15\cdot}{\left[\dfrac{4.7\times5.6}{4.8}\times0.243\times(1-0.8)+\dfrac{3}{4.8}\right]^2\dfrac{1.427}{1.222}+1}$$

$$=7.8\text{ m}$$

中和面在大门以上，大门全部处于进风状态。前面初步估计正确。

（5）在空气幕作用下，通过大门进入室内的总空气量为

$$G_j=3600F_m\mu\sqrt{2gh_z(\rho_w-\rho_{np})\rho_w}$$

$$=3600\times4.7\times5.6\times0.243\times\sqrt{2\times9.8\times7.8(1.427-1.222)\times1.427}$$

$$=153978\text{ kg/h}$$

（6）空气幕送出的空气量为

$$G_k=\eta G_j=0.8\times153978=123182\text{ kg/h}$$

每侧送出的空气量

$$\frac{123182}{2}=61591\text{ kg/h}$$

（7）空气幕的送风温度

$$t_k=\frac{t_h-(1-\eta)t_w}{\eta}=\frac{12-(1-0.8)\times(-26)}{0.8}=21.5\ ℃$$

$21.5℃$ 时空气密度 $\rho_k=1.198\text{ kg/m}^3$。

（8）加热空气幕送风量所需热量

$$Q=1.01(t_k-t_j)G_k=1.01\times123182\times\left(21.5-\frac{16+12}{2}\right)=259.195\text{ kW}$$

（9）空气幕的选择

通风机的风量

$$L=\frac{G_k}{\rho_k}=\frac{123182}{1.198}=102823\text{ m}^3\text{/h}$$

每侧空气幕送风量 $\dfrac{102823}{2}=51412\text{ m}^3\text{/h}$

设计选用 4 型机车大门空气幕，但是发现 4 型机车大门空气幕当喷嘴速度 $v_0=15\text{m/s}$ 时，每侧风量只有 $45300\text{m}^3\text{/h}$，满足不了本大门需要的风量，所以当采用实际送风量时，喷嘴出流速度 v_0 为：

$$v_0=\frac{51412}{0.15\times5.6\times3600}=17\text{ m/s}$$

（10）经空气幕喷嘴的阻力损失

$$\Delta P = \zeta_0 \frac{v_0^2}{2} \times \rho = 2 \times \frac{17^2 \times 1.198}{2} = 346.22 \text{ Pa}$$

三、空气幕设备

目前,空气幕的定型产品主要是整体装配式空气幕和贯流式空气幕。前者设有加热器,适用于寒冷地区的民用与工业建筑,后者未设加热(冷却)装置,体型较小,适用于各类民用建筑和冷库等。采用空气幕设备使设计简化、安装使用方便,是空气幕应用的主要形式。部分整体装配式空气幕的型号规格列于表8-3。

部分整体装配式空气幕型号规格　　　　　　　表8-3

型　　号	适用门宽(m)	送风方式	用　　途	热　媒	备　　注
RML-B	0.8~1.5	上　送	民　用	蒸　汽	L 为立式
RMW-B	0.8~1.5	上　送	民　用	蒸　汽	W 为卧式
RML-S	0.8~1.5	上　送	民　用	热　水	
RMW-S	0.8~1.5	上　送	民　用	热　水	
RML-C	0.8~2.0	上　送	民　用	蒸　汽	
RMW-C	0.8~2.0	上　送	民　用	蒸　汽	
DRM	0.7~1.6	上　送	民　用	电　热	
GRM	2.5	上　送	工　厂	蒸　汽	
ZPPM	3	双侧送	工　厂	蒸汽、热水	
RFM-20-LZ		上　送	民　用	蒸　汽	
RFM-40-LZ		上　送	民　用	蒸　汽	
RFM-30-LZ		上　送	工　厂	蒸　汽	
RFM-60-LZ		上　送	工　厂	蒸　汽	

空气幕型号字母意义:M-幕、R-热、L-立、W-卧、B-饱、S-水、C-汽、Z-双、D-电、F-风。例:RFM-20-LZ 立式蒸汽加热热风幕。

第二节　空　气　淋　浴

把新鲜空气吹到操作人员身体上部的局部机械送风方式称空气淋浴。

空气淋浴可以在高温工作区造成一个范围不大的凉爽区域,使工人劳动条件有所改善。空气淋浴是一种局部送风装置,它广泛适用于车间辐射强度较大,生产工艺不允许有雾滴,车间有害气体和粉尘散发量较大,不允许使用再循环空气的场合。

一、空气淋浴系统的组成

空气淋浴系统的组成见图8-7。

系统由采气百叶窗、空气过滤器、空气冷却器、通风机、风管、空气淋浴喷头等组成。

室外空气经过百叶窗进入空气处理室,百叶窗可以把空气中的大颗粒灰尘、废纸或飞鸟挡住,有些百叶窗还可以用来调节风量和关闭进风。空气在处理室内经过过滤和冷却降温(或加热)处理到一定温湿度后,在风机作用下通过风管送往车间,空气通过喷头送往工作地

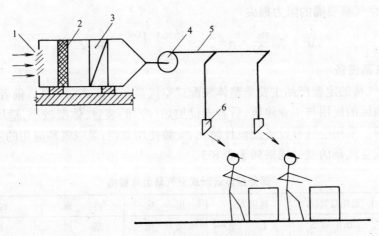

图 8-7　空气淋浴系统

1—百叶窗；2—空气过滤器；3—空气冷却器；4—通风机；5—风管；6—喷头

点，造成一个小的舒适环境。

二、喷头型式

喷头型式有圆形吹风口和旋转吹风口两种，见图 8-8，图 8-9。

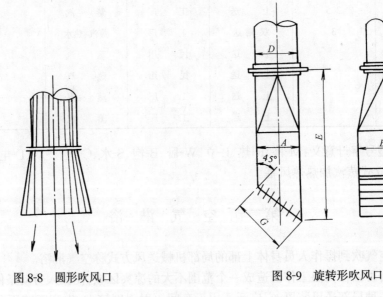

图 8-8　圆形吹风口　　　　　　　　　图 8-9　旋转形吹风口

圆形吹风口适用于工作地点比较固定的场合，紊流系数 $\alpha = 0.076$。旋转式吹风口，喷头出口设有活动的导流叶片，喷头与风管之间采用可转动的活动连接，可以任意调整气流方向，它的紊流系数 $\alpha = 0.087$。旋转送风口性能及尺寸见表 8-4。

三、空气淋浴的设计计算

因空气淋浴系统中的冷却器（或加热器）、空气过滤器、百叶窗、送风机、风管等设计计算和全面送风相同，这里只介绍淋浴喷头的选择计算。

1．工作地点的气象标准

型号	尺寸(mm)						有效面积 (m²)	当量直径 d_0(m)	空气量 (m³/h)	风速(m/s)			
	A	D	B	E	G	F				出口 v_0	1m处 v	1.5m处 v	2m处 v
1	265	410		810 (1010)	375		0.109	0.392	800 1600 2400	2 4.1 6.1	1.5 3 4.5	1.2 2.5 3.7	1 2 3
2	285	440		860 (1060)	403		0.125	0.421	900 1800 2700	2 4 6	1.5 3 4.6	1.3 2.6 3.8	1.1 2.1 3.2
3	320	490		945 (1145)	453		0.157	0.471	1070 2140 3200	1.9 3.8 5.7	1.6 3.1 4.7	1.3 2.6 3.8	1.1 2.1 3.2
4	375	580		1000 (1280)	530		0.218	0.555	1430 2850 4230	1.8 3.6 5.5	1.6 3.2 4.5	1.3 2.7 4	1.2 2.3 3.5
5	440	580		1100 (1455)	623		0.300	0.660	1650 3320 4980	1.5 3 4.6	1.3 2.6 4	1.2 2.1 3.2	1.1 2.1 3.1

注：表中括号内数据为暖通国标图 T204-1 的尺寸,括号外为 T204-2 尺寸。

空气淋浴的设计目的是以减轻工作地点的热辐射和降低工作地点有害物浓度的影响,使工作地点造成一定的风速、温度和浓度为条件,来确定喷头尺寸、送风量和出口风速。局部工作地点的温度和风速要求见表 8-5。

工作地点辐射强度 (W/cm²)	冬季或过渡季		夏 季	
	空气温度 (℃)	空气流速 (m/s)	空气温度 (℃)	空气流速 (m/s)
0.07		1.0~1.3	26~30	1.0~1.5
0.105	20~25	1.8~2.3	26~30	2.0~2.8
0.14		2.5~3.0	25~29	3.0~3.5
0.175		3.2~3.7	25~29	3.7~4.3

注：1. 瞬时最大辐射强度不得超过表中规定的 50%；

2. 表中数值系指工人上半身所处气流横断面的平均值。夏季通风室外计算温度≥32℃的地区,气温可提高 2℃；计算温度≤29℃的地区,气温可降低 2℃；

3. 轻作业采用表中数值的下限,重作业采用上限。

2. 空气淋浴计算公式

空气淋浴射流属于自由射流。但是,不能使用射流的全部宽度。因为在射流边界处的速度、温度和浓度几乎接近于室内的状态,起不到空气淋浴的作用。要把自由射流的公式经过换算才能作为空气淋浴的计算公式。

（1）送至工作地点的气流宽度,应按下式计算：

$$d_s = 6.8(\alpha s + 0.145d_0) \tag{8-14}$$

式中 d_s——送至工作地点的气流宽度,m；

α——送风口的紊流系数；

s——送风口至工作地点的距离，m；

d_0——送风口的直径，m，对于矩形送风口，$d_0=1.13\sqrt{AB}$（式中 A 和 B 分别为矩形送风口的边长）。

有效气流宽度 　　$d_s=1.1d_g$

式中　d_g——工作地点宽度，m。

（2）送风口的出口风速，应按下式计算：

$$v_0=\frac{v_g}{b}\left(\frac{\alpha s}{d_0}+0.145\right)\ \mathrm{m/s}\quad(8\text{-}15)$$

式中　v_0——送风口出口风速，m/s；

v_g——工作地点的平均风速，m/s；

b——系数，按图 8-10 查取；

其他符号意义同前。

（3）送风量应按下式计算：

$$L=3600F_0v_0\ \mathrm{m^3/h}\quad(8\text{-}16)$$

式中　L——送风量，$\mathrm{m^3/h}$；

F_0——送风口的有效截面积，$\mathrm{m^2}$；

v_0——送风口出风速度，m/s。

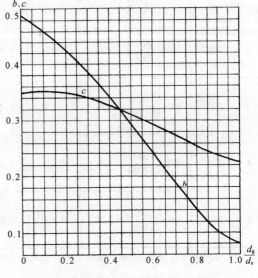

图 8-10　系数 b 和 c

（4）送风口的出口温度应按下式计算：

$$t_0=t_n-\frac{t_n-t_g}{c}\left(\frac{\alpha s}{d_0}+0.145\right)\quad(8\text{-}17)$$

式中　t_0——送风口的出口温度，℃；

t_n——工作地点周围的空气温度，℃；

t_g——送至工作地点的空气平均温度，℃；

c——系数，按图 8-10 查取；

其他符号意义同前。

【例 8-2】　已知夏季室外通风计算温度 $t_w=30℃$，工作地点空气温度 $t_n=35℃$，热辐射为 $500\mathrm{W/m^2}$，工作地点宽度 $d_g=1.0\mathrm{m}$。送风口至工作地点的距离为 $s=1.5\mathrm{m}$。试进行空气淋浴的设计计算。

【解】　取送到人体上的有效气流宽度为 $d_s=1.1\mathrm{m}$，选用旋转送风口，$\alpha=0.087$，$\zeta=0.747$。

用　　　　　　　　　　$\dfrac{d_g}{d_s}=\dfrac{1.0}{1.1}=0.9$

查图 8-10 得：$b=0.1$　$c=0.235$

查表 8-5 得：$v_g=1.5\ \mathrm{m/s}$　$t_g=30\ ℃$

计算喷头的当量直径：

$$d_0=\left(\frac{d_s}{6.8}-\alpha s\right)/0.145=\left(\frac{1.1}{6.8}-0.087\times1.5\right)/0.145=0.219\ \mathrm{m}$$

查表 8-4 取 1 号喷头：$F_0 = 0.109 \text{ m}^2$， $d_0 = 0.392 \text{ m}$

计算送风口的出口流速

$$v_0 = \frac{v_g}{b}\left(\frac{\alpha s}{d_0} + 0.145\right) = \frac{1.5}{0.1}\left(\frac{0.087 \times 1.5}{0.392} + 0.145\right) = 7.17 \text{ m/s}$$

计算送风量

$$L = 3600 \times 0.109 \times 7.17 = 2813.5 \text{ m}^3/\text{h}$$

计算送风口的出口温度

$$t_0 = t_n - \frac{t_n - t_g}{c}\left(\frac{\alpha s}{d_0} + 0.145\right) = 35 - \frac{35 - 30}{0.235}\left(\frac{0.087 \times 1.5}{0.392} + 0.145\right) = 24.83 \text{ ℃}$$

计算送风口的阻力

因 $t_0 = 24.83℃$ 时， $\rho = 1.188 \text{ kg/m}^3$

$$\Delta P = \zeta \frac{v_0^2}{2}\rho = 0.747 \times \frac{7.17^2}{2} \times 1.188 = 22.81 \text{ Pa}$$

第三节　普通风扇和喷雾风扇

一、普通风扇

1. 构造

普通风扇分落地式和墙壁式电风扇、吊扇、台扇等几种。吊扇构造见图 8-11。它由叶片、吊杆、扇头、上罩及供电线路组成，电源用 220V 单相交流电，开关可以根据环境温度高低调节转速。它的性能见表 8-6。

2. 普通风扇的特点

普通风扇构造简单、价格便宜、使用方便。但这种风扇容易吹起有害物污染空气，且只能增加空气流速，不能降温。

3. 适用范围

普通风扇适用于 $t_n \leqslant 35℃$ 和热辐射小于 $300\text{W}/\text{m}^2$ 的场合。不适用于产尘量大或厂房洁净度要求较高的场所。

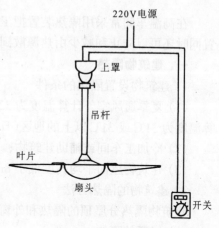

图 8-11　吊扇简图

<table>
<tr><td colspan="7" align="center">吊　扇　主　要　性　能</td><td>表 8-6</td></tr>
<tr><td>尺　寸</td><td>型　式</td><td>电压(V)</td><td>频率(Hz)</td><td>功率(W)</td><td>风量(m³/min)</td><td>转速档数</td></tr>
<tr><td>36″(90cm)</td><td>蔽极式</td><td>220</td><td>50</td><td>75</td><td>140</td><td>5～7</td></tr>
<tr><td>48″(120cm)</td><td>电容式</td><td>220</td><td>50</td><td>75</td><td>210</td><td>5～7</td></tr>
<tr><td>56″(140cm)</td><td>电容式</td><td>220</td><td>50</td><td>85</td><td>250</td><td>5～7</td></tr>
<tr><td>56″(140cm)</td><td>电容式</td><td>220</td><td>50</td><td>80</td><td>280</td><td></td></tr>
</table>

二、喷雾风扇

1. 构造

图 8-12 为 038-12No7 移动式劳研喷雾风机构造简图。它是由电动机、导流板、供水管和甩水盘等组成。供水管把水引至甩水盘上,靠甩水盘的高速旋转,把水甩成雾状,随空气一起喷出。

2. 特点

该风机成雾率稳定,雾量调节范围较大,操作简易,使用方便,雾滴直径均匀,且有一定的降温作用。

喷雾装置用水量,每小时在 $20\sim50$kg 之间,水源要求清洁,对水源压力无要求,水滴直径最好在 60μm 以下,最大不超过 100μm。

3. 适用范围

喷雾风扇适用于高温、热辐射较大(大于 300W/m^2)的车间、工艺不忌雾滴的中、重作业地点。

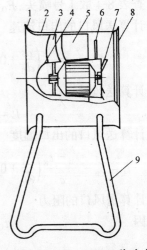

图 8-12 038-12No7 移动式劳研喷雾风机构造简图
1—集风口;2—风筒;3—叶片;4—整流罩;5—导风板;6—供水管;7—甩水盘;8—出风口;9—支架

第四节 隔 热 降 温

在高温车间常采用隔热装置把工人和热源隔开,以减小辐射热对人体的危害。隔热装置同时还可以防止和减少由热源散到工作地带的热量,从而降低工作地带的温度。

一、建筑物隔热

1. 建筑物设置隔热的条件

(1) 夏季通风室外计算温度为 32℃ 和 32℃ 以上,或纬度在 25℃ 以南而夏季室外通风计算温度为 31℃ 或 31℃ 以上的地区(日照时间、辐射强度不大的地区除外);

(2) 冷加工车间或辅助建筑物;

(3) 建筑物屋面平均高度低于 8m(具有良好自然通风或开敞式建筑物除外)。

2. 建筑物的隔热方法

建筑物隔热分屋顶的隔热和外窗遮阳隔热两种。

(1) 屋顶的隔热

屋顶的隔热分通风屋顶隔热、淋水屋顶隔热和喷水屋顶隔热三种。

采用屋顶隔热措施,可降低屋顶传入室内的热量,同时也就降低了室内温度。实践证明:有隔热措施的屋顶传热量,较无隔热措施的屋顶传热量,在同样条件下,可减少 1/3 左右,同时,也使传入室内的热量,在时间上迟后。

通风屋顶:在屋顶内造成空气流动,带走部分热量,从而减小屋顶向室内的传热量,称通风屋顶。通风屋顶的形式有大阶砖通风屋顶和拱形通风屋顶两种,见图 8-13 所示。

通风屋顶是一种很有效的隔热措施。其隔热能力取决于屋顶内换气量的大小,而影响换气量的主要因素是屋顶内所受的自然通风热压和风压的大小。所以在设计通风屋顶时要使进风口低于排风口,或在屋顶上装设风帽等。一般的通风屋顶可使屋顶内表面温度降低

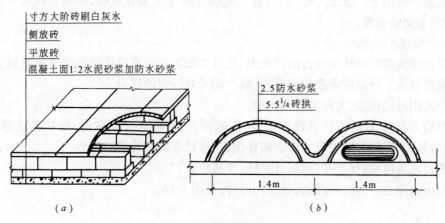

图 8-13　通风屋顶的形式

(a)大阶砖屋顶；(b)拱形屋顶

5℃,使室内空气温度降低 1.6~2.5℃。

淋水屋顶:淋水屋顶是在屋顶上淋水减小屋顶向室内传热的一种措施。它的隔热原理是水在蒸发时要吸收大量的气化潜热,而这些热量来自屋顶、周围空气的对流换热及太阳的辐射热,这样就降低了屋顶外表面的温度,减小了屋顶向室内的传热。淋水前后屋顶外表面温度变化如图 8-14 所示。

淋水屋顶的构造是在坡屋面屋顶的屋脊上装有多孔水管,放水时在屋顶上造成一层极薄的流水层。淋水屋顶的隔热效果主要和淋水量及当地风速有关,一般淋水量取 30~50kg/(m²·h)。对红瓦、油毛毡和 1.3cm 厚屋面板组成的屋顶用流动水层降温,其结果表明,可使屋顶内表面平均温度下降 4~6.5℃。

喷水屋顶:喷水屋顶是在屋面上布置数排喷嘴,用一定压力的水经喷嘴喷出,在空间形成水雾,水雾滴落在屋面上形成流动水层。水雾从周围吸取热量的同时又进行蒸发吸热,因而降低了屋顶上的空气温度,并增大了相对湿度。一般喷水屋顶可使室内气温降低 1~4℃。喷水管道布置见图 8-15。

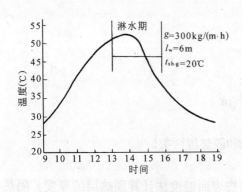

图 8-14　淋水前后屋顶表面
　　　　的温度变化情况

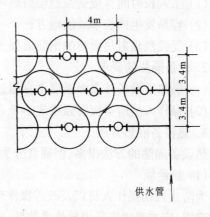

图 8-15　喷水管道布置

喷水量一般用 $5 \sim 15 kg/(m^2 \cdot h)$ 为宜。喷嘴可用 Y-1 型瓷喷嘴,喷嘴直径 $d = 4mm$ 为宜,喷嘴向上交错布置。

(2) 外窗遮阳隔热

窗户在建筑围护结构中所占面积较大,而且太阳光又能直接透过窗玻璃照射到室内,引起室内温度升高。所以应采取遮阳措施,减少阳光对外窗的照射。

窗户遮阳形式很多,大致有下列几种:

窗户刷云青粉:这种方法的优点是,不影响采光,使射入光线减弱,增加舒适感。缺点是,遮阳效果差,必须将窗关紧才起遮阳作用,这样就影响到通风换气。

挂竹帘或搭凉棚:优点是,遮阳效果好,价格较贵。

遮阳板遮阳:这种遮阳方法大致分为四种,见图 8-16。

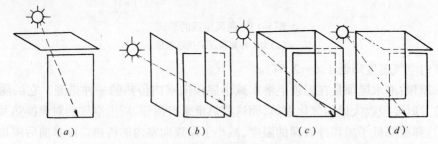

图 8-16　遮阳板遮阳的各种形式

a．水平式:适用于南向附近的窗口或北回归线以南地区北向附近的窗口;

b．垂直式:适用于东北、西北向附近的窗口;

c．综合式:适用于东南、西南向附近的窗口;

d．挡板式:适用于东、西向附近的窗口。

外窗的遮阳设计要充分掌握日照规律等基础资料并综合考虑隔热、挡风、防雨、采光和通风等功能,尽可能地做到经济合理。

二、热设备隔热

1．热设备采用隔热的条件

(1) 工人长时间直接受强烈辐射热影响工作地点;

(2) 容易发生烫伤事故的地方;

(3) 受强烈辐射热影响的钢筋混凝土构件。

2．设备隔热的要求

(1) 隔热后设备外表面温度不宜超过 60℃;

(2) 操作人员所受辐射强度应小于 $0.17 kW/m^2$。

3．热设备隔热方法

热设备隔热的方法很多,但通常分为热绝缘和隔热屏两类。

(1) 热绝缘

为防止烫伤操作人员以及改善操作环境,可按表面温度法计算隔热层的厚度。隔热材料的选用,应本着优先采用导热系数低、密度小、价格低廉、施工方便、便于维护的原则。目前常用的隔热材料有岩棉制品、超细玻璃棉制品、硅酸铝棉、膨胀珍珠岩制品等。

(2) 隔热屏

隔热屏结构形式很多,可根据工艺设备、操作要求制作符合需要的隔热屏挡装置,用于阻挡辐射能、火花、飞溅的熔融金属、炉渣等对人体的危害。

隔热屏按其透明程度可分为透明、半透明、不透明三类。透明隔热屏主要用于需要观察的发热体;不透明隔热屏用于不需要观察的发热体;半透明隔热屏用于不需要经常观察的场合。目前常用的隔热屏有:

a.瀑布式水幕

纯水幕:这种水幕有两种,一种是溢流式,见图 8-17。另一种为压力式见图 8-18。溢流式水幕是水从溢流槽流出形成,其稳定性差,当风速在 $0.5\sim0.8$m/s 时水幕已破裂。压力式水幕是水从具有压力的水箱底部流出形成水幕,其工作稳定,但耗水量大,为节省用水,宜装设水循环系统。

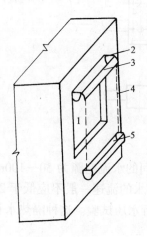

图 8-17 溢流式纯水幕
1—炉口;2—溢水槽;3—溢水口;4—水幕;5—集水槽

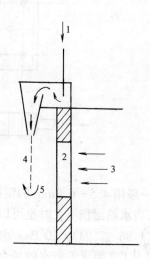

图 8-18 压力式纯水幕
1—进水管;2—炉口;3—辐射热;4—水幕;5—集水槽

纯水幕属于透明隔热屏,可以吸收 80%～90%辐射热。其优点是水幕透明,便于工人操作,隔热效果好,但此种水幕耗水量大[$3\sim4t/(m^2\cdot h)$],溢水口等部件制作要求较高。

b.铁丝网水幕

水流在铁丝网上形成水幕,属于半透明隔热屏。它的构造见图 8-19。铁丝固定在角钢框架上,其上装带小孔的水管,长与铁丝网等宽。水从孔中流出顺铁丝淌下形成水膜。框架宜能移动或滑动。形成水幕所需水量约为每米长水幕耗水量 $0.3\sim0.5m^3/h$。

铁丝网水幕的设计要求:喷水孔直径采用 2mm,孔距 10mm,铁丝

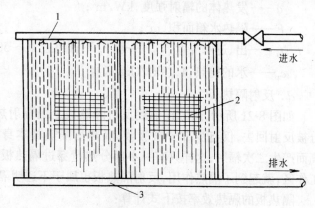

图 8-19 铁丝网水幕
1—进水管;2—铁丝网;3—排水槽

193

网孔每英寸10目。按以上参数设计时,水幕隔热效率可达80%～90%。

铁丝网水幕的安装要求:设在正压炉子操作口处,幕应距炉子0.8～1.0m;设在负压炉口处,幕应距炉口0.2～0.3m。

铁丝网可以由麻布代替,也可以由铁板代替。

c. 隔热水箱

图8-20是隔热水箱构造的示意图,其属于不透明隔热屏。

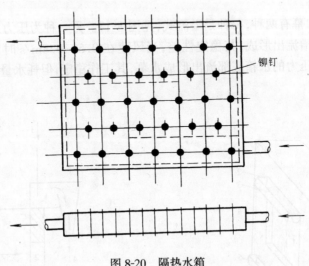

图8-20　隔热水箱

水箱一般用4.5～6.0mm的钢板焊制而成。水箱中间的水流空隙为50～100mm,并用铆钉加固,当水箱面积不大时也可以不加固。水箱内循环水的流速一般不应低于2m/s。供水压力为$(1.96～2.94)×10^5$Pa。水箱制造完后,均应进行水压试验。这种隔热水箱适用范围广,适用于工艺要求不溅水的场合。

隔热水箱所需水量(G)根据热平衡按下式计算:

$$G = \varepsilon \frac{qF}{c_p(t_c - t_j)} \quad \text{kg/h} \tag{8-18}$$

式中　ε——水箱表面的辐射黑度,钢板一般为0.8;

　　　q——发热体的辐射强度,kW/m^2;

　　　F——隔热水箱面积,m^2;

　　t_c、t_j——出、进水温度,℃。一般 t_c 不宜超过40～50℃;

　　　c_p——水的比热,4.19kJ/(kg·K)。

d. 反射隔热板

如图8-21所示,热源投射到反射隔热板上的辐射热,大部分被反射回去,仅有少部分被吸收,吸热后隔热板本身温度升高而产生二次辐射,这样只有一小部分热量穿过隔热板辐射到工作区,就起到了隔热作用,反射隔热板也属于不透明隔热屏。

隔热板的隔热效率按下式计算:

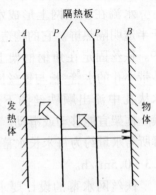

图8-21　反射隔热示意图

194

$$\eta = 1 - \frac{1}{n+1}\frac{\varepsilon_{A-P}}{\varepsilon_{A-B}} \% \qquad (8-19)$$

式中　n——隔热板数量;

ε_{A-P}——热源表面 A 与隔热板 P 表面之间的相对黑度;

ε_{A-B}——热源表面 A 与物体表面 B 之间的相对黑度。

一些常用隔热板表面的辐射黑度见表 8-7。

隔热板表面的辐射黑度　　　　　　　　　　　　　　表 8-7

隔热板材料	辐射黑度 ε	隔热板材料	辐射黑度 ε
白　铁　皮	0.28	2mm 厚石棉板	0.7
粗糙铝板	0.333	5mm 厚石棉板	0.77
石棉板或网格上贴铝箔	0.3~0.57	表面光滑的铝板	0.039~0.05

设置反射隔热板注意事项:

a. 隔热板与热源之间至少应有 10~20cm 厚空气层,以便组织自然通风来降低板的温度;

b. 隔热板材料应在工作温度下不熔化,不变色;

c. 隔热板的选择既要保证隔热效果,又要价格低廉,选材方便。

e. 其他隔热方法:

除上述几种隔热方式外,还有以下几种方法也常被采用。

铁链幕和水冷却的链条幕:小铁链并排垂挂组成铁链幕。它的隔热原理主要是利用铁链吸收辐射热,然后再辐射给热源或被水带走。它用于操作频繁,不能设置水箱、水幕和不用手工操作的散发辐射热的操作孔。为了提高隔热屏的隔热效果可以在铁链上流水。

麻布水幕:麻布水幕是在麻布上形成流动水膜而形成,与铁丝网水幕相似。热辐射透过系数约 20%,每米长麻布水幕耗水 0.15~0.2m³/h。另外还有玻璃板淌水水幕、铁板淌水、流动空气层隔热等。

隔热的方法是多种多样的,为了造成一个良好的工作环境,单纯的隔热是不行的,要从生产工艺、建筑布置等各方面采取综合措施才能从根本上解决辐射热对操作者的影响。

三、天车司机室降温

热车间的天车司机室位于车间上部,该处气温较高,在南方炎热地区夏季可达 40~60℃,同时还有强烈的辐射、粉尘和有毒气体,工作环境十分恶劣。为了给天车司机创造良好的工作条件,司机室必须密闭隔热,并采用冷风机组或空调机组降温。

1. 对天车司机室围护结构的要求

(1) 墙壁与顶棚的热阻不小于 1.07(m²·℃)/W;地板的热阻不小于 1.72(m²·℃)/W;

(2) 对经常受强烈辐射热照射的墙壁和地板,应采取减小辐射热的措施。

2. 对玻璃窗的要求

(1) 窗面积愈小愈好,一般不小于 2m² 为宜;

(2) 窗玻璃一般采用双层钢化玻璃,中间为 20mm 空气层;

(3) 玻璃窗可凸出墙壁 300~400mm,窗高距司机室地板 1m 左右。

3. 对门的要求

门的大小必须满足设备的搬运和操作人员的出入。门的位置应尽量少受高温气流和辐射热的影响。

天车司机室的降温一般采用专用的天车空气调节机组。图 8-22 是这种降温装置与天车配置的示意图。

在设计天车空调机组时,空调机组的供冷量应有 15%~25% 的安全系数。司机室夏季可维持在 30℃ 左右。室外空调参数用天车所处地点的空气参数。

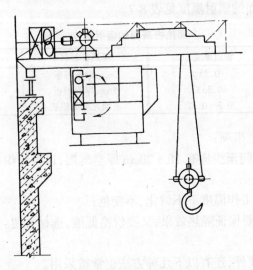

图 8-22 P-4 型天车空调机组与吊车配置示意图

如果天车司机室周围空气比较清洁,温度不太高时,一般可在司机室内安装通风电扇来增大空气流速达到降温的目的。

习　题

8-1　大门空气幕的作用是什么?

8-2　各类大门空气幕各有什么特点?

8-3　在什么情况下应设置大门空气幕?

8-4　当大门空气幕效率为 1 时,还有没有室外空气进入室内?

8-5　画出大门空气幕的送风系统图,并说明各设备的作用?

8-6　何谓空气淋浴?淋浴喷头的型式有几种?

8-7　风扇的种类有几种?喷雾风扇的降温原理是什么?

8-8　有一大门宽 3.6m,高 5m,大门的流量系数 $\mu_0=0.64$,从大门中心到天窗中心的距离 $h=15m$,天窗为单层钢窗,其缝隙总长为 1000m,侧窗为单层钢窗,其缝隙总长为 850m,门缝总长为 40m,车间其余大门是经常关闭的。车间内无余热,车间内平均温度为 20℃,$\rho=1.2kg/m^3$,采暖室外计算温度 $t_w=-26℃$,$\rho_w=1.427kg/m^3$。大门附近有固定作业点允许大门内周围空气混合温度降至 12℃。设计侧送式大门空气幕。并计算空气分布器的阻力。

8-9　已知夏季室外通风计算温度 $t_w=29℃$,工作地点周围的空气温度 $t_n=36℃$,辐射强度为 0.13W/cm²,送风喷口至工作地点的距离为 $s=1.0m$,送风气流的作用范围 $D_s=1.0m$,试确定送风喷口的尺寸及送风参数。

8-10　夏季室外通风计算温度 $t_w=30℃$,室内工作地点空气温度 $t_n=35℃$,辐射强度为 0.16W/cm²,$s=2.1m$,$D_s=1.15m$,采用 3 号旋转送风口,求送风风量和吹出空气的温度。

第九章 通风系统测试与管理

通风系统施工完毕、正式投入运行之前,要对整个系统进行测试,以鉴定其效果,检查并处理设计与施工中存在的问题,使系统、设备、室内空气等有关参数达到设计及生产工艺的要求。本章将重点介绍几个主要参数(风压、风速、风量、空气中含尘浓度、除尘器效率等)的现场测试方法,以及通风系统维护管理的一般知识。

第一节 通风系统风压、风速和风量的测定

一、测定断面的选择和测点布置

通风管道内风速及风量的测定,是通过测量压力再换算取得的。要得到管道中气体的真实压力值,除了正确使用测压仪器外,合理选择测量断面、减少气流扰动对测量结果的影响,也很重要。

1. 测定断面应选择在气流均匀而稳定的直管段上。测量断面应离开产生涡流的局部配件(弯头、三通等)一定距离。即按气流方向,在局部阻力之后大于4~5倍管径(或矩形风管大边尺寸)和局部阻力之前大于两倍管径(或矩形风管大边尺寸)的直管段上选择测定断面,如图9-1所示。调节阀前后应避免设置测定断面。当现场条件许可时,离这些部件的距离越远,气流越平稳,对测量越有利。当测试现场难于完全满足要求时,只能根据上述原则选取适宜的测量断面,为减少误差可适当增加测点。但测量断面位置距产生涡流的局部配件的最小距离不应小于管道直径的1.5倍。

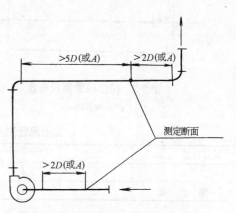

图9-1 测定断面离局部构件的距离
D—圆形风管直径;A—矩形风管大边尺寸

在测定劲压时如发现任何一个测点出现零值或负值,表明气流不稳定,有涡流,该断面不宜作为测定断面。如果气流方向偏出风管中心线15°以上,该断面也不宜作测量断面,同时选择测量断面时,还应考虑测定操作的方便性和安全性。

2. 测试孔和测定点

由流体力学可知,当流体在管道中流动时,其速度的大小在管道断面上分布由管壁到管中心逐渐增大,呈抛物线分布。因此,管道断面压力分布也不均匀。所以在测定压力时,必须在同一断面上多点测定,然后求出该断面的平均值。显然测点越多,所得的结果就越准确。测定断面内测点的位置与数目,主要取决于风管断面的形状与尺寸。

(1) 矩形断面测点布置

对矩形风管,可将测定断面划分为若干个等面积的小矩形,其面积一般不大于 $0.05m^2$

（边长 150～200mm），测点布置在每个小矩形的中心，如图 9-2 所示。当气流稳定时，边长可放到 400～500mm。至于测孔开设在风管的大边或小边，应以方便操作为原则。

（2）圆形断面测点布置

在同一断面设置两个彼此垂直的测孔，如图 9-3 所示。并将管道断面分成一定数量的等面积同心环，同心环的环数按表 9-1 确定。

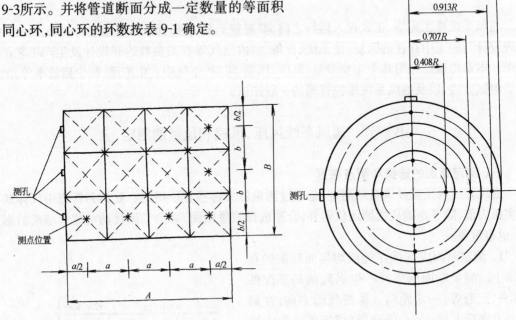

图 9-2　矩形风管测点布置
$a \approx b \approx 200mm$

图 9-3　圆形风管测点布置

圆形风管测点划分的圆环数及测点数　　表 9-1

风管直径 D(mm)	<200	200～400	400～600	600～800	800～1000	>1000
m	3	4	5	6	8	10
测　点　数	12	16	20	24	32	40

同心环上各测点到风管中心的距离可按下式计算：

$$R_n = R\left(\sqrt{\frac{2n-1}{2m}}\right) \tag{9-1}$$

式中　　R——风管半径，mm；

　　　　R_n——风管中心到 n 环测点的距离，mm；

　　　　n——从风管中心算起圆环的顺序号；

　　　　m——风管断面所划分的圆环数。（m 取决于风管直径，参见表 9-1）。

为了测定时确定测点方便，可将测点到风管中心的距离换算成测点到管壁（即测孔）的距离。

如当风管直径上测孔为 2 个时，测点到测孔管壁的距离 x 为：

$$x = kR \tag{9-2}$$

式中　　x——测点到测孔管壁的距离，mm；

　　　　R——风管半径，mm；

k——倍数,见表 9-2。

倍 数 k 值　　　　　　　　表 9-2

测点编号	m					
	3	4	5	6	8	10
	k					
	距离(R 的倍数)					
1	0.087	0.065	0.051	0.043	0.0317	0.0253
2	0.293	0.21	0.163	0.134	0.0986	0.078
3	0.592	0.388	0.292	0.236	0.1708	0.134
4	1.408	0.646	0.452	0.354	0.25	0.1938
5	1.707	1.354	0.684	0.50	0.3386	0.2584
6	1.913	1.612	1.316	0.71	0.441	0.3292
7		1.79	1.548	1.29	0.567	0.4084
8		1.935	1.707	1.50	0.75	0.50
9			1.837	1.646	1.25	0.6127
10			1.949	1.764	1.433	0.7764
11				1.866	1.559	1.2236
12				1.957	1.6614	1.3873
13					1.75	1.50
14					1.8292	1.5916
15					1.9014	1.6708
16					1.9683	1.746
17						1.8062
18						1.866
19						1.922
20						1.9747

【例 9-1】 当风管直径为 500mm 时,试确定风管断面上各测点位置。

【解】 据表 9-1 知,当 $D=500$mm 时,可划分的圆环数 $m=5$,测点数为 20 个(可在相互垂直的两直径上布置两个测孔,如图 9-3 所示)。查表 9-2 各测点到测孔管壁的距离为:

$$x_1 = k_1 R = 0.051 \times 250 = 13 \text{ mm}$$

$$x_2 = k_2 R = 0.163 \times 250 = 41 \text{ mm}$$

$$x_3 = k_3 R = 0.292 \times 250 = 73 \text{ mm}$$

$$x_4 = k_4 R = 0.452 \times 250 = 113 \text{ mm}$$

$$x_5 = k_5 R = 0.684 \times 250 = 171 \text{ mm}$$

$$x_6 = k_6 R = 1.316 \times 250 = 329 \text{ mm}$$

$$x_7 = k_7 R = 1.548 \times 250 = 387 \text{ mm}$$

$$x_8 = k_8 R = 1.707 \times 250 = 427 \text{ mm}$$

$$x_9 = k_9 R = 1.837 \times 250 = 459 \text{ mm}$$

$$x_{10} = k_{10} R = 1.949 \times 250 = 487 \text{ mm}$$

二、风管内风压、风速和风量的测定

1. 风压的测定

测量风道中气体的压力应在气流比较平稳的管段进行。风管内的风压测量包括全压、静压与动压三项。全压是静压与动压的代数和即 $P_q = P_j + P_d$。这三项数值可以根据需要分别测量,也可测得其中两项而求得第三项。测气体全压的孔口应迎着风道中气流的方向,测静压的孔口应垂直于气流的方向。风道中气体压力的测量如图 9-4 所示。在进行风压测量时,要区别所测的管段是处在通风机的吸入段还是压出段,以便将毕托管与微压计正确地加以连接,若测吸入管段上的全压和静压时,在读数前应加负号。

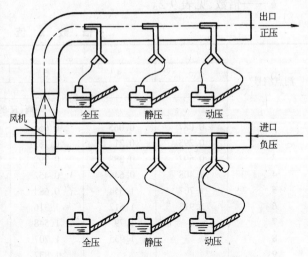

图 9-4 毕托管与微压计的连接方式

测定断面上的平均静压、平均全压可按下式计算:

$$P = \frac{P_1 + P_2 + \cdots + P_n}{n} \text{ Pa} \tag{9-3}$$

式中　P_1、P_2……P_n——各测点的静压或全压值,Pa;

　　　n——测点数目。

测定断面上的平均动压,一般采用均方根值即:

$$P_{dp} = \left(\frac{\sqrt{P_{d1}} + \sqrt{P_{d2}} + \cdots + \sqrt{P_{dn}}}{n} \right)^2 \tag{9-4}$$

式中　P_{d1}、P_{d2}…P_{dn}——各测点的动压值,Pa;

　　　P_{dp}——平均动压值,Pa;

　　　n——测点数目。

当各测点动压值相差不大时,平均动压也可用算术平均值,即:

$$P_{dP} = \frac{P_{d1} + P_{d2} + \cdots + P_{dn}}{n} \text{ Pa} \tag{9-5}$$

风压的测定方法:

A. 测试前,将仪器调整水平,检查液柱有无气泡,并将液面调至零点,然后根据测定内容用橡皮管将测压管与压力计正确连接。

B. 测压时,毕托管的管嘴要对准气流流动方向,其偏差不大于 5°,每次测定要反复三次,取平均值,按上式进行计算。

2. 风速和风量的测定与计算

常用的测定管道内风速的方法分间接式和直读式两类。

a. 间接式

先测得管内某断面动压 P_{dP} 后,再按下式计算该点风速:

$$v_p = \sqrt{\frac{2P_{dP}}{\rho}} \text{ m/s} \tag{9-6}$$

式中　v_p——风管测定断面平均风速,m/s;

　　　　ρ——空气的密度,kg/m^3。

平均流速 v_p 是断面上各测点流速的平均值。即

$$v_p = \sqrt{\frac{2}{\rho}} \left[\frac{\sqrt{P_{d1}} + \sqrt{P_{d2}} + \cdots + \sqrt{P_{dn}}}{n} \right] \text{ m/s} \tag{9-7}$$

其他符号意义同前。

b.直读式

常用的直读式测速仪是热球式热电风速仪。

当风管内气流速度<4m/s,不适宜用毕托管和微压计测定动压时,可用热球风速仪来直接测得各点的风速,然后取其算术平均值作为该断面的平均风速。

知道了风管内的平均风速 v_p 后,通过管内的风量 L 可按下式计算:

$$L = 3600 v_p F \text{ m}^3 / \text{h} \tag{9-8}$$

式中　F——所测风管的断面积,m^2。

其他符号意义同前。

风管内的风速、风量与大气压力和管内气流温度有关,所以在给出风速、风量的同时,也要给出气流温度、大气压力。

三、局部排风罩口风速、风量的测定

1.罩口风速测定

罩口风速测定一般用匀速移动法、定点测定法。

（1）匀速移动法

a.测定仪器:叶轮式风速仪。

b.测定方法:对于罩口面积小于 0.3m^2 的排风罩口,可将风速仪沿整个罩口断面按图 9-5 所示的路线慢慢地匀速移动,移动时风速仪不得离开测定平面,此时测得的结果是罩口平均风速。此法需进行三次取其平均值。

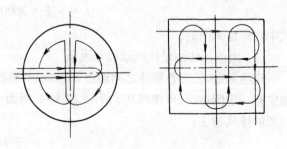

图 9-5　罩口平均风速测定路线

（2）定点测定法

a.测定仪器:标定有效期内的热球式热电风速仪。

b.测定方法:对于矩形排风罩,按罩口断面的大小,把它分成若干个面积相等的小块,在每个小块的中心处测量其气流速度。断面积大于 0.3m^2 的罩口,可分成 9~12 个小块测量,每个小块的面积<0.06m^2,见图 9-6(*a*);断面积≤0.3m^2 的罩口,可取 6 个测点测量,见图 9-6(*b*);对于条缝形排风罩,在其高度方向至少应有两个测点,沿条缝长度方向根据其长度可分别取若干个测点,测点间距≤200mm,见图 9-6(*c*);对于圆形排风罩,则至少取 5 个测点,测点间距≤200mm,见图 9-6(*d*)。

排风罩口平均风速按下式计算:

$$v_p = \frac{v_1 + v_2 + \cdots + v_n}{n} \text{ Pa} \tag{9-9}$$

式中　　　v_p——罩口平均风速,m/s;

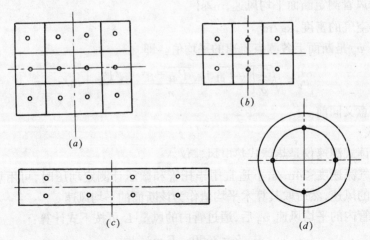

图 9-6　各种形式罩口测点布置

v_1、v_2…v_n——各测点的风速,m/s;

n——测点总数,个。

2. 排气罩风量的测定

(1)用动压法测量排风罩的风量

离开排气罩$(5\sim7)D$的距离,在 1-1 断面上各用毕托管测出动压P_d后,即可按公式(9-7)计算出断面上各测点流速的平均值v_p,则排风罩的排风量为:

$$L = v_p F \times 3600 \text{ m}^3/\text{h} \tag{9-10}$$

式中符号意义同前。

(2)用静压法测量排风罩的排风量

现场测定时,当各管件之间连接管较短,不易找到气流比较稳定的测定断面,用动压法测定有一定困难时,可按图 9-7 所示,在 1′-1′断面上测量静压P'_{j1},然后即可按下式计算排气罩的排风量L:

$$L = 3600 \mu F \sqrt{\frac{2|P'_{j1}|}{\rho}} \text{ m}^3/\text{h} \tag{9-11}$$

式中　F——1′-1′断面的面积,m²;

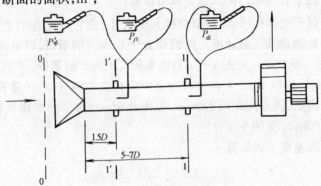

图 9-7　排气罩性能测定装置

P'_{j1}——1′—1′断面的静压,Pa;

ρ——空气的密度,kg/m³;

μ——排气罩流量系数,参见表 9-3。

各种排气罩的流量系数 μ   表 9-3

名　称	喇叭口	圆锥或矩形变圆形	圆形或矩形加弯头	有边管道端头	简单管道端头
排气罩型式					
流量系数 μ	0.98	0.9	0.82	0.82	0.72
名　称	有弯头的简单管道端头	排气罩(例如在化铅锅上面的)	工作台排气格栅下接锥体和弯头	封闭室(内部压力可以忽略)	砂轮罩
排气罩型式					
流量系数 μ	0.62	0.9	0.82	0.82	0.8

　　由于现场测定的排气罩不可能与表 9-3 给出的几何形状和实验条件完全相同,因此,按表 9-3 中的 μ 值计算排风量会有一定的误差。

第二节　空气中粉尘浓度的测定

　　在工业通风中,测定空气中粉尘含量的主要目的是,按照国家标准检验车间工作区空气中含尘浓度是否达到要求,为设计和改进除尘装置提供依据,测定各种除尘设备的效果。

一、工作地区含尘浓度测定

　　工作区含尘浓度测定的常用方法,是滤膜测尘质量法。其测定原理是:在测定地点用抽气机抽取一定体积的含尘空气做试样,当含尘空气通过滤膜采样器中的滤膜时,其中的粉尘被阻留在滤膜上。根据滤膜在采样前后增加的质量(即被阻留的粉尘质量)和采样的空气量,即可算出被测空气的质量含尘浓度(mg/m³)。

　　测定装置如图 9-8 所示。

　　1．采样仪器

　　采样用的主要仪器有滤膜采样器 2,温度计 3,压力计 4,转子流量计 5 以及抽气机 8 等。此外还配备万分之一克的分析天平供称量用,秒表用来计算抽气的时间。

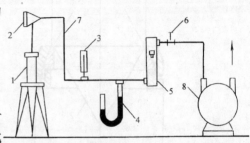

图 9-8　测定工作区含尘浓度采样装置图
1—三脚架;2—滤膜采样器;3—温度计;4—压力计;
5—转子流量计;6—螺旋夹;7—橡皮管;8—抽气机

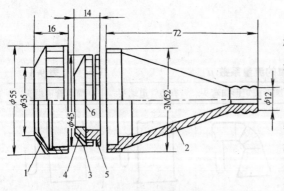

图 9-9　滤膜采样器
1—顶盖；2—漏斗；3—夹盖；4—夹环；5—夹座；6—滤膜

（1）滤膜采样器

它的构造如图 9-9 所示，是在圆锥形采样漏斗中装入滤膜夹，用顶盖拧紧。滤膜夹由夹盖、夹环、夹座组成，滤膜夹在夹环和夹座之间，形成一绷紧平面。

滤膜是一种带有电荷的高分子聚合物。它由直径 1.2～1.5mm 超细合成纤维构成网状薄膜，表面呈细绒状、孔隙很小、阻尘率高，可达 99％ 以上，在温度 60℃ 以下，相对湿度25％～90％范围内，滤膜的质量不受温、湿度影响，空气通过滤膜时的阻力约为 190 ～ 470Pa（采样流量为 15L/min）。常用滤膜直径有 40mm 和 75mm 两种。平面滤膜的直径为 40mm，容尘量小，适用于空气含尘浓度小于 200mg/m³ 的场合。锥形滤膜是用直径 75mm 的平面滤膜折叠而成，它的容尘量大，适用于含尘浓度大于 200mg/m³ 的场合。如图 9-10 所示。

（2）转子流量计

通常用转子流量计测定采样抽气量。转子流量计（也称浮子流量计）是由一个垂直的上粗下细的锥形玻璃管和其中的转子所组成，如图 9-11 所示。当被测气流自下而上通过锥形管，作用于转子的上升力大于浸在气流中的转子质量时，转子上升，因而转子与锥形管内壁之间形成一环形隙缝，此环形隙缝随着转子的上升而增大，气流的升力也随之减小，转子的上升速度立即减缓，直至上升力等于转子浸在气流中的质量时，转子便稳定在某一高度上，因此转子的位置高度即可作为气流通过测量管的流量量度。使用转子流量计，必须注意仪表出厂时的标定条件。当测定的气体状态与标定时的气体状态不同时，测出的流量需要进行修正，有时还要换算成标准状态流量。

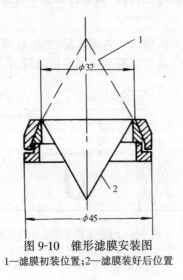

图 9-10　锥形滤膜安装图
1—滤膜初装位置；2—滤膜装好后位置

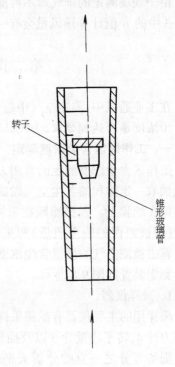

转子

锥形玻璃管

图 9-11　转子流量计

204

(3) 抽气机

抽气机是采样装置的动力机械。目前应用较多的是刮片泵,此外,还有电动离心式吸尘机及压缩空气喷射器等。喷射器一般用在没有电源或要求防火、防爆、不能使用电动设备的场合。

为了在测尘时携带方便,可将采样仪器等组装在一个小型测尘箱内,成为便携式测尘仪。表9-4为两种常用测尘仪的主要技术性能。鞍劳D-4型粉尘采样器适用于环境粉尘采样,而JSC-Ⅲ型粉尘采样仪不仅适用于环境粉尘采样,还可用于管道粉尘采样;管道内动压、全压、静压测定;管道内干、湿球温度测定,具有一机多用的特点。

便携式测尘仪主要技术性能 表9-4

型　　号	电源	工作电压(V)	额定功率(W)	负　　压(Pa)	采用流量(L/min)	质量(kg)
鞍劳 D-4	交直流	220、36	90	3800～7200	10～50(平行样)	3.5
JSC-Ⅲ(多用式)	交　流	220	60	13300～18700	15～40	8

2. 测定方法

(1) 用称量为万分之一克的分析天平进行滤膜称重,记录质量并编号。

(2) 现场采样

将粉尘采样装置架设在测尘地点,并检查各连接部件是否严密。调整采样流量至所需数值(通常为15～30L/min),同时进行计时。在整个采样过程中应保持流量稳定。为评价工作地点的卫生条件,采样器进口的位置应处于工人工作时的呼吸带,通常距地面1.5m左右。采样时,滤膜的受尘面应通向含尘气流,当迎向含尘气流无法避免飞溅的泥浆、砂粒对采样器的污染时,受尘面可以侧向。为减少天平称量的相对误差,应根据空气含尘浓度的大小确定采样时间的长短。一般不小于10min。平面滤膜采集的最大粉尘量不大于20mg(锥形滤膜不受此限制)。为了减少测定误差,要求滤膜的增重(即集尘量)不小于1mg。

(3) 含尘浓度的计算

计算含尘浓度要先测出采样流量。采样流量 L 一般由流量计测量。目前常用的转子流量计是在 $t' = 20℃$,$P' = 101.3$kPa 的状态下标定的,如测定时采样气体状态与标定状态相差较大时,可按下式修正:

$$L = L' \sqrt{\frac{101.3 \times (273 + t)}{(B + P) \times (273 + 20)}} \text{ L/min} \tag{9-12}$$

式中　L——实际流量,L/min;

$\quad\quad L'$——流量计读数,L/min;

$\quad\quad B$——当地大气压,kPa;

$\quad\quad P$——流量计前压力计读数,kPa;

$\quad\quad t$——流量计前温度计读数,℃。

实际抽气量 V(L)等于实际采样流量 L(L/min)乘以采样时间 τ(min),即: $V = L\tau$(L)。

将实际抽气体积 V 换算成标准状态下的空气体积 V_0,则

$$V_0 = V \frac{273}{(273 + t)} \frac{B + P}{101.3} \text{ L}_N \tag{9-13}$$

于是空气的含尘浓度 y 可由下式求得:

$$y = \frac{m_2 - m_1}{V_0} \times 1000 \text{ mg/m}_N^3 \qquad (9\text{-}14)$$

式中　m_1、m_2——采样前后滤膜的质量,mg;

　　　V_0——换算成标准状态的抽气量,m_N^3。

同一个采样点的两个平行样品间的含尘浓度偏差小于20%时,为有效样品,取其平均值为该采样点的含尘浓度,否则应重新采样。

二、风管中气流含尘浓度测定

风管中气流含尘浓度的测定,其基本原理与工作地区空气含尘浓度测定相同,都是用滤膜测尘质量法进行测量的。测量装置如图9-12所示。

这种测定装置在滤膜采样器之前增设了采样管(或称引尘管),含尘气流经采样管2进入采样器3。采样管设有可更换的尖形采样嘴1(见图9-13)。滤膜采样器的结构也略有不同,在滤膜夹前增设了圆锥形漏斗,如图9-14所示。

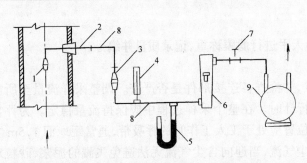

图 9-12　测定风管中气流含尘浓度的采样装置示意图

1—采样嘴;2—采样管;3—滤膜采样器;4—温度计;5—压力计;
6—流量计;7—螺旋夹;8—橡皮管;9—抽气机

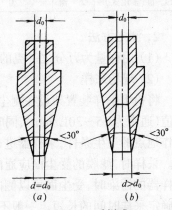

图 9-13　采样嘴

在高浓度的场合,为增大滤料的容尘量,可采用图9-15所示的滤筒。已在国内广泛使用的滤筒有玻璃纤维滤筒(有胶的用于200℃以下,无胶的用于400℃以下),钢玉滤筒(可在200~700℃内使用)。

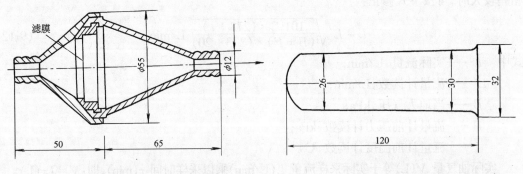

图 9-14　风管采样用的滤膜采样器　　　　图 9-15　滤筒

根据滤膜(滤筒)所放的位置,采样方式分为管内采样和管外采样两种。滤膜放在管外(见图9-12)称为管外采样。如果采样嘴和滤膜或滤筒直接插入管内,称为管内采样。管内采样主要用于含尘浓度大,气体温度高等场合,可防止因高温烟气结露引起的采样管堵塞。

206

风管中采样较之工作区采样,具有两个重要特点:一是等速采样,即采样嘴进口处的采样速度应等于风管中该点的气流速度。二是多点采样,即按等面积分环或分块测流速,并相应地在各流速测点上采样,以求得平均含尘浓度。多点采样法适用于管道断面流速和粉尘浓度分布不均匀的场合。

1. 等速采样

在风管中采样时,采样嘴进口必须正对含尘气流,其轴线与气流方向必须一致,否则采样浓度将低于实际浓度,一般要求采样嘴轴线和气流方向的偏差角度不得大于±5°。另外,采样嘴进口处的采样速度应等于风管中该点的气流速度,即必须"等速采样",其偏差应在-5%~+10%以内。否则,如采样速度小于气流速度,测定结果偏高,反之则偏低。

等速采样的方法有预测流速法和毕托管平行采样法两种。预测流速法是在取样前要先测出风管内测定断面上各测点的气流速度,再根据各测点气流速度及采样嘴进口内径算出各点采样流量,进行采样。预测流速法由于测量气流速度和尘粒采样不是同时进行的,故此法只适用于测量流速比较稳定的污染源。毕托管平行采样法实质上是预测流速法,不同的是气体流速测定与粉尘采样几乎是同时进行的,这种方法使等速更接近于实际情况。

为了适应流速的变化,一般都准备一套内径为6、8、10、12mm的采样嘴,并作成尖嘴形状。另外,与采样嘴相连的采样管一般常用的内径为4~8mm。采样管和采样嘴用铜或不锈钢制作为好。

为了防止采样管内表面集尘,一般要求采样管内的气流速度大于25m/s。根据流体的连续性方程式,采样管中空气流量应等于采样嘴进口断面的空气流量。所以

$$\frac{\pi}{4}\left(\frac{d_0}{1000}\right)^2 \times 25 = \frac{\pi}{4}\left(\frac{d}{1000}\right)^2 \times v \tag{9-15}$$

式中 d_0——采样管内径,mm;

   d——采样嘴进口内径,mm;

   v——采样嘴进口气流速度,m/s。

根据式(9-15)可以确定采样嘴进口直径和采样流量。在等速取样时,采样嘴进口气流速度就等于风管内的流速。因此,采样嘴进口内径可按下式计算:

$$d = \frac{5d_0}{\sqrt{v}} \tag{9-16}$$

根据风管内气流速度(m/s)及采样管内径 d_0 mm,即可选取合适的采样嘴直径 d(mm)。再根据 d 及 v 即可算出等速采样时的采样流量 L(L/min)。即

$$L = \frac{\pi}{4}\left(\frac{d}{1000}\right)^2 v60 \times 1000 = 0.047d^2v \text{ L/min} \tag{9-17}$$

若计算的采样流量 L 超出了流量计的工作范围,应改换小号的采样嘴及采样管,再按上式重新计算采样流量。为了简化计算,在实际使用时将公式(9-17)绘成计算图,直接查得所需采样流量,如图9-16所示。

2. 采样点的布置

在测定风管中的气流含尘浓度时,要考虑到气流的运动状况和粉尘在风管内的分布情况。研究证明,风管断面上各点含尘浓度的分布是不均匀的。在垂直风管中心向管壁逐渐增加;在水平风管中,由于重力的影响使下部含尘浓度较上部大,颗粒也较粗。因此,采样点

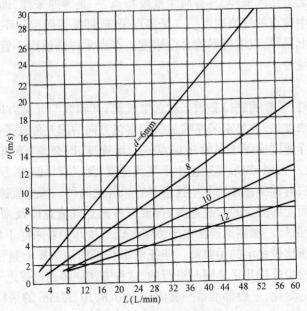

图 9-16　采样流量计算图

尽量布置在垂直管段上,避免重力影响。要取得风管中某断面上的平均含尘浓度值必须在该断面上进行多点采样,其测点应适当地远离局部配件,如图 9-1 所示。测点的多少可根据断面上动压的变化而定。测定断面上的动压变化小于 4:1 时,每条采样线上各取两点,如图 9-17(a)所示;动压变化大于 4:1 时,则每条采样线上各取四点,如图 9-17(b)所示。

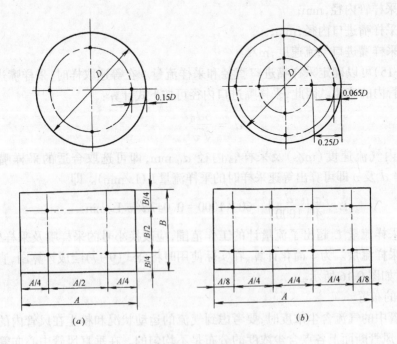

图 9-17　采样点的布置

(a)动压变化小于 4:1;(b)动压变化大于 4:1

在风管内进行多点采样,有分点采样和移动采样两种方法。分点采样是为了了解风道内的粉尘浓度分布情况及计算其平均浓度,分别在已定的每个采样点上采样,每点采集一个样品;移动采样是为了较快地测得管道断面的粉尘平均浓度,用同一个集尘装置,在已定的各采样点上移动采样,各点的采样时间相同。

在测定过程中,随滤膜上或滤筒内粉尘的集聚,其阻力将不断增加,因此,必须随时调整螺旋夹,以保证各测点的采样流量维持稳定。

在风管中测尘时,其滤膜的准备和称量,采样步骤、采样流量的换算以及含尘浓度计算等与工作区空气含尘浓度测定用的方法基本相同,这里不再重复。

三、除尘器性能测定

基本的除尘器性能指标有处理风量、阻力和除尘效率。其测定方法及使用仪表均与前述的风量、风压、含尘浓度的测定相同。测定装置如图 9-18 所示。

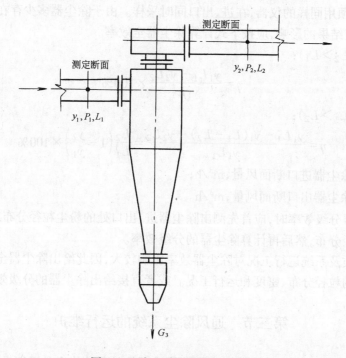

图 9-18　除尘器性能测定示意图

（一）除尘器处理风量的测定

除尘器的处理风量是反映除尘处理气体能力的指标。除尘器处理风量应以除尘器进口的流量为依据,除尘器的漏风量或清灰系统引入的风量均不能计入处理风量之内。因此,在测定除尘器处理风量时,其测定断面应设于除尘器进口管段上,如图 9-18 所示。

测定除尘器的处理风量时,应同时测出除尘器进出口的风量,取其平均值作为除尘器的处理风量。如所测得的除尘器进出口风量相差较大,即说明除尘器本体或各连接处漏风严重,则应先消除漏风后再进行测定。

（二）除尘器的阻力

除尘器进出口接管处的全压差即为除尘器阻力。即

$$\Delta P = P_1 - P_2 \text{ Pa} \tag{9-18}$$

式中　ΔP——除尘器阻力,Pa;

　　　P_1——除尘器进口处的平均全压,Pa;

　　　P_2——除尘器出口处的平均全压,Pa。

（三）除尘器效率的测定

现场测定时,由于条件限制,一般采用质量浓度法测定除尘器全效率。即

$$\eta = \frac{y_1 - y_2}{y_1} \times 100\% \tag{9-19}$$

式中　η——除尘器全效率,%;

　　　y_1——除尘器进口处平均含尘浓度,mg/m³;

　　　y_2——除尘器出口处平均含尘浓度,mg/m³。

测定时,必须用同样的仪器,在进、出口同时采样。由于除尘器多少存在漏风现象,为了清除漏风对测定结果的影响,应按下式计算除尘器全效率。

在吸入段（$L_2 > L_1$）:

$$\eta = \frac{y_1 L_1 - y_2 L_2}{y_1 L_1} \times 100\% \tag{9-20}$$

在压出段（$L_1 > L_2$）:

$$\eta = \frac{y_1 L_1 - y_1(L_1 - L_2) - y_2 L_2}{y_1 L_1} = \frac{L_2}{L_1}\left(1 - \frac{y_2}{y_1}\right) \times 100\% \tag{9-21}$$

式中　L_1——除尘器进口断面风量,m³/h;

　　　L_2——除尘器出口断面风量,m³/h。

测定除尘器分级效率时,应首先测出除尘器进、出口处的粉尘粒径分布或测出进口和灰斗中粉尘的粒径分布,然后再计算除尘器的分级效率。

粉尘的性质及系统运行工况对除尘器效率影响较大,因此给出除尘器全效率时,应同时说明系统粉尘的粒径分布、密度和运行工况。或者直接给出除尘器的分级效率。

第三节　通风除尘系统的运行维护

通风除尘系统在安装、调试投产后,必须由专职维护及检修人员运行维护。同时要制定科学的操作规程和定期的小、中、大修制度,保证系统正常运转,充分发挥设备效能。否则将导致通风系统运转不正常,不能很好地排除有害物,造成环境污染,影响工人的身体健康。下面简要介绍通风除尘系统运行维护的基本知识。

一、操作运行和日常维护

（一）风管系统（包括各种排气罩）

1. 检查各种排气罩是否完整,操作门和检查孔、盖是否完好。

2. 局部排风系统各支管的风量调整后,必须将调节装置固定好,做出标志,不要轻易变动。

3. 局部排风系统应在工艺设备开动前,提前启动,应在工艺设备停车后几分钟,再停止运转。

设有排除有害气体的全面通风系统应在工人上班前开动,使室内有害物的浓度降到容许浓度以下。

4．经常检查风口、法兰连接处、清扫口、罩子等的气密性和完好程度,如发现漏风和破损应及时检修。

5．经常检查风管内部有无积尘。如发现在敲打风管时,声音闷哑或管内动压比正常数值大为减小,说明风管已被堵塞或积尘,应及时清扫。

6．有接地的风管系统,如木工除尘系统,要定期检查其接地装置是否有效。

7．经常检查阀门、风口、清扫孔等的启动情况,特别是防爆阀是否出于锈蚀而失灵。

8．检查与工艺设备(过程)联锁的装置(如水力或蒸汽除尘阀门开启度与物料量的联锁;犁式刮板与插板阀的连锁等等)是否准确、有效。

(二) 离心通风机

1．检查各连接及紧固部位螺栓是否紧固,轴承润滑状况,与风管连接是否良好。清除机壳中的杂物。消除松动、零部件缺损及其他不正常现象。

2．检查电源接线是否符合要求,安全保护装置是否可靠。

3．检查传动部件、风机和电机两轴是否同心。如是皮带传动时,检查皮带安装是否正确,要求皮带的紧边在上,当有过松和打滑现象应立即调整电机的顶丝。

4．电机容量大于 75kW 和电气上无启动装置的风机启动时,应关闭风机入口或出口风管上的启动阀门,在 3～5min 内,风机达到额定转速后,完全打开阀门,以避免出现过大的启动电流。

5．除尘系统与所服务的工艺设备如无连锁装置时,风机等应在工艺设备启动之前启动;在工艺设备停止操作 10min 后再关闭风机,以防止风管内积尘。

6．经常注意风机的工作状况,有无振动及噪声异常。注意轴承温升,各润滑点的润滑情况是否良好。

7．检查风机叶轮的平衡(不取下叶轮)以及叶轮与机壳是否正常。

8．随时注意各种仪表的读数是否符合规定的参数。

(三) 除尘设备

1．旋风除尘器

1) 检查所有检查门和下部锁气装置是否动作灵活和紧闭严密。

2) 检查除尘器本体是否严密、清洁。

3) 初次运行时,测定风量、风压、管内粉尘浓度、电机电流的数值,以便日常运行时作对比参考。

4) 检查锁气装置出灰情况,泄灰是否通畅,除尘器本体有否粉尘堵塞。

5) 系统停止后,应清除灰斗内积尘,以防粘结。

6) 每班检查除尘器排风管出口的粉尘浓度(目测法),发现粉尘排放浓度有异常增高时,应查找原因。

7) 检查除尘器的磨损情况,特别是处理磨琢性粉尘时,除尘器的入口和锥体部分很容易被磨损,应及时修补(最好衬胶或作耐磨处理)。

2．袋式除尘器

1) 运行前应检查除尘器各个检查门是否关闭严密;各转动或传动部件是否润滑良好。

2）处理热、湿的含尘气体时，除尘器开车前应先预热滤袋，使其超过露点温度 $10 \sim 15℃$，以免尘粒粘结在滤袋上。预热时间约需 $5 \sim 15min$。预热期间滤袋和风机需一直运转，而清灰机构不运行。预热完毕，则整个系统才可投入正常运行。如系统另外设有热风和预热装置，则应先运行。

3）运行时，要始终保持除尘器灰斗下面排灰装置运转。不宜将除尘器的下部灰斗作贮灰用，因为灰斗积灰达到某一高度时，由于负压作用，粉尘会重新返回滤袋表面而加大滤袋负荷，影响净化效果。

4）定期检查除尘器压力损失是否符合设计要求，清灰机构运行是否正常。在停车后，清灰机构还需运行几分钟，以清除滤袋上的积尘。

5）经常检查滤袋有无破损、脱落等现象，并立即解决。检查方法可采取：观察粉尘排放浓度，是否冒灰；检查滤袋干净一侧，如发现有局部粉尘有明显粘结，通常表明对面滤袋有破损；检查滤袋出口花板有否积灰等。

6）检查分室反吹的各除尘室，排风及进风阀门动作是否协调正常。

7）检查压缩空气喷嘴及其脉冲喷吹机构有无堵塞现象。注意脉冲阀动作是否正常，压缩空气压力是否符合要求。

8）定期检查清除压缩空气气包内所积留的油泥污垢，以防燃烧爆炸。

9）及时清理及运走除尘器排出的粉尘。

10）除尘系统应在所服务的工艺设备运行前开车，在其停止运行 $10min$ 后停车。

3．湿式除尘器

使用湿式除尘器时，要保证水位稳定，定期或连续供水。系统开启时，要先开供水阀，后开风机。关闭时，先关风机后关供水阀，同时泥浆要及时处理。在使用电除尘器时，要注意及时清灰。

二、故障原因及消除方法

（一）离心通风机

离心通风机故障原因及消除方法见附表9-1。

（二）旋风除尘器

旋风除尘器故障原因及消除方法见附表9-2。

（三）袋式除尘器

袋式除尘器故障原因及消除方法见附表9-3。

习　题

9-1　测定管道中的含尘浓度时，为什么要等速采样？

9-2　测定断面气流不稳定时，动压值会发生哪些异常现象，如何处理？

9-3　在图 9-19 所示的管段 A、B（管径 $D = 600mm$）上测量风量，试确定断面及断面上各测点的位置。

9-4　怎样将微压计与毕托管连接起来才能测出全压、静压及动压？在正压区及负压区测量，其连接方法各有什么不同？

9-5　计算含尘浓度时，为什么要把采气量折算成标准状态？

9-6　车间空气温度 $t = 30℃$，大气压力 $B = 87.2kPa$，采样时转子流量计读数为 $20L/min$，流量计前温度 $t_1 = 30℃$，压力 $P_1 = -2.8kPa$，采样后滤膜重为 $45.1mg$，求空气中含尘浓度？

9-7　已知管道内含尘气流流量 $L = 0.6m^3/s$，管道直径 $d = 200mm$，用 $5mm$ 采样管在平均流速点采

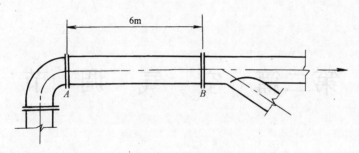

图 9-19　习题 9-3 附图

样,测定气体含尘浓度。试确定采样嘴直径及等速采样时采样嘴的抽气量。

9-8　初含尘浓度的大小对除尘器效率有何影响?

9-9　排气罩风量测定的常用方法是哪一种?如何测定?哪一种方法测得的风量较准确?为什么?

9-10　局部排气罩结构如图 9-7 所示,连接管直径 $D = 150\mathrm{mm}$。在 $t = 20℃$ 下测得 1′—1′ 断面的静压为 $-30\mathrm{Pa}$,求该排气罩的排气量。

第二篇 空 气 调 节

第十章 湿空气焓湿图及应用

第一节 湿空气的性质及焓湿图

湿空气是构成空气环境的主体,也是空调的基本工质。湿空气是由干空气和水蒸气混合而成。在实际工程计算中,将湿空气的压力、温度和体积之间的相关性按理想气体来对待,其精度是足够的。

由干空气和水蒸气组成的湿空气中,水蒸气的含量虽少,但对空气湿度影响极大,在某种意义上,空气调节的任务之一就是对空气中水蒸气量的调节。

一、湿空气的物理性质

将湿空气近似地看做理想气体,干空气和水蒸气的主要状态参数——压力、温度、比容等的相互关系则可表示为:

$$P_g V = m_g R_g T \text{ 或 } P_g v_g = R_g T \tag{10-1}$$

$$P_q V = m_q R_q T \text{ 或 } P_q v_q = R_q T \tag{10-2}$$

式中　P_g、P_q——干空气与水蒸气的压力,Pa;

　　　　V——湿空气的容积,m^3;

　　　　m_g、m_q——干空气与水蒸气的质量,kg;

　　　　R_g、R_q——干空气与水蒸气的气体常数,$R_g = 287J/(kg \cdot K)$,$R_q = 461J/(kg \cdot K)$;

　　　　T——湿空气的热力学温度,K;

　　　　v_g、v_q——干空气和水蒸气的比容,m^3/kg。

海平面的标准大气压为101325Pa或101.325kPa。各种大气压力单位之间的换算见有关资料。

按照道尔顿定律,湿空气的总压力应为干空气压力和水蒸气压力之和,即

$$B = P_g + P_q \tag{10-3}$$

大气压力随海拔高度不同而变化。同时,在同一地区的不同季节,大气压力也有大约±5%的变化。

在空调中,除湿空气的压力、温度外,还涉及一些常用参数,如含湿量、相对湿度、焓等,现分别列出如下:

1. 含湿量(d):湿空气中,每 kg 干空气所含有的水蒸气质量。即:

$$d = \frac{m_q}{m_g} \text{ kg/kg 干空气} \tag{10-4}$$

由式(10-1)与式(10-2)可导出:

$$d = 0.622 \frac{P_q}{P_g}$$

由式(10-3)可得:

$$d = 0.622 \frac{P_q}{B - P_q} \text{ kg/kg 干空气} \tag{10-5}$$

或

$$d = 622 \frac{P_q}{B - P_q} \text{ g/kg 干空气}$$

2. 相对湿度(φ):空气中实际的水蒸气分压力与同温度下饱和状态空气水蒸气分压力之比,用百分率表示。即:

$$\varphi = \frac{P_q}{P_{q \cdot b}} \times 100\% \tag{10-6}$$

式中　$P_{q \cdot b}$——同温度下湿空气的饱和水蒸气分压力,可查表或用经验公式计算。

湿空气的相对湿度亦可近似地用其含湿量和同温度下饱和含湿量之比表示,即:

$$\varphi \approx \frac{d}{d_b} \times 100\% \tag{10-7}$$

式中　d_b 为饱和含湿量,kg/kg 干空气或 g/kg 干空气。

3. 焓(i):物质的体积、压力的乘积与内能的总和。由热力学可知,对近似于定压过程,可直接用湿空气的焓变化来度量空气的热量变化。

湿空气的焓(i)应等于 1kg 干空气的焓与共存的 $d$kg(或 g)水蒸气的焓之和,即:

$$i = i_g + d \cdot i_q$$
$$= c_{p \cdot g} \cdot t + (2500 + c_{p \cdot q} \cdot t)d \tag{10-8}$$

或

$$i = c_{p \cdot g} \cdot t + (2500 + c_{p \cdot q} \cdot t)\frac{d}{1000}$$

顺便指出,已知水的质量比热为 4.19kJ/(kg·℃),欲求在 t(℃)下水蒸气的汽化潜热则应为:

$$r_t = 2500 + 1.84t - 4.19t = 2500 - 2.35t \tag{10-9}$$

4. 湿空气的密度(ρ):湿空气的密度应为干空气的密度与水蒸气的密度之和,即:

$$\rho = \rho_g + \rho_q = \frac{P_g}{R_g T} + \frac{P_q}{R_q T}$$

$$= 0.003484 \frac{B}{T} - 0.00134 \frac{P_q}{T} \tag{10-10}$$

由于水蒸气的密度较小(ρ_g 小),故干空气与湿空气的密度在标准条件下(压力为 101325Pa,温度为 293K 或 20℃)相差较小,在工程上取 $\rho = 1.2 \text{kg/m}^3$ 已足够精确。

【例 10-1】　已知大气压力 $B = 101325 \text{Pa}$,湿空气的温度 $t = 20℃$,相对湿度 $\varphi = 50\%$,求(1)湿空气水蒸气分压力;(2)含湿量;(3)焓;(4)湿空气的密度。

【解】　(1)已知 $\varphi = 50\%$,即 $P_q / P_{q \cdot b} = 0.5$,故

$P_q = 0.5P_{q·b}$，由热工学知，$P_{q·b} = 2331$Pa

所以 $\qquad\qquad\qquad\qquad P_q = 0.5 \times 2331 = 1165.5$ Pa

(2) $d = 622 \dfrac{P_q}{B - P_q} = 622 \dfrac{1165.5}{101325 - 1165.5} = 7.24$ g/kg 干空气

(3) $i = 1.01t + (2500 + 1.84t)d/1000$

$\qquad = 1.01 \times 20 + (2500 + 1.84 \times 20) \times 7.24/1000$

$\qquad = 38.57$ kJ/kg 干空气

(4) $\rho = 0.003484 \dfrac{B}{T} - 0.00134 \dfrac{P_q}{T}$

$\qquad = 0.003484 \dfrac{101325}{293} - 0.00134 \dfrac{1165.5}{293}$

$\qquad \approx 1.2$ kg/m³

二、湿空气的焓湿图

湿空气的主要状态参数包括 t、d、B、φ、i、P_q 及 ρ。其中部分参数可以从附录 10-1 中查取，也可用公式计算出来。在空调工程中，为使用方便，常采用线算图，它既能联系以上 7 个参数，又能表达湿空气状态的各种变化过程，这就是下面要介绍的焓湿图。

线算图有各种形式，常用的湿空气性质图是以焓和含湿量为坐标的焓湿图（i-d 图），参见图 10-1 和附录 10-2。为尽可能扩大不饱和湿空气区的范围，两坐标间的夹角一般取大于或等于 135°。当然，也可以采用其他参数作为坐标（如温湿图）。

在选定坐标比例尺及确定坐标网的基础上，则可按式(10-5)、(10-6)及(10-8)画出等温线、等相对湿度线等。

湿空气的 i-d 图包含了 B、t、d、i、φ 及 P_q 等湿空气参数。在 B 一定条件下，i、d、t、φ 中已知任意两个参数，即可在 i-d 图上确定一个湿空气的状态点，其余参数均可由此点查出。

在空调过程中，被处理的空气常常由一个状态变为另一个状态。在整个过程中，如果空气的热湿变化是同时进行的，那么，在 i-d 图上由状态 A 到状态 B 的直线连线就代表空气状态变化过程线，如图 10-2 所示。为了说明空气状态变化的方向和特征，常用状态变化前后焓差和含湿量差的比值来表示，称为热湿比 ε。

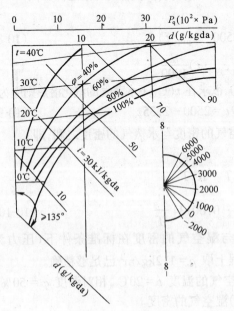

图 10-1 焓湿图

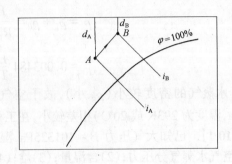

图 10-2 空气状态变化在 i-d 图上的表示

即：

$$\varepsilon = \frac{i_B - i_A}{d_B - d_A} = \frac{\Delta i}{\Delta d} \qquad (10\text{-}11)$$

将上式分子、分母同乘总空气量 G，将得到：

$$\varepsilon = \frac{\Delta i}{\Delta d} = \frac{G \cdot \Delta i}{G \cdot \Delta d} = \frac{Q}{W} \qquad (10\text{-}11')$$

式(10-11′)中，Δd 和 W 是以 kg 来度量的，若改用 g 为单位，则公式变为如下形式：

$$\varepsilon = \frac{\Delta i}{\dfrac{\Delta d}{1000}} = \frac{Q}{\dfrac{W}{1000}} \qquad (10\text{-}12)$$

由式(10-11)、(10-12)可见，ε 就是直线 AB 的斜率，它反映了过程线的倾斜角度，故又称"角系数"。斜率与起始位置无关，因此，起始状态不同的空气只要斜率相同，其变化过程线必定互相平行。根据这一特性，就可以在 $i\text{-}d$ 图上以任意点为中心做出一系列不同值的 ε 标尺线。实际应用时，只需把等值的 ε 标尺线平移到空气状态点，就可绘出该空气状态的变化过程了。附录 10-2 的右下角示出不同 ε 值的等值线。

此外，值得提出的是，附录 10-2 给出的 $i\text{-}d$ 图是以标准大气压 $B = 101325\text{Pa}$ 做出的。当某地区的海拔高度与海平面有较大差别时，使用此图会产生较大的误差。因此，不同地区应使用符合本地区大气压的 $i\text{-}d$ 图。

【例 10-2】 已知 $B = 101325\text{Pa}$，湿空气初参数 $t_A = 20℃$，$\varphi_A = 60\%$，当增加 10000kJ/h 的热量和 2kg/h 的湿量后，温度变为 $t_B = 28℃$，求湿空气的终状态。

【解】

方法一：平行线法

在大气压力 $B = 101325\text{Pa}$ 的 $i\text{-}d$ 图上，按 $t_A = 20℃$，$\varphi_A = 60\%$ 找到空气状态 A（图 10-3）。求热湿比：

$$\varepsilon = \frac{Q}{W} = \frac{10000}{2} = 5000$$

过 A 点作与等值线 $\varepsilon = 5000$ 的平行线，即为空气状态变化过程线。此线与 $t = 28℃$ 等温线的交点即为湿空气的终状态 B。由 B 点可查出 $\varphi_B = 51\%$，$d_B = 12\text{g/kg}$ 干空气，$i_B = 59\text{kJ/kg}$ 干空气。

方法二：辅助点法

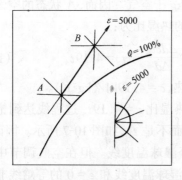

图 10-3 用 ε 线确定空气终状态

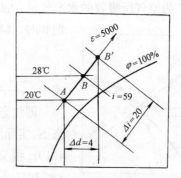

图 10-4 用辅助点法绘制 ε 线

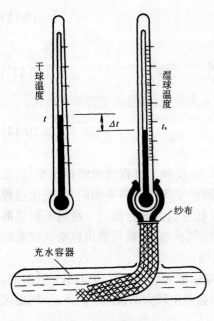

干球温度 t

湿球温度 t_s

Δt

纱布

充水容器

图 10-5　干、湿球温度计

由已知条件求得 $\varepsilon = \dfrac{\Delta i}{\Delta d} = \dfrac{Q}{W} = \dfrac{10000}{2} = 5000$，如 Δd 以 g 为单位表示则 $\Delta i : \Delta d = 5 : 1$，由 Δi 与 Δd 的比例关系可以绘出过 A 点的 ε 线。Δd 可任意取，如取 $\Delta d = 4$g/kg 干空气，则 $\Delta i = 5 \times 4 = 20$kJ/kg 干空气，现分别作离开空气初状态点 A 的 Δd 等含湿量线与 Δi 的等 i 线，两线交于 B' 点，AB' 连线即为 $\varepsilon = 5000$ 空气状态变化过程线。如图 10-4 所示。AB' 线与 $t = 28℃$ 等温线的交点 B，就是所求的空气终状态点。这里 B' 点是辅助点。

三、湿球温度和露点温度

1. 湿球温度

在空气调节工程中，通常利用干湿球温度计测出空气的温湿度。图 10-5 所示为干、湿球温度计。

在理论上，湿球温度是在定压绝热条件下，空气与水直接接触达到稳定热湿平衡时的绝热饱和温度，也称热力学湿球温度。一般用湿球温度计所读出的湿球温度，近似代替热力学湿球温度。

由热工学可知，当空气流经湿球时，由于纱布上的水分不断蒸发，而在湿球周围形成了一层与水温相等的饱和空气层。设该饱和空气状态为 B，原空气状态为 A。空气由状态 A 变为状态 B 的过程中，传给水的显热量又由水以汽化潜热的形式带了回来，因而空气焓值基本不变，$A \to B$ 可近似认为是等焓过程。在 i-d 图上由 A 点作等焓线与 $\varphi = 100\%$ 饱和线交得 B 点，该点对应的温度即是湿球温度 t_s（见图 10-6）。

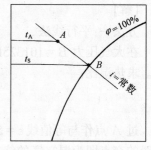

t_A　A

t_s　B

$\varphi = 100\%$

$i =$ 常数

图 10-6　湿球温度在 i-d
图上近似表示法

但是严格地说，空气的焓值并非不变，而是略有增加。这是因为在水蒸发到空气中去的过程中，除带进汽化热外，还带进了水本身的液体热，此时空气增加的焓为：

$$\Delta i = i_s - i_A = \Delta d c t_s \quad \text{kJ/kg 干空气}$$

式中，Δd 为空气所吸收的水蒸气量，$\Delta d = d_s - d_A$ kg/kg 干空气。因而，A 状态的空气达到饱和时，其状态变化过程的热湿比为：

$$\varepsilon = \frac{\Delta i}{\Delta d} = \frac{\Delta d c t_s}{\Delta d} = c t_s = 4.19 t_s \qquad (10-13)$$

式中　c——水的质量比热，$c = 4.19$kJ/(kg·K)。

即状态 A 的空气沿热湿比 $\varepsilon = 4.19 t_s$ 过程线达到饱和状态 S，实际湿球温度是 t_s 而不是 t_B，如图 10-7 所示。因而 $\varepsilon = 4.19 t_s$ 线又称为空气的等湿球温度线。但在空气调节中一般 $t_s \leqslant 30℃$，$\varepsilon = 4.19 t_s$ 的等湿球温度线和 $\varepsilon = 0$ 的等焓线非常接近，而且当 $t_s = 0℃$ 时，两线完全重合。因此以等焓线代替湿球

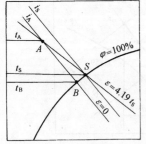

i_s　i_A

t_A　A

$\varphi = 100\%$

t_s　S

t_B　B

$\varepsilon = 4.19 t_s$

$\varepsilon = 0$

图 10-7　空气的等湿球温度线

温度线,在工程计算中所造成的误差是允许的。

2. 露点温度

由热工学知,空气的饱和含湿量随着空气温度的下降而减少。现把不饱和状态的空气 A 沿等含湿量线冷却(图 10-8)。随着空气温度的下降,对应的饱和含湿量减少,而实际含湿量并未变化,因此空气相对湿度增大。当相对湿度达 100% 时,这时空气本身的含湿量也已饱和,该点对应的温度为 t_l。如再继续冷却,则会有凝结水产生。由此可见,t_l 为空气结露与否的临界温度。空气沿等含湿量线冷却,最终达到饱和时所对应的温度即为露点温度,而饱和点 B 称为露点。显然,空气的露点只取决于空气的含湿量,当含湿量不变时,露点温度亦为定值。

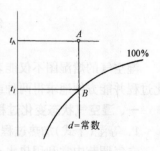

图 10-8　湿空气露点温度

在空气调节中,常用等湿冷却将空气温度降到露点,再进一步冷却使水蒸气凝结,从而达到干燥空气的目的。

【例 10-3】　已知 $B = 101325Pa$,$t = 45℃$,$t_s = 30℃$,试在 i-d 图上确定该湿空气状态(状态参数 i、d、φ)。

【解】　在 $B = 101325Pa$ 的 i-d 图上,用 $t_s = 30℃$ 的等温线与 $\varphi = 100\%$ 的饱和线相交得 B 点,过 B 点作等焓线与 $t = 45℃$ 的等温线交于 A 点。该点即是所求的空气状态点(图 10-9)。由 i-d 图可知 $\varphi_A = 34.8\%$、$i = 100kJ/kg$ 干空气、$d_A = 0.0211kg/kg$ 干空气。

A 点实际为近似的空气状态点,而真正的状态点应是 A',即过 B 点的 $\varepsilon = 4.19 \times 30 = 125.7$ 过程线与 $t = 45℃$ 等温线所交之点。由 i-d 图得知,$\varphi'_A = 34\%$、$i'_A = 98.6kJ/kg$ 干空气、$d'_A = 0.0206kg/kg$ 干空气。

比较以上两种求法的结果,其误差很小。说明以等焓线代替湿球温度线,用 A 点代表空气状态点是足够准确的。

【例 10-4】　已知某地大气压力 $B = 101325Pa$,温度 $t = 20℃$,$\varphi = 60\%$,求空气的湿球温度和露点温度。

【解】　在 i-d 图上(图 10-10),按 $t = 20℃$,$\varphi = 60\%$ 确定空气状态点 A,过 A 点引等焓线($i = 42.54kJ/kg$ 干空气)与 $\varphi = 100\%$ 线相交得 B 点,B 点的温度即为空气状态 A 的湿球温度,$t_s = 15.2℃$。

过 A 点引等 d 线($d = 0.0088kg/kg$ 干空气)与 $\varphi = 100\%$ 线相交得露点 C,露点温度 $t_l = 12.0℃$。

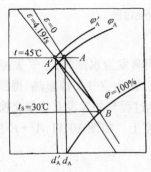

图 10-9　例 10-3 附图

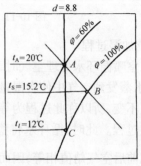

图 10-10　由空气状态确定 t_s、t_l

第二节　湿空气焓湿图的应用

湿空气的焓湿图不仅能表示空气的状态和各状态参数,同时还能表示湿空气状态的变化过程并能方便地求得两种或多种湿空气的混合状态。

一、湿空气状态变化过程在 i-d 图上的表示

1. 等湿(干式)加热过程

空气调节中常利用热水、蒸汽及电能等热源,通过热表面间接对湿空气加热。当空气通过加热器时获得了热量,提高了温度,但含湿量并没有变化。因此,空气的状态变化是等湿增焓升温过程。过程线为 $A{\rightarrow}B$(见图 10-11)。在状态变化过程中,$d_A=d_B$,$i_B>i_A$,故其热湿比 ε 为:

$$\varepsilon=\frac{\Delta i}{\Delta d}=\frac{i_B-i_A}{d_B-d_A}=\frac{i_B-i_A}{0}=+\infty$$

2. 等湿(干式)冷却过程

利用冷水或其他冷媒通过金属等表面对湿空气冷却,在冷表面温度等于或大于湿空气的露点温度时,空气将在含湿量不变的情况下冷却,其焓值必相应减少。因此,空气状态变化是等湿、减焓、降温过程,如图 10-11 $A{\rightarrow}C$,其 $\varepsilon=\frac{-\Delta i}{0}=-\infty$。

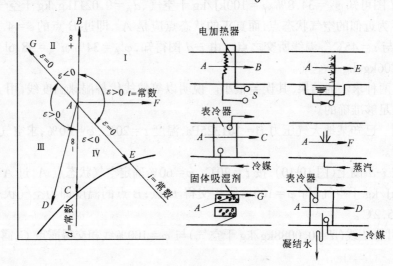

图 10-11　几种典型的空气状态变化过程

3. 等焓加湿过程

用喷水室喷循环水处理空气时,水吸收空气的热量而蒸发为水蒸气,空气失掉显热量,温度降低,水蒸发到空气中使含湿量增加,潜热量也增加。因为空气失掉显热,得到潜热,因而空气焓值不变,所以称此过程为等焓加湿过程。由于此过程与外界没有热量交换,故又称为绝热加湿过程。此时,循环水将稳定在空气的湿球温度上。如图 10-11 $A{\rightarrow}E$ 所示。由于状态变化前后空气焓值相等,因而 $\varepsilon=\frac{0}{\Delta d}=0$。

此过程和湿球温度计表面空气的状态变化过程相似。严格地讲,$A{\rightarrow}E$ 变化过程的热

湿比线 $\varepsilon = 4.19t_s$。因而近似认为绝热加湿过程是一等焓过程。

4. 等焓减湿过程

用固体吸湿剂(例如硅胶)处理空气时,水蒸气被吸附,空气的含湿量降低,空气失去潜热,而得到水蒸气凝结时放出的汽化热使温度增高,但焓值基本没变,只是略为减少了凝结水带走的液体热,空气近似按等焓减湿升温过程变化。如图 10-11$A \rightarrow G$ 所示。其 $\varepsilon = \dfrac{0}{\Delta d} = 0$

5. 减湿冷却过程

如果用表面冷却器处理空气,当冷却器的表面温度低于空气的露点温度时,空气中的水蒸气将凝结为水,从而使空气减湿,空气的变化过程为减湿冷却过程或冷却干燥过程,如图 10-11 $A \rightarrow D$ 所示。因为空气焓值及含湿量均减少,故 $\varepsilon = \dfrac{\Delta i}{\Delta d} > 0$。

6. 等温加湿过程

如图 10-11 中 $A \rightarrow F$ 过程。等温加湿过程的状态变化过程是通过向空气喷蒸汽而实现的。空气中增加水蒸气后,其焓和含湿量都将增加,焓的增加值为加入蒸汽的全热量,即

$$\Delta i = \Delta d \cdot i_q \text{ kg/kg 干空气}$$

式中　Δd——每 kg 干空气增加的含湿量,kg/kg 干空气;

　　　i_q——水蒸气的焓,其值由 $i_q = 2500 + 1.84t_q$ 计算。

此过程的 ε 值为:

$$\varepsilon = \frac{\Delta i}{\Delta d} = \frac{\Delta d \cdot i_q}{\Delta d} = i_q = 2500 + 1.84t_q$$

如果喷入蒸汽温度为 100℃左右,则 $\varepsilon = 2684$,该过程线与等温线近似平行,故为等温加湿过程。

以上介绍了空气调节中常用的六种典型空气状态变化过程。从图 10-11 可看出代表四种过程的 $\varepsilon = \pm\infty$ 和 $\varepsilon = 0$ 的两条线,以任意湿空气状态 A 为原点将 i-d 图分为四个象限。在各象限内实现的湿空气状态变化过程可统称为多变过程,不同象限内湿空气状态变化过程的特征如表 10-1 所示。

i-d 图上各象限内空气状态变化的特征

表 10-1

象 限	热湿比 ε	状态参数变化趋势			过 程 特 征
		i	d	t	
Ⅰ	$\varepsilon > 0$	$+$	$+$	$\pm$	增焓增湿,喷蒸汽可近似实现等温过程
Ⅱ	$\varepsilon < 0$	$+$	$-$	$+$	增焓、减湿、升温
Ⅲ	$\varepsilon > 0$	$-$	$-$	$\pm$	减焓、减湿
Ⅳ	$\varepsilon < 0$	$-$	$+$	$-$	减焓、增湿、降温

二、两种不同状态空气的混合状态在 i-d 图上的确定

在空调工程中常采用不同状态的空气互相混合,为此,必须研究空气的混合规律。

假设质量流量为 G_A(kg/s)、状态为 $A(i_A、d_A)$ 的空气和质量流量为 G_B(kg/s)、状态为 $B(i_B、d_B)$ 的两种空气相混合;混合后空气质量流量为 $G_C = G_A + G_B$(kg/s)、状态为 $C(i_C、d_C)$。

在混合过程中，如果与外界没有热、湿的交换，根据热平衡和湿平衡原理，可以列出下列方程式：

$$G_A \cdot i_A + G_B \cdot i_B = G_C \cdot i_C \tag{10-14}$$

$$G_A \cdot d_A + G_B \cdot d_B = G_C \cdot d_C \tag{10-15}$$

将 $G_C = G_A + G_B$ 代入上两式中得

$$G_A \cdot i_A + G_B \cdot i_B = (G_A + G_B) \cdot i_C \tag{10-14$'$}$$

$$G_A \cdot d_A + G_B \cdot d_B = (G_A + G_B) \cdot d_C \tag{10-15$'$}$$

由式(10-14)$'$和(10-15)$'$可得

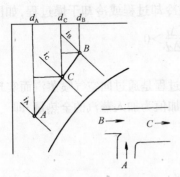

图 10-12 两种状态空气的混合

$$\frac{G_A}{G_B} = \frac{i_C - i_B}{i_A - i_C} = \frac{d_C - d_B}{d_A - d_C} \tag{10-16}$$

$$\frac{i_C - i_B}{d_C - d_B} = \frac{i_A - i_C}{d_A - d_C} \tag{10-17}$$

在 i-d 图上(见图 10-12)示出 A、B 两状态点，假定 C 点为混合点，由式(10-17)可知，$A \rightarrow C$ 与 $C \rightarrow B$ 具有相同的斜率。因此直线 $\overline{BC}$ 和 $\overline{CA}$ 互相平行，但又有 C 为公共点，因而 A、B、C 三点必然在同一直线上。

下面进一步分析混合点 C 在 AB 线上的位置，根据三角形相似原理及式(10-16)，从图 10-12 可得到下式：

$$\frac{\overline{BC}}{\overline{CA}} = \frac{d_B - d_C}{d_C - d_A} = \frac{i_B - i_C}{i_C - i_A} = \frac{G_A}{G_B} \tag{10-18}$$

上式表明混合点 C 将线段 $\overline{AB}$ 分成两段，两段长度之比和参与混合的两种空气的质量成反比。据此，在 i-d 图上求混合状态时，只需将 $\overline{AB}$ 线段划分成满足 G_A/G_B 比例的两段长度，并取 C 点使其接近空气质量大的一端，而不必用公式求解。

以上即为"混合规律"。利用混合规律可以很快地求出混合空气状态点。状态参数可从图上查出，也可以根据已知条件列出相应的比例式来解出。

如果混合点 C 出现在"有雾区"，这种空气状态只能是暂时的，多余的水蒸气立即凝结为水从空气中分离出来，空气仍恢复到饱和状态。空气的状态变化过程为 $C \rightarrow D$，如图 10-13 所示。因为空气在变化过程中，凝结水带走了水的显热(即液体热)，因此空气的焓值略有降低($i_D < i_C$)。i_D 和 i_C 间存在下列关系：

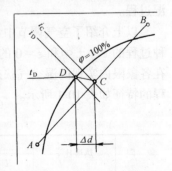

图 10-13 结雾区的空气状态

$$i_D = i_C - 4.19 \Delta d \cdot t_D \tag{10-19}$$

在式(10-19)中，i_C 已知，i_D、t_D 及 Δd 是相互关联的未知量。要确定 i_D 值，必须通过试选法，从 C 点引出很多过程线，分别与 $\varphi = 100\%$ 的饱和线交于不同的 D 点，从其中找出一组 i_D、Δd、t_D 值正好符合公式(10-19)的恒等关系，则该 i_D 即为真正的饱和空气焓，D 点就是所求的混合空气状态点。

实际上，由于水带走的显热很少，因此空气变化的过程线可近似看做等焓过程。

【例 10-5】 某空调系统采用新风与室内循环风混合进行处理,然后送入室内。已知大气压力 $B=101325Pa$,回风量 $G_A=2000kg/h$,状态为 $t_A=20℃$, $\varphi_A=60\%$;新风量 $G_B=500kg/h$,状态为 $t_B=35℃$, $\varphi_B=80\%$,求混合空气状态。

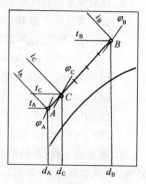

图 10-14 例 10-5 附图

【解】

(1) 在 $B=101325Pa$ 的 $i\text{-}d$ 图上根据已知的 t、φ 找到状态点 A 和 B,并以直线相连(见图 10-14)。

(2) 设混合点为 C,根据混合定律得:

$$\frac{\overline{BC}}{\overline{CA}}=\frac{G_A}{G_B}=\frac{2000}{500}=\frac{4}{1}$$

(3) 将线段 $\overline{AB}$ 分为五等分,则 C 点应在接近 A 状态的一等分处。查图得 $t_C=23.1℃$、$\varphi_c=73\%$、$i_C=56kJ/kg$ 干空气、$d_C=12.8g/kg$ 干空气。

(4) 用计算法验证,可先查出 $i_A=42.54kJ/kg$ 干空气、$d_A=8.8g/kg$ 干空气、$i_B=109.44kJ/kg$ 干空气、$d_B=29.0g/kg$ 干空气,然后按式(10-14)′与(10-15)′可得:

$$i_C=\frac{G_A \cdot i_A+G_B \cdot i_B}{G_A+G_B}=\frac{1000\times42.54+250\times109.44}{1000+250}=56 \text{ kJ/kg 干空气}$$

$$d_C=\frac{G_A \cdot d_A+G_B \cdot d_B}{G_A+G_B}=\frac{1000\times8.8+250\times29.0}{1000+250}=12.8 \text{ g/kg 干空气}$$

可见,作图求得的混合状态点是正确的。i_C、d_C 已知,于是混合点 C 及其余参数也就确定了。

【例 10-6】 例 10-5 中,A、B 两状态空气混合后 $G_C=1000kg/h$,$t_C=32℃$,试问 A、B 两状态的空气量各为多少?

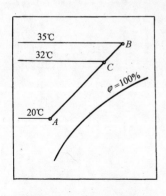

图 10-15 例 10-6 图示

【解】 A、B 两空气的状态连线和 $t=32℃$ 的等温线交于 C 点,此即是混合状态点(图 10-15),从图上量得

$$\overline{AC}:\overline{CB}=3.8:1$$

将公式(10-18)变换为如下形式:

$$\frac{\overline{AC}}{\overline{AB}}=\frac{G_B}{G_C} \qquad \frac{\overline{CB}}{\overline{AB}}=\frac{G_A}{G_C}$$

因此有:$G_B=\dfrac{3.8\times1000}{3.8+1}=792 \text{ kg/h}$

$$G_A=\frac{1}{3.8+1}\times1000=208 \text{ kg/h}$$

习　题

1. 冬季人在室外呼气时,为什么看见白色的气体? 冬季室内供暖时,为什么感到空气干燥? 说明其原因。

2. 湿空气的主要状态参数有哪些? 它们是如何定义的?

3. 在 $\varphi=$ 常数的条件下,高温空气和低温空气吸收水蒸气的能力是否相同? 为什么?

4. 为什么在冬季一个戴眼镜的人从寒冷的室外走进温暖的房间,他的镜片上会立即蒙上一层水雾,过一段时间水雾就慢慢消失?

5. 在夏季室内的自来水管外表面往往结露,这是为什么?

6. 已知大气压力为101325Pa。试在 i-d 图上确定下列各空气状态并查出其他参数:

(1) $t_g = 30℃$, $t_{sh} = 25℃$;

(2) $t = 30℃$, $\varphi = 70\%$;

(3) $t = 28℃$, $t_l = 20℃$;

(4) $t_l = 15℃$, $d_{bh} = 11g/kg$ 干空气;

(5) $P_{zq} = P_{bh}$, $t = 20℃$;

(6) $i = 63kJ/kg$ 干空气, $d = 16g/kg$ 干空气。

7. 某空调工程,系统的总送风量为 15000kg/h,其中回风量为 10000kg/h,新风参数 $t_w = 34℃$ $\varphi_w = 65\%$ 。回风参数为 $t = 26℃$, $\varphi = 70\%$,试求混合后的状态参数。

8. 室温为 20℃ ,外墙内表面温度为 14℃ ,若要保证墙面无凝结水,室内允许的最大含湿量和相对湿度为多少?

9. 某空调室每小时需要 $t = 20℃$, $\varphi = 60\%$ 的混合空气 $L = 12000m^3/h$ 。已知新空气的温度 $t_w = 5℃$, $\varphi_w = 85\%$,循环空气的温度 $t_N = 30℃$, $\varphi_N = 70\%$ 。新旧空气混合后再送入空调室。设大气压力为 101325Pa,试求:

(1) 需预先将新空气加热到多少度?

(2) 新旧空气参与混合的质量各为多少 kg?

10. 已知空气的初状态为 $t_A = 14℃$, $\varphi_A = 60\%$,若向该空气中加热 5.8kW 和加湿 1.2g/s,试画出空气变化过程线。若空气的质量为 220kg,试求其终状态。

第十一章 空调房间冷(热)、湿负荷

空调房间冷(热)、湿负荷是确定空调系统送风量和空调设备容量的基本依据。

在室内外热、湿扰量作用下,某一时刻进入一个恒温恒湿房间内的总热量和湿量称为在该时刻的得热量和得湿量。当得热量为负值时称为耗(失)热量。在某一时刻为保持房间恒温恒湿,需向房间供应的冷量称为冷负荷;相反,为补偿房间失热而需向房间供应的热量称为热负荷;为维持室内相对湿度所需由房间除去或增加的湿量称为湿负荷。

房间冷(热)、湿负荷量的计算必须以室外气象参数和室内要求维持的气象条件为依据。

第一节 室内外空气计算参数

一、室内空气计算参数

空调房间室内空气计算参数包括室内空气的状态参数(温度与相对湿度)、空气流速、洁净度、允许噪声和余压等。室内空气的状态参数(t_n, φ_n)是计算空调房间冷(热)、湿负荷,确定空调设备容量的依据,通常用两组指标来规定,即温度湿度基数和空调精度。

室内温、湿度基数是指在空调区域内所需保持的空气基准温度与基准相对湿度;空调精度是指在空调区域(通常指离外墙 0.5m,离地面 0.3m,且高于精密设备 0.3~0.5m 范围内的空间)内,空气的温度、相对湿度在要求的持续时间内允许的波动幅度。例如,$t_N = 20 \pm 0.5℃$ 和 $\varphi_N = 50\% \pm 5\%$,这样两组指标便完整地表达了室内温湿度参数的要求。

根据空调系统所服务对象的不同,可分为舒适性空调和工艺性空调。前者主要从人体舒适感出发确定室内温、湿度设计标准,一般不提空调精度要求;后者主要满足工艺过程对温湿度基数和空调精度的特殊要求,同时考虑到人体热平衡和舒适感的要求。

室内设计参数的确定除了要考虑室内参数综合作用下的舒适条件外,还应根据室外空气参数、冷源情况、经济条件和节能要求综合考虑。

1. 舒适性空调

根据《采暖通风与空气调节设计规范》(GBJ 19—87)中规定,舒适性空调室内计算参数如下:

夏季: 温度　应采用 24~28℃;

　　　相对湿度　应采用 40%~65%;

　　　风速　不应大于 0.3m/s。

冬季: 温度　应采用 18~22℃;

　　　相对湿度　应采用 40%~60%;

　　　风速　不应大于 0.2m/s。

2. 工艺性空调

工艺性空调室内温湿度基数及其允许波动范围,应根据工艺需要并考虑必要的卫生条件确定;工作区的风速,夏季宜采用 0.2~0.5m/s,当室内温度高于 30℃时,可大于 0.5m/s;

冬季工作区风速,不宜大于 0.3m/s。

工艺性空调可分为一般降温性空调、恒温恒湿空调和净化空调等。

降温性空调对温、湿度的要求是夏季工人操作时手不出汗,不使产品受潮。因此,一般只规定温度或湿度的上限,不再注明空调精度。如电子工业的某些车间,规定夏季室温不大于 28℃,相对湿度不大于 60% 即可。

恒温恒湿空调室内空气的温、湿度基数和精度都有严格要求,如某些计量室,室温要求全年保持 20±1℃,相对湿度保持 50% ±5%。

净化空调不仅对空气温、湿度提出一定要求,而且对空气中所含尘粒的大小和数量有严格要求。如精密仪表装配车间等。

必须指出,确定工艺性空调室内计算参数时,一定要了解实际工艺生产过程对温湿度的要求,不要盲目提高空调基数与精度,否则将大大提高空调费用。

各种建筑物内室内空气计算参数的具体规定详见《采暖通风与空气调节设计规范》(GBJ 19—87)。

二、室外空气计算参数

作为空调设计用的室外气象参数称室外空气计算参数,我国主要城市的室外空气计算参数见附录 11-1。

室外空气计算参数对空调设计而言,主要会从两个方面影响系统的设计容量:一是由于室内外存在温差通过建筑围护结构的传热量;二是空调系统采用的新鲜空气量在其状态不同于室内空气状态时,需要花费一定的能量将其处理到室内空气状态。因此,确定室外空气的设计参数时,既不能选择多年不遇的极端值,也不应任意降低空调系统对服务对象的保证率。

室外空气计算参数的取值,直接影响室内空气状态和设备投资。若夏季取用很多年才出现一次而且持续时间较短(几小时或几昼夜)的当地室外最高干、湿球温度作为计算干、湿球温度,则会因设备庞大而形成投资浪费。因此,设计规范中规定的室外计算参数是按全年少数时间不保证室内温湿度标准而制定的。当室内温湿度必须全年保证时,应另行确定空调室外计算参数。

下面介绍我国《采暖通风与空气调节设计规范》(GBJ 19—87)中规定的室外计算参数。

1. 夏季空调室外计算参数

夏季空调室外计算干、湿球温度应采用历年平均不保证 50 小时的干、湿球温度;夏季空调室外计算日平均温度应采用历年平均不保证 5 天的日平均温度(见附录 11-1)。

2. 夏季空调室外计算日的逐时温度

夏季计算经围护结构传入室内的热量时,应按不稳定传热过程计算,因此必须已知设计日的室外日平均温度和逐时温度。

夏季空调室外计算逐时温度,可按下式确定:

$$t_{sh} = t_{wp} + \beta \Delta t_r \tag{11-1}$$

式中　　t_{sh}——室外计算日的逐时温度(℃);

t_{wp}——夏季空气调节室外计算日平均温度(℃),(见附录 11-1);

β——室外温度逐时变化系数,见表 11-1。

时　刻	1	2	3	4	5	6	7	8	9	10	11	12
β	−0.35	−0.38	−0.42	−0.45	−0.47	−0.41	−0.28	−0.12	0.03	0.16	0.29	0.40
时　刻	13	14	15	16	17	18	19	20	21	22	23	24
β	0.48	0.52	0.51	0.43	0.39	0.28	0.14	0.00	−0.10	−0.17	−0.23	−0.29

Δt_r——夏季室外计算平均日温差,℃,应按下式计算:

$$\Delta t_r = \frac{t_{wg} - t_{wp}}{0.52} \tag{11-2}$$

式中　t_{wg}——夏季空气调节室外计算干球温度,℃,(见附录 11-1)。

【例 11-1】　试求夏季北京市 13 时的室外计算温度。

【解】　由式(11-1)$t_{sh} = t_{wp} + \beta\Delta t_r$

由附录 11-1 查得北京市 $t_{wp} = 28.6℃$,$\Delta t_r = 8.8℃$,由表 11-1 查得:$\beta = 0.48$

则 $t_{sh13} = 28.6 + 0.48 \times 8.8 = 32.8℃$

3. 冬季空调室外计算温度、湿度的确定

空气调节系统冬季的加热、加湿所需费用远小于夏季的冷却减湿的费用。为便于计算,冬季围护结构传热量可按稳定传热方法计算,不考虑室外气温的波动。因而可以只给定一个冬季空调室外计算温度作为计算新风负荷和计算围护结构传热之用。

冬季空调室外计算温度,应采用历年平均不保证 1 天的日平均温度。若冬季不使用空调设备送热风而仅使用采暖装置供暖时,则应采用采暖室外计算温度。

由于冬季室外空气含湿量低于夏季,且变化量很小,因而不给出湿球温度,只给出冬季室外计算相对湿度值。

冬季空调室外计算相对湿度应采用累年最冷月平均相对湿度。

4. 对于《采暖通风与空气调节设计规范》GBJ 19—87 附录二未列入的城市及台站,应按规定进行统计确定。对于冬夏两季各种室外计算温度,亦可按简化统计方法确定,可见《规范》GBJ 19—87 附录三。

第二节　太阳辐射热对建筑物的热作用

一、太阳辐射热的基本知识

太阳是一直径相当于地球 110 倍,表面温度高达 6000K 左右,内部温度则高达 $2 \times 10^7 K$ 的炽热气体球,它不断地向宇宙空间辐射出巨大的能量。

由于地球被一层大气所包围,太阳辐射线到达大气层时,其能量一部分被大气层反射回宇宙空间,另一部分被大气层所吸收,剩下的 1/3 多一些才到达地球表面。

透过大气层到达地面的太阳辐射能中,一部分按原来的直线辐射方向到达地面称太阳直射辐射;另一部分由于被各种气体分子、液体或固体颗粒的反射或折射,形成漫无方向的散射辐射。直射辐射和散射辐射之和称为太阳总辐射或简称太阳辐射。

到达地面的太阳辐射强度的大小,主要取决于地球对太阳的相对位置,也就是取决于被照射地点与太阳射线形成的高度角 β(见图 11-1)和太阳射线通过大气层的厚度(见图 11-2)。

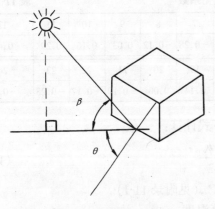

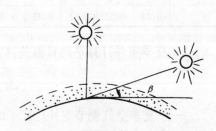

图 11-1 太阳高度角　　　　　　　　图 11-2 太阳光线穿越大气层示意图

地理纬度不同、季节不同、昼夜不同太阳辐射强度都不同,此外,还与大气透明度有关。

如纬度高的南极和北极,太阳高度角小,太阳通过大气层的路程长,太阳辐射强度小;而纬度低的赤道太阳辐射强度大。

同一地区由于地球公转,夏季太阳高度角大于冬季,且日照时间比冬季长。图 11-3 为北纬 40°地区的夏、冬两季日出、日落相对位置示意图。

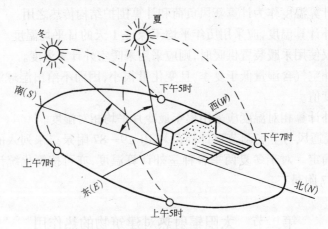

图 11-3 日出、日落相对位置示意图

同理,由于地球自转,同一地点太阳高度角逐时在变化,中午太阳高度角大,太阳辐射强度高于早晨和黄昏。

二、建筑物表面所受到的太阳辐射强度

到达地面的太阳辐射能有一部分被地面反射出去,而形成地面的反射辐射。另一部分被地面所吸收,由于地面吸收太阳辐射热后温度升高,形成了一个辐射热源,而向大气及周围物体表面发出长波辐射。所以,建筑物受到的太阳辐射热,除太阳的直射辐射与散射辐射外,还接受地面的反射辐射与长波辐射。此外,建筑物表面由于受辐射而提高了表面温度,也变成了辐射热源,散出辐射热,称为有效辐射。这样,建筑物表面所受到的辐射强度 J 可按下式表示。

$$J = J_z + J_s + J_D + J_c - J_y \qquad (11-3)$$

228

式中 J_z——太阳直射辐射强度，$\mathrm{W/m^2}$；

J_s——太阳散射辐射强度，$\mathrm{W/m^2}$；

J_D——地面反射辐射强度，$\mathrm{W/m^2}$；

J_c——地面长波辐射强度，$\mathrm{W/m^2}$；

J_y——建筑物表面有效辐射强度，$\mathrm{W/m^2}$。

建筑物各个不同朝向的外表面（屋顶、各墙面）所受到的辐射强度是各不相同的。

以上各项均可用公式计算，这里不作介绍了，可参考其他有关资料。

附录11-2和附录11-3分别给出了北纬40°不同朝向各小时的太阳总辐射强度值和透过标准窗玻璃的太阳辐射强度值，供空调负荷计算时选用。其他纬度的太阳辐射强度值可详见《采暖通风与空气调节设计规范》GBJ 19—87。

应用附录11-2和附录11-3时，当地的大气透明度等级，应根据当地夏季大气压力、附录11-4和11-5确定。

当太阳射线照射到非透明的围护结构外表面时，一部分被反射，另一部分被吸收，二者的比例取决于表面材料的种类、粗糙度和颜色。表面愈粗糙，颜色愈深，吸收的太阳辐射热愈多。同一种材料对于不同波长的热辐射的吸收率也是不同的。黑色表面对各种波长的辐射几乎全部吸收，而白色表面对不同波长热辐射的吸收率则显著不同，对于可见光线几乎90%都反射回去，所以在围护结构上刷白或玻璃窗上挂白色窗帘可减少进入室内的太阳辐射热。

各种材料的围护结构外表面对太阳辐射热的吸收系数 ρ 值见附录11-6。

三、室外空气综合温度

由于围护结构外表面同时受到太阳辐射和室外空气温度的热作用，建筑物外表面单位面积上得到的热量为：

$$
\begin{aligned}
q &= \alpha_w(t_w - \tau_w) + \rho J \\
&= \alpha_w\left[\left(t_w + \frac{\rho J}{\alpha_w}\right) - \tau_w\right] \\
&= \alpha_w(t_z - \tau_w)
\end{aligned}
\tag{11-4}
$$

式中 α_w——围护结构外表面与室外空气间的换热系数，$\mathrm{W/(m^2 \cdot K)}$；

t_w——室外空气计算温度，℃；

τ_w——围护结构外表面温度，℃；

ρ——围护结构外表面对太阳辐射的吸收系数；

J——围护结构外表面所受的总的太阳辐射强度，$\mathrm{W/m^2}$。

称 $t_z = t_w + \dfrac{\rho J}{\alpha_w}$ 为综合温度。所谓综合温度，是一个假想的室外温度，它相当于室外气温由原来的 t_w 值增加了一个太阳辐射的等效温度 $\rho J/\alpha_w$ 值。显然这只是为了计算方便所得到的一个相当的室外温度，并非实际的空气温度。

式（11-4）只考虑了来自太阳对围护结构的中短波辐射，没有考虑围护结构外表面与天空和周围物体之间存在的长波辐射。

近年来，对式（11-4）做了如下修改

$$t_z = t_w + \frac{\rho J}{\alpha_w} - \frac{\varepsilon \Delta R}{\alpha_w} \qquad (11-5)$$

式中　ε——围护结构外表面的长波辐射系数；

$\quad\Delta R$——围护结构外表面向外界发射的长波辐射和由天空及周围物体向围护结构外表面的长波辐射之差，W/m^2。

ΔR 值可近似取用：

垂直表面 $\Delta R = 0$

水平面 $\dfrac{\varepsilon \Delta R}{\alpha_w} = 3.5 \sim 4.0℃$

可见，考虑长波辐射作用后，综合温度 t_z 有所下降。

由于太阳辐射强度因朝向而异，而吸收系数 ρ 因外围护结构表面材料而有别，所以一个建筑物的屋顶和各朝向的外墙表面有不同的综合温度值。

【例 11-2】　北京地区某建筑物屋顶吸收系数 $\rho = 0.90$，东墙 $\rho = 0.75$，试计算 14 时作用于屋顶和东墙的室外综合温度。夏季北京大气透明度等级为 4。

【解】　首先计算 14 时室外计算温度 $t_{w,14}$

$$t_{w,14} = t_{wp} + \beta \Delta t_r$$

由附录 11-1 查得：$t_{wp} = 28.6℃$，$\Delta t_r = 8.8℃$

由表 11-1 查得　$\beta = 0.52$

则　　　　　　　　　　$t_{w,14} = 28.6 + 0.52 \times 8.8 = 33.2℃$

由附录 11-2 查得 14 时屋顶（水平面）太阳辐射强度为 $842W/m^2$，东墙太阳辐射强度为 $151W/m^2$，$\alpha_w = 18.6W/(m^2 \cdot ℃)$

根据式(11-5)综合温度为：

屋顶：　　　　　$t_z = 33.2 + \dfrac{842 \times 0.9}{18.6} - 3.5 = 70.4 ℃$

东墙：　　　　　$t_z = 33.2 + \dfrac{0.75 \times 151}{18.6} = 39.3 ℃$

第三节　空调房间冷(热)、湿负荷的计算

一、概述

(一) 得热量和冷负荷的基本概念

在进行建筑物空调冷负荷计算时，首先必须分清两个含义不同而相互又有关联的量，即得热量和冷负荷。

得热量是指某一时刻由室外和室内热源散入房间的热量的总和。按是否随时间变化，得热量分稳定得热和瞬变得热；按性质不同，得热量又可分为显热和潜热，而显热又包括对流热和辐射热两种成分。

瞬时冷负荷是指为了维持室温恒定，空调设备在单位时间内必须自室内取走的热量，也即在单位时间内必须向室内空气供给的冷量。

瞬时得热中以对流方式传递的显热得热和潜热得热部分，直接放散到房间空气中，立刻构成房间瞬时冷负荷。而显热得热中的辐射成分，首先投射到具有蓄热性能的围护结构和

家具等室内物体表面上,并为之所吸收,只有当这些物体表面温度升高到高于室内空气温度后,一部分热量才以对流方式传给室内空气,成为房间滞后冷负荷,另一部分被围护结构所贮存。空调冷负荷应是以上两部分冷负荷之和。

由上可见,任一时刻房间瞬时得热量的总和与同一时间的瞬时冷负荷一般是不相等的,只有当瞬时得热量全部以对流方式传递给室内空气时(如新风和渗透风带入室内的得热量)或围护结构和家具没有蓄热能力的情况下,得热量的数值才等于瞬时冷负荷。

除热量:当空调系统间歇使用时,在停止运转期间室内便产生自然温升,由于空气本身热容量很小,大部分热量被蓄存于围护结构和家具中。一旦重新开启系统,要达到室内规定的温度,则必须增多供冷量。除了上述的冷负荷之外还要增加该自然增温的负荷。这两部分负荷之和即为除热量,工程上常称为开车负荷。

图 11-4 表示一个典型建筑物的西向房间,当其温度保持一定,空调装置连续运行时,进入室内的瞬时太阳辐射热与冷负荷、除热量三者之间的关系。由图可见,实际冷负荷的峰值比太阳辐射热的峰值低,而且出现的时间也迟于太阳辐射热的峰值,围护结构和家具等室内物体的蓄热能力愈强,冷负荷衰减愈大,延迟时间也愈长。围护结构的蓄热能力和其热容量有关,热容量愈大,蓄热能力也愈大,反之则小。

至于灯光照明散热则比较稳定,灯具开启后,大部分热量被蓄存起来,随着照明时间的延续,蓄存的热量就逐渐减少。图 11-5 表示灯光散热量与冷负荷的关系。

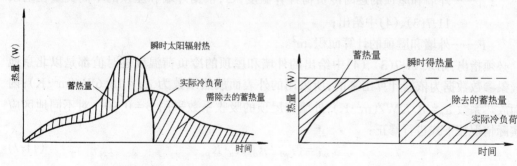

图 11-4　经围护结构进入太阳辐射热
与房间实际冷负荷之关系

图 11-5　一般结构中荧光灯形成的冷负荷

图 11-6 用方块图的形式更清晰地表示出得热量、冷负荷、除热量三者之间的关系。

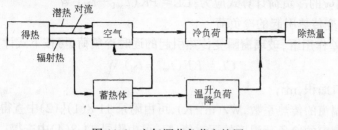

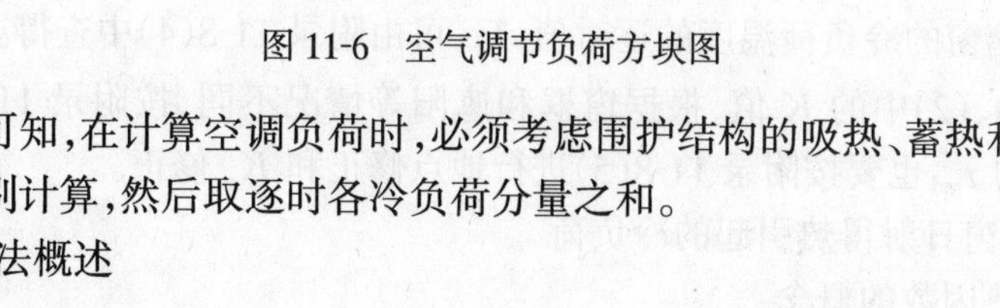

图 11-6　空气调节负荷方块图

由以上分析可知,在计算空调负荷时,必须考虑围护结构的吸热、蓄热和放热效应,按不同性质的得热分别计算,然后取逐时各冷负荷分量之和。

(二) 计算方法概述

我国过去沿用谐波分解法计算围护结构的冷负荷,由于该法与当量温差法有着共同的缺点,即对得热量与冷负荷不加区分,结果计算出的冷负荷量往往偏大,造成设备容量的浪费。

我国在 70~80 年代开展了新计算方法的研究,全国空调负荷计算课题组在 1982 年提出采用冷负荷系数法和谐波反应法计算空调冷负荷。

本书主要介绍便于工程上手算的冷负荷系数法。

二、冷负荷系数法计算空调冷负荷

冷负荷系数法是在传递函数法的基础上为便于在工程中进行手算而建立起来的一种简化计算法。下面就介绍具体计算方法。

(一) 围护结构冷负荷计算方法

1. 外墙和屋面瞬变传热引起的冷负荷

在日射和室外气温综合作用下,外墙和屋面瞬变传热形成的逐时冷负荷可按下式计算:

$$CL = KF(t_{w1} - t_n) \text{ W} \tag{11-6}$$

式中　CL——外墙和屋顶瞬变传热形成的逐时冷负荷,W;

　　K——外墙和屋顶的传热系数,W/(m²·℃),由附录 11-7(1)、(2)中查到;

　　t_n——室内设计温度,℃;

　　t_{w1}——外墙和屋顶的逐时冷负荷计算温度,℃;根据外墙和屋顶的不同类型在附录 11-7(3)、(4)中给出;

　　F——外墙和屋顶的计算面积,m²。

必须指出:附录 11-7(3)、(4)中给出的外墙和屋顶的冷负荷温度逐时值都是以北京地区气象参数数据为依据计算出来的;所采用的外表面放热系数为 $\alpha_w = 18.6 \text{W}/(\text{m}^2 \cdot \text{K})$;内表面放热系数 $\alpha_n = 8.72 \text{W}/(\text{m}^2 \cdot \text{K})$;外墙和屋顶的吸收系数采用 $\rho = 0.90$。对不同地区应按实际情况按下式进行修正:

$$t'_{w1} = (t_{w1} + t_d) K_\alpha \cdot K_\rho \tag{11-7}$$

式中　t_d——地点修正值,见附录 11-7(5);

　　K_α——外表面放热系数修正值,见附录 11-7(6);

　　K_ρ——外表面吸收系数修正值,见附录 11-7(7)。

经修正后,相应的冷负荷计算式应为:$CL = FK(t'_{w1} - t_N) \text{ W}$

2. 玻璃窗瞬变传热引起的冷负荷

在室内外温差作用下,玻璃窗瞬变传热引起的逐时冷负荷,可按下式计算:

$$CL = KF(t_{w1} - t_N) \text{ W} \tag{11-8}$$

式中　F——窗口面积,m²;

　　K——玻璃窗的传热系数,W/(m²·K),可由附录 11-8(1)、(2)中查得;

　　t_{w1}——玻璃窗的冷负荷温度的逐时值,℃,可由附录 11-8(4)中查得。

附录 11-8(1)、(2)中的 K 值,根据窗框和遮阳等情况不同,按附录 11-8(3)加以修正。附录 11-8(4)中的 t_{w1} 也要按附录 11-8(5)进行地点修正和 K_α 修正。

3. 透过玻璃窗日射得热引起的冷负荷

(1) 日射得热因数的概念

透过玻璃窗进入室内的日射得热分为两部分,即透过窗玻璃直接进入室内的太阳辐射热 q_t 和窗玻璃吸收太阳辐射热后传入室内的热量 q_a。两者之和 $(q_t + q_a)$ 称为日射得热因数,用符号 D_J 表示。即

$$D_J = q_t + q_a \tag{11-9}$$

采用 3mm 厚的普通平板玻璃作为"标准玻璃",在一定的条件下($\alpha_n = 8.7$ 和 $\alpha_w = 18.6$ W/($m^2 \cdot K$)),得出夏季 7 月份通过这一"标准玻璃"的日射得热因数 D_J 值。经过大量统计计算工作,得出我国 40 个城市夏季九个不同朝向的逐时日射得热因数值 D_J 及其最大值 $D_{J,max}$。附录 11-9(1)中列出了夏季各纬度带的日射得热因数最大值 $D_{J,max}$。

考虑到在非标准玻璃情况下,以及不同窗类型和遮阳设施对日射得热的影响,需对日射得热因数加以修正,通常乘以 $C_s \cdot C_n$,C_s 为窗玻璃的遮阳系数,C_n 为窗内遮阳设施的遮阳系数。C_s、C_n 可由附录 11-9(2)、(3)中查得。

关于有外遮阳的算法,基本相同,但更为繁琐,此书不再介绍。需用时可查阅有关资料。

(2) 冷负荷计算方法

透过玻璃窗进入室内的日射得热形成的逐时冷负荷,可按下式计算

$$CL = F C_a C_s C_n D_{J,max} C_{cl} \quad \text{W} \tag{11-10}$$

式中 F——窗口面积,m^2;

$\quad C_a$——窗的有效面积系数,由附录 11-9(4)中查得;

$\quad C_s$——窗玻璃的遮阳系数,见附录 11-9(2);

$\quad C_n$——窗内遮阳设施的遮阳系数,见附录 11-9(3);

$\quad D_{J,max}$——日射得热因数的最大值,W/m^2,见附录 11-9(1);

$\quad C_{cl}$——冷负荷系数,以北纬 27°30′ 为界划为南、北两区,其冷负荷系数值见附录 11-9(5)~(8)。

4. 隔墙、楼板等内围护结构传热形成的冷负荷

当空气调节房间与邻室的夏季温差大于 3℃ 时,可按下式计算通过隔墙、楼板等传热形成的冷负荷:

$$CL = K F (t_{ls} - t_N) \quad \text{W} \tag{11-11}$$

式中 CL——内围护结构传热形成的冷负荷,W;

$\quad t_{ls}$——邻室计算平均温度,℃;可按下式计算确定:

$$t_{ls} = t_{wp} + \Delta t_{ls} \tag{11-12}$$

$\quad \Delta t_{ls}$——邻室计算平均温度与夏季空气调节室外计算日平均温度的差值,℃,宜按表 11-2 选用。

温度的差值 表 11-2

邻室散热量	Δt_{ls}(℃)
很少(如办公室和走廊等)	0~2
<23W/m^3	3
23~116W/m^3	5
>116W/m^3	7

式中其他符号意义同前。

对舒适性空调房间,夏季可不计算通过地面传热形成的冷负荷。而工艺性空调房间,有外墙时,宜计算距外墙 2m 范围内的地面传热形成的冷负荷。

(二)室内各种热源形成的冷负荷

233

1．照明散热形成的冷负荷

室内照明设备散热属于稳定得热。照明所散出的热量同样由对流和辐射两种成分组成，照明散热形成的瞬时冷负荷同样低于瞬时得热。

根据照明灯具的类型及安装方式不同，其冷负荷计算公式分别如下：

$$白炽灯 \qquad CL = NC_{cl} \ \text{W} \tag{11-13}$$

$$荧光灯 \qquad CL = n_1 n_2 NC_{cl} \ \text{W} \tag{11-14}$$

式中　N——照明灯具所需功率，W；

　　　n_1——镇流器消耗功率系数，当明装荧光灯的镇流器装在空调房间内时，取 $n_1 = 1.2$；当暗装荧光灯镇流器装设在顶棚内时，可取 $n_1 = 1.0$；

　　　n_2——灯罩隔热系数，当荧光灯罩上部穿有小孔（下部为玻璃板），可取 $n_2 = 0.5 \sim 0.6$；而荧光灯罩无通风孔者，则视顶棚内通风情况，取 $n_2 = 0.6 \sim 0.8$；

　　　C_{cl}——照明散热冷负荷系数，根据明装和暗装荧光灯及白炽灯，按不同的空调设备运行时间和开灯时间及开灯后的小时数，由附录 11-10(1) 中查得。

2．人体散热引起的冷负荷

人体散热与劳动强度、性别、年龄、衣着以及空气温湿度等因素有关。人体散发的总热量中，辐射成分约占 40%，对流成分约占 20%，其余 40% 则为潜热。这一潜热量可以认为是瞬时冷负荷，对流热也形成瞬时冷负荷。至于辐射热与前述各情况相同，形成滞后冷负荷。

由于性质不同的建筑物中有不同比例的成年男子、女子和儿童数量，而成年女子和儿童的散热量低于成年男子。为了计算方便，可以成年男子为基础，乘以考虑了不同建筑内各类成员组成比例的系数，称群集系数，表 11-3 给出了一些数据，可作参考。于是人体散热引起的冷负荷计算式为：

$$CL = \varphi n (q_x C_{cl} + q_q) \ \text{W} \tag{11-15}$$

式中　q_x——不同室温和劳动性质时成年男子的显热散热量，W，见附录 11-10(2)；

　　　q_q——不同室温和劳动性质时成年男子潜热散热量，W，见附录 11-10(2)；

　　　n——室内全部人数，人；

　　　φ——群集系数，见表 11-3；

某些工作场所的群集系数 φ 表 11-3

工作场所	群集系数	工作场所	群集系数
影 剧 院	0.89	旅　馆	0.93
百货商场(售货)	0.89	图书馆、阅览室	0.96
纺 织 厂	0.9	铸造车间	1.0
体 育 馆	0.92	炼钢车间	1.0

　　　C_{cl}——人体显热散热冷负荷系数，见附录 11-10(3)；这一系数取决于人员在室内停留时间及由进入室内时算起至计算时刻为止的时间。

3．设备散热引起的冷负荷

设备、用具等散发的热量包括显热和潜热两部分，潜热散热作为瞬时冷负荷，显热散热

中对流热成为瞬时冷负荷,而辐射热则形成滞后冷负荷。因此,设备和用具散热形成的冷负荷可按下式计算:

$$CL = Q_x C_{cl} + Q_q W \tag{11-16}$$

式中　Q_x——设备和用具的显热散热量,W;

　　　Q_q——设备和用具的潜热散热量,W;

　　　C_{cl}——设备和用具显热散热冷负荷系数。见附录11-10(4)、(5)。

三、空调房间湿负荷的计算

室内湿源包括人体散湿和工艺设备散湿。室内湿源的散湿量即形成空调房间湿负荷。

（一）人体散湿引起的湿负荷

$$W = \varphi n w \quad \text{g/h} \tag{11-17}$$

式中　W——人体散湿量,g/h;

　　　w——每名成年男子的散湿量,g/h,见附录11-10(2)。

式中其他符号意义同前。

（二）其他湿源散湿量

1. 敞开水槽表面散湿量

$$W = w F \quad \text{kg/h} \tag{11-18}$$

式中　w——单位水面蒸发量,kg/(m²·h),见表11-4;

敞开水表面单位蒸发量[kg/(m²·h)]　　　表 11-4

室温 (℃)	室内相对湿度(%)	水 温(℃)								
		20	30	40	50	60	70	80	90	100
20	40	0.286	0.676	1.610	3.270	6.020	10.48	17.80	29.20	49.10
	45	0.262	0.654	1.570	3.240	5.970	10.42	17.80	29.10	49.00
	50	0.238	0.627	1.550	3.200	5.940	10.40	17.70	29.00	49.00
	55	0.214	0.603	1.520	3.170	5.900	10.35	17.70	29.00	48.90
	60	0.190	0.580	1.490	3.140	5.860	10.30	17.70	29.00	48.80
	65	0.167	0.556	1.460	3.100	5.820	10.27	17.60	28.90	48.70
24	40	0.232	0.622	1.540	3.200	5.930	10.40	17.70	29.20	49.00
	45	0.203	0.581	1.500	3.150	5.890	10.32	17.70	29.00	48.90
	50	0.172	0.561	1.460	3.110	5.860	10.30	17.60	28.90	48.80
	55	0.142	0.532	1.430	3.070	5.780	10.22	17.60	28.80	48.70
	60	0.112	0.501	1.390	3.020	5.730	10.22	17.50	28.80	48.60
	65	0.083	0.472	1.360	3.020	5.680	10.12	17.40	28.80	48.50
28	40	0.168	0.557	1.460	3.110	5.840	10.30	17.60	28.90	48.90
	45	0.130	0.518	1.410	3.050	5.770	10.21	17.60	28.80	48.80
	50	0.091	0.480	1.370	2.990	5.710	10.12	17.50	28.75	48.70
	55	0.053	0.442	1.320	2.940	5.650	10.00	17.40	28.70	48.60
	60	0.015	0.404	1.270	2.890	5.600	10.00	17.30	28.60	48.50
	65	−0.033	0.364	1.230	2.830	5.540	9.950	17.30	28.50	48.40
汽化潜热(kJ/kg)		2458	2435	2414	2394	2380	2363	2336	2303	2265

注:制表条件为,水面风速 $v=0.3$m/s;大气压力 $B=101325$Pa,当所在地点大气压力为 b 时,表中所列数据应乘以修正系数 B/b。

F——蒸发表面积,m^2。

2. 地面积水蒸发量

计算方法与水槽蒸发量计算方法相同。

四、冷负荷计算示例

【例 11-3】 天津某办公用楼,位于中间层的一空调房间,外墙结构为框架填充 370mm 砖墙,内外粉刷。南向浅色墙面,面积为 $20m^2$。

南窗为 3mm 厚普通玻璃单层钢窗,窗框面积为 $3m^2$,内挂浅蓝色布帘,室温 $t_n = 25℃$,邻室包括走廊均为全天空调,室内压力稍高于室外大气压力。室内有 40W 荧光灯 4 支,暗装,灯罩有通风小孔,可散热至顶棚,开灯时间为上午 8 时至下午 5 时(包括午休 1 小时)。试计算该房间夏季空调冷负荷及湿负荷。

【解】 (1) 外墙瞬变传热引起的冷负荷

由附录 11-7(1) 中查得内外粉刷 370mm 砖墙系属Ⅱ型,传热系数 $K = 1.50 W/(m^2 \cdot K)$,由附录 11-7(3) 中查得南向逐时冷负荷温度 t_{w1} 值,查附录 11-7(5),天津地区修正系数 $t_d = -0.4℃$。$\alpha_w = 23.3 W/(m^2 \cdot K)$,$\alpha_n = 8.72 W/(m^2 \cdot K)$,外表面放热系数修正值 $K_\alpha = 0.97$ (附录 11-7(6)),外表面吸收系数修正值 $K_\rho = 0.94$(附录 11-7(7))。

则用下列公式计算逐时冷负荷:

$$t'_{w1} = (t_{w1} + t_d) \cdot K_\alpha K_\rho ℃$$

$$CL = KF(t'_{w1} - t_N) \quad W$$

计算 7~17 时的逐时冷负荷,计算结果列入表 11-5。

外墙瞬变传热引起的冷负荷(W)　　　　　　　　　　表 11-5

τ(时)	7	8	9	10	11	12
t_{w1}(℃)	35.0	34.6	34.2	33.9	33.5	33.2
t'_{w1}(℃)	31.5	31.2	30.8	30.5	30.2	29.9
CL(W)	196.3	187.2	175.2	166.1	157.0	148.0

τ(时)	13	14	15	16	17
t_{w1}(℃)	32.4	32.8	32.9	33.1	33.4
t'_{w1}(℃)	29.6	29.5	29.6	29.8	30.1
CL(W)	138.6	135.9	138.9	145.0	154.0

(2) 玻璃窗瞬变传热引起的冷负荷

据 $\alpha_w = 23.3 W/(m^2 \cdot K)$,$\alpha_n = 8.72 W/(m^2 \cdot K)$,查附录 11-8(1) 单层窗玻璃的 $K = 6.34 W/(m^2 \cdot K)$,从附录 11-8(3) 知钢窗有窗帘传热系数修正值为 0.75。故 $K = 6.34 \times 0.75 = 4.76 W/(m^2 \cdot K)$。

由附录 11-8(4) 查取玻璃窗逐时冷负荷计算温度 t_{w1},由附录 11-8(5) 查取天津地区修正系数 $t_d = 0℃$,外表面放热系数修正值 $K_\alpha = 0.97$。

$$t'_{w1} = (t_{w1} + t_d) K_\alpha ℃$$

$$CL = KF(t'_{w1} - t_N) \quad W$$

计算结果列入表 11-6。

玻璃窗瞬变传热引起的冷负荷（W）　　　　　　表 11-6

τ(时)	7	8	9	10	11	12
t'_{w1}(℃)	26.0	26.9	27.9	29.0	29.9	30.8
$t_{w1'}$(℃)	25.2	26.1	27.1	28.1	29.0	29.9
CL(W)	2.9	15.7	30.0	44.3	57.1	70.0
τ(时)	13	14	15	16	17	
t'_{w1}(℃)	31.5	31.9	32.2	32.2	32.0	
$t_{w1'}$(℃)	30.6	30.9	31.2	31.2	31.0	
CL(W)	80.0	84.3	88.5	88.5	85.7	

（3）玻璃窗日射得热引起的冷负荷

由附录 11-9(4)、(2)、(3)查得窗的有效面积系数 $C_a = 0.85$,窗玻璃的遮阳系数 $C_s = 1.0$,窗内遮阳设施的遮阳系数 $C_n = 0.60$。天津纬度为 $39°06'$(附录 11-1),属 $40°$纬度带,由附录 11-9(1)查得,南向 $D_{J,max} = 302W/m^2$,天津在北纬 $27°30'$以北,逐时冷负荷系数 C_{cl}查附录 11-9(6)。

$$CL = FC_aC_sC_nD_{J,max}C_{cl} \quad W$$

计算结果列入表 11-7。

玻璃窗日射得热引起的冷负荷（W）　　　　　　表 11-7

τ(时)	7	8	9	10	11	12
C_{cl}	0.18	0.26	0.4	0.58	0.72	0.84
CL(W)	83.2	120.1	184.8	268.0	332.7	388.1
τ(时)	13	14	15	16	17	
C_{cl}	0.8	0.62	0.45	0.32	0.24	
CL(W)	369.6	286.5	207.9	147.9	110.9	

（4）照明、人体散热引起的冷负荷

镇流器消耗功率系数 $n_1 = 1.0$,灯罩隔热系数 $n_2 = 0.6$,故照明冷负荷

$$CL = n_1n_2NC_{cl} = 1×0.6×4×40C_{cl} = 96C_{cl} \quad W$$

查附录 11-10(1)得照明散热冷负荷系数 C_{cl}。由于开灯时间为 10h,查表时应注意按开灯(7 点)后的小时数查取逐时 C_{cl}。

人在室内工作为极轻活动,查附录 11-10(2),室温 $t_n = 25℃$时,每人的显热和潜热量分别为 $q_x = 65.1W/人$和 $q_q = 68.6W/人$,散湿量 $w = 102g/(h·人)$。由表 11-3 查得群集系数 $\varphi = 0.93$,人数 $n = 6$。

由于人在室内时间为 9h,上午 8 时进入室内,故应按进入室内后小时数查取逐时冷负荷系数 C_{cl}(附录 11-10(3))。

$$CL = \varphi n(q_xC_{cl} + q_q) = 0.93×6×(65.1C_{cl} + 68.6) = 363.3C_{cl} + 382.8 \quad W$$

照明、人体冷负荷逐时值见表 11-8。

照明、人体散热引起的冷负荷(W) 表 11-8

τ(时)	7	8	9	10	11	12
照明 C_{cl}	0.34	0.55	0.61	0.65	0.68	0.71
照明 CL(W)	32.6	52.8	58.6	62.4	65.3	68.2
人体 C_{cl}	0.07	0.06	0.53	0.62	0.69	0.74
人体 CL(W)	408.2	404.6	575.3	608	633.5	651.6
τ(时)	13	14	15	16	17	
照明 C_{cl}	0.74	0.77	0.79	0.81	0.83	
照明 CL(W)	71.0	73.9	75.8	77.8	79.7	
人体 C_{cl}	0.77	0.80	0.83	0.85	0.87	
人体 CL(W)	662.5	673.4	684.3	691.6	698.9	

各分项冷负荷汇总见表 11-9。

各分项冷负荷汇总表(W) 表 11-9

τ(时)	7	8	9	10	11	12	13	14	15	16	17
外墙 CL	196.3	187.2	175.2	166.1	157.0	148.0	138.6	135.9	138.9	145.0	154.0
窗传热 CL	2.9	15.7	30.0	44.3	57.1	70.0	80.0	84.3	88.5	88.5	85.7
窗日射 CL	83.2	120.1	184.8	268.0	332.7	388.1	369.6	286.5	207.9	147.9	110.9
照明 CL	32.6	52.8	58.6	62.4	65.3	68.2	71.0	73.9	75.8	77.8	79.7
人体 CL	408.2	404.6	575.3	608	633.5	651.6	662.5	673.4	684.3	691.6	698.9
ΣCL	723.2	780.4	1023.9	1148.8	1245.6	1325.9	1322	1254	1195.4	1150.8	1129.2

不难看出,室内冷负荷综合最大值出现在 12h,其值为 1325.9W,故以此值作为该房间夏季空调冷负荷。

(5) 人体散湿量

$$W = \varphi n w = 0.93 \times 6 \times 102 = 569.16 \text{ g/h}$$

由于室内只有人体散湿,故该房间湿负荷即为 569.16 g/h。

五、计算机计算空调冷负荷概述

进入 20 世纪中期以后,计算机技术得到了迅速发展,计算机的运行速度及容量越来越大,在许多行业中,数据的处理大多利用了计算机这一先进的计算工具。空调冷负荷的计算也不例外,在 20 世纪 60 年代后期,计算机已经应用于空调的冷负荷计算中。

计算机计算冷负荷的特点有:

1. 加强了对过程的研究分析,以动态分析法取代传统的静态方法,使计算更加精确化。

2. 最优化方法的应用,确定最佳工况,完成最佳设计,大大提高了工程质量。

3. 对冷负荷计算过程的数学模拟方法逐步取代实验模拟方法,可以节省大量人力物力。

4. 计算机计算速度的提高,大大加快工作进度,提高了工作效率。

(一) 冷负荷计算方法分析

1. 传统计算方法的特点

建筑物在夏季的得热量是多方面的,有建筑物围护结构得热量和其他得热量。在计算中,建筑物围护结构,窗对太阳辐射的反射、吸收和透射,室内设备、照明和人员的变化等冷负荷都被"固化"了,即固定为某一些计算因子,也就是以稳态热传递的形式计算。即使如此,由于建筑物冷负荷的制约因素太多,在计算时,也是非常复杂的,往往使设计人员在设备管道选择之前,就已经筋疲力尽,这样还忽略了许多散热因素,往往使计算的冷负荷偏离运行冷负荷一较大的数值。

如果利用该数值,深入研究实际能耗,房间热特性及其经济效益,建筑物的节能问题等等。都必须分析实际的运行负荷,例如朝向问题的影响;各种不同围护结构材料、厚度以及组合方式等的选择;空调系统的间歇运行等等都应以运行负荷的计算和分析为基础。

2．动态冷负荷计算机计算技术

计算机计算技术,使动态冷负荷计算方法成为可能。它既可以计算设计冷负荷,又可以计算运行冷负荷。当然运行冷负荷计算要求对室外气象条件和运行条件等进行更详细的模拟,计算方法也更加严格。如表 11-10 所示为某研究机构设计冷负荷计算和运行冷负荷计算的主要区别。

设计冷负荷计算与运行冷负荷计算的主要区别　　　　　　　　　　　表 11-10

序号	计算内容	设计冷负荷计算	运行冷负荷计算
1	气象条件	按一定极值条件和变化线型构成标准天	采用标准年的逐时气象记录
2	太阳辐射	假定无云	按实际情况计算云遮作用
3	透过玻璃窗的得热	以标准玻璃为基础,用遮阳系数进行修正	通过多层窗的反射、透射进行计算
4	外表面换热系数	采用常数值	根据风速、风向和外表面种类进行计算
5	日期类别	只考虑工作日	区分周末和节假日
6	计算周期	通常取 7 天	按要求的周期长度计算

六、常用冷负荷计算机方法

冷负荷计算机计算方法有许多,最常用的有热平衡方程法和权重系数法。

1．利用热平衡方程法计算冷负荷

该方法具有以下特点:(1)计算是建立在严格的数学模型基础上,把室外、围护结构、室内三个部分和辐射、传导、对流三种传热方式统一地动态地综合考虑。这种方法的物理概念清楚;(2)热平衡方程法计算冷负荷,既可以进行设计冷负荷计算,也可以利用标准年的逐时气象资料进行运行冷负荷的计算和能量分析。针对传统的稳态设计冷负荷计算方法偏差太大的实际问题,热平衡方程法计算冷负荷是解决这一矛盾的基本方法。对于运行冷负荷和能量分析问题,热平衡方程法可以提供比较的标准以及近似方法中所使用的特性参数等;(3)热平衡方程法计算冷负荷,既可以进行日常工程设计冷负荷计算,又可以进行建筑热工研究。通过计算机对房间热过程的详细模拟,可以非常方便地分析围护结构各个部分(屋面、墙体、门窗等)和室内外一切动态因素(气象、太阳辐射、照明、设备和人体等)对房间气温和冷负荷的影响,这样就对设计方案比较和优化奠定了科学基础,同时也可以进行与建筑物冷负荷有关的各结构因素、运行制度、蓄热节能等等的分析研究。

2．利用"权重系数法"(即房间传递函数法)计算冷负荷

权重系数法计算冷负荷最大的优点在于,它能方便地处理任意变化的边界条件问题,方便地求出室内气温和室外气温在任意变化的情况下,墙体热传导的热流,方便地求取建筑物冷负荷这一离散系统(即对外扰和反应使用的间隔采样值)。

权重系数法计算冷负荷是近似方法的一种,它是在精确的热平衡法的基础上派生出来

的,它对季节性或全年冷负荷分析是较常用的方法之一。但对设计冷负荷计算则不是很常用的方法。

第四节　建筑空调冷、热负荷的概算指标

在实际工程设计中,有时要求对建筑物空调负荷作预先估计,以便估算设备容量和投资费用。或按计算公式确定建筑空调冷、热负荷时,计算条件不具备,亦可采用估算法,本书介绍用建筑物的单位面积负荷指标法估算建筑物空调负荷。

各种建筑物的冷热负荷概算指标(即建筑物单位面积冷热指标)见表 11-11。

各种建筑物的冷热负荷概算指标　　　　　　　　　　　　表 11-11

序　号	建筑类型和房间名称	冷负荷(W/m^2)	热负荷(W/m^2)
1	旅馆、宾馆、饭店		60~70
	客房(标准层)	80~110	
	酒吧、咖啡室	100~180	
	西餐厅	160~200	
	中餐厅、宴会厅	180~350	
	商店、小卖部	100~160	
	中庭、接待	90~120	
	小会议室(允许少量吸烟)	200~300	
	大会议室(不允许吸烟)	180~280	
	理发、美容	120~180	
	健身房、保龄球	100~200	
	弹子房	90~120	
	室内游泳池	200~350	
	舞厅(交谊舞)	200~250	
	舞厅(迪斯科)	250~350	
	办公室	90~120	
2	办公楼(全部)	90~115	60~80
	超高层办公楼	105~145	70~85
3	百货大楼、商场		60~80
	底　层	250~300	
	二层或以上	200~250	
4	超级市场	150~200	60~80
5	医　院		65~80
	高级病房	80~110	
	一般手术室	100~150	
	洁净手术室	300~450	
	X光、CT、B超诊断室	120~150	
6	影　剧　院		80~90
	舞台(剧院)	250~350	
	观　众　厅	180~350	
	休息厅(允许吸烟)	300~350	
	化　妆　室	90~120	

序　号	建筑类型和房间名称	冷负荷(W/m²)	热负荷(W/m²)
7	体　育　馆		120～150
	比　赛　馆	120～300	
	观众休息厅(允许吸烟)	300～350	
	贵　宾　室	100～120	
8	展览厅、陈列室	130～200	90～120
9	会堂、报告厅	150～200	120～150
10	图书馆(阅览)	75～100	50～75
11	公寓、住宅	80～90	45～70

　　将冷负荷概算指标乘以建筑物的空调面积,即得空调系统的总冷负荷的估算值。对于设空调系统的建筑物,冬季热负荷可按采暖热负荷指标估算后,再乘以空调系统冬季室外新风量被加热的系数1.3～1.5。

　　按表11-11取值时,若总建筑面积大,外围护结构热工性能好,窗户面积小,采用较小的指标;若总建筑面积小,外围护结构热工性能差,窗户面积大,采用较大的指标。

习　题

　　1. "设计规范"对空调室内外空气计算参数有何规定?

　　2. 建筑物表面受到的太阳辐射总照度包括哪几种辐射照度?

　　3. 写出综合温度的含义和表达式。

　　4. 说明空调房间的夏季得热量与冷负荷的区别,为什么存在这种区别?

　　5. 在确定冬、夏季空调设计负荷时,其计算方法是否相同? 区别在哪里?

　　6. 试计算建于本市某四层办公楼的空调冷负荷及湿负荷。

　　室内设计温度为27℃,在此办公楼内每层平均有80人工作,全楼共有320人工作。工作时间为上午8时至下午5时。窗上无内外遮阳。新鲜空气由机房集中补充,经由各房间的窗缝排出,因室内压力高于室外,所以不计算由于窗缝渗透引起的空调冷负荷。

　　建筑物围护结构各部分的面积如下:

　　(1) 屋面:70mm混凝土屋面板加110mm加气混凝土保温层,464.76m²;

　　(2) 地面:464.76m²;

　　(3) 外墙:内抹灰370mm砖墙,南墙为391.56m²,东墙134m²,西墙134m²,北墙为170m²,东窗40m²,西窗40m²,北窗为120m²,窗的总面积为370m²。

第十二章　空气调节过程

在空气调节过程中,需将不同来源、不同状态的定量空气进行某些过程的处理,使其达到一定的送风状态,来消除室内的余热、余湿,以满足空调房间的要求。

第一节　空调房间送风状态和送风量的确定

一、夏季送风状态和送风量的确定

图 12-1 为一空调房间的送风示意图。室内余热量(即室内冷负荷)为 $Q(\mathrm{kW})$,余湿量为 $W(\mathrm{kg/s})$,送入 $G(\mathrm{kg/s})$ 的空气,吸收室内余热、余湿后,其状态由 $S(i_S, d_S)$ 变为室内空气状态 $N(i_N, d_N)$,然后排出室外。

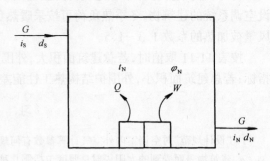

图 12-1　空调房间送风示意图

根据总热平衡:

$$Gi_S + Q = Gi_N$$

或

$$i_N - i_S = \frac{Q}{G} \tag{12-1}$$

根据湿平衡:

$$G\frac{d_S}{1000} + W = G\frac{d_N}{1000}$$

或

$$\frac{d_N - d_S}{1000} = \frac{W}{G} \tag{12-2}$$

由于送风量同时吸收室内余热余湿,则根据式(12-1)和式(12-2)

$$G = \frac{Q}{i_N - i_S} = \frac{W}{\dfrac{d_N - d_S}{1000}} \tag{12-3}$$

或

$$\frac{Q}{W} = \frac{i_N - i_S}{\dfrac{d_N - d_S}{1000}} = \varepsilon \tag{12-4}$$

式(12-4)代表了空气从状态 S 吸收余热、余湿后变到状态 N 的角系数。

由上看出,送风状态 S 在余热 Q、余湿 W 作用下,在 i-d 图上是沿着过 N 点 $\varepsilon = \dfrac{Q}{W}$ 的过程线变化到室内状态 N 的。

由式(12-3)可以看出,当室内空气状态点 N 已确定,Q 和 W 已知时,只要在经过 N 点作出的 $\varepsilon = \dfrac{Q}{W}$ 线上确定出 S 点,送风量 G 即可求得。见图 12-2 所示。送风状态点 S 的位置可以在 N 点以下,L 点以上的 ε 线上的任何一点。

送风量的大小直接关系到处理和输送空气设备的投资和运行费用的大小。也会影响到

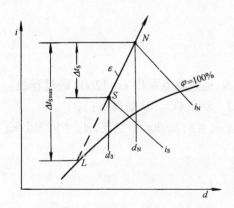

图 12-2　室内送风状态变化过程

空调房间参数分布的均匀性和稳定性。送风量大,空气处理设备和输送设备都相应地增大,因此投资和运行费用就大,不经济。从效果上看,当风量大时,送风温度与室内温差就小。此时室内温度分布的均匀性和稳定性较好。而送风量小时,则会得到相反的结果。

空调系统的夏季送风温差 $\Delta t_S = t_N - t_S$,应根据送风口类型、安装高度和气流射程长度以及是否贴附等因素确定。在满足舒适和工艺要求的条件下,应尽量加大送风温差。舒适性空调,送风高度小于或等于 5m 时,不宜大于 10℃,送风高度大于 5m 时,不宜大于 15℃,工艺性空调,宜按表 12-1 采用。

送风温差与换气次数　　　　　　　　表 12-1

室温允许波动范围(℃)	送风温差 Δt_S(℃)	换气次数 n(次/h)
±0.1~0.2	2~3	12(工作时间不送风的除外)
±0.5	3~6	8
±1.0	6~10	5(高大房间除外)
>±1.0	≤15	

换气次数是通风和空调工程中常用来衡量送风量的指标。其定义是:房间送风量 L(m^3/h)和房间体积 V(m^3)的比值,常写作

$$n = \frac{L}{V} \quad (次/h)$$

采用表 12-1 推荐的送风温差所算的送风量折合成换气次数应大于表 12-1 推荐的 n 值。

对于洁净度要求较高的洁净室,换气次数不受此限。

选定送风温差后,即可按以下步骤确定送风状态和送风量。

(1) 在 i-d 图上找出室内空气状态点 N;

(2) 根据算出的余热 Q 和余湿 W 求出热湿比 $\varepsilon = \dfrac{Q}{W}$,并通过 N 点画出过程线 ε;

(3) 根据室温允许波动范围按表 12-1 选定送风温差 Δt_S,求出送风温度 t_S,过 t_S 的等温线和过程线 ε 的交点即为送风状态点;

(4) 按式(12-3)计算送风量。

【例 12-1】　某空调房间冷负荷 Q = 3314W,湿负荷 W = 0.264g/s,室内空气状态参数为:$t_N = 22 \pm 1℃$,$\varphi_N = 55\% \pm 5\%$,当地大气压力为 101325Pa,求送风状态和送风

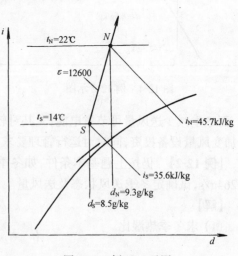

图 12-3　例 12-1 示图

量。

【解】

(1) 求热湿比 $\varepsilon = \dfrac{Q}{W} = \dfrac{3314}{0.264} = 12600$；

(2) 在 i-d 图上(图 12-3)确定室内空气状态点 N，通过该点画出 $\varepsilon = 12600$ 的过程线。

(3) 取送风温差为 $\Delta t_S = 8℃$，则送风温度 $t_S = 22 - 8 = 14℃$。从而得出：

$i_S = 35.6$kJ/kg 干空气，$i_N = 45.7$kJ/kg 干空气，$d_S = 8.5$g/kg 干空气，$d_N = 9.3$kJ/kg 干空气

(4) 计算送风量

按消除余热：

$$G = \frac{Q}{i_N - i_S} = \frac{3314 \times 10^{-3}}{45.7 - 35.6} = 0.33 \text{ kg/s}$$

按消除余湿：

$$G = \frac{W}{d_N - d_S} = \frac{0.264}{9.3 - 8.5} = 0.33 \text{ kg/s}$$

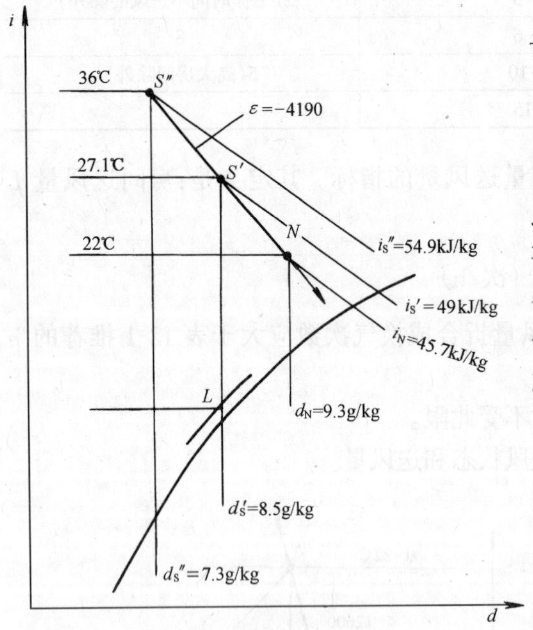

图 12-4　例 12-2 示图

按消除余热和余湿所求送风量相同，说明计算无误。

二、冬季送风状态及送风量

在冬季，通过围护结构的温差传热往往是由内向外传递，只有室内热源向室内散热，因此，冬季室内余热量往往比夏季少得多，有时甚至为负值。而余湿量冬夏一般相同。这样，冬季房间的热湿比常小于夏季，也可能是负值。所以冬季送风温度 t_S' 应高于夏季，接近或高于室温 t_N，而 $i_S' > i_N$(见图 12-4)。

送热风时送风温差可比送冷风时大，所以冬季送风量可比夏季小。当然，冬季送风量也必须满足最小换气次数的要求，同时送风温度不应超过 45℃。

空调送风量是先确定夏季送风量，冬季可采取与夏季送风量相同，也可以低于夏季送风量。全年采用固定送风量运行方便，但耗能较大；而冬季减少送风量可节省电能，尤其对较大的空调系统减少风量经济意义更突出，但需增加变风量设备投资，同时对运行管理要求也较高。

【例 12-2】　仍按上题基本条件，如冬季热负荷(耗热量) $Q = -1.105$kW，散湿量 $W = 0.264$g/s，试确定冬季送风状态及送风量。

【解】

(1) 求冬季热湿比

$$\varepsilon = \frac{-1.105}{0.264 \times 10^{-3}} = -4190$$

(2) 如果全年送风量不变,由于冬夏室内散湿量相同,则冬季送风含湿量与夏季相同,即

$$d'_S = d_S = 8.5 \text{g/kg} \text{ 干空气}$$

在 $i\text{-}d$ 图上过 N 点作 $\varepsilon = -4190$ 的过程线(图 12-4),与 8.5g/kg 干空气的等含湿量线的交点即为冬季送风状态点 S'。则 $i'_S = 49.05 \text{kJ/kg}$ 干空气,$t'_S = 27.1℃$。

另一种解法是,送风状态参数可由计算求得,即

$$i'_S = i_N + \frac{Q}{G} = 45.7 + \frac{1.105}{0.33} = 49.05 \text{ kJ/kg} \text{ 干空气}$$

将 $i'_S = 49.05$,$d'_S = 8.5$ 代入式 $i'_S = 1.01t'_S + (2500 + 1.84t'_S)d'_S/1000$ 中得 $t'_S = 27.1℃$。

若冬季希望减少送风量,则需提高送风温度,例如令送风温度 $t''_S = 36℃$,则 $t''_S = 36℃$ 的等温线与 $\varepsilon = -4190$ 过程线的交点 S'' 即为新的送风状态点,$i''_S = 56.1 \text{kJ/kg}$ 干空气,$d''_S = 7.3 \text{g/kg}$ 干空气,送风量则为

$$G = \frac{-1.105}{45.7 - 56.1} = 0.106 \text{kg/s} = 382 \text{ kg/h}$$

第二节　空气处理过程及处理方案

为了满足空调房间送风的温、湿度要求,在空调系统中必须有相应的热湿处理设备,通过各种处理方法(如对空气的加热或冷却、加湿或减湿),达到所要求的送风状态。

一、空气热湿处理的途径

从图 12-5 所示 $i\text{-}d$ 图分析可见,在空调系统中,为得到同一送风状态点,可能有不同的空气处理途径。对于完全使用室外新风的空调系统,一般夏季需对室外空气进行冷却减湿处理,而冬季需对空气进行加湿加热处理。假设夏季室外空气状态点为 W,而冬季室外空气状态点为 W',若分别要处理到送风状态点 S 时,则可能有图 12-5 所示的各种空气处理方案。表 12-2 是对这些空气处理方案的简要说明。

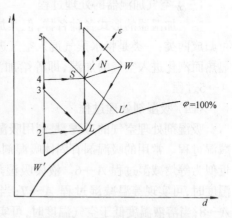

图 12-5　空气处理的各种途径

表 12-2 中列举的各种空气处理途径都是一些简单的空气处理过程的组合。由此可见,可以通过不同的途径,即采用不同的空气处理方案得到同一种送风状态。至于采用哪种途径,应根据具体情况结合各种空气处理方案和使用设备的特点,经过技术经济分析比较来确定。

二、空气热、湿处理的过程

(一) 空气加热器的处理过程

季　　节	空气处理途径	处理方案说明
夏　　季	(1) $W{\rightarrow}L{\rightarrow}S$	喷水室喷冷水(或用表面冷却器)冷却减湿→加热器加热
	(2) $W{\rightarrow}1{\rightarrow}S$	固体吸湿剂减湿→表面冷却器等湿冷却
	(3) $W{\rightarrow}S$	液体吸湿剂减湿冷却
冬　　季	(1) $W'{\rightarrow}2{\rightarrow}L{\rightarrow}S$	加热器预热→喷蒸汽加湿→加热器再加热
	(2) $W'{\rightarrow}3{\rightarrow}L{\rightarrow}S$	加热器预热→喷水室绝热加湿→加热器再加热
	(3) $W'{\rightarrow}4{\rightarrow}S$	加热器预热→喷蒸汽加湿
	(4) $W'{\rightarrow}L{\rightarrow}S$	喷水室喷热水加热加湿→加热器再加热
	(5) $W'{\rightarrow}5{\overset{L'}{\underset{5}{\gt}}}S$	加热器预热→部分喷水室绝热加湿→与另一部分未加湿的空气混合。

　　常用的空气加热器有表面式加热器(热媒为热水或蒸汽)和电加热器。空气加热器的处理过程为等湿加热过程,在 $i\text{-}d$ 图上为一垂直向上的直线 $A{\rightarrow}1$(见图 12-6)。

　　(二) 空气冷却器的处理过程

　　空气冷却器是一种管内通冷媒,管外冷却空气的表面式换热器。空气冷却器冷却空气时,使用高于空气露点温度的冷媒,可实现等湿冷却(干冷)过程 $A{\rightarrow}2$;使用低于露点温度的冷媒,则可实现冷却减湿(湿冷)过程 $A{\rightarrow}3$。

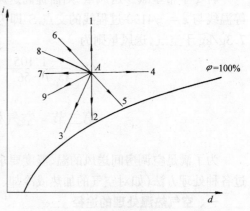

图 12-6　空气处理过程的 $i\text{-}d$ 图

　　(三) 空气加湿器的处理过程

　　空气加湿器的形式各种各样,但其加湿方法可归成两类:一类是将水蒸气混入空气进行加湿,即等温加湿;一类是由于水吸收空气中的显热而汽化进入空气的加湿,即等焓加湿。它们的加湿方法在图 12-6 上分别为 $A{\rightarrow}4$ 和 $A{\rightarrow}5$过程。

　　(四) 吸湿剂处理过程

　　吸湿剂处理空气的过程,是利用吸湿剂吸收水蒸气,使空气与吸湿剂直接接触实现空气减湿过程。常用的吸湿剂有固体吸湿剂和液体吸湿剂两大类。固体吸湿剂处理空气的过程近似为等焓减湿过程 $A{\rightarrow}6$。液体吸湿剂处理空气可实现三种过程,当溶液温度等于空气温度时,可实现等温减湿过程 $A{\rightarrow}7$;当溶液温度高于空气温度时,可实现升温减湿过程 $A{\rightarrow}8$;当溶液温度低于空气温度时,可实现降温减湿过程 $A{\rightarrow}9$。

　　(五) 喷水室处理过程

　　1. 喷水室中空气与水热、湿交换原理

　　空气与水直接接触时,根据水温不同,可能仅发生显热交换,也可能既有显热交换又有潜热交换,即同时伴有质交换(湿交换)。

　　显热交换是空气与水之间存在温差时,由导热、对流和辐射作用而引起的换热结果。潜热交换是空气中的水蒸气凝结(或蒸发)而放出(或吸收)汽化潜热的结果。总热交换是显热

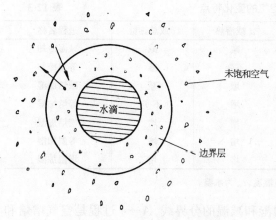

图 12-7　空气与水的热湿交换

交换和潜热交换的代数和。

如图 12-7 所示,当空气与喷水室中飞溅水滴表面接触时,由于水分子作不规则运动的结果,在贴近水表面处存在一个温度等于水表面温度的饱和空气边界层,而且边界层的水蒸气分压力取决于水表面温度。空气与水之间的热湿交换和远离边界层的空气(主体空气)与边界层内饱和空气间温差及水蒸气分压力差的大小有关。

如果边界层内空气温度高于主体空气温度,则由边界层向周围空气传热;反之,则由主体空气向边界层传热。

如果边界层内空气水蒸气分压力大于主体空气的水蒸气分压力,则水蒸气分子将由边界层向主体空气迁移;反之,则水蒸气分子将由主体空气向边界层迁移。所谓"蒸发"与"凝结"现象就是这种水蒸气分子迁移的结果。在蒸发过程中,边界层中减少的水蒸气分子由水面跃出的水分子补充;在凝结过程中,边界层中过多的水蒸气分子将回到水面。根据传热原理,与湿交换过程同时产生的是潜热交换。

如上所述,温差是热交换的推动力,而水蒸气分压力差则是湿(质)交换推动力。在喷水室中就是利用上面这些热、湿交换客观规律来处理空气的。

2. 喷水室中空气处理过程

在喷水室中,用不同温度的水(水温低于 100℃)去喷淋空气时,紧贴水滴表面上薄的饱和空气层中的水蒸气分压力也就不同,因而可获得不同的空气处理过程。

空气与水直接接触时的热湿交换过程,可以看做是主体空气与边界层空气不断混合的过程。因为空气流过水滴表面时,就会把紧贴在水滴表面的饱和空气层的一部分空气带走,同时又形成新的饱和空气层。这样,饱和空气层中的饱和空气不断地混入主体空气中,使整个空气状态发生变化。所以,我们可以把空气与水的热湿交换过程看做是两种空气的混合过程。在 i-d 图上,混合后的状态点应该位于连接空气初状态和该水温下饱和状态点的直线上。显然,达到饱和的空气愈多,空气的终状态点愈靠近饱和状态点。为分析方便起见,假定与空气接触的水量无限大,接触时间又无限长,即在所谓假想条件下,全部空气都能达到具有水温的饱和状态点。也就是说,此时空气的终状态点将位于 i-d 图的饱和曲线上,且空气终温将等于水温。与空气接触的水温不同,空气的状态变化过程也将不同。所以在上述假想条件下,随着水温不同可以得到图 12-8 所示的七种典型空气状态变化过程。表 12-3 列举了这七种典型过程的特点。

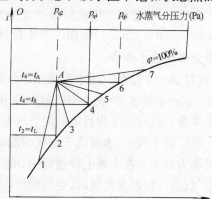

图 12-8　喷水室处理过程(假想条件下)

过程线	水温特点	t 或显热	d 或潜热	i 或总热量	过程名称
A—1	$t_w < t_l$	减	减	减	减湿冷却
A—2	$t_w = t_l$	减	不变	减	等湿冷却
A—3	$t_l < t_w < t_s$	减	增	减	减焓加湿
A—4	$t_w = t_s$	减	增	不变	等焓加湿
A—5	$t_s < t_w < t_A$	减	增	增	增焓加湿
A—6	$t_w = t_A$	不变	增	增	等温加湿
A—7	$t_w > t_A$	增	增	增	增温加湿

注：表中 t_A、t_s、t_l 为空气的干球温度、湿球温度和露点温度，t_w 为水温。

在上述七种过程中，$A \to 2$ 过程是空气增湿和减湿的分界线，$A \to 4$ 过程是空气增焓和减焓的分界线，而 $A \to 6$ 过程是空气升温和降温的分界线。下面用热湿交换理论简单分析上面列举的七种过程。

(1) $A \to 1$ 过程　用水温低于空气露点温度的冷水喷淋空气时，发生 $A \to 1$ 过程。此时，由于 $t_w < t_l < t_A$ 和 $p_{q1} < p_{qA}$，所以空气被冷却和干燥。水蒸气凝结时放出的热亦被水带走。

(2) $A \to 2$ 过程　用水温等于空气露点温度的冷水喷淋空气时，发生 $A \to 2$ 过程。此时由于 $t_w < t_A$ 和 $p_{q2} = p_{qA}$，所以空气被等湿冷却，温度和焓降低。

(3) $A \to 3$ 过程　用水温介于空气湿球温度与露点温度之间的冷水喷淋空气时，发生 $A \to 3$过程。此时由于 $t_w < t_A$ 和 $p_{q3} > p_{qA}$，空气被冷却和加湿。

(4) $A \to 4$ 过程　用水温等于空气的湿球温度的水喷淋空气，发生 $A \to 4$ 过程。此时由于等湿球温度线与等焓线相近，可以认为空气状态沿等焓线变化而被加湿。在该过程中总热交换量近似为零，而且 $t_w < t_A$，$p_{q4} > p_{qA}$，说明空气的显热量减少、潜热量增加，二者近似相等。可以认为，水蒸发所需热量取自空气本身。空气状态的变化是等焓加湿过程。

(5) $A \to 5$ 过程　用水温高于空气湿球温度而低于空气干球温度的水喷淋空气，发生 $A \to 5$过程。此时由于 $t_w < t_A$ 和 $p_{q5} > p_{qA}$，空气被加湿和冷却。水蒸发所需热量部分来自空气，部分来自水。在此过程中，因空气潜热量的增加大于显热量的减少，所以总的来说，空气的焓增加，但温度却下降了。

(6) $A \to 6$ 过程　用水温等于空气的干球温度的水喷淋空气，发生 $A \to 6$ 过程。此时由于 $t_w = t_A$ 和 $p_{q6} > p_{qA}$，说明不发生显热交换，空气状态变化过程为等温加湿。水蒸发所需热量全部来自水本身。

(7) $A \to 7$ 过程　用水温高于空气的干球温度的水喷淋空气，发生 $A \to 7$ 过程。此时，由于 $t_w > t_A$ 和 $p_{q7} > p_{qA}$，空气被加热和加湿。水蒸发所需热量及加热空气的热量均来自于水本身。以冷却水为目的的湿空气在冷却塔内发生的过程也是这种过程。

在空调工程中，水温高于空气的湿球温度一般就称为热水；水温低于空气的湿球温度一般就称为冷水。在上述七种过程中，前三种被水处理时，空气的焓均降低，通常称作冷水处理空气；后三种被水处理时，空气的焓均增加，通常称作热水处理空气；而第四种处理空气过程，近似地认为空气的焓不变，因此水温也是始终不变的，其温度等于空气的湿球温度。我们只要在喷水室中将喷淋水循环使用，就能实现这一过程。

和上述假想条件不同,如果空气处理设备中空气与水的接触时间足够长,但水量是有限的,即所谓理想过程,除 $t_w = t_s$ 的热湿交换过程外,水温都将发生变化,同时空气状态变化过程也就不是一条直线。如在 i-d 图上将整个变化过程依次分段进行考察,则可大致看出曲线形状。

实际上,空气与水直接接触时,接触时间也是有限的。因此空气状态的实际变化过程既不是直线,也难于达到与水的终温(顺流)或初温(逆流)相等的饱和状态,只能达到 $\varphi = 90\% \sim 95\%$。习惯上我们把这种经过喷水室处理后的空气状态称为"机器露点"。

尽管空气在喷水室中的状态变化过程并不是直线,但因在实际工程中人们关心的只是空气处理的结果,而并不关心空气状态变化的轨迹,所以在已知空气终状态时仍可用连接空气初、终状态点的直线来表示空气状态的变化过程。

第三节 集中式空气调节过程

前面介绍了空气热湿处理的方法及处理过程。实际工程中,空气的处理往往是由几个过程,按先后顺序连续进行而实现的。为了达到同一送风状态,可以采用不同的处理过程和不同的处理顺序。即可以采用不同的空气调节方案。

集中式空气调节系统按处理空气的来源分全新风、全回风和新回风混合式三种形式。当处理空气的来源不同时,其调节方案也不同。对于全新风空气调节方案见本章第二节,下面主要介绍全回风和新、回风混合调节方案。

一、全回风处理方案

全回风即空调系统送风全部取自空调房间,经过处理后,再送回房间。

1. 图 12-9 为全回风夏季处理方案

方案Ⅰ:空调房间回风直接送入喷水室或表面冷却器进行冷却减湿处理到露点 L,然后再经表面式加热器加热到送风状态点 S 后,送入室内,即

$$N \xrightarrow{\text{冷却减湿}} L \xrightarrow{\text{等湿加热}} S \overset{\varepsilon}{\rightsquigarrow} N$$

方案Ⅱ:空调房间回风经喷水室或表面冷却器直接冷却减湿到 L_1' 点后送入室内,即

$$N \xrightarrow{\text{冷却减湿}} L_1' \overset{\varepsilon}{\rightsquigarrow} N$$

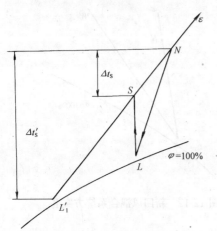

图 12-9 夏季全回风处理方案

这两种处理方案的共同优点是露点 L 易控制。前一方案由于冷却以后又加热,重复耗能,故耗能较大。但是,经过加热以后的送风温差 Δt_S 较小,可以满足较高精度空调房间的要求。后一种方案直接采用露点 L_1' 送风,与前一方案比较,节省了重复耗能。但送风温差 $\Delta t'_S$ 较大,故空调精度较差。同时露点降低,将导致制冷机效率下降。

2. 图 12-10 为冬季全回风处理方案。

方案Ⅲ:回风经喷水室或表面冷却器冷却减湿处理到露点 L' 后再经表面式加热器加

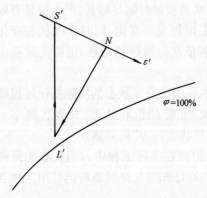

图 12-10　冬季全回风处理方案

热至送风状态点 S' 后,送入室内,即

$$N \xrightarrow{\text{冷却减湿}} L' \xrightarrow{\text{等湿加热}} S' \overset{\varepsilon'}{\rightsquigarrow} N$$

这种方案也存在重复耗能。

全回风处理方案的最大优点是耗能最低,但卫生效果最差。故只允许在特殊场合使用,如仓库等。

二、新回风混合处理方案

这种处理方案的空调送风是由一部分新风和一部分回风组成的。这样既能满足房间对新风的要求(卫生要求),又能达到节能的目的。目前常用的方案有以下几种。

1. 夏季处理方案

方案 I : 室外空气先与空调房间回风混合,然后送入喷水室或表面冷却器进行冷却减湿处理到露点 L,再经表面加热器加热到送风状态点 S 后,送入室内,即(图 12-11)。

$$\begin{matrix} W \\ N \end{matrix} > \xrightarrow{\text{混合}} C \xrightarrow{\text{冷却减湿}} L \xrightarrow{\text{等湿加热}} S \overset{\varepsilon}{\rightsquigarrow} N$$

这种方案的优点是有效的利用了回风,节省了一部分冷量。

采用这种方案的空调系统常被称为一次回风系统。

方案 II : 室外空气直接引入喷水室或表面冷却器,经冷却减湿处理到露点 L,再与室内部分回风混合到送风状态 S 后,送入室内,即(图 12-12)。

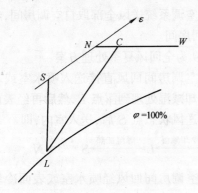

图 12-11　新回风混合处理方案 I

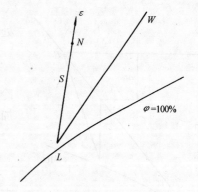

图 12-12　新回风混合系统方案 II

$$W \xrightarrow{\text{冷却减湿}} \begin{matrix} L \\ N \end{matrix} > \xrightarrow{\text{混合}} S \overset{\varepsilon}{\rightsquigarrow} N$$

此方案的特点是采用了先处理新风后混合回风的方法,经过喷水室或表面冷却器处理的风量少了,可以减少送风设备和处理设备的容量。

方案 III : 室外空气先与空调房间一部分回风混合,然后经喷水室或表面冷却器冷却减湿处理到露点 L'。再与另一部分回风混合到所需要的送风状态点 S 之后,送入室内,即(图 12-13)。

250

$$\begin{array}{c} W \\ N \end{array} \Big\rangle \xrightarrow{\text{混合}} C \xrightarrow{\text{冷却减湿}} \underset{N}{L'} \rangle \xrightarrow{\text{混合}} S \xrightarrow{\varepsilon} N$$

本方案与方案 I 比较,是以回风混合代替了再热器加热,从而节省了由 $L \to S$ 的再热量。但本方案的露点 L' 低于方案 I 的露点 L,这会降低制冷机制冷效率,也可能限制天然冷源的使用,也增加了风量调节的复杂程度。

采用这种处理方案的空调系统常被称为二次回风系统。

2. 冬季处理方案

方案 IV:W' 状态的室外空气先与室内回风混合,然后送入喷水室进行绝热加湿处理到露点 L',再经加热器加热到送风状态点 S',再送入室内,即(图 12-14)。

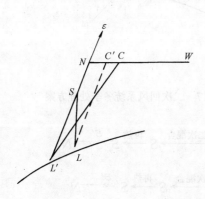

图 12-13　新回风混合处理方案 III 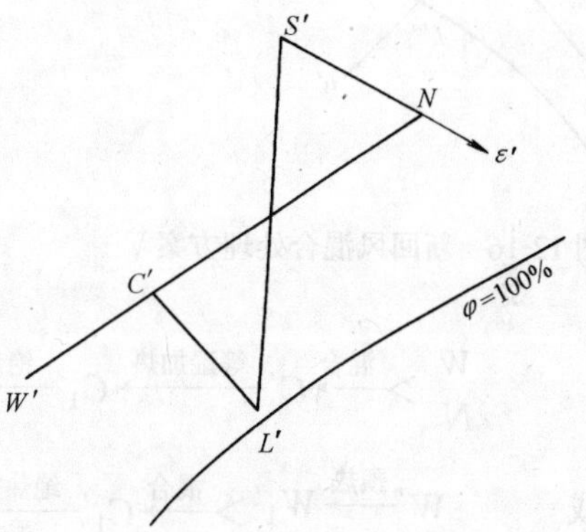　　　　图 12-14　新回风混合处理方案 IV

$$\begin{array}{c} W' \\ N \end{array} \Big\rangle \xrightarrow{\text{混合}} C' \xrightarrow{\text{绝热加湿}} L' \xrightarrow{\text{等湿加热}} S' \xrightarrow{\varepsilon'} N$$

当按照最小新风比混合,C' 点处于 i_L 线以下时,应进行预热,其处理过程如下(图 12-15):

$$\begin{array}{c} W' \\ N \end{array} \Big\rangle \xrightarrow{\text{混合}} C' \xrightarrow{\text{等湿加热}} C_1' \xrightarrow{\text{绝热加湿}} L' \xrightarrow{\text{等湿再热}} S' \xrightarrow{\varepsilon'} N$$

或　　$$W' \xrightarrow{\text{等湿预热}} \begin{array}{c} W_1' \\ N \end{array} \Big\rangle \xrightarrow{\text{混合}} C_1' \xrightarrow{\text{绝热加湿}} L' \xrightarrow{\text{等湿再热}} S' \xrightarrow{\varepsilon'} N$$

以上的处理方案特点是利用回风和新风混合,节省了新风预热量;使用喷水室绝热加湿过程将空气由 C'(或 C_1')点冷却到露点 L',不用冷冻水,节省了冷量。

方案 V:室外空气与回风混合后经喷水室绝热加湿处理到露点 L';然后与回风第二次混合到 S 状态,再经加热器加热到送风状态点 S',即(图 12-16)。

$$\begin{array}{c} W \\ N \end{array} \Big\rangle \xrightarrow{\text{混合}} C \xrightarrow{\text{绝热加湿}} \underset{N}{L'} \rangle \xrightarrow{\text{混合}} S \xrightarrow{\text{再热}} S' \xrightarrow{\varepsilon'} N$$

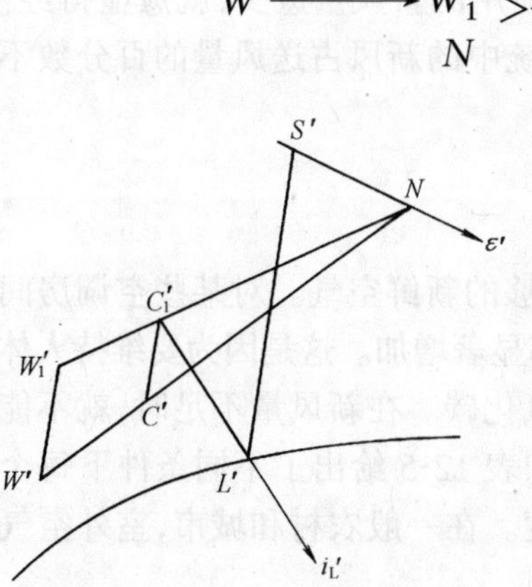

图 12-15　一次回风系统冬季
　　　处理方案

与方案 IV 相同,当按照最小新风比混合,C' 点处于 i_L' 线以下时,也应进行预热(见图 12-17),其处理过程如下:

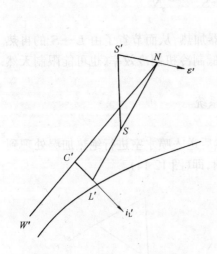

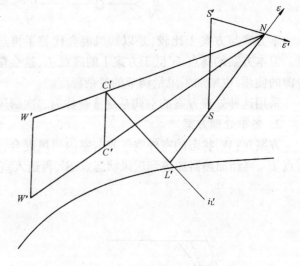

图 12-16　新回风混合处理方案 V　　　　图 12-17　二次回风系统冬季处理方案

$$\begin{matrix} W' \\ N \end{matrix} \xrightarrow{混合} C' \xrightarrow{等湿加热} C_1' \xrightarrow{\substack{绝热加湿}} \underset{N}{L'} \xrightarrow{二次混合} S \xrightarrow{再热} S' \overset{\varepsilon'}{\rightsquigarrow} N$$

或　　$W' \xrightarrow{预热} W_1' \underset{N}{>} \xrightarrow{混合} C_1' \xrightarrow{绝热加湿} \underset{N}{L'} \xrightarrow{二次混合} S \xrightarrow{再热} S' \overset{\varepsilon'}{\rightsquigarrow} N$

以上方案除了利用回风节省了一部分预热量外,又第二次利用回风节省了一部分再热量。

第四节　新风量的确定和风量平衡

一、空调系统新风量的确定

空调系统的新风量是指冬夏季设计工况下应向空调房间提供的室外新鲜空气量,它的大小与室内空气品质和能量消耗有关。既然在处理空气时,大多数场合要利用相当一部分回风,所以,在冬、夏季节混合空调房间的回风量愈多,使用的新风量愈少,就愈显得经济。但实际上,不能无限制地减少新风量,一般规定,空调系统中的新风占送风量的百分数不应低于 10%。

确定新风量的依据有下列三个方面。

（一）卫生要求

为了保证人们的身体健康,必须向空调房间送入足够的新鲜空气。对某些空调房间的调查表明,有些房间由于新风量不足,工作人员的患病率显著增加。这是因为要维持人体的新陈代谢,人们每时每刻都在不断地吸入氧气,呼出二氧化碳。在新风量不足时,就不能供给人体足够的氧气,因而影响了人体的健康。表 12-4 和表 12-5 给出了不同条件下每个人呼出的二氧化碳和各种场合下室内二氧化碳的允许浓度。在一般农村和城市,室外空气中二氧化碳含量为 $0.5 \sim 0.75 \text{g/kg}(0.33 \sim 0.5 \text{人}/\text{m}^3)$。

在实际工程中,空调系统的新风量可按规范规定:民用建筑最小新风量按表 12-6 确定;生产厂房应按保证每人不小于 $30\text{m}^3/\text{h}$ 的新风量确定。

人体在不同状态下二氧化碳呼出量 表 12-4

工 作 状 态	二氧化碳呼出量[L/(h·人)]	二氧化碳呼出量[g/(h·人)]
安 静 时	13	19.5
极轻工作时	22	33
轻 劳 动	30	45
中等劳动	46	69
重 劳 动	74	111

二氧化碳允许浓度 表 12-5

房 间 性 质	二氧化碳允许浓度(L/m³)	二氧化碳允许浓度(g/kg)
人长期停留	1	1.5
儿童和病人停留	0.7	1.0
人周期性停留	1.25	1.75
人短期停留	2.0	3.0

民用建筑最小新风量 表 12-6

房 间 名 称	每人最小新风量(m³/h)	吸烟情况
影剧院、博物馆、体育馆、商店	8	无
办公室、图书馆、会议室、餐厅、舞厅、医院门诊部、普通病房	17	无
旅馆客房	30	少量

注：旅馆客房等的卫生间，当其排风量大于按本表所确定的数值时，则新风量应按排风量采用。

（二）补充局部排风量

当空调房间内有排风柜等局部排风装置时，为了不使房间产生负压，在系统中必须有相应的新风量来补充排风量。

（三）保证空调房间的正压要求

为防止外界未经处理的空气渗入空调房间，干扰室内空调参数，在空调系统中利用一定量的新风来保持房间的正压（室内空气压力大于房间周围的空气压力），这部分与新风量相当的空气量在正压作用下由房间门窗缝隙等不严密处渗透出去。这部分渗透空气量的大小由房间的正压、窗户结构形成的缝隙状况（缝隙的面积和阻力系数）所决定，图 12-18 为不同窗户结构在内外压差作用下，每米缝长的渗透空气量。空调房间正压值按规范规定不应大于 50Pa。一般情况下，室内正压在 5～10Pa 即可满足要求。过大的正压值不但没有必要，而且还降低了系统运行的经济性。

在实际工程设计中，当按上述方法得出的新风量不足总风量的 10% 时，应按 10% 计算，

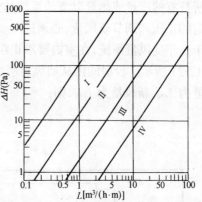

图 12-18 室内外压差作用下经每米窗缝
隙渗透的空气量

Ⅰ—窗缝有气密设施，平均缝宽 0.1mm；

Ⅱ—有气密压条，可开启的木窗，缝宽 0.2～0.3mm；

Ⅲ—气密压条安装不良，优质木窗框，缝宽 0.5mm；

Ⅳ—无气密压条，中等质量以下的木窗框，缝宽 1～1.5mm

以确保卫生和安全。但净化程度要求高,房间换气次数特别大的系统不在此列。

由上所述,新风量的确定可按图 12-19 所示的框图来确定。

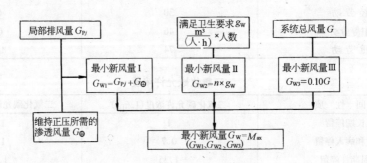

图 12-19　新风量确定的顺序

二、风量平衡(空气量平衡)

图 12-20 表示空调系统的空气量平衡关系。从图中可以看出:当把这个系统中的送、回风调节阀调节到使送风量 L 大于从房间吸走的回风量(如 $0.9L$ 时),房间即呈正压状态,而送、回风量差 L_S 就通过门窗的不严密处(包括门的开启)或从排风孔渗出。其风量平衡方程式如下:

$$对于空调房间: L = L_S + L_X$$

$$对于整个系统: L_W = L_S$$

必须指出,在冬夏季室外设计计算参数下规定的最小新风百分数,是出于经济和节约能源方面的考虑,所采用的最小新风量。在春、秋过渡季节应尽可能提高新风比例,从而可利用新风所具有的冷量或热量以节约系统的运行能耗。这就成了全年变风量系统。为了保持室内恒定的正压和调节新风量,必须进一步讨论空调系统中的风量平衡问题。

对于全年变风量系统,在室内要求正压并借门窗缝隙渗透排风的情况下,空气平衡的关系如图 12-21 所示。设房间内从回风口吸走的风量为 L_X,门缝渗透排风量为 L_S,进空调箱的回风量为 L_N,新风量为 L_W,则:

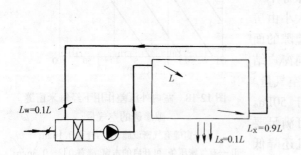

图 12-20　空调系统空气量平衡的关系图

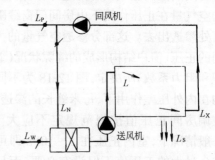

图 12-21　全年新风量变化时空气量
平衡关系图

对房间来说:送风量 $L = L_X + L_S$

254

对空调处理箱来说:送风量 $L = L_W + L_N$

当过渡季节采用较额定新风比为大的新风量,而要求室内恒定正压时,则在上两式中必然要求 $L_X > L_N$ 及 $L_W > L_S$。而 $L_X - L_N = L_P$,L_P 即系统要求的机械排风量。通常在回风管路上装回风机和排风管(图 12-21)进行排风,根据新风量的多少来调节排风量,这就可能保持室内恒定的正压(如果不设回风机,则象图 12-20 那样,室内正压随新风多少而变化),这种系统称为双风机系统。

对于其他场合(例如室内有局部排风等),可用同样的方法去分析空气量平衡问题。

习　题

1. 空调房间送风状态和送风量,根据什么确定?

2. 空调系统送入室内空气的状态变化过程有什么特点?

3. 送风温差根据什么确定? 其值大小对空调房间有何影响?

4. 试述空调房间送风状态和送风量的确定方法和步骤?

5. 某恒温恒湿空调房间内空气参数要求为 $t_N = 23 \pm 0.5℃$,$\varphi_N = 55 \pm 5\%$,房间夏季余热量为 3000W,余湿量为 0.25g/s,若当地大气压力为 101325Pa,求送风状态与送风量。如果冬季余热量为 -1500W,其他条件与夏季相同,且采用与夏季相同的送风量时,求送风状态点及送风参数。

6. 常用的空气处理过程有哪些? 用哪些设备来实现这些过程?

7. 用喷水室处理空气时,都可以实现哪些过程? 怎样控制这些过程?

8. 怎样用表面冷却器实现等湿冷却和减湿冷却过程?

9. 常用的集中式空气调节方案有哪些? 试比较其优缺点。

10. 确定新风量应考虑哪些因素? 如何确定空调系统的新风量?

第十三章 空气调节设备

在空调工程中,为了实现不同的空气处理过程,需要使用不同的空气处理设备。本章主要介绍喷水室、表面冷却器、加湿装置、冷(热)量回收设备和消声减振设备等。

第一节 喷 水 室

根据使用的水温不同,喷水室可以完成对空气加热、冷却、减湿和加湿等各种处理功能,因此曾被广泛地用于空调工程。现在它在一般建筑中仅作为空气加湿设备被采用,如以调节空气湿度为主的纺织厂,卷烟厂等工业建筑中作为加热加湿及冷却减湿设备而被采用。

一、喷水室的构造和类型

1.喷水室的构造

喷水室又称淋水室或喷雾室。所谓喷水室处理空气,是用喷嘴将不同温度的水喷成雾状水滴使空气与水之间进行强烈热湿交换,从而达到特定的处理效果。

图 13-1(a)是应用比较广泛的单级、卧式、低速喷水室。它由喷嘴及喷水排管、挡水板、底池与附属管道和喷水室外壳等组成。从图中可以看出,喷水室包括了由前挡水板至后挡水板的整个处理段,是整个空调机的一部分。前挡水板有挡住飞溅出来的水滴和使进风均匀流动的双重作用,因此有时也称它为均风板。后挡水板能将空气中夹带的水滴分离出来,以减少喷水室的"过水量"。在喷水室中通常设置一至三排喷嘴排管,最多四排。喷水方向根据与空气流动方向相同与否分为顺喷、逆喷和对喷。

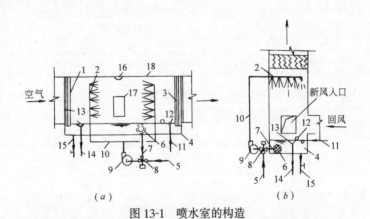

图 13-1　喷水室的构造

(a)卧式;(b)立式

1—前挡水板;2—喷嘴与排管;3—后挡水板;4—底池;5—冷水管;

6—滤水器;7—循环水管;8—三通混合阀;9—水泵;10—供水管;

11—补水管;12—浮球阀;13—溢水器;14—溢水管;15—泄水管;

16—防水灯;17—检查门;18—外壳

喷水室的工作过程是:被处理的空气以一定的风速(一般为 2~3m/s)经过前挡水板 1 进入喷水室,在喷水室内,空气与喷嘴喷出的雾状水滴相接触进行热湿交换(由于水温不同,与空气进行热湿交换的过程也不同),然后经后挡水板 3 流走。从喷嘴喷出的水滴完成与空气的热湿交换后,落入底池 4 中。

底池 4 是收集喷淋水用的,它的容积一般按能容纳 3~5min 的喷水量来确定,池子深度取 0.4~0.7m。

底池和四种管道相通,它们是:

(1) 循环水管:底池通过滤水器与循环水管相连,使落到底池的水重复使用。滤水器的作用是清除水中杂物,以免喷嘴堵塞。

(2) 溢水管:底池通过溢水器与溢水管相连,以维持底池水位恒定,并排出多余的水。

(3) 补水管:当用循环水对空气进行绝热加湿时,底池中的水量将逐渐减少,泄漏等原因也可能引起水位降低。为了维持底池内的水位,需设置补水管及浮球阀进行自动补水。

(4) 泄水管:为了检修、清洗和防冻等需要,在底池的底部设有泄水管,以便在需要泄水时,将池内的水全部泄至下水道。

为了观察和检修的方便,喷水室应有防水照明灯和密闭检查门。

喷嘴是喷水室的主要构件之一,在我国空调工程中一般采用 Y-1 型离心喷嘴,其构造与性能见附录 13-1。除 Y-1 型外,在我国还出现了 BTL-1 型、FL 型、PY-1 型、NFL 型、FKT 型等。表 13-1、表 13-2 是部分喷嘴的喷水量。

Y-1 型离心喷嘴每个喷嘴喷水量(kg/h) 表 13-1

喷嘴前水压 (kPa 表压)		100	125	150	175	200	225	250	275	300
喷嘴出口 直径 d_0 (mm)	2.0	123	135	150	162	175	185	198	208	218
	2.5	150	167	181	200	218	230	242	255	270
	3.0	185	205	225	242	260	278	292	310	322
	3.5	210	235	260	282	305	320	345	360	380
	4.0	237	270	295	325	350	375	395	425	450
	4.5	264	300	330	360	381	412	450	475	500
	5.0	300	328	362	398	430	462	495	520	550
	5.5	330	370	405	450	480	510	550	575	600

NFL 型离心喷嘴每个喷嘴喷水量(kg/h) 表 13-2

喷嘴前水压 (kPa 表压)		100	125	150	175	200	225	250
喷嘴出口 直径 d_0 (mm)	3.0	120	133	148	160	170	180	190
	3.5	155	170	182	195	207	218	230
	4.0	176	193	213	227	242	254	270
	4.5	245	267	287	301	319	331	346
	5.0	300	325	352	378	400	419	440

注:本表摘自浙江鄞县洞桥纺织机械配件厂样本。

喷嘴口径一般为 3~5.5mm,出口直径小时,喷出水滴细,与空气接触好,热交换效率高,但容易堵塞,而且需要较高的喷水压力。对于毛纺、棉纺行业,当空气中纤维较多时,宜采用出口直径为 6~8mm 的喷嘴。

喷嘴密度一般为 13~24 个/(m²·排)。喷水量可按喷嘴前水压为 150~250kPa 决定。

目前喷水室多由制造厂家提供定型产品。制造喷水室的材料主要是钢板和玻璃钢。现场施工时也可用钢筋混凝土或砖建造喷水室。

喷水室的挡水板过去主要使用镀锌钢板制成的多折形挡水板,现出现的各种塑料板制成的波形和蛇形挡水板,阻力较小,挡水效果较好,且耐腐蚀,已逐步推广使用。

2. 喷水室类型

喷水室有卧式和立式、单级和双级;低速高速之分。此外,在工程上还使用带旁通和带填料层的喷水室。

立式喷水室(图 13-1(b))的特点是占地面积小,空气自下而上地与水接触,热湿交换效果更好,在处理的空气量不大或空调机房层高较高的地方可以采用。双级喷水室能够使水重复使用,因而加大了温升,节省了水量,同时可使空气得到较大焓降。因此,它更适合于应用天然冷源以及要求处理的空气焓降大的场合。双级喷水室的缺点是:占地面积大,水系统更为复杂。

目前使用的喷水室中,大多数空气流速都较低,一般为 2~3m/s,所以又把它们称为低速喷水室。而高速喷水室内空气流速一般为 3.5~6.5m/s,甚至更高,因此其横断面可以进一步缩小。

带旁通的喷水室,是在喷水室的上面或侧面增加一个旁通风道,它可使一部分空气不经过喷水处理而与经过喷水处理的空气混合,得到要求处理的空气终参数。带填料层的喷水室是在喷水室内倾斜地排列玻璃纤维填充盒(图 13-2),用喷嘴将水均匀地喷洒在填料层(玻璃纤维层)上,空气穿过填料层时便与水进行热湿交换。这种喷水室对空气的净化作用更好,它适用于空气加湿或者蒸发式冷却,也可作为水的冷却装置使用。

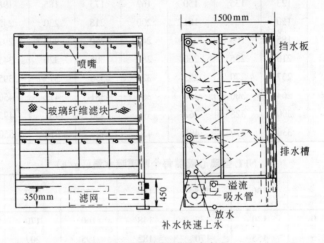

图 13-2　带填料层的喷水室

二、喷水室的水系统

喷水室的供、回水管路构成了喷水室的水系统。根据冷源不同,喷水室的水系统可分为天然冷源的水系统和人工冷源的水系统。

(一) 使用天然冷源的水系统

最简单的水系统是用深井泵抽取地下水直接供喷水室使用,使用之后则排入下水道,即所谓直流式系统或深井水供水系统。但是,这样长期使用地下水,既造成水源紧张,又可能引起一些地方的地面下沉。所以在很多地方已被禁止。采用深井回灌技术,实行冬灌夏用和夏灌冬用的措施,不仅有较高的经济价值,而且能有效地控制地面下沉。

（二）使用人工冷源的水系统

利用由制冷机组制备的冷冻水来处理空气的水系统称冷冻水供水系统。根据回水方式的不同,这种系统常分成如下三种形式

1. 自流回水系统

当制冷系统蒸发水箱比喷水室底池低时,采用自流回水系统,见图13-3。喷水温度主要靠三通阀自动控制冷冻水和回水的混合比来达到。在正常情况下,开启阀门 A、B、C,关闭 E、D;在三通阀失灵时,关闭阀门 A、B、C,开启阀门 E、D。这种水系统结构简单、经济,不必设置回水泵。由于调节方便,工作稳定可靠,所以在设计中应尽量利用地形,创造自流回水的条件。

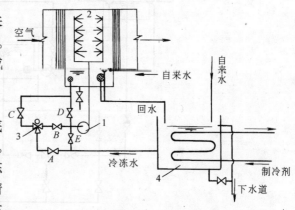

图13-3 自流回水系统示意图
1—喷水泵;2—喷水室;3—三通调节阀;4—蒸发水箱

2. 设置集中回水箱(池)的水系统

当蒸发水箱位于喷水室底池之上或同一高度时,应采用这种方式,如图13-4。

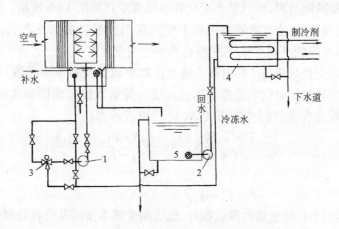

图13-4 设置集中回水箱(池)的水系统
1—喷水泵;2—回水泵;3—三通混合阀;4—蒸发水箱;5—回水箱

3. 设置中间冷水箱和回水箱的水系统

当制冷系统用的是闭式壳管式蒸发器时,应采用这种系统,见图13-5。设置中间冷水箱的作用是为了贮存冷冻水和稳定压力。

三、喷水室的热工计算

（一）单级喷水室的热工计算

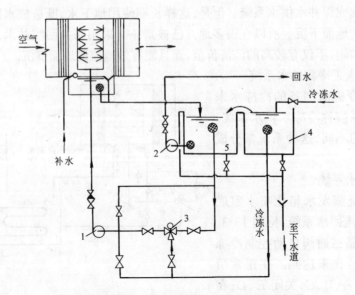

图 13-5　设置中间冷水箱和回水箱系统的示意图

1—喷水泵;2—回水泵;3—三通混合阀;4—中间冷水箱;5—回水箱

1. 喷水室的热交换效率 η_1 和 η_2

η_1 和 η_2 是喷水室的两个热交换效率,它们表示喷水室的实际处理过程与喷水量有限但接触时间足够充分的理想过程接近的程度,并且用它们来评价喷水室的热工性能。

(1) 全热交换效率 η_1

对常用的冷却减湿过程,空气状态变化和水温度变化如图 13-6 所示。当空气与有限水量接触时,在理想条件下,空气状态将由点 1 变到点 3,水温将由点 5 之 t_{w1} 变到点 3。在实际条件下,空气状态只能达到点 2,水终温也只能达到点 4 之 t_{w2}。

喷水室的全热交换效率 η_1(也叫第一热交换效率或热交换效率系数)是同时考虑空气和水的状态变化的。如把空气状态变化的过程线沿等焓线投影到饱和曲线上,并近似地将这一段饱和曲线看成直线,则全热交换效率 η_1 可以表示为:

$$\eta_1 = \frac{\overline{1'2'} + \overline{45}}{\overline{1'5}} = \frac{(t_{s1} - t_{s2}) + (t_{w2} - t_{w1})}{t_{s1} - t_{w1}}$$

$$= 1 - \frac{t_{s2} - t_{w2}}{t_{s1} - t_{w1}} \tag{13-1}$$

不难证明,式(13-1)除绝热加湿过程外,也适用于喷水室的其他各处理过程。

(2) 通用热交换效率 η_2

喷水室的通用热交换效率 η_2(也叫第二热交换效率或接触系数)只考虑空气状态变化。因此根据图 13-6 可知 η_2 为:

$$\eta_2 = \frac{\overline{1\,2}}{\overline{1\,3}} = \frac{\overline{1\,3} - \overline{2\,3}}{\overline{1\,3}} = 1 - \frac{\overline{2\,3}}{\overline{1\,3}} = 1 - \frac{\overline{2\,2'}}{\overline{1\,1'}}$$

$$= 1 - \frac{t_2 - t_{s2}}{t_1 - t_{s1}} \tag{13-2}$$

可以证明,式(13-2)适用于喷水室的各种处理过程,包括绝热加湿过程。由于绝热加湿

260

过程的 $t_{s2} = t_{s1}$，所以 η_2 为：

$$\eta_2 = 1 - \frac{t_2 - t_{s1}}{t_1 - t_{s1}}$$

对于绝热加湿过程(图 13-7)，只能用 η_2 来表示空气和水热湿交换的完善程度。

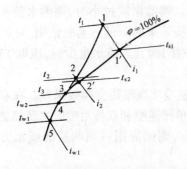

图 13-6　冷却减湿过程空气与水的状态变化　　图 13-7　绝热加湿过程空气与水的状态变化

2. 影响喷水室热交换效率的因素

影响喷水室热交换效率的因素很多，主要的有：空气质量流速、喷水量的大小、喷水室结构、空气与水初参数等。

(1) 空气质量流速的影响

空气质量流速即单位时间内通过每 m^2 喷水室断面的空气质量，它不因温度变化而变化。用下式计算：

$$v\rho = \frac{G}{3600f} \text{ kg/(m}^2 \cdot \text{s)} \tag{13-3}$$

式中　G——通过喷水室的空气量，kg/h；

　　　　f——喷水室的横断面积 m^2。

实验证明，增大 $v\rho$ 可使喷水室的 η_1 和 η_2 变大，并且在风量一定的情况下可缩小喷水室的断面尺寸，从而减少其占地面积。但 $v\rho$ 过大也会引起挡水板过水量及喷水室阻力的增加。所以常用的 $v\rho$ 范围是 $2.5 \sim 3.5 \text{kg/(m}^2 \cdot \text{s)}$。

(2) 喷水量大小的影响

喷水量的大小常以处理每 kg 空气所用的水量，即喷水系数来表示。如果通过喷水室的风量为 $G(\text{kg/h})$，总喷水量为 $W(\text{kg/h})$，则喷水系数为：

$$\mu = \frac{W}{G} \text{ kg(水)/kg(空气)} \tag{13-4}$$

实验证明，在一定的范围内加大喷水系数可增大 η_1 和 η_2。此外，对不同的空气处理过程采用的喷水系数也应不同。对于冷却减湿过程，由于焓降较大，相应的喷水系数也应大，一般取 $\mu = 1 \sim 1.5 \text{kg(水)/kg(空气)}$；对于绝热加湿过程，可取 $\mu = 0.5 \sim 1.0 \text{kg(水)/kg(空}$气)。

(3) 喷水室结构特性的影响

喷水室的结构特性主要是指喷嘴排数、喷嘴密度、排管间距、喷嘴型式、喷嘴孔径和喷水方向等。它们对喷水室的热效率均有影响。结构不同的喷水室，即使在相同的 $v\rho$ 和 μ 时，也会得到不同的处理效果。下面简单分析一下这些因素的影响。

1）喷嘴排数：以各种减湿处理过程为例，实验证明单排喷嘴的热交换效果比双排的差，而三排喷嘴的热交换效果和双排的差不多，所以工程上多用双排喷嘴。只有当喷水系数较大，如用双排喷嘴需用较高的水压时，才改用三排喷嘴。

2）喷嘴密度：每 1m² 喷水室断面上布置的单排喷嘴个数叫喷嘴密度。实验证明，喷嘴密度过大时，水苗互相叠加，不能充分发挥各自的作用。喷嘴密度过小时，则因水苗不能覆盖整个喷水室断面，致使部分空气旁通而过，引起热交换效果的降低。实验证明，对 Y-1 型喷嘴的喷水室，一般以取喷嘴密度 $n = 13 \sim 24$ 个/(m²·排)为宜。喷水量少时，应取 $13 \sim 18$ 个/(m²·排)，一般降温用 $18 \sim 24$ 个/(m²·排)。

3）喷水方向：实验证明，在单排喷嘴的喷水室中，逆喷比顺喷热交换效果好。在双排的喷水室中，对喷比两排均逆喷效果好。显然，这是因为单排逆喷和双排对喷时水苗能更好地覆盖喷水室断面的缘故。如果采用三排喷嘴的喷水室，则以应用一顺两逆的喷水方式为好。

4）排管间距：实验证明，对于使用 Y-1 型喷嘴的喷水室，无论是顺喷还是对喷，排管间距均采用 600mm 为宜。

5）喷嘴孔径：实验证明，在其他条件相同时，喷嘴孔径小则喷出水滴细，增加了与空气的接触面积，所以热交换效果好。但是孔径小易堵塞，需要的喷嘴数量多，而且对冷却干燥过程不利。所以，在实际工程中应优先采用孔径较大的喷嘴。

（4）空气与水初参数的影响

对于结构一定的喷水室而言，空气与水的初参数决定了喷水室内热湿交换推动力的方向和大小。因此，改变空气与水的初参数，可以导致不同的处理过程和结果。但是对同一空气处理过程而言，空气与水的初参数的变化对两个效率的影响不大，可以忽略不计。

通过以上分析可以看到，影响喷水室热交换效果的因素是极其复杂的，不能用纯数学方法确定 η_1 和 η_2，而只能用实验的方法，为各种结构特性不同的喷水室提供各种空气处理过程下的热交换效率值。

由于对一定的空气处理过程而言，结构参数一定的喷水室，两个热交换效率值只取决于 μ 和 $v\rho$，所以可将实验数据整理成 η_1 或 η_2 与 μ 及 $v\rho$ 有关系的图表，也可以将 η_1 和 η_2 整理成以下形式的实验公式：

$$\eta_1 = A(v\rho)^m \mu^n \tag{13-5}$$

$$\eta_2 = A'(v\rho)^{m'} \mu^{n'} \tag{13-6}$$

式中，A、A'、m、m'、n、n'均为实验的系数和指数，它们因喷水室的结构参数及空气处理过程不同而不同。部分喷水室两个效率实验公式的系数和指数见附录 13-2。如果喷水室的生产厂家能提供试验数据时，最好用厂家的数据。

由于附录 13-2 的数据是在离心喷嘴密度为 $n = 13$ 个/(m²·排)情况下得到的。当实际喷嘴密度变化较大时应引入修正系数。例如，对于双排对喷的喷水室，当 $n = 18$ 个/(m²·排)时，修正系数可取 0.93；当 $n = 24$ 个/(m²·排)时，修正系数可取 0.9。

3．单级喷水室的热工计算方法与步骤

对于结构参数一定的喷水室而言，如果空气处理过程的要求一定，其热工计算原则就在于满足下列三个条件：

（1）空气处理过程需要的 η_1 应等于喷水室能达到的 η_1;

（2）空气处理过程需要的 η_2 应等于喷水室能达到的 η_2;

（3）空气放出（或吸收）的热量应等于该喷水室中水吸收（或放出）的热量。

上面三个条件又可用以下三个方程式表示：

$$\eta_1 = 1 - \frac{t_{s2} - t_{w2}}{t_{s1} - t_{w1}} = A(v\rho)^m \mu^n \tag{13-7}$$

$$\eta_2 = 1 \quad \frac{t_2 - t_{s2}}{t_1 - t_{s1}} = A'(v\rho)^{m'} \mu^{n'} \tag{13-8}$$

$$Q = G(i_1 - i_2) = W \cdot c(t_{w2} - t_{w1}) \tag{13-9}$$

式中 c——水的定压比热，在常温下为 $4.19\text{kJ}/(\text{kg} \cdot \text{℃})$。

由于 $W/G = \mu$，式(13-9)也可以写成：

$$i_1 - i_2 = \mu \cdot c(t_{w2} - t_{w1}) \tag{13-10}$$

为便于计算，引入空气初、终状态焓差与湿球温差的比值 a：

$$a = \frac{i_1 - i_2}{t_{s1} - t_{s2}} \tag{13-11}$$

则：

$$a(t_{s1} - t_{s2}) = \mu \cdot c(t_{w2} - t_{w1})$$

由于在一般的计算范围内，a 可取 2.86，造成的误差不大。所以上式也可写成：

$$2.86(t_{s1} - t_{s2}) = 4.19\mu(t_{w2} - t_{w1}) \tag{13-12}$$

或

$$t_{s1} - t_{s2} = 1.465\mu(t_{w2} - t_{w1}) \tag{13-12'}$$

联立求解方程式(13-7)、(13-8)和(13-9)或(13-12′)可以解出三个未知数。

在实际热工计算中，根据未知数特点分为两种主要计算类型，详见表 13-3。

表 13-3

计 算 类 型	已 知 条 件	未 知 量
设 计 性 计 算	空气量 G 空气初状态 t_1、t_{s1} 或 i_1 空气终状态 t_2、t_{s2} 或 i_2 喷水室结构（选定）	喷水量 W（或 μ） 喷水初温 t_{w1} 水终温 t_{w2}
校 核 性 计 算	空气量 G 空气初状态 t_1、t_{s1}、i_1 喷水室结构 喷水量 W（或 μ） 喷水初温 t_{w1}	空气终状态 t_2、t_{s2} 或 i_2 水终温 t_{w2}

a. 在设计性计算中，按计算得到的水初温 t_{w1} 可能高于由冷冻站来的冷冻水温度 t_l（一般 $t_t = 5 \sim 7\text{℃}$），且低于天然冷源的温度，则应采用人工冷源，且需使用一部分循环水。这时需要的冷冻水量 W_l、循环水量 W_x 和回水量 W_h 可根据图 13-8 的热平衡关系确定。

由热平衡关系式：

$$Gi_1 + W_l c t_l = Gi_2 + W_h c t_{w2}$$

而

$$W_l = W_h$$

所以 $$G(i_1 - i_2) = W_l c(t_{w2} - t_l)$$

即 $$W_l = \frac{G(i_1 - i_2)}{c(t_{w2} - t_l)} \qquad (13\text{-}13)$$

又由于 $$W = W_l + W_x$$

所以 $$W_x = W - W_l$$

下面通过例题说明单级喷水室热工计算的方法与步骤。

【例 13-1】 已知需处理的空气量 G 为 21600kg/h,当地大气压力为 101325Pa,空气的初参数为 $t_1 = 28℃$,$t_{s1} = 22.5℃$,$i_1 = 65.8$kJ/kg 干空气,$t_{l1} = 20.4℃$;空气的终参数为:$t_2 = 16.6℃$,$t_{s2} = 15.9℃$,$i_2 = 44.4$kJ/kg 干空气。求喷水量 W、喷水初温 t_{w1}、终温 t_{w2}、喷嘴前水压 P、冷冻水量 W_l 及循环水量 W_x。

【解】 (1) 参照附录 13-2 选用喷水室结构:双排喷嘴对喷,喷嘴为 Y-1 型,$d_0 = 5$mm,喷嘴密度 $n = 13$ 个/(m²·排),取 $v\rho = 3$kg/(m²·s)进行计算。

(2) 列出热工计算方程式

由图 13-9 可知本例为冷却干燥过程,根据附录 13-2 可得三个方程式如下:

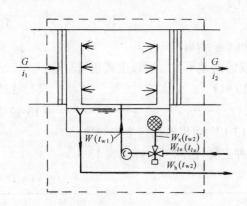

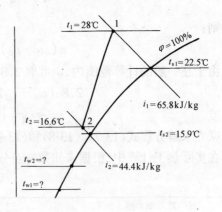

图 13-8　喷水室的热平衡图　　　　　　图 13-9　例 13-1 附图

$$\begin{cases} 1 - \dfrac{t_{s2} - t_{w2}}{t_{s1} - t_{w1}} = 0.745(v\rho)^{0.07}\mu^{0.265} \\[2mm] 1 - \dfrac{t_2 - t_{s2}}{t_1 - t_{s1}} = 0.755(v\rho)^{0.12}\mu^{0.27} \\[2mm] i_1 - i_2 = \mu \cdot c(t_{w2} - t_{w1}) \end{cases}$$

将已知数代入方程式可得:

$$\begin{cases} 1 - \dfrac{15.9 - t_{w2}}{22.5 - t_{w1}} = 0.745(3)^{0.07}\mu^{0.265} \\[2mm] 1 - \dfrac{16.6 - 15.9}{28 - 22.5} = 0.755(3)^{0.12}\mu^{0.27} \\[2mm] 65.8 - 44.4 = 4.19\mu(t_{w2} - t_{w1}) \end{cases}$$

经整理可得:

$$
\begin{cases}
1 - \dfrac{15.9 - t_{w2}}{22.5 - t_{w1}} = 0.805\mu^{0.265} \\
0.873 = 0.861\mu^{0.27} \\
\mu(t_{w2} - t_{w1}) = 5.11
\end{cases}
$$

（3）联解三个方程式可得

$$\mu = 1.05 \quad t_{w1} = 8.45℃, \quad t_{w2} = 13.31℃$$

（4）求喷水量

$$W = \mu G = 1.05 \times 21600 = 22680 \text{ kg/h}$$

（5）求喷嘴前水压

喷水室断面积为：

$$f = \frac{G}{3600 v\rho} = \frac{21600}{3600 \times 3} = 2.0 \text{ m}^2$$

喷嘴总数为：

$$N = 2nf = 2 \times 13 \times 2 = 52 \text{ 个}$$

每个喷嘴的喷水量为：

$$\frac{W}{N} = \frac{22680}{52} = 436 \text{ kg/h}$$

由 $W/N = 436\text{kg/h}$ 及 $d_0 = 5\text{mm}$ 查表 13-1 可得喷嘴前水压为 0.2MPa（工作压力）。

（6）求冷冻水量及循环水量

如果冷冻水温为 $t_l = 6℃$，则根据式（13-13）可得需要的冷冻水量为：

$$W_l = \frac{G(i_1 - i_2)}{c(t_{w2} - t_l)} = \frac{21600(65.8 - 44.4)}{4.19 \times (13.31 - 6)} = 15092 \text{ kg/h}$$

同时可得需要的循环水量为：

$$W_x = W - W_l = 22680 - 15092 = 7588 \text{ kg/h}$$

对于全年都使用的喷水室，一般也可仅对夏季进行热工计算，冬季就取夏季的喷水系数。如有必要时也可按冬季的条件进行校核计算，以检查冬季经过处理后空气的终参数是否满足设计要求。必要时，冬夏两季可采用不同的喷水系数，选择两个不同的水泵以节约运行费。

b. 喷水温度和喷水量的调整

在喷水室的设计性计算中，只能求出一个固定的水温，例如在例 13-1 中求出的 $t_{w1} = 8.45℃$。如果能够提供的冷水温度稍高，则可在一定范围内通过调整水量来改变水温。

研究表明，在新的水温条件下，所需喷水系数大小，可以利用下面关系式求得：

$$\frac{\mu}{\mu'} = \frac{t_{l1} - t'_{w1}}{t_{l1} - t_{w1}} \tag{13-14}$$

式中　t_{w1}、μ——第一次计算时的喷水初温和喷水系数；

　　　　t'_{w1}、μ'——新的喷水初温和喷水系数；

　　　　t_{l1}——被处理空气的露点温度。

为说明问题，下面仍按例 13-1 的条件，但将喷水初温改成 10℃，并进行校核性计算。

【例 13-2】　在例 13-1 中已知 $G = 21600\text{kg/h}$；$t_1 = 28℃$、$t_{s1} = 22.5℃$，$t_{l1} = 20.4℃$，$t_2 = $

265

$16.6℃$，$t_{s2}=15.9℃$，并通过计算得到 $\mu=1.05$、$t_{w1}=8.45℃$，$W=22680kg/h$。试将喷水初温改成 $10℃$ 进行校核性计算。

【解】 （1）求新水温下的喷水系数

现在 $t'_{w1}=10℃$，则依据公式(13-14)可求出 μ'：

$$\mu'=\frac{\mu(t_{l1}-t_{w1})}{t_{l1}-t'_{w1}}=\frac{1.05\times(20.4-8.45)}{20.4-10}=1.20$$

于是可得新条件下的喷水量为：

$$W'=\mu'G=1.2\times21600=25920\ kg/h$$

（2）校核空气的终状态和水终温

将已知数代入热工计算方程式：

$$\begin{cases}1-\dfrac{t_{s2}-t_{w2}}{22.5-10}=0.745(3)^{0.07}(1.2)^{0.265}\\[2mm]1-\dfrac{t_2-t_{s2}}{28-22.5}=0.755(3)^{0.12}(1.2)^{0.27}\\[2mm]22.5-t_{s2}=1.465\times1.2(t_{w2}-10)\end{cases}$$

经过整理可得：

$$\begin{cases}t_{s2}-t_{w2}=1.945\\t_2-t_{s2}=0.523\\1.758t_{w2}+t_{s2}=40.08\end{cases}$$

联解三个方程式可得：

$$t_2=16.3℃，\quad t_{s2}=15.78℃，\quad t_{w2}=13.83℃$$

由此可见，提高水温、加大水量后所得的空气处理终参数与例 13-1 要求差不多。

4. 双级喷水室的热工特性

采用天然冷源时(如深井水)，为了节省水量，充分发挥水的冷却作用(增大水温升)，或者被处理空气的焓降较大，使用单级喷水室难于满足要求时，可使用双级喷水室。典型的双级喷水室是风路与水路串联的喷水室(图 13-10)，即空气先进入Ⅰ级喷水室再进入Ⅱ级喷水室。而冷水是先进入Ⅱ级喷水室，然后再由Ⅱ级喷水室底池抽出，供给Ⅰ级喷水室。这样，空气在两级喷水室中能得到较大的焓降，同时水温升也较大。在各级喷水室里空气状态和水温变化情况示于图 13-10 的下部和图 13-11。

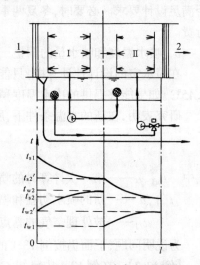

图 13-10　双级喷水室原理图

双级喷水室和单级喷水室相比，有下列优点：

（1）被处理的空气温降，焓降较大，且空气的终状态一般可达饱和；

（2）Ⅰ级喷水室的温降大于Ⅱ级，而Ⅱ级喷水室的空气减湿量大于Ⅰ级；

（3）由于水与空气呈逆向流动，且两次接触，所以水温提高的较多，甚至可能高于空气终状态的湿球温度，即可能出现 $t_{w2}>t_{s2}$ 的情况。

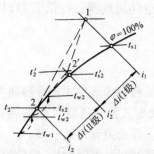

图 13-11 双级喷水室中空气
与水的状态变化

关于双级喷水室的热工计算和单级喷水室基本相同。由于双级喷水室的水是重复使用的,所以两级的喷水系数相同。而且在热工计算时是作为一个喷水室看待的,可查相应的 η_1 和 η_2 的实验公式,而不必求空气的中间状态参数。

另外,在设计性计算中,冷水温升一般采用 3~5℃。喷水室补充水量可按水量的 2%~4%考虑。

四、喷水室的阻力计算

空气流经喷水室时将遇到阻力,喷水室的阻力 ΔH 由前后挡水板阻力 ΔH_d、喷嘴排管阻力 ΔH_p 及水苗阻力 ΔH_w 组成,即

$$\Delta H = \Delta H_d + \Delta H_p + \Delta H_w \text{ Pa} \tag{13-15}$$

定型喷水室的阻力可采用厂家提供的数据。必要时也可按下列公式计算喷水室的阻力

1. 挡水板的阻力

$$\Delta H_d = \Sigma \zeta_d \frac{\rho v_d^2}{2} \text{ Pa} \tag{13-16}$$

式中　$\Sigma \zeta_d$——前后挡水板的阻力系数之和,见表 13-4。

　　　v_d——挡水板处空气迎面风速,由于挡水板有边框,所以 v_d 比喷水室断面风速 v 大一些,一般可取 $v_d = (1.1 \sim 1.3) v$。

挡水板和分风板的阻力系数　　　　表 13-4

构　造　型　式	挡 水 板		分 风 板	
	折　数	ζ_d	折　数	ζ_f
钢板制,折角 90°,间距 40mm	4	18	3	9
钢板制,折角 120°,间距 25mm	6	13	3	6
玻璃制,折角 120°,间距 30mm	6	12	3	6

2. 喷嘴排管阻力

$$\Delta H_p = 0.1 z \frac{\rho v^2}{2} \text{ Pa} \tag{13-17}$$

式中　z——喷嘴排管的数目;

　　　v——喷水室断面风速,m/s。

3. 水苗阻力

$$\Delta H_w = 11572 \zeta_p \cdot \mu p \text{ Pa} \tag{13-18}$$

式中　ζ_p——喷水的阻力系数,单排顺喷 $\zeta_p = 0$,单排逆喷 $\zeta_p = 0.13$,双排对喷 $\zeta_p = 0.075$;

　　　μ——喷水系数,kg(水)/kg(空气);

　　　p——喷嘴前水压,kPa。

第二节　表面式冷却器

在空调工程中广泛使用的是表面式换热器。与喷水室相比,表面式换热器具有构造简单、占地少、对水的清洁度要求不高,水侧阻力小等优点。

表面式换热器包括空气加热器和表面式冷却器两大类。空气加热器已在第五章讨论过,本节只介绍表面式冷却器。

一、表面式冷却器的类型、构造与安装

1. 表面式冷却器的类型、构造

表面式冷却器根据所使用的冷媒不同,可分为水冷式表冷器和直接蒸发式表冷器两类。

水冷式表冷器在构造上与蒸汽或热水加热器相同。许多表面式换热器既可作加热器,也可作为表冷器。通冷媒时作冷却器用,通热媒时作加热器用。详见第五章第一节。

水冷式表冷器按肋片管的制作材料不同分为:钢管钢片、铝管铝片、铜管铜片、钢管铝片和铜管铝片等。按肋片的加工方式不同分为:绕片式、穿片式、镶片式和轧片式等几种。

目前,工程上常用的水冷式表面冷却器的型号有以下几种:JW 型表面冷却器是钢管绕光滑铝片式;UⅡ型空气热交换器是紫铜管绕皱折紫铜片式;GLⅡ型空气热交换器是钢管绕皱折钢片式;SXL-B 型冷热交换器是钢管镶铝片式;YG 型表面冷却器是铜管套铝片式;上述各种型号表面冷却器的规格尺寸详见《空气调节设计手册》。

直接蒸发式冷却器是用制冷剂作冷媒,一般作为空调用制冷系统中的一个部件,构造与功能和水冷式表冷器基本相同。直接蒸发式表冷器的构造如图 13-12 所示,它是由 4 排肋片管组成(有的是 6 排或 8 排),管材一般用 $\phi = 10 \sim 16\text{mm}$ 的铜管,外面套上连续整体铝片。片厚 $\delta = 0.2 \sim 0.3\text{mm}$,片节距为 $2 \sim 3\text{mm}$,肋片一般为平板型和波纹型。四排排管分成 4 组,第一组通过毛细管和分液器相连,第二组和第三组通过弯头连接在一起,第四组和集气管相连。制冷剂在蒸发器经过四个回程后从集气管排出。

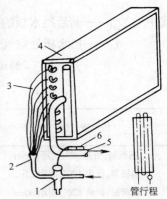

图 13-12　直接蒸发式
表冷器的结构图

1—膨胀阀;2—分液器;3—分液管;
4—集气管;5—回气管;6—感温包

2. 表面式冷却器的安装

(1) 水冷式表冷器的安装

水冷式表冷器可以水平安装,也可以垂直或倾斜安装。垂直安装时务必使肋片保持垂直,否则将因肋片上聚集凝结水而增加空气阻力和减小传热系数。

按空气流动方向来说,表冷器可以并联,也可以串联,也可以既有并联又有串联。到底采用何种组合形式应根据空气量多少和需要的换热量多少通过计算来确定。一般是通过空气量多时采用并联,需要的空气温降大时采用串联或增加串联的排数。

由于表冷器工作时,表面上常有凝结水产生,所以在它们的下部位应装接水盘和排水管。详见图 13-13。冷凝水排出管应设水封,以防其成为吸风口,排水不畅。

表冷器的冷媒管路也有并联与串联及串并联之分。一般的做法是并联的表冷器,管路也并联,串联的表冷器管路也串联。同时,为了使空气与冷媒之间有较大温差,最好让空气与冷媒按逆交叉流型流动(图 13-14),即进水管在空气出口一侧。

为了使用和维修的方便,冷媒管路上应设阀门和温度计等。为了保证表冷器的正常工作,在水系统的最高点应设排空气装置,而在水系统的最低点应设泄水和排污装置。

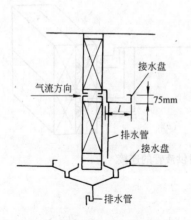

图 13-13 接水盘与排水管的安装

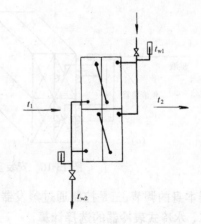

图 13-14 冷水式表面冷却器水管连接
t_1—进风温度(℃);t_2—处理后空气温度(℃);
t_{w1}—进水温度(℃);t_{w2}—回水温度(℃)

如果表面式换热器冷热两用,则热媒以用 65℃以下的热水为宜,以免管内壁积水垢过多 而影响传热性能。水质过硬时还应进行软化 处理。

表冷器内水流速宜采用 $0.6\sim1.8\text{m/s}$。 表冷器迎风面的空气质量流速,一般采用 $2.5\sim3.5\text{kg/(m}^2\cdot\text{s)}$,如质量流速大于 3kg/ $(\text{m}^2\cdot\text{s})$时,宜在表冷器后增设挡水板。表冷器的 冷水进口温度,应比空气的出口干球温度至少 低 3.5℃,冷水温升宜采用$2.5\sim6.5$℃。采用水 冷式表冷器时,如无特殊情况,不得用盐水作冷 媒。水冷式表冷器排数一般用 $4\sim8$ 排。

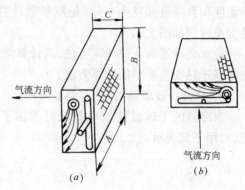

图 13-15 直接蒸发式冷却器的流向示意图
(a)蒸发器垂直安装;(b)蒸发器水平安装

(2) 直接蒸发式表冷器的安装

直接蒸发式表冷器的安装好坏对空气冷却处理效果影响很大。直接蒸发式表冷器的安 装包括分液器、蒸发器本身的安装和蒸发器的配管连接。安装时应注意以下几个问题:

a. 应使空气和冷媒逆向流动,具体安装形式见图 13-15 所示。

b. 蒸发器应装接水盘,并引至排水管,以排除湿工况时表冷器外面的凝结水,如图 13- 13 所示。

c. 蒸发器无论如何放置,肋片不能呈水平状态。蒸发器可以垂直、水平或倾斜安装,但 不能竖放。

d. 空气未经过蒸发器之前应进行过滤。

e. 多台蒸发器连接配管时,应使制冷剂分配均匀。

图 13-16 所示为多台蒸发器的配管图。制冷剂管路均应是并联。

f. 直接蒸发式表冷器同水冷式表冷器,也可串联、并联和串并组合。

直接蒸发式表冷器的冷量调节常从三个方面采取措施。一是制冷压缩机的调节,二是

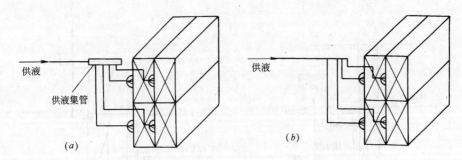

图 13-16　安装多台蒸发器时供液管的连接

蒸发器本身的调节,三是控制通过蒸发器的空气量。

二、水冷式表冷器的选择计算

水冷式表冷器的选择计算分为热工计算和阻力计算两大部分。

(一) 热工计算

水冷式表冷器在空调工程中主要作冷却干燥用,这时空气的温度和含湿量都发生变化,是双参数计算问题。空气和水的热交换过程如图 13-17。

冷水表冷器有几种计算方法,其计算结果相差不大,本节只介绍基于热交换效率的计算方法。

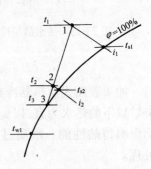

图 13-17　表面冷却器处理空气时的各个参数

1. 热交换效率系数(干球温度效率)

表冷器的干球温度效率是同时考虑了空气和水的状态变化,可用下式表示:

$$E_g = \frac{t_1 - t_2}{t_1 - t_{w1}} \tag{13-19}$$

式中　t_1、t_2——处理前、后空气的干球温度,℃;

t_{w1}——冷水初温,℃。

由于 E_g 的表示式中只有空气的干球温度,所以又把 E_g 称为表冷器的干球温度效率。

水冷式表冷器的干球温度效率 E_g 的大小取决于传热系数 K_s,空气量 G、水量 W、传热面积 F、析湿系数 ξ、空气比热 c_p 及水比热 c。一般把各项和 E_g 的关系绘制成线算图,如图 13-18 所示。图中 γ 为两流体的水当量比,即 $\gamma = \dfrac{\xi G c_p}{W c}$,$\beta$ 为传热单元数,$\beta = \dfrac{K_s F}{\xi G c_p}$。根据 γ 和 β 就可以从图 13-18 中查得热交换效率系数 E_g。

由于表冷器使用过程中管内部可能结垢,外表可能积灰,故在计算过程中应考虑一定的安全系数。即:

$$E'_g = a E_g \tag{13-20}$$

安全系数 a 的取值如下:表冷器仅冷却空气时,$a = 0.94$(约相当于 K_s 降低 10%);表冷器作加热用时,$a = 0.92$(约相当于 K_s 降低 15%);表冷器冷热两用时,$a = 0.90$(约相当传热系数 K_s 降低了 20%)。

2. 接触系数

表冷器的接触系数的定义与喷水室的接触系数完全相同,即:

270

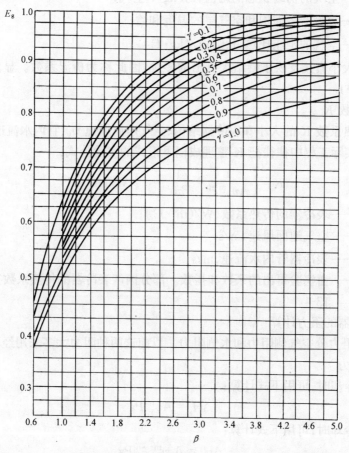

图 13-18 水冷式表冷器的 E_g 值线算图(适用于 $N \geqslant 4$ 排逆交叉流)

$$E_0 = \frac{t_1 - t_2}{t_1 - t_3} = 1 - \frac{t_2 - t_{s2}}{t_1 - t_{s1}} \tag{13-21}$$

由于表冷器在实际使用时,外表面要结垢和积灰,实际的接触系数比上式略小,所以乘以修正系数 a,即:

$$E'_0 = aE_0 \tag{13-22}$$

式中 a 为修正系数,取值如下:若冷却器仅作冷却用时取 $a = 0.9$;若冷热两用时取 $a = 0.8$。

空气在水冷式表冷器内所能达到的接触系数 E_0 的大小取决于表冷器排数 N 和迎风面风速 v_y 的值,可由试验求得。附录 13-3 即为国产一些表冷器的 E_0 值,可供计算时使用。

3. 析湿系数

在空调工程中通常把全热交换和显热交换的比值称为湿工况的析湿系数。从图 13-17 中参数,根据上述定义有:

$$\xi = \frac{i_1 - i_2}{c_p(t_1 - t_2)} = \frac{i_1 - i_3}{c_p(t_1 - t_3)} \tag{13-23}$$

式中 t_1、t_2——空气初、终状态的干球温度,℃;

271

i_1、i_2——空气的初终状态的焓值,kJ/kg 干空气;

t_3、i_3——表冷器表面饱和空气层的温度和焓;

c_p——空气的定压比热,1.01kJ/(kg·℃)。

由于 ξ 的大小直接反映了凝结水析出的多少,因此称为析湿系数。显然干工况下 $\xi=1$,湿工况下 $\xi>1$。

4. 传热系数 K

表冷器传热系数 K 的大小和表冷器结构、空气迎面风速 v_y、管内水流速 w 以及析湿系数 ξ 有关。在实际工程中往往把 K 整理成以下形式的实验公式:

$$K = \left[\frac{1}{Av_y{}^m \xi^p} + \frac{1}{Bw^n} \right]^{-1} \quad \text{W}/(\text{m}^2 \cdot \text{℃}) \tag{13-24}$$

式中　　　K——表冷器的传热系数,W/(m²·℃);

　　　　　v_y——空气迎面风速,m/s;

　　　　　w——表冷器管内水流速,m/s;

A、B、P、m、n——由实验得出的系数和指数。部分国产表冷器的传热系数实验公式见附录 13-4。

(二) 表冷器的阻力计算

表冷器的阻力分空气侧阻力和水侧阻力。目前这两种阻力大多采用经验公式计算。

1. 空气阻力

(1) 干式冷却时,可用下式计算:

$$\Delta H_g = Av_y^m \quad \text{Pa} \tag{13-25}$$

(2) 湿式冷却时,可用下式计算:

$$\Delta H_s = A' v_y^{m'} \xi^n \quad \text{Pa} \tag{13-26}$$

式中　　　　v_y——表冷器的迎面风速,m/s;

　　　　　　ξ——析湿系数;

A、A'、m、m'、n——由表冷器型式和排数决定的试验系数和指数。

一些国产表冷器的空气阻力计算公式见附录 13-4,考虑到管表面积灰的因素,可再附加 1.1 的系数。

2. 水阻力

表冷器的水阻力计算公式为:

$$\Delta h = Bw^s \quad \text{kPa} \tag{13-27}$$

式中　w——管内水流速,m/s;

　B、s——由表冷器型式和排数决定的试验系数和指数。

一些国产表冷器的水阻力计算公式见附录 13-4,考虑到管内表面积垢,可再附加 1.2 系数。

(三) 表冷器的选择计算例题

和喷水室一样,表冷器的热工计算也分两种类型,一种是设计性计算,一种是校核性计算。下面举例说明表冷器的设计、校核的方法和步骤。

【例 13-3】　已知被处理的空气量为 30000kg/h(8.33kg/s),当地大气压为 101325Pa,空

气的初参数 $t_1 = 25.6℃$，$t_{s1} = 18℃$，$i_1 = 50.9kJ/kg$ 干空气;空气的终参数为: $t_2 = 11℃$，t_{s2} $= 10.6℃$，$\varphi_2 = 95\%$，$i_2 = 30.7kJ/kg$ 干空气。试选用 JW 型表冷器,并确定水温水量。(JW 型表冷器的技术数据见附录 13-5。)

【解】 本题为设计性计算

(1) 计算需要的接触系数 E_0,确定表冷器排数。

如图 13-19,根据公式(13-21)可得:

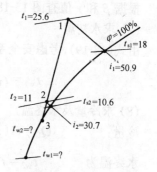

$$E_0 = 1 - \frac{t_2 - t_{s2}}{t_1 - t_{s1}}$$
$$= 1 - \frac{11 - 10.6}{25.6 - 18} = 0.947$$

图 13-19　例 13-3 附图

根据附录 13-3 可知 JW 型 8 排表冷器在 $v_y = 2.5 \sim 3m/s$ 时,能满足 $E_0 = 0.947$ 的要求,所以决定选用 8 排。

(2) 确定表冷器的型号

假定取 $v'_y = 2.5m/s$,则表冷器的迎风面积应为:

$$F'_y = \frac{G}{v'_y \cdot \rho} = \frac{8.33}{2.5 \times 1.2} = 2.78 \ m^2$$

根据 $F'_y = 2.78m^2$,查附录 13-5 可以选用 JW30-4 表冷器一台,其实际的 $F_y = 2.57m^2$, 所以实际的 v_y 为:

$$v_y = \frac{G}{F_y \cdot \rho} = \frac{8.33}{2.57 \times 1.2} = 2.70 \ m/s$$

再查附录 13-3,知 $v_y = 2.7m/s$ 时,8 排 JW 型表面冷却器的 $E_0 = 0.95$ 与需要的 $E_0 = 0.947$ 差别不大,故可继续计算下去。如果二者差别较大,则应改选别的型号表面冷却器或在设计允许范围内调整空气的一个参数(终参数),变成已知冷却面积及一个空气终参数求解另一个空气终参数的校核性计算。

由附录 13-5 还可知,所选表冷器的每排传热面积 $F_d = 33.4m^2$,通水截面积 $f_w = 0.00553m^2$。

(3) 求析湿系数

$$\xi = \frac{i_1 - i_2}{c_p(t_1 - t_2)} = \frac{50.9 - 30.7}{1.01 \times (25.6 - 11)} = 1.37$$

(4) 求传热系数 K_s

假定水流速 $w = 1.2m/s$,根据附录 13-4 中的相应公式可算出传热系数为:

$$K_s = \left[\frac{1}{35.5 v_y^{0.58} \xi^{1.0}} + \frac{1}{353.6 w^{0.8}} \right]^{-1}$$
$$= \left[\frac{1}{35.5 \times (2.7)^{0.58} \times 1.37} + \frac{1}{353.6 \times (1.2)^{0.8}} \right]^{-1}$$
$$= 71.42 W/(m^2 \cdot ℃)$$

(5) 求冷水量

$$W = f_w w \times 10^3 = 0.00553 \times 1.2 \times 10^3 = 6.64 \ kg/s$$

(6) 求表面冷却器能达到的 E_g 值

先求传热单元数和水当量比

$$\beta = \frac{K_s F}{\xi G c_p} = \frac{71.42 \times 33.4 \times 8}{1.37 \times 8.33 \times 10^3 \times 1.01} = 1.66$$

$$\gamma = \frac{\xi G c_p}{W \cdot c} = \frac{1.37 \times 8.33 \times 10^3 \times 1.01}{6.64 \times 10^3 \times 4.19} = 0.41$$

根据 β 和 γ 值查图 13-18 得 $E_g = 0.74$

(7) 求水初温

由式(13-19)，考虑安全系数 $a = 0.94$ 得：

$$t_{w1} = t_1 - \frac{t_1 - t_2}{a E_g} = 25.6 - \frac{25.6 - 11}{0.94 \times 0.74} = 4.61 \text{℃}$$

(8) 求冷量及水终温

冷量： $$Q_0 = G(i_1 - i_2) = 8.33 \times (50.9 - 30.7) = 168.3 \text{ kW}$$

水终温为： $$t_{w2} = t_{w1} + \frac{Q_0}{Wc} = 4.61 + \frac{168.3}{6.64 \times 4.19} = 10.66 \text{℃}$$

(9) 空气阻力和水阻力

根据附录 13-4 中 JW 型 8 排表冷器的阻力计算公式，考虑附加系数后可得：

空气阻力： $$\Delta H_s = 1.1 \times 70.56 v_y^{1.21}$$
$$= 1.1 \times 70.56 \times (2.7)^{1.21} = 258.2 \text{ Pa}$$

水阻力： $$\Delta h = 1.2 \times 20.19 w^{1.93}$$
$$= 1.21 \times 20.19 \times (1.2)^{1.93} = 34.4 \text{ kPa}$$

【例 13-4】 已知被处理的空气量为 16000kg/h(4.44kg/s)，当地大气压力为 101325Pa，空气初参数为 $t_1 = 25$℃，$t_{s1} = 20.5$℃，$t_{l1} = 18.5$℃，$i_1 = 59.1$kJ/kg 干空气，冷水量为 $W = 23500$kg/h(6.53kg/s)，冷水初温为 $t_{w1} = 5$℃。试求用 JW20-4 型 6 排的表冷器处理空气所能达到的终参数及水终温（如图 13-20）。

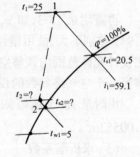

图 13-20　例 13-4 附图

【解】 本题为校核性计算

(1) 求表冷器的迎面风速及水流速

查附录 13-5 知 JW20-4 型表冷器的迎风面积 $F_y = 1.87 \text{m}^2$，每排传热面积 $F_d = 24.05 \text{m}^2$，通水断面积 $f_w = 0.00407 \text{m}^2$，所以：

$$v_y = \frac{G}{F_y \cdot \rho}$$
$$= \frac{4.44}{1.87 \times 1.2} = 1.98 \text{ m/s}$$

$$w = \frac{W}{f_w \times 10^3} = \frac{6.53}{0.00407 \times 10^3} = 1.6 \text{ m/s}$$

(2) 求表冷器能够达到的 E_0

根据附录 13-3，当 $v_y = 1.98$m/s 时 6 排 JW 型表冷器的 $E_0 = 0.912$

(3) 假定 t_2 确定空气终状态

假定 $t_2 = 11.3$℃〔一般可按 $t_2 = t_{w1} + (5 \sim 7)$℃假定〕，则

$$t_{s2} = t_2 - (t_1 - t_{s1})(1 - E_0)$$

274

$$= 11.3 - (25 - 20.5)(1 - 0.912)$$
$$= 10.9 \ ℃$$

由 i-d 图,当 $t_2 = 11.3℃$,$t_{s2} = 10.9℃$ 时可得 $i_2 = 31.6$kJ/kg 干空气。

(4) 求析湿系数
$$\xi = \frac{i_1 - i_2}{c_p(t_1 - t_2)} = \frac{59.1 - 31.6}{1.01 \times (25 - 11.3)} = 1.99$$

(5) 求传热系数

根据附录 13-4,对于 JW 型 6 排的表冷器
$$K_s = \left[\frac{1}{41.5 v_y^{0.52} \xi^{1.02}} + \frac{1}{325.6 W^{0.8}} \right]^{-1}$$
$$= \left[\frac{1}{41.5 \times (1.98)^{0.52} \times (1.99)^{1.02}} + \frac{1}{325.6 \times (1.6)^{0.8}} \right]^{-1}$$
$$= 95.41 \quad W/(m^2 \cdot ℃)$$

(6) 求表冷器能够达到的 E'_g
$$\beta = \frac{K_s F}{\xi G c_p} = \frac{95.41 \times 24.05 \times 6}{1.99 \times 4.44 \times 10^3 \times 1.01} = 1.54$$
$$\gamma = \frac{\xi G c_p}{Wc} = \frac{1.99 \times 4.44 \times 10^3 \times 1.01}{6.53 \times 10^3 \times 4.19} = 0.33$$

查图 13-18 得:
$$E'_g = 0.73$$

(7) 求需要的 E_g 并与得到的 E'_g 比较
$$aE_g = \frac{t_1 - t_2}{t_1 - t_{w1}} = \frac{25 - 11.3}{25 - 5} = 0.685$$
$$E_g = 0.685/0.94 = 0.729$$

因为 E_g 与 E_g' 相差甚少,证明所设 $t_2 = 11.3$ 是正确的。否则应重设 t_2 再算。

于是在本例题的条件下得到的空气终参数为:$t_2 = 11.3℃$,$t_{s2} = 10.9℃$,$i_2 = 31.6$kJ/kg 干空气。

(8) 求冷量及水终温
$$Q_0 = G(i_1 - i_2) = 4.44 \times (59.1 - 31.6) = 122.1 \ kW$$
$$t_{w2} = t_{w1} + \frac{Q_0}{Wc}$$
$$= 5 + \frac{122.1}{6.53 \times 4.19} = 9.46 \ ℃$$

第三节 加 湿 装 置

在空调系统中,可以在空气处理室(空调箱)或送风管道内对送风房间的空气集中加湿;也可以在空调房间内部对空气局部补充加湿。

空气加湿的方法除前面讲过的利用喷水室加湿外,还可以采用直接喷水蒸气加湿、直接喷水雾加湿、水表面自然蒸发加湿和电热加湿、超声波加湿等。这些加湿方法可归成两类:

一类是利用水蒸气混入空气进行加湿,即等温加湿;一类是由于水吸收空气中的显热而汽化进入空气的加湿,即等焓加湿。它们的加湿过程如图 13-21 中的 1→2 和 1→3 过程。

一、等温加湿

把蒸汽直接喷入空气,对空气进行加湿过程,其热湿比线十分接近等温线,所以通常把这一加湿过程视为等温过程。由图 13-21 可知,对 G kg/s 状态点 1 的空气,加湿后到状态点 2,其加湿量 W 为:

$$W = G(d_2 - d_1)/1000 \text{ kg/s} \qquad (13\text{-}28)$$

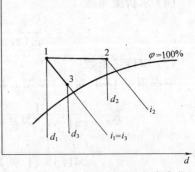

图 13-21 空气加湿过程的状态变化

1. 干蒸汽加湿器

目前国内生产的干蒸汽加湿器主要有两种类型,即 $\frac{Q}{D}$ZS 型和 ZKZ 型。下面分别加以介绍。

(1) $\frac{Q}{D}$ZS 型干蒸汽加湿器

$\frac{Q}{D}$ZS 型干蒸汽加湿器是江苏靖江空调器机械厂生产的定型产品,其中配气动执行器的是 QZS 型,配电动执行器的是 DZS 型。这种干蒸汽加湿器由干蒸汽喷管、分离室、干燥室和气动或电动调节阀组成(图 13-22)。按其结构特征和组合情况,属于组装式加湿器。

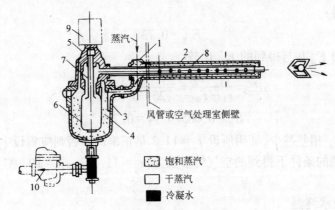

图 13-22 干蒸汽加湿器

1—接管;2—外套;3—挡板;4—分离室;5—阀孔;6—干燥室;
7—消声腔;8—喷管;9—电动或气动执行机构;10—疏水器

如图所示,蒸汽由蒸汽进口 1 进入外套 2 内,它对喷管内的蒸汽起加热、保温、防止蒸汽冷凝的作用。由于外套的外表面直接与被处理的空气接触,所以部分蒸汽将凝结成水并随蒸汽一道进入分离室 4。由于分离室断面大,使蒸汽减速,再加上惯性作用及挡板 3 的阻挡,冷凝水便分离下来。分离出冷凝水的蒸汽流经调节阀孔 5 减压后再进入干燥室 6。残留在蒸汽中的水滴在干燥室中再汽化,最后从小孔 8 喷出的是干蒸汽。

$\frac{Q}{D}$ZS 型干蒸汽加湿器的性能见附录 13-6。

(2) ZKZ 型干蒸汽加湿器

ZKZ 型干蒸汽加湿器(北京空调厂生产),为定型产品,按其结构特征和组合情况属于散装式加湿器。

ZKZ 型干蒸汽加湿器是一个带外套、内管的喷管组件。这种加湿器的结构特征，是在带外壳(即外套管)中再插入一根内管，借以增强吸热汽化的效应，有利于蒸汽的干燥。而改变喷嘴的尺寸或数目，就能改变流通能力。

干蒸汽加湿器的主要优点是加湿性能好，工作可靠，缺点是造价高，而且必须有蒸汽源。

$\frac{Q}{D}$ZS 型干蒸汽加湿器宜水平安装，必要时也可以垂直安装，而 ZKZ 型干蒸汽加湿器只能垂直安装。

$\frac{Q}{D}$ZS 型干蒸汽加湿器仅适用于工艺对噪声控制要求较严格，且加湿器喷管组件只能设置在风机压出段送风管内的相对湿度波动要求严格的空调系统。ZKZ 型干蒸汽加湿器在不同规模和不同相对湿度波动要求的空调系统中都可采用。

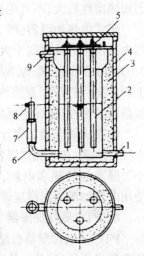

2. 电极式加湿器

电极式加湿器的构造如图 13-23 所示，它是利用三根不锈钢棒(或铜棒镀铬)作为电极，把它放在不易锈蚀的水容器中，以水作电阻，通电后水被加热产生蒸汽。蒸汽由排出管送到待加湿的空气中去。

图 13-23　电极式加湿器
1—进水管；2—电极；3—保温层；4—外壳；5—接线柱；6—溢水管；7—橡皮短管；8—溢水嘴；9—蒸汽出口

为避免蒸汽中夹带水滴，可在蒸汽出口后面再加一个电热式蒸汽过热器。通过电热管加热蒸汽可使夹带的水滴蒸发，从而保证加湿用的是干蒸汽。

电极式加湿器产生的蒸汽量可以采取措施进行调节。由于电极式加湿器的水位越高，导电面积越大，通过电流越强，因而产生的蒸汽量也越大。所以，产生蒸汽量大小也可以通过调节加湿器的水位高低这种简单办法来调节。

电极式加湿器所需电功率可按下式计算

$$N = K \cdot W(i_q - ct_w) \text{ kW} \tag{13-29}$$

式中　W——蒸汽发生量，kg/s；

i_q——蒸汽的焓，kJ/kg；一般可取 $i_q = 2690$kJ/kg；

t_w——进水温度，℃；

c——水的比热，kJ/(kg·℃)；

K——考虑结垢影响的安全系数，根据水质硬度高低可取 $K = 1.05 \sim 1.20$。

电极式加湿器可向有关厂家订货加工。

使用电极式加湿器时应注意外壳要有良好的接地，使用中要经常排污和定期清洗。电极式加湿器宜用在小型空调系统中。

3. 电热式加湿器

电热式加湿器是把 U 形、蛇形或螺旋状电热元件放在水槽内或水箱内，前者称为开式；后者称

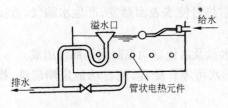

图 13-24　开式电热加湿器

277

为闭式。

开式电热加湿器(图13-24)的容器不是密闭的,因而蒸汽压力和大气压力相同。由于开式电热加湿器中带有一定容积的存水,从开始通电到产生蒸汽需要较长时间,因而热惯性较大,不宜用在湿度控制要求严格的地方。

闭式电热加湿器(图13-25)不与大气直接相通,加湿器内蒸汽压力经常高于大气压力,而且经常充满 $0.01\sim 0.03MPa$ 的低压蒸汽,所以需要加湿时,只要蒸汽管道上调节阀一打开即有蒸汽出来加湿空气,这样就减少了加湿器的惯性,提高了湿度调节的精度。

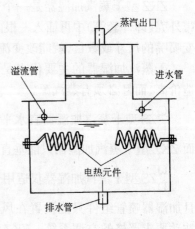

图13-25　闭式电热加湿器

电热式加湿器功率计算公式同电极式。为避免蒸汽中夹带水滴,在电热加湿器后同样应装蒸汽过热器,为减小加湿器的热耗和电耗,电热加湿器外壳应做好保温。使用电热加湿器同样应该注意清洗、除垢与排污。

4. PTC蒸汽加湿器

PTC蒸汽加湿器也是一种电热加湿器,不过它不用电热管而是将PTC热电变阻器(氧化陶瓷半导体)发热元件直接放入水中,通电后水被加热产生蒸汽。

PTC氧化陶瓷半导体在一定电压下,电阻随温度升高而变大。加湿器开始运行时,由于水温较低,启动电流为额定电流的3倍,水温上升很快,5秒钟后即达到额定电流,产生蒸汽。

PTC加湿器由PTC发热元件、不锈钢水槽、给排水装置、防尘罩及控制系统组成。加湿器本体设在空调器内部,操作盘在空调器外部。该加湿器的控制分双位及比例控制两种,可根据使用要求选用。

PTC加湿器具有运行安全,加湿迅速、不结露,高绝缘电阻、寿命长、维修工作量少等优点,可用于温湿度控制要求严格的中、小型空调系统。

日本UCAN株式会社生产的PTC蒸汽发生器属于此系列产品,其主要规格及技术数据见有关设计手册。

北京亚都科技股份有限公司利用PTC发热元件开发的YNW-100型电子加湿暖风机也是这类产品。它的加热效率高,安全节能,温、湿度恒定,而且机体内还有活性炭过滤器可以吸附室内有毒气体,尘埃和异味,从而能净化空气。

YNW-100型电子加湿暖风机可以加热、加湿空气,也可以仅加热空气,使用寿命可长达10000h。

5. 红外线加湿器

红外线加湿器是用红外线灯作热源,形成的辐射热可使水表面蒸发,产生水蒸气,直接对空气进行加湿。

红外线加湿器主要由红外灯管、反射器、水箱、水盘及水位自动控制阀等部件组成。

红外线加湿器控制简单,加湿迅速,加湿器用的水可不作处理,能自动地定期清洗、排污。但价格较高,耗电量较大。

国内厂家虽然研制过红外线加湿器,但至今没有好的定型产品。国外生产的红外线加湿器单台加湿量为 2.2～21.5kg/h,额定功率为 2～20kW。根据加湿量需求,这种加湿器可以单台使用,也可以多台组装起来使用。

二、等焓加湿

等焓加湿是将常温水雾化或汽化直接混入空气中。常用的加湿装置有压缩空气喷雾加湿设备、电动喷雾机、超声波加湿器、湿帘蒸发式加湿器及离心式加湿器等。

1. 压缩空气喷雾加湿设备

某些高温车间,因室内散热量大,热湿比也大,空调系统无法选取更大的送风温差,而必须增加送风量。在这种情况下,如能在室内直接喷水加湿(又称"局部补充加湿"),则水蒸发不仅能使车间降温,又因为减少了热湿比,可增加送风温差和减少送风量。

局部补充加湿通常采用压缩空气喷雾器进行,使用的压缩空气压力为 0.03MPa(工作压力)左右,压缩空气管与供水管相连接,安装方法如图 13-26 所示。由喷嘴喷出微细的水滴,蒸发后使室内空气加湿。压缩空气喷雾器分为固定式和移动式两种。

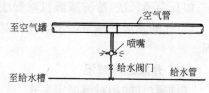

图 13-26　压缩空气喷雾器的安装

2. 电动喷雾机

电动喷雾机由风机、电动机和给水装置组成,靠风机把水甩成雾滴喷入空气中加湿空气。电动喷雾机也分为固定式和移动式两种。

由于上面两种加湿装置在一般的空调工程中很少应用,所以这里不详细介绍。

3. 超声波加湿器

水箱内的水在超声波的作用下,表面会产生几微米左右的微细水滴,这些水滴混到空气中去吸热蒸发成水蒸气,从而对空气进行加湿,这就是超声波加湿器的原理。

超声波加湿器的雾化效果好,水滴微细均匀,结构紧凑,运行安静、噪声低。即使在低温下也能对空气进行加湿是超声波加湿器的一大特点。不过超声波加湿器价格较高,使用时需要用软化水或去离子水。

YC 型工业用系列超声波加湿机由北京亚都环境测控工程公司生产。ST 型大功率高频加湿机由北京赛特工程技术服务公司生产。

4. 湿帘蒸发式加湿器

湿帘蒸发式加湿器是空气通过含水加湿模块,发生等焓变化,使空气的温度降低,湿度增加。用作加湿模块的材料有许多,可由植物纤维或玻璃纤维加入特殊化学成分的材料制成,具有吸水性强、耐腐蚀、结构强度高的特点。

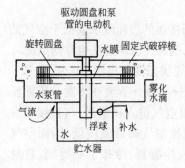

图 13-27　离心式加湿器

蒙特空气处理设备(北京)有限公司用的"GLAS-DEK(格拉斯代克)"吸湿材料有很强的吸湿性,每立方米可吸水100kg。该公司的湿帘加湿器(FC 型空调机用蒸发式加湿器)有多种规格,可直接供水,也可使用循环水。

5. 离心式加湿器

离心式加湿器是靠离心力将水雾化的设备。图 13-27所示就是一个离心式加湿器。它有一个圆筒形外壳,封闭电机驱动一个圆盘和水泵管高速旋转。水泵管从贮水器中吸水并送至旋转的圆盘上面形成水膜。水膜由于离心力作用被甩向破碎梳并形成细小水滴,干燥空气从圆盘下部进入,吸收雾化了的水滴从而被加湿。

离心式加湿器具有节省电能,安装方便,使用寿命长等优点,可用于较大型空调系统,但因水滴颗粒较大,不能完全蒸发,还需排水。加湿用水应使用软化水或纯水。

国产离心式加湿器规格不多,单台加湿量为 $2\sim5kg/h$,电功率为 $75\sim550W$。可以单台使用,也可以多台组合使用。

第四节 除 湿 装 置

用前述的喷水室及表冷器都能对空气进行减湿处理。除此之外,还有几种空气减湿方法,如升温通风法、冷冻减湿机减湿法、固体吸湿剂法和液体吸湿剂法,下面分别加以介绍。

空气的减湿处理常用于某些相对湿度要求低的生产工艺、产品贮存和一些地下建筑工程。

一、升温通风减湿

根据空气的相对湿度定义式

$$\varphi = \frac{p_q}{p_{qb}} \times 100\% \qquad (13\text{-}30)$$

可见,当空气的水蒸气分压力不变时,提高空气温度,亦即提高了空气的饱和水蒸气分压力 p_{qb},则空气相对湿度变小。这就说明空气升温可以降低相对湿度。

然而用升温法并不能除去空气中的水分,所以有湿源存在时,也不能长期使用,或者只能在一个空间局部使用(局部烘烤等)。

如果能掌握有利时机,进行通风换气,用室外比较干燥的空气置换室内的潮湿空气,就可以达到通风减湿的目的。减湿需要的通风量 G 也可以按下式计算:

$$G = \frac{W}{d_n - d_w} \text{kg/h} \qquad (13\text{-}31)$$

式中　W——需要的减湿量,kg/h;

　　　d_n——室内空气含湿量,kg/kg 干空气;

　　　d_w——室外空气含湿量,kg/kg 干空气。

由于单纯通风又不能调节室内温度,所以就采用升温通风法来达到减湿的目的。而且采用的设备比较简单,价格便宜。只要有进、排风系统及空气加热器就能实现,所以在气候条件合适的地方或季节应优先采用。

二、冷冻减湿机

冷冻减湿机又常常被称为"除湿机"或"降湿机"。当空气与接触的表面或水温低于空气的露点温度时,空气中的一部分水蒸气就会凝结出来从而被除掉,这种冷冻减湿法也称露点法。

图 13-28 为冷冻除湿机的工作原理图。减湿过程中的空气状态变化见图 13-29。

冷冻减湿机由制冷系统和风机等组成。当制冷剂经压缩→冷凝→节流→蒸发→压缩反复循环而连续制冷,吸收需要减湿空气的热量。当状态 1 的湿空气进入机组后,与直接蒸发式表冷器进行热湿交换。由于直接蒸发式表冷器的表面温度比空气露点温度低,因而空气被降温、减湿到状态 2。离开直接蒸发式表冷器的空气又进入冷凝器,冷却了制冷剂,自身被加热到状态 3。因而从除湿机出来的是温度高而含湿量低的空气,这样就达到了减湿目的。由此可见,如果将冷冻减湿机用到既需减湿、又需加热的地方就比较合适。一些地下建筑是符合这样的条件的,所以经常使用这种减湿机。

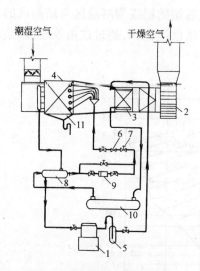

图 13-28　冷冻减湿机原理图

1—压缩机;2—送风机;3—冷凝器;4—蒸发器;
5—油分离器;6、7—节流装置;8—热交换器;9—过滤器;
10—贮液器;11—集水盘

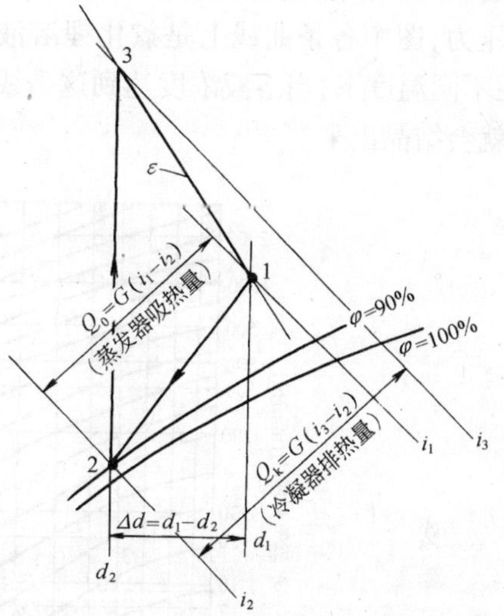

图 13-29　冷冻减湿机中的空气状态变化

由图 13-29 可知,冷冻减湿机的制冷量和除湿量可表示如下:

$$Q_0 = G(i_1 - i_2) \text{ kW} \tag{13-32}$$

$$W = G(d_1 - d_2) \text{ kg/s} \tag{13-33}$$

如果由式(13-32)求出风量再代入式(13-33),则可以得到 $W = \dfrac{Q_0}{\varepsilon}$,$\varepsilon$ 为过程线 1—2 的热湿比。由此可见冷冻减湿机的减湿量与其制冷量成正比,而与过程的 ε 成反比。

用冷冻减湿机减湿,性能稳定,可靠性好,能连续除湿,管理方便,但初投资比较大,比较适宜使用于空气露点温度高于 4℃ 且除湿量较小的场合。

国内生产的冷冻除湿机有些是整体式,有些要用户自备风机。部分整体式除湿机性能见附录 13-7,自备风机的除湿机性能见附录 13-8。它们的外形,尺寸及性能曲线详见厂家产品说明书。

三、液体吸湿剂减湿

液体吸湿剂减湿又称吸收减湿。其减湿的原理是利用某些盐类的水溶液所具有的对水蒸气的吸收能力,对空气进行减湿处理。常用的液体吸湿剂有氯化锂、氯化钙、三甘醇等水溶液。溶液吸收水分后自身浓度变低,吸湿能力下降,因此也需用加热的方法使之再生。

溶液中盐的含量用其浓度 ξ(%)表示,浓度的计算式为:

$$\xi = \frac{G_r}{W + G_r} \times 100\% \tag{13-34}$$

式中　G_r——溶液中盐的质量,kg;

　　　W——溶液中水的质量,kg。

溶液表面上空气层的水蒸气分压力 P 取决于溶液的温度 t 和浓度 ξ。因此一般用 P-ξ 图来表示各种盐类水溶液的性质。

图 13-30 是氯化锂溶液的 P-ξ 图。横坐标是溶液的质量浓度，纵坐标是溶液表面水蒸气分压力，图中各条曲线上是氯化锂溶液的等温线，右端的粗线为溶液区与结晶区的分界线，在不同温度下，当溶液浓度达到这条线时，说明溶液已达饱和，超过这条线时，多余的氯化锂就会结晶出来。

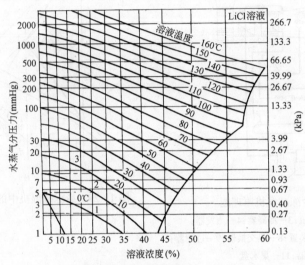

图 13-30　氯化锂溶液的 P-ξ 图

图 13-31 是一个使用氯化锂溶液的蒸发冷凝再生式减湿系统。室外新风经过滤器 1 净化后，在喷溶液室 2 中与溶液接触，空气中的水分即被溶液吸收，减湿后的空气与回风混合，经表冷器 3 降温后，由风机 4 送向室内。在喷液室中，因吸收空气中水分而稀释的溶液流入溶液箱 7，与来自热交换器 8 的溶液混合后，大部分在溶液泵 6 的作用下，经溶液冷却器 5 冷却后送入喷液室，小部分经热交换器 8 加热后排至蒸发器 10，在蒸发器中，稀溶液被蒸汽盘管加热、浓缩，然后由再生溶液泵 9 经热交换器 8 冷却后再送入溶液箱。从蒸发器上部排出的水蒸气进入冷凝器 11 冷凝成水，冷凝水与冷却水混合后一同排入下水道。

图 13-31　蒸发冷凝再生式液体减湿系统
1—空气过滤器；2—喷液室；3—表面冷却器；
4—送风机；5—溶液冷却器；6—溶液泵；
7—溶液箱；8—热交换器；9—再生溶液泵；
10—蒸发器；11—冷凝器

四、固体吸湿剂减湿

用固体吸湿剂减湿的方法称之为吸附减湿。

有些固体，如硅胶，氯化钙和分子筛等，具有很强的吸水性能，可以用作固体吸湿剂。固体吸湿剂的减湿原理，对不同的吸湿材料来说是不同的。有一类固体吸湿材料，如硅胶和活性炭等，它们本身具有大量的微小孔隙，形成很大的吸附表面。水蒸气被吸附表面吸附后，靠毛细作用进入吸湿剂内部,而吸湿剂的化学成分不发生变化。这类材料的吸湿过程是纯物理作用,称之为物理吸附。另一类吸湿剂,如氯化钙,生石灰等,吸附水分后,其本身的化学成分发生了变化。这类材料的吸附过程是物理化学作用,称之为化学吸附。当吸湿剂吸附水分到一定程度时,其吸湿能力达到饱和,无法继续吸湿,称之为失效。需要再生以除去其内部的部分水分,才能重复使用。常用的方法为加热烘干。

在空调工程中,常用的吸湿剂是硅胶和氯化钙。下面介绍一下这两种吸湿剂的性质和使用方法。

硅胶是一种半透明颗粒状,分子式为 SiO_2,固体,它无毒,无臭、无腐蚀性、不溶于水,密度为 $640\sim700kg/m^3$。硅胶含有大量的毛细孔,对水蒸气有很强的吸附性能,吸湿能力可达其质量的 30%。硅胶又有原色硅胶和变色硅胶之分。原色硅胶在吸湿过程中不变色,而变色硅胶,如氯化钴硅胶吸湿前呈蓝色,吸湿后颜色逐渐变红。当变成红色时说明该硅胶已失去了吸湿能力。由于变色硅胶价格较贵,除少量直接使用外,通常是利用它做原色硅胶的吸湿程度的指示剂。硅胶失去吸湿能力后可加热再生,使吸附的水分蒸发,再生后的硅胶即可重复使用,但其吸湿能力有所下降,所以时间长了,应更换新硅胶。

硅胶具有吸附性能好,机械强度高等优点。但它吸附水分后放出吸附热会使空气温度升高。此外,硅胶的吸湿能力与吸湿前空气的温度与含湿量有关,吸湿前的温度越高,或相对湿度越小,硅胶的吸湿能力越差。因此,当空气温度在 35℃ 时,最好不用硅胶吸湿。

氯化钙是一种无机盐类,分子式为 $CaCl_2$,它有很强的吸湿性能,吸收空气中的水蒸气后自身就潮解成液体,吸湿能力显著降低。无水氯化钙是白色多孔状结晶体,略带苦咸味,密度为 $2150kg/m^3$。

工程中一般不用纯氯化钙吸湿,而用纯度为 70% 的工业氯化钙吸湿,因为后者的价格仅为前者的 15%。氯化钙吸湿后也可以再生,方法是将其加热煮沸,其中水分蒸发后又变成固体。

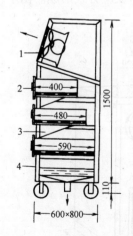

图 13-32　抽屉式氯化钙
吸湿器

1—轴流风机;2—活动抽屉
降湿层;3—进风口;
4—主体骨架

氯化钙价格便宜,来源丰富,目前在工程中常作为一种简易的除湿方法加以应用。但是氯化钙对金属有强烈的腐蚀作用,使用起来不如硅胶方便。

使用固体吸湿剂吸湿的方法分为静态吸湿和强制通风吸湿两种。静态吸湿是让潮湿空气以自然对流形式与吸湿剂接触,而强制通风吸湿是让潮湿空气在风机的强制作用下通过吸湿材料层,达到减湿目的。

静态吸湿的设备简单,造价低,吸湿速度慢,一般适用于减湿空间小或减湿设备对工艺操作影响不大的房间。强制通风吸湿减湿速度快,适用于较大面积减湿或减湿要求高的场合。

氯化钙静态吸湿的方法有吊槽、硬槽、地槽、活动木架等。固体吸湿剂强制通风吸湿有抽屉式氯化钙吸湿器吸湿和抽屉式硅胶吸湿器吸湿等。图 13-32 和图 13-33 为两种吸湿器的构造示意图。为使抽屉式硅胶吸湿器的系统能连续工作,可在一个吸湿系统中并联两组吸湿器,其中一组工作,另一组再生,交替进行。

五、转轮式除湿设备

为使除湿系统能连续工作,可以采用转轮式除湿设备。转轮式除湿机的工作原理见图 13-34。它的吸湿部件是一个干燥转轮。干燥转轮有氯化锂转轮、硅胶转轮和分子筛转轮三种。使用最多的是氯化锂转轮和硅胶转轮。

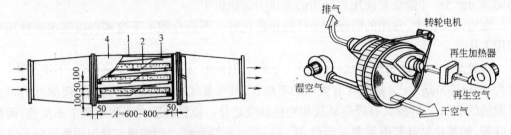

图 13-33 抽屉式硅胶吸湿器

1—外壳;2—抽屉式吸湿层;3—分风隔板;4—密封门

图 13-34 转轮除湿机工作原理图

转轮除湿机是由吸湿转轮、传动装置、风机、过滤器、再生用加热器等组成。转轮除湿机工作时,轮子慢慢转动(转速为 $8\sim10r/h$),需要除湿的空气(处理风)经转轮迎风面的 3/4 区域被吸入,通过转轮后空气中的水分即被吸湿材料吸收或吸附,随后经过除湿的干燥空气由风机送至待除湿的房间或空间。与此同时,另一部分空气(再生风)先经过空气加热器加热,然后经转轮迎风面的 1/4 区域通过转轮,以便将转轮从处理风中吸出的水分排走。由于转轮一直在缓慢旋转,所以吸湿和再生得以连续进行。

氯化锂转轮是用特制的吸湿纸加工成的。吸湿纸上嵌固有氯化锂晶体。由于转轮是用吸湿纸加工成密集的蜂窝状通道,所以湿交换的面积较大,除湿能力很强。此外,由于转芯主要载体材料为无机纤维,不会老化,性能稳定,使用年限较长。但是氯化锂转轮的强度不如硅胶转轮。

硅胶转轮也是以无机纤维为载体制成的。硅胶是在载体上以化学反应方式形成。由于

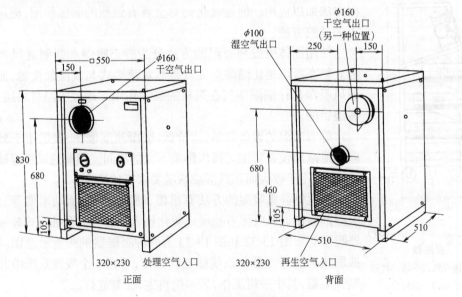

图 13-35 整体式转轮除湿机

转轮也有大量蜂窝状通道,所以吸湿能力很强。此外,硅胶转轮还有强度高,不会造成腐蚀、可以清洗等优点,但是价格较贵。

转轮除湿机按除湿量大小不同分为整体式及组合式两种。整体式除湿机的各部件均装在一个箱体内,外壳上只有处理风及再生风的进、出口(图 13-35)。组合式转轮除湿机除基本除湿段外,一般需另配处理风风机。此外,也可以在基本除湿段前加过滤段及表冷段,在基本除湿段后加表冷段及风机段。前表冷段可起辅助的冷却除湿作用,后表冷段起到降温作用。这样,送出的空气可以满足空调房间的温湿度要求。转轮除湿机的主要技术数据见有关手册或样本。

第五节 冷(热)量回收设备

热回收系统主要是回收建筑物内、外的系统热(冷)或废热(冷)、并把回收的热(冷)量作为供热(冷)或其他加热设备的热源而加以利用的系统。

建筑物中可回收的废热有:锅炉烟气、照明热量、设备、人体散热以及各种排气、排水等。

在建筑物空调负荷中,新风负荷占的比例很大,利用全热交换器或显热交换器回收排风中的能量,节约新风负荷是空调系统节能的一项有力措施。

热回收的方式很多,各种不同方式的效率高低、设备费的大小、维护保养的繁简也各不相同,它们的比较如表 13-5 所示。

各种热回收方式的比较　　　　　　　　　　　　　　　　表 13-5

热回收方式	效　率	设备费	维护保养
转轮换热器	A	B	B
中间热媒式换热器	C	A	A
板式显热换热器	B	B	A
板翅式全热换热器	A	B	A
热管换热器	B	B	A
热　泵	B	C	C

注: A、B、C 的顺序按有利至不利排列。

一、转轮式热交换器

转轮式热交换器的构成主要由转轮,驱动电机、机壳和控制部分所组成(参见本章图 13-34)。转轮做成蜂窝状,如由吸湿材料组成,则不仅能回收显热量,也可回收潜热,称全热交换器。转轮中央有分隔板,隔成排风侧和新风侧,排风和新风气流逆向流动。

排风和新风在转轮前后的温度、湿度和焓值的变化如图 13-36。热回收效率如表 13-6。

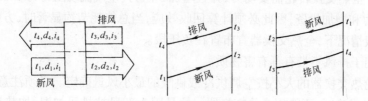

图 13-36　空气参数的变化

285

转轮式热交换器的热回收效率　　　　表 13-6

$\eta(\%)$	夏　季	冬　季
显热效率 η_t	$\dfrac{t_1 - t_2}{t_1 - t_3} \times 100\%$	$\dfrac{t_2 - t_1}{t_3 - t_1} \times 100\%$
潜热效率 η_d	$\dfrac{d_1 - d_2}{d_1 - d_3} \times 100\%$	$\dfrac{d_2 - d_1}{d_3 - d_1} \times 100\%$
全热效率 η_i	$\dfrac{i_1 - i_2}{i_1 - i_3} \times 100\%$	$\dfrac{i_2 - i_1}{i_3 - i_1} \times 100\%$

1. 影响转轮换热器效率的因素

(1) 空气流速　空气流过转轮时的迎风面流速越大,效率越低;反之,效率则高,但转轮断面面积大。一般认为技术经济流速为 $2 \sim 4 \text{m/s}$。

(2) 转速　转轮转速与效率有一定关系,当转速低于 4r/min 时,效率明显下降,但增大至 10r/min 以后,效率几乎不再变化。故转轮转速通常取 $8 \sim 10 \text{r/min}$。

(3) 比表面积　转轮单位体积的换热表面积,通常称为比表面积。比表面积愈大,回收率愈高。不过随着比表面积的增加,空气流经转轮时的压力损失也将增大;一般认为经济的比表面积为 $2800 \sim 3000 \text{m}^2/\text{m}^3$。

2. 转轮换热器的主要优缺点见表 13-7。

转轮换热器的主要优缺点　　　　表 13-7

优　　　点	缺　　　点
1. 既能回收显热,又能回收潜热	1. 装置较大,占用建筑面积和空间多
2. 排风与新风交替逆向流过转轮,具有自净作用	2. 接管位置固定,配管灵活性差
3. 通过转速控制,能适应不同的室内外空气参数	3. 有传动设备,自身需要消耗动力
4. 回收效率高,可达到 $70\% \sim 90\%$	4. 压力损失较大
5. 能应用于较高温度($\not> 80℃$)的排风系统	5. 有少量渗漏,无法完全避免交叉污染

3. 选用转轮全热交换器时,应注意下列事项

(1) 转轮两侧气流入口处,宜装空气过滤器。

(2) 设计时,在严寒地区,必须计算校核转轮上是否会出现结冰、结霜现象,必要时应在新风进风管上设空气预热器,或在热回收器后设温度自控装置,当温度达霜冻点就发出信号关闭新风阀门或开启预热器。

(3) 由于全热交换转轮需要动力,并且增加了阻力(空气流动阻力为 $140 \sim 160 \text{Pa}$);从而增加输送动力和增加投资,因此必须计算回收效应,当总能耗节约显著时,方可选用。

(4) 一般情况下,全热交换器宜布置在负压段。

(5) 适用于排风不带有毒有害物质。

(6) 转轮热交换器的大小按空调供冷或供暖的最小风量确定。必须注意的是过渡季或冬季采用新风供冷时,不能用全热交换器。这是因为新风被排风加湿、加热后,会降低新风供冷的效果。因此,必须采用新风供冷时,应在新风道和排风道上分别设旁通风道,使空气绕过转轮热交换器。

二、板翅式热交换器

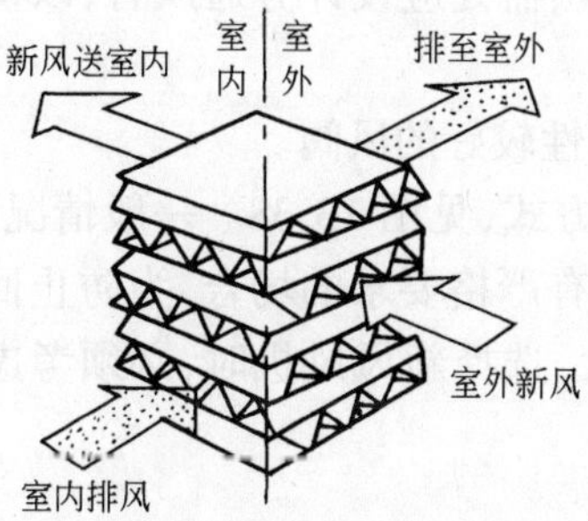

图 13-37 板翅式热交换器

这是一种静止式热交换器。热交换器的本体是用多孔纤维性材料加工的纸作为基材,表面经特殊处理后做成波纹板(全热交换器),或者用铝箔(显热交换器)波纹板交叉叠放(见图 13-37)。

这种热交换器,由于有隔板,新风和排风不直接接触,故减少了污染物质从排风到新风的转移。与转轮热交换器相比,热交换效率较低,阻力稍大。当隔板两侧气流之间存在温度差和水蒸气分压力差时,两气流之间就产生传热和传质的过程,进行全热交换。

板翅式全热换热器的热回收效率有:

温度效率:
$$\eta_t = \frac{t_1 - t_2}{t_1 - t_3} \times 100\% \tag{13-35}$$

湿度效率:
$$\eta_d = \frac{d_1 - d_2}{d_1 - d_3} \times 100\% \tag{13-36}$$

焓效率(全热效率):
$$\eta_i = \frac{i_1 - i_2}{i_1 - i_3} \times 100\% \tag{13-37}$$

式中 t_1、d_1、i_1——新风初参数;
        t_2、d_2、i_2——新风终参数;
        t_3、d_3、i_3——排风初参数。

QHW 型的换热效率和压力损失列于附录 13-9。附录 13-9 效率值是以排风量 L_p 与新风量 L_w 之比 $R = L_p/L_w = 1.0$ 为条件编制的。当 $R \neq 1.0$ 时,附录中的效率应减去 $\Delta\eta$,见表 13-8。

$\Delta\eta$ 值   表 13-8

$R = L_p/L_w$	$\Delta\eta$	$R = L_p/L_w$	$\Delta\eta$
0.9	4.0	0.7	13.5
0.8	8.5	0.6	20.0

附录 13-9 的额定风量和压力损失,均指新风侧。压力损失仅指热交换器不包括空气过滤器的阻力。排风侧的压力损失,可根据风量参照新风侧压力损失确定。

板翅式全热交换器的设计选用步骤:

(1) 根据所需最小新风量选定换热器的型号。

(2) 计算风量比 R,由表 13-8 确定 $\Delta\eta$ 值。

(3) 由附录 13-9 查出的效率值减去 $\Delta\eta$ 值,求得实际的效率值 η_t'、η_d'。

(4) 将求得的实际效率值代入式(13-35)和(13-36)中,可求得新风的终状态参数。

(5) 求出回收热量。

(6) 查附录 13-9 求得新风侧、排风侧压力损失。

板翅式全热交换器使用时应注意:

(1) 本设备仅适用于一般空调工程,当排风中含有有害成分时,不宜选用。

（2）为了在过渡季节能利用全新风,以减少能耗,在换热器处应设计旁通风管,以便让新风迂回过换热器。

（3）与换热器连接的风管和旁通风管上,必须安装密闭性较好的风阀。

（4）送、排风机与换热器的相对位置,可以有几种布置方式,见图 13-38。一般情况下,推荐采用 A 式或 B 式,而以 A 式更好。对于进风空气质量有严格要求的场合,为防止回风对进风的污染,推荐采用 C 式。应注意,这时的漏风率稍大,选择新风风机时,必须考虑到这一点。

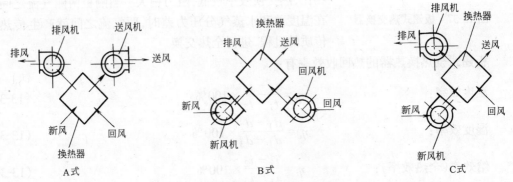

图 13-38　送、排风机与换热器的相对位置

（5）安装配管示例,见图 13-39。

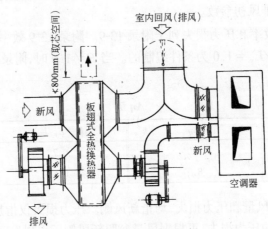

图 13-39　典型的配管方法

（6）实际安装时最好在新风侧和排风侧分别设有粗效过滤器。

三、热管热交换器

热管热交换器是一种借助工质(如氨、氟利昂、水等)的相变进行热传递的换热元件,典型的单根热管如图 13-40 所示。

一端是蒸发器(蒸发段),热能通过蒸发器从外部热源经管壁传给工作流体,并流至另一端的凝结器(冷凝段),冷凝成液体,并将潜热传给外界冷源。冷凝后的液体通过吸液芯的毛细孔和沟槽返回至蒸发段,重新蒸发吸热。

热管热交换器由多根热管组成。为了增加传热面积,管外加有翅片,翅化比一般为10~

288

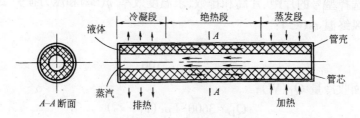

图 13-40　热管元件的结构示意

25。沿气流方向的热管排数通常为 4～10 排。

空调热回收温度范围一般为 −20～+40℃。管材通常为铝或铝合金。管芯结构有轴向槽道或周向槽道管芯,金属烧结管芯等。

设计布置时应注意:

(1) 空调工程热回收通常使用重力热管,因其性能受工作时热管倾斜角度的影响,所以在设计和布置时,应保持一定的热管倾斜角度,一般为 5°～7°,倾斜角坡向热端;

(2) 气流流过换热器流速一般取 2.5～3.0m/s;

(3) 室内排风进入换热器之前先经过滤净化;

(4) 当气流含湿量较大时,应设计凝水排水装置;

(5) 启动换热器时,应使冷、热气流同时流动,或使冷气流先流动;停止时,应使冷、热气流同时停止,或先停止热气流;

(6) 冷、热端之间的隔板,宜采用双层结构,以防止因漏风而造成交叉污染;

(7) 换热器可以垂直或水平安装,既可以几个并联,也可以几个串联。

热管换热器的特点如表 13-9。

热管换热器的优缺点　　　　　　　　　　　　　　　　表 13-9

主　要　优　点	主　要　缺　点
1. 结构紧凑,单位体积的传热面积大	1. 只能回收显热,不能回收潜热
2. 没有转动部件,不额外消耗能量;运行安全可靠,使用寿命长	2. 接管位置固定,缺乏配管的灵活性
3. 每根热管自成换热体系,便于更换	
4. 热管的传热是可逆的,冷、热流体可以变换	
5. 冷、热气流之间的温差较小时,也能得到一定的回收效率	
6. 本身的温降很小,接近于等温运行,换热效率较高	

热管换热器的选择计算:

1. 已知条件

(1) 排风初温 t_3 和排风量 L_p(m³/h);

(2) 新风初温 t_1 和新风量 L_s(m³/h);

(3) $L_p \approx L_s$;

(4) 使用温度范围: −40～80℃;

(5) 水平安装时,低温侧上倾 5°～7°。

2. 选择计算步骤

(1) 根据风量、压力损失、效率等因素进行综合考虑,选取换热器型号。

(2) 根据选择型号的片距、片高和排数,求温度效率 $\eta(\%)$ 和压力损失 $\Delta P(\mathrm{Pa})$。

(3) 求新风终温 $t_2(\mathbb{C})$:

$$t_2 = t_1 \mp \frac{\eta(t_1 - t_3)}{100}$$

(4) 计算回收冷量 $Q_\mathrm{L}(\mathrm{W})$:

$$Q_\mathrm{L} = 3600 \cdot L\rho c(t_1 - t_2)$$

式中　　c——新风的平均比热,$\mathrm{J/(kg \cdot \mathbb{C})}$;

　　　　ρ——新风的平均密度,$\mathrm{kg/m^3}$。

(5) 计算回收热量 Q_R,W:

$$Q_\mathrm{R} = 3600 L\rho c(t_2 - t_1)$$

四、板式显热交换器

板式显热交换器的结构与板翅式全热交换器基本相同,如图 13-41。并且工作原理也相同,仅是构成热交换材质的不同,显热交换器的基材为铝箔等仅能使排风和新风之间进行热交换。板式显热交换器可以由光滑板装配而成,形成平面通道;在光滑平板间通常构成三角形、U 形、N 形截面。

板式显热换热器的主要优缺点,见表 13-10。

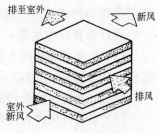

图 13-41　板式显热换热器
的工作流程

板式显热换热器的主要优缺点　　　　表 13-10

优　点	缺　点
1. 构造简单,运行安全、可靠	1. 只能回收显热
2. 没有传动设备,不消耗电力	2. 设备体积较大,需占用较多建筑空间
3. 不需要中间热媒,没有温差损失	3. 接管位置固定,设计布置时缺乏灵活性
4. 设备费用较低	

选用板式显热交换器的注意事项:

(1) 新风温度不宜低于 $-10\mathbb{C}$,否则排风侧出现结露。

(2) 当新风温度低于 $-10\mathbb{C}$ 时,应在热交换器之前设置新风预热器。

(3) 新风进入热交换器之前,必须先经过过滤器净化,排风进入热交换器之前,一般应装过滤器,但当排风比较干净,不会污染换热器时,则可以不必设置过滤装置。

板式显热器的选择计算包括热工计算和阻力计算。

1. 热工计算

(1) 换热效率 η

$$\eta = \frac{t_2 - t_1}{t_3 - t_1} = f(NTU、R_\mathrm{f}) \tag{13-38}$$

考虑到排风相对湿度影响后,实际效率 η_0

$$\eta_0 = \varepsilon\eta \tag{13-39}$$

$$\varepsilon = 1 + 0.2\left[\frac{\varphi_3}{100} - 0.3\right] \tag{13-40}$$

等湿冷却　　　　　　　　　　　　$\eta_0 = \eta$ $\tag{13-41}$

减湿冷却
$$\eta_0 = R_f \cdot \varepsilon\eta \qquad (13\text{-}42)$$

$$R_f = \frac{G_x}{G_p} \qquad (13\text{-}42')$$

式中 NTU——换热器的单元数；

     t_1、t_2——新风的初、终温，℃；

     t_3——排风的初温，℃；

     G_x——新风量，kg/s；

     G_p——排风量，kg/s；

     φ_3——排风的相对湿度，%。

换热效率 η 值，也可按 NTU 和 R_f 值，由图 13-42 查出。

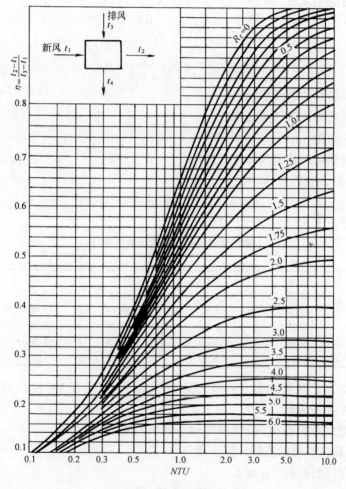

图 13-42 换热效率计算图

（2）传热系数 $K[\mathrm{W}/(\mathrm{m}^2\cdot\text{℃})]$

$$K = \cfrac{1}{\cfrac{1}{\alpha_x} + \cfrac{\delta}{\lambda} + \cfrac{1}{\alpha_p}} \qquad (13\text{-}43)$$

或近似的按下式计算

$$K = \frac{\alpha_x \alpha_p}{\alpha_x + \alpha_p}$$ (13-44)

式中　α_x——新风侧的换热系数，W/(m²·℃)；

　　　α_p——排风侧的换热系数，W/(m²·℃)；

　　　δ——板的厚度，m；

　　　λ——板材的导热系数，W/(m·℃)。

换热系数 α_x、α_p，可近似按下式计算

$$\alpha = 49 v_y^{0.6}$$ (13-45)

式中　v_y——新风或排风入口处的迎风面风速(m/s)；一般取 $v_y = 2.5 \sim 3.5$m/s。

（3）换热器的单元数 NTU

$$NTU = \frac{KF}{G_x \cdot c_p}$$ (13-46)

$$F = 2ab \frac{c}{s + \delta}$$ (13-47)

式中　F——换热器的总面积，m²；

　　　c_p——新风的比热，J/(kg·℃)；

　　　s——板间距，m；

　a、b、c——换热器的长宽高，m。

2．压力损失 ΔP(Pa)

$$\Delta P = 17 v_y^{1.75}$$ (13-48)

表 13-11 给出了不同 v_y 时的 ΔP 值。

空气通过换热器时的压力损失(Pa)　　　　　　　　　　表 13-11

v_y	ΔP	v_y	ΔP	v_y	ΔP
2.00	57.18	2.60	90.50	3.20	130.16
2.10	62.28	2.70	96.68	3.30	137.36
2.20	67.56	2.80	103.03	3.40	144.72
2.30	73.03	2.90	109.56	3.50	152.25
2.40	78.67	3.00	116.25	3.60	159.95
2.50	84.50	3.10	123.12	3.70	167.80

当换热器表面出现凝水时——湿工况，由式(13-48)或表 13-11 所得的 ΔP 值应乘以 1.20~1.30的湿工况系数。

湿工况系数的取值原则：v_y 值低时取下限，v_y 值高时取上限。

3．板式显热换热器的选择计算步骤

（1）计算迎风面面积 F_y(m²)

$$F_y = L/3600 v_y$$ (13-49)

式中　L——风量，m³/h。

（2）计算传热系数 K 和换热单元数 NTU。

（3）根据 NTU 和 R_f，由图 13-42 求出换热效率 η；同时，根据具体情况进行修正。

（4）计算新风出口温度 t_2 或焓值 i_2：

冬季：
$$t_2 = t_1 + \varepsilon\eta(t_3 - t_1) \tag{13-50}$$

夏季：等湿冷却时
$$t_2 = t_1 - \eta(t_1 - t_3) \tag{13-51}$$

减湿冷却时
$$i_2 = i_1 - \frac{G_p}{G_x}c_p\eta_0(t_1 - t_3) \tag{13-52}$$

(5) 求出回收热量 $Q(W)$

冬季：
$$Q = G_x c_p(t_2 - t_1) \tag{13-53}$$

夏季：
$$Q = G_x(i_2 - i_1) \tag{13-54}$$

(6) 根据迎风面风速 v_y，由表 13-11 确定空气通过换热器的压力损失 $\Delta P(Pa)$。

目前，许多办公楼等建筑采用热泵机组，使一套制冷设备既可在夏天制冷，又可在冬季供热。冬季供热，就是制冷系统以消耗少量的功由低温热源取热，向需热对象供应更多的热量为目的，则称为热泵，现已有从 1.7kW 至 3500kW 的各种规格的热泵。

在实际使用中，热泵的性能参数 COP（热泵的供热量与输入功的比值）都能达到 3~4。也就是说，用热泵得到的热能是消耗电能热当量的 3~4 倍。可见，供同样数量的热，热泵比电热器省电。

热泵取热的低温热源可以是室外空气、室内排气、地面或地下水以及废气不用的其他余热。因此，利用热泵是有效利用低温热能的一种节能的技术手段。

五、中间热媒式换热器

中间热媒式换热器分为带水量调节装置的中间热媒式换热器和带风量调节时的中间热媒式换热器。其工作流程如图 13-43 和图 13-44。中间热媒通常为水。为了降低水的冰点，一般在水中加入一定比例的乙二醇。

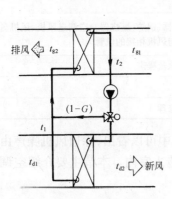

图 13-43　带水量调节装置的
中间热媒式换热器

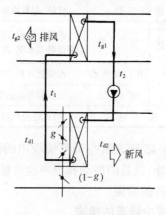

图 13-44　带风量调节时的
中间热媒式换热器

中间热媒式换热器的主要优缺点如表 13-12。

中间热媒式换热器的主要优缺点　　　　　　　　表 13-12

优　　点	缺　　点
1. 新风与排风不会产生交叉污染	1. 需配备循环水泵，有动力消耗
2. 供热侧与得热侧之间通过管道连接，因此对距离没有限制，布置方便灵活	2. 由于应用中间热媒，所以存在温差损失，热效率较低，一般在 60% 以下
3. 水泵、盘管均可选用常规通用产品	3. 只能回收显热，不能回收潜热

中间热媒式换热器的设计要点：

(1) 换热器(盘管)的排数 n,宜选择 $n=6\sim8$ 排。

(2) 换热器盘管的迎风面风速 v_y,宜选择 $v_y=2m/s$。

(3) 作为中间热媒的循环水量,一般可根据水气比 μ 确定:

$$n=6 \text{ 排时} \qquad \mu=0.30$$
$$n=8 \text{ 排时} \qquad \mu=0.25$$

(4) 当供热侧与得热侧的风量不相等时,循环水量应按数值大的风量确定。

(5) 为了防止换热器表面结霜,宜设置如图 13-43 所示的水量调节装置。

第六节　消声减振设备

对于声音强度大而又嘈杂刺耳或对某项工作来说是不需要或有妨碍的声音,统称为噪声。

噪声的发生源很多,空调工程中主要的噪声源是通风机、制冷机、机械通风冷却塔等。对于设有空调等建筑设备的现代房屋都可能从室外及室内两方面受到噪声和振动源的影响。一般而言,室外噪声源是经围护结构穿透进入的,而建筑内部的噪声、振动源主要是由于设置空调、给排水、电气设备后产生的。

表 13-13 是对建筑物噪声和振动源的分类。

建筑物噪声和振动源分类　　　　　　　　　　　　表 13-13

建筑物外	交 通 工 具		汽车、飞机、地下铁道
	建 筑 工 程		打桩、起重机操作
建筑物内	建筑设备	空　调	各种冷冻机、冷却塔、水泵、风冷冷凝器、锅炉(燃烧器)、空调送风机、风机盘管等末端设备与水泵、冷却塔等相接的水管,与风机相接的风管
		卫生、给排水	水泵及其相接的水管、厕所、浴室的水流噪声
		电　气	变压器等电磁噪声
	其　　他		讲话、办公机器、行走、门启闭、工程修理

图 13-45 则表示空调系统噪声的传递过程。从图中可以看出,除通风机噪声由风道传入室内之外,设备的振动和噪声也可能通过建筑结构传入室内。本节主要介绍空调系统的消声和设备的防振。

一、减少噪声的措施

1. 设计空调系统时,应尽可能选用低速叶片向后弯曲的离心式通风机,使通风机的正常工作点接近最高效率点运转。

2. 电动机与通风机直接传动噪声最小,其次是联轴器。如必须采用间接传动,应选用无缝的三角皮带。

3. 校正好通风机的动平衡和静平衡。

4. 风道内风速不宜过高,以免气流波动产生噪声。其允许的气流速度见表 13-14。

5. 通风机、电动机应安装在减振基础上,风机进出口要避免急剧转弯,同时安装软接头。

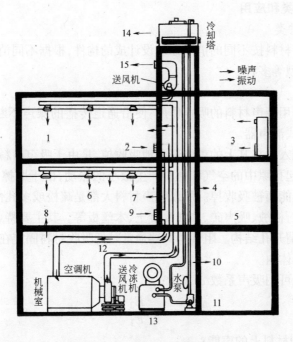

图 13-45 噪声的传递途径

1—送风口噪声；2—回风口噪声；3—空调机噪声；4—透过管道
竖井的噪声；5—从管道传到建筑物的噪声；6—送风口；7—透过
风管传出的噪声；8、10—透过机房传出的噪声；9—回风口；11—
由结构振动传出的噪声；12—由风管传递的噪声；13—由机械传
给地面的振动；14—冷却塔的噪声；15—由排气口发出的噪声

空调系统不同噪声标准的气流速度允许值   表 13-14

噪声标准要求值		管道内气流速度的允许值(m/s)		
NR 评价曲线	L_A(dB)	主风道	支风道	房间出风口
15	20	4.0	2.5	1.5
20	25	4.5	3.5	2.0
25	30	5.0	4.5	2.5
30	35	6.5	5.5	3.3
35	40	7.5	6.0	4.0
40	45	9.0	7.0	5.0

6. 空调机房的安装应尽可能和有消声要求的空调房间远离，为防止设备运转时噪声传出，可在机房内贴吸声材料。

7. 为防止风管振动，对矩形风管应按规定进行加固，通过墙壁或悬吊在楼板下时，风管和支架要隔振。

8. 当风管穿过高噪声的房间时，应对风管进行隔声处理。

当采取上述措施后，并扣除噪声在风管内的自然衰减值，仍不能满足室内允许的噪声标准时，多余的噪声就要靠消声器消除。在实际工程中，也可不去计算和考虑自然衰减量，这样使消声设计更为安全可靠。

二、消声器的种类和应用

（一）消声器的种类

消声器是由吸声材料按不同的消声原理设计成的构件，根据不同消声原理可分为阻性、抗性、共振型和复合型等多种。

1．阻性消声器

阻性消声器是利用吸声材料的吸声作用，使沿通道传播的噪声不断被吸收而衰减的装置。因此，又称吸收式消声器。

吸声材料能够把入射在其上的声能部分地吸收掉，是由于吸声材料的多孔性和松散性。当声波进入孔隙，引起孔隙中的空气和材料产生微小的振动，由于摩擦和粘滞阻力，使相当一部分声能转化为热能而被吸收掉。所以吸声材料大都是疏松或多孔性的，如玻璃棉、泡沫塑料、矿渣棉、毛毡、石棉绒、吸声砖、加气混凝土、木丝板等。其主要特点是具有贯穿材料的许许多多细孔，即所谓开孔结构。阻性消声器通常是把吸收材料固定在管道内壁，或按一定方式排列在管道或壳体内。

材料的吸声性能可用吸声系数 α 表示：

$$\alpha = \frac{E_2}{E_1} \tag{13-55}$$

式中　E_1——入射到材料上的声能；

　　　E_2——材料吸收的声能。

吸声系数 α 可用专门的声学仪器测出。一般材料的吸声系数在 $0\sim1$ 之间。吸声系数 α 的数值越高，说明材料的吸声性能越好，通常将 α 大于 0.2 以上的材料称为吸声材料。工程上常用吸声材料的吸声系数可由有关资料或手册查出。阻性消声器对中、高频噪声消声效果显著，但对低频噪声消声效果较差。为提高消声量，可以改变吸声材料的厚度、容量和结构的形式。

阻性消声器有以下几种型式。

（1）管式消声器

这是一种最简单的消声器，它仅在管壁内周贴上一层吸声材料，故又称"管衬"，如图 13-46 所示。

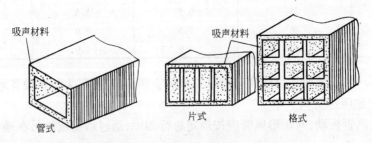

图 13-46　管式、片式和格式消声器

管式消声器的优点是制作方便，阻力小，但是当管道断面积较大时，将会影响对高频噪声的消声效果。这是因为，高频声波将呈束状直接通过消声器，而很少或完全不与吸声材料接触，致使消声性能显著下降，工程上将消声器的此种现象称为"高频失效"，并将消声量开始明显下降的频率称为"上限失效频率"。

因此,管式消声器只适用于较小的风道,直径一般不宜大于 300mm。适用于小风量空调系统的 T701-2、T701-3、T701-4 型三种阻性消声器的规格和性能见附录13-10。

（2）片式和格式消声器

管式消声器对低频噪声的消声效果不好,对较高频率又易直通,并随断面增加而使消声量减少,因此可将较大断面的风道断面划分成若干小格,这就成为片式及格式消声器,如图13-46。

片式消声器的片间距一般取为 100～200mm,格式消声器的每个通道约为 200×200mm,片材厚度根据噪声源的频率特性,取 100mm 左右为宜。片式消声器在阻性消声器中应用最广,表13-15列出了 T701-1 型片式消声器的规格和声衰减量。

T701-1 型片式消声器[1][2]的规格及消声性能　　　　　　　　　　表 13-15

型号名称	序　号	消声器宽度 A (mm)	消声器内气流速度 v (m/s)	消声器内阻损(Pa)	下述频率(Hz)的声衰减量(dB)					
					100	200	400	800	1600	3150
T701-1型片式消声器	1 2 3 4	900 1300 1700 2500	5.0	88.3	11.0	22.0	32.0	38.0	32.0	22.0

① 消声片的规格为：900×900×100mm;
② 消声器长度为900mm时的声衰减量。

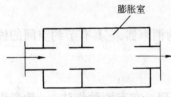

图 13-47　抗性消声器示意图

阻性消声器除上述两种外,还有折板式、迷宫式、声流式等,可查阅有关资料。

2. 抗性消声器（膨胀性消声器）

这种消声器是由管和小室相连而成,如图 13-47 所示。利用管道内截面的突变,使沿管道传播的声波向声源方向反射回去,而起到消声作用,为保证一定的消声效果,消声器的膨胀比（大面积与小面积之比）应大于 5。

抗性消声器具有良好的低频或低中频消声性能,它不需内衬多孔性吸收材料,故能适用于高温、高湿或腐蚀性气体等场合。但由于消声频程较窄,空气阻力大,占用空间多,常受到机房面积和空间小的限制,一般很少应用。

3. 共振型消声器

共振型消声器的构造如图 13-48 所示。它通过管道开孔与共振腔相连接,穿孔板小孔孔颈处的空气柱和空腔内的空气构成了一个共振吸声结构。当外界噪声频率和此共振吸声结构的固有频率相同时,引起的小孔孔颈处空气强烈共振,空气柱与孔壁之间发生剧烈摩擦而消耗掉声能。这种消声器具有较强的频率选择性,即有效的频率范围很窄,一般用以消除低频噪声。其气流阻力小,但因有共振腔而使结构偏大。

4. 复合型消声器

抗性消声器的低频消声性能较差,高频消声性能很差;共振消声器的有效消声频率范围较窄;而复合式消声器则是将阻性与抗性或共振消声原理组合设计在同一消声器内。因此,具有较宽的消声特性,在空调系统的噪声控制中得到了广泛的应用。因它对低频消声性能

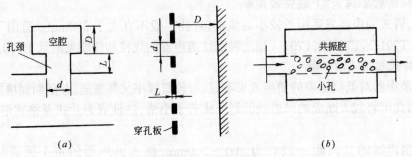

图 13-48　共振消声器
(a)结构示意;(b)共振吸声结构

有一定程度的改善,故又称宽频带消声器。例如有阻抗复合式,阻抗共振复合式以及微孔板消声器等。

微穿孔板消声器(图13-49)的微穿孔板板厚和孔径均小于1mm,微孔有较大的声阻,吸收性能好,并且由于消声器边壁设置共振腔,微孔与共振腔组成一个共振系统,因此,消声频程宽,且空气阻力小,当风速在15m/s以下时可忽略阻力。又因消声器不使用吸收材料,因此不起尘,一般适用于有特殊要求的场合,例如高温、高速管道以及净化空调系统中。

5.干涉消声器

干涉消声器是利用声波互相干涉来消除噪声的设备。目前有旁路干涉消声器和电子消声器两种形式,两者只适用于单一频率噪声的消除。

6.其他类型消声器

除了上述介绍的几种消声器外,还可以利用风管构件作为消声器,它具有节约空间的优点。常用的有消声弯头和消声静压箱。

(1) 消声弯头

消声弯头(图13-50)就是在风管弯头上直接进行消声处理。它有两种作法:一是弯头内贴吸声材料的作法,要求弯头内缘做成圆弧,外缘粘贴吸收材料的长度不应小于弯头宽度的4倍;另一种是改良的消声弯头,外缘采用穿孔板、吸声材料和空腔。

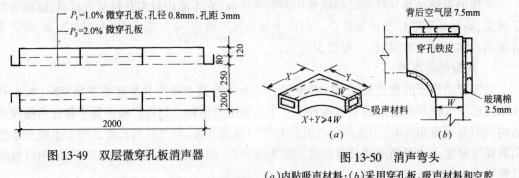

图 13-49　双层微穿孔板消声器

图 13-50　消声弯头
(a)内贴吸声材料;(b)采用穿孔板、吸声材料和空腔

(2) 消声静压箱

在风机出口处或在空气分布器前设置内壁粘贴吸声材料的静压箱(图13-51),它既可以起稳定气流的作用,又可起消声的作用。

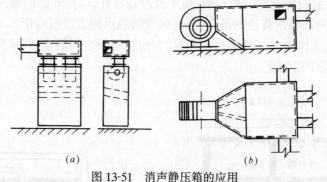

图 13-51　消声静压箱的应用

(a)消声箱装在空调机组出风口；(b)消声器兼起分风静压箱作用

当利用土建结构作风道时，常可利用建筑空间设计成不同型式(如迷宫式)的消声结构(内贴吸声材料)。这在体育馆、剧场等地下回风道中常被采用。

(二) 消声器的选择与应用注意要点

1. 消声器的选择

在选择消声器时，应考虑以下几个方面。

(1) 消声性能

选择消声器时，首先看消声性能，即选择的消声器是否符合空调系统噪声衰减，以达到室内允许的噪声要求。例如，系统的低频声衰减量不足，可采用抗性或共振消声器；中、高频衰减量不足的则可选用阻性消声器；当系统在整个覆盖频率范围内的衰减量都很低的条件下，就应选用各种阻抗复合型消声器。

(2) 阻力损失

所选用的消声器的压力损失(阻力损失)应在整个系统余压允许的范围内。如果消声器的阻力过大，空调系统的阻力增加，风机耗电增大。所以要控制空气通过消声器的流速，这样，既可以避免出现附加噪声又可以降低消声器的阻力。

(3) 造价

在消声要求较高的空调系统内，消声器占有相当大的数量，消声器的造价对整个空调系统的投资有较大的影响。在这种情况下，如建筑有多余空间，采用砌筑室式消声器就可以降低造价。

(4) 适用范围

一般各类消声器都有自身的特点和适用范围，因此，在选择消声器时，要根据消声器的配置环境和部位来选择。如在潮湿的环境下，可采用防潮吸声材料和共振吸声结构或抗性消声组合的消声器；在高温条件下，可采用铝合金微穿孔板消声结构，或用耐火砖、耐火吸声砖砌筑的室式消声器；有防尘要求时，应选用铝板微穿孔板消声器等。

2. 消声器应用的注意要点

(1) 选用消声器时，除考虑消声量之外，要从其他诸方面进行比较和评价，如系统允许的阻力损失；安装地位和空间大小；造价的高低；消声器的防火、防尘、防霉、防蛀性能等。

(2) 消声器应设于风管系统中气流平稳的管段上。当风管内气流速度小于 8m/s 时，消声器应设于接近通风机处的主风管上。当大于 8m/s 时，宜分别装在各分支管上。

（3）消声器不宜设置在空调机房内，也不宜设在室外，以免外面的噪声穿透入消声后的管段中，当可能有外部噪声穿透的场合，应对风管的隔声能力进行验证。

（4）当一根风管输送空气到多个房间时，为防止房间之间的串声，采用如图 13-52 所示（(b)~(e)）诸方案予以防止。

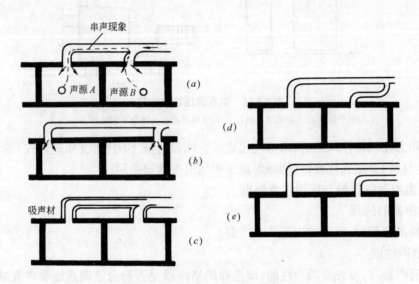

图 13-52　防止两室串声的多种措施
(a)串声现象；(b)扩大二室送风口距离；(c)粘贴吸声材；
(d)B 室送风支管增加弯头；(e)分两路送风

（5）空气通过消声器时的流速，不宜超过下列数值：

阻性消声器　5~10m/s　（要求高时 4~6m/s）；

共振型消声器　5m/s；

消声弯头　6~8m/s。

（6）消声器主要用于降低空气动力噪声，对于通风机产生的振动而引起的噪声则应用防振措施来解决。

三、空调装置的减振

通风空调系统中，均配置各类运转设备，如风机、水泵、冷水机组等。由于其在旋转运动时将产生振动，该振动将传至支承结构（如楼板或基础）或管道，引起后者振动产生固体声。这些振动将影响人的身体健康，影响产品质量，有时还会破坏支承结构。所以，通风空调系统中的一些运转设备，应采取减振措施。

减弱空调装置振动的办法是在设备基础处安装与基础隔开的弹性构件，如弹簧、橡胶、软木等。

（一）减振材料与减振装置

减振材料种类很多，在空调工程中最为常用的是橡胶及金属弹簧，或两者合成的隔振装置。下面介绍工程中常用的减振装置。

1. 弹簧减振器

弹簧减振器由单个或数个相同尺寸的弹簧和铸铁（或塑料）护罩所组成。图 13-53 所示为两种弹簧减振器的结构图。

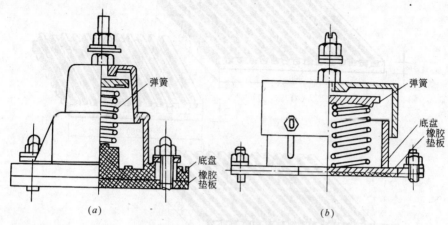

图 13-53　弹簧隔振器
(a)TJ1-1~10；(b)TJ1-11~14

弹簧减振器由于自振频率低,静态压缩量大,承载力高,低频振动的隔振效果好。价低,便于加工生产,且能抗油、水的侵蚀,而且不受温度的影响,使用年限长。缺点是阻尼比小,容易传递高频振动,并在运转启动时转速通过共振频率会产生共振。水平方向的稳定性较差。

2.橡胶隔振器

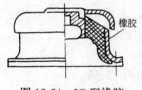

图 13-54　JG 型橡胶
隔振器

橡胶隔振器是采用经硫化处理的耐油丁腈橡胶,作为它的隔振弹性体,并粘结在内外金属环上受剪切力的作用,因此,全称橡胶剪切隔振器。图 13-54 所示为 JG 型橡胶减振器的构造图。

这种隔振器的特点是:自振频率低,仅次于金属弹簧。并有足够的阻尼,隔振效果良好,安装和更换方便,且价低。但使用多年后易老化,应定期检查更换。

3.橡胶隔振垫

橡胶隔振垫是一种简便、经济的减振方法。图 13-55 所示为肋形橡胶隔振垫;它有单向单面和双面开肋、双向双面开肋等型式。

这种橡胶隔振垫结构简单,安装简便、隔振效果好。但由于橡胶剪切受压,在长期荷载作用下,容易产生疲劳而缩短使用年限。

4.隔振软管

为防止泵与风机等运转设备的振动传给管道,防止管道的固体振动传声,必须在管道上装置隔振软管。动力泵目前常用的隔振软管有橡胶软接管和不锈钢波纹软管两种类型。前者减振效果很好,但受介质温度、压力的限制,同时不耐腐蚀。后者能耐高温、高压和腐蚀性介质,经久耐用,隔振效果较好,但造价较高。风机常采用帆布与石棉布作软管。

(二)隔振装置的选择与应用实例

1.隔振装置的选择

(1) 设备 $n>1500$r/min 时,宜用橡胶隔振器或减振垫,当 $n<1500$r/min 时宜用弹簧减振器。

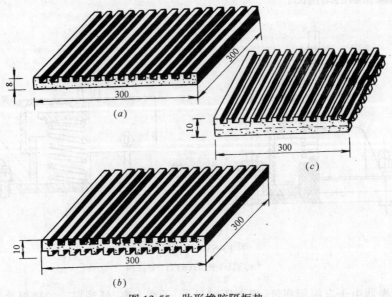

图 13-55　肋形橡胶隔振垫

(2) 隔振器承受荷载应大于允许工作荷载的 10%。

(3) 橡胶隔振器的计算压缩变形量宜按厂家提供的极限压缩量的 $1/3 \sim 1/2$ 采用。

(4) 选择隔振器时，设备重心不宜太高，否则要晃动。

(5) 支撑点数目不宜小于 4 个；设备较大较重时，可用 $6 \sim 8$ 个。

(6) 橡胶隔振垫的静态压缩量 δ 不应过大，一般在 $\delta = 10\text{mm}$ 以内。

2. 隔振实例

(1) 水泵除基础隔振外，泵的进出口接管均应采用柔性连接，如图 13-56。

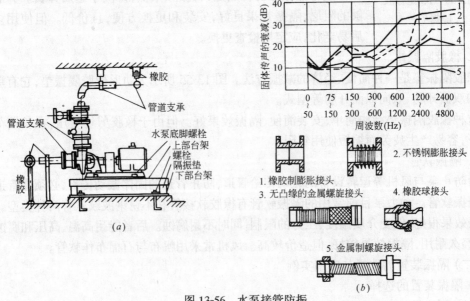

图 13-56　水泵接管防振

(a)软接头(压出管用、吸入管用)；(b)防振接管的隔声特性

（2）配管的吊卡亦是振动的传递途径，所以配管的吊卡与楼板之间应设有防振橡胶垫等作隔振连接，如图 13-57。

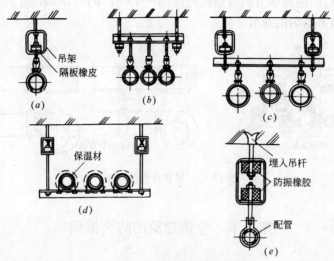

图 13-57　配管吊卡的防振

（3）垂直安装在管井中的立管亦应采取防振措施，如图 13-58 所示的多种形式。

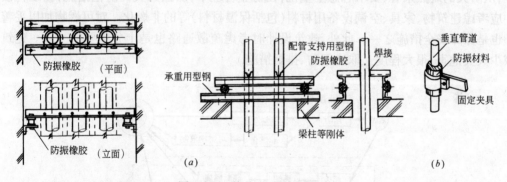

图 13-58　管井中立管的防振

（4）配管穿墙或贯通楼板时，可如图 13-59 所示的做法。

（5）对于悬挂设备的防振，如风机箱可按图 13-60 所示的方式作防振。

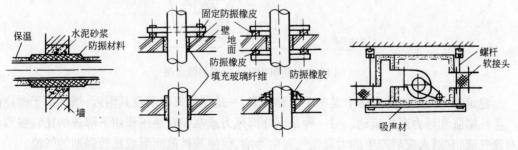

图 13-59　配管穿墙（楼板）时的防振　　　　图 13-60　悬挂风机的防振

（6）风机安装除考虑基础防振设施外，在风机与出口管道的连接处应设有柔性接管以防风机振动经由管道传入室内（图 13-61(*a*)），且应注意，风机出口调节门应装在软接管之后，风门与风机出口的距离和方向有条件时应如图 13-61(*b*)所示的尺寸安装。这是由于风机出口断面风速极不均匀的缘故。

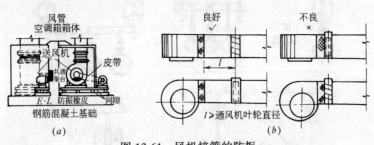

图 13-61　风机接管的防振

第七节　空调建筑的防火排烟

一、防火排烟的基本概念

建筑物防火排烟的概念如图 13-62 所示。为使建筑物达到安全目的所采用的手段很多，从防火的观点来看，要求思想上重视，在物业管理中，加强火灾的防范措施；在工程设计中应考虑建筑物、家具、空调设备用材料（包括保温材料）等的非燃化。对可燃物加以妥善处理也是保障安全措施之一。此外，建筑设计时考虑疏散通路也是十分重要的一环。建筑物减少火灾危害，很大程度上取决于防、排烟措施。

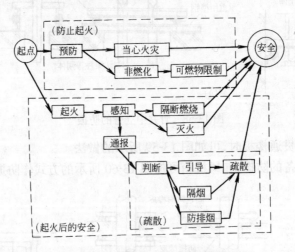

图 13-62　建筑物防火排烟的概念图

建筑物内烟气流动大体上是基于两种因素，一是在火灾房间及其附近，烟气由于燃烧而产生热膨胀和浮力产生流动。另一种是因外部风力或在固有热压作用下形成的比较强烈的对流气流，它对火灾后产生的大量烟气发生影响，促使其扩散而形成比较强烈的气流。

这种建筑物内烟气流动状态以及控制烟气流动的设计和计算，则都是根据自然通风的原理进行分析和考虑的。有关内容可参阅专门的书籍。

良好的防火排烟设施与建筑设计和空调设计都有密切关系。这两方面的正确规则则是做好建筑物防火排烟工程的基本手段。

高层建筑物功能复杂,起火因素多,火势蔓延快,疏散和扑救难度高,从而具有更大的危害性。设计中应严格遵循《高层民用建筑设计防火规范》(GB 50045—95)等技术法规的各项规定,所采用的防火与排烟措施应当取得当地消防部门的认可。

二、建筑设计的防火和防烟分区

在建筑设计中,为了保障建筑和人员的安全,必须遵守我国颁布的有关规范,如《建筑设计防火规范》(GBJ 16—87)等,采取有效的防火排烟措施。

(一) 防火分区

在建筑设计中进行防火分区的目的是防止火灾的扩大,减少火灾危害。可根据房间用途和性质的不同对建筑物进行防火分区,分区内应设置防火墙、防火门、防火卷帘、耐火楼板等。在建筑设计中,通常规定:楼梯间、通风竖井、风道空间、电梯、自动扶梯升降通路等形成竖井的部分作为防火分区。

(二) 防烟分区

防烟分区是对防火分区的细分化。防烟分区内不能防止火灾的扩大,仅能有效地控制火灾产生的烟气流动。首先要在发生火灾危险的房间和用作疏散通道的走廊间加设防烟隔断,在楼梯间设置前室,并设自动关闭门,作为防火防烟的分界。此外还应注意竖井分区,如百货公司的中央自动扶梯处是一个大开口,应设置用烟感器控制的隔烟防火卷帘。

防烟分区可按如下规定:需设排烟设施的走道,净高不超过 6m 的房间,应采用防烟垂壁、隔墙或从顶棚下突出不小于 500mm 的梁划分防烟分区,每个防烟分区的建筑面积不宜超过 500m^2,且防烟分区不应跨越防火分区。

图 13-63 为某旅馆和办公大楼防火分区的实例。

对于高层办公楼的每一个水平防火分区来说,根据疏散流程可划分为三个安全地带,如图 13-64 所示。各安全地带之间用防火墙或防火门隔开。

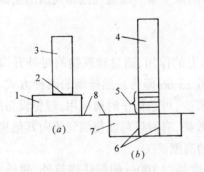

图 13-63　高层建筑防火分区的实例
(a)旅馆;(b)办公楼
1—公共部分;2—防火防烟分区;3—客房部分;4—办公室部分;5—商店部分
各层分区;6—垂直分区;7—商店;8—地面

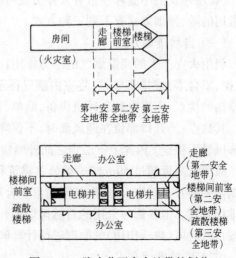

图 13-64　防火分区安全地带的划分

图 13-65 表示某百货大楼在设计时的防火、防烟分区实例,图中可以看出它是将顶棚送风的空调系统和防烟分区相结合在一起来考虑的。

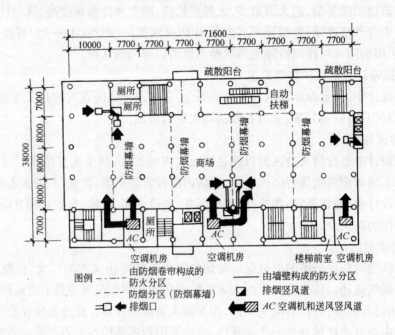

图 13-65　防火防烟分区实例

三、防排烟方式

根据《高层民用建筑设计防火规范》(GB 50045—95)的规定,凡建筑物的高度大于 24m 设有防烟楼梯(疏散楼梯)和消防电梯的建筑物均应设防排烟设施。对于一类高层建筑和建筑高度超过 32m 的二类建筑,应设防排烟的部位有:①长度超过 20m 的内走道或虽有自然通风,而长度超过 60m 的内走道;②面积超过 100m²,且经常有人停留或可燃物较多的房间;③高层建筑的中庭和经常有人停留或可燃物较多的地下室。根据规范和我国的实践,现在常用的防、排烟方式有下列三种方式。

（一）自然排烟方式

利用火灾产生的高温烟气的浮力作用,或室外风力的作用,通过建筑物的对外开口(如门、窗、阳台等)或排烟竖井,将室内烟气排至室外,图 13-66 即为自然排烟的两种方式。自然排烟的优点:不需电源和风机设备,简单、省能、投资少,可兼作平时通风用,避免设备的闲置。其缺点:当开口部位在迎风面时,不仅降低排烟效果,有时还可能使烟气流向其他房间,且排风量不稳定。因此上下层窗之间外墙应有足够的高度。

除建筑高度超过 50m 的一类公共建筑和建筑高度超过 100m 的居住建筑外,靠外墙的防烟楼梯间及其前室、消防电梯间前室和合用前室以及净空高度小于 12m 的中庭均宜用自然排烟方式。但各部位采用的自然排烟的开窗面积应符合规范的规定。自然排烟的排烟量可按自然通风(热压作用)的原理进行计算确定。

（二）机械排烟方式

此方式是按照通风气流组织的理论,将火灾产生的烟气通过排烟风口和排烟风道由排

306

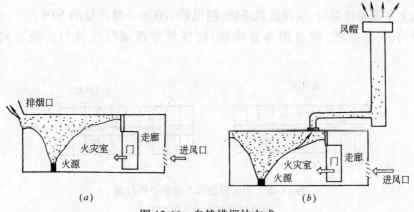

图 13-66　自然排烟的方式

(a)窗口排烟;(b)竖井排烟

烟风机排至室外,其优点是通风效果好,能有效地保证疏散通路,使烟气不向其他区域扩散。但是必须向排烟房间补风,且投资多,操作较复杂。根据补风形式的不同,机械排烟又分为两种方式:机械排烟与机械进风、自然进风与机械排烟,图 13-67 表示出这两种方式。此方式适用于卫生条件要求较高的建筑物中。

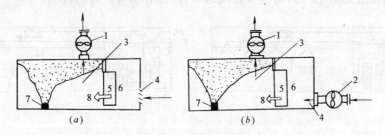

图 13-67　机械排烟方式

1—排烟机;2—通风机;3—排烟口;4—送风口;5—门;6—走廊;7—火源;8—火灾室

在排烟过程中,当烟气温度达到或超过 280℃ 时,烟气中已带火,如不停止排烟,烟火就有扩大到其他地方而造成新的危害。因此,在排烟系统(排烟支管)上应设有排烟防火阀,该阀当烟气温度超过 280℃ 时能自动关闭。

1．机械排烟量的确定

机械排烟量的计算方法有两种:一是按最小通风量 $25\sim30m^3/(h\cdot人)$ 计算;二是按换气次数计算,一般采用 5~8 次/h。

空调建筑的排烟量确定还要考虑风量平衡与室内正压的要求,一般按新风补入量的85%~90%确定排烟量。如某宾馆客房新风量为 $100\sim110m^3/h$,则浴厕排烟量可按 $90\sim100m^3/h$ 确定。

对厨房的排风设计时,应使厨房处于负压状态,因此设计时应使排烟量大于送风量,以防厨房气味外逸。

2．排烟系统的设计布置原则

(1)走道和房间的排烟系统宜分开设置,走道的排烟系统宜竖向布置,房间的排烟系统宜按防烟分区布置。

（2）地下室需要排烟时，应设进风系统，进风量不宜小于排风量的50%。

（3）为了安全疏散，应合理布置排烟口，尽量考虑烟气气流与人流方向相反（图13-68）。

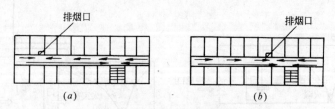

图 13-68　走道排烟口与疏散口的位置

→→烟气方向；→人流方向

（a）好；（b）不好

（4）排烟风口应设有手动开启装置，或与感应器联锁的自动开启装置，或有消防中心遥控的开启装置等。排烟口平时为闭锁状态，并与风机连锁，一旦排烟口开启，排烟风机即自动启动。

（5）机械排烟系统与空调系统宜分开设置，但国外在办公楼设计中也有将空调系统兼作排烟系统的做法见图13-69，这样节省风道布置，但必须有良好的控制。

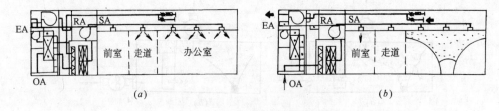

图 13-69　空调系统兼作排烟系统

（a）空调时；（b）排烟时

OA—室外空气；EA—排风；SA—送风；RA—回风

（三）机械加压送风的防烟方式

向作为疏散通路的前室或防烟楼梯间以及消防电梯井加压送风，用造成两室间的空气压差的方式，以防止烟气侵入安全疏散通路。所谓疏散通路是指从房间经走道到前室再进入防烟楼梯间的消防（疏散）通路。

其应用基础是保证防烟楼梯间及消防电梯中在建筑物一旦发生火灾时，能维持一定的正压值。图13-70即加压防烟方式的原理图。

这种方式已在世界各国高层建筑的防烟楼梯间前室或消防电梯前室中广泛使用。

机械加压防烟的设置部位，按规范可根据以下条件设置：

（1）不具备自然排烟条件的防烟楼梯间，消防电梯间前室或合用前室；

（2）采用自然排烟措施的防烟楼梯间，而不具备自然排烟条件的前室（图13-71）；

（3）封闭避难间（层）。

（四）防排烟方式的选择

凡能够利用外窗(或排烟口)实现自然排风的部位,应尽可能采用自然排烟方式。如靠外墙的防烟楼梯间前室,消防电梯前室和合用前室,可在外墙上每层开设外窗(排烟)。当防烟楼梯间前室、消防电梯前室和合用前室靠阳台或凹廊时,则利用阳台或凹廊进行自然排烟(图 13-72)。

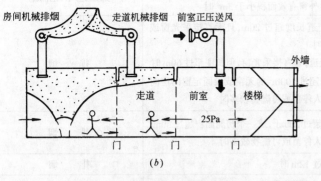

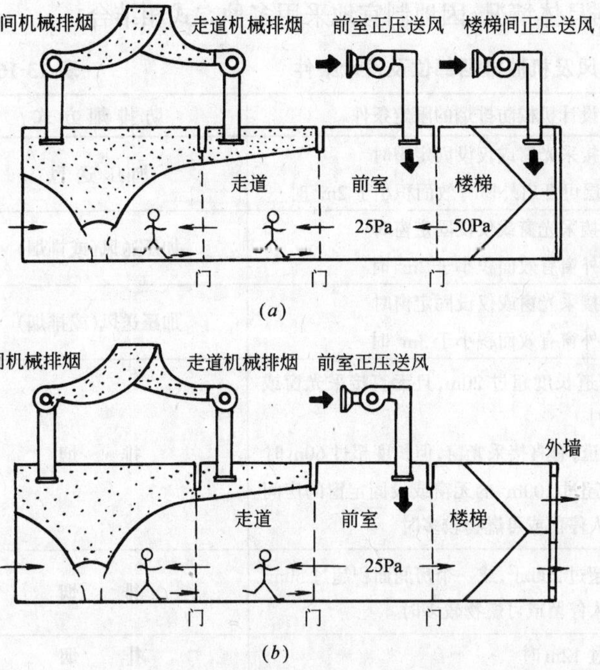

图 13-70　加压送风防排烟的原理图
(a) 走道排烟、前室加压送风、楼梯间加压送风;
(b) 走道排烟、前室加压送风、楼梯间自然排烟(楼梯间靠外墙)

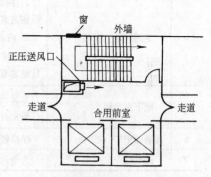

图 13-71　前室加压送风

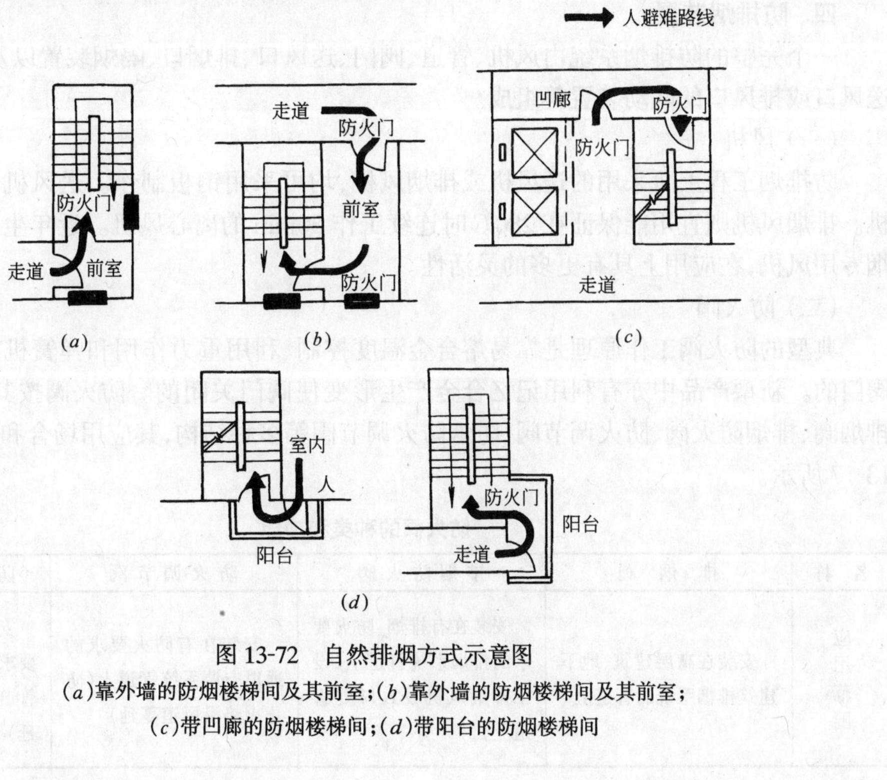

图 13-72　自然排烟方式示意图
(a)靠外墙的防烟楼梯间及其前室;(b)靠外墙的防烟楼梯间及其前室;
(c)带凹廊的防烟楼梯间;(d)带阳台的防烟楼梯间

机械排烟和加压送风方式的设计条件可按表 13-16 选定。可知对于特定的建筑物,防排烟方式并不是单一的应用,应根据具体情况,因地制宜地采用多种方式相结合。

加压送风及机械排烟部位及设计条件 表 13-16

序号	部 位	设计机械防排烟的限定条件	防排烟方式
1	防烟楼梯间	1. 无直接采光窗或仅设固定窗时 2. 每 5 层可开启外窗有效面积小于 2m² 时	加压送风
2	防烟楼梯间前室或消防电梯前室	1. 无直接采光窗或仅设固定窗时 2. 开启外窗有效面积小于 2m² 时	加压送风(或排烟)
3	防烟楼梯间与消防电梯的合用前室	1. 无直接采光窗或仅设固定窗时 2. 开启外窗有效面积小于 3m² 时	加压送风(或排烟)
4	走道和地上房间	1. 内走道长度超过 20m,且无直接采光窗或设固定窗时 2. 内走道,有直接采光窗,但长度超过 60m 时 3. 面积超过 100m² 的无窗或设固定窗的房间且经常有人停留或可燃物较多时	排 烟
5	地下室房间	总面积超过 200m²,或一个房间面积超过 50m² 且经常有人停留或可燃物较多时	排 烟
6	室内中厅	净高超过 12m 时	排 烟
7	避难层	为全封闭式避难层时	加压送风

注:高度超过 50m 的一类公共建筑的防烟楼梯间及其前室、消防电梯前室和合用前室,不论有无可开启的外窗,均应设计机械防排烟系统。

四、防排烟装置

一个完整的防排烟系统由风机、管道、阀门、送风口、排烟口、隔烟装置以及风机、阀门与送风口或排风口的联动装置等组成。

(一)风机

防排烟工程上所采用的送风机或排烟风机,均可采用钢板制作。送风机即普通离心风机。排烟风机则宜用能保证在 280℃ 时连续工作 30min 的离心风机。近年生产的轴流式排烟专用风机,在应用上具有更多的灵活性。

(二)防火阀

典型的防火阀工作原理是靠易熔合金温度控制、利用重力作用和弹簧机构的作用关闭阀门的。新型产品中亦有利用记忆合金产生形变使阀门关闭的。防火阀按其功能可分为:排烟阀、排烟防火阀、防火调节阀、防烟防火调节阀等多种结构,其应用场合和基本功能见表 13-17 所示。

防火阀的种类和功能 表 13-17

名 称	排 烟 阀	排 烟 防 火 阀	防 火 调 节 阀	防 烟 防 火 调 节 阀
应用范围	安装在高层建筑、地下建筑排烟系统的管道上	安装在有排烟、防火要求的排烟系统管道上(设于排烟风机吸入口处管道上)	安装在有防火要求的通风空调系统管道上(防止火势沿风道蔓延)	安装在有防烟防火要求的通风空调系统管道上(防止烟火蔓延)

名 称	排 烟 阀	排 烟 防 火 阀	防 火 调 节 阀	防 烟 防 火 调 节 阀
基本功能	1.感温(烟)电信号联动、阀门开启,排烟风机同时启动		1.温度熔断器在70℃时熔断,使阀门关闭	1.感烟(温)电信号联动使阀门关闭,通风空调系统风机停机
	2.手动使阀门开启,排烟风机同时启动		2.输出阀门关闭信号,通风空调系统风机停机	2.手动使阀门关闭,风机停机
	3.输出阀门开启信号	4.当排烟温度超过280℃时熔断器熔断,使阀门关闭,排烟机同时停机	3.无级调节风量	3.温度熔断器在70℃时熔断使阀门关闭
				4.输出阀门关闭信号
				5.按90℃五等分有级调节风量

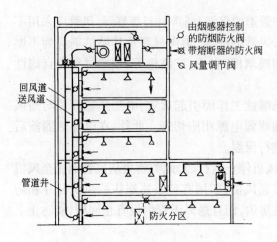

图 13-73 空调系统设置防火防烟阀的实例

由烟感器控制的防烟防火阀
带熔断器的防火阀
风量调节阀
回风道
送风道
管道井
防火分区

图 13-73 是在空调系统上设置防火、防烟阀门的实例。

防火阀安装的位置:

1.送、回风总管穿过机房隔墙和楼板处;

2.通风设备机房和火灾危险性较大或重要的房间隔墙和楼板处的风管;

3.每层送、回风水平风管与垂直总管交接处的水平管段上;

4.穿越沉降缝、变形缝的墙的两侧风管上,应各设一个防火阀(图 13-74)。并在风管与墙体之间的缝隙中,用非燃柔性材料严密堵塞。

5.为防止防火分区之间火灾的相互蔓延,在穿越防火分区隔墙处的送、回风管道上应设置防火阀(图 13-75)。

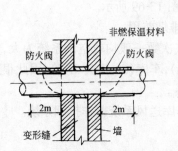

非燃保温材料
防火阀
防火阀
2m
2m
变形缝
墙

图 13-74 变形缝、沉降缝防火阀安装

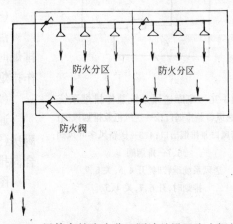

防火分区
防火分区
防火阀

图 13-75 风管穿越防火分区隔墙处设置防火阀位置

（三）排烟风口

排烟口装于烟气吸入口处，平时处于关闭状态，只有在发生火灾时才根据火灾烟气扩散蔓延情况予以开启。开启动作可手动或自动，手动又分为就地操作和远距离操作两种。自动也分有烟(温)感电信号联动(烟感器作用半径不应大于10m)和温度熔断器动作两种。温度熔断器动作温度通常用280℃。排烟口动作后，可通过手动复位装置或更换温度熔断器予以复位，以便重复使用。

排烟口有板式和多叶式两种，板式排烟口的开关形式为单横轴旋转式，其手动方式为远距离操作装置。多叶式排风口的开关形式为多横轴旋转式，其手动方式为就地操作和远距离操作两种。

（四）加压送风口

靠烟感器控制，经电讯号开启，也可手动开启。可设280℃温度熔断器开关，输出动作电讯号，联动送风机开启，用于加压送风系统的风口，起赶烟防烟作用。

五、通风空调系统的防火

为了防止火灾沿着通风空调系统的风管和管道的保温、消声材料等蔓延，风管应采用不燃材料制作，风管柔性接头应用难燃材料制作，风管的保温、消声材料及其粘结剂应为不燃材料或难燃材料。常用的非燃保温材料有超细玻璃棉、岩棉、矿渣棉等；难燃材料有自熄性聚氨酯泡沫塑料、自熄性聚苯乙烯泡沫塑料等。

为了防止通风机已停止运行而电加热器仍继续工作而引起火灾，电加热器开关与通风机的启闭必须连锁，做到风机停止运行时，电加热器电源相应切断。此外，在电加热器前后各800mm范围内的风管，应采用非燃烧材料进行保温。

空气中含有易燃易爆物质的房间，为防止风机停止运行时，此类物质从风管倒流至风机内引起燃烧爆炸，其送、排风系统应采用防爆型通风机，即用有色金属制作的风机叶片和防爆的电动机。但如果通风机设在单独隔离的机房内，而且送风干管内设有止回阀，能防止上述危险时，也可采用普通型通风设备。

六、防排烟系统与通风空调系统的兼用

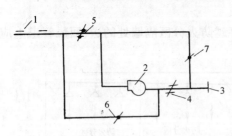

图13-76 车库送风系统兼作排烟系统
1—送风口兼排烟口；2—送风机兼排烟风机；
3—新风口兼排烟出口；4、5—送新风多叶风阀；
6、7—排烟阀
送风系统运转时，开4、5，关6、7
排烟时，开6、7，关4、5

为了充分发挥通风空调系统的作用，应该考虑用它在火灾时转为排烟系统的问题。但必须采取可靠的防火安全措施和符合排烟系统要求。

（一）空调系统与排烟兼用

当房间内已有空调系统，而该房间又必须机械排烟时，可以利用空调系统的风口、风道或风机兼作排烟系统用，如图13-69所示。

（二）通风与排烟兼用

通风系统换气次数一般均较空调系统为大，如厨房(30~60次/h)，车库(6~8次/h)等，因此很适合向排烟工况转换。

图13-76为车库送风系统兼作排烟系统。

习　题

1. 简述喷水室工作原理,如何利用能量守恒定律解释喷水室的热平衡?

2. 喷水室的水系统有几种型式? 喷水室有几种类型?

3. 什么是机器露点?

4. 写出喷水室两个效率的表示式? 并说明其含义?

5. 影响喷水室热交换效率的因素有哪些?

6. 说明表冷器在干工况和湿工况下工作的不同条件?

7. 在什么情况下表冷器应并联? 在什么情况下应串联?

8. 比较一下各种加湿方法的优缺点;并说明它们的应用条件?

9. 试述冷冻除湿机的工作原理及适用场合。

10. 常用的冷(热)回收设备有哪些? 简述各自的特点。

11. 为减少噪声,通常应采取哪些措施?

12. 常用的消声器有哪些? 各有何特点?

13. 常用的防、排烟方式有哪几种? 日常在高层空调建筑上一般采用何种方式?

14. 防火、防烟装置有哪些?

15. 通风空调系统的防火措施有哪些?

16. 通风空调系统在哪些部位应设置防火阀?

17. 用喷水室把大气压力 101325Pa,温度 30℃、相对湿度 50% 的空气处理到温度 18℃、相对湿度 95%,空气流量为 5kg/s。试求:①喷水量;②水初温和水终温;③喷嘴前水压;④冷冻水量和循环水量(设冷冻水初温为 5℃)。

18. 已知被处理的空气量为 8kg/s,当地大气压力 101325Pa;空气的初参数为干球温度 34℃,湿球温度 27℃;冷水量为 10kg/s,冷水温度为 5℃。试计算用 JW40-4 型 6 排冷却器处理空气所能达到的空气终状态 (t_2,t_{s2},i_2) 及水终温。

19. 状态为干球温度 15℃,湿球温度 10℃ 及大气压力 101325Pa 的 1.5m^3/s 的湿空气进入空气喷淋室。喷水室的第二热交换效率为 90%,喷淋水为循环水,喷水室及底池均有良好的保温,由主干管来的 10℃ 的水补偿因蒸发造成的水量损失。求:①喷水室出口的空气状态;②所需补充水量。

20. 要将干球温度为 20℃、湿球温度为 15℃ 以及大气压力为 101325 Pa 的 1.5m^3/s 的湿空气冷却 5℃,如果进水温度分别为 10℃ 及 15℃,求表冷器所需的冷却水量。

第十四章　空气调节系统

第一节　空气调节系统的分类

空气调节系统一般均由被调对象、空气处理设备、空气输送设备和空气分配设备等所组成的。空气调节的任务是对空气进行加热、冷却、加湿、减湿和过滤等处理,然后输送到各个房间,以保持房内空气的温度、湿度与洁净度等稳定在一定范围内,满足生产和生活的需要。空调系统的种类很多,在工程上应考虑建筑物的用途和性质、热湿负荷特点、温湿度调节和控制的要求、空调机房的面积和位置、初投资和运行维护费用等许多方面的因素,选择合理的空调系统。

一、按空气处理设备的集中程度分类

(一) 集中式空气调节系统

这种系统的特点是所有的空气处理设备(加热器、冷却器、过滤器、加湿器等)以及通风机、水泵等设备都设在一个集中的空调机房内,处理后的空气经风道输送到各空调房间。通常,把这种由空气处理设备及通风机组成的箱体称为空调箱或空调机,把不包括通风机的箱体称为空气处理箱或空气处理室。这种空调系统是空调最基本的方式。

这种空调系统处理空气量大,需要集中的热源和冷源,运行可靠,便于管理和维修,但机房占地面积较大。单风道空调系统、双风道空调系统以及变风量空调系统均属此类。

(二) 半集中式空调系统

这种系统除了设有集中的空调机房外,还有分散在被调房间内的二次空气处理设备,其中多数为冷热盘管,以便对室内空气进行就地处理或对来自集中处理设备的空气再进行补充处理,以满足不同房间对送风状态的不同要求。诱导器系统、风机盘管系统等均属此类。

(三) 分散式空调系统

分散式空调系统又称局部式空调系统,其又分为个别独立型和构成系统型两种形式。这种系统的特点是将空气处理设备全分散在被调房间内或邻室内,而没有集中的空调机房。空调房间使用空调机组属于此类。空调机组把空气处理设备、风机以及冷热源、控制装置都集中在一个箱体内,形成了一个非常紧凑的空调系统,只要接上电源,就能对房间进行空调。

在工程上,把空调机组安装在空调房间的邻室,使用少量风道与空调房间相连的系统也称为局部空调系统。

分散式空调系统,使用灵活、安装简单且节省风道。

二、按负担室内热、湿负荷所用的介质来分类

(一) 全空气式空调系统

在这种系统中,空调房间的室内热、湿负荷全部由处理过的空气来负担。如图 14-1(a)所示。低速集中式空调系统、"全空气"诱导器系统均属此类。由于空气的比热较小,需要用较多的空气量才能达到消除余热余湿的目的,因此要求有较大的风道断面或较高的风速,且输送耗能大。

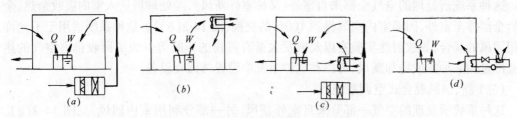

图 14-1　空调系统分类示意图(按介质分)
(a)全空气系统;(b)全水系统;(c)空气——水系统;(d)制冷剂式系统

（二）全水式空调系统

这种系统中,空调房间的热、湿负荷全靠水作为冷热介质来负担(图 14-1(b))。由于水的比热及密度比空气大,所以在相同条件下只需较少的水量,从而使管道所占的空间减小许多。但是,仅靠水来消除余热、余湿的系统无通风换气作用。因此,通常不单独采用这种方法。辐射板供冷供热系统属于全水式系统。

（三）空气——水式空调系统

随着空调装置的日益广泛使用,大型建筑物设置空调的场合愈来愈多,为了减小风道断面,可以同时使用空气和水来负担空调的室内负荷(图 14-1(c))。由于使用水作为系统的一部分介质,而减少了系统的风量。诱导空气系统和带新风的风机盘管系统就属于这种形式。

（四）冷剂式空调系统

在制冷剂直接蒸发式空调系统中,通过制冷剂的直接蒸发来负担空调房间的室内负荷(如图 14-1(d))。局部空调机组一般属于此类。有的空调机组按制冷循环运行可以消除房间余热、余湿;按热泵运行可向房间供热。因此使用非常灵活、方便,且冷、热量的输送损失少。

三、按集中式空调系统处理的空气来源分类

（一）封闭式空调系统

这种系统全部使用室内再循环的空气,没有室外空气补充,因此房间和空气处理设备之间形成了一个封闭环路(图 14-2(a))。封闭式系统用于密闭空间且无法(或不需)采用室外空气的场合。这种系统冷、热消耗量最省,但卫生效果最差。这种空调系统适用于无人居留的场合。如仓库等。

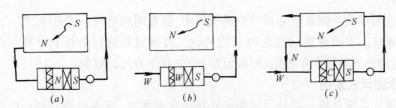

图 14-2　空调系统分类示意图(按空气来源分)
(a)封闭式;(b)直流式;(c)混合式(N 表示室内空气,W 表示室外空气,
C 表示混合空气,S 表示冷却器后空气状态)

（二）直流式空调系统

这种系统所处理的空气全部来自室外（又称室外新风），经处理后送入室内吸收余热、余湿后全部排至室外，因而室内空气得到 100％的交换（图 14-2(b)）。这种系统适用于不允许采用回风的场合，如放射性实验室以及散发大量有害物的车间等。为了回收排出空气的热量或冷量用来加热或冷却新风，可以在这种系统中设置热回收设备。

（三）新、回风混合式空调系统

这种系统所处理的空气一部分来自室外新风，另一部分利用室内回风，见图 14-2(c)。所以，它具有既经济又符合卫生要求的特点，因此使用比较广泛。新、回风混合式空调系统根据新风和回风混合的次数不同又分为一次回风式空调系统和二次回风式空调系统。

四、按风道中空气的流速分类

（一）高速空调系统

一般指主风管风速高于 15m/s 的系统；对于公用和民用建筑，主风管风速大于 12m/s 的也称为高速系统。由于风速大，风道断面小，故可用于层高受限，布置风道困难的建筑物中。

（二）低速空调系统

一般指主风管风速低于 15m/s 的系统；对于公用和民用建筑，主风管的风速一般不超过 10m/s。风道断面较大，需占较大的建筑空间。

上面列举了四种主要的分类方法。实际上空调系统还可以根据另外一些原则进行分类。例如：

根据系统的风量固定与否，可分为定风量和变风量空调系统；

根据系统的用途不同，可分为工艺性和舒适性空调系统；

根据系统的精度不同，可分为一般性空调系统和恒温恒湿系统；

根据系统运行时间不同，可分为全年性空调系统和季节性空调系统；

根据热量移动（传递）的原理来分可分为对流方式空调和辐射方式空调等。

第二节　普通集中式空调系统

普通集中式空调系统就是低速、单风道集中式空调系统，属于典型的全空气系统。这种系统的服务面积大，处理空气多，便于集中管理，在一些大型公共建筑（体育场馆、剧场、商店等）采用较多。

无论是在集中式空调系统和局部空调机组中，最常用的是混合式系统，即一次回风系统和二次回风系统。下面着重对这两种系统的空气处理过程进行分析和计算。在以下介绍中，主要以室内空气参数全年固定（恒温恒湿）的空调作为讨论对象。

一、一次回风式系统

一次回风式系统是将一部分回风和室外新风在喷水室（或表冷器）前混合，经处理再送到室内的空调系统。由于这种系统兼顾了卫生与经济两个方面，故应用最广泛。

（一）装置图式和在 i-d 图上夏季过程的分析。

图 14-3(a)是一次回风式空调系统的示意图。图 14-3(b)是一次回风空调系统的夏季

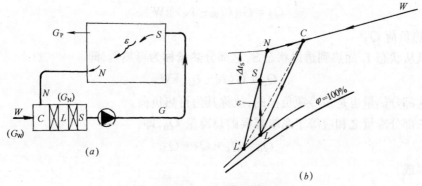

图 14-3 一次回风系统

(a)系统图式;(b)i-d 图上的表示

处理空气过程的 i-d 图。为了获得送风状态点 S,常用的方法是将室内、外混合状态 C 的空气通过喷水室(或表冷器)冷却减湿处理到 L 点,再从 L 加热到 S 点,然后送入室内,吸收房间的余热余湿变成室内状态 N 后,一部分排到室外,另一部分回到空调箱再和新风混合。整个空气处理过程可写成:

$$\genfrac{}{}{0pt}{}{W}{N}\!>\xrightarrow{\text{混合}} C \xrightarrow{\text{冷却减湿}} L \xrightarrow{\text{再热}} S \stackrel{\varepsilon}{\rightsquigarrow} N$$

在一次回风式空调系统里,夏季设计工况下的新风量与总送风量之比为最小新风百分比 $m\%$,即:

$$\frac{G_W}{G} = m\% \tag{14-1}$$

由 i-d 图上的比例关系可知:

$$\frac{\overline{NC}}{\overline{NW}} = \frac{G_W}{G} = \frac{i_C - i_N}{i_W - i_N}$$

由此可得到混合点 C 的焓 i_C:

$$i_C = i_N + (i_W - i_N)m\% \tag{14-2}$$

在 i-d 图上 i_C 线与 $\overline{NW}$ 线的交点即为混合点 C。

(二) 一次回风式系统夏季设计工况所需的冷量

根据 i-d 图上的分析,为了把 G kg/s 空气从 C 点降温减湿(减焓)到 L 点,所需配置的制冷设备的冷却能力,就是这个设备夏季处理空气所需的冷量,即:

$$Q_0 = G(i_C - i_L) \text{ kW} \tag{14-3}$$

如果从空调系统热平衡的角度分析,制冷量 Q_0 包括了以下三部分。

1. 室内冷负荷 Q_1

风量为 G,状态为 S 的空气,到达室内后,吸收室内的余热余湿,沿热湿比线 ε 变化到状态 N 后离开室内,这部分余热就是空调房间的冷负荷,即:

$$Q_1 = G(i_N - i_S) \text{ kW} \tag{14-4}$$

2. 新风冷负荷 Q_2

新风 G_W 进入系统时的焓为 i_W,排出时的焓为 i_N,所需的这部分冷量称为新风冷负

荷,即

$$Q_2 = G_W(i_W - i_N) \text{ kW} \tag{14-5}$$

3. 再热负荷 Q_3

把送风从状态 L 加热到送风状态 S,这部分热量称为再热量,即

$$Q_3 = G(i_S - i_L) \text{ kW} \tag{14-6}$$

抵消这部分热量也是由冷源负担的,故称其为再热负荷。

以上三部分冷量之和应等于系统需要的总冷量 Q_0,即:

$$Q_0 = Q_1 + Q_2 + Q_3$$

可以写成

$$Q_0 = G(i_N - i_S) + G_W(i_W - i_N) + G(i_S - i_L) \tag{14-7}$$

由于在一次回风系统的混合过程中

$$\frac{G_W}{G} = \frac{i_C - i_N}{i_W - i_N}$$

即:

$$G_W(i_W - i_N) = G(i_C - i_N)$$

代入式(14-7)中可得:

$$\begin{aligned} Q_0 &= G(i_N - i_S) + G(i_C - i_N) + G(i_S - i_L) \\ &= G(i_C - i_L) \text{ kW} \end{aligned}$$

上式证明了一次回风系统的冷量在 i-d 图上的计算法和热平衡概念之间的一致性。

对于送风温差无严格限制的空调系统,若用最大送风温差送风,即用机器露点送风(如图 14-3(b)中的 L' 点),则不需消耗再热量,因而制冷负荷亦可降低,但可能由于露点太低,天然冷源无法利用或人工冷源效率降低。这是在设计时所应该考虑的。

(三) 一次回风式系统的冬季处理过程

图 14-4 所示为冬季空气处理过程的 i-d 图。为了采用喷循环水绝热加湿法将混合后的空气处理到 L 点,在不小于最小新风比的前提下,应使新、回风混合后的状态点 C' 正好落到 i_L 线上。按此要求确定新、回风混合比和新风量。这时的空气处理过程为:

$$\left. \begin{array}{c} N \\ W' \end{array} \right\rangle \xrightarrow{\text{混合}} C' \xrightarrow{\text{绝热加湿}} L \xrightarrow{\text{再热}} S' \xrightarrow{\varepsilon'} N$$

上述处理方案中绝热加湿过程也可以采用喷蒸汽的方法,即从 C' 等温加湿到 E 点(图 14-4(a)中虚线部分),然后加热到 S' 点,即

$$\left. \begin{array}{c} W \\ N \end{array} \right\rangle \xrightarrow{\text{混合}} C' \xrightarrow{\text{等温加湿}} E \xrightarrow{\text{再热}} S' \xrightarrow{\varepsilon'} N$$

当采用喷水室绝热加湿方案时,对于要求新风比较大的工程或是按最小新风比而室外设计参数很低的场合,都有可能使一次混合点的焓值 i_C' 低于 i_L,这种情况下应将新风预热,使预热后的新风和室内空气混合后,混合点落在 i_L 线上,这样就可以采用绝热加湿的方法(图 14-4(b))。至于应该预热到什么状态,则可通过混合过程的关系确定:

$$\frac{G_W}{G} = \frac{\overline{C'N}}{\overline{W_1 N}} = \frac{i_N - i_C'}{i_N - i_{W1}}$$

且 $i_C' = i_L$,所以可得:

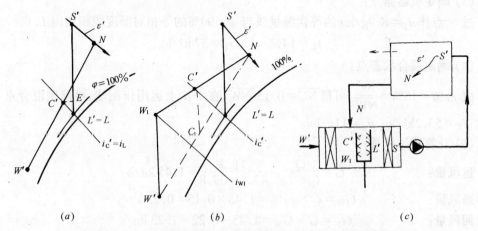

图 14-4　一次回风冬季空气处理过程的 i-d 图及系统示意图

$$i_{W1} = i_N - \frac{G(i_N - i_L)}{G_W}$$

$$= i_N - \frac{i_N - i_L}{m\%} \text{ kJ/kg 干空气} \tag{14-8}$$

因此 i_{W1} 就是预热后既满足最小新风比又仍能采用绝热加湿方法的焓值。根据设计所在地的冬季室外参数就可确定是否用预热器。这时,空气的处理过程可表示为:

$$W' \xrightarrow{\text{预热}} W_1 \underset{N}{>} \xrightarrow{\text{混合}} C' \xrightarrow{\text{绝热加湿}} L \xrightarrow{\text{再热}} S' \overset{\varepsilon'}{\rightsquigarrow} N$$

此外,在确认混合时不会有凝结水产生,但又需要预热的情况下,也可采取新、回风先混合后预热的方案。其空气处理过程可表示为以下:

$$\underset{N}{W'} > \xrightarrow{\text{混合}} C_1 \xrightarrow{\text{预热}} C' \xrightarrow{\text{绝热加湿}} L \xrightarrow{\text{再热}} S' \overset{\varepsilon'}{\rightsquigarrow} N.$$

需要提出,新风先混合后预热与先预热后混合,在热量消耗上是相等的。

(四)一次回风系统的空气处理过程计算示例

【**例 14-1**】　已知某地大气压力 $B = 101325\text{Pa}$,室外设计计算参数:$t_W = 35℃$,$t_{sh} = 27℃$,假定某车间拟装设带水冷式表面冷却器的一次回风空调系统、新风百分比为 15%,室内冷负荷 $Q = 11.3\text{kW}$,湿负荷 $W = 0.0011\text{kg/s}$,工艺要求的室内空气参数:$t_N = 23 \pm 1℃$,$\varphi_N = 55\%$。试确定该空调系统夏季空气处理过程与设计工况下所需的冷量。

【**解**】　(1) 计算室内热湿比:

$$\varepsilon = \frac{Q}{W} = \frac{11.3}{0.0011} = 10273$$

(2) 确定送风状态点:

根据室温允许波动范围,确定送风温差 $\Delta t_S = 6℃$,得送风温度 $t_S = 23 - 6 = 17℃$。在 i-d 图上过 N 点作 $\varepsilon = 10273$ 的直线与 $t_S = 17℃$ 的等温线相交,其交点即为送风状态点 S(图 14-5):$i_S = 39.8\text{kJ/kg}$,$d_S = 8.9\text{g/kg}$。

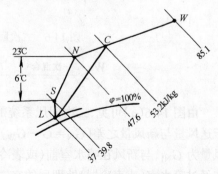

图 14-5　例 14-1 附图

(3) 确定机器露点：

过 S 点作 $d_S = 8.9\text{g/kg}$ 的等含湿量线与 $\varphi = 90\%$ 的等相对湿度线相交得 L 点：
$$t_L = 14.1 \ \ ℃, i_L = 37 \text{ kJ/kg}。$$

(4) 确定混合状态点：

由 $m\% = 15\% = \dfrac{\overline{NC}}{\overline{NW}}$，可得 $\overline{NC} = 0.15\overline{NW}$，在 $i\text{-}d$ 上运用作图法，可确定混合点 C 的位置：$i_C = 53.2\text{kJ/kg}, d_c = 11\text{g/kg}$。

(5) 计算系统风量：

送风量： $\qquad G = \dfrac{Q}{i_N - i_S} = \dfrac{11.3}{47.6 - 39.8} = 1.45 \text{ kg/s}$

新风量： $\qquad G_W = G \times m\% = 1.45 \times 0.15 = 0.22 \text{ kg/s}$

回风量： $\qquad G_N = G - G_W = 1.45 - 0.22 = 1.23 \text{ kg/s}$

(6) 求系统夏季所需要的冷量：
$$Q_0 = G(i_C - i_L) = 1.45 \times (53.2 - 37) = 23.49 \text{ kW}$$

(7) 求系统所需再热量：
$$Q_{zr} = G(i_S - i_L) = 1.45 \times (39.8 - 37) = 4.06 \text{ kW}$$

二、二次回风式空调系统

一次回风系统用再热器来解决送风温差受限制的问题，这样做不符合节能原则。二次回风系统则采用在喷水室后与回风再混合一次的办法来代替再热器以节约热量与冷量。

(一) 装置图式和在 $i\text{-}d$ 图上夏季过程的分析

典型的二次回风系统的夏季过程如图 14-6(a) 所示。空气处理过程在 $i\text{-}d$ 图上的表示见图 14-6(b)（图中画出了在相同新风比时与一次回风系统处理过程的区别），其处理过程为：

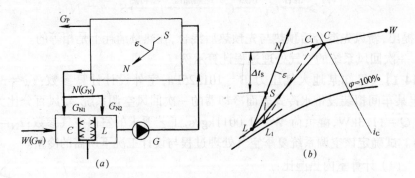

图 14-6　二次回风系统及夏季空调过程 $i\text{-}d$ 图

$$\begin{matrix} W \\ N \end{matrix} \Big> \xrightarrow{\text{一次混合}} C \xrightarrow{\text{冷却减湿}} \underset{N}{L} \Big> \xrightarrow{\text{二次混合}} S \overset{\varepsilon}{\leadsto} N$$

由图 14-6(a) 可见，二次回风系统的回风量与一次回风系统的回风量相同，即回风量等于送风量与新风量之差 ($G_N = G - G_W$)，只是将回风分成两部分，第一部分回风（一次回风）风量为 G_{N1}，与新风在喷水室前（或表冷器）前混合；第二部分回风（二次回风）风量为 G_{N2}，与经过喷水室（或表冷器）处理后的空气混合。

为了确定 C 点,必须先求出一次回风量 G_{N1};而为了求 G_{N1} 又必须先知道露点风量 G_L。

因为 L、N、S 在一条直线上,所以:

$$\frac{G_L}{G} = \frac{\overline{NS}}{\overline{NL}} = \frac{i_N - i_S}{i_N - i_L}$$

即:

$$G_L = G\,\frac{i_N - i_S}{i_N - i_L} = \frac{Q}{i_N - i_L} \qquad (14\text{-}9)$$

由于 G_L 是在冷却减湿设备之前由 G_{N1} 和 G_W 混合而得,所以根据热半衡叫求出混合状态点的焓值 i_C。

$$i_C(G_W + G_{N1}) = G_W i_W + G_{N1} i_N$$

即:

$$i_C = \frac{G_W i_W + G_{N1} i_N}{G_W + G_{N1}} \qquad (14\text{-}10)$$

在 i-d 图上,i_C 线与 $\overline{NW}$ 线的交点即是 C 点。

系统夏季需要的冷量:

$$Q_0 = G_L(i_C - i_L)\ \text{kW} \qquad (14\text{-}11)$$

由于此冷量中只包括了室内冷负荷和新风负荷两部分,所以在其他条件相同时,其值小于一次回风系统的冷量。另一方面,从图 14-6(b)中可以看出,它的机器露点一般比一次回风系统的低(当 $\varepsilon \neq \infty$ 时),这样制冷系统运转效率较差。此外,由于机器露点低,也可能使天然冷源的使用受到限制,这是采用二次回风系统的不利方面。

此外,按夏季设计工况,在 i-d 图上延长热湿比线 ε 与 $\varphi = 90\% \sim 95\%$ 线有时不能相交,或交点(即机器露点)温度太低,也无法实现二次回风方案。

(二) 冬夏具有同一机器露点的二次回风系统的冬季工况

假定室内参数和风量及余湿量与夏季相同,第二次回风的混合比,冬夏季也不变,于是机器露点的位置与夏季相同(见图 14-7)。

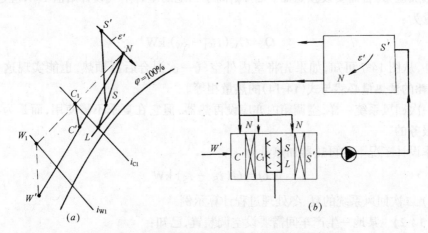

图 14-7　二次回风系统图及冬季空调过程 i-d 图

由以上假定可知,冬、夏送风状态点 S' 和 S 在同一条等 d 线上。在这种情况下,只需将夏季工况送风状态点通过再热器加热提高到冬季送风状态点 S' 即可。实现这样的空气处理过程也有先预热后混合以及先混合后预热两种方案，它们的空气处理过程为：

$$W \xrightarrow{\text{预热}} \begin{matrix} W_1 \\ N \end{matrix} > \xrightarrow{\text{一次混合}} C_1 \xrightarrow{\text{绝热加湿}} \begin{matrix} L \\ N \end{matrix} > \xrightarrow{\text{二次混合}} S \xrightarrow{\text{再热}} S' \overset{\varepsilon'}{\rightsquigarrow} N$$

和：

$$\begin{matrix} W \\ N \end{matrix} > \xrightarrow{\text{一次混合}} C' \xrightarrow{\text{预热}} C_1 \xrightarrow{\text{绝热加湿}} \begin{matrix} L \\ N \end{matrix} > \xrightarrow{\text{二次混合}} S \xrightarrow{\text{再热}} S' \overset{\varepsilon'}{\rightsquigarrow} N$$

当然，空气的加湿也可用其他方法实现。

对于二次回风系统，同样有是否需设预热器的问题，除了可根据一次混合后的 $i_{C'}$ 是否低于 i_L 来确定外，也可像一次回风系统那样推定出一个满足要求的室外空气焓 i_{W1}，然后与实际的冬季室外设计焓值相比较后确定。

从 i-d 图上的一次混合过程看（图 14-7(a)）：设所求的 i_{W1} 值能满足最小新风比而混合点 C_1 正好在 i_L 线上时，则：

$$\frac{i_N - i_L}{i_N - i_{W1}} = \frac{G_W}{G_{N1} + G_W} \quad (\text{其中 } i_L = i_{C1})$$

即

$$i_{W1} = i_N - \frac{(G_{N1} + G_W)(i_N - i_L)}{G_W} \text{ kJ/kg} \tag{14-12}$$

从第二次混合的过程可知：

$$(G_{N1} + G_W)(i_N - i_L) = G(i_N - i_S)$$

则有：

$$i_{W1} = i_N - \frac{G(i_N - i_S)}{G_W}$$

$$= i_N - \frac{i_N - i_S}{m\%} \text{ kJ/kg} \tag{14-13}$$

(14-13)式和(14-8)式具有相同的意义，它可以用来判别二次回风系统（全年固定露点，冬季绝热加湿）是否需要设预热器。若 i_{W1} 高于当地的室外空气设计焓值 $i_{W'}$，应进行预热，其预热量为：

$$Q = G_W(i_{W1} - i_{W'}) \text{ kW} \tag{14-14}$$

此外，从图 14-7 可知，如果先将室内外空气一次混合后再预热，也能实现这一处理方案，而所耗的预热量必然与式(14-14)的热量相等。

同一次回风系统一样，空调箱内亦应设再热器，但它在夏季不需使用，而是为冬季和过渡季节服务的。

冬季设计工况下的再热器加热量为

$$Q = G(i_{S'} - i_S) \text{ kW} \tag{14-15}$$

(三) 二次回风系统的夏、冬处理过程计算示例

【例 14-2】 某地一生产车间需要设空调装置，已知：

(1) 室外计算条件为，夏季：$t = 35℃$，$t_{sh} = 26.9℃$，$\varphi = 54\%$，$i = 84.8\text{kJ/kg}$；冬季：$t = -12℃$，$t_{sh} = -13.5℃$，$\varphi = 49\%$，$i = -10.5\text{kJ/kg}$。大气压力为 101325Pa。

(2) 室内空气参数由工艺确定为：$t_N = 22 \pm 1℃$，$\varphi_N = 60\%$（$i_N = 47.2\text{kJ/kg}$，$d_N = 9.8\text{g/kg}$）。

(3) 按建筑、人、工艺设备及照明等资料已算得夏、冬季的室内热湿负荷为：

夏季：$Q = 11.63\text{kW}$，冬季：$Q = -2.326\text{kW}$，冬夏季的湿负荷相同，均为 $W = 0.0014\text{kg/s}(5\text{kg/h})$。

(4) 车间内有局部排风设备，排风量为 $0.278\text{m}^3/\text{s}(1000\text{m}^3/\text{h})$。要求采用二次回风系统，试确定空调方案并计算设备容量。

【解】 (1) 夏季处理方案

1) 由热湿负荷算出热湿比 ε 值和确定送风状态

$$\varepsilon = \frac{Q}{W} = \frac{11.63}{0.0014} = 8310$$

在相应的 i-d 图上，过 N 点作 ε 线，与 $\varphi = 95\%$ 的交点得 $t_L = 11.5\text{℃}$，$i_L = 31.8\text{kJ/kg}$。考虑工艺要求取 $\Delta t_S = 7\text{℃}$，可得送风点 S，$t_S = 15\text{℃}$（$i_S = 36.8\text{kJ/kg}$，$d_S = 8.55\text{g/kg}$）。

2) 计算送风量

按室内余热量计算：$G = \dfrac{Q}{i_N - i_S} = \dfrac{11.63}{47.2 - 36.8} = 1.118\ \text{kg/s}\ (4026\text{kg/h})$

3) 通过喷水室的风量 G_L：

$$G_L = \frac{Q}{i_N - i_L} = \frac{11.63}{47.2 - 31.8} = 0.755\ \text{kg/s}(2720\text{kg/h})$$

4) 二次回风量 G_2

$$G_2 = G - G_L = 1.118 - 0.755 = 0.363\ \text{kg/s}(1307\text{kg/h})$$

5) 确定新风量 G_W

由于室内有局部排风，补充排风所需的新风量所占风量的百分数为：

$$\frac{G_W}{G} \times 100\% = \frac{0.278 \times 1.146}{1.118} \times 100\% = 28.5\%$$

（上式中 1.146 为空气 35℃时密度）

所算得的百分数已满足一般的卫生要求。同时应注意：当新风量根据局部排风量确定时，车间内并未考虑保持正压。

6) 一次回风量 G_1：

$$G_1 = G_L - G_W = 0.755 - 0.278 \times 1.146 = 0.436\ \text{kg/s}(1570\text{kg/h})$$

7) 确定一次回风混合点 C：

$$i_C = \frac{G_1 i_N + G_W i_W}{G_L} = \frac{0.436 \times 47.2 + 0.319 \times 84.8}{0.755} = 63.09\ \text{kJ/kg}$$

i_C 与NM线的交点 C 就是一次回风混合点。

8) 计算冷量：

$$Q_L = G_L(i_C - i_L) = 0.755(63.09 - 31.8) = 23.62\ \text{kW}$$

(2) 冬季处理方案

1) 冬季室内热湿比 ε' 和送风点 S' 的确定：

$$\varepsilon' = \frac{Q}{W} = \frac{-2.326}{0.0014} = -1660$$

当冬、夏季采用相同风量和相同散湿量时，冬、夏季的送风含湿量应相同，即 $d_S' = d_S =$

8.55g/kg。则送风点 S' 为 $d_S' = 8.55g/kg$ 线与 $\varepsilon' = -1660$ 线的交点,可得 $i_S' = 49.2kJ/kg$,$t_S' = 27.0℃$。

2) 由于 N、S、L 等参数与夏季相同,即二次混合过程与夏季相同。因此可按夏季相同的一次回风混合比求出冬季一次回风混合点位置 C'。

$$i_C' = \frac{G_1 i_N + G_W i_W}{G_L} = \frac{0.436 \times 47.2 + 0.319 \times (-10.5)}{0.755} = 22.82 \ kJ/kg$$

由于 $i_C' = 22.82kJ/kg < i_L = 31.8kJ/kg$,所以应设预热器。

3) 过 C' 点作等 d_C' 线与 i_L 线得交点 M,则可确定冬季的处理过程,如图 14-8 所示。

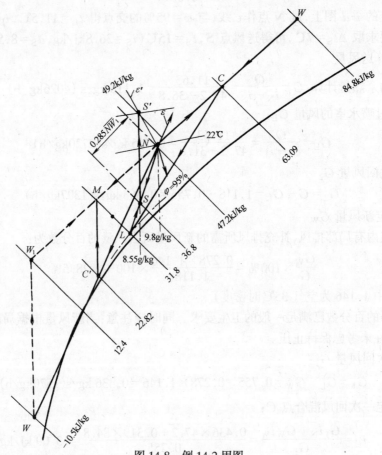

图 14-8 例 14-2 用图

4) 加热量:

一次混合后的预热量:

$$Q_1 = G_L(i_M - i_C') = 0.755(31.8 - 22.82) = 6.78 \ kW$$

如先把新风预热后混合,所耗热量是相同的。

二次混合后的再热量:

$$Q_2 = G(i_S' - i_S) = 1.118(49.2 - 36.8) = 13.86 \ kW$$

所以冬季所需的总加热量为:

$$Q = Q_1 + Q_2 = 6.78 + 13.86 = 20.64 \ kW$$

第三节　半集中式空调系统

既有集中处理,又有末端设备进行局部处理的空调系统称为半集中式空调系统。它包括风机盘管空调系统和诱导器系统。

一、风机盘管系统

风机盘管系统是在空调房间内设置风机盘管机组,作为系统的"末端装置",再加上经集中处理后的新风送入房间,由两者结合运行。

(一) 风机盘管机组的构造、分类及特点

风机盘管机组的构造如图 14-9 所示。它主要由盘管冷热交换器(一般采用二或三排铜管铝片)和风机(前向多翼离心风机或贯流风机)组成,其风量在 $250 \sim 2500 \mathrm{m}^3/\mathrm{h}$ 范围内。它使室内回风直接进入机组进行冷却去湿或加热处理。与风机盘管机组连接的有冷、热水管路和凝结水管路,风机盘管机组的冷、热盘管的供水系统可分为两管制、三管制和四管制三种形式。

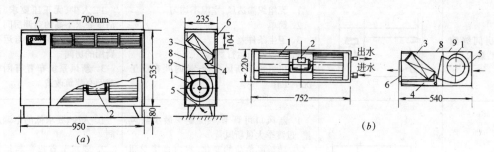

图 14-9　风机盘管构造图

(a)立式;(b)卧式

1—风机;2—电机;3—盘管;4—凝水盘;5—循环风进口及过滤器;6—出风格栅;7—控制器;8—吸声材料;9—箱体

风机盘管机组一般分为立式和卧式两种,可按室内安装位置选定,同时可根据室内装饰的需要作成明装或暗装。此外,近几年由于风机盘管系统的广泛应用,进一步开发了多种形式,如立柱式、顶棚式等,分别专用于旅馆客房、办公楼和商业建筑中。

为了适应房间的负荷变化,风机盘管的调节可采用风量调节、水量调节和机内旁通风量调节三种方法。其特点和适用范围可见表 14-1。

风机盘管调节方法

表 14-1

调节方法	特　点	适 用 范 围
风量调节	通过三速开关调节电机输入电压,以调节风机转速,调节风机盘管的冷热量;简单方便;初投资省;随风量的减小,室内气流分布不理想;选择时宜按中档转速的风量与冷量选用	用于要求不太高的场所;目前国内用得最广泛
水量调节	通过温度敏感元件、调节器和装在水管上的小型电动直通或三通阀自动调节水量或水温;初投资高	要求较高的场所,与风量调节结合使用
旁通风门调节	通过敏感元件、调节器和盘管旁通风门自动调节旁通空气混合比;调节负荷范围大(100% ~20%);初投资较高;调节质量好;送风含湿量变化不大,室内相对湿度稳定;总风量不变,气流分布均匀;风机功率并不降低	用于要求高的场合,可使室温允许波动范围达到±1℃,相对湿度达到 40% ~45%;目前国内用得不多

从风机盘管的结构特点看,其优点是:布置灵活,各房间可独立调温,房间不住人时可方便的关掉机组(风机),不影响其他房间,从而比其他系统节省运转费用,且机组定型化、规格化,易于选择。此外,房间之间空气互不串通。又因风机多档变速,在冷量上能由使用者直接进行一定量的调节。

它的缺点是:对机组的质量要求高,否则在建筑物大量使用时会带来维修方面的困难。当风机盘管机组没有新风系统同时工作时,冬季室内相对湿度偏低,故此种方式不能用于全年室内湿度有要求的地方。风机盘管由于噪声的限制因而风机转速不能过高,所以机组剩余压头小,气流分布受限制,适用于进深小于 6m 的房间。

当机组主要用于冬季供暖时,应采用立式机组,并布置在窗台下,以便获得较均匀的室温分布。

(二) 风机盘管系统新风供给方式

风机盘管系统的新风供给有多种方式,表 14-2 分析了各种方式的适用性。

风机盘管新风供给方式　　　　　　　　　　表 14-2

新风供给方式	示　意　图	特　　点	适　用　范　围
房间缝隙自然渗入		1. 无组织渗透风,室温不均匀 2. 简单 3. 卫生条件差 4. 初投资与运行费低 5. 机组承担新风负荷,长时间在湿工况下工作	1. 人少、无正压要求、清洁度要求不高的空调房间 2. 要求节省投资与运行费用的房间 3. 新风系统布置有困难或旧有建筑改造
机组背面墙洞引入新风		1. 新风口可调节,冬、夏季最小新风量,过渡季大量新风量 2. 随新风负荷的变化,室内直接受到影响 3. 初投资与运行费节省 4. 须作好防尘、防噪声、防雨、防冻措施 5. 机组长时间在湿工况下工作	1. 人少、要求低的空调房间 2. 要求节省投资与运行费用的房间 3. 新风系统布置有困难或旧有建筑改造 4. 房高为 5m 以下的建筑物
单设新风系统,独立供给室内		1. 单设新风机组,可随室外气象变化进行调节,保证室内湿度与新风量要求 2. 投资大 3. 占空间多 4. 新风口可紧靠风机盘管,也可不在一处,以前者为佳	要求卫生条件严格和舒适的房间,目前最常用
单设新风系统供给风机盘管		1. 单设新风机组,可随室外气象变化进行调节,保证室内湿度与新风量要求 2. 投资大 3. 新风接至风机盘管,与回风混合后进入室内,加大了风机风量,增加噪声	要求卫生条件严格的房间,目前较少用

(三) 风机盘管加新风系统的空气处理方案

当采用独立的新风系统供给新风时,风机盘管机组若卧式暗装,工程上常采用图 14-10 所示的两种方式。一种是新风直入式;另一种是新风和回风串接式。

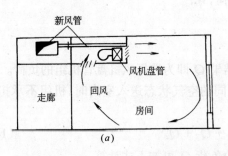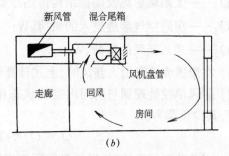

图 14-10　新风直入式与串接式

(a)新风直入式;(b)串接式

新风直入式,视新风处理后的状态不同而有两种情况:即风机盘管湿工况运行(图 14-11(a))和干工况运行(图 14-11(b))。其空气调节过程为:

$$W \to L \searrow S \overset{\varepsilon}{\leadsto} N$$
$$N \to M \nearrow$$

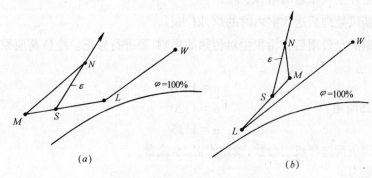

图 14-11　新风直入式的空调过程

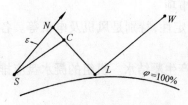

图 14-12　新风串接式空调过程

新风与回风串接式,其空气调节过程见图 14-12 所示,可表示为:

$$W \to L \searrow C \to S \overset{\varepsilon}{\leadsto} N$$
$$N \nearrow$$

(四) 风机盘管机组的选择

风机盘管机组的选择计算目的是在已知风量、进风参数和水初温、水流量的条件下,确定满足所需要的空气出口参数和冷量的机组。

选择机组的计算是比较简单的,一般包括程序如下:

1．根据房间的用途,了解确定房间的各种要求参数,如室温等。

2．计算空调房间的空调冷负荷,计算公式应为:

$$Q = Q_1 + Q_2 + Q_3 + Q_4 + Q_5 \tag{14-16}$$

式中　Q——空调冷负荷,W;

　　　Q_1——室内人员的负荷,W;

　　　Q_2——房间内灯光、电器等冷负荷,W;

Q_3——太阳辐射热及围护结构传热冷负荷,W;

Q_4——房间空气渗透进入的负荷,W;

Q_5——送入新风的负荷,W。

(1) 在渗透或墙洞引入新风时,上式计算结果 Q 即为选择风机盘管机组的负荷。

(2) 新风单独处理到与房间内空气状态相同的空气状态送入室内时,机组不承担新风的负荷,其冷负荷为:

$$Q' = Q_1 + Q_2 + Q_3 + Q_4 \tag{14-17}$$

(3) 当单独新风系统时,风机盘管所负担的负荷 Q'' 可按下式计算:

$$Q'' = Q - Q_X \tag{14-18}$$

式中 Q_X——新风担负的负荷,W;

$$Q_X = \frac{1}{3.6} G_X (i_W - i_L) \tag{14-19}$$

式中 G_X——新风量,kg/h;

i_W——室外空气状态的焓,kJ/kg;

i_L——新风处理后送入室内时的焓,kJ/kg。

3. 考虑机组的盘管用后积垢积尘对传热的影响,要进行修正。冷负荷应乘以修正系数 α :

仅冷却用:	$\alpha = 1.10$
作加热、冷却两用:	$\alpha = 1.20$
仅加热用:	$\alpha = 1.15$

4. 根据空调负荷选择机组台数,确定水温、水流量。

5. 计算水阻力。

6. 冬季机组加热量计算,仅仅是校核性计算。

(五) 风机盘管空调方式在设计、安装和运行中的注意事项

1. 这种机组一定要严格控制产品质量,保持性能的稳定性,特别是风机及电机等。各连接点不得松动,防止产生附加噪声。

2. 在设计上要注意机组及供回水管的保温质量,不得产生凝结水。机组的凝水盘应排水通畅。

3. 考虑水系统设过滤器,通向机组的供水支管上最好设有过滤网,防止堵塞。要注意水质处理(包括补充水)。

4. 冬季房间内相对湿度如要求保证,在当前生产的机组上又没有设加湿器时,有单独新风系统的可考虑由新风系统负担加湿。

5. 为保持盘管的空气侧清洁,机组上应设有空气过滤器。要注意定期清洗或更换。

6. 闭式水系统上应有集中的排空气装置(或称集气器),机组上也应有跑风装置。

二、诱导器系统

诱导器系统亦属半集中式空调系统。

(一) 诱导器系统的构造原理及分类

图 14-13 是诱导器系统的原理图及结构图。经过集中处理的空气(一次风)由风机送入

空调房间的诱导器中,诱导器是分设于各室的局部设备(或称末端装置)。它由静压箱、喷嘴和盘管(有的不设盘管)等组成。一次风进入诱导器的静压箱中,并由喷嘴高速喷出(20～30m/s)。由于喷出气流的引射作用,在诱导器内造成负压将室内空气(即回风,又称二次风)吸入,一、二次风混合后送入空调房间。

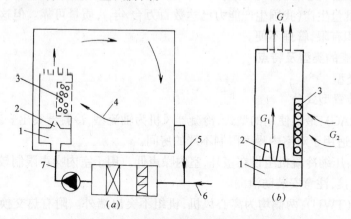

图 14-13 诱导器系统原理图与构造图
1一静压箱;2一喷嘴;3一热交换器;4一二次风;5一回风管;6一新风管;7一一次风

诱导器根据结构型式的不同分为全空气型(又称简易诱导器)和"空气一水"型。前者诱导器中不设盘管,后者诱导器内设盘管。根据安装型式不同分为卧式、立式和吊顶式等。卧式的安装在房间内侧顶部,空气侧送;立式的安装在窗台下,作为办公室外区的空调方式;吊顶式安装在吊顶上,向下送风。诱导器的水系统也分为两管制、三管制和四管制。

诱导器的主要性能指标之一为诱导比(n)。诱导比为二次风 G_2 与一次风 G_1 之比,即 $n = G_2/G_1$。故诱导器的送风量 $G = G_1 + G_2$,诱导器结构一定 n 就不变(一般2.5～5.0之间),当空调风量 G 已定和 n 已知时,一次风 $G_1 = G/(1 + n)$。

诱导器的另一特性指标为工作压力(与喷嘴风速有关),一般诱导器的喷嘴压力为250～850Pa。

(二)诱导器系统的特点

一般诱导器系统集中处理的仅为新风(一次风),且可采用高速送风(管内风速约15～25m/s),故机房尺寸和管道断面均较小(仅为集中式空调系统管道断面的1/3),可节约建筑空间。此外,能保证每个房间有必要的新风量,卫生情况好。二次风通过诱导器在室内循环,故不需要回风道。曾用于旧建筑物加设空调或高层建筑空调。这种系统的缺点是诱导器系统产生的噪声大,在噪声标准要求严格的房间不宜采用此种系统,且空气输送动力消耗大,个别调节不灵活等,所以现在已较少使用,而大多数被风机盘管空调系统等代替。但随着对室内空气品质(IAQ)问题的重视,欧洲、北美有些国家又有恢复使用的倾向。

第四节 分散式空调系统

在一些建筑物中,如果只是少数房间有空调要求,这些房间又很分散或者各房间变化规律有很大不同,显然采用集中式或半集中式空调系统是不合理的,因此采用分散式空调系统

——局部空调机组将是合适的。

局部空调机组实际上是一个小型空调系统(属制冷剂直接蒸发式空调系统),它将空气处理设备各部件(包括空气冷却器、加热器、加湿器、过滤器)与通风机、制冷机组组合成一个整体,具有结构紧凑,使用灵活的特点,所以在空调工程中得以广泛应用。小容量装置已成为家电产品,大批量生产(我国生产能力已达数百万台/年),质量可靠。但这种系统处理的风量少,服务面积有限,管理不便。

一、空调机组的类型及特点

(一) 构造类型

1. 按室内装置型式分

(1) 窗式(RAC):最早使用的型式,冷凝器风机为轴流型,冷凝器突出安装在室外,一般安装在窗台上。适用于对室内噪声限制不严的房间。

(2) 挂壁式:压缩冷凝机组设在室外,室内噪声低。用于室内噪声限制较严者,室内、外机用冷剂管道连接,注意安装防泄漏。

(3) 嵌墙式(TWU):两侧均为离心风机,机组不突出墙外。附有热交换器,可供新风,适用于办公楼之外区。

(4) 柜式(PAC):风机可带余压,能接短风道。当餐厅等噪声要求不严时,可用直接出风式。

(5) 吊顶式:做成分体型。不占据室内空间,餐厅等可使用。

2. 按冷凝器冷却方式分

(1) 水冷型:一般要配置冷却塔,水冷柜机一般为整体型。制冷 COP 值高于风冷,有条件时可应用。

(2) 风冷型:因系风冷,大多构成热泵方式并为分体型。因与热泵供热相结合,故市场极大。

3. 按机组整体性分

(1) 整体式:将空气处理部分、制冷部分和电控系统的控制部分等安装在一个罩壳中形成一个整体。它的结构紧凑,操作灵活,制冷量一般在 50kW 以下。

(2) 分体式:分体式又分普通型和 VRV 型。将蒸发器和室内风机作为室内侧机组,把制冷系统的蒸发器之外的其余部分置于室外,称为室外机组。普通型有室外一台压缩机匹配一台或多台室内机。VRV 型为普通型之发展,可带动十多台,用变频器调节循环冷剂量。多居室使用空调时,可采用一拖几方式。后者采用了变频装置,提高了运行经济性。

4. 按系统热回收方式分

(1) 三管制(冷剂)式:利用压缩机高压排气管进行供热,高压液管经节流后供冷,能对建筑物同时供冷、供热,故设有三管。建筑物同时有供冷供热要求者可使用,因是冷剂系统只限于小规模场合使用。

(2) 冷却水闭环式热泵型(WLHP 式):该空调机组属水热源热泵的一种型式,通过水系统把机组相连在一起。对有一定规模的建筑,冬季有大量内区热量可回收者,有较好使用价值。

5. 按驱动能源分

(1) 电驱动:使用和控制方便,绝大部分热泵用之。

(2) 燃气(油)驱动:因可利用余热一次能利用效率高,国外有定型产品可选用。

（3）电十燃气式：冬季用燃气加热室外侧蒸发器，提高电热泵出力。寒冷地区家用热泵使用之。

空调机组除满足民用外，在商业和工业方面也广泛应用，按其功能需要可生产成诸多专用机组。如全新风机组、低温机组、通用型恒温恒湿机组、程控机房专用机组、净化空调机组等。此外，还生产与冰蓄冷相结合以及具有蓄热功能和热水供应的机组。

图14-14所示分别为风冷式空调机组，分体式风冷立柜型热泵机组、水冷式柜式空调机组、挂壁式机组（室内机）及吊顶式机组（室内机）。风冷式室外侧机组的构造形式均相近，仅容量不同。

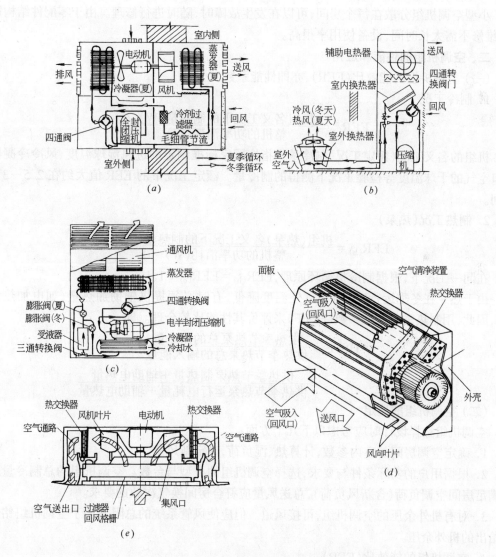

图14-14　局部空调机组的不同型式

（a）风冷式空调机组（窗式，热泵式）；（b）风冷式空调机组（冷凝器分开安装、热泵式）；

（c）水冷式热泵空调机组；（d）挂壁式机组；（e）吊顶式机组

（二）空调机组的特点

1. 结构紧凑、安装方便

空调机组不需要另接管道和电路，一般不需设专门机房，可直接安装在房间的地板或窗台上、墙孔中。

2. 操作方便、节约能源

空调机组一般不需专门的操作人员。一般人员都可通过按键进行操作，十分方便。空调机组各自配备有控制系统，可由用户根据自己的需要启动和停机，使能量消耗得以人为地控制。

3. 设备利用率高，便于维修

小型空调机组分散在每个房间，可以在发生故障时，随时进行修理。由于零配件结构简单，维修不需太长时间，设备使用率很高。

二、空调机组的性能和应用

（一）空调机组的能效比（EER），亦即性能系数

1. 制冷工况

$$EER_{(c)} = \frac{机组名义工况下的制冷量（W）}{整机的功率消耗（W）}$$

机组的名义工况（额定工况）制冷量是指按国家标准制定的进风湿球温度、风冷冷凝器进口空气的干球温度等检验工况下测得的制冷量。额定工况下的 EER 值大约在 2.5～3.0 之间。

2. 制热工况（热泵）

$$EER_{(h)} = \frac{机组（热泵）名义工况下的制热量（W）}{整机的功率消耗（W）}$$

在同一工况下，根据制冷机循环原理，$EER_{(h)} = EER_{(c)} + 1$。

由于热泵在冬季运行时，随着室外温度降低，有时必须提供辅助加热量（如电加热设备），因此，用制热季节性能参数（HSPF）来评价其性能比较合理。即：

$$HSPF = \frac{供热季节热泵总的制热量}{供热季节热泵总的输入能量}$$

$$= \frac{供热季节热泵制热量 + 辅助电热量}{供热季节热泵运行电耗量 + 辅助电热量}$$

（二）空调机组的选定

空调机组选择设计时应考虑以下几个方面：

1. 确定空调房间的室内参数，计算热、湿负荷，确定新风量。

2. 根据用户的实际条件与要求，选择空调机组的类型与台数。空调机组的总制冷量应能满足房间空调负荷（含新风负荷），总送风量应符合房间换气次数的要求。

3. 对有机外余压的空调机组，可接风道。但应使风管系统的总阻力小于空调机组铭牌上给出的机外余压。

4. 空调机组的能效比（EER）

根据空调房间的总冷负荷（包括新风负荷）和在 i-d 图上处理过程的实际要求，查空调机组特定曲线或性能表选定合适的空调机组。在空调器的产品样本中一般都给出了不同冷凝温度（或风冷冷凝器的进风温度）及不同进风湿球温度下的制冷量。

三、几种新型的局部空调机组方式

1．穿墙式机组

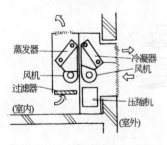

图 14-15　穿外墙的立式机组

这种机组有多种型式如立式(设在外墙窗台下)、卧式(设在靠外墙的吊顶内)，分附有全热交换器和不带全热交换器的两种。图 14-15 所示为立式机组的示意图，其特点是压缩冷凝机组(风机为离心式)和室内蒸发器机组均在室内，墙上设有较大的进、排风口面积。图 14-16 所示为具有新、排风热交换的机组及其工作原理图，其单机容量与窗式空调器相近。机组均为热泵型。穿墙式机组可应用于办公楼建筑作为外区空调方式，负担外区负荷。

2．变冷剂量(VRV)空调机组系统

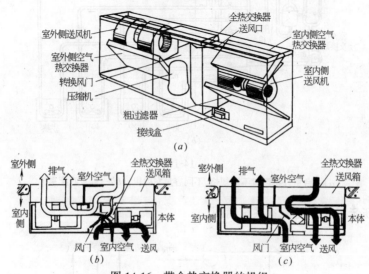

图 14-16　带全热交换器的机组

(*a*)室内机；(*b*)供冷／热时；(*c*)新风供冷时

VRV 系统属冷剂系统，同样是由一台室外机组联结多台室内机组，每台室外机可配置不同规格、不同容量的室内机 1～8 台(现已发展到 8 台以上)，如图 14-17(*a*)所示。在这种系统的基础上最新开发了称作三通路的一机多匹配系统，它利用高压气体的排热可满足不同房间同时有供冷或供热的需求，可实现热回收(图 14-17(*b*))。VRV 空调机组系统是一种节能效率显著的系统，可用于多居室的家庭或别墅以及中、小型办公楼及其他类型建筑物。

第五节　其他空气调节系统

一、变风量空调系统

空调系统的变风量是相对于定风量而言的，前面所介绍的全空气系统都是指定风量方式，它是改变送风温度而风量不变来适应室内负荷的变化。而变风量系统是送风温度不变，用改变风量的办法来适应负荷的变化。而风量的变化是通过专用的变风量末端装置来实现

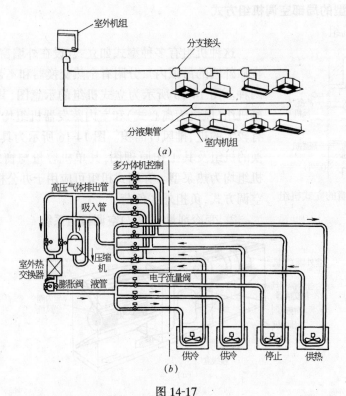

图 14-17

(a)—台室外机配置不同规格、不同容量室内机;(b)一机多匹配系统

的。图 14-18 所示是一个变风量系统简图。

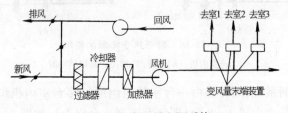

图 14-18　变风量空调系统

（一）变风量空调装置的型式

变风量空调系统都是通过特殊的送风装置来实现的,这种送风装置又统称为"末端装置"。目前有三种较常见的类型:节流型、旁通型和诱导型。节能效果最好的是节流型。

1. 节流型末端装置

节流型变风量风口应用较为广泛,结构种类很多,代表性的有两种,一种是一般节流型 VAV 末端装置,一种是带风速传感器的电子式变风量末端装置。图 14-19 是节流型 VAV 变风量末端装置,图 14-20 是带风速传感器的变风量装置。

随着室内负荷的变化,进入节流型变风量装置的风量也在改变,空调系统总风量也相应变化,故可节省风机耗能。

2. 旁通型变风量末端装置

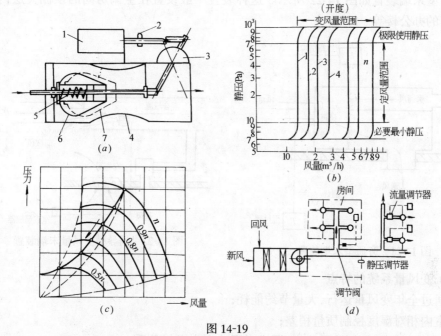

图 14-19

(a)节流型变风量风口(文氏管型);(b)带定风量机构的节流型变风量末端装置的特性;

(c)变风量调节过程;(d)节流型变风量系统的控制

1—执行机构;2—限位器;3—刻度盘;4—文氏管;5—压力补偿弹簧;

6—锥体;7—定流量控制和压力补偿时的位置

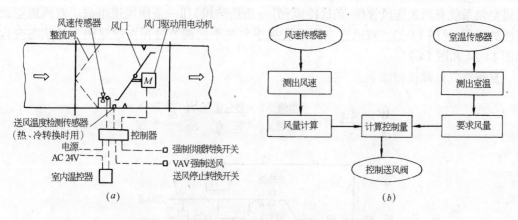

图 14-20 带风速传感器的变风量装置及控制方式

旁通型末端装置的变风量系统如图 14-21 所示。图中的末端装置为机械型旁通装置。

使用旁通型变风量装置,风机的风量固定不变。当室内负荷减少时,通过送风口的分流机构减少送入室内的空气,多余的部分通过旁通风口进入顶棚内,转而进入回风管循环。由此可见,这种系统风机的耗能不能节省,且需增设旁通风的回风道,增加了初投资,它适用于采用直接蒸发式冷却器的小型空调装置。

3．诱导型末端装置

诱导型末端装置如图 14-22 所示。这种装置一般设置在空调房间的顶棚夹层内，适用于高照度的办公楼等。

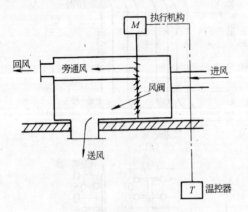

图 14-21　旁通型末端装置

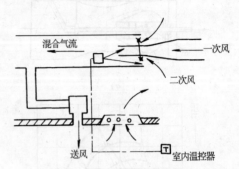

图 14-22　诱导型变风量末端装置

(二) 变风量系统的特点

1. 通过全年变风量运行，大量节约能耗；
2. 室内相对湿度控制质量稍差；
3. 新风比不变时，新风量改变，调小时影响室内空气品质；
4. 风量调小时室内气流受影响；
5. 末端设备(VAV 风口)价高，控制系统亦较复杂。

二、双风道空调系统

双风道空调系统也是一种全空气集中式空调系统。与单风道空调系统所不同的是，双风道空调系统有两条送风管(一条送冷风；另一条送热风)和一条回风道组成。双风道空调系统的流程，见图 14-23。双风道空调系统夏季和冬季的调节过程在焓湿图上的状态变化如图 14-24 和图 14-25。

夏季空气处理过程如下：

$$\left.\begin{matrix}W\\N\end{matrix}\right\rangle\xrightarrow{\text{混合}}M\left\langle\begin{matrix}\xrightarrow{\text{不加热}}M\\\xrightarrow{\text{冷　却}}L\end{matrix}\right\rangle\begin{matrix}\xrightarrow{\text{混　合}}S_1\overset{\varepsilon_1}{\rightsquigarrow}N\\\xrightarrow{\text{混　合}}S_2\overset{\varepsilon_2}{\rightsquigarrow}N\end{matrix}$$

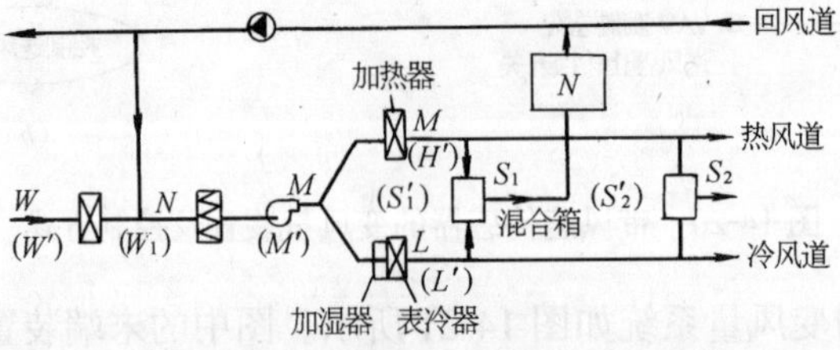

图 14-23　双风道空调系统流程图

冬季空气处理过程如下：

$$W'\xrightarrow{\text{预热}}\left.\begin{matrix}W_1\\N\end{matrix}\right\rangle\xrightarrow{\text{混合}}M'\left\langle\begin{matrix}\xrightarrow{\text{加　热}}H'\\\xrightarrow{\text{加湿冷却}}L'\end{matrix}\right\rangle\begin{matrix}\xrightarrow{\text{混　合}}S'_1\overset{\varepsilon'_1}{\rightsquigarrow}N\\\xrightarrow{\text{混　合}}S'_2\overset{\varepsilon'_2}{\rightsquigarrow}N\end{matrix}$$

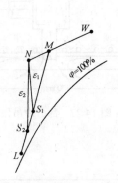

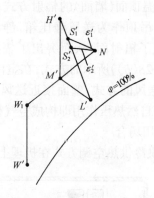

图 14-24　双风道系统夏季焓湿图　　　　图 14-25　双风道系统冬季焓湿图

为了减少两根风道所占的空间,通常采用高速,一般风速为 13～25m/s。由于高速而引起噪声,因此混合箱的设计要考虑到消声和降压的附加作用,以消减出口气流的噪声,并使出口气流回复常速。

双风道系统热湿调节灵活,适应性好,特别适用于显热负荷变化大,而各房间(或区域)的温度又需要控制的地方。如办公楼、医院、公寓、旅馆或大型试验室等。但是用冷、热两根风道调温的方法,必然存在混合损失,其制冷负荷与单风道比大约增加 10% 左右,故其运行费用较大;加之系统复杂,初投资高,双风道系统在我国基本上没有得到发展。

三、几种新型的空调方式

(一)辐射供冷供热空调方式

1. 装置原理特点及种类

(1)原理及特点

1)人体对辐射换热的舒适性反应较敏感,用周围壁面温度与空气温度的组合既可以节省能耗,又能保证热感觉指标 PMV 在合适的限度内。

2)利用低温热水或高温冷水作空调冷热源符合用能原则。

3)辐射换热装置一般仅负担显热负荷,由通风换气的新风负担室内湿负荷,故供冷时冷水温度较高,不会在板面产生结露现象(供水温度在 16℃ 以上)。

(2)种类

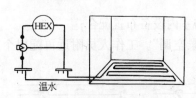

图 14-26　地面辐射方式

1)辐射盘管全面分布的方式:如图 14-26 所示为低温辐射地板采暖的装置。热水管道(铜管、PVC 材料等)埋设在地板结构内,亦有采用间距为数十厘米的电热管线埋入地板结构的,地板结构可利用有一定蓄热性能的材料制作,并在管后采用部分保温材料以防热量损失。当利用晚上廉价电力时,可以节约经济费用,采用辐射冷盘管者,盘管设在吊顶者为多。

2)部分冷吊顶辐射方式:如图 14-27 所示。室内采用部分冷吊顶,送风口与冷盘管顶板相结合。靠送风口出风在顶部产生的诱导作用吸入室内空气以造成均匀的空气分布和提高顶板的换热量(对流部分)。

3) 低温顶面(墙面)的辐射方式:如图14-28(a)所示,利用吊顶作为送风静压箱,静压箱底面(即吊顶)就构成了辐射面,从而突出了辐射换热的效果。又如图14-28(b))所示的方式,在室内利用壁面后通路构成下送风的方式,壁面接近送风温度,表冷器设在顶部,靠自然热压作用即构成空气循环。

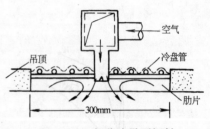

图 14-27　部分冷吊顶辐射

2. 使用场合

辐射供冷供热空调方式在机理上有舒适、节能的

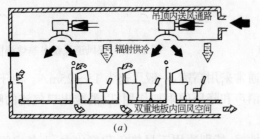

图 14-28

(a)吊顶辐射;(b)壁面辐射

优点,有时还有蓄能的作用,且室内不设暴露的末端设备,由于风量较小,噪声易于控制。在高级的办公楼、保育设施,小型的美术馆、会议室等可采用。对于低温辐射采暖则可结合空调在剧院的前座、大楼的门厅、中庭等场合作为辅助的温度调节设施。

(二) 下送风复合型空调方式

1. 装置原理及特点

下送风属全空气空调方式,在气流分布上有一定的特殊性,并可与"个人空调"相结合成为一种能明显改善室内工作人员的热舒适和空气品质的空调方式。空调设备可采用专用的下送风空气处理箱,地板构成架空结构,地板下即送风静压箱,设地面送风口(带小型风机和不带风机的两种),地下静压层高度一般在300mm左右。其主要特点为:

(1) 地面送风符合置换通风的原理,通风换气效率高;

(2) 室内有温度梯度排热可带走部分照明热量;

(3) 地板下可布线(电气),电气安装方便;

(4) 地板内不设风管、出风口可在平面内变动,易于与室内设备布置配合;

(5) 下送风方式可提供一个温度标准稍低的室内"背景空调"。工作人员附近再配以个人空调送风装置(可按个人要求调节);

(6) 应注意下送风气流和送风参数对人体舒适性的影响,一般规定人的头足间高度范围内温差不应>3℃。

图14-29 即地面送风的空调方式,图中(b)是与个人空调相结合的例子。根据国外实践对下送风的有关设计参数表示在图14-30 中。

图 14-29　地面送风的空调方式

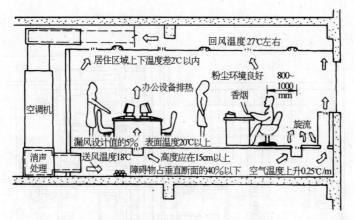

图 14-30 国外下送风方式的设计参数例

2. 使用场合

随着办公楼建筑的智能化发展、办公自动化机器设备的增加,对空调送风和对建筑物内配线的灵活性要求更高。故在国外办公楼中被逐步采用。至于其他场合,如大剧院、博物馆亦有采用,当然空调装置中的空气过滤设施是不能忽视的。

第六节 空调工程施工图

空调工程施工图是空调工程施工的依据和必须遵守的文件。施工图可使施工人员明白设计人员的设计意图,施工图必须由正式的设计单位绘制并签发。施工时,未经设计单位同意,不能随意对施工图中的规定内容进行修改。

一、空调工程施工图的组成

空调工程施工图一般是由设计说明、平面图、系统图、详图、设备及材料明细表等组成。

1. 设计说明

设计图纸上用图或符号表达不清楚的问题,需要用文字加以说明,一般采用设计说明表达。设计说明可写在图纸上空白地方,也可写在一份 5 号图幅的图纸首页上。

在设计说明中应明确说明如下问题:

(1) 材质选择、管道防腐、保温措施、连接方式等;

(2) 可写出部分有关主要设计参数;

(3) 有关穿墙、穿基础、穿楼板、伸缩缝的要求(重要部分亦可用详图表示)。

此外,还应说明需要参看的有关专业的施工图号或采用的标准图号,设计上对施工图的特殊要求以及其他不易用图表达清楚的问题。

2. 平面图

平面图是空调工程施工图的主要部分。平面图所表达的内容包括:首层平面、顶层平面、标准层平面(若各层布局不同,则每层都须出平面图)、空调机房平面图、制冷机房平面图。

平面图绘出后,应清楚说明如下问题:空调设备、管道与建筑物的关系及相关尽寸、管径、坡度、坡向和出入户的情况。

图 14-31 为空调平面布置图。

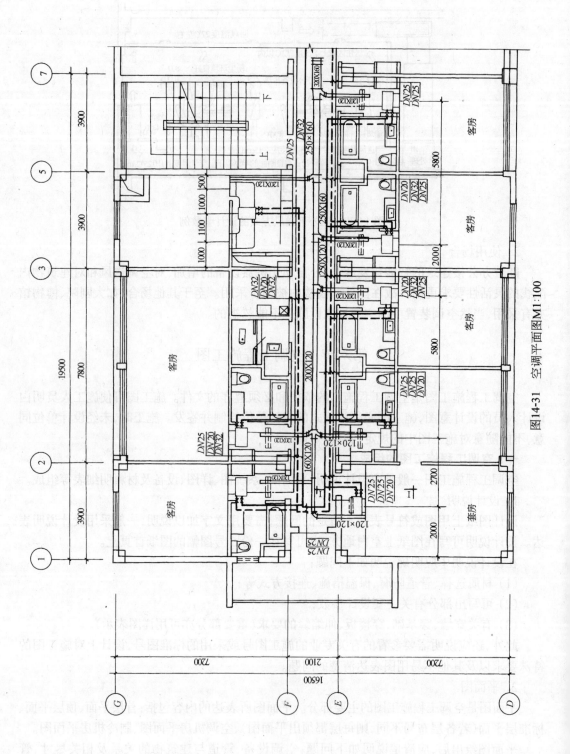

图14-31 空调平面图 M1:100

3．系统图

系统图就是空调工程系统的轴测投影图，又称透视图。

系统图包括：机房系统图（空调机房、制冷机房）、冷却水系统图（可与机房系统图合并）、冷冻水系统图、风道系统图。

系统图中管道的走向应与平面图吻合。图上应标明管径、标高、坡度、坡向、空调设备及附件的图例、编号、主要阀件、仪表、仪器、自控装置符号等。

图 14-32 为空调水系统图。

4．详图

由于平面图和系统图一般比例均为 1/100 或 1/50，有些局部地方不能详尽清楚表示，会给施工造成困难。故须由设计人根据实际需要，绘出一些详图和设备基础图、剖面图等。

详图的线型与其他图纸应相吻合，需施工中加工的尺寸，在详图中要标注得更细致且符合制图标准。

图 14-33 为空调平面图中的 I-I 剖面图。

除了上述设计说明、平面图、系统图和详图之外，为了使施工准备的材料和设备符合图纸要求，还应编制一个设备及材料明细表。表中应包括：编号、名称、型号规格、单位、数量、重量及附注等项目。施工图中涉及的设备、管材、阀门、仪表等均列入表中，以便施工备料。不影响工程质量的零星材料，可不列入表中，由施工单位自行决定。

对设备生产厂家有明确要求时，要把生产厂家的名字写在附注里，以便施工单位按指定厂家订货。

二、看图

1．先熟悉图纸的名称、比例、图号、张数、设计单位等问题。

2．弄清图中建筑物的方向，在总平面图中所处的位置。

3．读懂设计说明，对工程有一个概括的了解，弄清设计对施工提出的要求。

4．把平面图和系统图对照起来看。先看各层平面图，再看系统图，相互对照，既看清空调系统本身的全貌和各部位的关系，也要搞清楚空调系统与建筑物的关系和在建筑物中所处的位置。

5．根据平面图和系统图所指出的详图（或剖面图），搞清楚各局部的构造和尺寸。

6．结合设计说明，将设计对管道和设备的防腐、保温等项要求弄清楚。

7．如果仍然有不明确的问题，可在图纸会审时向设计人员提出，由设计单位用文字或补充图纸加以说明，经设计单位盖章后生效执行。

将设计说明、平面图、系统图、详图及设备材料明细表经过上述这样反复阅读之后，不仅能把图看懂，搞清设计意图及对施工的各项要求，而且能算出施工安装的全部用料，为施工做好准备。

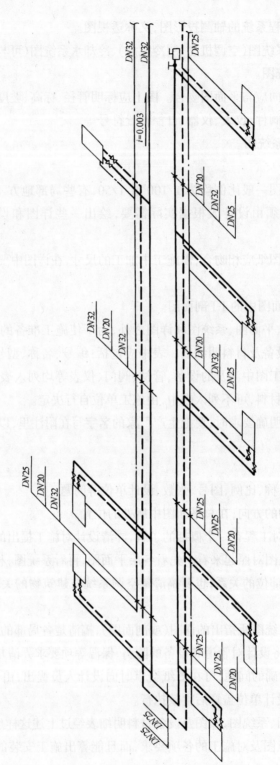

图14-32 空调水系统图M1:100

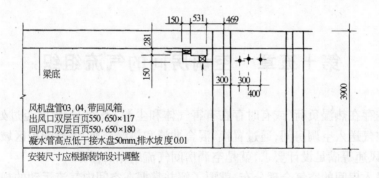

图 14-33　I—I 剖面图

习　题

1．试比较各种类型的空调系统的特点。

2．试绘出一次回风空调系统的简图及夏季工况，冬季工况的空气处理过程的 i-d 图。

3．试从热平衡上分析一次回风的制冷量由哪几项组成？

4．同样条件下，二次回风空调系统与一次回风空调系统比较，可节省哪些能量？耗冷量是否相同？

5．风机盘管的空调系统新风供给方式有哪些？

6．风机盘管机组的选择包括哪些程序？

7．变风量系统中所用的变风量装置有哪几种？哪一种最节能？

8．局部空调机组有何特点？

9．哪一种空调系统适于采用高速风道？为什么？

10．某车间设一次回风空调系统。夏季室内参数要求 $t_N = 27℃$，$\varphi_N = 55\%$；室外参数 $t_w = 35℃$，$\varphi_w = 70\%$；大气压力 101325 Pa，新风百分比 20％。已知室内余热量为 $Q = 10$kW，余湿量 $W = 1$g/s，采用水冷式表面冷却器。试按有再热（$\Delta t_S = 5℃$）和无再热（露点送风）两种方案求夏季工况下所需的冷量。

11．已知一房间夏季室内冷负荷 $Q = 5.4$kW，湿负荷 $W = 0.22$g/s，室内空气温度 $t_N = 27℃$，相对湿度 $\varphi_N = 60\%$，室外空气干球温度 $t_w = 34℃$，相对湿度 $\varphi_w = 65\%$，室内新风量 $G_w = 0.08$kg/s。拟采用风机盘管机组加独立新风系统，试确定风机盘管型号，数量以及所需的空调箱冷量。

12．上海某厂一空调系统，已知条件如下：车间内设计参数冬、夏均为 $t_N = 20 \pm 1℃$，$\varphi_N = 50 \pm 5\%$；夏季余热量 35kW，冬季为 -12kW，冬、夏余湿量均为 20kg/h。采用带喷水室的二次回风系统，新风百分比为 20％，夏季送风温差采用 $\Delta t_S = 6℃$；试进行设计工况的计算。

第十五章　空调房间的气流组织

在房间内存在热湿负荷(或有时存在有害气体和尘源)条件下,利用经过处理的空气或比较清洁的空气送入空调房间,通过置换、混合冲淡和热湿交换,保持受控区域内的温度、湿度、清洁度和风速等满足设计要求,就是空调房间气流组织的任务。

为了使送入房间的空气合理分布,就要了解并掌握在空间内气流运动的规律,不同的空气组织方式及其设计方法。

所谓气流组织,就是在空调房间内合理地布置送、回风口,使工作区形成比较均匀而稳定的温度、湿度、气流速度和清洁度,以满足生产和人体舒适的要求。

空气调节房间的气流组织,应根据室内温湿度精度、允许风速和噪声标准等要求,并结合建筑物特点、内部装修、工艺布置以及设备散热等因素综合考虑,通过计算确定。由于工程实际中具体条件的多样性,只依赖现有理论和经验公式来计算确定室内空气分布状况是不够的,一般还要借助于现场调试,以达到预期的效果。

第一节　送、回风口的气流流动规律

一、送风射流的流动规律

由送风口射出的空气射流,对室内气流组织的影响最大。因此,在研究气流组织时,首先应了解送风口的空气流动规律。

空气经孔口或管嘴向周围气体的外射流动称为射流。由流体力学可知,按流态不同,射流可分为层流射流和紊流射流;按其进入空间的大小,射流可分为自由射流和受限射流;按送风温度与室温的差异,射流可分为等温射流和非等温射流;按喷嘴形式不同,射流可分为圆射流和扁射流。空调中遇到的射流,多属于紊流非等温受限射流。

（一）自由射流

1.等温自由射流

由直径为 d_0 的喷口以出流速度 v_0 射入同温空间介质内扩散,在不受周界表面限制的条件下,则形成如图 15-1 所示的等温自由射流。刚喷出的射流速度仍然是均匀的。沿 x 方向流动,由于射流不断带入周围介质,不仅使边界扩张,而且使射流主体的速度逐渐降低。在射流理论中,将射流轴心速度保持不变的一段长度称为起始段,其后称为主体段。空调中常用的射流段为主体段。

根据流体力学可知,紊流自由射流的特性可归纳如下:

（1）当出口速度为 v_0 的射流喷

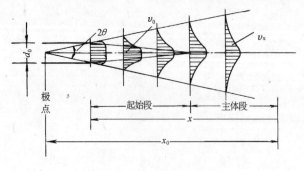

图 15-1　自由射流示意图

入静止的空气中,由于紊流射流的卷吸作用,使周围气体不断的被卷进射流范围内,因此射流的范围愈来愈大。理论和实验可以证明,射流的边界面是圆锥面。

射流的极角为:

$$\text{tg}\theta = \alpha\varphi \tag{15-1}$$

式中　　θ——射流极角,为整个扩张角的一半。圆形喷嘴 $\theta = 14°30'$;

　　　　α——紊流系数,见表15-1。它决定于风口的形式,与射流的扩散角有关;

　　　　φ——射流喷口的形状系数。圆断面射流 $\varphi = 3.4$,条缝射流 $\varphi = 2.44$。

(2) 由于射流的卷吸作用,周围空气不断地被卷进射流范围内,因此射流的流量沿射程不断增加。

喷嘴紊流系数 α 值　　　　　　　　　　　　　　　表 15-1

	喷　嘴　型　式	紊流系数 α
	收缩极好的喷口	0.066
	圆　　管	0.076
	扩散角为 8°~12°的扩散管	0.09
圆　射　流	矩形短管	0.1
	带有可动导向叶片的喷嘴	0.2
	活动百叶风口	0.16
	收缩极好的扁平喷口	0.108
平面射流	平壁上带锐缘的条缝	0.115
	圆边口带导叶的风管纵向缝	0.155

(3) 射流起始段内维持出口速度的射流核心逐渐缩小,主体段内轴心速度随着射程的增大而逐渐缩小。

射流主体段轴心速度的衰减规律计算公式为:

$$\frac{v_x}{v_0} = \frac{0.48}{\dfrac{\alpha x}{d_0} + 0.145} \tag{15-2}$$

式中　　v_x——以风口为起点,到射流计算断面距离为 x 处的轴心速度,m/s;

　　　　v_0——射流出口速度,m/s;

　　　　d_0——送风口直径,m;

　　　　α——送风口的紊流系数;

　　　　x——由风口至计算断面的距离,m。

若忽略由极点至风口的一段距离,(15-2)可近似写为:$\dfrac{v_x}{v_0} \approx \dfrac{0.48}{\dfrac{\alpha x}{d_0}}$ (15-2′)

对于方形或矩形风口(风口的长边与短边比不超过 3:1),空气射流很快地从矩形发展为圆形,所以式(15-2)同样适用。但当矩形风口长边与短边比超过 10:1 时,称为条缝射流或平面射流,这时则应按平面射流计算,即:

$$\frac{v_x}{v_0} = \frac{1.2}{\sqrt{\dfrac{\alpha x}{b_0} + 0.41}} \tag{15-3}$$

式中　b_0——条缝风口宽度的一半,m。

(4) 随着射程的增大,射流断面逐渐增大,同时也引起了射流流速逐渐减小,断面流速分布曲线逐渐扁平。对射流而言,$v_x < 0.25$m/s 可视为"静止空气"或称自由流动空气。

(5) 由实验证明,射流中各点的静压强相等,并都等于静止时的压强。

(6) 由于射流中各点的静压强均相等,所以我们任取一段射流隔离体,其外力之和恒等于零。根据动量方程式,单位时间内通过射流各断面的动量应该相等。

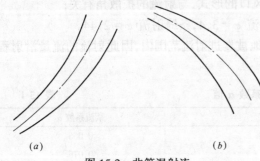

图 15-2　非等温射流
(a)热射流;(b)冷射流

2. 非等温自由射流

对于非等温自由射流,由于射流与周围介质的密度不同,在浮力和重力不平衡条件下射流将产生变形。对于垂直送出的射流,其轴心速度的衰减将不同于等温自由射流,而水平送出的射流或与水平面成一定角度射出的射流将出现射流轴弯曲,如图 15-2 所示。

(1) 轴心温差计算公式

$$\frac{\Delta T_x}{\Delta T_0} = \frac{0.35}{\frac{\alpha x}{d_0} + 0.145} \tag{15-4}$$

式中　ΔT_x——主体段内射程 x 处轴心温度与周围空气温度之差,K;

ΔT_0——射流出口温度与周围空气温度之差,K。

(2) 轴心温度变化与轴心速度变化的关系

$$\frac{\Delta T_x}{\Delta T_0} = 0.73 \frac{v_x}{v_0} \tag{15-5}$$

(3) 阿基米德数 Ar

在非等温射流中,水平射出(或与水平面成一定角度射出)的射流将发生弯曲,其判据为阿基米德数 Ar:

$$\mathrm{Ar} = \frac{g d_0 (T_0 - T_N)}{v_0^2 T_N} \tag{15-6}$$

式中　T_0——射流出口温度,K;

T_N——房间空气温度,K;

g——重力加速度,m/s²。

显然当 Ar>0 时为热射流,Ar<0 为冷射流,而当|Ar|<0.001 时,则可忽略射流轴的弯曲而按等温射流计算。如|Ar|>0.001 时,射流轴心轨迹的计算公式为:

$$\frac{y}{d_0} = \frac{x}{d_0}\mathrm{tg}\beta + \mathrm{Ar}\left(\frac{x}{d_0\cos\beta}\right)^2 \left(0.51 \cdot \frac{\alpha x}{d_0\cos\beta} + 0.35\right) \tag{15-7}$$

式中各符号的意义见图 15-3。由式(15-7)可见,Ar 数的正负和大小,决定射流弯曲的方向和程度。

(二) 受限射流

在射流运动过程中,由于受壁面、顶棚以及空间的限制,射流的运动规律则有变化,不同于自由射流。

常见的射流受限情况是贴附于顶棚的射流流动,称为贴附射流。贴附射流的计算可近似地看成是一个具有两倍 F_0 出口射流的一半,这一点已被实验所证明,如图 15-4 所示。

对于圆截面贴附射流

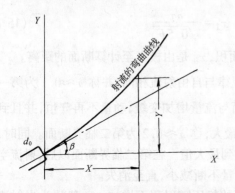 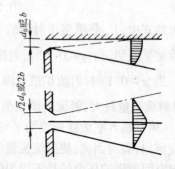

图 15-3 非等温射流轨迹计算图   图 15-4 贴附射流和计算图的对比

$$d'_0 = \sqrt{\frac{4}{\pi} \cdot 2F_0} = \sqrt{\frac{4}{\pi} \cdot 2 \frac{\pi}{4} d_0^2} = \sqrt{2} d_0$$

所以,圆截面贴附射流的轴心速度,由式(15-2)可得到

$$\frac{v_x}{v_0} = \frac{0.48}{\dfrac{\alpha x}{\sqrt{2} d_0} + 0.145} = \frac{0.68}{\dfrac{\alpha x}{d_0} + 0.205} \tag{15-8}$$

对于条缝贴附射流,因为条缝长度不变,所以条缝宽度 $b'_0 = 2b_0$。所以,条缝贴附射流的轴心速度,由式(15-3)可得到

$$\frac{v_x}{v_0} = \frac{1.2}{\sqrt{\dfrac{\alpha x}{2b_0} + 0.41}} \tag{15-9}$$

比较式(15-2)与(15-8),式(15-3)与(15-9)可见,贴附射流的轴心速度衰减比自由射流慢,因而达到同样轴心速度的衰减程度需要更长的距离。

除贴附射流外,空调房间四周的围护结构可能对射流扩散构成限制。在有限空间内射流受限后的运动规律不同于自由射流。图 15-5 示出在有限空间内贴附与非贴附两种受限射流的运动状况。

由图可见,当喷口处于空间高度的一半时($h = 0.5H$),则形成完整的对称流,射流区呈橄榄形,回流在射流区的四周。当喷口位于空间高度的上部($h \geqslant 0.7H$)时,则出现贴附的有限空间射流,它相当

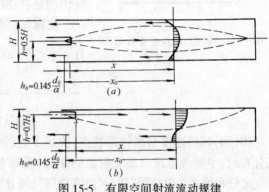

图 15-5 有限空间射流流动规律
(a)轴对称射流;(b)贴附于顶棚的射流

347

于完整的对称流的一半。

如果以贴附射流为基础,将无因次距离定为:

$$\bar{x} = \frac{\alpha x_0}{\sqrt{F_n}} \quad 或 \quad \bar{x}_1 = \frac{\alpha x}{\sqrt{F_n}} \tag{15-10}$$

则对于全射流即应为:

$$\bar{x} = \frac{\alpha x_0}{\sqrt{0.5 F_n}} \quad 或 \quad \bar{x}_1 = \frac{\alpha x}{\sqrt{0.5 F_n}} \tag{15-11}$$

以上两式中,F_n是垂直于射流的空间断面面积;x_0是由极点至计算断面的距离。

实验结果表明,当$\bar{x} \leqslant 0.1$时,射流的扩散规律与自由射流相同,并称$\bar{x} \approx 0.1$为第一临界断面。当$\bar{x} > 0.1$时,射流扩散受限,射流断面与流量增加变缓,动量不再守恒,并且到$\bar{x} \approx 0.2$时射流流量最大,射流断面在稍后处亦达最大,称$\bar{x} \approx 0.2$为第二临界断面。同时,不难看出,在第二临界断面处回流的平均流速也达到最大值。在第二临界断面以后,射流空气逐步改变流向,参与回流,使射流流量、面积和动量不断减小,直至消失。

有限空间射流的压力场是不均匀的,各断面的静压随射程而增加。一般认为当射流断面面积达到空间断面面积的1/5时,射流受限,成为有限空间射流。

由于有限空间射流的回流区一般也是工作区,控制回流区的风速具有实际意义。回流区最大平均风速的计算式为:

$$\frac{v_{hp}}{v_0} \cdot \frac{\sqrt{F_n}}{d_0} = 0.69 \tag{15-12}$$

二、排(回)风口的气流流动

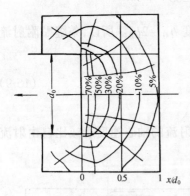

图 15-6　排(回)风口速度分布图

排(回)风口的气流流动近似于流体力学所述的汇流。实际排(回)风口具有一定的面积大小,不是一个汇点。图15-6所示为一管径为d_0的排风口的流速分布。由图可见,实际排风口处的等速面已不是球形,所注百分数为无因次距离x/d_0处$\frac{v_x}{v_0}$值。可见,排风口的速度衰减极快。即使排风口的实际安装条件是受限的,如与壁面平齐,其作用范围为半球面,装在房角处为1/8球面等,上述规律性仍然是存在的。

实际排(回)风口的速度衰减在风口边长比大于0.2且$0.2 \leqslant \frac{x}{d_0}\left(或 \frac{x}{1.13\sqrt{F_0}}\right) \leqslant 1.5$范围内,可用下式估算:

$$\frac{v_x}{v_0} = \frac{1}{9.55\left(\frac{x}{d_0}\right)^2 + 0.75} \tag{15-13}$$

排(回)风口速度衰减快的特点,决定了它的作用范围的有限性。因此在研究空间的气流分布时,主要考虑风口出流射流的作用,同时考虑排(回)风口的合理位置,以便达到预定的气流分布模式。忽略排(回)风口在空间气流分布中的作用,将导致降低送风作用的有效性。

第二节 送、回风口的型式及气流组织的方式

一、送风口的型式

不论采用何种气流组织方式,送风口的型式都直接影响到气流的混合程度、出口方向及气流的断面形状。送风口的种类繁多,通常要根据房间的特点、对流型的要求和房间内部装修等加以选择。

(一)侧送风口

在房间内横向送出的风口叫侧送风口。常用的侧送风口形式见表 15-2 所示。工程上用得最多的是百叶风口。侧送风口常常安装在侧墙上或风管的侧壁上。

常用侧送风口型式   表 15-2

风 口 图 式	射流特性及应用范围
	(a) 格栅送风口 叶片或空花图案的格栅,用于一般空调工程
平行叶片	(b) 单层百叶送风口 叶片可活动,可根据冷、热射流调节送风的上下倾角,用于一般空调工程
对开叶片	(c) 双层百叶送风口 叶片可活动,内层对开叶片用以调节风量,用于较高精度空调工程
	(d) 三层百叶送风口 叶片可活动,有对开叶片可调风量,又有水平、垂直叶片可调上下倾角和射流扩散角,用于高精度空调工程
调节板	(e) 带调节板活动百叶送风口 通过调节板调整风量,用于较高精度空调工程
	(f) 带出口隔板的条缝形风口 常设于工业车间的截面变化均匀送风管道上,用于一般精度的空调工程

风 口 图 式	射流特性及应用范围
	(g) 条缝形送风口 常配合静压箱(兼作吸音箱)使用,可作为风机盘管、诱导器的出风口,适用于一般精度的民用建筑空调工程

(二) 散流器

散流器是装在顶棚上的一种由上向下送风的风口,射流沿表面呈辐射状流动。表15-3是常见的散流器形式。

常 用 散 流 器 形 式   表 15-3

风 口 图 式	风口名称及气流流型
	a) 盘式散流器 属平送流型,用于层高较低的房间 挡板上可贴吸声材料,能起消声作用
调节板 均流器 扩散圈	b) 直片式散流器 平送流型或下送流型(降低扩散圈在散流器中的相对位置时可得到平送流型,反之则可得下送流型)
	c) 流线型散流器 属下送流型,适用于净化空调工程
	d) 送吸式散流器 属平送流型,可将送、回风口结合在一起

(三) 孔板送风口

孔板送风是利用顶棚上面的空间为送风静压箱(或另外安装静压箱),空气在箱内静压作用下,通过在金属板上开设的大量小孔(孔径一般为 6～8mm),大面积地向室内送风。根据孔板在顶棚上的布置形式不同,可分为全面孔板(见图 15-7)和局部孔板。

(四) 喷射式送风口

大型体育馆、礼堂、剧院和通用大厅等建筑常采用喷射式送风口。图 15-8(a)所示为圆形喷口,该喷口有较小的收缩角度,并且无叶片遮挡,因此喷口的噪声低、紊流系数小,射程长。为了提高喷射送风口的使用灵活性,可以作成图 15-8(b)所示的既能调方向又能调风量的喷口型式。

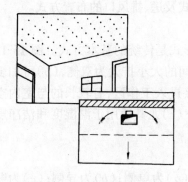

图 15-7　孔板送风口

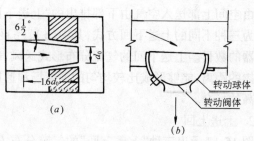

图 15-8　喷射式送风口
(a)圆形喷口;(b)球形转动风口

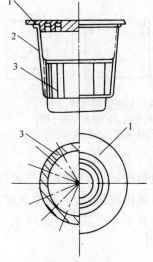

图 15-9　旋流送风口
1—出风格栅;2—集尘箱;
3—旋流叶片

（五）旋流送风口

旋流送风口是一种特殊的送风口,由出口格栅、集尘箱和旋流叶片组成,如图 15-9 所示。空调送风经旋流叶片切向进入集尘箱,形成旋转气流由格栅送出。送风气流和室内空气混合好,速度衰减快。格栅和集尘箱可以随时取出清扫。这种送风口适用于电子计算机房的地面送风。

另外,还有条缝送风口、座椅送风口和台式送风口等。

送风口的出口风速,应根据送风方式、送风口类型、安装高度、室内允许风速和噪声标准等因素确定。消声要求较高时,宜采用 2～5m/s,喷口送风可采用 4～10m/s。

二、回风口

由于回风口附近气流速度衰减很快,对室内气流组织的影响不大,因而构造简单,类型也不多。最简单的是矩形网式回风口(见图 15-10)。篦板式回风口(见图 15-11)。此外如格栅、百叶风口、条缝风口、孔板回风口等,均可当回风口用。

回风口的形状和位置根据气流组织要求而定。若设于房

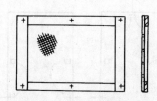

图 15-10　矩形网式回风口

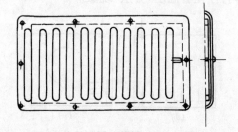

图 15-11　活动篦板式回风口

间下部时,为避免灰尘和杂物被吸入,风口下缘离地面至少为 0.15m。

在空调工程中,风口均应能进行风量调节,若风口上无调节装置时,则应在支管上加以考虑。

三、气流组织方式

空间气流分布的形式同样有多种,取决于送风口的型式及送、排风口的布置方式。

1. 上送下回

由空间上部送入空气由下部排出的"上送下回"送风形式是传统的基本方式。图 15-12 所示为三种不同的上送下回方式,其中(a)、(c)可根据空间的大小扩大为双侧,(b)可加多散流器的数目。上送下回的气流分布形式送风气流不直接进入工作区,有较长的与室内空气混掺的距离,能够形成比较均匀的温度场和速度场,方案(c)尤其适用于温湿度和洁净度要求高的场合。

2. 上送上回

图 15-13 示出三种"上送上回"的气流分布方式,其中(a)为单侧;(b)为异侧;(c)为贴附型散流器。上送上回方式的特点可将送、排(回)风管道集中于空间上部,方案(b)尚可设置吊顶使管道成为暗装。

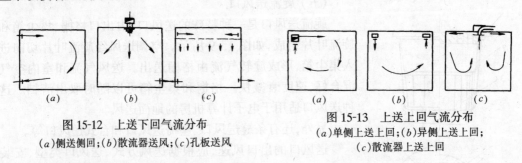

图 15-12　上送下回气流分布
(a)侧送侧回;(b)散流器送风;(c)孔板送风

图 15-13　上送上回气流分布
(a)单侧上送上回;(b)异侧上送上回;
(c)散流器上送上回

3. 下送上回

图 15-14 示出两种"下送上回"气流分布方式,其中(a)为地板送风;(b)为下侧送风(亦称 Displacement 送风)。下送方式要求降低送风温差,控制工作区内的风速,但其排风温度高于工作区温度,故具有一定的节能效果,同时有利于改善工作区的空气质量。近年来,在国外下送风方式受到相当的重视,国内在实际工程中也开始应用。

4. 中送风

在某些高大空间内,若实际工作区在下部,则不需将整个空间都作为控制调节的对象,采用如图 15-15 的中送风方式,可节省能耗。但这种气流分布会造成空间竖向温度分布不均匀,存在着温度"分层"现象。

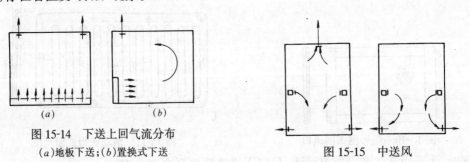

图 15-14　下送上回气流分布
(a)地板下送;(b)置换式下送

图 15-15　中送风

上述各种气流分布形式的具体应用要考虑空间对象的要求和特点,并应考虑实现某种气流分布的现场条件。

顺便指出，虽然回风口对气流流型和区域温差影响较小，但对局部地区有影响。通常回风口宜邻近局部热源，不宜设在射流区和人员经常停留的地点。对于室温允许波动范围≥1℃，且室内参数相同或相似的多房间空调系统，可采用走廊回风（图15-16所示），此时各房间与走廊的隔墙或门的下部，应开设百叶式风口。采用侧送时，回风口宜设在送风口的同侧。回风口的吸风速度，宜按表15-4选用。

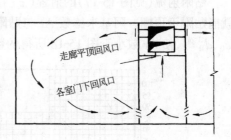

图15-16　走廊回风示意图

回 风 口 位 置		吸 风 速 度(m/s)
房 间 上 部		4.0～5.0
房 间 下 部	不靠近人经常停留的地点时	3.0～4.0
	靠近人经常停留的地点时	1.5～2.0
	用于走廊回风时	1.0～1.5

回风口的吸风速度　　　　　　　　　　　表15-4

第三节　房间气流组织的计算

气流组织计算的任务在于选择气流组织的形式；确定送回风口的型式、数目和尺寸；使工作区的风速和温差满足设计要求。

空气调节房间的送风方式及送风的选型，应符合下列要求：

（1）一般可采用百叶风口或条缝型风口等侧送，有条件时，侧送气流宜贴附。工艺性空调房间，当室温允许波动范围小于或等于±0.5℃时，侧送气流宜贴附；

（2）当有吊顶可利用时，应根据房间高度及使用场所对气流的要求，分别采用圆形、方形和条缝形散流器和孔板送风。当单位面积送风量较大，且工作区内要求风速较小或区域温差要求严格时，应采用孔板送风；

（3）空间较大的公共建筑和室温允许波动范围大于或等于±1.0℃的高大厂房，可采用喷口或旋流风口送风。

下面介绍几种常用的气流组织计算方法。

一、侧送风的计算

侧送方式的气流流型，工程中常采用贴附射流。在整个房间截面内形成一个大的回旋气流，也就是使射流有足够的射程（x）能够送到对面墙，整个工作区为回流，避免射流中途进入工作区，以利于送风温差和风速充分衰减，工作区达到较均匀的温度场和速度场。为了加强贴附，避免射流中途下落，送风口应尽量接近顶棚表面或设置向上倾斜15°～20°角的导流片，且顶棚表面也不应有凸出的横梁阻挡，否则应改变送风口的位置。

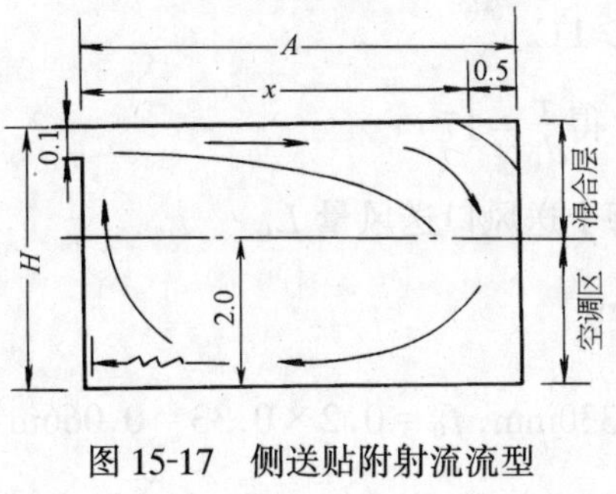

图15-17　侧送贴附射流流型

贴附射流(见图 15-17)的射程(x)主要取决于阿基米德数 Ar。一般当 Ar≤0.0097 时，就能贴附于顶棚。阿基米德数 Ar 与贴附长度的关系见图 15-18,设计时需选取适宜的 t_0、v_0、d_0 等,使 Ar 数小于图 15-18 所得的数值。

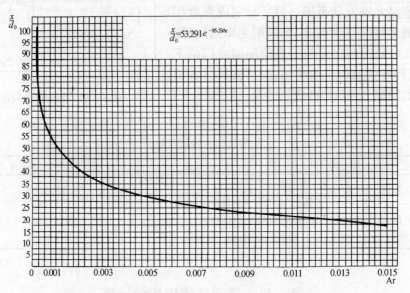

$$\frac{x}{d_0}=53.291e^{-85.53Ar}$$

图 15-18　相对射程 $\frac{x}{d_0}$ 和阿基米德数 Ar 关系曲线

［系采用三层百叶送风口(相似于国家标准图 T202—3),在恒温试验室所得的实验结果］

设计侧送风方式除了设计气流流型外,还要进行射流温差衰减的计算,要使射流进入工作区时,其轴心温度与室内温度之差 Δt_x 小于要求的室温允许波动范围。

射流温差的衰减与送风口紊流系数 a、射流自由度 $\sqrt{F_n}/d_0$ 等因素有关。对于室温允许波动范围大于或等于 ±1℃ 的舒适性空调房间,可忽略上述影响,查图 15-19 所示的曲线。下面通过例题说明侧送风的计算步骤。

【例 15-1】 某房间尺寸 $A=6\text{m}$, $B=16\text{m}$, $H=3\text{m}$,单位面积冷负荷 $q_0=0.07\text{kW/m}^2$,室温要求 20 ± 1℃(对区域温差无要求)。

【解】

(1) 选取送风温差 $\Delta t_s=6$℃,确定总送风量 L

$$L=\frac{3600Q}{1.2\times1.01\Delta t_s}=\frac{3600\times3\times16\times0.07}{1.2\times1.01\times6}=1663\ \text{m}^3/\text{h}$$

(2) $\Delta t_x=1$℃(一般舒适性空调室温允许波动 $\Delta t_x\geqslant1$℃)

$$\frac{\Delta t_x}{\Delta t_s}=\frac{1}{6}=0.167,\text{查图 15-19 得}\frac{x}{d_0}=17$$

(3) 取 $v_0=2.5\text{m/s}$(一般取 $v_0=2\sim5\text{m/s}$),计算每个送风口送风量 L_0

$$d_0=\frac{x}{17}=\frac{5}{17}=0.29\ \text{m}$$

$f_0=\frac{\pi}{4}d_0^2=0.066\text{m}^2$,选送风口尺寸为 $200\text{mm}\times330\text{mm}$,$f_0=0.2\times0.33=0.066\text{m}^2$,

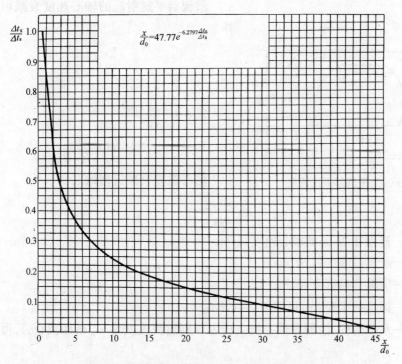

图 15-19　非等温受限射流轴心温差衰减曲线

送风口有效断面系数 $k=0.95$ 则：

$$L_0 = 3600 \times 0.95 f_0 v_0 = 3600 \times 0.95 \times 0.066 \times 2.5 = 564 \ \text{m}^3/\text{h}$$

（4）计算送风口个数 n：

$$n = \frac{L}{L_0} = \frac{1663}{564} = 2.95 \ \text{个，取 3 个}$$

$$v_0 = \frac{1663/3}{3600 \times \frac{\pi}{4} \times 0.95 \times 0.29^2} = 2.45 \ \text{m/s}$$

（5）校核贴附长度，用公式（15-6）计算 Ar

$$\text{Ar} = \frac{g \Delta t_\text{s} d_0}{v_0^2 \cdot T_\text{N}} = \frac{9.81 \times 6 \times 0.29}{2.45^2 \times 293} = 0.009706$$

查图 15-18 得：

$$\frac{x}{d_0} = 22.5, x = 22.5 \times 0.29 = 6.5 \ \text{m}$$

要求贴附长度为 5.5m，实际可达 6.5m，满足要求。

二、散流器的平送计算

在室温有允许波动范围要求的空调房间，通常应先取平送流型。采用散流器平送的空调房间，根据室内所需温湿度，按表 12-1 选取送风温差来计算送风量。为了保证贴附射流有足够射程，并不产生较大噪声，建议散流器喉部风速 $v_0 = 2 \sim 5\text{m/s}$，最大风速不得超过 6m/s，送热风时可取较大值。

对于散流器平送流型如图 15-20 所示。

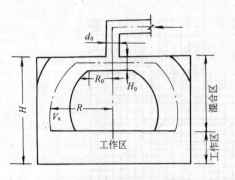

图 15-20 散流器平送流型

散流器平送射流的轴心速度衰减可按下式计算

$$\frac{v_x}{v_0}=\frac{C}{\sqrt{2}\dfrac{R}{R_0}} \qquad (15\text{-}14)$$

令 $C_k=\dfrac{C}{\sqrt{2}}$，则

$$\frac{v_x}{v_0}=\frac{C_k}{R/R_0} \qquad (15\text{-}15)$$

轴心温差衰减近似地取：

$$\frac{\Delta t_x}{\Delta t_s}\approx\frac{v_x}{v_0} \qquad (15\text{-}16)$$

式中　v_x——流程在 R 处的轴心速度，m/s；

v_0——散流器喉部风速，m/s；

d_0——散流器喉部直径，m；

R_0——圆盘的半径，m，可取 $R_0=1.3d_0$；

R——水平射程，沿射流轴心线由送风口到射流速度为 v_x 的距离(m)，可用下式计算：

当房间高度 $H\leqslant 3m$ 时，$R=0.5l$；当房间高度 $H>3m$ 时，$R=0.5l+(H-3)$

$$(15\text{-}17)$$

l——散流器中心线之间的间距，m。散流器离墙距离为 $0.5l(m)$，若间距或离墙距离在两个方向不等时，应取平均数；

Δt_x——射流轴心温度与室内温度之差，℃；

Δt_s——送风温度与室内温度之差，℃；

C、C_k——扩散系数，与散流器的型式等因素有关，可由实验确定。

根据实验，对于盘式散流器，$C_k=0.7$；而对于圆形、方形直片式散流器 $C_k=0.5$ 左右。

为了便于计算，制成散流器的性能表(见附录 15-1，15-2)，制表条件如下：

1. 附录 15-1 中 $R_0=d_0$，圆盘和顶棚间距 $H_0=\dfrac{1}{2}d_0$，附录 15-2 为圆形或方形直片式散流器性能表；

2. 射流末端轴心速度为 0.2～0.4m/s；

3. 流程 R 应按公式(15-17)、$\dfrac{v_x}{v_o}$ 和 $\dfrac{\Delta t_x}{\Delta t_s}$ 按公式(15-15)、(15-16)计算；

4. 附录中 l_0 为每个散流器的送风量，L_0 为每 m² 空调面积单位送风量。

【例 15-2】　某一空调房间，其房间尺寸为 6m×3.6m×3m，室内最大冷负荷为 0.08kW/m²，室温要求 20±1℃。相对温度 50%，原有 1m 高的技术夹层，拟采用圆形散流器，试确定各有关参数。

【解】

(1) 计算单位面积送风量：

按表 12-1 选取 $\Delta t_s=6℃$，则

$$L_0 = \frac{3600Q}{\rho c_P \Delta t_s} = \frac{3600 \times 0.08}{1.2 \times 1.01 \times 6} = 39.6 \ \text{m}^3/(\text{m}^2 \cdot \text{h})$$

(2) 根据房间尺寸 $6\text{m} \times 3.6\text{m}$,因此选择两个圆形直片式散流器。散流器间距 $l = \frac{3 + 3.6}{2} = 3.3\text{m}$,由于 $H = 3\text{m}, R = 0.5l = 0.5 \times 3.3 = 1.65\text{m}$。

(3) 由 R 和 l_0 查附录 15-2 得:

$$v_0 = 3\text{m/s}, \quad d_0 = 240\text{mm}, \quad \frac{v_x}{v_0} = \frac{\Delta t_x}{\Delta t_s} = 0.1$$

$$R_0 = d_0 = 240 \ \text{mm}$$

(4)
$$v_x = 0.1 v_0 = 0.1 \times 3 = 0.3 \ \text{m/s}$$
$$\Delta t_x = 0.1 \Delta t_s = 0.1 \times 6 = 0.6 \ \text{℃}$$

满足设计要求。

习 题

1. 什么是自由射流? 什么是贴附射流?

2. 常用的送、回风口的型式有哪些?

3. 气流组织的方式有哪些? 各有何特点?

4. 气流组织计算目的是什么?

5. 某空调房间,室内长、宽、高分别为 $A \times B \times H = 6\text{m} \times 4\text{m} \times 3.2\text{m}$,室温要求 $24 \pm 1\text{℃}$,工作区风速不得大于 0.25m/s,净化要求一般,夏季显热冷负荷为 1.5kW,试进行侧送风的气流组织计算。

6. 某空调工程室温要求 26℃,室内尺寸为 $A \times B \times H = 6\text{m} \times 6\text{m} \times 3.6\text{m}$,显冷负荷均匀分布,每平方米为 50W,采用盘式散流器平送。试确定各有关参数。

第十六章 空调水系统

空调水系统包括冷水系统和冷却水系统两部分,每个部分可以设计成不同的类型。本章除了介绍各种类型水系统的特征、优缺点及适用条件外,还对水系统设计中的有关问题进行了较详尽的叙述。

第一节 空调水系统的分类

一、双管制、三管制和四管制

风机盘管、诱导器、冷热共用的表冷器的热水和冷水供应分为两管制、三管制和四管制。

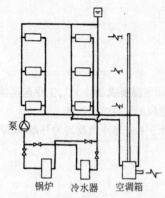

图 16-1 双水管制的基本图式

1. 双管制系统

夏季供应冷冻水、冬季供应热水均在相同管路中进行的水系统为双管制系统。该系统的优点是系统简单、初投资少。图 16-1 为双水管制的基本图式。绝大多数的空调水系统采用双管制系统。但在要求高的全年空调的建筑中,过渡季会出现朝阳房间需要供冷而背阳房间需要供热的情况,这时若用该系统就不能满足这种特殊要求。

2. 三管制系统

分别设置供冷、供热管路,冷、热回水管路共用的系统为三管制系统。其优点是能同时满足供冷、供热的要求,管路系统较四管制简单。但其最大缺点是有冷、热混合损失,投资高于两管制,管路布置较复杂。

3. 四管制系统

供冷、供热的供、回水管分开单独设置,具有冷、热两套独立的系统为四管制系统。其优点是能同时满足供冷、供热的要求,且没有冷、热混合损失。缺点是初投资高,管路系统复杂,且占有一定的空间。

仅要求冬季加热和夏季降温的系统,以及全年运行的空调系统,整个水系统内不要求有的房间加热,有的房间冷却,可以按季节进行冷却和加热的转换时,应采用两管制闭式系统。当冷却和加热工况交替频繁或不同房间同时要求冷却和加热时,可采用四管制系统。对于工艺性有严格温、湿度要求的空调系统,一般冷热水系统均分开设置。三管制由于冷热损失大,控制较复杂,一般不采用。

二、开式和闭式循环

1. 闭式循环系统

管路系统不与大气相接触,仅在系统最高点设置膨胀水箱,并有排气和泄水装置的系统为闭式循环系统。其优点是管路系统不易产生污垢和腐蚀,不需克服系统静水压头,水泵耗电较小,投资省,系统简单。缺点是系统与蓄热水池连接比较复杂。当空调系统采用风机盘管、诱导器和水冷式表冷器作冷却用时,冷水系统宜采用闭式系统;高层建筑宜采用闭式系统;热水系统一般均为闭式系统。

2.开式循环系统

管路之间有贮水箱(或水池)通大气,自流回水时,管路通大气的系统为开式循环系统(图16-2)。其优点是系统与蓄热水池连接比较简单。缺点是水中含氧量高,管路和设备易腐蚀,且

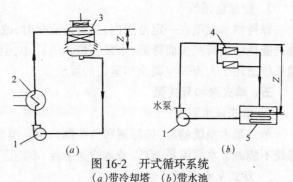

图 16-2　开式循环系统
(a)带冷却塔　(b)带水池
1—水泵;2—冷凝器;3—冷却塔;4—空调设备或机组;5—水池

为克服系统静压水头,水泵耗电量大,输送能耗大。开式系统适用于利用蓄热槽的低层水系统;空调系统采用喷水室冷却空气时;空调系统采用冷水表冷器,冷水温度要求波动小或冷冻机的能量调节不能满足空调系统的负荷变化时,也可采用开式系统。

三、同程式和异程式

室内管网,尤其是带有吊顶的高层建筑,当采用风机盘管时,用水点很多,利用调节管径的大小,进行平衡往往是不可能的。采用平衡阀或普通阀门进行水量调节则调节工作量很大。因此水管路宜采用同程式,即让通过每一用户的供、回水管路长度相同。如能使每米长管路的阻力损失接近相等,则管网阻力不需调节即可平衡。同程式系统的优点是系统的水力稳定性好,流量分配均匀。缺点是需设回程管,管道长度增加,初投资稍高。图16-3所示为同程式水系统。

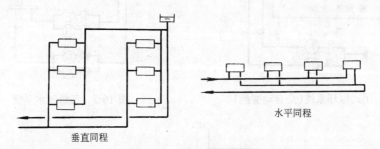

垂直同程　　　　　水平同程

图 16-3　同程式水系统

对于外网,各大环路之间、用水点少的系统,为节约管道,可采用异程式;每个支路都有自动调节阀调节水量时,亦可采用异程式。异程式水系统管路简单,投资较少,但水量分配、调节较难,水力平衡较麻烦。

四、定流量和变流量

1.定流量系统

系统中循环水量为定值,或夏季或冬季分别采用两个不同的定水量,负荷变化时,可通过改变风量(例如风机盘管的三档风速)或改变供回水温度进行调节的系统为定流量系统。定流量系统简单、操作方便,不需要复杂的自控设备,运行较稳定。但水流量不变,输送能耗始终为设计最大值。

定流量系统,一般适用于间歇性降温的系统(如影院、剧场、大会议厅等)和空调面积小,只有一台冷冻机和一台水泵的系统。

2．变流量系统

保持供水温度在一定范围内，当负荷变化时，改变供水量的系统为变流量系统。该系统输送能耗随负荷减少而降低，水泵容量和电耗小，但系统较复杂，必须配备自控设备。变流量系统适用于大面积空调全年运行的系统。

五、单式泵和复式泵

1．单式泵水系统

单式泵水系统的冷、热源侧和负荷侧只用一组循环水泵，系统简单，初投资省，但这种水系统不能调节水泵流量，难以节省输送能耗，不能适应供水分区压降较悬殊的情况。

2．复式泵水系统

该系统的冷、热源侧和负荷侧分别设置循环水泵，可以实现负荷侧水泵变流量运行，能节省输送能耗，并能适应供水分区不同压降的需要，系统总的压力低。但系统较复杂，初投资较高。

下面各图式是水系统的几种典型形式。（图16-4～图16-9）

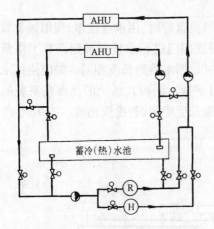

图16-4　开、闭式循环系统(全自动变换)

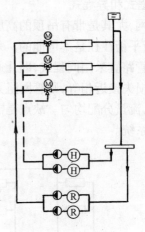

图16-5　三管制水系统

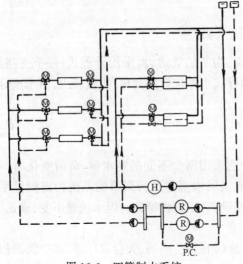

图16-6　四管制水系统

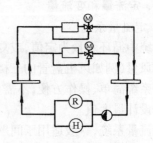

图16-7　单式泵定流量系统

360

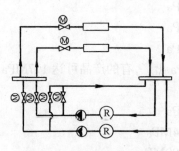

图 16-8　单式泵变流量系统

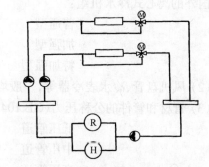

图 16-9　复式泵定流量系统

第二节　高层建筑空调水系统的承压与分区

一、系统的承压

高层建筑按层高分区与系统内管路、设备、部件所能承受的压力有关。

1. 系统的最高压力

在系统的最低处或水泵出口处,设计时应对各点的压力进行分析,以选择合适的构件和设备。在图 16-10 所示的系统中分析下列三种情况:

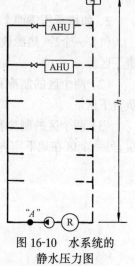

图 16-10　水系统的静水压力图

(1) 系统停止运行时,最高压力 P_A(MPa)等于系统的静水压力,即

$$P_A = \rho g h \qquad (16\text{-}1)$$

(2) 系统开始运行的瞬间,动压尚未形成,出口压力等于静水压力与水泵全压 P(Pa)之和,即

$$P_A = \rho g h + P \qquad (16\text{-}2)$$

(3) 系统正常运行时,出口压力等于该点静水压力与水泵静压之和,即

$$P_A = \rho g h + P - P_d \qquad (16\text{-}3)$$

式中　ρ——水的密度,kg/m^3;

　　g——重力加速度,m/s^2;

　　h——水箱液面至水泵中心的垂直距离,m;

　　P_d——水泵出口处的动压,$P_d = \dfrac{\rho v^2}{2} Pa$;

　　v——水泵出口处的流速,m/s。

由上可见,设备、构件所处的层次不同,其所承受的压力也不同。

2. 设备、构件的承压

(1) 冷水机组蒸发器与冷凝器的工作压力 P_g,Pa:

国产冷水机组,一般 $P_g = 1.0MPa$。

国外的离心式冷水机组：

普通型　　　　$P_g = 1.0\text{MPa}$

加强型　　　　$P_g = 1.7\text{MPa}$

特加强型　　　$P_g = 2.0\text{MPa}$

(2) 风机盘管、冷水表冷器等，一般均按≤1.0MPa出厂，有的产品可达1.7MPa。

(3) 管材和管件的公称压力（GB 1048—70）

低压管道　　　$P_g \leqslant 2.5\text{MPa}$

中压管道　　　$P_g = 4 \sim 6.4\text{MPa}$

高压管道　　　$P_g = 10 \sim 100\text{MPa}$

低压阀门　　　$P_g = 1.6\text{MPa}$

中压阀门　　　$P_g = 2.5 \sim 6.4\text{MPa}$

高压阀门　　　$P_g = 10 \sim 100\text{MPa}$

二、水系统的分区

1. 如层高不大，可仅有一个区，冷源和热源放在底层或地下室内，振动和噪声均易于处理。

2. 如按承压需两个区

(1) 一个冷、热源放在塔楼的屋顶或顶层，负责上区；另一个冷、热源放在地下室内，负责下区。

(2) 两个区的制冷和热源设备均放在裙房的屋面上（图 16-11），一个负责上区，另一个负责下区。

(3) 两个区的制冷和热源设备均放在塔楼的设备层内（图 16-12），或其中一个区在设备层，另一个区在地下室内。

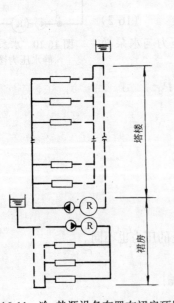

图 16-11　冷、热源设备布置在裙房顶层

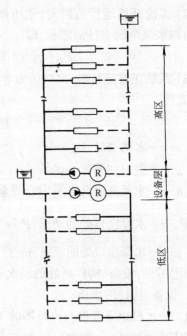

图 16-12　冷、热源设备布置在中间设备层

（4）如冷冻机、换热设备承压高，其他设备、构件承压低，则可把冷冻、换热设备放在地下室内，分两个区，一个供应上区，一个供应下区，如图 16-13 所示。

（5）在底层或地下室放制冷机等冷热源，在设备层设水—水换热器供上区，地下室冷源直接供下区。

3．如按承压需分三个区，下面两个区可按上述分法，上面一个区在南方地区可设风冷热泵机组，放在顶层或靠近顶层的技术层内；在冬季室外温度很低，不适用热泵的地区，夏季可用风冷机组，冬季最上一个区可用换热器供热。

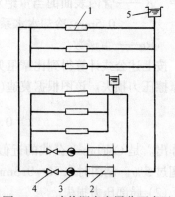

图 16-13　冷热源在底层分两个区
1—用户；2—蒸发器或热交换器；3—循环泵；
4—阀门；5—水箱

第三节　空调冷冻水系统的布置与计算

一、空调冷冻水系统管路的布置原则

1．管路的布置应力求顺直，尽量缩短管线，以节省管材。

2．管道的布置与连接应符合工艺流程，并应便于安装、操作与维修。

3．管路布置时应不影响门窗的采光及照明。

4．闭式系统水管路均应有 0.003 的坡度，最小坡度不应小于 0.002。当多管在一起敷设时，各管路坡向最好相同，以便采用共用支架。管路布置时应满足坡度和坡向的要求。

二、水系统的管路计算

1．摩擦压力损失和局部压力损失

（1）摩擦压力损失

水在管道内的摩擦压力损失 ΔP_{m}

$$\Delta P_{\mathrm{m}} = \lambda \frac{l}{d} \frac{\rho v^2}{2} \ \text{Pa} \tag{16-4}$$

单位摩擦压力损失（比摩阻）

$$R_{\mathrm{m}} = \frac{\lambda}{d} \frac{\rho v^2}{2} \ \text{Pa/m} \tag{16-5}$$

式中　λ——摩擦阻力系数，无因次量；

　　　l——直管段长度，m；

　　　d——管道内径，m；

　　　ρ——水的密度，1000kg/m³。

摩擦阻力系数 λ 与流体的性质、流态、流速、管内径的大小、内表面的粗糙度有关，过渡区的 λ 值可按 Colebrook 公式计算：

$$\frac{1}{\sqrt{\lambda}} = -2.0 \lg \left(\frac{K}{3.71d} + \frac{2.51}{\mathrm{Re}\sqrt{\lambda}} \right) \tag{16-6}$$

式中　K——管内表面的当量绝对粗糙度(m);闭式水系统 $K=0.2$mm,开式水系统 $K=0.5$mm,冷却水水系统 $K=0.5$mm;

Re——雷诺数。

按上述公式计算得到比摩阻见附录16-1。也可用附录16-2所示的计算图计算水管路的摩擦压力损失。该图根据莫迪(Moody)公式

$$\lambda = 0.0055\left[1 + \left(20000\frac{K}{d} + \frac{10^6}{\text{Re}}\right)^{\frac{1}{3}}\right] \tag{16-7}$$

所作出。是 Colebrook 公式的近似公式,在 $\text{Re} = 10^4 \sim 10^7$ 范围内,和柯氏公式相比较,误差不超过5%。制图时取 $K=0.3$mm,水温20℃,可用于冷水管路的阻力计算。

(2) 局部压力损失

局部压力损失 ΔP_j

$$\Delta P_j = \zeta \frac{\rho v^2}{2} \text{ Pa} \tag{16-8}$$

式中　ζ——局部阻力系数,见附录16-3和附录16-4。

2. 一些设备的压力损失参考值

设备的压力损失,因设备型号不同而有较大变化;设计时可以请制造厂提供。当缺乏这方面的资料时,可按表16-1的参考值进行近似估算。

设备的压力损失(kPa)　　　　　　　　　　　　　　　　　　表 16-1

设 备 名 称	压力损失 (kPa)	备　注	设备名称	压力损失 (kPa)	备　注
离心式冷水机组:蒸发器	30~80		热交换器	20~50	
冷凝器	50~80		风机盘管机组	10~20	风机盘管容量愈大,压力损失愈大
吸收式制冷机: 蒸发器	40~100		自动控制阀	30~50	
冷凝器	50~140		冷 却 塔	20~80	
冷热水盘管	20~50	流速 $v = 0.8\sim1.5$m/s			

3. 流速的选择及管材

水管管径的选用应按经济流速选用,一般推荐流速如表16-2或表16-3。

GBJ 13—86 推荐的流速(m/s)　　　表 16-2

管道种类	管道公称直径(mm)		
	<250	250~1600	>1600
水泵吸水管	1.0~1.2	1.2~1.6	1.5~2.0
水泵出水管	1.5~2.0	2.0~2.5	2.0~3.0

注:GBJ 13—86《室外给水设计规范》。

Carrier 设计手册推荐的流速(m/s)　　表 16-3

管道种类	推荐流速(m/s)
水泵吸水管	1.2~2.1
水泵出水管	2.4~3.6
一般供水干管	1.5~3.0
室内供水立管	0.9~3.0
集管(header)	1.2~4.5
排 水 管	1.2~2.0
接自城市供水管网的水管	0.9~2.0

管材:低压系统,≤DN50 的可用焊接钢管,>DN50 的用无缝钢管,高压系统可一律采用无缝钢管。

4. 凝结水管路系统的设计

各种空调设备(例如风机盘管机组、柜式空调器、新风机组、组合式空调箱等)在运行过程中产生的冷凝水,必须及时排走。排放凝结水的管路系统设计,应注意以下事项:

（1）风机盘管凝结水盘的泄水支管坡度，不宜小于 0.01。其他水平支、干管，沿水流方向，应保持不小于 0.002 的坡度，且不允许有积水部位。

（2）当冷凝水盘位于机组内的负压区段时，凝水盘的出水口处必须设置水封，水封的高度应比凝水盘处的负压（相当于水柱高度）大 50% 左右。水封的出口，应与大气相通。

（3）冷凝水管道宜采用聚氯乙烯塑料管或镀锌钢管，不宜采用焊接钢管。

采用聚氯乙烯塑料管时，一般可以不加防二次结露的保温层和隔汽处理；采用镀锌钢管时，一般应进行防结露验算，通常应设置保温层。

（4）冷凝水立管的顶部，应设计通向大气的透气管。

（5）设计和布置冷凝水管路时，必须认真考虑定期冲洗的可能性，并应设计安排必要的设施。

（6）冷凝水管的公称直径 DN(mm)，应根据通过冷凝水的流量计算确定。

一般情况下，每 1kW 的冷负荷每小时产生约 0.4kg 左右的冷凝水；在潜热负荷较高的场合，每 1kW 冷负荷每小时产生约 0.8kg 冷凝水。

通常，可以根据机组的冷负荷 Q(kW) 按表 16-4 中数据近似选定冷凝水管的公称直径：

冷凝水管径选择表　　　　　　　　　　　　　　　　　　　表 16-4

管道最小坡度	冷 负 荷(kW)								
0.001	<7	7.1~17.6	17.7~100	101~176	177~598	599~1055	1056~1512	1513~12462	>12462
0.003	<17	17~42	42~230	230~400	400~1100	1100~2000	2000~3500	3500~15000	>15000
管道公称直径(mm)	DN20	DN25	DN32	DN40	DN50	DN80	DN100	DN125	DN150

三、水系统的辅助设备

水管系统的辅助设备有膨胀水箱、集水器、分水器、除污器和水过滤器等。

1．膨胀水箱

当空调水系统为闭式系统时，为使系统中的水因温度变化而引起的体积膨胀给予余地以及有利于系统中空气的排除，在管路系统中应连接膨胀水箱。

为保证膨胀水箱和水系统的正常工作，在机械循环系统中，膨胀水箱应接在水泵的吸入侧，水箱底部标高应至少高出系统最高点 1.5m。

膨胀水箱上的配管如图 16-14 所示。箱体应保温并加盖板。膨胀管和循环管连接点间距可取 1.5~3.0m。

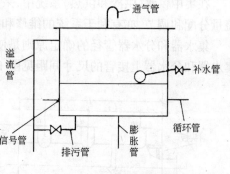

图 16-14　膨胀水箱配管图

膨胀水箱的容积可按下面几个公式计算：

（1）当仅为冷水水箱时：

$$V = 0.006 V_c Q \tag{16-9}$$

（2）当用 60~40℃ 热水供热时：

$$V = 0.015 V_c Q \tag{16-10}$$

(3) 当用 95～70℃ 热水供热时：

$$V = 0.038 V_c Q \tag{16-11}$$

式中　V——水箱容积，L；

　　　V_c——系统内单位水容量之和 L/kW，与进、回水温差，水通路的长短等有关，见表 16-5；

　　　Q——系统的总冷量或总热量，kW。

每供 1kW 冷量或热量的水容量 V_c(L/kW)　　　　　表 16-5

系统的管路或设备	V_c
室内机械循环供热管路（温差 20～25℃）	7.8
室外机械循环供热管路（温差 20～25℃）	5.8
室内机械循环供冷（温差 5℃）或冷热两用	31.2
室外机械循环供冷（温差 5℃）或冷热两用	23.2
锅炉	2～5
制冷机的壳管式蒸发器	1
蒸汽—水或水—水热交换器	1
表冷器（冷、热盘管）	1

注：1. 室内管路按平均水流程 400m（温差 25℃ 为 500m）、管内平均流速为 0.5m/s 考虑的；室外管路按平均水流程 600m（温差 25℃ 为 700m）、管内平均流速为 1m/s 考虑的。

2. 水容量 V_c 与平均水流程成正比与流速成反比，实际情况与注 1 相差较大时，可以修正，一般可不修正。

由以上计算得到膨胀水箱的有效容积后，可从采暖通风标准图集 T905（一）、（二）选用规格型号。

系统内的水（包括补充水），当为热水或冷热两用时，应采用软化水，当软化水压力不能直接供入水箱时，应另设水泵补水，补水泵宜采用按水箱水位自动控制，直接补入循环水泵入口处。自动补水的水量可按系统循环水量的 1% 考虑。

2．集水器和分水器

在集中供水（供冷和供热）系统中，采用集水器和分水器的目的是有利于各空调分区的流量分配和调节，亦有利于系统的维修和操作。

集水器和分水器管径的确定原则是使水量通过时的流速控制在约 0.5～0.8m/s 左右。集水器和分水器上接管的尺寸间距见图 16-15 所示。

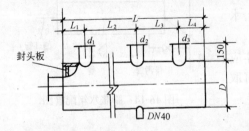

配管间距	
L_1	$d_2 + 60$
L_2	$d_1 + d_2 + 120$
L_3	$d_2 + d_3 + 120$
L_4	$d_3 + 60$

图 16-15　集水器和分水器的构造尺寸

3．补偿器

补偿器尽可能利用管道的转弯进行补偿，不足时可采用方形伸缩器、波形补偿器等补偿。对于高层建筑的立管，宜采用波形补偿器。方形伸缩器可采用国家标准图，波形补偿器可按厂家的产品样本选用。

4．除污器(过滤器)

在水系统中的水泵、换热器、孔板以及表冷器(冷热盘管)，加热器等入口上宜设过滤器。对于表冷器和加热器可在总入口或分支管路上设过滤器。以防止系统中大颗粒杂物(如铁锈等)堵塞。常用 Y 型过滤器，其外形小，易于安装。也可采用国家标准图的除污器。Y 型过滤器的阻力系数，可取 $\zeta = 2.2$。

5．阀门

水管的阀门可采用闸阀、球形阀，对于大管径宜采用蝶阀，蝶阀外形小，开关灵活。阀门垫片宜采用不易生锈的材料，对于闸阀和球形阀宜采用不锈钢垫片。选用阀门时，应和系统的承压能力相适应。

另外，一般在每个建筑物的入口和出口水管上宜设温度计和压力表。必要时，在分支环路和每个集中式系统设温度计和压力表。需要分别计量的环路上可设流量计。

第四节 空调冷却水系统

一、冷却水系统的分类

冷却水是冷冻站内制冷机的冷凝器和压缩机的冷却用水，在工作正常时，使用后仅水温升高，水质不受污染。冷却水的供应系统，一般根据水源、水质、水温、水量及气候条件等进行综合技术经济比较后确定。

冷却水系统按供水方式可分为直流供水和循环供水两种。

1．直流供水系统

冷却水经冷凝器等用水设备后，直接排入河道或下水道，或用于厂区综合用水管道的系统为直流供水系统。一般适用于水源水量充足的地方。在当前全国水资源紧张的状况下，应尽可能综合利用，达到节水目的。

(1)当地面水源水量充足，如江、河、湖泊水温、水质适合，且大型冷冻站用水量较大，采用循环冷却水系统耗资较大时，可采用河水直排冷却系统。

(2)当附近地下水源丰富，地下水水温较低(一般 13～20℃)，可考虑水的综合利用，利用水的冷量后，送入全厂管网系统，作为生产、生活用水。

2．循环冷却水系统

循环冷却水系统在空调工程中大量采用，只需要补充少量补给水，但需要增设循环泵和冷却构筑物。循环冷却水系统按通风方式可分为两种：自然通风冷却循环系统和机械通风冷却循环系统。

(1)自然通风冷却循环系统，采用冷却塔或冷却喷水池等构筑物，用自来水补充。适用于当地气候条件适宜的小型冷冻机组。

(2)机械通风冷却循环系统，采用机械通风冷却塔或喷射式冷却塔，用自来水补充。适用于气温高、湿度大，自然通风冷却塔不能达到冷却效果时用。

由于冷却水流量、温度、压力参数直接影响到制冷机的运行工况，尤其在当前空调工程中大量采用自控程度较高的各种冷水机组，因此，机械通风冷却循环系统被广泛地采用。

本节着重介绍机械通风循环冷却水系统。

二、常用循环冷却水系统的形式和特点

根据冷却塔设置的位置,循环冷却水系统有以下几种形式。

1. 冷冻站为单层建筑时,冷却塔可根据总体布置的要求,设置在室外地面或屋面上,由冷却塔塔体下部存水,直接用自来水补水至冷却塔,该流程运行管理方便,但在冬季运行时,在结冰气候条件下不宜采用。一般单层建筑冷冻站冷却水循环流程见图16-16所示。

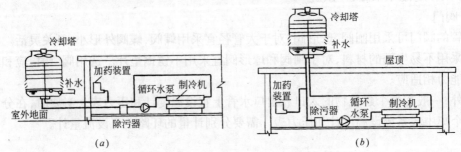

图 16-16　单层建筑冷却水循环流程
(a)冷却塔在地面设置;(b)冷却塔在屋面设置

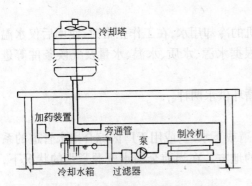

图 16-17　设有冷却水箱的循环流程

当冷却水循环水量较大时,为便于系统补水,且在冬季运行的情况下,可使用设有冷却水箱的循环流程,见图16-17所示。冷却水箱可根据情况设在室内,也可设在屋面上。当建筑物层高较高时,如冷却水箱设在屋面上可以减少循环泵的扬程,节省运行费用。

冷却塔和制冷机一般为单台配置,以便于管理。

2. 当冷冻站设置在多层建筑或高层建筑的底层或地下室时,冷却塔通常设置在建筑物相对应的屋顶上。根据工程情况可分别设置单机配套互相独立的冷却水循环系统,或设置共用冷却水箱、加药装置及供、回水母管的冷却水循环系统,如图16-18、图16-19所示。

三、冷却水系统设计中的有关问题

1. 冷却水箱的设置

(1)冷却水箱的功能,是增加系统水容量,使冷却水循环泵能稳定的工作,保证水泵入口不发生空蚀现象。这是由于冷却塔在间断运行时,为了使冷却塔的填料表面首先润湿,并使水层保持正常运行时的水层厚度,尔后才能流向冷却塔底盘水箱,达到动态平衡。刚启动水泵时,冷却水箱内的水尚未正常回流的短时间内,最容易出现冷却水箱亏水,引起水泵进口缺水。为此,冷却塔水盘及冷却水箱的有效容积应能满足冷却塔部件由基本干燥到润湿成正常运转情况所附着的全部水量。

(2)由于冷却塔产品样本资料不够完整,没有提供各类产品应有冷却水箱容量,据有关试验数据介绍,一般逆流式斜波填料玻璃钢冷却塔在短期内由干燥状态到正常运转,所需附着水量约为标称小时循环水量的1.2%,即如所选冷却水循环水量为200t/h,则冷却水箱容积应不小于$200 \times 1.2\% = 2.4\text{m}^3$。

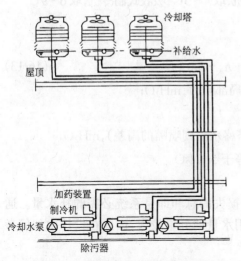

图 16-18　单机配套冷却水循环系统

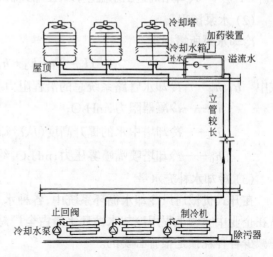

图 16-19　共用冷却水箱和供回水管的冷却水循环系统

（3）冷却水箱配管的要求

冷却水箱内如设浮球阀进行自动补水，则补水水位应是系统的最低水位，而不是最高水位，否则，将导致冷却水系统每次停止运行时会有大量溢流以致浪费。其配管尺寸形式可参见图 16-20。

（4）用增大冷却水管管径的办法，减少或替代冷却水箱的容量，在实际工程设计中得到应用。如图 16-21 所示，将屋面冷却塔出水总管末端作了

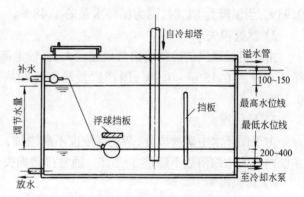

图 16-20　冷却水箱的配管形式

局部提高，这部分管道的水容积就可代替部分所需的水箱容积，为防止系统停止工作时管道内水被虹吸作用带走，特作了透气立管使其高出冷却塔的水面。

2．冷却塔冷却水量和冷却水补充水量的计算。

（1）冷却塔冷却水量

冷却塔冷却水量可按下式计算

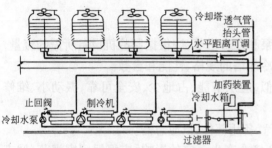

图 16-21　减小冷却水箱容积的实例

$$W = \frac{Q}{c(t_{w1} - t_{w2})} \quad \text{kg/s} \quad (16-12)$$

式中　Q——冷却塔排走热量，kW；压缩式制冷机，取制冷机负荷的 1.3 倍左右；吸收式制冷机，取制冷机负荷的 2.5 倍左右；

　　　c——水的比热，kJ/(kg·℃)，常温时 $c = 4.1868$ kJ/(kg·℃)；

$t_{w1} - t_{w2}$——冷却塔的进出水温差,℃;压缩式制冷机,取 $4\sim5℃$;吸收式制冷机,取 $6\sim9℃$。

（2）水泵扬程

冷却水泵所需扬程

$$H_p = h_f + h_d + h_m + h_s + h_0 \qquad (16\text{-}13)$$

式中　h_f、h_d——冷却水管路系统总的沿程阻力和局部阻力,mH_2O;

h_m——冷凝器阻力,mH_2O;

h_s——冷却塔中水的提升高度(从冷却塔盛水池到喷嘴的高差),mH_2O;

h_0——冷却塔喷嘴喷雾压力,mH_2O,约等于 $5mH_2O$。

（3）冷却水补充水量

在开式机械通风冷却水循环系统中,各种水量损失的总和即是系统必需的补水量。通常在企业中空调工程用冷却水循环水量占全厂总用水量的分量较大,因此在设计中如何考虑减少各种耗损是很有必要的。

1）蒸发损失

冷却水的蒸发损失与冷却水的温降有关,一般当温降为 5℃时,蒸发损失为循环水量的 0.93%;当温降为 8℃时,则为循环水量的 1.48%。

2）飘逸损失

由于机械通风的冷却塔出口风速较大,会带走部分水量,国外有关设备其飘逸损失约为循环水量的 0.15%～0.3%;国产质量较好冷却塔的飘逸损失约为循环水量的 0.3%～0.35%。

3）排污损失

由于循环水中矿物成分、杂质等浓度不断增加,为此需要对冷却水进行排污和补水,使系统内水的浓缩倍数不超过 3～3.5。通常排污损失量为循环水量的 0.3%～1%。

4）其他损失

其他损失包括在正常情况下循环泵的轴封漏水,以及个别阀门、设备密封不严引起漏渗,以及前述当设备停止运转时,冷却水外溢损失等。

5）综上所述,一般采用低噪声的逆流式冷却塔,使用在离心式冷水机组的补水率约为 1.53%,对溴化锂吸收式制冷机的补水率约为 2.08%。如果概略估算,制冷系统补水率为 2%～3%。

对补充水的水质应根据要求,区别情况,可由全厂统一供应自来水或软化水,也可以在站内单独设置水处理装置。

3. 冷却水循环系统设备的选择

冷却水循环系统的主要设备包括冷却水泵和冷却塔等,应根据制冷机设备所需的流量、系统压力损失、温差等参数要求,确定水泵和冷却塔的规格、性能和台数。

（1）冷却水泵的选择要点与冷冻水泵相似,应从节能、占地少、安全可靠、振动小、维修方便等方面,择优选取。

（2）冷却水泵一般不设备用泵,必要时可置备用部件,以应急需。

（3）冷却塔布置在室外,其噪声对周围环境会产生一定的影响,应根据国家规范《城市区域环境噪声标准》(GB 3096—82)的要求,合理确定冷却塔的噪声要求,如一般型、低噪声型或超低噪声型。

（4）常用冷却塔一般用玻璃钢制作，其类型有：

a．逆流式冷却塔。根据结构不同分为通用型、节能低噪声型和节能超低噪声型。

b．横流式冷却塔。根据水量大小，设置多组风机，噪声较低。

c．喷射式冷却塔。不采用风机而依据循环泵的扬程，经过设在冷却塔内的喷嘴，使水点雾化与周围空气换热而冷却，噪声较低。

总之，冷却塔选用应根据具体情况，进行技术经济比较，择优选用，表 16-6 列出逆流、横流及喷射式三种冷却塔性能比较及适用条件。

逆流、横流、喷射式冷却塔性能比较及适用条件 表 16-6

项　目	逆流式冷却塔	横流式冷却塔	喷射式冷却塔
效　率	冷却水与空气逆流接触，热交换效率高	水量、容积散质系数 β_{xv} 相同，填料容积要比逆流塔大15%～20%	喷嘴喷射水雾的同时，把空气导入塔内，水和空气剧烈接触，在 $\Delta t_{\text{小}}$，$t_2-\tau$ 大时效率高，反之则较差
配水设备	对气流有阻力，配水系统维修不便	对气流无阻力影响，维护检修方便	喷嘴将气流导入塔内，使气流流畅，配水设备检修方便
风　阻	水气逆向流动，风阻较大，为降低进风口阻力降，往往提高进风口高度以减小进风速度	比逆流塔低，进风口高，即为淋水装置高，故进风风速低	由于无填料、无淋水装置，故进风风速大，阻力低
塔高度	塔总高度较高	填料高度接近塔高，收水器不占高度塔总高低	由于塔上部无风机，无配水装置，收水器不占高度，塔总高最低
占地面积	淋水面积同塔面积，占地面积小	平面面积较大	平面面积大
湿热空气回流	比横流塔小	由于塔身低，风机排气回流影响大	由于塔身低，有一定的回流
冷却水温差	$\Delta t = t_1 - t_2$ 可大于 5℃ $\begin{pmatrix} t_1—进口温度 \\ t_2—出口温度 \end{pmatrix}$	Δt 可大于 5℃	$\Delta t = 4\sim 5℃$
冷却幅高	$t_2-\tau$ 可小于 5℃	$t_2-\tau$ 可小于 5℃	$t_2-\tau \geqslant 5℃$
气象参数	大气温度 τ 可大于 27℃	τ 可大于 27℃	$\tau < 27℃$
冷却水进水压力	要求 0.1MPa	可≤0.05MPa	要求 0.1～0.2MPa
噪　声	超低噪声型可达 55dB(A)	低噪声型可达 65dB(A)	可达 60dB(A) 以下

（5）加药装置通常是由玻璃钢的溶药槽、电动搅拌器，柱塞泵及附属的电控箱组成的成套设备。

习　题

1．空调水系统的分类有哪些？各自有何特点？

2．试述空调水系统管路的布置原则。

3．排放凝结水的管路系统设计，应注意哪些事项？

4．空调冷却水系统的分类有哪些？机械通风循环冷却水系统是怎样组成的？

5．冷却水泵所需的扬程如何计算？

6．冷冻水和冷却水补充水量分别如何计算？

第十七章 空调系统的全年运行调节

空气调节系统负荷计算、设备选择与系统设计都是按照冬、夏季室外空气计算参数和室内最大冷(热)、湿负荷进行的。是空调系统的最不利工况。实际上,全年室外空气参数在不同季节和一天之内,均有相当大的变化;此外,室内冷(热)、湿负荷随着生产过程的进行,全年也会有相当大的变化。在这种情况下,如空调系统在运行过程中不作相应的调节,则不能保证空调房间内基准参数的相对稳定,且还会浪费能量。为使空调系统经济合理地运行,以适应变化了的室内外条件,并维持室内空气参数处于要求的状态,应按着运行工况对空调系统进行调节。空调系统的运行调节实质上是研究在部分负荷条件下空调系统工况及可能采取的节能措施。

及时了解在部分负荷条件下空调系统的工况,也是确定空调系统实现自动控制的基础。

空调系统全年运行调节的目的是:

1. 全年能满足各房间的温湿度参数在设计要求的范围内;
2. 系统运行经济、节能;
3. 控制、调节的环节少,调节方法简单。

第一节 室外空气状态变化时的运行调节

室外空气状态变化从两方面影响室内:一是室外空气状态变化将影响空气处理设备所能提供的送风参数,二是影响围护结构传热形成的冷(热)负荷。下面主要介绍室外空气的状态变化时系统如何工作。

一、一次回风空调系统的全年运行调节

为了讨论方便,假定室内负荷和要求的室内状态全年不变,这时室内的送风量和送风状态就是一个全年不变的值。由此,不论新风状态如何改变,只要把喷雾室后面的机器露点控制住,就可以保证需要的送风状态,同时也就保证了要求的室内状态。这种控制机器露点的方法是空调系统运行调节中常见的方法,称之为露点控制法。

根据室外空气状态的变化情况,可把一次回风空调系统划分为四个阶段进行调节。这四个阶段在 i-d 图上可相应地划分为四个区域如图 17-1 所示。

第一阶段——预热器加热量调节阶段

这一阶段室外空气状态变化在等焓线 i_w 与 i_{w1} 之间的 I 区内(见图 17-2),属于冬季寒冷季节。该阶段采用满足室内卫生要求的最小新风百分比 m%。

该阶段的空气处理可按下述两种过程进行。

$$\overset{W'}{\underset{N}{\Big>}} \xrightarrow[\text{混合}]{} C_1' \xrightarrow[\text{预热器}]{\text{等湿加热}} C' \xrightarrow[\text{喷水室}]{\text{绝热加湿}} L \xrightarrow[\text{再热器}]{\text{再热}} S' \overset{\varepsilon'}{\wedge\!\!\!\wedge\!\!\!\wedge} N$$

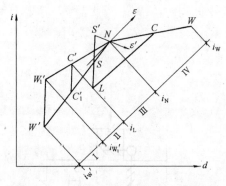

图 17-1　室外气温变化时的全年运行调节

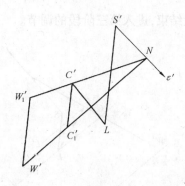

图 17-2　第一阶段调节的 $i\text{-}d$ 图

$$\text{或} \quad \begin{array}{c} W' \xrightarrow{\text{预热}} W'_1 \\ \\ N \end{array} \Bigg\rangle \xrightarrow{\text{混合}} C' \xrightarrow{\text{绝热加湿}} L \xrightarrow{\text{再热}} S'' \xrightarrow{\varepsilon'} N$$

　　从上面的分析可以看出,在第一阶段里,随着室外新风状态的改变,只要调节预热器的加热量就能保证达到要求的 L 点。
当室外空气状态在 $i_{W'_1}$ 线上时,预热器关闭,即预热器调节阶段结束,将进入第二阶段的调节。

　　调节预热器加热量的方法有两种,一是调节进入预热器的热媒流量,这可以通过调节预热器管道上的供回水阀门来实现(图 17-3(a));二是控

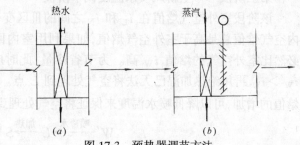

图 17-3　预热器调节方法

制预热器处的旁通联动风阀,以调节通过预热器处的风量和不通过预热器风量的比例来进行调节(图 17-3(b))。上述两种方法,前者常用于热媒为热水的加热器,此方法温度波动大,稳定性差;后者多用于热媒为蒸汽的加热器,其调节特点是温度波动小,稳定性好。当调节质量要求高时,须两种方法结合起来使用。

　　第二阶段——新、回风混合比调节阶段

　　这一阶段的空气状态变化在 $i_{W'_1}$ 与 i_L 等焓线之间的Ⅱ区(见图 17-4)。

　　在这一阶段里,如果室外空气 W' 与回风 N 按原来的新、回风百分比混合,所得到的混合点 C'' 必然落在 i_L 线的上方,这时再用绝热加湿方法来进行处理就会提高 L 点(图 17-4 中的 L' 点)。要想保持 L 点不变,可以采用两种处理方法:一是采用喷冷水的处理方法,这时就要开启冷冻设备或用深井水,使其从 $C'' \longrightarrow L$;另一种方法是改变新、回风混合比例,加大新风量,减少回风量,使其混合点 C' 点正好落在 i_L 线上,这样就能将 C' 绝热加湿到 L 点。显然,后一种方法可以推迟使用冷冻水或深井水的时间,从而节约了运行费用或深井水量,同时还能改善室内空气环境,因此更为经济、合理。

　　新回风混合比的调节方法,是在新、回风口处安装联动多叶调节阀,这种阀门能够联动,可同时按比例使一个风口开大,使另一个风口关小,如图 17-5。根据 L 点的温度控制联动阀门的开启度,使新、回风混合后的状态点正好在 i_L 线上。

　　当室外空气焓值正好等于 i_L 时,可全部采用室外新风,关闭回风阀,即新回风混合比调

节阶段结束,进入第三阶段的调节。

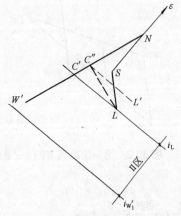

图 17-4　第二阶段调节的 $i\text{-}d$ 图

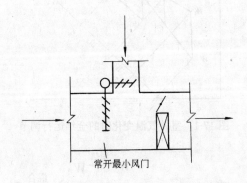

常开最小风门

图 17-5　联动多叶调节阀调节新回风量

第三阶段——全新风喷水温度调节阶段

该阶段室外空气焓值在 i_L 和 i_N 之间的Ⅲ区变化(见图 17-6)。在这一阶段内,由于室内空气焓值总是高于室外空气焓值,如果利用室内回风和新风混合,则其混合点 C' 的焓值必然比室外空气的焓值 i_W' 高。为节省冷量,此时应关闭回风阀门,全部采用新风。由于 $i_W' > i_L$,再用绝热加湿已无法将空气处理到 L 点。因此必须采用冷水喷淋,随着室外空气焓值的增加,可以降低喷水温度来保证将空气处理到要求的 L 点。即其处理过程为:

$$W' \xrightarrow{\text{喷冷水}} L \xrightarrow{\text{加热}} S \xrightarrow{\varepsilon} N$$

喷水温度的调节方法,可以用喷水三通阀改变冷水量和循环水量的混合比来进行调节(图 17-7)。此外,如空调房间的相对湿度要求不严,也可用手动调节喷淋水量的方法来控制露点温度。

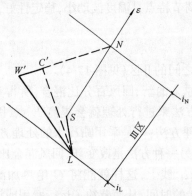

图 17-6　第三调节阶段 $i\text{-}d$ 图

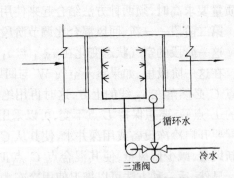

循环水

三通阀

冷水

图 17-7　冷水量与循环水量调节

第四阶段——固定新回风混合比,喷水温度调节阶段

该阶段室外空气的焓值在 i_N 和 i_W 之间的第Ⅳ区(见图 17-8)。在这一区域中,新风采用最小新风比 $m\%$,这时已属炎热夏季。

在这一阶段内,由于室外空气焓值高于室内空气焓值,显然,这时利用回风可以节省冷

374

量。其处理过程为：

$$W \atop N \rangle \xrightarrow{\text{混合}} C \xrightarrow{\text{冷却减湿}} L \xrightarrow{\text{再热} \; \varepsilon} N$$

这一阶段的调节方法，是随着室外空气焓值的增加而降低喷水温度直到设计工况为止。具体的调节方法同第三阶段。

综上所述，一次回风喷水式空调系统的全年露点控制运行调节方法可归纳为表 17-1 和图 17-9。

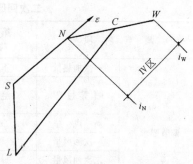

图 17-8　第Ⅳ阶段调节 $i\text{-}d$ 图

一次回风空调系统全年各阶段的调节要求　　　　　　　　　　　表 17-1

调节阶段			第一阶段 $i_W < i_{W1}$	第二阶段 $i_{W1} < i_W < i_L$	第三阶段 $i_L < i_W < i_N$	第四阶段 $i_N < i_W < i_W$
调节要求	一 次 加 热 量		不断调节	—		
	喷 雾 过 程		绝热加湿	绝热加湿	冷水喷雾（调节喷水温度）	冷水喷雾（调节喷水温度）
	新风量	固定新风比	$m\%G$	$m\%G$	$m\%G$	$m\%G$
		变化新风比	$m\%G$	$m\%G \to G$	G	$m\%G$
	回风量	固定新风比	G_1	G_1	G_1	G_1
		变化新风比	G_1	$G_1 \to 0$	0	G_1
	冷 量	固定新风比	0		$0 \longrightarrow Q$	
		变化新风比	0	0	$0 \longrightarrow Q$	
	再 热 量		$Q_{再\cdot冬} \longrightarrow Q_{再\cdot夏}$			

上述的调节方案主要是从经济上合理，管理上方便考虑的，由于控制简单，性能可靠，所以应用较广。如空调系统所需冷量不多，也可采用新、回风比例全年不变的方案，即全年只分两个阶段，这样，虽然要提早一些使用冷源，在冷量上也要浪费一些，但运行调节方案却更简单了。

二、二次回风空调系统的全年运行调节

图 17-10 为二次回风空调系统的全年运行调节图。从图 17-10 可知，二次回风空调系统的全年运行工况是：全年调节新风，充分利用室外空气的冷却能力，同时利用二次回风和补充再热来调节室温。表17-2为二次回风空调系统的全年各阶段的调节要求。

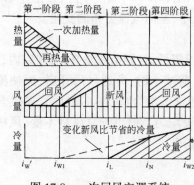

图 17-9　一次回风空调系统
的全年运行调节图

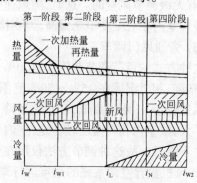

图 17-10　二次回风空调系统
的全年运行调节图

二次回风空调系统全年各阶段的调节要求　　　　表 17-2

调节阶段		第一阶段 $i_W < i_{W1}$	第二阶段 $i_{W1} < i_W < i_L$	第三阶段 $i_L < i_W < i_N$	第四阶段 $i_N < i_W < i_W$
调节要求	一次加热量	不断调节	—	—	—
	喷雾过程	绝热加湿	绝热加湿	冷水喷雾(调节喷水温度)	冷水喷雾(调节喷水温度)
	新风量	$m\% G$	$m\% G \rightarrow G_L$	G_L	$m\% G$
	一次回风量	G_1	$G_1 \rightarrow 0$	0	G_1
	二次回风量	G_2	G_2	G_2	G_2
	冷量	0	0	$0 \longrightarrow Q$	
	再热量	$Q_{再} \longrightarrow 0$			0

二次回风空调系统的运行调节还可有其他方案。例如,夏季在保证新风比基础上可调节一次回风和二次回风的比例,用二次回风来调节室温,以代替再热。而其他季节可以不用二次回风,调节方法和上述一次回风空调系统相似,这样可以提高机器露点,缩短第三阶段的时间,推迟开启冷冻机的时间。

以上一、二次回风空调系统的全年运行工况,也可以在冬季不用绝热加湿(喷循环水),而改用喷蒸汽达到加湿的目的。这对于有蒸汽供应的地方可以进一步节约冬季循环水泵的用电量,是既经济而又有效的方法。

三、风机盘管空调系统的全年运行调节

1. 风机盘管的局部调节方法

为了适应房间瞬变负荷的变化,风机盘管通常有三种局部调节(手动或自动)方法,即调节水量、调节风量和调节旁通风门。

(1) 水量调节

在设计负荷时,空气经过盘管的冷却过程从 N 到 L,然后送至室内。当冷负荷减少时,通过直通或三通调节阀减少进入盘管的水量,盘管中冷水平均温度随之上升,L 点位置上移(见图 17-11a),空气经过盘管冷却过程为 $N_1 \rightarrow L_1$。由于送风含湿量增大,房间相对湿度将增加。这种调节方法的负荷调节范围小。

(2) 风量调节

这种方式的应用较为广泛。通常分高、中、低三档调节风机转速以改变通过盘管的风量,也有无级调节风量的。这时,随风速的降低,盘管内冷水平均温度下降,L 点下移(见图 17-11b),室内相对湿度不易偏高,但要检查随风量减小,室内气流分布的变化。

(3) 旁通风门调节

这种方式的负荷调节范围大(100%～20%),初投资低,且调节质量好,可使室内达到 ±1℃ 的精度,相对湿度在 45%～50% 范围内。因为负荷减小时,旁通风门开启,而使流经盘管的风量较小,冷水温度低,L 点位置降低,再与旁通空气混合(见图 17-11c),送风含湿量变化不大,故室内相对湿度较稳定,室内气流分布也较均匀。但由于总风量不变,风机消耗功率并不降低。故这种调节方法仅用在要求较高的场合。

2. 风机盘管空调系统的全年运行调节

内　容	a.水量调节	b.风量调节	c.旁通调节
调节范围	$\dfrac{W}{W_0}=100\%\rightarrow30\%$	$\dfrac{G}{G_0}=100\%,75\%,50\%$	旁通阀门开度 $0\rightarrow100\%$
负荷范围	$\dfrac{Q}{Q_0}=100\%\rightarrow75\%$	$\dfrac{Q}{Q_0}=100\%,85\%,70\%$	$\dfrac{Q}{Q_0}=100\%\rightarrow20\%$
风机盘管的空气处理过程	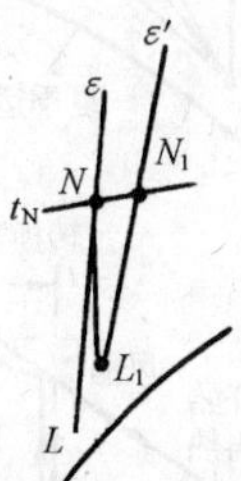 设计负荷时： $N\rightarrow L\ \overset{\varepsilon}{\leadsto}\ N$ 部分负荷时： $N_1\rightarrow L_1\ \overset{\varepsilon'}{\leadsto}\ N_1$	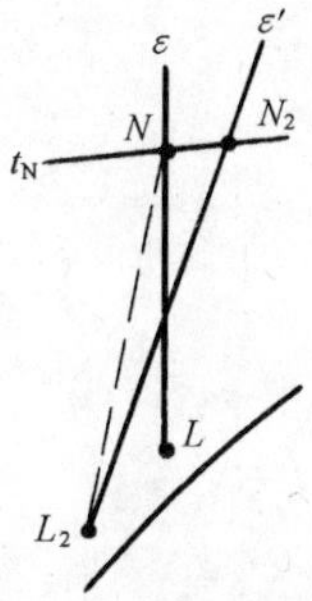 设计负荷时： $N\rightarrow L\ \overset{\varepsilon}{\leadsto}\ N$ 部分负荷时： $N_2\rightarrow L_2\ \overset{\varepsilon}{\leadsto}\ N_2$	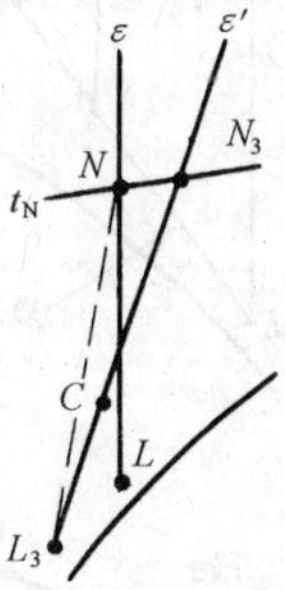 设计负荷时： $N\rightarrow L\ \overset{\varepsilon}{\leadsto}\ N$ 部分负荷时： $\begin{matrix}N_3\rightarrow\\N_3\rightarrow\end{matrix}\!\!\!\!\begin{matrix}L_3\\ \end{matrix}\!\!\!\!\rangle\rightarrow C\ \overset{\varepsilon'}{\leadsto}\ N_3$

图 17-11　风机盘管机组的不同调节方式(以全水系统为例)

Q_0—设计负荷

风机盘管系统新风供给方式有：单独的新风系统；墙洞引入新风；新风只靠门窗渗入三种，随着室内负荷的变化，其全年运行调节方法不相同。下面仅介绍有单独新风系统的双水管系统的调节。

双管系统在同一时间只能供应所有盘管同一温度的水(冷水或热水)，随着室内负荷的减少，盘管的全年运行调节又有两种情况。

(1) 不转换的运行调节

对于夏季运行，不转换系统采用冷的新风和冷水。随着室外温度的降低，只是集中调节再热量来逐渐提高新风温度，而全年始终供应一定温度的水(见图 17-12)。新风温度按照相应的 A/T(A 为新风量，m^3/h；T 为所有的围护结构每 $1℃$ 室内外温差的传热量，$W/℃$，$T=\sum KF$)比随室外温度的变化进行调节，以抵消围护结构的传热负荷($L\rightarrow R_1$)。而随着瞬变显热冷负荷(太阳、照明、人等)变化需要调节送风状态($S_2\rightarrow S_3$)时，则可以局部调节盘管的容量($2\rightarrow N$)。

在室外空气温度较低和在冬季时，为了不使用制冷系统而获得冷水，可以利用室外冷风的自然冷却能力，给盘管提供低温水。

不转换系统的投资比较便宜，运行较方便，但不经济。

(2) 转换的运行调节

对于夏季运行调节,转换系统仍采用冷的新风和冷水。随着室外空气温度的降低,集中调节新风再热量,逐渐升高新风温度,以抵消传热负荷的变化。盘管水温度仍然不变,靠加热量调节,以消除瞬变负荷的影响(见图17-13)。

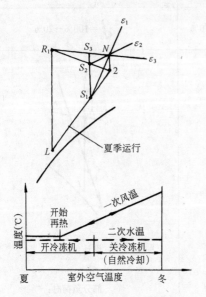

图 17-12　不转换系统

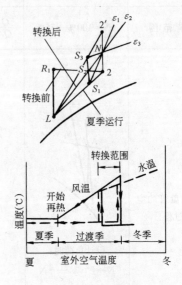

图 17-13　转换系统

调节过程为:

$$\begin{matrix} L \to R_1 \\ N \to 2 \end{matrix} \Big\} \longrightarrow S_2 \overset{\varepsilon}{\rightsquigarrow} N$$

当到达某一室外温度时,不用盘管,只用原来冷的新风单独就能吸收这时室内剩余的显热冷负荷,让新风转换为原来的最低状态 L。转换以后,盘管内则改为送热水,随显热冷负荷的减少,只需调节盘管的加热量,以保持一定室温

调节过程为:　　　　　$\Big(\begin{matrix} L \\ N \longrightarrow Z' \end{matrix} \Big\} \longrightarrow S_3 \overset{\varepsilon_3}{\rightsquigarrow} N \Big)$。

转换运行调节比不转换运行调节相对来说更为经济,但在运行中增添了转换的麻烦。

转换运行调节由于室外空气温度的波动,一年中转换温度有可能发生好几次,为了避免在短期内出现反复转换的现象,所以常把转换点考虑成一个转换范围(大约 ±5℃),该幅度减少了在过渡季节中系统转换的次数(因系统转换是比较麻烦的)。

采用转换或不转换系统有一个技术经济比较的问题。主要考虑的原则是节省运行调节费用,在冬季或较冷的季节里,应尽量少使用或不使用制冷系统。

四、诱导器系统的全年运行调节

诱导器系统的全年运行调节,也可分两方面:

① 当室外空气状态发生变化时,一次风的集中处理设备的调节,其规律和方法与一般空调系统类似;

② 室内负荷变化时,系统的运行调节。

1. 全空气诱导器系统的运行调节

为简单起见,以余热量 Q 变化,余湿量 W 不变为例,当室内负荷变化时为保证室内参数,可以采用下列几种调节方法。

(1) 只改变一次风状态(图 17-14a)

随着室内余热量 Q 的改变(减小),热湿比由 ε 变为 ε',要求改变送风状态(一次风状态由夏季的 L 加热到 R_1 或冬季的 R_2,使诱导器送风状态由 S_1 变到 S_2 或 S_3),这可以通过调节一次风集中处理室的二次加热器的加热量来达到。

这种方法只是集中调节一次风状态,故不能满足各个房间的不同要求。

(2) 只改变二次风状态(图 17-14b)

随着室内余热量的减少,靠诱导器内的电加热器把二次风状态由室内状态 N 加热到 R_1 或 R_2,以使诱导器的送风状态由 S_1 变到 S_2 或 S_3,这种方法的特点是使用诱导器的电加热器进行局部调节,因此能满足各个房间的不同要求。

(3) 同时改变一、二次风状态(图 17-14c)

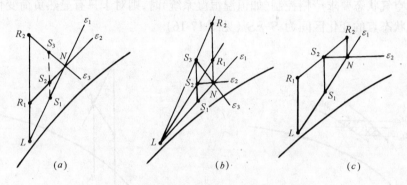

图 17-14　全空气诱导器系统的运行调节
(a)只改变一次风状态;(b)只改变二次风状态;
(c)同时改变一、二次风状态

由一次风集中处理室的二次加热器,将一次风加热到 R_1,同时,诱导器内电加热器将二次风加热到 R_2,以使诱导器的送风状态由 S_1 变到 S_2。这样全部热负荷由一、二次风的加热器分担,一次风加热器起集中调节作用,而二次风电加热器起局部调节作用,因此能同时满足各房间的不同要求。

对于有各种朝向的高层民用建筑,在过渡季往往会出现南向的房间需要送冷风,而其他朝向的房间需要送热风。一次风作为冷源应尽可能保持最低温度(可以充分利用室外新风)以满足南向房间的需要,而同时其他朝向的则需靠诱导器的电加热器来送热风,因此宜采用上述第二种调节方法,当气候进一步变冷,南向房间也需要供热时,则可以采用第三种调节方法。

2. 空气—水诱导器系统的运行调节

对于全空气系统,室内热湿负荷全部由送风来负担;而对于空气—水诱导器系统则由一次风和二次盘管共同负担。当负荷变化时,可以改变一次风的状态或改变二次盘管的冷热量来进行调节,或两者同时改变。如果一次风只承担围护结构传热负荷,二次盘管承担其他瞬变负荷(指室内照明,设备和人体散热以及太阳辐射热的瞬时变化负荷),那么这种方式的一次风相当于风机盘管系统的新风系统,故全年运行调节方法与风机盘管加独立新风系统基本相同。

第二节　室内热、湿负荷变化时的运行调节

室内热湿负荷变化可由室内产生热,湿量的变化引起,也可由室外气象参数的变化引起。严格要求的空调对象,可以把室内状态看做为一个状态点,具有较大温度和相对湿度变化幅度的空调对象,则可将室内空气状态视为一个允许波动区(见图 17-15 所示)。

室内热湿负荷变化有不同的特点,一般可分三种情况:一即热负荷变化而湿负荷基本不变;二即热湿负荷按比例变化,如以人员数量变化为主要负荷变化的对象;三即热、湿负荷均随机变化。

由热湿比 ε 的定义可知,室内热湿负荷发生变化时,ε 则发生变化。对于定风量空调系统,且室内空气状态要求严格控制(如恒温恒湿系统)时,则对于只有显热负荷变化的空调系统,其送风状态点的变化区间为 $S \rightarrow S'$(见图 17-16)。

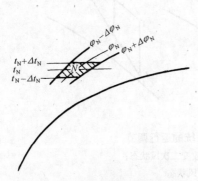

图 17-15　室内参数允许波动区

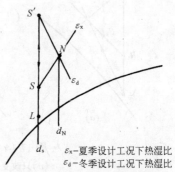

ε_x—夏季设计工况下热湿比
ε_d—冬季设计工况下热湿比

图 17-16　仅有显热负荷变化时
送风状态点的变化区间

由图 17-16 可见,对于此类系统采用定露点和再热来实现全年的送风状态调节能够保证室内状态点的精确控制。

用定露点定风量调节再热量的方法,其最大优点是调节简单。但是,众所周知,采用再热的方法不仅要消耗热量,而且消耗冷量,造成能源的浪费,所以这种方法不经济,除非空调对象是高精度的恒温恒湿工程,一般应尽量不使用调节再热量的方法。

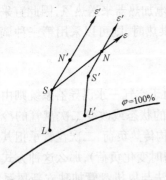

图 17-17　室内余热量、余湿量
均变化时的状态分析

在湿负荷发生变化时,图 17-16 的送风含湿量 d_s 则要求变化,因此机器露点 L 则需变化,亦即需要变露点调节加上再热调节来维持室内的空气温湿度。这种调节方式是保持室内空气状态点精确控制的常用方法。见图 17-17 所示,为室内余热量,余湿量均变化时的变露点调节再热量的方法。

对室内空气温度和湿度要求不严格的对象,也可以采取其他方法维持室内空气状态处于室内允许波动区内。这些方法有:

(1)室内热、湿负荷变化较小,允许室内空气状态有一

定的变化,因而在较长时间内,不需对送风状态进行调节,即按原送风状态送风(如图 17-18)。

(2) 室内热、湿负荷变化,但热湿比基本不变时,则可采取调节送风量的方法保持室内空气状态,这也是变风量系统的调节原理。(详见本章第三节的变风量运行调节)。

(3) 室内显热量变化时,可利用改变二次回风系统的二次回风量对显热负荷变化进行一定的补偿,但这时室内空气的相对湿度可能有较大的变化。如图 17-19 所示,在设计条件下,空气处理过程为:

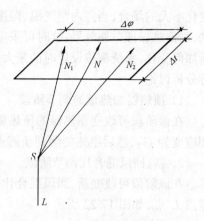

图 17-18 余热、余湿同时变化送风
状态不变时的情况

$$\begin{array}{c} W \\ \diagdown \\ N \end{array} \xrightarrow{混合} C \xrightarrow{冷却减湿} L \begin{array}{c} \diagup \\ \diagdown \\ N \end{array} \xrightarrow{混合} S \stackrel{\varepsilon}{\wwwarrow} N$$

其空气调节过程为:

$$\begin{array}{c} W \\ \diagdown \\ N \end{array} \xrightarrow{混合} C' \xrightarrow{冷却减湿} L' \begin{array}{c} \diagup \\ \diagdown \\ N \end{array} \xrightarrow{混合} S' \stackrel{\varepsilon'}{\wwwarrow} N'$$

图 17-19 所示的调节方法适用于仅有余热量变化而余湿量不变时的情况。当室内余热量和余湿量均变化时,同样可调节二次回风量和机器露点,以保证所需的室内空气参数(见图 17-20 所示)。

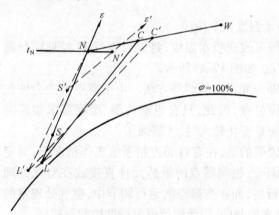

图 17-19 调节一、二次回风混合比
(不调节喷水温度)

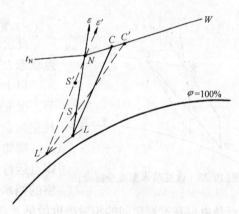

图 17-20 调节一、二次回风混合比
(同时调节喷水温度)

根据二次回风阀门的调节范围,有的整个夏季可以省去再热,过渡季可省去大部分再热显热,这是一种经济的调节方法,因此得到广泛的应用。

第三节 变露点和变风量的运行调节

一、变露点的运行调节

定露点调节再热量的调节方法适用于室内相对湿度允许波动的范围较大或室内湿负荷

变化不大的场合,当室内空气温、湿度要求较高且室内余湿量变化较大时,这种运行调节方法,则很难保证空调效果,这时可采用变露点的调节方法。变露点的调节方法,不论系统负荷如何变化,系统都按设计时的最大风量运行的。下面以一次回风空调系统为例,分阶段进行分析讨论。

1. 预热器加热量的调节阶段

在该阶段可改变预热器的预热量,使新风由原来加热到 W_1 改变为加热到 W_1',混合点相应变为 C_1',然后绝热加湿到新露点状态 L',如图 17-21 所示。

2. 新、回风混合比调节阶段

在该阶段可改变新、回风混合比,使混合点位置由 C_1 点变为 C_1' 点,绝热加湿达到新露点 L' 点,如图 17-22 所示。

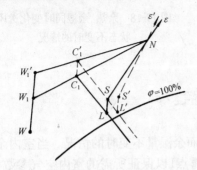

图 17-21　改变预热器加热量的变露点法

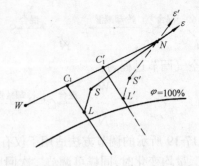

图 17-22　改变新、回风混合比的变露点法

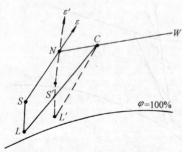

图 17-23　改变喷水温度变露点法

3. 喷水温度调节阶段

此阶段可改变喷水温度,将混合空气 C 处理到新露点状态 L' 点,如图 17-23 所示。

以上即为变露点的调节方法。由于露点改变会使调节工况变得复杂,因此,只有当室内温、湿度要求很高时且室内余湿量变化较大时,才需采用。

需要说明的是,在有自动控制系统工作情况下,对定露点运行调节,控制露点的敏感元件直接放在空气处理室的挡水板后,而在变露点的运行调节中,空气处理室的露点是由设在空调房间的相对湿度敏感元件来控制的,因而能使恒湿精度控制得较高。

若空调系统冬季利用喷蒸汽加湿,夏季利用吸湿剂处理空气时,可采用改变送风状态含湿量的运行调节,下面加以介绍。

在冬季,利用喷蒸汽加湿的方法时,为了得到新的送风状态,还要配合加热器加热量的改变。具体的做法是先加热后喷蒸汽(图 17-24(a)),也可以先喷蒸汽后加热(图 17-24(b))。由图可看出:

前者的设计工况:

$$\genfrac{}{}{0pt}{}{W'}{N} \rangle \xrightarrow{\text{混合}} C' \xrightarrow{\text{等湿加热}} C_1' \xrightarrow{\text{喷蒸汽}} S \xrightarrow{\varepsilon'} N$$

调节工况:

382

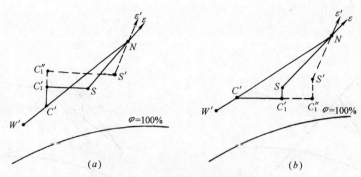

图 17-24 喷蒸汽加湿调节方法

(a)先加热后喷蒸汽;(b)先喷蒸汽后加热

$$\frac{W'}{N} \Big> 混合 C' \xrightarrow{等湿加热} C''_1 \xrightarrow{喷蒸汽} S' \overset{\varepsilon'}{\sim\!\sim\!\sim} N$$

后者的设计工况:

$$\frac{W}{N} \Big> 混合 C' \xrightarrow{蒸汽加湿} C'_1 \xrightarrow{等湿加热} S \overset{\varepsilon}{\sim\!\sim\!\sim} N$$

调节工况:

$$\frac{W'}{N} \Big> 混合 C' \xrightarrow{蒸汽加湿} C''_1 \xrightarrow{等湿加热} S' \overset{\varepsilon'}{\sim\!\sim\!\sim} N$$

在夏季,采用固体吸湿剂处理空气时,如图 17-25 所示。其设计工况为:

$$\frac{W}{N} \Big> 混合 C \xrightarrow{等焓升温减湿} C_1 \Big>_C 混合 C' \xrightarrow{等湿冷却} S \overset{\varepsilon}{\sim\!\sim\!\sim} N$$

调节工况为:

$$\frac{W}{N} \Big> 混合 C \xrightarrow{等焓升温减湿} C_1 \Big>_C 混合 C'' \xrightarrow{等湿冷却} S' \overset{\varepsilon'}{\sim\!\sim\!\sim} N$$

当夏季采用液体吸湿剂处理空气时,如图 17-26 所示。其设计工况为:

$$\frac{W}{N} \Big> 混合 C \xrightarrow{冷却减湿} S \overset{\varepsilon}{\sim\!\sim\!\sim} N$$

调节工况为:

$$\frac{W}{N} \Big> 混合 C \xrightarrow{冷却减湿} S' \overset{\varepsilon'}{\sim\!\sim\!\sim} N$$

二、变风量的运行调节

前面所介绍的方法,均属于定风量的调节方法。在热湿比变化较小的房间采用变风量系统通过改变风量来维持室内的温湿度参数是比较节能的空调方案。这是因为变风量系统可避免再热并减少风机的电耗。因此变风量系统适用于大型建筑物的内区。同时,在使

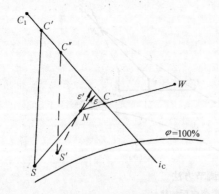

图 17-25　用固体吸湿剂处理空气的调节方法

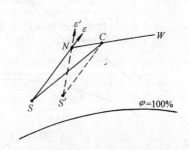

图 17-26　用液体吸湿剂处理空气的调节方法

用供暖系统，定风量周边空气系统或末端再热方式来补偿建筑围护结构冬季热损失时，变风量系统也可用于建筑物的周边区(外区)。

变风量空调系统的运行调节也包括室内负荷变化时的运行调节及室外空气状态变化时的运行调节两方面。

1. 室内负荷变化时的运行调节

变风量空调系统的局部调节随室内负荷变化有下列三种情况：

(1) 节流型末端装置的变风量调节

如图 17-27 所示，在每个房间送风管上安装有变风量末端装置。各个末端装置都根据室内恒温器的指令使装置的节流阀动作，改变通路面积来调节风量。当送风量减少时，则干管静压升高，通过装在干管上的静压控制器调节风机的电机转速，使总风量相应减少。送风温度敏感元件通过调节器，控制冷水盘管三通阀，保持送风温度一定，即随着室内显热负荷的减少，送风量减少，室内状态点从 N 变为 N'(如图 17-27 中的 i-d 图)。

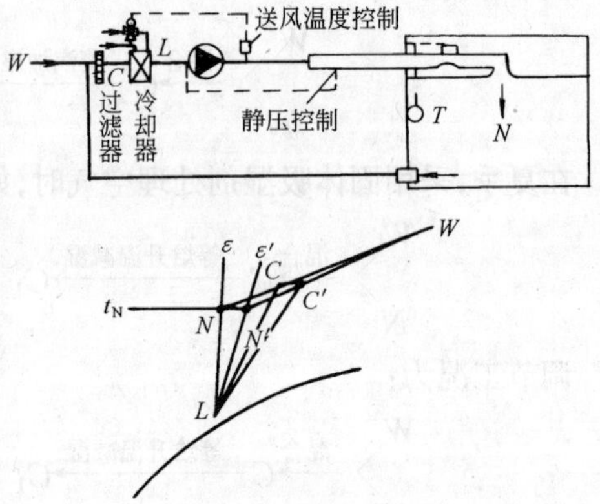

图 17-27　节流型末端装置变风量调节

设计负荷时

$\begin{matrix} W \\ N \end{matrix} \rangle \longrightarrow C \longrightarrow L \overset{\varepsilon}{\rightsquigarrow} \longrightarrow N$

冷负荷减少时

$\begin{matrix} W \\ N \end{matrix} \rangle \longrightarrow C' \longrightarrow L \overset{\varepsilon'}{\rightsquigarrow} \longrightarrow N'$

(2) 旁通型末端装置的变风量调节

如图 17-28 所示，在顶棚内安装旁通型末端装置，根据室内恒温器的指令而使装置的执行机构动作。在室内冷负荷减少时，部分空气旁流至顶棚，并由回风风道返回空调器。整个空调系统的风量不变，随负荷变化的调节过程见图 17-28 中的 i-d 图。

(3) 诱导型末端装置的变风量调节

如图 17-29 所示，在顶棚内安装诱导型末端装置，根据室内恒温器的指令调节二次空气侧的阀门，诱导室内或顶棚内的高温二次空气，然后送至室内。随负荷变化的调节过程见图 17-29 中的 i-d 图。

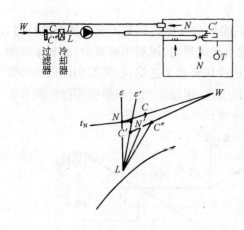

图 17-28　旁通型末端装置变风量调节

设计负荷时

$$W \atop N \rangle \longrightarrow C \longrightarrow L \overset{\varepsilon}{\wwww} \longrightarrow N$$

冷负荷减少时

$$L \atop N \rangle \longrightarrow C' \rangle \longrightarrow C'' \longrightarrow L \overset{\varepsilon'}{\wwww} \longrightarrow N'$$
$$\qquad\qquad W$$

2．变风量空调系统的全年运行调节

变风量空调系统的全年运行调节方法，随着室外空气状态的变化，根据不同的室内负荷变化情况有下列三种方法。

（1）全年有恒定冷负荷时（例如建筑物的内部区，或只有夏季冷负荷时）

可以用没有末端再热的变风量系统。由室内恒温器调节送风量，风量随负荷的减少而减少。在过渡季可以充分利用新风来"自然冷却"。如图 17-30 所示，对于相对湿度无严格要求的房间，易于通过这种运行调节法来满足室内参数要求。

（2）系统各房间冷负荷变化较大时（例如建筑物的外部区）

可以用有末端再热变风量系统。其运行调节工况见图 17-31，图中所谓的最小送风量是考虑以下因素而定的：当负荷很小时，为避免风量极端减少而造成换气量不足、新风量过少和温度分布不均匀等现象，以及避免当送风量过小时，室内相对湿度增加而超出室内湿度允许范围，往往保持不变的最小送风量和使用末端再热加热空气的方法，来保持一定的室温。该最小送风量一般应不小于 4 次换气量。

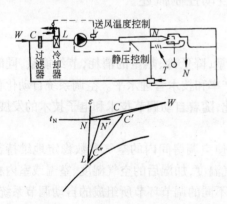

图 17-29　诱导型末端装置变风量调节

设计负荷时

$$W \atop N \rangle \longrightarrow C \longrightarrow L \overset{\varepsilon}{\wwww} \longrightarrow N$$

冷负荷减少时

$$W \atop N \rangle \longrightarrow C' \longrightarrow L' \atop N' \rangle \longrightarrow C'' \overset{\varepsilon'}{\wwww} \longrightarrow N'$$

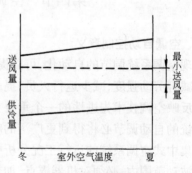

图 17-30　无末端再热的
变风量空调系统全年运行调节

(3) 夏季冷却和冬季加热的变风量系统

图 17-32 所示为一个用于供冷、供热季节转换的变风量系统的调节工况。夏季运行时，随送冷负荷的不断减少，逐渐减少送风量，当到达最小送风量时，风量不再减少，而利用末端再热以补偿室温的降低。随着季节的变换，系统从送冷风转换为送热风，开始仍以最小必要送风量供热，但需根据室外气温的变化不断改变送风温度，也即使用定风量变温度的调节方法。在供热负荷不断增加时，再改为变风量的调节方法。

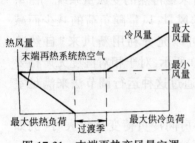

图 17-31　末端再热变风量空调
系统全年运行工况

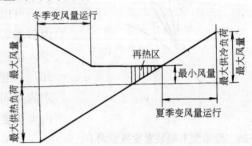

图 17-32　季节转换的变风量空调
系统全年运行工况

在大型建筑中，周边区常设单独的供热系统。该供热系统一般承担围护结构的传热损失，可以采用定风量变温系统、诱导系统、风机盘管系统或暖气系统，风温或水温根据室外空气温度进行调节、内部区由于灯光、人体和设备的散热量，由变风量系统全年送冷风。

需要说明的是，变风量空调系统的露点温度和送风温度的控制方法，与定风量空调系统相同。

第四节　空调系统的自动控制概述

一、空调自动控制意义

实现空调系统调节的自动化，可以提高调节质量，降低冷、热量的消耗，节约能量，同时还可以减轻劳动强度，减少运行人员，提高劳动生产率和技术管理水平。空调系统自动化程度也是反映空调技术先进性的一个重要方面。因此，随着自动调节技术和电子技术的发展，空调系统的自动调节必将得到更广泛的应用。

从集中式空调系统的运行工况分析中看出，要使空调房间内的空气参数稳定地维持在允许的波动范围内，必须对机器露点，加热后的空气温度，加湿后的空气湿度、室温或室内相对湿度进行调节。为达到这些调节目的，需要设置不同的调节环节所组成的自动调节系统。

二、空调自控系统的基本构成

自动控制就是根据调节参数(也叫被调量，如室温、相对湿度等)的实际值与给定值(如设计要求的室内基准参数)的偏差(偏差的产生是由于干扰所引起的)，用自动控制系统(由不同的调节环节所组成)来控制各参数的偏差值，使之处于允许的波动范围内。

自动控制系统一般由以下几个主要部件组成：

1. 敏感元件(传感器)

在生产过程中需要进行调节的一些参数(如温度、湿度)称为被调参数、敏感元件就是感受被调参数的大小，测出被控制量对给定值的偏差，并及时发出信号给调节器。

因此，敏感元件的输入是被调参数，输出是检测信号。如铂电阻温度计、氯化锂湿度计等。

2．调节器

调节器是一种放大元件，其作用是将敏感元件发来的偏差信号经过放大变为调节器的输出信号，指挥执行机构，对调节对象起调节作用。按被调参数的不同，有温度调节器，湿度调节器、压力调节器等；按调节规律（调节器的输出信号与输入偏差信号之间的关系）不同，有位式调节器，比例调节器和比例积分微分调节器等。

3．执行机构

执行机构接受调节器的输出信号，驱动调节机构相应的动作，如接触器，电动阀门的电动机，电磁阀的电磁铁，气动薄膜部分等都属于执行机构。

4．调节机构

调节机构与执行机构紧密相连，有时与执行机构合成一个整体，它随执行机构动作而动作。如调节风量的阀门，冷热媒管路上的阀门等。

当执行机构和调节机构组装在一起并成为一个整体时，则称之为执行调节机构。如电磁阀、电动二、三通阀和电动调节风阀等。

综合以上所述，空调自动控制系统可以用图 17-33 的方框图表示。

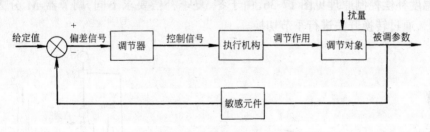

图 17-33　自动调节系统方框图

由于外扰的作用，使调节对象的调节参数发生偏差，经敏感元件测量并传送给调节器，调节器根据调节参数与给定值的偏差，指令执行机构使调节机构动作，使调节对象的调节参数保持在给定值的规定偏差范围内。

在自动控制系统中，当由于扰量破坏了调节对象的平衡时，经调节作用使调节对象过渡到新的平衡状态。从一个旧的平衡状态转入一个新的平衡状态所经历的过程，叫做过渡过程，所经历的时间，叫调节时间。显然，调节时间短好。如图 17-34 所示。图中 t_1 为调节时间，Δ 为静差，即自动调节系统消除扰量后，从原来的平衡状态过渡到新的平衡状态时，调节参数

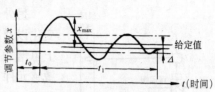

图 17-34　调节过程的品质指标

的新稳定值对原来给定值之偏差。静差愈小愈好，其大小由调节器决定。x_{max} 为动态偏差，即在过渡过程中，调节参数对新的稳定值的最大偏差值。常指第一次出现的超调，x_{max} 越小越好。

对自动控制系统的基本要求是能在较短的时间内，使调节参数达到新的平衡。

三、室内空气温、湿度的控制

室温控制是空调自动控制系统中的一个重要环节。它是用室内干球温度敏感元件来控制相应的调节机构,使送风温度随扰量的变化而变化。

改变送风温度的方法有:调节加热器的加热量和调节新、回风混合比或一、二次回风比等。调节热媒为热水或蒸汽的空气加热器的加热量来控制室温,主要用于一般工艺性空调系统;而对温度精度要求高的系统,则须使用电加热器对室温进行微调。室温控制方式可以有双位,恒速,比例及比例积分微分控制方式等几种。应根据室内参数的精度要求以及房间围护结构和扰量的情况,选用合理的室温控制方式。

室温控制时,室温敏感元件的放置位置对控制效果会产生很大影响。室温敏感元件的放置地点不要受太阳辐射热及其他局部热源的干扰,还要注意墙壁温度的影响,因为墙壁温度较空气温度变化滞后得多,最好自由悬挂,也可以挂在内墙上(注意支架与墙的隔热)。

在一些工业与民用建筑中,空调房间不要求全年固定室温,因此可以采用室外空气温度补偿控制和送风温度补偿控制。它与全年固定室温的情况比较起来,不仅能使人体适应室内外气温的差别,感到更为舒适,而且可大为减少空调全年运行费用,夏季可节省冷量,冬季可节省热量。对于一些民用建筑空调,室温是以室外干球温度作为室内温度调节器的主参数按照图 17-35 进行控制的。这种控制方法是根据室外气温的变化,改变室内温度敏感元件的给定值,故称为室外气温补偿控制法。

室外温度补偿控制原理见图 17-36,由于冬、夏季补偿要求不同,调节器 M 分为冬、夏两个调节器,通过转换开关进行季节切换。

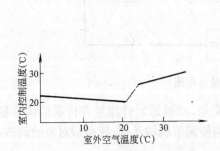

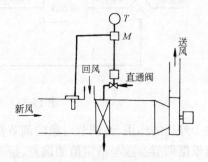

图 17-35 室内温度给定值随室外温度的变化   图 17-36 室外温度补偿控制

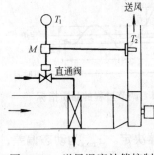

图 17-37 送风温度补偿控制

另外,为了提高室温控制精度,克服因室外气温、新风量的变化以及冷、热水温度波动对送风参数产生的影响,在送风管上可增加一个送风温度敏感元件 T_2(图 17-37),根据室内温度敏感元件 T_1 和送风温度敏感元件 T_2 的共同作用,通过调节器对室温进行调节,组成室温复合控制环节,亦称送风温度补偿控制。

室内相对湿度控制可以采用两种方法:

1. 间接控制法(定露点)

由本章第一节知道,对于室内产湿量一定或产湿量波动不大的情况,只要控制机器露点温度 L 就可以控制室内相对湿度。这种通过控制机器露点温度来控制室内相对湿度的方法称为"间接控制法"。例如：

(1) 由机器露点温度控制新风和回风混合阀门(图 17-38)。此法用于冬季和过渡季。如果喷水室用循环水喷淋,随着室外空气参数的变化,需保持机器露点温度一定,则可在喷水室挡水板后,设置干球温度敏感元件 T_L。根据所需露点温度给定值,通过执行机构 M 比例控制新风、回风和排风联动阀门。

(2) 由机器露点温度控制喷水室喷水温度(图 17-39)。此法用于夏季和使用冷冻水的过渡季。在喷水室挡水板后,设置干球温度敏感元件 T_L。根据所需露点温度给定值,比例地控制冷水管路中三通混合阀调节喷水温度,以保持机器露点温度一定。

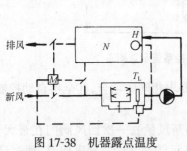

图 17-38 机器露点温度
控制新风和回风混合阀门

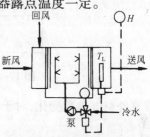

图 17-39 机器露点温度
控制喷水室喷水温度

有时为了提高调节质量,根据室内产湿量的变化情况,应及时修正机器露点温度的给定值,可在室内增加一只湿度敏感元件 H(见图 17-38)。当室内相对湿度增加时,湿度敏感元件 H 调低 T_L 的给定值,反之,则调高 T_L 的给定值。

2. 直接控制法(变露点)

对于室内产湿量变化较大或室内相对湿度要求较严格的情况,可以在室内直接设置湿球温度或相对湿度敏感元件,控制相应的调节机构,直接根据室内相对湿度偏差进行调节,以补偿室内热湿负荷的变化。这种控制室内相对湿度的方法称为"直接控制法"。它与"间接控制法"相比,调节质量更好,目前在国内外已广泛采用。

四、集中式空调系统全年运行自动控制举例

图 17-40 所示为一次回风空调系统自动控制系统示意图。下面对该自动控制系统的调节过程加以说明。

结合第四节中空调系统全年运行调节工况,如采用变露点"直接控制"室内相对湿度的方法,则控制元件和调节内容如下:

1. T、H:室内温、湿度敏感元件;

2. T_1:室外新风温度补偿敏感元件,根据新风温度的变化可改变室内温度敏感元件 T 的给定值;

3. T_2:送风温度补偿敏感元件;

4. T_3:室外空气焓或湿球温度敏感元件,可根据预定的调节计划进行调节阶段(季节)的转换;

5. M:风机联动装置,在风机停止时,喷水室水泵,新风阀门和排风阀门将关闭,而回风阀门将开启;

6. 控制台:装有各种控制回路的调节器等设备。

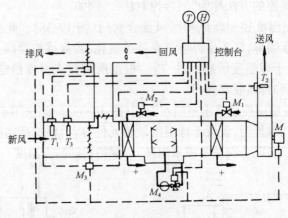

图 17-40　一次回风空调自控系统示意图

随着室外空气参数变化,对于冬夏季室内参数要求相同的场合,其全年自动控制方案如下:

(1) 第一阶段,新风阀门在最小开度(保持最小新风量),一次回风阀门在最大开度(总风量不变),排风阀门在最小开度。室温控制由敏感元件 T 和 T_2 发出信号,通过调节器使 M_1 动作,调节再热器的再热量;湿度控制由湿度敏感元件 H 发出信号,通过调节器使 M_2 动作,调节一次加热器的加热量,直接控制室内相对湿度。

(2) 第二阶段,室温控制仍由敏感元件 T 和 T_2 调节再热器的再热量;湿度控制由湿度敏感元件 H 将调节过程从调节一次加热自动转换到新、回风混合阀门的联动调节,通过调节器 M_3 动作,开大新风阀门,关小回风阀门(总风量不变),同时相应开大排风阀门,直接控制室内相对湿度。

(3) 第三阶段,随着室外空气状态继续升高,新风越用越多,一直到新风阀全开,一次回风阀全关时,调节过程进入第三阶段。这时湿度敏感元件自动地从调节新、回风混合阀门转换到调节喷水室三通阀门,开始启用制冷机来对空气进行冷却加湿或冷却减湿处理。这时,通过调节器使 M_4 动作,自动调节冷水和循环水的混合比,以改变喷水温度来满足室内相对湿度的要求。室温控制仍由敏感元件 T 和 T_2 调节再热器的再热量来实现。

(4) 第四阶段,当室外空气的焓大于室内空气的焓时,继续采用100%的新风已不如采用回风经济,通过调节器使 M_3 动作,使新风阀门又回到最小开度,保持最小新风量。湿度敏感元件 H 仍通过调节器使 M_4 动作,控制喷水室三通阀门,调节喷水温度,以控制室内相对湿度。室温控制仍由敏感元件 T 和 T_2 调节再热器的再热量来实现。

整个调节阶段如下表所示:(表 17-3)

一次回风空调系统全年运行自动控制内容　　　　　　　　　　　　　　　表 17-3

调 节 阶 段		第一阶段	第二阶段	第三阶段	第四阶段
调节内容	室 温	调节再热	调节再热	调节再热	调节再热
	相对湿度	调节一次加热器加热量(喷循环水,保持最小新风量)	逐渐开大新风阀门,关小回风阀门(喷循环水)	调节喷水温度(新风阀门全开)	调节喷水温度(保持最小新风量)

上述一次回风空调系统的全年自控方案中,第四阶段也可以利用二次回风来调节室温

(增加一组一,二次回风联动阀门)。也就是说,保持最小新风比,由室温控制敏感元件通过调节器,调节一次回风和二次回风的联动阀门,维持室温一定。这样,可以节省再热量。

空调系统的自动控制技术随着电子技术和控制元件的发展,将得到进一步的改进:一方面将从减少人工操作出发,实现全自动的季节转换;另一方面从更精确地考虑室内热湿负荷和室外气象条件等因素的变化出发,利用电子计算机进行控制,使每个季节都能在最佳工况下工作,以达到最大限度地节约能量的目的。

习　题

1. 一次回风空调系统室外空气状态变化时的全年运行调节可分为几个阶段? 各阶段怎样进行调节?

2. 室内热、湿负荷变化时可用哪些方法进行调节?

3. 定露点和变露点运行调节各有何优缺点?

4. 当热媒为热水和蒸汽时,为什么要采用不同的方法调节加热器的供热量?

5. 空调自动控制系统由哪几个主要部分组成? 各部分的作用是什么?

6. 按图 17-40 说明空调系统的自动调节过程?

7. 在空气处理室内设置集中的再热器的方案和各支管上设局部加热器的方案各有什么优缺点? 在什么情况下最好采用既有集中再热器又有分散的局部加热器的空调系统?

8. 某空调房间室内设计参数为 $t_N = 22℃$, $\varphi_n = 55\%$, 设计条件下房间余热量为 $Q = 40kW$, 余湿量为 $W = 14.4kg/h$, 送风温差为 8℃, 运行至某一时刻余热量变为 20kW, 余湿量不变, 试回答:

(1) 仍用原送风状态送风, 室内的温度和相对湿度将是多少?

(2) 如果采用定风量、定露点, 变再热量的调节方法, 此时送风温度应该是多少度?

(3) 如果此时余湿量变为 9kg/h, 应采用什么运行调节方法? 采用什么送风参数?

第十八章 空调系统的调试及运行

第一节 概 述

一、空调系统测定与调整的目的

空调系统安装完毕后,应进行测试与调整,才能投入正常运行。对于刚刚建成的空调系统,通过测定与调整,一方面可以发现系统设计、施工质量和设备性能等方面存在的问题,从而采取相应的改进措施保证系统达到设计要求;另一方面可以使运行人员熟悉和掌握系统的性能和特点,并为系统的经济合理运行积累资料。对于已经投入使用的空调系统,当出现问题时,也需要通过测定调整查找原因,加以改进。

二、测试与调整的内容

空调系统测定与调整的内容主要是:

1. 风量测定与系统风量平衡;
2. 空气处理设备能力的检验;
3. 空调房间调节效果的测定与调整;
4. 自控系统的调整与检验;
5. 消声与隔振检测等。

空调系统的测定与调整应遵照《通风与空调工程施工及验收规范》(GBJ 243—82)规定的原则进行。

三、测试仪表

根据空调系统的精度要求,选择相应精度等级的测试仪表,并进行检验与标定,以保证测试数据的准确性。

测试常用仪表有以下几类。

1. 温度仪表

常用的有水银温度计、热电偶温度计、电阻温度计、双金属自记温度计。对空气温度的测量常采用前两种。

2. 测湿仪表

常用的有普通干湿球温度计、通风干湿球温度计、自记式毛发湿度计、自记式温、湿度计、湿敏电阻湿度计等。其中前两者在空调工程中用得最多。

3. 测风速仪表

测风速的仪表有叶轮风速仪、转杯式风速仪、热电风速仪、TSM-1A 型电风速仪。各种测风速仪的测风速范围分别为:

叶轮风速仪	0.5～10m/s
转杯式风速仪	1.0～40m/s
国产的热球式电风速仪	0.05～10m/s

TSM-1A 型电风速仪　　　　 0.05～15m/s

4. 测压仪表

在空调系统中主要是测量风管内的气流速度和压力(静压、动压、全压)。

测量风压通常用液体压力计和毕托管配合测定。液体压力计有 U 型管压力计、杯形压力计,斜管压力计、补偿式微压计、倾斜式微压计等。

第二节　空调系统风量、送风参数的测试与调整

一、空调系统风量的测试与调整

空调系统的风量测定与调整包括送风量、新风量和回风量,各分支管或风口的风量测定和调整。风量测定的目的在于使系统的风量分配达到设计要求。

风管内风量的测定方法同通风系统风管内风量的测定方法,详见第九章第一节。

(一) 风口风量的测定

利用室内送风口测得风口的风量是比较简便易行的。但送风口常常因为有格栅、导流片,甚至散流装置,使风口的气流流速测量难于进行。

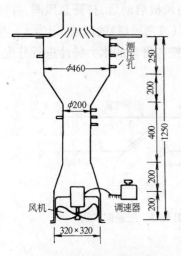

图 18-1　风口风量测定装置

一种带有可调风量并可利用局部管件产生的局部压差来测定风口风量的装置(见图 18-1)可使风口风量测定大为简化。在使用风口风量测定装置时,必须调整装置内的风机转速,使风口出口处静压保持为零,这样可保证装置既不增加风口出风的阻力,也不产生吸引作用,因而测出的风量能反映风口的实际出风量。目前,国外已有风口风量测定装置的定型产品,其形式与图 18-1 所示有些变化。罩住风口的伞形罩部分可以折叠,风量及温度等均由数字仪表显示,携带也比较方便。

在缺乏风口风量测定装置时,有时采用不带风机的一段短管来集中风口的出流,然后通过短管断面风速测量来确定风口风量。这种做法用于平衡风口出风量是可行的,但在确定风量时,如原有系统阻力较小,加上短管后则会产生不可忽视的影响。

对于一般要求不高的空调系统,也可采用叶轮风速仪或热电式风速仪在风口处直接测量风量,但误差较大。测量时将叶轮风速仪紧贴风口平面,按风口断面大小,把风口划分为若干个面积相等的小块,在其中心处逐个测定,然后计算出平均风速 v_p,再按下式计算风量

$$L = 3600kFv_p \tag{18-1}$$

式中　L——送风口风量,m^3/h;

　　　k——考虑风口结构装饰形式的修正系数,一般取 0.7～1.0,对双层矩形百叶风口取 $\kappa = 0.72$;

　　　F——送风口外框面积,m^2;

　　　v_p——风口断面的平均风速,m/s。

由于送风口存在射流,所以用叶轮风速仪测定要比热球风速仪要好。

对于回风口的风量测定,由于吸气作用范围较小,气流比较均匀,采用叶轮式风速仪或各种热电式风速仪贴近风口测量,其结果比较正确。计算公式同式(18-1)。

(二) 空调系统风量的调整

空调系统的风量调整实质是通过改变管路的阻力特性,使系统的总风量、新风量和回风量以及各支路的风量分配满足设计要求。空调系统的风量调整不能采用使个别风口满足设计风量要求的局部调整法。因为任何局部调整都会对整个系统的风量分配发生或大或小的影响。

根据流体力学中管内流动的一般规律可知,风道的阻力损失是近似地与风量的平方成正比即:

$$\Delta P \cong \mu L^2 \tag{18-2}$$

式中 ΔP——风道的阻力损失,Pa;

μ——风道的阻力特性系数;

L——通过风道的风量,m³/h。

μ 值是与空气的性质、风管直径、长度、摩阻和局部阻力系数有关的比例常数。对同一风管,如只改变风量,其他条件不变,则 μ 值基本不变。

按式(18-2)的关系,先分析一简单系统(见图18-2)。设风机启动后,打开总风阀,并将三通阀门(见图18-3)置于中间位置。这时,分别测出两支管(或两风口)的风量,记为 L_A 与 L_B。在该送风系统中,三通两支管的压力损失应平衡,流量按各管段的水力特性进行分配,则:

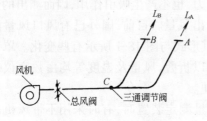

图 18-2 风量调整示例   图 18-3 三通调节阀

$$\Delta P_{C\text{-}B} = \Delta P_{C\text{-}A}$$

或
$$\mu_{C\text{-}B} L_B^2 = \mu_{C\text{-}A} L_A^2$$

或
$$\frac{\mu_{C\text{-}B}}{\mu_{C\text{-}A}} = \left(\frac{L_A}{L_B}\right)^2 \tag{18-3}$$

上述关系式不论总风阀开大或关小都是存在的。只要不改变 C-B 与 C-A 两支管通路上的阻力特性,L_A/L_B 的比例关系也就不变化。

空调系统风量的调整就是根据这一原理进行的。具体的调整方法有:流量等比分配法,基准风口调整法和逐段分支调整法。由于逐段分支调整法太费时,所以只介绍前两种调整风量的方法。

1. 流量等比分配法

流量等比分配法是靠测量风管内的风量进行调整的方法。其方法是由最远管路的最不利风口开始,逐步调整直到风机为止。现以图18-4为例,进行风量的调整如下:

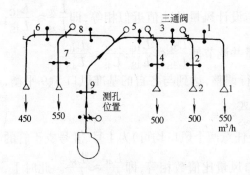

图 18-4　风管风量的调整图

首先选择离风机最远的 1 号风口为最不利风口，即最不利管路为：1—3—5—9，从 1 号支管开始测量和调整；用两套仪器（毕托管与倾斜微压计）分别测量支管 1 和 2 的风量，并用三通调节阀进行调节（或用支管上安装的其他类型阀门），使两支管的实测风量的比值与设计风量的比值相等为止，即 $\dfrac{L_{2C}}{L_{1C}}=\dfrac{L_{2S}}{L_{1S}}$。

用同样的方法测量并调整各支管、支干管，使得：$\dfrac{L_{4C}}{L_{3C}}=\dfrac{L_{4S}}{L_{3S}}$；$\dfrac{L_{7C}}{L_{6C}}=\dfrac{L_{7S}}{L_{6S}}$；$\dfrac{L_{5C}}{L_{8C}}=\dfrac{L_{5S}}{L_{8S}}$。此时，实测风量并不等于设计风量，不过已为达到设计风量创造了条件。

最后，根据风量的平衡原理，通过调节风机出口总管上的总风量调节阀，使总风量达到设计风量。各支干管、支管的风量就会按各自的设计风量进行等比分配。

流量等比分配法，测量次数不多，结果比较准确，适用于较大的集中式空调系统的风量调整。该方法的缺点是测量时需在每一个管段上打测孔，比较麻烦而且困难。有时，由于风管周围空间狭小，无法打测孔，这样便限制了此方法的普遍使用。

2. 基准风口调整法

此方法以风口风量测量为基础，比流量等比分配法和逐段分支调整法方便，不需要在每支管段上打测孔。适用于大型建筑空调系统风口数量较多的风量测试与调整。现以图 18-5 所示的系统为例，将具体步骤说明如下：

（1）测送风量。图 18-5 中的系统共有三条支干管，其中支干管 I 有 1～4 号风口；II 有 5～8 号风口；IV 有 9～12 号风口。

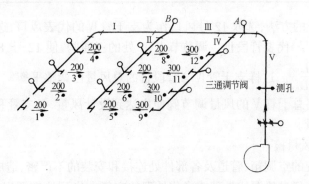

图 18-5　送风系统图

首先用风速仪初测全部风口送风量，并计算每个风口的实测风量与设计风量的比值，列入记录表 18-1 中。

（2）从表中选出每条支干管上比值最小的风口，作为调整各支干管上风口风量的基准风口（例如，支干管 I 上的 1 号风口；支干管 II 上的 5 号风口；支干管 IV 上的 9 号风口）。

（3）从最远支干管 I 开始进行测量与调整：可采用两套风速仪同时测量 1、2 号风口的风量,再调节三通阀,使 1、2 号风口的实测风量与设计风量的比值近似相等,即 $\frac{L_{2C}}{L_{2S}} \approx \frac{L_{1C}}{L_{1S}}$;用同样的方法测量 1、3 号风口,1、4 号风口的风量并调节使 $\frac{L_{3C}}{L_{3S}} \approx \frac{L_{1C}}{L_{1S}}$; $\frac{L_{4C}}{L_{4S}} \approx \frac{L_{1C}}{L_{1S}}$。

(4) 按相同的方法对支管 Ⅱ、Ⅳ 上的风口进行调整,达到与各自的基准风口 5、9 平衡,即 $\frac{L_{6C}}{L_{6S}} \approx \frac{L_{7C}}{L_{7S}} \approx \frac{L_{8C}}{L_{8S}} \approx \frac{L_{5C}}{L_{5S}}$; $\frac{L_{10C}}{L_{10S}} \approx \frac{L_{11C}}{L_{11S}} \approx \frac{L_{12C}}{L_{12S}} \approx \frac{L_{9C}}{L_{9S}}$。

(5) 选取 4 号、8 号风口(Ⅰ号、Ⅱ号支干管上任意两个风口均可)为 Ⅰ号、Ⅱ号支干管的代表风口,调节节点 B 处的三通阀,使 4、8 号风口风量比值数相等,即 $\frac{L_{4C}}{L_{4S}} \approx \frac{L_{8C}}{L_{8S}}$。此时 Ⅰ、Ⅱ号支干管的总风量已调整平衡。

系统风量分配的初测结果   表 18-1

风口编号	设计风量	初测风量	初测风量/设计风量×100%
1	200	160	80
2	200	180	90
3	200	220	110
4	200	250	115
5	200	190	95
6	200	210	105
7	200	230	115
8	200	240	120
9	300	240	80
10	300	270	90
11	300	330	110
12	300	360	120

(6) 再以同样的方法,选取 12 号风口作为支干管Ⅳ的代表风口,选取 4、8 号风口中的任一风口(例如 8 号)代表管段Ⅲ。调节节点 A 处的三通阀,使 12 号、8 号风口风量比值近似相等,即 $\frac{L_{12C}}{L_{12S}} \approx \frac{L_{8C}}{L_{8S}}$。这样支干管Ⅳ与管段Ⅲ的总风量已调整平衡。

(7) 最后调整总干管Ⅴ的风量调节阀使之达到设计风量,各支管和各风口将按比例自动调整到设计风量。

(三) 系统漏风量检查

由于空调系统的空调箱、管道及各部件处连接和安装的不严密,造成在系统运行时存在不同程度的漏风。经过热湿比处理或净化处理的空气在未到达空调房间之前漏失,显然会造成能量的无端浪费,严重时将影响整个系统的工作能力以致达不到原设计的要求。

检查漏风量的方法是将所要检查的系统或系统中某一部分的进出通路堵死,利用一外接的风机通过管道向受检测部分送风,同时测量送入被测部分的风量和在内部造成的静压,从而找出漏风量与内部静压的关系曲线或关系式,

即:
$$\Delta P_j = AL_1^m \tag{18-4}$$

式中 ΔP_j——所测部分内外静压差;

      L_1——漏风量;

A、m——系数和指数,取决于被测对象的孔隙或孔口结构特性。

在此基础上,根据被测部分正常运行时内压的大小,确定漏风量(L_1),并按下式确定漏风率 P:

$$P = \frac{L_1}{L} \times 100\% \qquad (18\text{-}5)$$

式中 L——系统正常运行时通过被测部分的风量。

图 18-6 所示出漏风量的测定方法,图内只表示了一段风管的漏风量的测定,若对某一系统或带有风口的某些管段测定漏风量,则需要封死各对外通路(如风口等)及检查门。可见,漏风量测定是相当费力的,只有在严格要求并且在施工验收规范中规定检测时才必须现场测定。

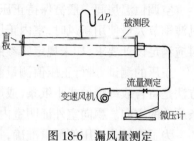

图 18-6 漏风量测定

二、空调系统送风参数的测定与调整

测试送风参数,是为了检查空调送风参数(温度和相对湿度)能否在室外新风为设计状态时保证要求的设计送风状态。

系统送风参数的测试调整应在系统风量测试调整之后,室外气象条件接近设计工况条件下进行。其测试部位可以在风管内或在风口处。对于一般精度的空调系统,可以用 0.1℃ 分度的水银温度计测量温度;高精度的空调系统,可用 0.01℃ 分度的水银温度计或小量程温度自动记录仪测试。相对湿度可用通风干湿表或电阻湿度计测试。在风管内测试空气的温度和相对湿度时,测点应尽可能布置在气流比较稳定,湿度比较均匀的断面上,如果同一断面上各点的参数差异较大,则应多测几点求平均值。在风口处测量空气的温度和相对湿度时,测点应靠近风口断面不受外界气流扰动的部位,以保证测试的准确性。若实际测试的送风温度和相对湿度达不到设计要求时,一般情况是冷热媒的参数或流量不符合设计规范所造成。若送风温度偏高或偏低,此时应调节第二,第三次加热器的散热量或调第二次回风量。若相对湿度偏高或偏低,此时可调节喷水温度,降低或提高机器的露点温度。

如经上述方法调整后,送风参数仍满足不了设计和使用要求,则应会同使用、设计、施工单位共同分析系统存在的问题,可通过对整个系统的空气处理过程的测试查找原因,并采取相应的改进措施,使系统送风参数符合设计要求。

三、室内静压调整

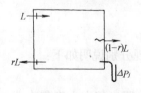

图 18-7 室内静压调整

根据设计要求,某些房间要求保持内部静压高于或低于周围大气压力,同时一些相邻房间之间有时也要求保持不同的静压值。因此在空调测定与调整中也包括室内静压值的测定与调整。

在一个空间内(见图 18-7),送风量为 L,回风量为 rL(r 为回风比),则 $L(1-r)$ 即为新风量,亦即需要通过房间的不严密处逸出的风量。类似管道漏风量的关系式可以写出:

$$(1-r)L = \alpha \Delta P_j^{\frac{1}{m}} \qquad (18\text{-}6)$$

$$或 \qquad \Delta P_j = A[(1-r)L]^m \qquad (18\text{-}7)$$

式中,$A = \dfrac{1}{\alpha^m}$;α,m 为房间孔隙的结构特性系数。

由上式可见，ΔP_j 的大小与 $(1-r)L$ 的大小有关，同时与房间不严密处的孔隙大小和其结构特性有关。因此，采用同样的回风比 r，在不同的空间内可能形成不同的静压值。

在有局部排气的空间内要形成一定室内正压，则需保证 $(1-r)L>L_{排}$（局部排风量）。多个相邻房间为保证洁净度或防止污染，有时需调整成梯级正压。在这种情况下，应依次检查各房间的静压值，保证各房间之间所需维持的静压差。

空调恒温房间一般需保持正压。当工艺上无特殊要求时，室内正压宜采用 $5\sim10\mathrm{Pa}$；当过渡季节大量使用新风时，室内正压不得大于 $50\mathrm{Pa}$，如果设计时规定了具体的正压值，试调时应满足设计要求，如未规定则参照上述数值进行调整。

正压的测试：进行正压值测量前，首先试验一下室内是否处于正压状态。试验的最简便方法是将合成纤维丝或小纸条（或燃着的香等）放在稍微开启的门缝处。观察尼龙丝或小纸条飘动的方向。飘向室外证明室内是正压，飘向室内证明是负压。

为了能够将正压值测量准确，宜使补偿式微压计进行测量。将微压计放置室内，微压计的"－"端接好橡皮管，把橡皮管的另一端经门缝拉出室外与大气相通，从微压计上读取室内静压值，即是室内所保持的正压值。也可以将微压计放置于被测房间门外，微压计的"＋"端接橡皮管，将橡皮管另一端拉入被测房间；若微压计所处的空间没有与大气相通，要设法与大气相通。

正压的调整：为了保持室内正压，通常是靠调节房间回风量的大小来实现的。在房间送风量不变的情况下，开大房间回风调节阀，就能减小室内正压值。关小调节阀就会增大正压值。如果房间有两个以上的回风口时，在调节阀门时，要照顾到各回风口风量的均匀性；否则，将对房间气流组织带来不良的影响。

房间静压值的测定和调整方法主要是靠调节回风量实现的。在使用无回风的风机盘管加集中新风的系统（或诱导器系统）时，则室内正压完全由新风系统的送风量所决定。

除上述各项测试调整外，有时需对系统某部件的阻力或整个系统的阻力状况进行测定，以便分析造成阻力损失大的原因或系统在风机作用下的实际工作点。这对于检查系统设计，设备性能及改进系统的运行工况都有实际意义。

第三节　设备的容量与效果检验

在风量调整的基础上，应对空气处理系统各种处理设备的出力（容量）以及启动系统后的处理调节效果进行检验。

一、空气处理设备的容量检验

对一般空调系统，检测的主要设备为加热器，表冷器或喷水室。现分别说明如下：

1. 加热器容量检验

在空调系统中，普遍采用以热水或蒸汽为热媒的加热器和电加热器。其中大型集中式空调系统多采用热水或蒸汽加热器，小型空调机组多采用电加热器。本节主要介绍热水或蒸汽加热器容量的测试方法。

加热器的容量检验应在冬季工况下进行，以便尽可能接近设计工况。在难于实现冬季测试时，也可利用非设计工况下的检测结果来推算设计工况下的放热量。

检测加热器放热量可选择温度较低的时间（如夜间），关闭加热器旁通阀门，打开热媒管

道阀门,待系统加热工况基本稳定后,测出通过加热器的风量和前后温差,得出此时加热量为:

$$Q' = G \cdot c(\overline{t_2} - \overline{t_1}) \tag{18-8}$$

式中,$\overline{t_1}$,$\overline{t_2}$ 为加热器前、后空气的平均干球温度。

已知在设计条件下加热器的放热量为:

$$Q = KF\left(\frac{t_c + t_z}{2} - \frac{t_1 + t_2}{2}\right) \tag{18-9}$$

检测条件下加热器放热量为:

$$Q' = KF\left(\frac{t'_c + t'_z}{2} - \frac{\overline{t_1} + t_2}{2}\right) \tag{18-10}$$

如果检测时的风量和热媒流量与设计工况下相同,则

$$Q = Q' \frac{(t_c + t_z) - (t_1 + t_2)}{(t'_c + t'_z) - (\overline{t_1} + t_2)} \tag{18-11}$$

式中　t_c,t_z——设计条件下热媒的初、终温度;

　　　t_1,t_2——设计条件下空气的初、终温度;

　　　t'_c,t'_z——检测条件下热媒的初、终温度。

在式(18-11)中,经实测 t'_c,t'_z,$\overline{t_1}$,$\overline{t_2}$ 及 Q' 均为已知,设计条件下的 t_c,t_z,t_1 及 t_2 也是已知的,故可推算出加热器在设计工况下的散热量 Q。如 Q 值与设计要求接近,则可认为加热器的容量是能满足设计要求的。

在确定空气的温度时,应采用分块多点测试取其平均值的方法进行,以防温度分布不均匀而造成误差过大。为防止辐射热等因素的影响,应采取必要的防护措施(温度计温包应有防热辐射罩)。

在确定热媒参数时,可采用下述方法进行确定。当热媒为蒸汽时,可用精度较高,分度较小的压力表测出蒸汽压力,根据蒸汽压力查对应的饱和温度,并以此作为热媒的平均温度;当热媒为热水时,可将棒式温度计插入测温套内测出供、回水温度。如果没有测温套,可由热电偶做近似测量,其做法是将靠近加热器的供水及回水管表面的油漆刮掉,用砂布将其擦亮,然后在表面涂一层凡士林油,并把热电偶接头紧贴在管道表面上并用石棉绳将其与管道包扎在一起,测得的温度就是热媒温度。

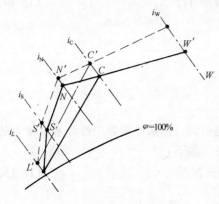

图 18-8　冷却装置容量测定

2.表冷器(喷水室)的容量检验

同样,比较理想的表冷器和喷水室检测条件应在设计工况下进行。鉴于实际条件的限制,一般可有以下两种情况:

(1)空调系统已投入使用,室内热、湿负荷比较接近设计条件。此时如室外状态 W' 能通过调整一次回风的混合比,使 $i'_C \approx i_C$,即设法使一次混合点的焓值与设计值相等(见图 18-8),然后在保持设计水初温和水流量下,测出通过冷却装置的空气终状态,如果空气终状态的焓值接近设计值,则可认为该冷却装置的容量能满足设计要求。

（2）空调系统尚未正式投入使用，但仍能使一次混合点调到与设计点焓值相同，则如上所述仍能对冷却装置的降焓量进行检验。

表冷器和喷水室的容量测定可在空气侧亦可在水侧，或两侧同时测量。空气侧测量的主要难点是通过冷却干燥后的空气终状态湿球温度不易测准，空气中带有一些水雾常常使干球和湿球表面打湿，因此，必须采取防水的措施才能取得较好的测量结果。由于测量断面较大，现场测定难于做到均匀采样，应按下式求得断面平均干球和湿球温度值。

$$t = \frac{\Sigma v_i t_i}{\Sigma v_i} \quad \text{℃} \tag{18-12}$$

式中　v_i——各测点对应的风速值。

在水侧测定冷却装置的冷量需测出一定时间内的水量和进出口水温。水量测定可采用容积法，即利用水池、水箱等容器测量水位变化，从而按下式求得水量，即

$$\overline{W} = \frac{3600 F \Delta h}{\Delta \tau} \quad \text{m}^3/\text{h} \tag{18-13}$$

式中　F——容器的断面积，m^2；

　　　Δh——在 $\Delta \tau$ 时间间隔内水位高度的变化量，m。

当然，如果条件具备亦可用孔板或其他流量测定仪器（如超声波流量计）实现管内或管外的流量测量。

水温测定应尽量使用高精度的测温仪表（如 1/10 分度的水银温度计），以免在温升较小的情况下，温度测量不准带来很大的误差。

3．空调机组的测试

（1）出风量的测试

用风速仪测量出风口的风速，由平均风速计算出风量。

（2）进、出口空气参数的测试

在空调机组的吸风口与出风口处，用干、湿球温度计测量进、出口空气的干、湿球温度，计算出进、出口空气的焓值（或者由 i-d 图查出焓值）。

（3）空调机组产冷量的测试

空调机组产冷量可按下式计算：

$$Q = G(i_1 - i_2) = L\rho(i_1 - i_2) \tag{18-14}$$

式中　Q——空调机组的产冷量，kW；

　　　G——通过的风量，kg/s；

　　　L——通过的风量，m^3/s；

　　　ρ——空气的平均密度，kg/m^3；

　i_1, i_2——空调机组进、出口空气的焓，kJ/kg。

对于水冷式空调机组，为了鉴别测量的准确性，还可通过测量冷凝器中冷却水所带走的热量和空调机组输入的总功率来计算产冷量。计算公式如下：

$$Q' = Wc(t_{w2} - t_{w1}) - N \tag{18-15}$$

式中　Q'——产冷量，kW；

　　　W——冷凝器通过的水量，kg/s；

　t_{w1}, t_{w2}——冷凝器进、出口水温，℃；

N——空调机输入总功率,kW。

比较式(18-14)与式(18-15)所计算的 Q、Q',其差值不超过10%为测量有效。

二、空调效果的检验

空调效果的检验主要指工作区内空气温度(有时也需对相对湿度),风速及洁净度的实际控制效果的检测。因此,这种检测一般在接近设计的条件下,系统正常运行,自动控制系统投入工作后进行。

1．气流分布的测定

由于工作区内温湿度和洁净度状况与气流分布有关,因此将气流分布部分的测定调整归在热力工况内。

室内气流组织测定适用于如下空调房间:(1)恒温精度要求高于±0.5℃的房间;(2)洁净房间;(3)对气流组织要求较高的房间。

气流分布的测定主要任务是检测工作区内的气流流速是否能满足设计要求,有时也对整个空间的射流运动进行测定,但这种测定也是实现工作区良好的气流分布服务的。

工作区内气流速度的测定对舒适性空调来说,主要在于检查是否不超过规范或设计要求即可。如果某些局部区域风速过大,则应对风口的出流方向进行适当调整。对具有较高精度的恒温室或洁净室,则要求在工作区内划分若干横向或竖向测量断面,形成交叉网格,在每一交点处用风速仪和流向显示装置确定该点的风速和流向。根据测定对象的精度要求,工作区范围的大小以及气流分布的特点等,一般可取测点间的水平间距为0.5～2m,竖向间距为0.5～1.0m。在有对气流流动产生重要影响的局部地点,可适当增加测点数。

空间气流分布测定方法同上。测定的目的在于了解空间内射流的衰减过程,贴附情况,作用距离及室内涡流区的情况,从而检验设计的合理性。空间气流分布测定工作量很大,在无特殊要求时只要工作区满足设计要求即可。

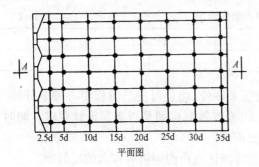

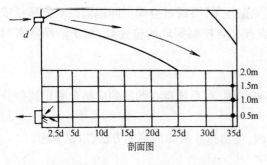

图 18-9　温湿度分布测试测点布置图

气流分布的风速测量一般用热线或热球风速仪,并可用气泡显示法,冷态发烟法或简单地使用合成纤维丝逐点确定气流方向。测量结果要求绘制出速度分布图和气流流型图。

2．工作区温湿度分布的测定

工作区温湿度测定的测点布置与气流分布测定的测点一致。所用仪器的精度应高于测定对象要求的控制精度,根据测定的结果检验工作区内的温度(或相对湿度)分布是否满足设计要求。

当系统运行基本稳定以后,在工作区域内(一般空调房间应选择人经常活动的范围或工作面为工作区,恒温恒湿房间离外墙0.5m,离地面0.5～2m范围内为工作区)不同标高平面上确定数个测试点(见图18-9),测出各点的干湿球温度数值,再将所测值分别写在测点布置图上,其测试时间间隔应安排在空调房间工作时间内,每隔半小时或 1 小时进行一次。然后再对测试结果进行分析,若所测数据均处于允许波动值范围内,就说明系统工作能满足设计要求。测量结果要求绘制出温、湿度分布图。

当不需要或无条件全面测定时,可以在回风口处测定,一般认为回风口处的空气状态基本上代表工作区的空气状态。

3. 工作区洁净度测定

对洁净房间工作区的洁净度测定,可依照我国现行的"空气洁净技术措施"中有关规定进行。由于洁净空间内微粒的数量较少,具有分布的随机性,因此,国内外有关标准中多有对采样点数、采样的最小容积的具体规定。考虑到这部分内容比较专业,建议在需要时参考我国的上述"空气洁净技术措施"及美国联邦标准 FS—209E。

总之,室内空调效果的检验不仅是对既定的空调系统工作效果的客观评价,而且也包含着对其不良效果的改进。通过对工作区空气参数的测量,常会发现气流分布,自动控制,甚至整个空调系统匹配方面的问题。因此,一项完整的测试调整,既是保证空调系统的良好工作效果所需要的,也是改进系统设计的可靠依据。

4. 消声与隔振检测

空调系统的消声效果,最终反映在空调房间内的声级大小。以声级计测定空调房间的噪声级一般可选择房间中心离地面 1.2m 处为测点。较大面积的空调房间应按设计要求选择测点数。

室内噪声测定应在空调系统停止运行时(包括室内发声设备)测出房间的本底噪声,开动空调系统后,测定由于空调系统运行所产生的噪声。如果被测房间的噪声级比本底噪声级(指 A 档)高出 10dB 以上,则本底噪声的影响可忽略不计;如果二者相差小于 3dB,则所测结果没有实质性意义;如相差在 4~9dB 之间,则可按表 18-2 进行修正。

考虑本底噪声影响的修正 表 18-2

被测噪声级与本底噪音级的差值(dB)	4~5	6~9
修 正 值	-2	-1

在条件允许时,室内噪声级不仅以 A 档数值来评价,而且可按倍频程中心频率分档测定,并在噪声评价曲线上画出各频带的噪声级,以检查被测房间是否满足设计要求。同时,可以利用所测数据,分析影响室内噪声级的主要声源。

噪声测定要注意现场反射声的影响,不应在传声器或声源附近有较大的反射面。

风机、水泵或制冷压缩机一类运动设备的隔振效果,要通过空调房间地面振动位移量或加速度测定来确定。测点一般选在房间中心或有必要控制振动的位置处,对于洁净室有时尚需测定各壁面的振动量。

三、空调系统的故障原因和排除方法

在空调系统的测定与调整中,可能发现多种问题,对系统存在的问题应结合测定调整分析产生故障的原因并提出合适的解决方法。

表 18-3 列出一般常见的故障及产生的原因,提出排除故障的可能方法,以供参考。

序号	故障内容	产生原因	解 决 方 法
1	系统送风量不足	漏风率过大	检漏并堵漏
		系统阻力过大	检查部件阻力,对不合理部件适当更换
		风机转数不对	检查皮带是否有"掉转"现象,调紧皮带
		风机倒转 风机选择不当或性能低劣	更换三相中任意两相间接线使风机正转 系统设计、施工与安装正常,所选风机风量小。可按下列各关系式调整风机转数: $$\frac{L_1}{L_2}=\frac{n_1}{n_2}$$ $$\frac{H_1}{H_2}=\left(\frac{n_1}{n_2}\right)^2$$ $$\frac{N_1}{N_2}=\left(\frac{n_1}{n_2}\right)^3$$ 式中 L(风量);n(转数);H(风压);N(功率) 必要时可更换风机
2	设备容量不足	设备选择有误	重新检查设计。如通过适当提高水量,降低水温或提高水温仍不满足要求,则必须更换
		冷(热)源出力不足	检查冷冻机制冷量,管道保温或漏热损失,检查水泵流量。管路有无堵塞。以上各项可综合检查诊断,分析原因加以解决。制冷机出现故障,按故障性质采用相应办法排除
		漏水、漏风、漏热使送风状态达不到设计要求	改善挡水板或滴水盘的安装质量,减小带水量 检查系统漏风量,尤其是热湿处理后各段的漏风量 检查风道保温和风机温升。如发现漏风和温升过大,则需堵漏,加大保温或适当降低系统的阻力
3	空调箱存水和漏水	泄水管堵塞,水封高度不够,室底坡度错误,无排水管,底池防水未做好	逐项检查,针对问题所在采取对策,但防水不好或无排水管则必须改正或加装
4	工作区空气参数不满足设计要求	室内实际热、湿负荷与设计值有较大出入	可通过进出风量和焓差测定进行校核,如必要时可加大送风量或适当调整送风状态
		风口气流分布不合理,造成工作区流速过大或不均匀系数过大	调整风口出流方向,必要时更换风口结构型式
		过滤器未检漏,系统未清洗,室内正压不保证,洁净度低于设计要求	进行过滤器检漏,保证送风的洁净度 清理清洁风道系统 调整室内正压 在设计风量下,调整气流分布,使洁净度达到要求
5	室内噪声级过高超过允许值	风口部件松动,风口风速过高	紧固松动部件,风量过大时应减少风量
		消声器消声能力低,选择不合理	检测消声器的消声能力,质量低劣应更换
		经消声器后的风道未正确隔离噪声源	检查消声器的设置位置,若隔离不佳应采取管外隔离,以减少机房噪声通过风管的传递

第四节 空调系统的日常维护及运行管理

空调系统中的冷水机组、空气处理器、风机盘管等设备,在运行中受许多外界因素的影响,如水垢的堵塞等,如果管理不严,维护不当,就会致使系统不能正常运行,效率下降,使空调系统达不到理想的效果,为了保证空调系统能正常的运行必须重视和加强对空调系统的运行管理工作。

一、空调系统的管理制度

1. 空调系统的建档制度

对空调系统中的设备,经安装调试验收后,设备主管部门应根据设备的类别,对设备进行编号、登记,并将编号牌固定在设备的明显处,以便清查核对。

对设备进行资产编号后,主管人员应负责填写设备档案卡、设备台账作为对设备管理的主要依据,设备档案卡的一种形式见表18-4、设备台账见表18-5。

设备档案卡形式　　　　　　　　　　　　　　表18-4

设备档案卡(正面)　　　　　　　　　　检修记录(反面)

设备名称		设备编号	
设备型号		设备台数	
安装地点		安装日期	
设备重量		设备图号	
设备材质		单价	
保养周期		制造厂	
功率		额定电压	
操作温度		额定电流	
工作压力		转速	
附属机械		联系电话	
		工作介质	水/蒸汽
备注			

日期	检修情况	更换零件及编号	检修人

设 备 台 账　　　　　　　　　　　　　　表18-5

类型	编号	卡片号	设备名称	型号规格	制造国别及厂名	附属设备			设备总值(万元)	投产日期	使用年限	安装地点	备注
						名称	型号规格	数量					

设备档案资料内容如下：

(1) 设备出厂合格证和检验单；

(2) 设备安装质量检验单及试车记录；

(3) 设备的性能记录；

(4) 设备的事故报告及事故修理记录；

(5) 设备的修理、保养记录、修理内容表；

(6) 设备检查的记录表；

(7) 设备改进及改装的记录；

(8) 其他有关技术资料。

2. 专门管理机构的设置制度

对空调系统设备管理机构应根据建筑物的规模和特点，设备的数量和复杂程度综合分析研究后，建立相应规模的空调专门管理机构，如某商城的空调管理模式如图18-10所示。

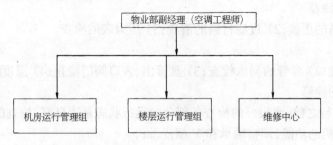

图18-10 某商城空调管理组织形式

3. 设备管理的各级责任制度

各单位应制定岗位责任制度，责任到人，各负其责。岗位责任制度应视各单位的组织形式，人员配备情况，制定适合本单位本部门的岗位责任制。

4. 空调设备管理的基本制度

空调设备管理本着责、权、利分开的原则应视各单位的具体情况制定，具体包括：

(1) 空调设备的管理制度；

(2) 空调设备的维护修理制度；

(3) 空调备件和库房的管理制度；

(4) 空调设备维修的技术管理制度；

(5) 空调设备的事故和事故处理制度；

(6) 设备管理和维修的经济管理制度。

二、空调系统的节能措施

近年来，由于世界范围的能源紧张，各国普遍重视能源节约问题。我国能源价格在不断上涨，各种高层建筑用空调越来越多，且能源消耗巨大，因此，节能对现代建筑的设备管理来说就显得非常重要。

空调系统节约能源应形成制度化，在空调系统中，常采用(1)先进的计算机管理技术达到节能目的；(2)采用合理的先进调节技术(如采用变频技术，调节循环水泵、风机)达到节能目的；(3)做必要的保温，减小管道距离等办法达到节能目的；(4)从设计上选用节能设备及节能方案达到节能目的等。

三、空调系统春秋运行间歇期的维修

对于空调系统,特别是舒适性空调,在春秋季总存在一间歇期,也是做好送冷和送暖的准备期,应对空调系统作好必要的检修。

1. 对冷水机组的检修

冷水机组一般都是封闭产品,在使用冷水机组前要对机器的密封部分进行检查、鉴定和调整。同时对压力表、温度计、油压计等指示仪表的正确性进行检查和调整。

2. 空气处理机组(风机盘管)的检修

在一个建筑物中有许多空气处理机组和风机盘管,在使用前应对其送风机、空气过滤器、冷盘管进行检查和修理。

(1) 送风机的检查和修理

1) 叶轮的清扫;2) 轴承的检修;3) 皮带的检查更换;4) 送风机基础螺丝的紧固。

(2) 空气过滤器

1) 过滤材料的更换;2) 过滤材料的清洗;3) 压力表的检查。

(3) 冷盘管

1) 盘管清洗;2) 盘管的漏水检查;3) 盘管出、入口阀门检查;4) 温度计调整。

3. 冷却塔的检修

在冷却塔运行之前,要很好的检查各部分的运行状态是否良好,检查的重点如下:

(1) 检查风机的功能,调整轴承和 V 型皮带;

(2) 检查散水和喷雾状态是否正常;

(3) 从上部水箱流入冷却塔的水是否均匀,是否平稳的流过填充材料的表面;

(4) 水滴是否有飞散的现象;

(5) 调整下部水箱的自动补水装置的浮球。另外还要观察下部水箱是否有漏水的现象;

(6) 检查过滤器和冷却水补给水箱的液面继电器以及水箱周围的阀门是否正常;

(7) 冷却水的水质是否合格。

4. 水泵的检查

夏季送冷期使用泵的台数是比较多的,日常的修理量也是很大的,尤其对以下的项目必须进行认真的检查。

(1) 检查送冷用的各种泵的运行状态和实际运行负荷是否正常,即额定的电流值是多少,实际的电流值是多少;

(2) 检查和实验泵的压力表、联轴节、止回阀、底阀的功能;

(3) 检查泵的启动旋塞、放气旋塞、压盖密封垫是否正常;

(4) 检查泵的运转是否有振动和噪声,有无其他异常现象;

(5) 检查泵的防振橡皮、软管是否正常。

以上几项是在送冷前必须检查、修理和鉴定的准备工作。

5. 风道、送风口和回风口的检修

在运行过程中,由于空气湿度大等原因,而使风道、风口处易积灰,应对风口、风道进行清扫,其方法是在休息日或夜间调整挡板,使气流在风道内急剧转向,将灰尘吹出,并清扫风口。

6．制冷剂及冷冻机油的补充

在运行前应注意检查冷冻机中制冷剂量及冷冻机油量的多少，并使之达到规定值，并在运行中，经常保持规定的量。

四、空调系统运行记录及维护

1．空调系统数据分析

空调系统目前大量使用节能和自动化设备，为了最大限度地使用这些装置，数据管理就是非常重要的。如表18-6,18-7所示，分别为压缩式冷水机组和吸收式冷水机组的运行日志。图18-11为它们的数据比较。通过对以上冷水机组的数据比较，可以了解冷冻机的性能变化，从而对冷水机组进行相应的维修。

压缩式冷水机组运行记录　　　　　　　表18-6

年　月　日		值　班　人　员：								
时　间		8.00	10.00	12.00	14.00	16.00	18.00	20.00	24.00	4.00
蒸发器	真空(MPa) 冷媒温度(℃) 冷水温度(入口)(℃) 冷水温度(出口)(℃)									
	冷水量(m³/h)									
	水泵　电　流(A) 入口压力(MPa) 出口压力(MPa)									
冷凝器	压力(MPa) 冷媒温度(℃) 冷却水温度（入口）(℃) 冷却水温度（出口）(℃) 冷却水量(m³/h)									
	水泵　电　流(A) 入口压力(MPa) 出口压力(MPa)									
压缩机	油　温(℃) 油压(MPa) 油箱压力(MPa) 阀门开度									
主电机	电　压(V) 电　流(A)									
抽气回收装置	冷媒液位 动作次数									

油面

冷媒加入量＿＿＿＿＿＿kg　　抽出量＿＿＿＿＿＿kg

加入油量＿＿＿＿＿L(油箱、压缩机)

抽出量＿＿＿＿＿L(油箱、压缩机)

从抽气装置排除来的水量＿＿＿＿＿cm³

吸收式冷水机组运行日志 表18-7

记录_____ 使用场所：_____
室外温度_____℃ 日期_____

	测 定 时 间						
冷冻 冷却水	冷冻水入口温度	（℃）					
	冷冻水出口温度	（℃）					
	冷却水入口温度	（℃）					
	冷却水出口温度	（℃）					
机身各 部位温度	稀、再生泵出口	（℃）					
	稀、高温换热器	（℃）					
	中、高压再生器出口	（℃）					
	浓、低压再生器出口	（℃）					
	浓、低压换热器出口	（℃）					
	高压再生器	（℃）					
压力	蒸汽总压力	（MPa）					
	蒸发器	（MPa）					
	高温再生器	（MPa）					
	冷媒泵出口	（MPa）					
	热回收器	（MPa）					
液面	蒸发器	（mm）					
	吸收器	（mm）					
	高温再生器	（mm）					
	低温再生器	（mm）					
	辛醇	（mm）					
冷冻泵	电流	（A）					
	温度	（℃）					
冷却泵	电流	（A）					
	温度	（℃）					

2．空调系统运行期间的维修

（1）冷冻机的修理和试运行

1）试运行前的检查

对于不同的建筑物，冷冻机停运的时间也不一样，一般大约在5～6个月左右，每年的四月份开始做送冷的准备工作，冷冻机在送冷之前，应对以下部件进行检查。

A．对节油器浮子室功能进行检查；

B．对压缩机、冷凝器、蒸发器及冷媒管道的密封性进行检查；

C．向制冷系统加润滑油和冷媒；

D．对电动机绝缘电阻进行检查。

2）冷冻机的试运行调整

冷冻机的试运行是将冷冻机的负荷从零到全开逐渐增大，来检查冷冻机负荷是否正常，部件工作是否正常。同时还应对以下项目进行检查试验：

A．冷冻水、冷却水断水切换继电器的动作试验；

408

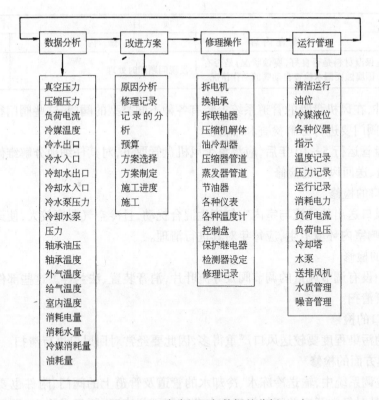

图 18-11 冷冻机运行数据的分析

B. 冷冻水和冷媒温度过低的动作试验；

C. 高压切换的动作试验；

D. 油压降低的动作试验。

对以上安全保护装置的动作试验是人为进行的,在试运行调整当中,模仿不同的温度和压力,分别观察各继电器的动作是否正常。

另外,还应检查油冷却器的性能,润滑油保温装置和冷却水电磁阀的动作是否正常,将试运行中记录的数据与冷冻机厂试验的数据进行比较,分析是否有不正常现象。

(2) 风机盘管的维修

对风机盘管必须进行日常巡视检查,以及进行定期维修保养,其具体内容见表 18-8 所示。

风机盘管保养和维修内容   表 18-8

名　称	项　目		
	巡 视 检 查 内 容	维 修 内 容	周　次
空气过滤器	观察过滤器表面脏污程度	用水冲净	1 次/月
冷热盘管	观察翅片管表面的脏污情况 弯管的腐蚀状况	用水及药品进行清洗	2 次/年
送 风 机	观察叶轮沾污灰尘的多少,噪音的情况	叶轮的清理	2 次/年
滴 水 盘	观察滴水盘是否有污物 观察排水功能是否良好	防水网和水盘的清扫	2 次/年

名　　称	项　　目		
	巡 视 检 查 内 容	维 修 内 容	周　次
管　道	保温材料是否良好,腐蚀状况,是否有因腐蚀而漏水检查自动阀的动作情况。	发现问题随时处理	随　时

除此之外,在风机盘管的管道系统上装有各种不同类型的阀门,这些阀门很少进行开阀操作,因此对阀门要进行分解检查和维修。

对风机盘管运行 5~10 年后,应将整个风机盘管取下,对其仔细地分解维修。

(3) 风道、送回风口的检修

1) 送风口的检修

由于送风口送出的气流与室内空气产生混合扰动,且冷空气湿度较大,使送风口附近易沾附灰尘,影响室内环境卫生,应每年对其进行清理。

2) 风道的检修

在风道中设有调节风量的调节阀及导流叶片,消音装置、法兰等。这些部件最易沾附灰尘应进行认真清扫。

3) 回风口的检修

回风口的污染程度要较送风口严重得多,因此要经常对回风口进行清扫。

(4) 其他方面的检修

在整个空调系统中,输送冷冻水、冷却水的管道及管道上的阀门、附件也要经常性的检查、维修。尤其对经常开启关闭的阀门及自动控制用仪表,更要经常检查,发现故障应及时维修。

空调正常高效运行必须有冷却水和冷冻水水质的保证,对冷冻水应采用软化水,并且对水处理设备出水水质进行严格的检查,且对冷冻水补水水处理设备进行经常性维修。为防止冷却水产生藻类,应采取先进的电子(或电磁)水处理仪,或定期向水中投入药品。

五、空调系统计算机管理原理

建筑计算机智能管理技术在二十世纪七十年代在一些发达国家就已经开始了。

采用计算机对建筑物进行智能管理具有节省人力,节约能源,操作方便,设备运行安全可靠等优点。

1. 计算机管理空调系统具有以下功能:

1) 测量功能

可以利用计算机来测量系统运行中各控制点的温度、湿度、压力,以获得控制点的参数来控制系统正常经济的运行。

2) 记录功能

计算机控制系统可对空调设备的运行进行记录,当空调设备发生故障时,可记录下故障的内容和时间,并能准确的收集空调设备的资料,以协助对系统设备进行管理积累经验。

3) 控制功能

能充分发挥计算机功能的部分为:空调系统的最佳运行状态的控制。

将各控制点所测得的状态参数远传输送到中心控制计算机中,计算机利用预先设置的运行参数,对空调系统中的阀门、挡板及电机转速进行调节,从而使温度、湿度保持在一定的范围内。这样即保证了空调在最佳范围内运行,同时也提高了冷热源的运行效率,节约能源。

2. 空调系统的操作

使用计算机综合控制系统完成以上所述的功能,要按照事先编排好的程序控制空调设备的启动和停止。并对所有的空调设备进行监视、测量和控制,使空调机组在最经济合理的状态下,达到最舒适的要求。并将各数据绘制成日报和月报。

当空调系统发生故障时,操作人员利用监视系统和计算机操作系统,充分发挥计算机故障诊断功能,并结合人的智能判断相结合的优势,快速判断故障类型、原因,做出解决方案,完成故障的处理。

习　题

1. 空调系统进行测试的目的是什么?
2. 空调系统风量的调整方法有哪些?
3. 简述空调房间室内正压的测试方法?
4. 简述空调房间内气流速度的测试方法?
5. 简述空调房间工作区温度和湿度的测试方法?
6. 空调系统中常见的故障有哪些? 如何解决?

附　录

空调工程常用单位换算表

序　号	物理量	符　号	SI 单位制	工程单位制	换　算
1	长　度	l	m	m	—
2	面　积	F	m^2	m^2	—
3	质　量	m	kg	kg	—
4	时　间	τ	s	s	—
5	速　度	$v(\omega)$	m/s	m/s	—
6	加速度	g	m/s^2	m/s^2	—
7	力	f	N	kgf	$1kgf = 9.81N$
8	压　力	P	$N/m^2 = Pa$	kgf/m^2	$1kgf/m^2 = 9.81N/m^2$
9	温　度	t	K	℃	$1℃ = 1K$
10	功,热量	$W(Q)$	kJ	kcal	$1kcal = 4.19kJ$
11	热流量,功率	$Q(N)$	W	kgf·m/s	$1kgf·m/s = 9.81W$
12	比 热 流	q	W/m^2	$kgf/(s·m)$	$1kgf/(s·m) = 9.81W/m^2$
13	比　热	c	kJ/(kg·K)	kcal/(kg·℃)	$1kcal/(kg·℃) = 4.19kJ/(kg·K)$
14	焓	h	kJ/kg	kcal/kg	$1kcal/kg = 4.19kJ/kg$
15	熵	s	kJ/K	kcal/℃	$1kcal/℃ = 4.19kJ/K$
16	汽化潜热	r	kJ/kg	kcal/kg	$1kcal/kg = 4.19kJ/kg$
17	导热系数	λ	W/(m·K)	kcal/(m·h·℃)	$1kcal/(m·h·℃) = 1.163W/(m·K)$
18	换热系数	a	$W/(m^2·K)$	kcal/(m^2·h·℃)	$1kcal/(m^2·h·℃) = 1.163W/(m^2·K)$
19	传热系数	K	$W/(m^2·K)$	kcal/(m^2·h·℃)	$1kcal/(m^2·h·℃) = 1.163W/(m^2·K)$
20	导温系数	a	m^2/s	m^2/s	—
21	比　容	v	m^3/kg	m^3/kg	—
22	密　度	ρ	kg/m^3	kg/m^3	—
23	运动粘性系数	ν	m^2/s	m^2/s	—
24	质量流量	G	kg/s(kg/h)	kg/s(kg/h)	—
25	体积流量	L	$m^3/s(m^3/h)$	$m^3/s(m^3/h)$	—

居住区大气中有害物质的最高容许浓度(摘录)　　　　　　附录 1-1

编号	物质名称	最高容许浓度 (mg/m³) 一次	日平均	编号	物质名称	最高容许浓度 (mg/m³) 一次	日平均	编号	物质名称	最高容许浓度 (mg/m³) 一次	日平均
1	一氧化碳	3.00	1.00	14	吡啶	0.08		25	硫化氢	0.01	
2	乙醛	0.01		15	苯	2.40	0.80	26	硫酸	0.30	0.10
3	二甲苯	0.30		16	苯乙烯	0.01		27	硝基苯	0.01	
4	二氧化硫	0.50	0.15	17	苯胺	0.10	0.03	28	铅及其无机化合物(换算成 Pb)		0.0007
5	二硫化碳	0.04		18	环氧氯丙烷	0.20					
6	五氧化二磷	0.15	0.05	19	氟化物(换算成 F)	0.02	0.007	29	氯	0.10	0.03
7	丙烯腈		0.05	20	氨	0.20		30	氯丁二烯	0.10	
8	丙烯醛	0.10		21	氧化氮(换算成 NO₂)		0.15	31	氯化氢	0.05	0.015
9	丙酮	0.80						32	铬(六价)	0.0015	
10	甲基对硫磷(甲基 E₆₀₅)	0.01		22	砷化物(换算成 As)		0.003	33	锰及其化合物(换算成 MnO₂)		0.01
11	甲醇	3.00	1.00	23	敌百虫	0.10					
12	甲醛	0.05		24	酚	0.02		34	飘尘	0.50	0.15
13	汞		0.0003								

注：1．一次最高容许浓度，指任何一次测定结果的最大容许值。

　　2．日平均最高容许浓度，指任何一日的平均浓度的最大容许值。

　　3．本表所列各项有害物质的检验方法，应按现行的《大气监测检验方法》执行。

　　4．灰尘自然沉降量，可在当地清洁区实测数值的基础上增加 3～5t/km²/月。

车间空气中有害物质的最高容许浓度(摘录)　　　　　　附录 1-2

编号	物质名称	最高容许浓度 (mg/m³)	编号	物质名称	最高容许浓度 (mg/m³)	编号	物质名称	最高容许浓度 (mg/m³)
	(一)有毒物质		18	三氧化二砷及五氧化二砷	0.3	34	对硫磷(E₆₀₅)(皮)	0.05
						35	甲拌磷(3911)(皮)	0.01
1	一氧化碳①	30	19	三氧化铬、铬酸盐、重铬酸盐(换算成 CrO₃)	0.05	36	马拉硫磷(4049)(皮)	2
2	一甲胺	5				37	甲基内吸磷(甲基 E₀₅₉)(皮)	0.2
3	乙醚	500	20	三氯氢硅	3			
4	乙腈	3	21	己内酰胺	10	38	甲基对硫磷(甲基 E₆₀₅)(皮)	0.1
5	二甲胺	10	22	五氧化二磷	1			
6	二甲苯	100	23	五氯酚及其钠盐	0.3	39	乐戈(乐果)(皮)	1
7	二甲基甲酰胺(皮)	10	24	六六六	0.1	40	敌百虫(皮)	1
8	二甲基二氯硅烷	2	25	丙体六六六	0.05	41	敌敌畏(皮)	0.3
9	二氧化硫	15	26	丙酮	400	42	吡啶	4
10	二氧化硒	0.1	27	丙烯腈(皮)	2		汞及其化合物：	
11	二氯丙醇(皮)	5	28	丙烯醛	0.3	43	金属汞	0.01
12	二硫化碳(皮)	10	29	丙烯醇(皮)	2	44	升汞	0.1
13	二异氰酸甲苯酯	0.2	30	甲苯	100	45	有机汞化合物(皮)	0.005
14	丁烯	100	31	甲醛	3	46	松节油	300
15	丁二烯	100	32	光气	0.5	47	环氧氯丙烷(皮)	1
16	丁醛	10		有机磷化合物：		48	环氧乙烷	5
17	三乙基氯化锡(皮)	0.01	33	内吸磷(E₀₅₉)(皮)	0.02	49	环己酮	50

编号	物质名称	最高容许浓度(mg/m³)	编号	物质名称	最高容许浓度(mg/m³)	编号	物质名称	最高容许浓度(mg/m³)
50	环己醇	50	72	硫化铅	0.5	101	醋酸甲酯	100
51	环己烷	100	73	铍及其化合物	0.001	102	醋酸乙酯	300
52	苯(皮)	40	74	钼(可溶性化合物)	4	103	醋酸丙酯	300
53	苯及其同系物的一硝基化合物(硝基苯及硝基甲苯等)(皮)	5	75	钼(不溶性化合物)	6	104	醋酸丁酯	300
			76	黄磷	0.03	105	醋酸戊脂	100
54	苯及其同系物的二及三硝基化合物(二硝基苯、三硝基甲苯等)(皮)	1	77	酚(皮)	5		醇：	
			78	萘烷、四氢化萘	100	106	甲醇	50
55	苯的硝基及二硝基氯化物(一硝基氯苯、二硝基氯苯等)(皮)	1	79	氰化氢及氢氰酸盐(换算成 HCN)(皮)	0.3	107	丙醇	200
			80	联苯-联苯醚	7	108	丁醇	200
56	苯胺、甲苯胺、二甲苯胺(皮)	5	81	硫化氢	10	109	戊醇	100
57	苯乙烯	40	82	硫酸及三氧化硫	2	110	糠醛	10
	钒及其化合物：		83	锆及其化合物	5	111	磷化氢	0.3
58	五氧化二钒烟	0.1	84	锰及其化合物(换算成 MnO₂)	0.2		(二)生产性粉尘	
59	五氧化二钒粉尘	0.5	85	氯	1	1	含有 10% 以上游离二氧化硅的粉尘(石英、石英岩等)②	2
60	钒铁合金	1	86	氯化氢及盐酸	15	2	石棉粉尘及含有 10% 以上石棉的粉尘	2
61	苛性碱(换算成 NaOH)	0.5	87	氯苯	50	3	含有 10% 以下游离二氧化硅的滑石粉尘	4
62	氟化氢及氟化物(换算成 F)	1	88	氯萘及氯联苯(皮)	1	4	含有 10% 以下游离二氧化硅的水泥粉尘	6
63	氨	30	89	氯化苯	1	5	含有 10% 以下游离二氧化硅的煤尘	10
64	臭氧	0.3		氯代烃：		6	铝、氧化铝、铝合金粉尘	4
65	氧化氮(换算成 NO₂)	5	90	二氯乙烷	25			
66	氧化锌	5	91	三氯乙烯	30	7	玻璃棉和矿渣棉粉尘	5
67	氧化镉	0.1	92	四氯化碳(皮)	25			
68	砷化氢	0.3	93	氯乙烯	30	8	烟草及茶叶粉尘	3
	铅及其化合物：		94	氯丁二烯(皮)	2			
69	铅烟	0.03	95	溴甲烷(皮)	1	9	其他粉尘③	10
70	铅尘	0.05	96	碘甲烷(皮)	1			
71	四乙基铅(皮)	0.005	97	溶剂汽油	350			
			98	滴滴涕	0.3			
			99	羰基镍	0.0016			
			100	钨及碳化钨	6			
				醋酸酯：				

注：1. 表中最高容许浓度，是工人工作地点空气中有害物质所不应超过的数值。工作地点系指工人为观察和管理生产过程而经常或定时停留的地点，如生产操作在车间内许多不同地点进行，则整个车间均算为工作地点。

2. 有(皮)标记者为除经呼吸道吸收外，尚易经皮肤吸收的有毒物质。

3. 工人在车间内停留的时间短暂，经采取措施仍不能达到上表规定的浓度时，可与省、市、自治区卫生主管部门协商解决。

4. 本表所列各项有毒物质的检验方法，应按现行的《车间空气监测检验方法》执行。

① 一氧化碳的最高容许浓度在作业时间短暂时可予放宽：作业时间 1h 以内，一氧化碳浓度可达到 50mg/m³，半小时以内可达到 100mg/m³；15~20min 可达到 200mg/m³。在上述条件下反复作业时，两次作业之间须间隔 2h 以上。

② 含有 80% 以上游离二氧化硅的生产性粉尘，宜不超过 1mg/m³。

③ 其他粉尘系指游离二氧化硅含量在 10% 以下，不含有毒物质的矿物性和动植物性粉尘。

序　号	有害物质名称	排放有害物企业①	排 放 标 准		
			排气筒高度(m)	排放量② (kg/h)	排放浓度 (mg/m³)
1	二氧化硫	电　站	30 45 60 80 100 120 150	82 172 310 650 1200 1700 2400	
		冶　金	30 45 60 80 100 120	52 91 140 230 450 670	
		化　工	30 45 60 80 100	34 66 110 190 280	
2	二硫化碳	轻　工	20 40 60 80 100 120	5.1 15 30 51 76 110	
3	硫化氢	化工、轻工	20 40 60 80 100 120	1.3 3.8 7.6 13 19 27	
4	氟化物(换算成 F)	化　工 冶　金	30 50 120	1.8 4.1 24	
5	氮氧化物 (换算成 NO₂)	化　工	20 40 60 80 100	12 37 86 160 230	
6	氯	化工、冶金 冶　金	20 30 50 80 100	2.8 5.1 12 27 41	
7	氯化氢	化工、冶金 冶　金	20 30 50 80 100	1.4 2.5 5.9 14 20	
8	一氧化碳	化工、冶金	30 60 100	160 620 1700	

序 号	有害物质名称	排放有害物企业①	排 放 标 准		
			排气筒高度(m)	排放量② (kg/h)	排放浓度 (mg/m³)
9	硫 酸（雾）	化 工	30~45 60~80		260 600
10	铅	冶 金	100 120		34 47
11	汞	轻 工	20 30		0.01 0.02
12	铍化物（换算成 Be）		45~80		0.015
13	烟尘及生产性粉尘	电站(煤粉) 工业及采暖锅炉④ 炼钢电炉 炼钢转炉 （小于 12t） （大于 12t） 水 泥 生产性粉尘③ （第一类） （第二类）	30 45 60 80 100 120 150	82 170 310 650 1200 1700 2400	 200 200 200 150 150 100 150

① 表中未列入的企业，其有害物质的排放量可参照本表类似企业。

② 表中所列数据按平原地区，大气为中性状态，点源连续排放制订。间断排放者，若每天多次排放，其排放量按表中规定；若每天排放一次而又小于一小时，则二氧化硫、烟尘及生产性粉尘、二硫化碳、氟化物、氯、氯化氢、一氧化碳等七类物质的排放量可为表中规定量的 3 倍。

③ 系指局部通风除尘后所允许的排放浓度。第一类指：含 10% 以上游离二氧化硅或石棉的粉尘、玻璃棉和矿渣棉粉尘、铝化物粉尘等。第二类指：含 10% 以下的游离二氧化硅的煤尘及其他粉尘。

④ 见下面《锅炉(不含电站锅炉)烟尘排放标准》。

锅炉大气污染物排放标准（GB 13271—91）

区域类别	适 用 地 区	烟尘浓度 （mg/Nm³）	二氧化硫浓度 （mg/Nm³）		林格曼黑度 （级）
			燃煤含硫量 <2%	燃煤含硫量 >2%	
一	自然保护区、风景游览区、疗养地、名胜古迹区、重要建筑物周围	100	1200	1800	1
二	市区、郊区、工业区、县以上城镇	250	1200	1800	1
三	其他地区	350	1200	1800	1

注：燃料矿区的非居民使用的锅炉，在燃用发热量低于 12560kJ/kg 的燃料时，烟尘最高允许排放浓度可放宽到 800mg/Nm³。

烟囱高度	总额定出力(t/h) 或相当于 t/h	<1	$\frac{1}{<2}$	$\frac{2}{<6}$	$\frac{6}{<10}$	$\frac{10}{<20}$	$\frac{20}{<35}$
	最低高度(m)	20	25	30	35	40	45
	在烟囱周围半径 200m 的距离内有建筑物时，烟囱高度一般应高出最高建筑物 3m 以上						

注：对 1992 年 8 月 1 日前安装的锅炉仍按 GB 3841—83 中的规定执行。

序号	生产工艺	有害物的名称	速度(m/s)	序号	生产工艺	有害物的名称	速度(m/s)
一、金属热处理				17	喷漆	漆悬浮物和溶解蒸气	1.0～1.5
1	油槽淬火、回火	油蒸气、油分解产物(植物油为丙烯醛)热	0.3	四、使用粉散材料的生产过程			
2	硝石槽内淬火 t=400～700℃	硝石、悬浮尘、热	0.3	18	装料	粉尘允许浓度:100mg/m³ 以下 / 4mg/m³ 以下 / 小于1mg/m³	0.7 / 0.7～1.0 / 1.0～1.5
3	盐槽淬火 t=800～900℃	盐、悬浮尘、热	0.5	19	手工筛分和混合筛分	粉尘允许浓度:10mg/m³ 以下 / 4mg/m³ 以下 / 小于1mg/m³	1.0 / 1.25 / 1.5
4	熔铅 t=400℃	铅	1.5				
5	氰化 t=700℃	氰化合物	1.5	20	称量和分装	粉尘允许浓度:10mg/m³ 以下 / 小于1mg/m³	0.7 / 0.7～1.0
二、金属电镀				21	小件喷砂清理	硅 盐酸	1～1.5
6	镀镉	氢氰酸蒸气	1～1.5	22	小零件金属喷镀	各种金属粉尘及其氧化物	1～1.5
7	氰铜化合物	氢氰酸蒸气	1～1.5	23	水溶液蒸发	水蒸气	0.3
8	脱脂:(1)汽油 (2)氯化烃 (3)电解	汽油,氯表碳氢化合物蒸气	0.3～0.5 / 0.5～0.7 / 0.3～0.5	24	柜内化学试验工作	各种蒸气气体允许浓度:>0.01mg/L / <0.01mg/L	0.5 / 0.7～1.0
9	镀铅	铅	1.5				
10	酸洗:(1)硝酸 (2)盐酸	酸蒸气和硝酸蒸气(氯化氢)	0.7～1.0 / 0.5～0.7	25	焊接:(1)用铅或焊锡 (2)用锡和其他不含铅的金属合金	允许浓度:低于0.01mg/L / 低于0.01mg/L	0.5～0.7 / 0.3～0.5
11	镀铬	铬酸雾气和蒸气	1.0～1.5				
12	氰化镀锌	氢氰酸蒸气	1.0～1.5	26	用汞的工作:(1)不必加热的 (2)加热的	汞蒸气 / 汞蒸气	0.7～1.0 / 1.0～1.25
三、涂刷和溶解油漆				27	有特殊有害物的工序(如放射性物质)	各种蒸气、气体和粉尘	2～3
13	苯、二甲苯、甲苯	溶解蒸气	0.5～0.7				
14	煤油、白节油、松节油	溶解蒸气	0.5	28	小型制品的电焊(1)优质焊条 (2)裸焊条	金属氧化物 / 金属氧化物	0.5～0.7 / 0.5
15	无甲酸戊酯、乙酸戊酯的漆		0.5				
16	无甲酸戊酯、乙酸戊酯和甲烷的漆		0.7～1.0				

槽 的 用 途	溶液中主要有害物	镀液温度 （℃）	电流密度 （$A/m^2 \times 10^2$）	v_x （m/s）
镀 铬	H_2SO_4、CrO_3	55～58	20～35	0.5
镀耐磨铬	H_2SO_4、CrO_3	68～75	35～70	0.5
镀 铬	H_2SO_4、CrO_3	40～50	10～20	0.4
电化学抛光	H_3PO_4、H_2SO_4、CrO_3	70～90	15～20	0.4
电化学腐蚀	H_2SO_4、KCN	15～25	8～10	0.4
氰化镀锌	ZnO、NaCN、NaOH	40～70	5～20	0.4
氰化镀铜	CuCN、NaOH、NaCN	55	2～4	0.4
镍层电化学抛光	H_2SO_4、CrO_3、$C_3H_5(OH)_3$	40～45	15～20	0.4
铝件电抛光	H_3PO_4、$C_3H_5(OH)_3$	85～90	30	0.4
电化学去油	NaOH、Na_2CO_3、Na_3PO_4、Na_2SiO_3	～80	3～8	0.35
阳极腐蚀	H_2SO_4	15～25	3～5	0.35
电化学抛光	H_3PO_4	18～20	15～2	0.35
镀 镉	NaCN、NaOH、Na_2SO_4	15～25	1.5～4	0.35
氰化镀锌	ZnO、NaCN、NaOH	15～30	2～5	0.35
镀铜锡合金	NaCN、CuCN、NaOH、Na_2SnO_3	65～70	2～2.5	0.35
镀 镍	$NiSO_4$、NaCl、$COH_6(SO_3Na)_2$	50	3～4	0.35
镀 锡（碱）	Na_2SnO_3、NaOH、CH_3COONa、H_2O_2	65～75	1.5～4	0.35
镀 锡（滚）	Na_2SnO_3、NaOH、CH_3COONa	70～80	1～4	0.35
镀 锡（酸）	SnO_4、NaOH、H_2SO_4、C_6H_5OH	65～70	0.5～2	0.35
氰化电化学浸蚀	KCN	15～25	3～5	0.35
镀 金	$K_4Fe(CN)_6$、$NaCO_3$、$H(AuCl)_4$	70	4～6	0.35
铝件电抛光	Na_3PO_4	—	20～25	0.35
钢件电化学氧化	NaOH	80～90	5～10	0.35
退 铬	NaOH	室 温	5～10	0.35
酸性镀铜	$CuSO_4$、H_2SO_4	15～25	1～2	0.3
氰化镀黄铜	CuCN、NaCN、Na_2SO_3、$Zn(CO_3)$	20～30	0.3～0.5	0.3
氰化镀黄铜	CuCN、NaCN、NaOH、Na_2CO_3、$Zn(CN)_2$	15～25	1～1.5	0.3
镀 镍	$NiSO_4$、$NaSO_4$、NaCl、$MgSO_4$	15～25	0.5～1	0.3
镀锡铅合金	Pb、Sn、$H_3BO_4HBF_4$	15～25	1～1.2	0.3
电解纯化	Na_2CO_3、K_2CrO_4、H_2CO_3	20	1～6	0.3
铝阳极氧化	H_2SO_4	15～25	0.8～2.5	0.3
铝件阳极绝缘氧化	$C_2H_4O_4$	20～45	1～5	0.3
退 铜	H_2SO_4、CrO_3	20	3～8	0.3
退 镍	H_2SO_4、$C_3H_5(OH)_3$	20	3～8	0.3
化学去油	NaOH、Na_2CO_3、Na_3PO_4	—	—	0.3
黑 镍	$NiSO_4$、$(NH_4)_2SO_4$、$ZnSO_4$	15～25	0.2～0.3	0.25

规 格	散热面积 (m²)	通风有效截面积 (m²)	热媒流通截面 (m²)	管排数	管根数	连接管径 (in)	质 量 (kg)
5×5D	10.13	0.154					54
5×5Z	8.78	0.155					48
5×5X	6.23	0.158					45
10×5D	19.92	0.302	0.0043	3	23	1¼	93
10×5Z	17.26	0.306					84
10×5X	12.22	0.312					76
12×5D	24.86	0.378					113
6×6D	15.33	0.231					77
6×6Z	13.29	0.234					69
6×6X	9.43	0.239					63
10×6D	25.13	0.381					115
10×6Z	21.77	0.385					103
10×6X	15.42	0.393	0.0055	3	29	1½	93
12×6D	31.35	0.475					139
15×6D	37.73	0.572					164
15×6Z	32.67	0.579					146
15×6X	23.13	0.591					139
7×7D	20.31	0.320					97
7×7Z	17.60	0.324					87
7×7X	12.48	0.329					79
10×7D	28.59	0.450					129
10×7Z	24.77	0.456					115
10×7X	17.55	0.464					104
12×7D	35.67	0.563					156
15×7D	42.93	0.678	0.0063	3	33	2	183
15×7Z	37.18	0.685					164
15×7X	26.32	0.698					145
17×7D	49.90	0.788					210
17×7Z	43.21	0.797					187
17×7X	30.58	0.812					169
22×7D	62.75	0.991					260
15×10D	61.14	0.921					255
15×10Z	52.95	0.932					227
15×10X	37.48	0.951					203
17×10D	71.06	1.072	0.0089	3	47	2½	293
17×10Z	61.54	1.085					260
17×10X	43.56	1.106					232
20×10D	81.27	1.226					331

附录 6-1 钢板风道的摩擦损失计算图

420

动压 (Pa)	风速 (m/s)	外径 D(mm)						上行—风量(m³/h)						
								下行—单位摩擦阻力(Pa/m)						
		100	120	140	160	180	200	220	250	280	320	360	400	450
7.375	3.5	97	140	191	250	317	392	472	611	768	1004	1272	1572	1991
		2.103	1.666	1.370	1.158	0.998	0.875	0.779	0.664	0.576	0.488	0.422	0.371	0.321
7.802	3.6	100	144	197	257	326	403	486	629	789	1033	1308	1616	2047
		2.215	1.755	1.443	1.219	1.051	0.921	0.820	0.699	0.607	0.514	0.445	0.390	0.338
8.241	3.7	103	148	202	264	335	414	499	646	811	1061	1345	1661	2104
		2.329	1.846	1.518	1.283	1.106	0.969	0.863	0.735	0.639	0.541	0.468	0.411	0.355
8.693	3.8	105	152	208	272	344	425	513	663	833	1090	1381	1706	2161
		2.446	1.939	1.595	1.347	1.162	1.018	0.906	0.773	0.671	0.569	0.492	0.432	0.373
9.156	3.9	108	156	213	279	353	437	526	681	855	1119	1417	1751	2218
		2.566	2.034	1.673	1.413	1.219	1.068	0.951	0.811	0.704	0.597	0.516	0.453	0.392
9.632	4.0	111	160	219	286	362	448	540	698	877	1147	1454	1796	2275
		2.689	2.131	1.753	1.481	1.277	1.119	0.997	0.850	0.738	0.625	0.541	0.475	0.411
10.120	4.1	114	164	224	293	371	459	553	716	899	1176	1490	1841	2332
		2.814	2.231	1.835	1.550	1.337	1.172	1.043	0.839	0.772	0.655	0.566	0.497	0.430
10.619	4.2	116	168	229	300	380	470	567	733	921	1205	1526	1886	2389
		2.942	2.332	1.918	1.621	1.398	1.225	1.091	0.930	0.808	0.685	0.592	0.520	0.450
11.131	4.3	119	172	235	307	390	481	580	751	943	1233	1563	1931	2446
		3.073	2.436	2.004	1.093	1.461	1.280	1.140	0.972	0.844	0.715	0.618	0.543	0.470
11.655	4.4	122	176	240	315	399	493	594	768	965	1262	1599	1976	2502
		3.207	2.542	2.091	1.767	1.524	1.336	1.189	1.014	0.881	0.747	0.645	0.567	0.491
12.191	4.5	125	180	246	322	408	504	607	786	987	1291	1635	2021	2559
		3.343	2.650	2.180	1.842	1.589	1.393	1.240	1.057	0.918	0.778	0.673	0.591	0.512
12.738	4.6	127	184	251	329	417	515	621	803	1009	1319	1672	2065	2616
		3.482	2.760	2.271	1.919	1.655	1.451	1.292	1.102	0.957	0.811	0.701	0.616	0.533
13.298	4.7	130	188	257	336	426	526	634	821	1031	1348	1708	2110	2673
		3.623	2.873	2.364	1.997	1.723	1.510	1.345	1.147	0.996	0.844	0.730	0.641	0.555
13.870	4.8	133	192	262	343	435	537	648	838	1053	1377	1744	2155	2730
		3.768	2.987	2.458	2.077	1.792	1.571	1.398	1.192	1.036	0.878	0.759	0.667	0.577
14.454	4.9	136	196	268	350	444	549	661	856	1075	1405	1781	2200	2787
		3.915	3.104	2.554	2.159	1.862	1.632	1.153	1.239	1.077	0.912	0.789	0.693	0.600
15.050	5.0	139	200	273	357	453	560	675	873	1097	1434	1817	2245	2844
		4.065	3.223	2.652	2.241	1.933	1.695	1.509	1.287	1.118	0.948	0.819	0.720	0.623
15.658	5.1	141	204	279	365	462	571	688	890	1118	1463	1853	2290	2901
		4.217	3.344	2.751	2.326	2.006	1.759	1.566	1.335	1.160	0.983	0.850	0.747	0.646
16.278	5.2	144	208	284	372	471	582	702	908	1140	1491	1890	2335	2957
		4.372	3.467	2.853	2.411	2.080	1.823	1.624	1.385	1.203	1.020	0.882	0.775	0.670
16.910	5.3	147	212	290	379	480	593	715	925	1162	1520	1926	2380	3014
		4.530	3.592	2.956	2.499	2.156	1.889	1.683	1.435	1.247	1.057	0.914	0.803	0.695
17.554	5.4	150	216	295	386	489	605	729	943	1184	1549	1962	2425	3071
		4.691	3.720	3.061	2.587	2.232	1.957	1.742	1.486	1.291	1.094	0.946	0.831	0.720
18.211	5.5	152	220	300	393	498	616	742	960	1206	1578	1999	2470	3128
		4.854	3.850	3.168	2.678	2.310	2.025	1.803	1.538	1.336	1.133	0.980	0.860	0.745
18.879	5.6	155	224	306	400	507	627	756	978	1228	1606	2035	2514	3185
		5.020	3.981	3.276	2.769	2.389	2.094	1.865	1.591	1.382	1.172	1.013	0.890	0.770
19.559	5.7	158	228	311	407	516	638	769	995	1250	1635	2071	2559	3242
		5.189	4.115	3.386	2.863	2.470	2.165	1.928	1.644	1.429	1.211	1.047	0.920	0.796
20.251	5.8	161	232	317	415	525	649	783	1013	1272	1664	2108	2604	3299
		5.360	4.251	3.499	2.957	2.551	2.237	1.992	1.699	1.476	1.251	1.082	0.951	0.823
20.956	5.9	163	236	322	422	535	661	796	1030	1294	1692	2144	2649	3356
		5.534	4.389	3.612	3.054	2.635	2.310	2.057	1.754	1.524	1.292	1.118	0.982	0.850

动压 (Pa)	风速 (m/s)	外径 D(mm)						上行—风量(m³/h) 下行—单位摩擦阻力(Pa/m)						
		500	560	630	700	800	900	1000	1120	1250	1400	1600	1800	2000
7.375	3.5	2459	3081	3903	4821	6302	7980	9856	12369	15388	19313	25239	31956	39465
		0.282	0.245	0.213	0.187	0.159	0.138	0.121	0.106	0.093	0.081	0.069	0.060	0.053
7.802	3.6	2529	3169	4014	4959	6482	8208	10138	12723	15828	19865	25960	32869	40593
		0.297	0.259	0.224	0.197	0.167	0.145	0.128	0.111	0.098	0.085	0.073	0.063	0.056
8.241	3.7	2600	3257	4126	5097	6662	8436	10420	13076	16268	20417	26681	33782	41721
		0.312	0.272	0.236	0.207	0.176	0.153	0.134	0.117	0.103	0.090	0.076	0.066	0.059
8.693	3.8	2670	3345	4237	5235	6842	8664	10701	13429	16707	20969	27402	34695	42848
		0.328	0.286	0.248	0.218	0.185	0.161	0.141	0.123	0.108	0.094	0.080	0.070	0.062
9.156	3.9	2740	3433	4349	5372	7022	8892	10983	13783	17147	21520	28123	35608	43976
		0.344	0.300	0.260	0.229	0.194	0.169	0.148	0.129	0.113	0.099	0.084	0.073	0.065
9.632	4.0	2810	3521	4460	5510	7202	9120	11265	14136	17587	22072	28844	36521	45103
		0.361	0.315	0.272	0.240	0.204	0.177	0.156	0.136	0.119	0.104	0.088	0.077	0.068
10.120	4.1	2881	3609	4572	5648	7382	9348	11546	14490	18026	22624	29566	37435	46231
		0.378	0.329	0.285	0.251	0.213	0.185	0.163	0.142	0.125	0.109	0.093	0.080	0.071
10.619	4.2	2951	3698	4683	5786	7562	9576	11828	14843	18466	23176	30287	38348	48358
		0.395	0.345	0.298	0.262	0.223	0.193	0.170	0.149	0.130	0.114	0.097	0.084	0.074
11.131	4.3	3021	3786	4795	5923	7742	9804	12109	15197	18906	23728	31008	39261	48486
		0.413	0.360	0.312	0.274	0.233	0.202	0.178	0.155	0.136	0.119	0.101	0.088	0.078
11.655	4.4	3092	3874	4906	6061	7922	10032	12391	15550	19345	24279	31729	40174	49614
		0.431	0.376	0.325	0.286	0.243	0.211	0.186	0.162	0.142	0.124	0.106	0.092	0.081
12.191	4.5	3162	3962	5018	6199	8102	10260	12673	15903	19785	24831	32450	41087	50741
		0.450	0.392	0.339	0.299	0.254	0.220	0.194	0.169	0.148	0.129	0.110	0.096	0.084
12.738	4.6	3232	4050	5129	6337	8282	10488	12954	16257	20225	25383	33171	42000	51869
		0.468	0.408	0.354	0.311	0.265	0.229	0.202	0.176	0.155	0.135	0.115	0.100	0.088
13.298	4.7	3302	4138	5241	6474	8462	10716	13236	16610	20664	25935	33892	42913	52996
		0.488	0.425	0.368	0.324	0.275	0.239	0.210	0.183	0.161	0.140	0.120	0.104	0.092
13.870	4.8	3373	4226	5352	6612	8643	10944	13517	16964	21104	26487	34613	43826	54124
		0.507	0.442	0.383	0.337	0.287	0.248	0.219	0.191	0.167	0.146	0.124	0.108	0.095
14.454	4.9	3443	4314	5464	6750	8823	11172	13799	17317	21544	27038	35334	44739	55252
		0.527	0.460	0.398	0.350	0.298	0.258	0.227	0.198	0.174	0.152	0.129	0.112	0.099
15.050	5.0	3513	4402	5575	6888	9003	11400	14081	17670	21983	27590	36056	45652	56379
		0.548	2.477	0.413	0.364	0.309	0.268	0.236	0.206	0.181	0.158	0.134	0.117	0.103
15.658	5.1	3583	4490	5787	7025	9183	11628	14362	18024	22423	28142	36777	46565	57507
		0.568	0.495	0.429	0.377	0.321	0.278	0.245	0.214	0.188	0.164	0.139	0.121	0.107
16.278	5.2	3654	4578	5798	7163	9363	11856	14644	18377	22863	28694	37498	47478	58634
		0.589	0.514	0.445	0.391	0.333	0.289	0.254	0.222	0.195	0.170	0.145	0.126	0.111
16.910	5.3	3724	4666	5910	7301	9543	12084	14926	18731	23302	29246	38219	48391	59762
		0.611	0.532	0.461	0.406	0.345	0.299	0.263	0.230	0.202	0.176	0.150	0.130	0.115
17.554	5.4	3794	4754	6022	7439	9723	12312	15207	19084	23742	29797	38940	49304	60889
		0.633	0.551	0.478	0.420	0.357	0.310	0.273	0.238	0.209	0.182	0.155	0.135	0.119
18.211	5.5	3864	4842	6133	7576	9903	12540	15489	19437	24182	30349	39661	50217	62017
		0.655	0.571	0.494	0.435	0.370	0.321	0.283	0.246	0.216	0.189	0.161	0.140	0.123
18.879	5.6	3935	4930	6245	7714	10083	12768	15770	19791	24621	30901	40382	51130	63145
		0.677	0.590	0.511	0.450	0.383	0.332	0.292	0.255	0.224	0.195	0.166	0.144	0.127
19.559	5.7	4005	5018	6356	7852	10263	12996	16052	20144	25061	31453	41103	52043	64272
		0.700	0.610	0.529	0.465	0.396	0.343	0.302	0.264	0.231	0.202	0.172	0.149	0.132
20.251	5.8	4075	5106	6468	7990	10443	13224	16334	20498	25501	32005	41824	52956	65400
		0.723	0.631	0.546	0.481	0.409	0.355	0.312	0.272	0.239	0.209	0.178	0.154	0.136
20.956	5.9	4145	5194	6579	8127	10623	13452	16615	20851	25940	32556	42546	53869	66527
		0.747	0.651	0.564	0.496	0.422	0.366	0.322	0.281	0.247	0.215	0.184	0.159	0.141

动压 (Pa)	风速 (m/s)	外径 D(mm)					上行—风量(m³/h) 下行—单位摩擦阻力(Pa/m)							
		100	120	140	160	180	200	220	250	280	320	360	400	450
21.672	6.0	166	240	328	429	544	672	810	1048	1316	1721	2180	2694	3412
		5.711	4.530	3.728	3.151	2.719	2.384	2.123	1.810	1.573	1.334	1.153	1.013	0.877
22.400	6.1	169	244	333	436	553	683	823	1065	1338	1750	2217	2739	3469
		5.890	4.672	3.845	3.251	2.805	2.459	2.190	1.868	1.623	1.376	1.190	1.045	0.905
23.141	6.2	172	248	339	443	562	694	837	1083	1360	1778	2253	2784	3526
		6.073	4.817	3.964	3.351	2.891	2.535	2.258	1.926	1.673	1.418	1.227	1.078	0.933
23.893	6.3	175	252	344	450	571	705	850	1100	1382	1807	2289	2829	3583
		6.257	4.963	4.085	3.453	2.980	7.612	2.326	1.984	1.724	1.462	1.264	1.111	0.961
24.658	6.4	177	256	350	457	580	717	864	1117	1404	1836	2326	2874	3640
		6.445	5.112	4.208	3.557	3.069	2.691	2.396	2.044	1.776	1.506	1.302	1.144	0.990
25.435	6.5	180	260	355	465	589	728	877	1135	1425	1864	2362	2919	3697
		6.635	5.263	4.332	3.662	3.160	2.770	2.467	2.105	1.829	1.550	1.341	1.178	1.020
26.223	6.6	183	264	361	472	598	739	891	1152	1447	1893	2398	2963	3754
		6.828	5.416	4.458	3.769	3.252	2.851	2.539	2.166	1.882	1.596	1.380	1.213	1.050
27.024	6.7	186	268	366	479	607	750	904	1170	1469	1922	2435	3008	3811
		7.023	5.571	4.586	3.877	3.345	2.933	2.612	2.228	1.936	1.642	1.420	1.247	1.080
27.836	6.8	188	272	371	486	616	761	918	1187	1491	1950	2471	3053	3867
		7.222	5.729	4.715	3.987	3.440	3.016	2.686	2.291	1.991	1.688	1.460	1.283	1.110
28.661	6.9	191	276	377	493	625	773	931	1205	1513	1979	2507	3098	3924
		7.423	5.888	4.847	4.098	3.536	3.100	2.761	2.355	2.047	1.735	1.501	1.319	1.142
29.498	7.0	194	280	382	500	634	784	945	1222	1535	2008	2544	3143	3981
		7.626	6.050	4.980	4.210	3.633	3.185	2.837	2.420	2.103	1.783	1.542	1.355	1.173
30.347	7.1	197	284	388	508	643	795	958	1240	1557	2036	2580	3188	4038
		7.832	6.214	5.115	4.324	3.731	3.272	2.914	2.486	2.160	1.831	1.584	1.392	1.205
31.208	7.2	200	288	393	515	652	806	972	1257	1579	2065	2616	3233	4095
		8.041	6.380	5.251	4.440	3.831	3.359	2.992	2.552	2.218	1.880	1.627	1.429	1.237
32.081	7.3	202	292	399	522	661	817	985	1275	1601	2094	2653	3278	4152
		8.253	6.548	5.390	4.557	3.932	3.448	3.071	2.620	2.276	1.930	1.670	1.467	1.270
32.966	7.4	205	296	404	529	670	829	999	1292	1623	2122	2689	3323	4209
		8.467	6.718	5.530	4.676	4.035	3.538	3.151	2.688	2.336	1.980	1.713	1.505	1.303
33.863	7.5	208	300	410	536	679	840	1012	1310	1645	2151	2725	3368	4266
		8.684	6.890	5.672	4.796	4.138	3.628	3.232	2.757	2.396	2.031	1.757	1.544	1.337
34.772	7.6	211	304	415	543	689	851	1026	1327	1667	2180	2762	3412	4322
		8.904	7.064	5.815	4.917	4.243	3.720	3.314	2.827	2.456	2.083	1.802	1.583	1.371
35.693	7.7	213	308	421	550	698	862	1039	1344	1689	2209	2798	3457	4379
		9.126	7.241	5.961	5.040	4.349	3.813	3.397	2.898	2.518	2.135	1.847	1.623	1.405
36.626	7.8	216	312	426	558	707	873	1053	1362	1711	2237	2834	3502	4436
		9.351	7.419	6.108	5.164	4.457	3.908	3.481	2.969	2.580	2.188	1.893	1.663	1.440
37.571	7.9	219	316	432	565	716	885	1066	1379	1732	2266	2871	3547	4493
		9.579	7.600	6.257	5.290	4.565	4.003	3.566	3.042	2.643	2.241	1.939	1.704	1.475
38.528	8.0	222	320	437	572	725	896	1080	1397	1754	2295	2907	3592	4550
		9.809	7.783	6.407	5.418	4.675	4.099	3.651	3.115	2.707	2.296	1.986	1.745	1.511
39.497	8.1	224	324	442	579	734	907	1093	1414	1776	2323	2943	3637	4607
		10.042	7.968	6.560	5.547	4.787	4.197	3.738	3.189	2.772	2.350	2.033	1.786	1.547
40.478	8.2	227	328	448	586	743	918	1107	1432	1798	2352	2980	3682	4664
		10.278	8.155	6.714	5.677	4.899	4.296	3.826	3.264	2.837	2.406	2.081	1.829	1.583
41.472	8.3	230	332	453	593	752	929	1120	1449	1820	2381	3016	3727	4721
		10.516	8.344	6.869	5.809	5.013	4.396	3.915	3.340	2.903	2.462	2.129	1.871	1.620
42.477	8.4	233	336	459	600	761	941	1134	1467	1842	2409	3052	3772	4777
		10.758	8.536	7.027	5.942	5.128	4.497	4.005	3.417	2.969	2.518	2.178	1.914	1.657

动压 (Pa)	风速 (m/s)	外径 D(mm)						上行—风量(m³/h) 下行—单位摩擦阻力(Pa/m)						
		500	560	630	700	800	900	1000	1120	1250	1400	1600	1800	2000
21.672	6.0	4216	5282	6691	8265	10803	13680	16897	21204	26380	33108	43267	54782	67655
		0.771	0.672	0.582	0.512	0.436	0.378	0.333	0.290	0.255	0.222	0.189	0.165	0.145
22.400	6.1	4286	5370	6802	8403	10983	13908	17178	21558	26820	33660	43988	55695	68783
		0.795	0.693	0.601	0.529	0.450	0.390	0.343	0.300	0.263	0.229	0.195	0.170	0.150
23.141	6.2	4356	5458	6914	8541	11163	14136	17460	21911	27259	34212	44709	56608	69910
		0.820	0.715	0.620	0.545	0.464	0.402	0.354	0.309	0.271	0.237	0.202	0.175	0.154
23.893	6.3	4427	5546	7025	8678	11343	14364	17742	22265	27699	34764	45430	57521	71038
		0.845	0.737	0.638	0.562	0.478	0.414	0.365	0.318	0.279	0.244	0.208	0.181	0.159
24.658	6.4	4497	5634	7137	8816	11523	14592	18023	22618	28139	35315	46151	58434	72165
		0.871	0.759	0.658	0.579	0.492	0.427	0.376	0.328	0.288	0.251	0.214	0.186	0.164
25.435	6.5	4567	5722	7248	8954	11703	14820	18305	22971	28578	35867	46872	59347	73293
		0.897	0.782	0.677	0.596	0.507	0.440	0.387	0.338	0.296	0.259	0.220	0.192	0.169
26.223	6.6	4637	5810	7360	9092	11883	15048	18586	23325	29018	36419	47593	60260	74420
		0.923	0.805	0.697	0.613	0.522	0.453	0.399	0.348	0.305	0.266	0.227	0.197	0.174
27.024	6.7	4708	5898	7471	9229	12063	15276	18868	23678	29458	36971	48314	61174	75548
		0.949	0.828	0.717	0.631	0.537	0.466	0.410	0.358	0.314	0.274	0.233	0.203	0.179
27.836	6.8	4778	5986	7583	9367	12244	15504	19150	24032	29897	37523	49036	62087	76676
		0.976	0.851	0.738	0.649	0.552	0.479	0.422	0.368	0.323	0.282	0.240	0.209	0.184
28.661	6.9	4848	6074	7694	9505	12424	15732	19431	24385	30337	38075	49757	63000	77803
		1.004	0.875	0.758	0.667	0.568	0.492	0.434	0.378	0.332	0.290	0.247	0.214	0.189
29.498	7.0	4918	6163	7806	9643	12604	15960	19713	24739	30777	38626	50478	63913	78931
		1.031	0.899	0.779	0.686	0.583	0.506	0.445	0.389	0.341	0.298	0.254	0.220	0.194
30.347	7.1	4989	6251	7917	9781	12784	16188	19995	25092	31216	39178	51199	64826	80058
		1.059	0.924	0.800	0.704	0.599	0.520	0.458	0.399	0.350	0.306	0.261	0.226	0.200
31.208	7.2	5059	6339	8029	9918	12964	16416	20276	25445	31656	39730	51920	65739	81186
		1.088	0.948	0.822	0.723	0.615	0.534	0.470	0.410	0.360	0.314	0.268	0.233	0.205
32.081	7.3	5129	6427	8140	10056	13144	16644	20558	25799	32096	40282	52641	66652	82314
		1.117	0.974	0.844	0.742	0.631	0.548	0.482	0.421	0.369	0.322	0.275	0.239	0.211
32.966	7.4	5199	6515	8252	10194	13324	16872	20839	26152	32535	40834	53362	67565	83441
		1.146	0.999	0.866	0.762	0.648	0.562	0.495	0.432	0.379	0.331	0.282	0.245	0.216
33.863	7.5	5270	6603	8363	10332	13504	17100	21121	26506	32975	41385	54083	68478	84569
		1.175	1.025	0.888	0.781	0.665	0.577	0.508	0.443	0.389	0.339	0.289	0.251	0.222
34.772	7.6	5340	6691	8475	10469	13684	17328	21403	26859	33415	41937	54804	69391	85696
		1.205	1.051	0.910	0.801	0.682	0.591	0.521	0.454	0.399	0.348	0.297	0.258	0.227
35.693	7.7	5410	6779	8586	10607	13864	17556	21684	27212	33854	42489	55526	70304	86824
		1.235	1.077	0.933	0.821	0.699	0.606	0.534	0.466	0.409	0.357	0.304	0.264	0.233
36.626	7.8	5480	6867	8698	10745	14044	17784	21966	27566	34294	43041	56247	71217	87951
		1.266	0.104	0.956	0.842	0.716	0.621	0.547	0.477	0.419	0.366	0.312	0.271	0.230
37.571	7.9	5551	6955	8809	10883	14224	18012	22247	27919	34734	43593	56968	72130	89079
		1.297	1.131	0.980	0.862	0.734	0.636	0.560	0.489	0.429	0.375	0.319	0.277	0.245
38.528	8.0	5621	7043	8921	11020	14404	18240	22529	28273	35173	44144	57689	73043	90207
		1.328	1.158	1.004	0.883	0.751	0.652	0.574	0.501	0.439	0.384	0.327	0.284	0.251
39.497	8.1	5691	7131	9032	11158	14584	18468	22811	28626	35613	44696	58410	73956	91334
		1.360	1.186	1.028	0.904	0.769	0.667	0.588	0.513	0.450	0.393	0.335	0.291	0.257
40.478	8.2	5762	7219	9144	11296	14764	18696	23092	28979	36053	45248	59131	74869	92462
		1.392	1.214	1.052	0.926	0.787	0.683	0.602	0.525	0.461	0.402	0.343	0.298	0.263
41.472	8.3	5832	7307	9255	11434	14944	18924	23374	29333	36492	45800	59852	75782	93589
		1.424	1.242	1.076	0.947	0.806	0.699	0.616	0.537	0.471	0.411	0.351	0.305	0.269
42.477	8.4	5902	7395	9367	11571	15124	19152	23656	29686	36932	46352	60573	76695	94717
		1.457	1.271	1.101	0.969	0.824	0.715	0.630	0.550	0.482	0.421	0.359	0.312	0.275

动压 (Pa)	风速 (m/s)	外径 D(mm) 上行—风量(m³/h) 下行—单位摩擦阻力(Pa/m)												
		100	120	140	160	180	200	220	250	280	320	360	400	450
43.495	8.5	236	340	464	608	770	952	1147	1484	1864	2438	3089	3817	4834
		11.001	8.729	7.186	6.077	5.244	4.599	4.096	3.495	3.037	2.575	2.228	1.958	1.695
44.524	8.6	238	344	470	615	779	963	1161	1502	1886	2467	3125	3861	4891
		11.248	8.925	7.348	6.213	5.362	4.702	4.188	3.573	3.105	2.633	2.278	2.002	1.733
45.565	8.7	241	348	475	622	788	974	1174	1519	1908	2495	3161	3906	4948
		11.497	9.122	7.510	6.351	5.481	4.806	4.281	3.652	3.174	2.692	2.329	2.046	1.772
46.619	8.8	244	352	481	629	797	985	1188	1536	1930	2524	3198	3951	5005
		11.748	9.322	7.675	6.490	5.601	4.912	4.375	3.732	3.244	2.751	2.380	2.091	1.810
47.684	8.9	247	356	486	636	806	997	1201	1554	1952	2553	3234	3996	5062
		12.003	9.524	7.841	6.631	5.723	5.018	4.470	3.813	3.314	2.811	2.431	2.137	1.850
48.762	9.0	249	360	492	643	815	1008	1215	1571	1974	2581	3270	4041	5119
		12.260	9.728	8.009	6.773	5.845	5.126	4.566	3.895	3.385	2.871	2.484	2.183	1.890
49.852	9.1	252	364	497	650	824	1019	1228	1589	1996	2610	3307	4086	5176
		12.519	9.935	8.179	6.917	5.969	5.235	4.663	3.978	3.457	2.932	2.537	2.229	1.930
50.953	9.2	255	368	503	658	833	1030	1242	1606	2018	2639	3343	4131	5232
		12.782	10.148	8.351	7.062	6.095	5.344	4.761	4.062	3.530	2.994	2.590	2.276	1.970
52.067	9.3	258	372	508	665	843	1041	1255	1624	2040	2667	3380	4176	5289
		13.047	10.353	8.524	7.209	6.221	5.455	4.860	4.146	3.603	3.056	2.644	2.323	2.011
53.193	9.4	260	376	514	672	852	1053	1269	1641	2061	2696	3416	4221	5346
		13.315	10.566	8.699	7.357	6.349	5.568	4.959	4.231	3.677	3.119	2.698	2.371	2.053
54.331	9.5	263	380	519	679	861	1064	1282	1659	2083	2725	3452	4266	5403
		13.585	10.780	8.876	7.506	6.478	5.681	5.060	4.317	3.752	3.182	2.753	2.419	2.095
55.480	9.6	266	384	524	686	870	1075	1296	1676	2105	2753	3489	4310	5460
		13.858	10.997	9.055	7.657	6.609	5.795	5.162	4.404	3.828	3.246	2.809	2.468	2.137
56.642	9.7	269	388	530	693	879	1086	1309	1694	2127	2782	3525	4355	5517
		14.134	11.216	9.235	7.810	6.740	5.911	5.265	4.492	3.904	3.311	2.865	2.517	2.180
57.816	9.8	272	392	535	701	888	1097	1323	1711	2149	2811	3561	4400	5574
		14.412	11.437	9.417	7.964	6.873	6.027	5.369	4.581	3.981	3.377	2.921	2.567	2.223
59.002	9.9	274	396	541	708	897	1108	1336	1729	2171	2840	3598	4445	5031
		14.693	11.660	9.601	8.119	7.007	6.145	5.474	4.670	4.059	3.443	2.978	2.617	2.266
60.200	10.0	277	400	546	715	906	1120	1350	1746	2193	2868	3634	4490	5687
		14.977	11.885	9.786	8.276	7.143	6.264	5.580	4.761	4.138	3.509	3.036	2.668	2.310
61.410	10.1	280	404	552	722	915	1131	1363	1763	2215	2897	3670	4535	5744
		15.263	12.113	9.973	8.435	7.280	6.384	5.687	4.852	4.217	3.577	3.094	2.719	2.354
62.632	10.2	283	408	557	729	924	1142	1377	1781	2237	2926	3707	4580	5801
		15.552	12.342	10.162	8.594	7.418	6.505	5.795	4.944	4.297	3.644	3.153	2.771	2.399
63.866	10.3	285	412	563	736	933	1153	1390	1798	2259	2954	3743	4625	5858
		15.844	12.574	10.353	8.756	7.557	6.627	5.904	5.037	4.378	3.713	3.212	2.823	2.444
65.112	10.4	288	416	568	743	947	1164	1404	1816	2281	2983	3779	4670	5915
		16.138	12.808	10.546	8.919	7.671	6.750	6.013	5.131	4.459	3.782	3.272	2.876	2.490
66.371	10.5	291	420	574	751	951	1176	1417	1833	2303	3012	3816	4715	5972
		16.435	13.043	10.740	9.083	7.839	6.875	6.124	5.225	4.542	3.852	3.333	2.929	2.536
67.641	10.6	294	424	579	758	960	1187	1431	1851	2325	3040	3852	4759	6029
		16.735	13.281	10.936	9.249	7.982	7.000	6.236	5.321	4.625	3.922	3.393	2.982	2.582
68.923	10.7	297	428	585	765	969	1198	1444	1868	2347	3069	3896	4804	6086
		17.037	13.521	11.134	9.416	8.127	7.127	6.349	5.417	4.708	3.993	3.451	3.036	2.629
70.217	10.8	299	432	590	772	978	1209	1458	1886	2368	3098	3925	4849	6142
		17.342	13.764	11.333	9.585	8.273	7.255	6.463	5.514	4.793	4.065	3.517	3.091	2.676
71.524	10.9	302	436	595	779	987	1220	1471	1903	2390	3126	3961	4894	6199
		17.650	14.008	11.534	9.755	8.419	7.384	6.578	5.612	4.878	4.137	3.580	3.146	2.724

动压 (Pa)	风速 (m/s)	外径 D(mm)						上行—风量(m³/h) 下行—单位摩擦阻力(Pa/m)						
		500	560	630	700	800	900	1000	1120	1250	1400	1600	1800	2000
43.495	8.5	5972	7483	9478	11709	15304	19380	23937	30040	37372	46903	61294	77608	95845
		1.490	1.300	1.126	0.991	0.843	0.731	0.644	0.562	0.493	0.431	0.367	0.319	0.281
44.524	8.6	6043	7571	9590	11847	15484	19608	24219	30393	37811	47455	62016	78521	96972
		1.524	1.329	1.151	1.013	0.862	0.748	0.659	0.575	0.504	0.440	0.375	0.326	0.288
45.565	8.7	6113	7659	9701	11985	15665	19836	24500	30746	38251	48007	62737	79434	98100
		1.558	1.358	1.177	1.036	0.881	0.764	0.673	0.588	0.516	0.450	0.384	0.333	0.294
46.619	8.8	6183	7747	9813	12122	15845	20064	24782	31100	38691	48559	63458	80347	99227
		1.592	1.388	1.203	1.059	0.901	0.781	0.688	0.601	0.527	0.460	0.392	0.341	0.301
47.684	8.9	6253	7835	9924	12260	16025	20292	25064	31453	39130	49111	64179	81260	100355
		1.627	1.418	1.229	1.082	0.920	0.798	0.703	0.614	0.538	0.470	0.401	0.348	0.307
48.762	9.0	6324	7923	10036	12398	16205	20520	25345	31807	39570	49662	64900	82173	101482
		1.662	1.449	1.256	1.105	0.940	0.816	0.718	0.627	0.550	0.480	0.409	0.356	0.314
49.852	9.1	6394	8011	10147	12536	16385	20748	25627	32160	40010	50106	65621	83086	102610
		1.697	1.480	1.282	1.128	0.960	0.833	0.734	0.640	0.562	0.491	0.418	0.363	0.320
50.953	9.2	6464	8099	10259	12673	16565	20976	25908	32514	40449	50766	66342	83999	103738
		1.733	1.511	1.309	1.152	0.980	0.850	0.749	0.654	0.574	0.501	0.427	0.371	0.327
52.067	9.3	6534	8187	10370	12811	16745	21204	26190	32867	40889	51318	67063	84912	104865
		1.769	1.542	1.337	1.176	1.001	0.868	0.765	0.667	0.586	0.511	0.436	0.379	0.334
53.193	9.4	6605	8275	10482	12949	16925	21433	26472	33220	41329	51870	67784	85826	105993
		1.805	1.574	1.364	1.201	1.021	0.886	0.780	0.681	0.598	0.522	0.445	0.386	0.341
54.331	9.5	6675	8363	10593	13087	17105	21661	26753	33574	41769	52421	68506	86739	107120
		1.842	1.606	1.392	1.225	1.042	0.904	0.796	0.695	0.610	0.532	0.454	0.394	0.348
55.480	9.6	6745	8451	10705	13224	17285	21889	27035	33927	42208	52973	69227	87652	108248
		1.879	1.639	1.420	1.250	1.063	0.922	0.813	0.709	0.622	0.543	0.463	0.402	0.355
56.642	9.7	6815	8540	10816	13362	17465	22117	27317	34281	42648	53525	69948	88565	109376
		1.917	1.671	1.448	1.275	1.085	0.941	0.829	0.723	0.635	0.554	0.472	0.410	0.362
57.816	9.8	6886	8628	10928	13500	17645	22345	27598	34634	43088	54077	70669	89478	110503
		1.954	1.704	1.477	1.300	1.106	0.959	0.845	0.738	0.647	0.565	0.482	0.419	0.369
59.002	9.9	6956	8716	11039	13638	17825	22573	27880	34987	43527	54629	71390	30391	111631
		1.993	1.738	1.506	1.325	1.128	0.978	0.862	0.752	0.660	0.576	0.491	0.427	0.376
60.200	10.0	7026	8804	11151	13775	18005	22801	28161	35341	43967	55180	72111	91304	112758
		2.031	1.771	1.535	1.351	1.150	0.997	0.878	0.767	0.673	0.587	0.501	0.435	0.384
61.410	10.1	7096	8892	11262	13913	18185	23029	28443	35694	44407	55732	72832	92217	113886
		2.070	1.805	1.565	1.377	1.172	1.016	0.895	0.781	0.686	0.599	0.510	0.443	0.391
62.632	10.2	7167	8980	11374	14051	18365	23257	28725	36048	44846	56284	73553	93130	115013
		2.110	1.840	1.594	1.403	1.194	1.036	0.912	0.796	0.699	0.610	0.520	0.452	0.399
63.866	10.3	7237	9068	11485	14189	18545	23485	29006	36401	45286	56836	74274	94043	116141
		2.149	1.874	1.624	1.430	1.216	1.055	0.930	0.811	0.712	0.621	0.530	0.460	0.406
65.112	10.4	7307	9156	11597	14326	18725	23713	29288	36754	45726	57388	74996	94956	117269
		2.189	1.909	1.655	1.456	1.239	1.075	0.947	0.826	0.725	0.633	0.540	0.469	0.414
66.371	10.5	7378	9244	11708	14464	18905	23941	29569	37108	46165	57939	75717	95869	118396
		2.230	1.945	1.685	1.483	1.262	1.095	0.964	0.842	0.739	0.645	0.550	0.478	0.421
67.641	10.6	7448	9332	11820	14602	19086	24169	29851	37461	46605	58491	76438	96782	119524
		2.271	1.980	1.716	1.510	1.285	1.115	0.982	0.857	0.752	0.657	0.560	0.486	0.429
68.923	10.7	7518	9420	11932	14740	19266	24397	30133	37815	47045	59043	77159	97695	120651
		2.312	2.016	1.747	1.538	1.308	1.135	1.000	0.873	0.766	0.669	0.570	0.495	0.437
70.217	10.8	7588	9508	12043	14877	19446	24625	30414	38168	47484	59595	77880	98608	121779
		2.353	2.052	1.779	1.565	1.332	1.156	1.018	0.888	0.779	0.681	0.580	0.504	0.445
71.524	10.9	7659	9596	12155	15015	19626	24853	30696	38521	47924	60147	78601	99521	122907
		2.395	2.089	1.810	1.593	1.356	1.176	1.036	0.904	0.793	0.693	0.591	0.513	0.453

动压 (Pa)	风速 (m/s)	外径 D(mm)					上行—风量(m³/h) 下行—单位摩擦阻力(Pa/m)							
		100	120	140	160	180	200	220	250	280	320	360	400	450
72.842	11.0	305	440	601	786	997	1232	1485	1921	2412	3155	3997	4939	6256
		17.960	14.254	11.737	9.927	8.568	7.514	6.693	5.711	4.964	4.210	3.643	3.201	2.772
74.172	11.1	308	444	606	793	1006	1243	1498	1938	2434	3184	4034	4984	6313
		18.273	14.503	11.942	10.100	8.717	7.645	6.810	5.811	5.051	4.284	3.706	3.257	2.820
75.515	11.2	310	448	612	801	1015	1254	1512	1956	2456	3212	4070	5029	6370
		18.589	14.753	12.148	10.274	8.868	7.777	6.928	5.911	5.138	4.358	3.770	3.314	2.869
76.869	11.3	313	452	617	808	1024	1265	1525	1973	2478	3241	4106	5074	6427
		18.907	15.006	12.356	10.450	9.020	7.910	7.047	6.013	5.226	4.433	3.835	3.370	2.918
78.236	11.4	316	456	623	815	1033	1276	1539	1990	2500	3270	4143	5119	6484
		19.228	15.261	12.566	10.628	9.173	8.045	7.167	6.115	5.315	4.508	3.900	3.428	2.968
79.615	11.5	319	460	628	822	1042	1288	1552	2008	2522	3298	4179	5164	6541
		19.552	15.518	12.778	10.807	9.328	8.180	7.288	6.218	5.405	4.584	3.966	3.486	3.018
81.005	11.6	321	464	634	829	1051	1299	1566	2025	2544	3327	4215	5208	6597
		19.878	15.777	12.991	10.988	9.484	8.317	7.409	6.322	5.495	4.661	4.033	3.544	3.069
82.408	11.7	324	468	639	836	1060	1310	1579	2043	2566	3356	4252	5253	6654
		20.207	16.038	13.206	11.170	9.641	8.455	7.532	6.427	5.586	4.738	4.099	3.603	3.120
83.822	11.8	327	472	645	843	1069	1321	1593	2060	2588	3384	4288	5298	6711
		20.539	16.301	13.423	11.353	9.799	8.594	7.656	6.533	5.678	4.816	4.167	3.662	3.171
85.249	11.9	330	476	650	851	1078	1332	1606	2078	2610	3413	4324	5343	6768
		20.873	16.567	13.642	11.538	9.959	8.734	7.781	6.639	5.771	4.895	4.235	3.722	3.223
86.688	12.0	333	480	656	858	1087	1344	1620	2095	2632	3442	4361	5388	6825
		21.210	16.834	13.862	11.724	10.120	8.875	7.906	6.746	5.864	4.974	4.303	3.782	3.275
88.139	12.1	335	484	661	865	1096	1355	1633	2113	2654	3471	4397	5433	6882
		21.549	17.104	14.084	11.912	10.282	9.017	8.033	6.855	5.958	5.054	4.372	3.843	3.327
89.602	12.2	338	488	666	872	1105	1366	1647	2130	2675	3499	4433	5478	6939
		21.892	17.375	14.308	12.102	10.445	9.161	8.161	6.964	6.053	5.134	4.442	3.904	3.380
91.077	12.3	341	492	672	879	1114	1377	1660	2148	2697	3528	4470	5523	6996
		22.236	17.649	14.534	12.292	10.610	9.305	8.290	7.074	6.148	5.215	4.512	3.965	3.434
92.564	12.4	344	496	677	886	1123	1388	1674	2165	2719	3557	4506	5568	7052
		22.584	17.925	14.761	12.485	10.776	9.451	8.419	7.184	6.245	5.297	4.583	4.028	3.487
94.063	12.5	346	500	683	894	1132	1400	1687	2183	2741	3585	4542	5613	7109
		22.934	18.203	14.990	12.678	10.943	9.598	8.550	7.296	6.342	5.379	4.654	4.090	3.542
95.574	12.6	349	504	688	901	1141	1411	1701	2200	2763	3614	4579	5657	7166
		23.287	18.483	15.221	12.874	11.112	9.745	8.682	7.408	6.439	5.462	4.726	4.153	3.596
97.097	12.7	352	508	694	908	1151	1422	1714	2217	2785	3643	4615	5702	7223
		23.643	18.766	15.453	13.070	11.282	9.894	8.815	7.522	6.538	5.545	4.798	4.217	3.651
98.632	12.8	355	513	699	915	1160	1433	1728	2235	2807	3671	4651	5747	7280
		24.001	19.050	15.687	13.269	11.453	10.044	8.948	7.636	6.637	5.630	4.871	4.281	3.707
100.179	12.9	357	517	705	922	1169	1444	1741	2252	2829	3700	4688	5792	7337
		24.362	19.337	15.923	13.468	11.625	10.196	9.083	7.751	6.737	5.714	4.944	4.345	3.763
101.738	13.0	360	521	710	929	1178	1456	1755	2270	2851	3729	4724	5837	7394
		24.725	19.625	16.161	13.669	11.799	10.348	9.219	7.866	6.838	5.800	5.018	4.410	3.819
103.309	13.1	363	525	716	936	1187	1467	1768	2287	2873	3757	4760	5882	7451
		25.091	19.916	16.401	13.872	11.974	10.501	9.355	7.983	6.939	5.886	5.098	4.476	3.876
104.892	13.2	366	529	721	944	1196	1478	1782	2305	2895	3786	4797	5927	7507
		25.460	20.209	16.642	14.076	12.150	10.656	9.493	8.101	7.041	5.973	5.168	4.542	3.933
106.488	13.3	369	533	727	951	1205	1489	1795	2322	2917	3815	4833	5972	7564
		25.832	20.504	18.885	14.281	12.327	10.812	9.632	8.219	7.144	6.060	5.243	4.608	3.990
108.095	13.4	371	537	732	958	1214	1500	1809	2340	2939	3843	4869	6017	7621
		26.206	20.801	17.129	14.488	12.506	10.968	9.772	8.338	7.248	6.148	5.319	4.675	4.048

动压 (Pa)	风速 (m/s)	外径 D(mm)					上行—风量(m³/h) 下行—单位摩擦阻力(Pa/m)							
		500	560	630	700	800	900	1000	1120	1250	1400	1600	1800	2000
72.842	11.0	7729 2.437	9684 2.126	12266 1.842	15153 1.621	19806 1.380	25081 1.197	30977 1.054	38875 0.920	48364 0.807	60698 0.705	79322 0.601	100434 0.522	124034 0.461
74.172	11.1	7799 2.480	9772 2.163	12378 1.874	15291 1.650	19986 1.404	25309 1.218	31259 1.073	39228 0.936	48803 0.822	61250 0.717	80043 0.612	101347 0.531	125162 0.469
75.515	11.2	7869 2.523	9860 2.200	12489 1.907	15428 1.678	20166 1.428	25537 1.239	31541 1.091	39582 0.952	49243 0.836	61802 0.730	80764 0.622	102260 0.541	126289 0.477
76.869	11.3	7940 2.566	9948 2.238	12601 1.940	15566 1.707	20346 1.453	25765 1.260	31822 1.110	39935 0.969	49683 0.850	62354 0.742	81486 0.633	103173 0.550	127417 0.485
78.236	11.4	8010 2.610	10036 2.276	12712 1.973	15704 1.736	20526 1.477	25993 1.282	32104 1.129	40288 0.985	50122 0.865	62906 0.755	82207 0.644	104086 0.559	128544 0.493
79.615	11.5	8080 2.654	10124 2.315	12824 2.006	15842 1.766	20706 1.502	26221 1.303	32386 1.148	40642 1.002	50562 0.879	63458 0.768	82928 0.655	104999 0.569	129672 0.502
81.005	11.6	8150 2.699	10212 2.353	12935 2.040	15979 1.795	20886 1.528	26449 1.325	32667 1.167	40995 1.019	51002 0.894	64009 0.781	83649 0.665	105912 0.578	130800 0.510
82.408	11.7	8221 2.743	10300 2.393	13047 2.074	16117 1.825	21066 1.553	26677 1.347	32949 1.187	41349 1.306	51441 0.909	64561 0.794	84370 0.677	106825 0.588	131927 0.519
83.822	11.8	8291 2.788	10388 2.432	13158 2.108	16255 1.855	21246 1.578	26905 1.369	33230 1.206	41702 1.053	51881 0.924	65113 0.807	85091 0.688	107738 0.598	133055 0.527
85.249	11.9	8361 2.834	10476 2.472	13270 2.142	16393 1.885	21426 1.604	27133 1.392	33512 1.226	42056 1.070	52321 0.939	65665 0.820	85812 0.699	108651 0.607	134182 0.536
86.688	12.0	8431 2.880	10564 2.512	13381 2.177	16530 1.916	21606 1.630	27361 1.414	33794 1.246	42409 1.087	52760 0.954	66217 0.833	86533 0.710	109564 0.617	135310 0.545
88.189	12.1	8502 2.926	10652 2.552	13493 2.212	16668 1.947	21786 1.656	27589 1.437	34075 1.266	42762 1.105	53200 0.970	66768 0.847	87254 0.722	110478 0.627	136438 0.553
89.602	12.2	8572 2.973	10740 2.593	13604 2.247	16806 1.978	21966 1.683	27817 1.460	34357 1.286	43116 1.122	53640 0.985	67320 0.860	87976 0.733	111391 0.637	137565 0.562
91.077	12.3	8642 3.020	10828 2.634	13716 2.283	16944 2.009	22146 1.709	28045 1.483	34638 1.306	43469 1.140	54079 1.001	67872 0.874	88697 0.745	112304 0.647	138693 0.571
92.564	12.4	8713 3.067	10916 2.675	13827 2.318	17081 2.040	22326 1.736	28273 1.506	34920 1.327	43823 1.158	54519 1.016	68424 0.887	89418 0.757	113217 0.657	139820 0.580
94.063	12.5	8783 3.115	11005 2.716	13939 2.354	17219 2.072	22507 1.763	28501 1.530	35202 1.348	44176 1.176	54959 1.032	68976 0.901	90139 0.768	114130 0.668	140948 0.589
95.574	12.6	8853 3.163	11093 2.758	14050 2.391	17357 2.104	22687 1.791	28729 1.553	35483 1.368	44529 1.194	55398 1.048	69527 0.915	90860 0.780	115043 0.678	142075 0.598
97.097	12.7	8923 3.211	11181 2.801	14162 2.427	17495 2.136	22867 1.818	28957 1.577	35765 1.389	44883 1.213	55838 1.064	70079 0.929	91581 0.792	115956 0.688	143203 0.607
98.632	12.8	8994 3.260	11269 2.843	14273 2.464	17632 2.169	23047 1.846	29185 1.601	36047 1.411	45236 1.231	56278 1.080	70631 0.943	92302 0.804	116869 0.699	144331 0.617
100.179	12.9	9064 3.309	11357 2.886	14385 2.501	17770 2.202	23227 1.873	29413 1.625	36328 1.432	45590 1.250	56717 1.097	71183 0.957	93023 0.816	117782 0.709	145458 0.626
101.738	13.0	9134 3.359	11445 2.929	14496 2.539	17908 2.235	23407 1.901	29641 1.650	36610 1.453	45943 1.268	57157 1.113	71735 0.972	93744 0.829	118695 0.720	146586 0.635
103.309	13.1	9204 3.408	11533 2.973	14608 2.576	18046 2.268	23587 1.930	29869 1.674	36891 1.475	46296 1.287	57597 1.130	72286 0.986	94466 0.841	119608 0.731	147713 0.645
104.892	13.2	9275 3.459	11621 3.017	14719 2.614	18183 2.301	23767 1.958	30097 1.699	37173 1.497	46650 1.306	58036 1.146	72838 1.001	95187 0.853	120521 0.742	148841 0.654
106.488	13.3	9345 3.509	11709 3.061	14831 2.653	18321 2.335	23947 1.987	30325 1.724	37455 1.519	47003 1.325	58476 1.163	73390 1.016	95908 0.866	121434 0.752	149969 0.664
108.095	13.4	9415 3.560	11797 3.105	14942 2.691	18459 2.369	24127 2.016	30553 1.749	37736 1.541	47357 1.345	58916 1.180	73942 1.030	96629 0.878	122347 0.763	151096 0.673

| 序号 | 名称 | 图 形 和 断 面 | 局部阻力系数 ζ（ζ 值以图内所示的速度 v 计算） | | | | | |

序号 1　渐扩管

$\dfrac{F_1}{F_0}$	α				
	10	15	20	25	30
1.25	0.02	0.03	0.05	0.06	0.07
1.50	0.03	0.06	0.10	0.12	0.13
1.75	0.05	0.09	0.14	0.17	0.19
2.00	0.06	0.13	0.20	0.23	0.26
2.25	0.08	0.16	0.26	0.38	0.33
3.50	0.09	0.19	0.30	0.36	0.39

序号 2　渐扩管

α	22.5	30	45	90
ζ_1	0.6	0.8	0.9	1.0

序号 3　突扩

F_1/F_2	0	0.1	0.2	0.3	0.4	0.5	0.6	0.7	0.9	1.0
ζ_1	1.0	0.81	0.64	0.49	0.36	0.26	0.16	0.09	0.04	0

序号 4　突缩

F_1/F_2	0	0.1	0.2	0.3	0.4	0.5	0.6	0.7	0.9	1.0
ζ_1	0.5	0.47	0.42	0.38	0.34	0.30	0.25	0.20	0.09	0

序号 5　渐缩

θ	30°	45°	60°
ζ	0.02	0.04	0.07

$$\Delta P = \zeta \frac{v_2^2 \rho}{2}$$

序号 6　圆形或正方形弯头

$\dfrac{R}{\alpha}$	1D	1.5D	2D	2.5D	3D	6D	10D
7.5	0.028	0.021	0.018	0.016	0.014	0.010	0.008
15	0.058	0.044	0.037	0.033	0.029	0.021	0.016
30	0.11	0.081	0.069	0.061	0.054	0.038	0.030
60	0.18	0.41	0.12	0.10	0.091	0.064	0.051
90	0.23	0.18	0.15	0.13	0.12	0.083	0.066
120	0.27	0.20	0.17	0.15	0.13	0.10	0.076
150	0.30	0.22	0.19	0.17	0.15	0.11	0.084
180	0.33	0.25	0.21	0.18	0.16	0.12	0.092

$$\zeta = 0.008 \frac{\alpha^{0.75}}{n^{0.6}}$$

式中 $n = R/D$
或 $n = R/b$
b 为正方形边长

序号	名称	图形和断面	局部阻力系数 ζ(ζ值以图内所示的速度v计算)

序号 7 矩形弯头

$\dfrac{R}{b}$	h/b										
	0.25	0.5	0.75	1.0	1.5	2.0	3.0	4.0	5.0	6.0	8.0
0.5	1.5	1.4	1.3	1.2	1.1	1.0	1.0	1.1	1.1	1.2	1.2
0.75	0.57	0.52	0.46	0.44	0.40	0.39	0.39	0.40	0.42	0.43	0.44
1.0	0.27	0.25	0.23	0.21	0.19	0.18	0.18	0.19	0.20	0.27	0.21
1.5	0.22	0.20	0.19	0.17	0.15	0.14	0.14	0.15	0.16	0.17	0.17
2.0	0.20	0.18	0.16	0.15	0.14	0.13	0.13	0.14	0.14	0.15	0.15

序号 8 矩形弯头

$\dfrac{h}{b}$	0.25	0.5	1.0	2.0
ζ	2.1	1.7	1.2	0.6

序号 9 板弯头带导风板

1. 单叶式 $\zeta=0.35$

2. 双叶式 $\zeta=0.10$

序号 10 矩形风道缩小或扩大的弯头

$\dfrac{a_0}{b_0}$	b_1/b_0					
	0.6	0.8	1.2	1.4	1.6	2.0
0.25	1.8	1.4	1.2	1.1	1.1	1.1
1.0	1.7	1.4	1.0	0.95	0.90	0.84
4.0	1.5	1.1	0.81	0.76	0.72	0.66
∞	1.5	1.0	0.69	0.63	0.6	0.55

序号 11 乙形弯

l/b_0	0	0.4	0.6	0.8	1.0	1.2	1.4	1.6	1.8	2.0
ζ	0	0.62	0.89	1.61	2.63	3.61	4.01	4.18	4.22	4.18

l/b_0	2.4	2.8	3.2	4.0	5.0	6.0	7.0	9.0	10.0	∞
ζ	3.75	3.31	3.20	3.08	2.92	2.80	2.70	2.5	2.41	2.30

序号 12 Z形管

l/b_0	0	0.4	0.6	0.8	1.0	1.2	1.4	1.6	1.8	2.0
ζ	1.15	2.40	2.90	3.31	3.44	3.40	3.36	3.28	3.20	3.11

l/b_0	2.4	2.8	3.2	4.0	5.0	6.0	7.0	9.0	10.00	∞
ζ	3.16	3.18	3.15	3.00	2.89	2.78	2.70	2.50	2.41	2.30

| 序号 | 名称 | 图 形 和 断 面 | 局部阻力系数 ζ（$\begin{matrix}\zeta_1\\\zeta_2\end{matrix}$ 值以图内所示的速度 $\begin{matrix}v_1\\v_2\end{matrix}$ 计算） | | | | | | | | | | | |

序号 13 合流三通（分支管）

图内标注：v_1，v_3，F_1，F_3，v_2，F_2，α，$F_1+F_2=F_3$，$\alpha=30°$

L_2/L_3

F_2/F_3	0.00	0.03	0.05	0.1	0.2	0.3	0.4	0.5	0.6	0.7	0.8	1.0
					ζ_2							
0.06	−1.13	−0.07	−0.30	+1.82	10.1	23.3	41.5	65.2	—	—	—	—
0.10	−1.22	−1.00	−0.76	+0.02	2.88	7.34	13.4	21.1	29.4	—	—	—
0.20	−1.50	−1.35	−1.22	−0.84	+0.05	+1.4	2.70	4.46	6.48	8.70	11.4	17.3
0.33	−2.00	−1.80	−1.70	−1.40	−0.72	−0.12	+0.52	1.20	1.89	2.56	3.30	4.80
0.50	−3.00	−2.80	−2.6	−2.24	−1.44	−0.91	−0.36	0.14	0.56	0.84	1.18	1.53
					ζ_1							
0.01	0	0.06	+0.04	−0.10	−0.81	−2.10	−4.07	−6.60	—	—	—	—
0.10	0.01	0.10	0.08	+0.04	−0.33	−1.05	−2.14	−3.60	−5.40	—	—	—
0.20	0.06	0.10	0.13	0.16	+0.06	−0.24	−0.73	−1.40	−2.30	−3.34	−3.59	−8.64
0.33	0.42	0.45	0.48	0.51	0.52	+0.32	+0.07	−0.32	−0.83	−1.47	−2.19	−4.00
0.50	1.40	1.40	1.40	1.36	1.26	1.09	+0.86	+0.53	+0.15	−0.52	−0.82	−2.07

序号 14 合流三通（分支管）

图内标注：v_1，F_3，F_1，v_3，v_2，F_2，α，$F_1+F_2>F_3$，$F_1=F_3$，$\alpha=30$

$\dfrac{L_2}{L_3}$	F_2/F_3						
	0.1	0.2	0.3	0.4	0.6	0.8	1.0
				ζ_2			
0	−1.00	−1.00	−1.00	−1.00	−1.00	−1.00	−1.00
0.1	+0.21	−0.46	−0.57	−0.60	−0.62	−0.63	−0.63
0.2	3.1	+0.37	−0.06	−0.20	−0.28	−0.30	−0.35
0.3	7.6	1.5	+0.50	+0.20	+0.05	−0.08	−0.10
0.4	13.50	2.95	1.15	0.59	0.26	+0.18	+0.16
0.5	21.2	4.58	1.78	0.97	0.44	0.35	0.27
0.6	30.4	6.42	2.60	1.37	0.64	0.43	0.31
0.7	41.3	8.5	3.40	1.77	0.76	0.56	0.40
0.8	53.8	11.5	4.22	2.14	0.85	0.53	0.45
0.9	58.0	14.2	5.30	2.58	0.89	0.52	0.40
1.0	83.7	17.3	6.33	2.92	0.89	0.39	0.27

序号	名称	图 形 和 断 面	局部阻力系数 ζ(ζ值以图内所示的速度 v 计算)						

序号 15 — 合流三通(直管)

$F_1+F_2>F_3$, $\alpha=30°$

局部阻力系数 ζ(ζ_1 值以图内所示速度 $\dfrac{v_1}{v_2}$ 计算)

$\dfrac{L_2}{L_3}$	F_2/F_3						
	0.1	0.2	0.3	0.4	0.6	0.8	1.0
	ζ_1						
0	0.00	0	0	0	0	0	0
0.1	0.02	0.11	0.13	0.15	0.16	0.17	0.17
0.2	-0.33	0.01	0.13	0.18	0.20	0.24	0.29
0.3	-1.10	-0.25	-0.01	+0.10	0.22	0.30	0.35
0.4	-2.15	-0.75	-0.30	-0.05	0.17	0.26	0.35
0.5	-3.60	-1.43	-0.70	-0.35	0.00	0.21	0.32
0.6	-5.40	-2.35	-1.25	-0.70	-0.20	+0.06	0.25
0.7	-7.60	-3.40	-1.95	-1.2	-0.50	-0.15	+0.10
0.8	-10.1	-4.61	-2.74	-1.82	-0.90	-0.43	-0.15
0.9	-13.0	-6.02	-3.70	-2.55	-1.40	-0.80	-0.45
1.0	-16.80	-7.70	-4.75	-3.35	-1.90	-1.17	-0.75

序号 16 — 90°矩形断面送出三通

$\dfrac{L_2}{L_1}$	$\dfrac{F_2}{F_1}$				$\dfrac{F_2}{F_1}$	
	0.25	0.5	0.75	1.0	0.25	1.0
	ζ_2				ζ_3	
0.1	0.7	0.61	0.65	0.68	—	—
0.2	0.5	0.5	0.55	0.56	—	—
0.3	0.6	0.4	0.40	0.45	—	—
0.4	0.8	0.4	0.35	0.40	0.05	0.03
0.5	1.25	0.5	0.35	0.30	0.15	0.05
0.6	2.0	0.6	0.38	0.29	0.20	0.12
0.7	—	0.8	0.45	0.29	0.30	0.20
0.8	—	1.05	0.58	0.30	0.40	0.29
0.9	—	1.5	0.75	0.48	0.46	0.35

序号 17 — 90°矩形断面吸入三通

$\dfrac{L_2}{L_1}$	$\dfrac{F_2}{F_3}$			$\dfrac{F_2}{F_3}$	
	0.25	0.50	1.0	0.5	1.0
	ζ_2			ζ_3	
0.1	-0.6	-0.6	-0.6	0.20	0.20
0.2	0.0	-0.2	-0.3	0.20	0.22
0.3	0.4	0.0	-0.1	0.10	0.25
0.4	1.2	0.25	0.0	0.0	0.24
0.5	2.3	0.40	0.1	-0.1	0.20
0.6	3.6	0.70	0.2	-0.2	0.18
0.7	—	1.0	0.3	-0.3	0.15
0.8	—	1.5	0.4	-0.4	0.00

序号	名称	图形和断面	局部阻力系数 ζ（ζ 值以图内所示的速度 v 计算）

18　矩形三通

F_2/F_1	0.5	1
分　流	0.304	0.247
合　流	0.233	0.072

19　圆形三通

合流（$R_0/D_1=2$）

L_3/L_1	0	0.10	0.20	0.30	0.40	0.50	0.60	0.70	0.80	0.90	1.0
ζ_1	-0.13	-0.10	-0.07	-0.30	0	$+0.03$	0.03	0.03	0.03	0.05	0.08

分流（$F_3/F=0.5$，$L_3/L_1=0.5$）

R_0/D_1	0.5	0.75	1.0	1.5	2.0
ζ_1	1.10	0.60	0.40	0.25	0.20

20　直角三通

v_2/v_1	0.6	0.8	1.0	1.2	1.4	1.6
ζ_{12}	1.18	1.32	1.50	1.72	1.98	2.28
ζ_{21}	0.6	0.8	1.0	1.6	1.9	2.5

21　矩形送出三通

$v_2/v_1<1$ 时可不计，$v_2/v_1\geqslant1.0$ 时

x	0.25	0.5	0.75	1.0	1.25
$\zeta_{直通}$	0.21	0.07	0.05	0.15	0.36
$\zeta_{分支}$	0.30	0.20	0.30	0.40	0.65

表中：$x=\left(\dfrac{v_3}{v_1}\right)\times\left(\dfrac{a}{b}\right)^{1/4}$

$\Delta H=\zeta\dfrac{\rho v_1^2}{2}$

22　矩形吸入三通

v_1/v_3	0.4	0.6	0.8	1.0	1.2	1.5	
$\dfrac{F_1}{F_3}=0.75$	-1.2	-0.3	0.35	0.8	1.1	—	$\Delta H=\zeta\dfrac{\rho v_3^2}{2}$
0.67	-1.7	-0.9	-0.3	0.1	0.45	0.7	ζ 直通之值
0.6	-2.1	-0.3	-0.8	0.4	0.1	0.2	
$\zeta_{分支}$	-1.3	-0.9	-0.5	0.1	0.55	1.4	$\Delta H=\zeta\dfrac{\rho v_3^2}{2}$

23　侧孔吸风

$\dfrac{F_2}{F_1}$	L_2/L_0				
	0.1	0.2	0.3	0.4	0.5
	ζ_0				
0.1	0.8	1.3	1.4	1.4	1.4
0.2	-1.4	0.9	1.3	1.4	1.4
0.4	-9.5	0.2	0.9	1.2	1.3
0.6	-21.2	-2.5	0.3	1.0	1.2

$\dfrac{F_2}{F_1}$	L_2/L_0			
	0.1	0.2	0.3	0.4
	ζ_1			
0.1	0.1	-0.1	-0.8	-2.6
0.2	0.1	0.2	-0.01	-0.6
0.4	0.2	0.3	0.3	0.3
0.6	0.2	0.3	0.4	0.4

序号	名称	图 形 和 断 面	局部阻力系数 ζ（ζ 值以图内所示的速度 v 计算）											
24	侧面送风口	v v v_1	$\zeta = 2.04$											
25	百叶风格	ζ v 1 2 2 1 有效面积为80%	活动百叶风格 $\zeta_1 = 3.5$　$\zeta_2 = 1.4$ 　　　固定百叶风格 $\zeta_1 = 2.7$　$\zeta_2 = 0.9$											

序号	名称	图形和断面	$\dfrac{l}{h}$	0.0	0.2	0.4	0.6	0.8	1.0	1.2	1.4	1.6	1.8	2.0	4.0
26	墙孔	l h v_0	ζ	2.83	2.72	2.60	2.34	1.95	1.76	1.67	1.62	1.6	1.6	1.55	1.55

序号	名称	图形和断面	n / α	1	2	3	4	5
27	风量调节阀	α	0	0.4	0.35	0.25	—	—
			15	0.6	1.1	0.7	0.5	0.4
			20	3.5	3.3	2.8	2	1.8
			45	17	10	6.5	6	5.2
			60	95	30	20	15	13
			75	800	90	60	—	—

序号	名称	图形和断面	v	开 孔 率					
				0.2	0.3	0.4	0.5	0.6	
28	孔板送风口	a b	0.5	30	12	6.0	3.6	2.3	$\Delta H = \zeta \dfrac{v^2 \rho}{2}$ v 为面风速
			1.0	33	13	6.8	4.1	2.7	
			1.5	35	14.5	7.4	4.6	3.0	
			2.0	39	15.5	7.8	49	3.2	
			2.5	40	16.5	8.3	5.2	3.4	
			3.0	41	17.5	8.0	5.5	3.7	

钢板制风管 / 塑料制风管

外径 D (mm)	钢板制风管 外径允许偏差 (mm)	钢板制风管 壁厚 (mm)	塑料制风管 外径允许偏差 (mm)	塑料制风管 壁厚 (mm)
100	±1	0.5	±1	3.0
120				
140				
160				
180				
200				
220		0.75		4.0
250				
280				
320				
360				
400				
450				
500				
560		1.0		
630				
700			±1.5	5.0
800				
900				
1000				
1120				
1250		1.2~1.5		6.0
1400				
1600				
1800				
2000				

除尘风管 / 气密性风管

外径 D (mm)	除尘风管 外径允许偏差 (mm)	除尘风管 壁厚 (mm)	气密性风管 外径允许偏差 (mm)	气密性风管 壁厚 (mm)
80	±1	1.5	±1	2.0
90				
100				
110				
120				
(130)				
140				
(150)				
160				
(170)				
180				
(190)				
200				
(210)				
220				
(240)				
250				
(260)				
280				
(300)				
320				
(340)				
360				
(380)				
400				
(420)				
450				
(480)				
500				
(530)		2.0		
560				3.0~4.0
(600)				
630				
(670)				
700				
(750)				
800				
(850)				
900				
(950)				
1000				
(1060)				
1120				
(1180)				
1250				
(1320)				
1400				
(1500)		3.0		
1600				4.0~6.0
(1700)				
1800				
(1900)				
2000				

二、矩形通风管道规格

外边长 $A \times B$ (mm)	钢板制风管 外边长允许偏差 (mm)	壁厚 (mm)	塑料制风管 外边长允许偏差 (mm)	壁厚 (mm)	外边长 $A \times B$ (mm)	钢板制风管 外边长允许偏差 (mm)	壁厚 (mm)	塑料制风管 外边长允许偏差 (mm)	壁厚 (mm)
120×120					630×500				
160×120					630×630				
160×160					800×320				
220×120		0.5			800×400				5.0
200×160					800×500				
200×200					800×630				
250×120				3.0	800×800				
250×160					1000×320				
250×200					1000×400				
250×250					1000×500		1.0		
320×160					1000×630				
320×200			−2		1000×800				
320×250	−2				1000×1000	−2		−3	6.0
320×320					1250×400				
400×200					1250×500				
400×250		0.75			1250×630				
400×320					1250×800				
400×400					1250×1000				
500×200					1600×500				
500×250				4.0	1600×630		1.2		
500×320					1600×800				
500×400					1600×1000				
500×500					1600×1250				8.0
630×250					2000×800				
630×320		1.0	−3.0	5.0	2000×1000				
630×400					2000×1250				

注：1. 本通风管道统一规格系经"通风管道定型化"审查会议通过，作为通用规格在全国使用。

2. 除尘、气密性风管规格中分基本系列和辅助系列，应优先采用基本系列(即不加括号数字)。

故 障 现 象	可 能 的 原 因	消 除 方 法
风量过小	1．前倾式叶轮装反 2．风机反转 3．叶轮与入口环不同心或间隙过大 4．传动皮带太松 5．风机转速太低 6．风机轴与叶轮松动 7．系统阻力大或局部积尘 8．风阀或调节阀开启不足或关闭 9．送排风管漏风 10．除尘器、冷却器积灰太多 11．风机进、出口风管设计不合理 12．风机叶轮磨损、锈蚀	1．纠正、更换 2．改正电机接线 3．调整 4．张紧皮带 5．检查电气装置或更换皮带轮,提高转速 6．检修、紧固 7．改造风管系统或提高风机转速,清除积灰 8．打开 9．堵塞 10．清理、洗净 11．按要求改进 12．更换
风量过大	1．风管尺寸太大,系统实际阻力比计算小 2．检查门、防爆阀,室外空气吸入阀打开着 3．后倾式叶轮装反 4．风机转速太快 5．系统中有阻力的设备或阀门未装	1．用调节阀调节 2．关闭 3．纠正、更换 4．更换皮带轮、降低转速 5．按设计装上
发生振动和噪声过大	1．地脚螺丝松动 2．机体各种螺丝松动 3．叶轮变形引起偏重 4．叶轮叶片有脱落引起偏重 5．风量节流调节不当,使风机运行于特性曲线的不利点 6．风机选用过大 7．风管与风机发生共振 8．风机叶轮有粘灰而失去平衡	1．紧固 2．紧固 3．校正或更换 4．检修或更换 5．改变节流方法 6．更换或降低转速 7．改变风机转速或在风管、风机之间用柔性连接 8．清理干净
轴承发热和产生噪声	1．润滑不良 2．滚珠磨损,间隙过大,产生径向串动 3．滚珠破碎或轴承外套破损 4．轴承座磨损,间隙过大,外套跟轴转动 5．轴承内进入异物 6．轴承与轴之间松动	1．加润滑油、剂 2．更换、调整 3．更换 4．检修、更换 5．拆开清洗 6．检查其配合状况,必要时更换轴承
风机停车	1．跳闸或电气保险丝熔断 2．皮带损坏断开 3．皮带轮松脱 4．电源被切断 5．电压不正常	1．必须检查超载原因,才可再次起动 2．更换 3．紧固 4．检查原因后接通 5．与供电部门联系

故 障 现 象	可 能 的 原 因	消 除 方 法
粉尘排放浓度过高	1. 锁气器失灵,下部漏风,除尘效率猛降 2. 除尘器选用不当,适应不了高的起始粉尘浓度 3. 灰斗积灰,超出一定位置,被捕集下的粉尘又返混	1. 修复或更换锁气器,使其保持密闭和动作灵活、正确 2. 仅可作第一级净化,再增加第二级其他高效除尘器 3. 及时排灰或将锁气器装在锥体与灰斗之间
磨损过快	1. 除尘器结构和材料不适应磨琢性粉尘 2. 入口风速选用过高	1. 在入口和锥体部分衬以耐磨材料或加厚钢板 2. 重选入口风速增加旋风除尘数量或改大型号
堵塞	1. 含尘气体的含湿量过高,引起冷凝而粘结 2. 除尘器结构不适应处理粘结性粉尘	1. 除尘器保温或采取其他防止低于露点温度的措施 2. 重选除尘器
并联使用时,各个除尘器负荷不均	1. 连接管阻力不平衡 2. 多管旋风除尘器内压差不等 3. 合用灰斗时,底部窜气	1. 改变管路连接,进行阻力平衡 2. 原出口等高时可采取有倾斜形接口;出口采取阶梯形;下部灰斗分隔两个以上 3. 灰斗内加隔板

故 障 现 象	可 能 的 原 因	消 除 方 法
除尘器阻力过大	1. 滤袋室小,过滤风速过大 2. 清灰频率过低,时间过短 3. 脉冲阀的压缩空气供气压力过低 4. 反吹风压力过低 5. 振打不够强烈 6. 脉冲阀失灵 7. 控制器失灵 8. 滤袋绑扎过紧 9. 滤袋上粘结粉尘清不下来 10. 有的阀门没有打开	1. 增大滤袋室,降低过滤风速 2. 增大清灰频率,延长清灰时间 3. 检查、清扫过滤装置及管路系统,提高气压 4. 检查阀门密闭性,有无漏风,提高反吹风机转速 5. 提高振打机构转速 6. 检查膜片是否破损,节流孔是否堵塞 7. 检查所有控制位均能动作 8. 放松,使有一定柔性 9. 避免结露,减少风量 10. 打开
电动机电流过小,风机风量太小	1. 滤袋阻力大 2. 风管内积尘 3. 风机阀门关闭或开得小 4. 风机达不到设计风量 5. 风机传动皮带打滑	1. 消除方法见上述 2. 清扫风管,并测定管内风速 3. 打开阀门 4. 检查风机出、入口连接是否正确而引起阻力增加 5. 调整

故 障 现 象	可 能 的 原 因	消 除 方 法
粉尘排放浓度过高	1. 滤袋破漏、滤袋骨架不平滑 2. 滤袋口压紧装置不密封 3. 尘侧与净侧两室间的密封失效 4. 清灰过度,破坏了一次粉尘层 5. 滤料太疏松	1. 更换、修补 2. 检查并压紧 3. 将缝隙焊死或嵌缝 4. 减少清灰频率,使滤袋上有一次粉尘层 5. 作新滤料透气性试验,必要时更换滤料
滤料过早损坏	1. 滤料不适用于被处理的气体和粉尘的物化特性 2. 在低于酸性烟气露点温度情况下运行	1. 分析气体和粉尘特性,进滤袋前处理成中性,或更换适合的滤料 2. 提高烟气温度,在开车时将除尘器旁通
滤袋室出现水汽冷凝	1. 预热不足 2. 停车后系统未吹净 3. 壁温低于烟气露点 4. 压缩空气带入水分 5. 反吹风空气冷凝析水	1. 开车前通入热空气 2. 停车后系统再运行 10min 3. 提高烟气温度,机壳保温 4. 检查自动上水阀,安设干燥器或后冷却器 5. 利用系统排风作为反吹风来源
滤袋很快磨穿	1. 挡板磨穿 2. 烟气含尘量很高 3. 清灰频率太高;振打清灰太强 4. 入口烟气冲刷滤袋 5. 反吹风风压太高 6. 脉冲压力太高 7. 滤袋框架有毛刺、焊渣	1. 更换挡板 2. 安装第一级预处理除尘器 3. 降低清灰频率;振动减缓 4. 加导向板并降低入口风速 5. 降低反吹风风压 6. 降低压缩空气压力 7. 除毛刺、打光
滤袋烧损	1. 入口烟气温度经常波动,超过滤料耐温 2. 火星进入滤袋室 3. 渗入冷风控制阀门的热电偶失效 4. 冷却装置失效	1. 降低烟气温度 2. 设置火星熄灭器或冷却器 3. 检查、更换 4. 核对设计改进装置
出灰螺旋输送机过度磨损	1. 螺旋输送机尺寸过小 2. 螺旋输送机转速过高	1. 计量出灰量,改进产品 2. 降低转速
锁气器过度磨损	1. 锁气器尺寸过小,出力不足 2. 转速过高	1. 更换 2. 降低转速
灰斗内粉尘搭桥(棚)	1. 滤袋室内发生水汽冷凝现象 2. 粉尘积贮在斗内 3. 灰斗锥度小于60° 4. 螺旋输送机入口太小	1. 按前述有关方法消除 2. 应连续排灰 3. 改装或更换,也可在斗壁加设振击器(气动或电动) 4. 改为宽平入口
风机电动机超载	1. 风量过大 2. 电动机未按冷态条件选用	1. 按风机风量过大处理 2. 降低风机转速或更换电机
风量过大	1. 风管或旁通阀有漏风 2. 系统阻力偏低 3. 风机转速过高	1. 堵漏 2. 关小阀门 3. 降低转速

湿空气的密度、水蒸气压力、含湿量和焓

(大气压 $B = 1013\text{mbar}$)

空气温度 t (℃)	干空气密度 ρ (kg/m³)	饱和空气密度 ρ_b (kg/m³)	饱和空气的水蒸气分压力 $P_{q \cdot b}$ (mbar)	饱和空气含湿量 d_b (g/kg 干空气)	饱和空气焓 i_b (kJ/kg 干空气)
−20	1.396	1.395	1.02	0.63	−18.55
−19	1.394	1.393	1.13	0.70	−17.39
−18	1.385	1.384	1.25	0.77	−16.2
−17	1.379	1.378	1.37	0.85	−14.99
−16	1.374	1.373	1.50	0.93	−13.77
−15	1.368	1.367	1.65	1.01	−12.60
−14	1.363	1.362	1.81	1.11	−11.35
−13	1.358	1.357	1.98	1.22	−10.05
−12	1.353	1.352	2.17	1.34	−8.75
−11	1.348	1.347	2.37	1.46	−7.45
−10	1.342	1.341	2.59	1.60	−6.07
−9	1.337	1.336	2.83	1.75	−4.73
−8	1.332	1.331	3.09	1.91	−3.31
−7	1.327	1.325	3.36	2.08	−1.88
−6	1.322	1.320	3.67	2.27	−0.42
−5	1.317	1.315	4.00	2.47	1.09
−4	1.312	1.310	4.36	2.69	2.68
−3	1.308	1.306	4.75	2.94	4.31
−2	1.303	1.301	5.16	3.19	5.90
−1	1.298	1.295	5.61	3.47	7.62
0	1.293	1.290	6.09	3.78	9.42
1	1.288	1.285	6.56	4.07	11.14
2	1.284	1.281	7.04	4.37	12.89
3	1.279	1.275	7.57	4.70	14.74
4	1.275	1.271	8.11	5.03	16.58
5	1.270	1.266	8.70	5.40	18.51
6	1.265	1.261	9.32	5.79	20.51
7	1.261	1.256	9.99	6.21	22.61
8	1.256	1.251	10.70	6.65	24.70
9	1.252	1.247	11.46	7.13	26.92
10	1.248	1.242	12.25	7.63	29.18
11	1.243	1.237	13.09	8.15	31.52
12	1.239	1.232	13.99	8.75	34.08
13	1.235	1.228	14.94	9.35	36.59
14	1.230	1.223	15.95	9.97	39.19
15	1.226	1.218	17.01	10.6	41.78
16	1.222	1.214	18.13	11.4	44.80
17	1.217	1.208	19.32	12.1	47.73
18	1.213	1.204	20.59	12.9	50.66
19	1.209	1.200	21.92	13.8	54.01

空气温度 t (℃)	干空气密度 ρ (kg/m³)	饱和空气密度 ρ_b (kg/m³)	饱和空气的水蒸气分压力 $P_{q \cdot b}$ (mbar)	饱和空气含湿量 d_b (g/kg 干空气)	饱和空气焓 i_b (kJ/kg 干空气)
20	1.205	1.195	23.31	14.7	57.78
21	1.201	1.190	24.80	15.6	61.13
22	1.197	1.185	26.37	16.6	64.06
23	1.193	1.181	28.02	17.7	67.83
24	1.189	1.176	29.77	18.8	72.01
25	1.185	1.171	31.60	20.0	75.78
26	1.181	1.166	33.53	21.4	80.39
27	1.177	1.161	35.56	22.6	84.57
28	1.173	1.156	37.71	24.0	89.18
29	1.169	1.151	39.95	25.6	94.20
30	1.165	1.146	42.32	27.2	99.65
31	1.161	1.141	44.82	28.8	104.67
32	1.157	1.136	47.43	30.6	110.11
33	1.154	1.131	50.18	32.5	115.97
34	1.150	1.126	53.07	34.4	122.25
35	1.146	1.121	56.10	36.6	128.95
36	1.142	1.116	59.26	38.8	135.65
37	1.139	1.111	62.60	41.1	142.35
38	1.135	1.107	66.09	43.5	149.47
39	1.132	1.102	69.75	46.0	157.42
40	1.128	1.097	73.58	48.8	165.80
41	1.124	1.091	77.59	51.7	174.17
42	1.121	1.086	81.80	54.8	182.96
43	1.117	1.081	86.18	58.0	192.17
44	1.114	1.076	90.79	61.3	202.22
45	1.110	1.070	95.60	65.0	212.69
46	1.107	1.065	100.61	68.9	223.57
47	1.103	1.059	105.87	72.8	235.30
48	1.100	1.054	111.33	77.0	247.02
49	1.096	1.048	117.07	81.5	260.00
50	1.093	1.043	123.04	86.2	273.40
55	1.076	1.013	156.94	114	352.11
60	1.060	0.981	198.70	152	456.36
65	1.044	0.946	249.38	204	598.71
70	1.029	0.909	310.82	276	795.50
75	1.014	0.868	384.50	382	1080.19
80	1.000	0.823	472.28	545	1519.81
85	0.986	0.773	576.69	828	2281.81
90	0.973	0.718	699.31	1400	3818.36
95	0.959	0.656	843.09	3120	8436.40
100	0.947	0.589	1013.00	—	—

附录 10-2　湿空气焓湿图（$B = 101325\text{Pa}$）
$$i = 1.01t + 0.001d\,(2500 + 1.84t)\,(\text{kJ/kg}\,\text{干空气})$$

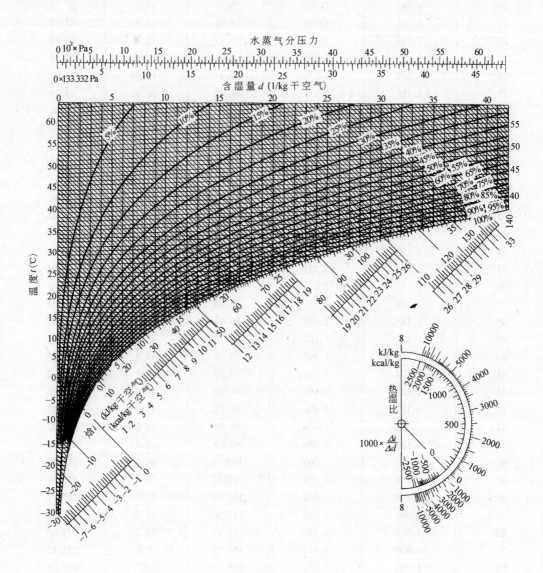

部分城市室外气象参数

附录 11-1

序号	地名	台站位置			大气压力 hPa		年平均温度(℃)	室外计算(干球)温度(℃)								夏季空气调节室外计算湿球温度(℃)
								冬 季				夏 季				
		北 纬	东 经	海拔(m)	冬 季	夏 季		采 暖	空气调节	最低日平均	通 风	通 风	空气调节	空气调节日平均	计算日较差	
1	2	3	4	5	6	7	8	9	10	11	12	13	14	15	16	17
01	北 京	39°48′	116°28′	31.2	1020.4	998.6	11.4	−9	−12	−15.9	−5	30	33.2	28.6	8.8	26.4
02	天 津	39°06′	117°10′	3.3	1026.6	1004.8	12.2	−9	−11	−13.1	−4	29	33.4	29.2	8.1	26.9
03	沈 阳	41°46′	123°26′	41.6	1020.8	1007.7	7.8	−19	−22	−24.9	−12	28	31.4	27.2	8.1	25.4
04	大 连	38°54′	121°38′	92.8	1013.8	994.7	10.2	−11	−14	−18.6	−5	26	28.4	25.5	5.6	25.0
05	哈尔滨	45°41′	126°37′	171.7	1001.5	985.1	3.6	−26	−29	−33.0	−20	27	30.3	26.0	8.3	23.4
06	上 海	31°10′	121°26′	4.5	1025.1	1005.3	15.7	−2	−4	−6.9	3	32	34.0	30.4	6.9	28.2
07	南 京	32°00′	118°48′	8.9	1025.2	1004.0	15.3	−3	−6	−9.0	2	32	35.0	31.4	6.9	28.3
08	武 汉	30°37′	114°08′	23.3	1023.3	1001.7	16.3	−2	−5	−11.3	3	33	35.2	31.9	6.3	28.2
09	广 州	23°03′	113°19′	6.6	1019.5	1004.5	21.8	7	5	2.9	13	31	33.5	30.1	6.5	27.7
10	重 庆	29°35′	106°28′	259.1	991.2	973.2	18.3	4	2	0.9	7	33	36.5	32.5	7.7	27.3
11	济 南	36°41′	116°59′	51.6	1020.2	998.5	14.2	−7	−10	−13.7	−2	31	34.8	31.3	6.7	26.7
12	昆 明	25°01′	102°41′	1891.4	811.5	808.0	14.7	3	1	−3.5	8	23	25.8	22.2	6.9	19.9
13	西 安	34°18′	108°56′	396.2	978.7	959.2	13.3	−5	−8	−12.3	−1	31	35.2	30.7	8.7	26.0
14	兰 州	36°03′	103°53′	1517.2	851.4	843.1	9.1	−11	−13	−15.8	−7	26	30.5	25.8	9.0	20.2
15	乌鲁木齐	43°47′	87°37′	917.9	919.9	906.7	5.7	−22	−27	−33.3	−15	29	34.1	29.0	9.8	18.5

北纬 40°太阳总辐射强度（W/m²）

附录 11-2

透明度等级	\ 朝向	4						5						6					
时刻（地方太阳时）	朝向	S	SE	E	NE	N	H	S	SE	E	NE	N	H	S	SE	E	NE	N	H
6		52 (45)	250 (215)	445 (383)	411 (353)	165 (142)	166 (143)	50 (43)	209 (180)	368 (316)	340 (292)	142 (122)	148 (127)	49 (42)	164 (141)	279 (240)	258 (222)	115 (99)	127 (109)
7		83 (71)	421 (362)	630 (542)	519 (446)	152 (131)	345 (297)	87 (75)	379 (326)	559 (481)	463 (398)	148 (127)	324 (279)	93 (80)	334 (287)	483 (415)	404 (347)	142 (122)	304 (261)
8		131 (113)	537 (462)	692 (595)	506 (435)	109 (94)	533 (458)	137 (118)	500 (430)	638 (549)	472 (406)	117 (101)	509 (438)	137 (118)	443 (381)	559 (481)	420 (361)	121 (104)	466 (401)
9		258 (222)	593 (510)	661 (568)	420 (361)	135 (116)	711 (611)	258 (222)	569 (489)	630 (542)	407 (350)	144 (124)	690 (593)	254 (218)	521 (448)	575 (494)	381 (328)	155 (133)	645 (555)
10		361 (310)	576 (495)	542 (406)	279 (240)	151 (130)	842 (724)	357 (307)	558 (480)	527 (453)	281 (242)	162 (139)	821 (706)	349 (300)	526 (452)	498 (428)	281 (242)	176 (151)	779 (670)
11		424 (365)	493 (424)	365 (314)	158 (136)	158 (136)	919 (790)	416 (358)	480 (413)	362 (311)	169 (145)	169 (145)	892 (767)	402 (346)	495 (395)	354 (304)	181 (156)	181 (156)	847 (728)
12		448 (385)	364 (313)	162 (139)	162 (139)	162 (139)	949 (816)	438 (377)	361 (310)	172 (148)	172 (148)	172 (148)	919 (790)	422 (363)	352 (303)	185 (159)	185 (159)	185 (159)	872 (750)
13		424 (365)	199 (171)	158 (136)	158 (136)	158 (136)	919 (790)	416 (358)	207 (178)	169 (145)	169 (145)	169 (145)	892 (767)	402 (346)	216 (186)	181 (156)	181 (156)	181 (156)	847 (728)
14		361 (310)	151 (130)	151 (130)	151 (130)	151 (130)	842 (724)	357 (307)	162 (139)	162 (139)	162 (139)	162 (139)	821 (706)	349 (300)	176 (151)	176 (151)	176 (151)	176 (151)	779 (670)
15		258 (222)	135 (116)	135 (116)	135 (116)	135 (116)	711 (611)	258 (222)	144 (124)	144 (124)	144 (124)	144 (124)	690 (593)	254 (218)	155 (133)	155 (133)	155 (133)	155 (133)	645 (555)
16		131 (113)	109 (94)	109 (94)	109 (94)	109 (94)	533 (458)	137 (118)	117 (101)	117 (101)	117 (101)	117 (101)	509 (438)	137 (118)	121 (104)	121 (104)	121 (104)	121 (104)	466 (401)
17		83 (71)	83 (71)	83 (71)	83 (71)	152 (131)	345 (297)	87 (75)	87 (75)	87 (75)	87 (75)	148 (127)	324 (279)	93 (80)	93 (80)	93 (80)	93 (80)	142 (122)	304 (261)
18		52 (45)	52 (45)	52 (45)	52 (45)	165 (142)	166 (143)	50 (43)	50 (43)	50 (43)	50 (43)	142 (122)	148 (127)	49 (42)	49 (42)	49 (42)	49 (42)	115 (99)	127 (109)
日总计		3057 (2637)	3964 (3408)	4186 (3599)	3142 (2702)	1904 (1637)	7981 (6862)	3051 (2623)	3824 (3288)	3986 (3427)	3033 (2608)	1935 (1664)	7687 (6610)	2990 (2571)	3609 (3103)	3706 (3187)	2885 (2481)	1964 (1689)	7208 (6198)
日平均		128 (110)	165 (142)	174 (150)	131 (113)	79 (68)	333 (286)	127 (109)	150 (137)	166 (143)	127 (109)	80 (69)	320 (275)	124 (107)	150 (129)	155 (133)	120 (103)	81 (70)	300 (258)
朝向		S	SW	W	NW	N	H	S	SW	W	NW	N	H	S	SW	W	NW	N	H

444

北纬 40°透过标准窗玻璃的太阳辐射强度（W/m²）

透明度等级 1

时刻（地方太阳时）	直接辐射（散射辐射）					
朝向	S	SE	E	NE	N	H
6	0(37)	245(37)	558(37)	507(37)	106(37)	83(41)
7	0(59)	392(59)	679(59)	530(59)	72(59)	259(49)
8	2(78)	463(78)	659(78)	420(78)	0(78)	454(51)
9	57(95)	466(95)	551(95)	238(95)	0(95)	620(56)
10	138(108)	406(108)	362(108)	58(108)	0(108)	748(57)
11	200(112)	283(112)	133(112)	0(112)	0(112)	822(52)
12	222(114)	124(114)	0(114)	0(114)	0(114)	848(53)
13	200(112)	7(112)	0(112)	0(112)	0(112)	822(52)
14	138(108)	0(108)	0(108)	0(108)	0(108)	748(57)
15	57(95)	0(95)	0(95)	0(95)	0(95)	620(56)
16	2(78)	0(78)	0(78)	0(78)	0(78)	454(51)
17	0(59)	0(59)	0(59)	0(59)	72(59)	259(49)
18	0(37)	0(37)	0(37)	0(37)	106(37)	83(41)
朝向	S	SW	W	NW	N	H

透明度等级 2

时刻（地方太阳时）	直接辐射（散射辐射）					
朝向	H	N	NE	E	SE	S
6	71(45)	91(38)	0(38)	0(38)	0(38)	0(38)
7	231(59)	64(63)	0(63)	0(63)	0(63)	0(63)
8	418(67)	0(84)	0(84)	0(84)	0(84)	2(84)
9	577(69)	0(98)	0(98)	0(98)	0(98)	53(98)
10	702(77)	0(115)	0(115)	0(115)	0(115)	130(115)
11	773(71)	0(119)	0(119)	0(119)	6(119)	188(119)
12	798(71)	0(120)	0(120)	0(120)	117(120)	209(120)
13	773(71)	0(119)	0(119)	124(119)	266(119)	188(119)
14	702(77)	0(115)	55(115)	340(115)	380(115)	130(115)
15	577(69)	0(98)	222(98)	513(98)	434(98)	53(98)
16	418(67)	0(84)	385(84)	606(84)	424(84)	2(84)
17	231(59)	64(63)	472(63)	605(63)	349(63)	0(63)
18	71(45)	91(38)	434(38)	477(38)	211(38)	0(38)
朝向	H	N	NW	W	SW	S

445

透明度等级 3　直接辐射（散射辐射）

时刻(地方太阳时)	S	SE	E	NE	N	H
6	0(43)	180(43)	409(43)	371(43)	78(43)	60(56)
7	0(65)	309(65)	536(65)	419(65)	57(65)	205(69)
8	2(88)	387(88)	552(88)	351(88)	0(88)	379(83)
9	49(106)	401(106)	475(106)	205(106)	0(106)	533(88)
10	121(117)	354(117)	315(117)	50(117)	0(117)	652(90)
11	176(121)	248(121)	116(121)	0(121)	0(121)	722(84)
12	195(123)	114(123)	0(123)	0(123)	0(123)	747(85)
13	176(121)	6(121)	0(121)	0(121)	0(121)	722(84)
14	121(117)	0(117)	0(117)	0(117)	0(117)	652(90)
15	49(106)	0(106)	0(106)	0(106)	0(106)	583(88)
16	2(88)	0(88)	0(88)	0(88)	0(88)	379(83)
17	0(65)	0(65)	0(65)	0(65)	57(65)	205(69)
18	0(43)	0(43)	0(43)	0(43)	78(43)	60(56)
朝向	S	SW	W	NW	N	H

透明度等级 4　直接辐射（散射辐射）

时刻(地方太阳时)	S	SE	E	NE	N	H
6	0(43)	0(43)	0(43)	0(43)	63(43)	49(58)
7	0(67)	0(67)	0(67)	0(67)	49(67)	177(79)
8	2(90)	0(90)	0(90)	0(90)	0(90)	336(93)
9	44(112)	0(112)	0(112)	0(112)	0(112)	484(106)
10	110(124)	0(124)	0(124)	0(124)	0(124)	598(109)
11	162(130)	6(130)	0(130)	0(130)	0(130)	665(108)
12	180(134)	101(134)	0(134)	0(134)	0(134)	688(110)
13	162(130)	224(130)	107(130)	0(130)	0(130)	665(108)
14	110(124)	324(124)	288(124)	47(124)	0(124)	598(109)
15	44(112)	364(112)	430(112)	186(112)	0(112)	484(106)
16	2(90)	342(90)	488(90)	311(90)	0(90)	336(93)
17	0(67)	266(67)	462(67)	361(67)	49(67)	177(79)
18	0(43)	145(43)	331(43)	301(43)	63(43)	49(58)
朝向	S	SW	W	NW	N	H

续表

透明度等级 6

直接辐射（散射辐射）

朝向 / 辐射照度 时刻（地方太阳时）	H	N	NE	E	SE	S
18	29(58)	37(40)	177(40)	194(40)	86(40)	0(40)
17	126(104)	35(77)	257(77)	329(77)	190(77)	0(77)
16	254(123)	0(100)	234(100)	268(100)	258(100)	1(100)
15	387(149)	0(128)	149(128)	344(128)	291(128)	36(128)
14	492(160)	0(144)	38(144)	237(144)	266(144)	91(144)
13	551(159)	0(149)	0(149)	88(149)	190(149)	134(149)
12	572(160)	0(152)	0(152)	0(152)	85(152)	150(152)
11	551(159)	0(149)	0(149)	0(149)	5(149)	134(149)
10	492(160)	0(144)	0(144)	0(144)	0(144)	91(144)
9	387(149)	0(128)	0(128)	0(128)	0(128)	36(128)
8	254(123)	0(100)	0(100)	0(100)	0(100)	1(100)
7	126(104)	35(77)	0(77)	0(77)	0(77)	0(77)
6	29(58)	37(40)	0(40)	0(40)	0(40)	0(40)
朝向	H	N	NW	W	SW	S

透明度等级 5

直接辐射（散射辐射）

朝向 / 辐射照度 时刻（地方太阳时）	S	SE	E	NE	N	H
6	0(42)	117(42)	267(42)	243(42)	51(42)	40(58)
7	0(72)	229(72)	398(72)	311(72)	42(72)	152(91)
8	1(96)	306(96)	437(96)	278(96)	0(96)	300(109)
9	41(119)	337(119)	398(119)	172(119)	0(119)	448(124)
10	104(133)	302(133)	270(133)	43(133)	0(133)	557(131)
11	150(138)	213(138)	100(138)	0(138)	0(138)	619(130)
12	167(142)	94(142)	0(142)	0(142)	0(142)	641(133)
13	150(138)	5(138)	0(138)	0(138)	0(138)	619(130)
14	104(133)	0(133)	0(133)	0(133)	0(133)	557(131)
15	41(119)	0(119)	0(119)	0(119)	0(119)	448(124)
16	1(96)	0(96)	0(96)	0(96)	0(96)	300(109)
17	0(72)	0(72)	0(72)	0(72)	42(72)	152(91)
18	0(42)	0(42)	0(42)	0(42)	51(42)	40(58)
朝向	S	SW	W	NW	N	H

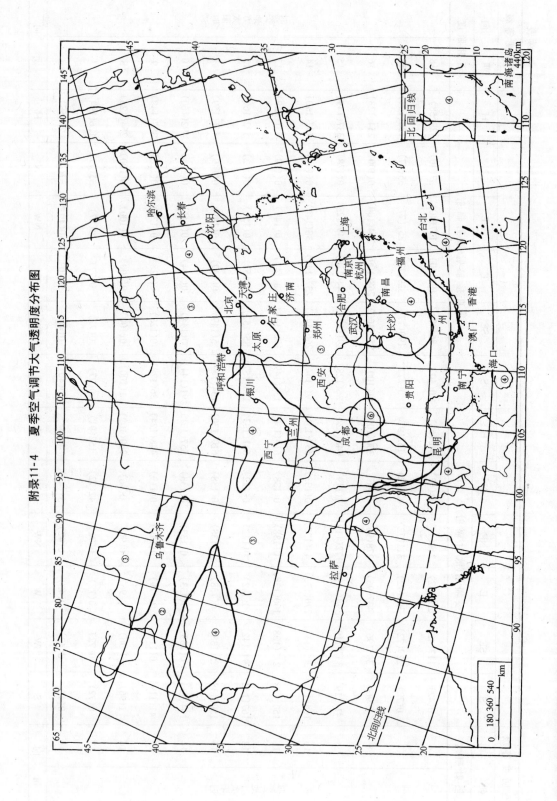

附录11-4　夏季空气调节大气透明度分布图

附录 11-4 标定的透明度等级	下列大气压力（×10²Pa）(mbar)时的透明度等级							
	650	700	750	800	850	900	950	1000
1	1	1	1	1	1	1	1	1
2	1	1	1	1	1	2	2	2
3	1	2	2	2	2	3	3	3
4	2	2	3	3	3	4	4	4
5	3	3	4	4	4	4	5	5
6	4	4	4	5	5	5	6	6

围护结构外表面对太阳辐射热的吸收系数 ρ　　　　附录 11-6

面 层 类 别	表 面 性 质	表 面 颜 色	吸 收 系 数
石棉材料：			
石棉水泥板		浅 灰 色	0.72～0.78
金属：			
白铁屋面	光滑,旧	灰 黑 色	0.86
粉刷：			
拉毛水泥墙面	粗糙,旧	灰色或米黄色	0.63～0.65
石灰粉刷	光滑,新	白 色	0.48
陶石子墙面	粗糙,旧	浅 灰 色	0.68
水泥粉刷墙面	光滑,新	浅 蓝 色	0.56
砂石粉刷		深 色	0.57
墙：			
红砖墙	旧	红 色	0.72～0.73
硅酸盐砖墙	不光滑	青 灰 色	0.41～0.60
混凝土块墙		灰 色	0.65
屋面：			
红瓦屋面	旧	红 色	0.56
红褐色瓦屋面	旧	红 褐 色	0.65～0.74
灰瓦屋面	旧	浅 灰 色	0.52
石板瓦	旧	银 灰 色	0.75
水泥屋面	旧	青 灰 色	0.74
浅色油毛毡	粗糙,新	浅 黑 色	0.72
黑色油毛毡	粗糙,新	深 黑 色	0.86

外墙夏季热工指标及结构类型　　　　　　　　　　　　附录 11-7(1)

序号	构　造	壁　厚 δ(mm)	保温层 (mm)	导热热阻 (m²·K/W)	传热系数 (W/(m²·K))	质　量 (kg/m²)	热容量 (kJ/(m²·K))	类型
1	外 ▨ 内 δ　20 1. 砖　墙 2. 白灰粉刷	240		0.32	2.05	464	406	Ⅲ
		370		0.48	1.55	698	612	Ⅱ
		490		0.63	1.26	914	804	Ⅰ
2	外 ▨ 内 20　δ　20 1. 水泥砂浆 2. 砖　墙 3. 白灰粉刷	240		0.34	1.97	500	436	Ⅲ
		370		0.50	1.50	734	645	Ⅱ
		490		0.65	1.22	950	834	Ⅰ
3	外 ▨ 内 δ　100　25　20 1. 砖　墙 2. 泡沫混凝土 3. 木 丝 板 4. 白灰粉刷	240		0.95	0.90	534	478	Ⅰ
		370		1.11	0.78	768	683	Ⅰ
		490		1.26	0.70	984	876	0
4	外 ▨ 内 20　δ　25 1. 水泥砂浆 2. 砖　墙 3. 木 丝 板	240		0.47	1.57	478	432	Ⅲ
		370		0.63	1.26	712	608	Ⅱ

序号	构　　造	壁厚δ (mm)	保温层		导热热阻 (m²·K/W)	传热系数 (W/(m²·K))	质　量 (kg/m²)	热容量 (kJ/(m²·K))	类型
			材料	厚度 l					
1	1. 预制细石混凝土板 25mm, 表面喷白色水泥浆 2. 通风层≥200mm 3. 卷材防水层 4. 水泥砂浆找平层20mm 5. 保温层 6. 隔汽层 7. 找平层20mm 8. 预制钢筋混凝土板 9. 内粉刷	35	水泥膨胀珍珠岩	25	0.77	1.07	292	247	Ⅳ
				50	0.98	0.87	301	251	Ⅳ
				75	1.20	0.73	310	260	Ⅲ
				100	1.41	0.64	318	264	Ⅲ
				125	1.63	0.56	327	272	Ⅲ
				150	1.84	0.50	336	277	Ⅲ
				175	2.06	0.45	345	281	Ⅱ
				200	2.27	0.41	353	289	Ⅱ
			沥青膨胀珍珠岩	25	0.87	1.01	292	247	Ⅳ
				50	1.09	0.79	301	251	Ⅳ
				75	1.36	0.65	310	260	Ⅲ
				100	1.63	0.56	318	264	Ⅲ
				125	1.89	0.49	327	272	Ⅲ
				150	2.17	0.43	336	277	Ⅲ
				175	2.43	0.38	345	281	Ⅱ
				200	2.70	0.35	353	289	Ⅱ
			加气混凝土泡沫混凝土	25	0.67	1.20	298	256	Ⅳ
				50	0.79	1.05	313	268	Ⅳ
				75	0.90	0.93	328	281	Ⅲ
				100	1.02	0.84	343	293	Ⅲ
				125	1.14	0.76	358	306	Ⅲ
				150	1.26	0.70	373	318	Ⅲ
				175	1.38	0.64	388	331	Ⅲ
				200	1.50	0.59	403	344	Ⅱ
2	1. 预制细石混凝土板 25mm, 表面喷白色水泥浆 2. 通风层≥200mm 3. 卷材防水层 4. 水泥砂浆找平层20mm 5. 保温层 6. 隔汽层 7. 现浇钢筋混凝土板 8. 内粉刷	70	水泥膨胀珍珠岩	25	0.78	1.05	376	318	Ⅲ
				50	1.00	0.86	385	323	Ⅲ
				75	1.21	0.72	394	331	Ⅲ
				100	1.43	0.63	402	335	Ⅱ
				125	1.64	0.55	411	339	Ⅱ
				150	1.86	0.49	420	348	Ⅱ
				175	2.07	0.44	429	352	Ⅱ
				200	2.29	0.41	437	360	Ⅰ
			沥青膨胀珍珠岩	25	0.83	1.00	376	318	Ⅲ
				50	1.11	0.78	385	323	Ⅲ
				75	1.38	0.65	394	331	Ⅲ
				100	1.64	0.55	402	335	Ⅱ
				125	1.91	0.48	411	339	Ⅱ
				150	2.18	0.43	420	348	Ⅱ
				175	2.45	0.38	429	352	Ⅱ
				200	2.72	0.35	437	360	Ⅰ
			加气混凝土泡沫混凝土	25	0.69	1.16	382	322	Ⅲ
				50	0.81	1.02	397	335	Ⅲ
				75	0.93	0.91	412	348	Ⅲ
				100	1.05	0.83	427	360	Ⅱ
				125	1.17	0.74	442	373	Ⅱ
				150	1.29	0.69	457	385	Ⅰ
				175	1.41	0.64	472	398	Ⅰ
				200	1.53	0.59	487	410	Ⅰ

Ⅱ型外墙   附录 11-7(3)

时间 \ 朝向	S	SW	W	NW	N	NE	E	SE
0	36.1	38.2	38.5	36.0	33.1	36.2	38.5	38.1
1	36.2	38.5	38.9	36.3	33.2	36.1	38.4	38.1
2	36.2	38.6	39.1	36.5	33.2	36.0	38.2	37.9
3	36.1	38.6	39.2	36.5	33.2	35.8	38.0	37.7
4	35.9	38.4	39.1	36.5	33.1	35.6	37.6	37.4
5	35.6	38.2	38.9	36.3	33.0	35.3	37.3	37.0
6	35.3	37.9	38.6	36.1	32.8	35.0	36.9	36.6
7	35.0	37.5	38.2	35.8	32.6	34.7	36.4	36.2
8	34.6	37.1	37.8	35.4	32.3	34.3	36.0	35.8
9	34.2	36.6	37.3	35.1	32.1	33.9	35.5	35.3
10	33.9	36.1	36.8	34.7	31.8	33.6	35.2	34.9
11	33.5	35.7	36.3	34.3	31.6	33.5	35.0	34.6
12	33.2	35.2	35.9	33.9	31.4	33.5	35.0	34.5
13	32.9	34.9	35.5	33.6	31.3	33.7	35.2	34.6
14	32.8	34.6	35.2	33.4	31.2	33.9	35.6	34.8
15	32.9	34.4	34.9	33.2	31.2	34.3	36.1	35.2
16	33.1	34.3	34.8	33.2	31.3	34.6	36.6	35.7
17	33.4	34.4	34.8	33.2	31.4	34.9	37.1	36.2
18	33.9	34.7	34.9	33.3	31.6	35.2	37.5	36.7
19	34.4	35.2	35.3	33.5	31.8	35.4	37.9	37.2
20	34.9	35.8	35.8	33.9	32.1	35.7	38.2	37.5
21	35.3	36.5	36.5	34.4	32.4	35.9	38.4	37.8
22	35.7	37.2	37.3	35.0	32.6	36.1	38.5	38.0
23	36.0	37.7	38.0	35.5	32.9	36.2	38.6	38.1
最大值	36.2	38.6	39.2	36.5	33.2	36.2	38.6	38.1
最小值	32.8	34.3	34.8	33.2	31.2	33.5	35.0	34.5

附录 11-7(4)

时间 \ 屋面类型	Ⅰ型	Ⅱ型	Ⅲ型	Ⅳ型	Ⅴ型	Ⅵ型
0	43.7	47.2	47.7	46.1	41.6	38.1
1	44.3	46.4	46.0	43.7	39.0	35.5
2	44.8	45.4	44.2	41.4	36.7	33.2
3	45.0	44.3	42.4	39.3	34.6	31.4
4	45.0	43.1	40.6	37.3	32.8	29.8
5	44.9	41.8	38.8	35.5	31.2	28.4
6	44.5	40.6	37.1	33.9	29.8	27.2
7	44.0	39.3	35.5	32.4	28.7	26.5
8	43.4	38.1	34.1	31.2	28.4	26.8
9	42.7	37.0	33.1	30.7	29.2	28.6
10	41.9	36.1	32.7	31.0	31.4	32.0

时间＼屋面类型	Ⅰ型	Ⅱ型	Ⅲ型	Ⅳ型	Ⅴ型	Ⅵ型
11	41.1	35.6	33.0	32.3	34.7	36.7
12	40.2	35.6	34.0	34.5	38.9	42.2
13	39.5	36.0	35.8	37.5	43.4	47.8
14	38.9	37.0	38.1	41.0	47.9	52.9
15	38.5	38.4	40.7	44.6	51.9	57.1
16	38.3	40.1	43.5	47.9	54.9	59.8
17	38.4	41.9	46.1	50.7	56.8	60.9
18	38.8	43.7	48.3	52.7	57.2	60.2
19	39.4	45.4	49.9	53.7	56.3	57.8
20	40.2	46.7	50.8	53.6	54.0	54.0
21	41.1	47.5	50.9	52.5	51.0	49.5
22	42.0	47.8	50.3	50.7	47.7	45.1
23	42.9	47.7	49.2	48.4	44.5	41.3
最大值	45.0	47.8	50.9	53.7	57.2	60.9
最小值	38.3	35.6	32.7	30.7	28.4	26.5

Ⅰ～Ⅳ型结构地点修正值 t_d（℃）　　　　　　　　　　　附录 11-7(5)

编号	城市	S	SW	W	NW	N	NE	E	SE	水 平
1	北京	0.0	0.0	0.0	0.0	0.0	0.0	0.0	0.0	0.0
2	天津	-0.4	-0.3	-0.1	-0.1	-0.2	-0.3	-0.1	-0.3	-0.5
3	石家庄	0.5	0.6	0.8	1.0	1.0	0.9	0.8	0.6	0.4
4	太原	-3.3	-3.0	-2.7	-2.7	-2.8	-2.8	-2.7	-3.0	-2.8
5	呼和浩特	-4.3	-4.3	-4.4	-4.5	-4.6	-4.7	-4.4	-4.3	-4.2
6	沈阳	-1.4	-1.7	-1.9	-1.9	-1.6	-2.0	-1.9	-1.7	-2.7
7	长春	-2.3	-2.7	-3.1	-3.3	-3.1	-3.4	-3.1	-2.7	-3.6
8	哈尔滨	-2.2	-2.8	-3.4	-3.7	-3.4	-3.8	-3.4	-2.8	-4.1
9	上海	-0.8	-0.2	0.5	1.2	1.2	1.0	0.5	-0.2	0.1
10	南京	1.0	1.5	2.1	2.7	2.7	2.5	2.1	1.5	2.0
11	杭州	1.0	1.4	2.1	2.9	3.1	2.7	2.1	1.4	1.5
12	合肥	1.0	1.7	2.5	3.0	2.8	2.8	2.4	1.7	2.7

编 号	城 市	S	SW	W	NW	N	NE	E	SE	水 平
13	福 州	-0.8	0.0	1.1	2.1	2.2	1.9	1.1	0.0	0.7
14	南 昌	0.4	1.3	2.4	3.2	3.0	3.1	2.4	1.3	2.4
15	济 南	1.6	1.9	2.2	2.4	2.3	2.3	2.2	1.9	2.2
16	郑 州	0.8	0.9	1.3	1.8	2.1	1.6	1.3	0.9	0.7
17	武 汉	0.4	1.0	1.7	2.4	2.2	2.3	1.7	1.0	1.3
18	长 沙	0.5	1.3	2.4	3.2	3.1	3.0	2.4	1.3	2.2
19	广 州	-1.9	-1.2	0.0	1.3	1.7	1.2	0.0	-1.2	-0.5
20	南 宁	-1.7	-1.0	0.2	1.5	1.9	1.3	0.2	-1.0	-0.3
21	成 都	-3.0	-2.6	-2.0	-1.1	-0.9	-1.3	-2.0	-2.6	-2.5
22	贵 阳	-4.9	-4.3	-3.4	-2.3	-2.0	-2.5	-3.5	-4.3	-3.5
23	昆 明	-8.5	-7.8	-6.7	-5.5	-5.2	-5.7	-6.7	-7.8	-7.2
24	拉 萨	-13.5	-11.8	-10.2	-10.0	-11.0	-10.1	-10.2	-11.8	-8.9
25	西 安	0.5	0.5	0.9	1.5	1.8	1.4	0.9	0.5	0.4
26	兰 州	-4.8	-4.4	-4.0	-3.8	-3.9	-4.0	-4.0	-4.4	-4.0
27	西 宁	-9.6	-8.9	-8.4	-8.5	-8.9	-8.6	-8.4	-8.9	-7.9
28	银 川	-3.8	-3.5	-3.2	-3.3	-3.6	-3.4	-3.2	-3.5	-2.4
29	乌鲁木齐	0.7	0.5	0.2	-0.3	-0.4	-0.4	0.2	0.5	0.1
30	台 北	-1.2	-0.7	0.2	2.6	1.9	1.3	0.2	-0.7	-0.2
31	二 连	-1.8	-1.9	-2.2	-2.7	-3.0	-2.8	-2.2	-1.9	-2.3
32	汕 头	-1.9	-0.9	0.5	1.7	1.8	1.5	0.5	-0.9	0.4
33	海 口	-1.5	-0.6	1.0	2.4	2.9	2.3	1.0	-0.6	1.0
34	桂 林	-1.9	-1.1	0.0	1.1	1.3	0.9	0.0	-1.1	-0.2
35	重 庆	0.4	1.1	2.0	2.7	2.8	2.6	2.0	1.1	1.7
36	敦 煌	-1.7	-1.3	-1.1	-1.5	-2.0	-1.6	-1.1	-1.3	-0.7
37	格 尔 木	-9.6	-8.8	-8.2	-8.3	-8.8	-8.3	-8.2	-8.8	-7.6
38	和 田	-1.6	-1.6	-1.4	-1.1	-0.8	-1.2	-1.4	-1.6	-1.5
39	喀 什	-1.2	-1.0	-0.9	-1.0	-1.2	-1.9	-0.9	-1.0	-0.7
40	库 车	0.2	0.3	0.2	-0.1	-0.3	-0.2	0.2	0.3	0.3

外表面放热系数修正值 k_a 附录 11-7(6)

a_W	12	14	16	18	20	22	24	26
k_a	1.06	1.03	1	0.98	0.97	0.95	0.94	0.93

吸收系数修正值 k_ρ 附录 11-7(7)

颜　色　＼　类　别	外　墙	屋　面
浅　色	0.94	0.88
中　色	0.97	0.94

附录 11-8　玻璃窗瞬变传热引起冷负荷计算的有关数据

单层窗玻璃的 K 值 $[W/(m^2 \cdot K)]$ 附录 11-8(1)

$a_W[W/(m^2 \cdot K)]$ ＼ $a_N[W/(m^2 \cdot K)]$	5.8	6.4	7.0	7.6	8.1	8.7	9.3	9.9	10.5	11
11.6	3.87	4.13	4.36	4.58	4.79	4.99	5.16	5.34	5.51	5.66
12.8	4.00	4.27	4.51	4.76	4.98	5.19	5.38	5.57	5.76	5.93
14.0	4.11	4.38	4.65	4.91	5.14	5.37	5.58	5.79	5.81	6.16
15.1	4.20	4.49	4.78	5.04	5.29	5.54	5.76	5.98	6.19	6.38
16.3	4.28	4.60	4.83	5.16	5.43	5.68	5.92	6.15	6.37	6.58
17.5	4.37	4.68	4.99	5.27	5.55	5.82	6.07	6.32	6.55	6.77
18.6	4.43	4.76	5.07	5.61	5.66	5.94	6.20	6.45	6.70	6.93
19.8	4.49	4.84	5.15	5.47	5.77	6.05	6.33	6.59	6.34	7.08
20.9	4.55	4.90	5.23	5.59	5.86	6.15	6.44	6.71	6.98	7.23
22.1	4.61	4.97	5.30	5.63	5.95	6.26	6.55	6.83	7.11	7.36
23.3	4.65	5.01	5.37	5.71	6.04	6.34	6.64	6.93	7.22	7.49
24.4	4.70	5.07	5.43	5.77	6.11	6.43	6.73	7.04	7.33	7.61
25.6	4.73	5.12	5.48	5.84	6.18	6.50	6.83	7.13	7.43	7.69
26.7	4.78	5.16	5.54	5.90	6.25	6.58	6.91	7.22	7.52	7.82
27.9	4.81	5.20	5.58	5.94	6.30	6.64	6.98	7.30	7.62	7.92
29.1	4.85	5.25	5.63	6.00	6.36	6.71	7.05	7.37	7.70	8.00

双层窗玻璃的 K 值 $[W/(m^2 \cdot K)]$　　　　附录 11-8(2)

$a_W[W/(m^2 \cdot K)]$ ＼ $a_N[W/(m^2 \cdot K)]$	5.8	6.4	7.0	7.6	8.1	8.7	9.3	9.9	10.5	11
11.6	2.37	2.47	2.55	2.62	2.69	2.74	2.80	2.85	2.90	2.73
12.8	2.42	2.51	2.59	2.67	2.74	2.80	2.86	2.92	2.97	3.01
14.0	2.45	2.56	2.64	2.72	2.79	2.86	2.92	2.98	3.02	3.07
15.1	2.49	2.59	2.69	2.77	2.84	2.91	2.97	3.02	3.08	3.13
16.3	2.52	2.63	2.72	2.80	2.87	2.94	3.01	3.07	3.12	3.17
17.5	2.55	2.65	2.74	2.84	2.91	2.98	3.05	3.11	3.16	3.21
18.6	2.57	2.67	2.78	2.86	2.94	3.01	3.08	3.14	3.20	3.25
19.8	2.59	2.70	2.80	2.88	2.97	3.05	3.12	3.17	3.23	3.28
20.9	2.61	2.72	2.83	2.91	2.99	3.07	3.14	3.20	3.26	3.31
22.1	2.63	2.74	2.84	2.93	3.01	3.09	3.16	3.23	3.29	3.34
23.3	2.64	2.76	2.86	2.95	3.04	3.12	3.19	3.25	3.31	3.37
24.4	2.66	2.77	2.87	2.97	3.06	3.14	3.21	3.27	3.34	3.40
25.6	2.67	2.79	2.90	2.99	3.07	3.15	3.20	3.29	3.36	3.41
26.7	2.69	2.80	2.91	3.00	3.09	3.17	3.24	3.31	3.37	3.43
27.9	2.70	2.81	2.92	3.01	3.11	3.19	3.25	3.33	3.40	3.45
29.1	2.71	2.83	2.93	3.04	3.12	3.20	3.28	3.35	3.41	3.47

玻璃窗传热系数的修正值　　　　附录 11-8(3)

窗 的 类 型	单 层 窗		双 层 窗	
	无 窗 帘	有 窗 帘	无 窗 帘	有 窗 帘
全 部 玻 璃	1.00	0.75	1.00	0.85
木窗框,80%玻璃	0.90	0.68	0.95	0.81
木窗框,60%玻璃	0.80	0.60	0.85	0.72
金属窗框,80%玻璃	1.00	0.75	1.20	1.00

玻璃窗冷负荷计算温度 t_{w1}(℃)

时 间 (h)	0	1	2	3	4	5	6	7	8	9	10	11
t_{w1}	27.2	26.7	26.2	25.8	25.5	25.3	25.4	26.0	26.9	27.9	29.0	29.9
时 间 (h)	12	13	14	15	16	17	18	19	20	21	22	23
t_{w1}	30.8	31.5	31.9	32.2	32.2	32.0	31.6	30.8	29.9	29.1	28.4	27.8

玻璃窗的地点修正值 t_d(℃)

编 号	城 市	t_d	编 号	城 市	t_d
1	北 京	0	21	成 都	−1
2	天 津	0	22	贵 阳	−3
3	石家庄	1	23	昆 明	−6
4	太 原	−2	24	拉 萨	−11
5	呼和浩特	−4	25	西 安	2
6	沈 阳	−1	26	兰 州	−3
7	长 春	−3	27	西 宁	−8
8	哈尔滨	−3	28	银 川	−3
9	上 海	1	29	乌鲁木齐	1
10	南 京	3	30	台 北	1
11	杭 州	3	31	二 连	−2
12	合 肥	3	32	汕 头	1
13	福 州	2	33	海 口	1
14	南 昌	3	34	桂 林	1
15	济 南	3	35	重 庆	3
16	郑 州	2	36	敦 煌	−1
17	武 汉	3	37	格尔木	−9
18	长 沙	3	38	和 田	−1
19	广 州	1	39	喀 什	0
20	南 宁	1	40	库 车	0

附录 11-9　透过玻璃窗日射得热形成冷负荷计算的有关数据

夏季各纬度带的日射得热因数最大值 $D_{J,max}$（W/m²）　　　　附录 11-9(1)

朝向 纬度带	S	SE	E	NE	N	NW	W	SW	水　平
20°	130	311	541	465	130	465	541	311	876
25°	146	332	509	421	134	421	509	332	834
30°	174	374	539	415	115	415	539	374	833
35°	251	436	575	430	122	430	575	436	844
40°	302	477	599	442	114	442	599	477	842
45°	368	508	598	432	109	432	598	508	811
拉　萨	174	462	727	592	133	593	727	462	991

注：每一纬度带包括的宽度为 ±2°30′ 纬度。

窗玻璃的 C_s 值　　　　附录 11-9(2)

玻　璃　类　型	C_s 值
"标准玻璃"	1.00
5毫米厚普通玻璃	0.93
6毫米厚普通玻璃	0.89
3毫米厚吸热玻璃	0.96
5毫米厚吸热玻璃	0.88
6毫米厚吸热玻璃	0.83
双层3毫米厚普通玻璃	0.86
双层5毫米厚普通玻璃	0.78
双层6毫米厚普通玻璃	0.74

注：1．"标准玻璃"系指3毫米厚的单层普通玻璃；

2．吸热玻璃系指上海耀华玻璃厂生产的浅蓝色吸热玻璃；

3．表中 C_s 对应的内、外表面放热系数为 $a_N = 8.7\,W/(m^2 \cdot K)$ 和 $a_W = 18.6\,W/(m^2 \cdot K)$；

4．这里的双层玻璃内、外层玻璃是相同的。

窗内遮阳设施的遮阳系数 C_n 值　　　　附录 11-9(3)

内　遮　阳　类　型	颜　色	C_n
白　布　帘	浅　色	0.50
浅蓝布帘	中　间　色	0.60
深黄、紫红、深绿布帘	深　色	0.65
活动百叶帘	中　间　色	0.60

窗的有效面积系数值 C_a 值　　　　附录 11-9(4)

系数　窗 的 类 别	单层钢窗	单层木窗	单层钢窗	单层木窗
有效面积 系数 C_a	0.85	0.70	0.75	0.60

北区无内遮阳窗玻璃冷负荷系数

时间\朝向	0	1	2	3	4	5	6	7	8	9	10	11	12	13	14	15	16	17	18	19	20	21	22	23
S	0.16	0.15	0.14	0.13	0.12	0.11	0.13	0.17	0.21	0.28	0.39	0.49	0.54	0.65	0.60	0.42	0.36	0.32	0.27	0.23	0.21	0.20	0.18	0.17
SE	0.14	0.13	0.12	0.11	0.10	0.09	0.22	0.34	0.45	0.51	0.62	0.58	0.41	0.34	0.32	0.31	0.28	0.26	0.22	0.19	0.18	0.17	0.16	0.15
E	0.12	0.11	0.10	0.09	0.09	0.08	0.29	0.41	0.49	0.60	0.56	0.37	0.29	0.29	0.28	0.26	0.24	0.22	0.19	0.17	0.16	0.15	0.14	0.13
NE	0.12	0.11	0.10	0.09	0.09	0.08	0.35	0.45	0.53	0.54	0.38	0.30	0.30	0.30	0.29	0.27	0.26	0.23	0.21	0.17	0.16	0.15	0.14	0.18
N	0.26	0.24	0.23	0.21	0.19	0.18	0.44	0.42	0.43	0.49	0.56	0.61	0.64	0.66	0.66	0.63	0.59	0.64	0.64	0.38	0.35	0.32	0.30	0.28
NW	0.17	0.15	0.14	0.13	0.12	0.12	0.13	0.15	0.17	0.18	0.20	0.21	0.22	0.22	0.28	0.39	0.50	0.56	0.59	0.31	0.22	0.20	0.19	0.18
W	0.17	0.16	0.15	0.14	0.13	0.12	0.12	0.14	0.15	0.16	0.17	0.17	0.18	0.25	0.37	0.47	0.52	0.62	0.55	0.24	0.23	0.21	0.20	0.18
SW	0.18	0.16	0.15	0.14	0.13	0.12	0.13	0.15	0.17	0.18	0.20	0.21	0.29	0.40	0.49	0.54	0.64	0.59	0.39	0.25	0.24	0.22	0.20	0.19
水平	0.20	0.18	0.17	0.16	0.15	0.14	0.16	0.22	0.31	0.39	0.47	0.53	0.57	0.69	0.68	0.55	0.49	0.41	0.33	0.28	0.26	0.25	0.23	0.21

北区有内遮阳窗玻璃冷负荷系数

时间\朝向	0	1	2	3	4	5	6	7	8	9	10	11	12	13	14	15	16	17	18	19	20	21	22	23
S	0.07	0.07	0.06	0.06	0.06	0.05	0.11	0.18	0.26	0.40	0.58	0.72	0.84	0.80	0.62	0.45	0.32	0.24	0.16	0.10	0.09	0.09	0.08	0.08
SE	0.06	0.06	0.06	0.05	0.05	0.05	0.30	0.54	0.71	0.83	0.80	0.62	0.43	0.30	0.28	0.25	0.22	0.17	0.15	0.09	0.08	0.08	0.07	0.07
E	0.06	0.05	0.05	0.05	0.04	0.04	0.47	0.68	0.82	0.79	0.59	0.38	0.24	0.24	0.23	0.21	0.18	0.16	0.11	0.08	0.07	0.07	0.06	0.06
NE	0.06	0.05	0.05	0.05	0.04	0.04	0.54	0.79	0.79	0.60	0.38	0.29	0.29	0.29	0.27	0.25	0.21	0.16	0.12	0.08	0.07	0.07	0.06	0.06
N	0.12	0.11	0.11	0.06	0.09	0.09	0.59	0.54	0.54	0.65	0.75	0.81	0.83	0.83	0.79	0.71	0.60	0.61	0.68	0.17	0.16	0.15	0.14	0.13
NW	0.08	0.07	0.07	0.06	0.06	0.06	0.09	0.13	0.17	0.21	0.23	0.25	0.26	0.26	0.35	0.57	0.76	0.83	0.67	0.13	0.10	0.09	0.09	0.08
W	0.08	0.07	0.07	0.06	0.06	0.06	0.08	0.11	0.14	0.17	0.18	0.19	0.20	0.34	0.56	0.72	0.83	0.77	0.53	0.11	0.10	0.09	0.09	0.08
SW	0.08	0.08	0.07	0.07	0.06	0.06	0.09	0.13	0.17	0.20	0.23	0.28	0.38	0.53	0.73	0.63	0.79	0.59	0.37	0.13	0.12	0.10	0.09	0.09
水平	0.09	0.09	0.08	0.08	0.07	0.07	0.13	0.26	0.42	0.57	0.69	0.77	0.85	0.84	0.73	0.84	0.49	0.33	0.19	0.13	0.12	0.11	0.10	0.09

南区内遮阳窗玻璃冷负荷系数

朝向\时间	0	1	2	3	4	5	6	7	8	9	10	11	12	13	14	15	16	17	18	19	20	21	22	23
S	0.21	0.19	0.18	0.17	0.16	0.14	0.17	0.26	0.33	0.42	0.48	0.54	0.59	0.70	0.70	0.57	0.52	0.44	0.35	0.30	0.28	0.26	0.24	0.22
SE	0.14	0.13	0.12	0.11	0.11	0.10	0.20	0.36	0.47	0.52	0.61	0.54	0.39	0.37	0.36	0.35	0.32	0.28	0.23	0.20	0.19	0.18	0.16	0.15
E	0.12	0.11	0.10	0.09	0.09	0.08	0.24	0.39	0.48	0.61	0.57	0.38	0.31	0.30	0.29	0.28	0.27	0.23	0.21	0.18	0.17	0.15	0.14	0.13
NE	0.12	0.12	0.11	0.10	0.09	0.09	0.26	0.41	0.49	0.59	0.54	0.36	0.32	0.32	0.31	0.29	0.27	0.24	0.20	0.18	0.17	0.16	0.14	0.13
N	0.28	0.25	0.24	0.22	0.21	0.19	0.38	0.49	0.52	0.55	0.59	0.63	0.66	0.68	0.68	0.68	0.69	0.69	0.60	0.40	0.37	0.35	0.32	0.30
NW	0.17	0.16	0.15	0.14	0.13	0.12	0.12	0.15	0.17	0.19	0.20	0.21	0.22	0.27	0.33	0.48	0.54	0.63	0.52	0.25	0.23	0.21	0.20	0.18
W	0.17	0.16	0.15	0.14	0.13	0.12	0.12	0.14	0.16	0.17	0.18	0.19	0.20	0.28	0.40	0.50	0.54	0.61	0.50	0.24	0.23	0.21	0.20	0.18
SW	0.18	0.17	0.15	0.14	0.13	0.12	0.13	0.16	0.19	0.23	0.25	0.27	0.29	0.37	0.48	0.55	0.67	0.60	0.38	0.26	0.24	0.22	0.21	0.19
水平	0.19	0.17	0.16	0.15	0.14	0.13	0.14	0.19	0.28	0.37	0.45	0.52	0.56	0.68	0.67	0.53	0.46	0.38	0.30	0.27	0.26	0.23	0.22	0.20

南区有内遮阳窗玻璃冷负荷系数

朝向\时间	0	1	2	3	4	5	6	7	8	9	10	11	12	13	14	15	16	17	18	19	20	21	22	23
S	0.10	0.09	0.09	0.08	0.08	0.07	0.14	0.31	0.47	0.60	0.69	0.77	0.87	0.84	0.74	0.66	0.54	0.38	0.20	0.13	0.12	0.12	0.11	0.10
SE	0.07	0.06	0.06	0.05	0.05	0.05	0.27	0.55	0.74	0.83	0.75	0.52	0.40	0.39	0.36	0.33	0.27	0.20	0.13	0.09	0.09	0.08	0.08	0.07
E	0.06	0.05	0.05	0.05	0.04	0.04	0.36	0.63	0.81	0.81	0.63	0.41	0.27	0.27	0.25	0.23	0.20	0.15	0.10	0.08	0.07	0.07	0.07	0.06
NE	0.06	0.06	0.05	0.05	0.05	0.04	0.40	0.67	0.82	0.76	0.56	0.38	0.31	0.30	0.28	0.25	0.21	0.17	0.11	0.08	0.08	0.07	0.07	0.06
N	0.13	0.12	0.12	0.11	0.10	0.10	0.47	0.67	0.70	0.72	0.77	0.82	0.85	0.84	0.81	0.78	0.77	0.75	0.56	0.18	0.07	0.16	0.15	0.14
NW	0.08	0.07	0.06	0.06	0.06	0.06	0.08	0.13	0.17	0.21	0.24	0.26	0.27	0.34	0.54	0.71	0.84	0.77	0.46	0.11	0.10	0.09	0.09	0.08
W	0.08	0.07	0.07	0.06	0.06	0.06	0.07	0.12	0.16	0.19	0.21	0.22	0.23	0.37	0.60	0.75	0.84	0.73	0.42	0.10	0.10	0.09	0.09	0.08
SW	0.08	0.08	0.07	0.07	0.06	0.06	0.09	0.16	0.22	0.28	0.32	0.35	0.36	0.50	0.69	0.84	0.83	0.61	0.34	0.11	0.10	0.10	0.09	0.09
水平	0.09	0.08	0.07	0.07	0.07	0.06	0.09	0.21	0.38	0.54	0.67	0.76	0.85	0.83	0.72	0.61	0.45	0.28	0.16	0.12	0.11	0.10	0.10	0.09

附录 11-10　照明、人体、设备和用具散热冷负荷系数及成年男子散热散湿量

照明散热冷负荷系数

附录 11-10(1)

灯具类型	空调设备运行时数(h)	开灯时数(h)	开灯后的小时数																					
			0	1	2	3	4	5	6	7	8	9	10	11	12	13	14	15	16	17	18	19	20	21	22	23
明装荧光灯	24	13	0.37	0.67	0.71	0.74	0.76	0.79	0.81	0.83	0.84	0.86	0.87	0.89	0.90	0.92	0.29	0.26	0.23	0.20	0.19	0.17	0.15	0.14	0.12	0.11
明装荧光灯	24	10	0.37	0.67	0.71	0.74	0.76	0.79	0.81	0.83	0.84	0.86	0.87	0.29	0.26	0.23	0.20	0.19	0.17	0.15	0.14	0.12	0.11	0.10	0.09	0.08
明装荧光灯	24	8	0.37	0.67	0.71	0.74	0.76	0.79	0.81	0.83	0.84	0.29	0.26	0.23	0.20	0.19	0.17	0.15	0.14	0.12	0.11	9.10	0.09	0.08	0.07	0.06
明装荧光灯	16	13	0.60	0.87	0.90	0.91	0.91	0.93	0.93	0.94	0.94	0.95	0.95	0.96	0.96	0.97	0.29	0.26								
明装荧光灯	16	10	0.60	0.82	0.83	0.84	0.84	0.84	0.85	0.85	0.86	0.88	0.90	0.32	0.28	0.25	0.23	0.19								
明装荧光灯	16	8	0.51	0.79	0.82	0.84	0.85	0.87	0.88	0.89	0.90	0.79	0.26	0.23	0.20	0.19	0.17	0.15								
明装荧光灯	12	10	0.63	0.90	0.91	0.93	0.93	0.94	0.95	0.95	0.95	0.96	0.96	0.37												
暗装荧光灯或明装白炽灯	24	10	0.34	0.55	0.61	0.65	0.68	0.71	0.74	0.77	0.79	0.81	0.83	0.39	0.35	0.31	0.28	0.25	0.23	0.20	0.18	0.16	0.15	0.14	0.12	0.11
暗装荧光灯或明装白炽灯	16	10	0.58	0.75	0.79	0.80	0.80	0.81	0.82	0.83	0.84	0.86	0.87	0.39	0.35	0.31	0.28	0.25								
暗装荧光灯或明装白炽灯	12	10	0.69	0.86	0.89	0.90	0.91	0.91	0.92	0.93	0.94	0.95	0.95	0.50												

461

活动程度	热湿量	室温 t_n(℃)												
		16	17	18	19	20	21	22	23	24	25	26	27	28
静坐(剧场等)	显热	98.9	93	89.6	87.2	83.7	81.4	77.9	74.4	70.9	67.5	62.8	58.2	53.5
	潜热	17.4	19.8	22	23.3	25.9	26.7	30.2	33.7	37.2	40.7	45.4	50.0	54.7
	全热	116.3	112.8	111.6	110.5	109.3	108.2	108.2	108.2	108.2	108.2	108.2	108.2	108.2
	散湿	26	30	33	35	38	40	45	50	56	61	68	75	82
极轻活动(办公室、旅馆)	显热	108.2	104.7	100.0	96.5	89.6	84.9	79.1	74.4	69.8	65.1	60.5	56.9	51.2
	潜热	33.7	36.1	39.5	43	46.5	51.2	55.8	59.3	63.9	68.6	73.3	76.8	82.6
	全热	141.9	140.7	139.6	139.6	136.1	136.1	134.9	133.7	133.7	133.7	133.7	133.7	133.7
	散湿	50	54	59	64	69	76	83	89	96	102	109	115	123
轻度活动(商店,走走立立,工厂轻劳动等)	显热	117.5	111.6	105.8	98.9	93	87.2	81.4	75.6	69.8	64	58.2	51.2	46.5
	潜热	70.9	74.4	79.1	83.7	89.6	94.1	100.0	105.8	111.6	117.5	123.3	130.3	134.9
	全热	188.4	186.1	184.9	182.6	182.6	181.4	181.4	181.4	181.4	181.4	181.4	181.4	181.4
	散湿	105	110	118	126	134	140	150	158	167	175	184	194	203
中等活动(工厂中劳动)	显热	150	141.9	133.7	125.6	117.5	111.6	103.5	96.5	88.4	82.6	74.4	67.5	60.5
	潜热	86.1	94.2	102.3	110.5	117.5	123.3	131.4	138.4	146.5	152.4	160.5	167.5	174.5
	全热	236.1	236.1	236.1	236.1	234.9	234.9	234.9	234.9	234.9	234.9	234.9	234.9	234.9
	散热	128	141	153	165	175	184	196	207	219	227	240	250	260
重度活动(工厂重劳动)	显热	191.9	186.1	180.3	174.5	168.6	162.8	157	151.2	145.4	139.6	133.7	127.9	122.1
	潜热	215.2	220.9	226.8	232.6	238.4	244.2	250	255.9	261.7	267.5	273.3	279.1	284.9
	全热	407.1	407.1	407.1	407.1	407.1	407.1	407.1	407.1	407.1	407.1	407.1	407.1	407.1
	散湿	321	330	339	347	356	365	373	382	391	400	408	417	425

注：表中显热、潜热、全热单位 W/人，散湿量为 g/h 人。

人体显热散热冷负荷系数 C_{CL}

在室内的总小时数	每个人进入室内后的小时数																							
	1	2	3	4	5	6	7	8	9	10	11	12	13	14	15	16	17	18	19	20	21	22	23	24
2	0.49	0.58	0.17	0.13	0.10	0.08	0.07	0.06	0.05	0.04	0.04	0.03	0.03	0.02	0.02	0.02	0.02	0.01	0.01	0.01	0.01	0.01	0.01	0.01
4	0.49	0.59	0.66	0.71	0.27	0.21	0.16	0.14	0.11	0.10	0.08	0.07	0.06	0.06	0.05	0.04	0.04	0.03	0.03	0.03	0.02	0.02	0.02	0.01
6	0.50	0.60	0.67	0.72	0.76	0.79	0.34	0.26	0.21	0.18	0.15	0.13	0.11	0.10	0.08	0.07	0.06	0.06	0.05	0.04	0.04	0.03	0.03	0.03
8	0.51	0.61	0.67	0.72	0.76	0.80	0.82	0.84	0.38	0.30	0.25	0.21	0.18	0.15	0.13	0.12	0.10	0.09	0.08	0.07	0.06	0.05	0.05	0.04
10	0.53	0.62	0.69	0.74	0.77	0.80	0.83	0.85	0.87	0.89	0.42	0.34	0.28	0.23	0.20	0.17	0.15	0.13	0.11	0.10	0.09	0.08	0.07	0.06
12	0.55	0.64	0.70	0.75	0.79	0.81	0.84	0.86	0.88	0.89	0.91	0.92	0.45	0.36	0.30	0.25	0.21	0.19	0.16	0.14	0.12	0.11	0.09	0.08
14	0.58	0.66	0.72	0.77	0.80	0.83	0.85	0.87	0.89	0.90	0.91	0.92	0.93	0.94	0.47	0.38	0.31	0.26	0.23	0.20	0.17	0.15	0.13	0.11
16	0.62	0.70	0.75	0.79	0.82	0.85	0.87	0.88	0.90	0.91	0.92	0.93	0.94	0.95	0.95	0.96	0.49	0.39	0.33	0.28	0.24	0.20	0.18	0.16
18	0.66	0.74	0.79	0.82	0.85	0.87	0.89	0.90	0.92	0.93	0.94	0.94	0.95	0.96	0.96	0.97	0.97	0.97	0.50	0.40	0.33	0.28	0.24	0.21

有罩设备和用具显热散热冷负荷系数

连续使用小时数	开始使用后的小时数																							
	1	2	3	4	5	6	7	8	9	10	11	12	13	14	15	16	17	18	19	20	21	22	23	24
2	0.27	0.40	0.25	0.18	0.14	0.11	0.09	0.08	0.07	0.06	0.05	0.04	0.04	0.03	0.03	0.30	0.02	0.02	0.02	0.02	0.01	0.01	0.01	0.01
4	0.28	0.41	0.51	0.59	0.39	0.30	0.24	0.19	0.16	0.14	0.12	0.10	0.09	0.08	0.07	0.06	0.05	0.05	0.04	0.04	0.03	0.03	0.02	0.02
6	0.29	0.42	0.52	0.59	0.65	0.70	0.48	0.37	0.30	0.25	0.21	0.18	0.16	0.14	0.12	0.11	0.09	0.08	0.07	0.06	0.05	0.05	0.04	0.04
8	0.31	0.44	0.54	0.61	0.66	0.71	0.75	0.78	0.55	0.43	0.35	0.30	0.25	0.22	0.19	0.16	0.14	0.13	0.11	0.10	0.08	0.07	0.06	0.06
10	0.33	0.46	0.55	0.62	0.68	0.72	0.76	0.79	0.81	0.84	0.60	0.48	0.39	0.33	0.28	0.24	0.21	0.18	0.16	0.14	0.12	0.11	0.09	0.08
12	0.36	0.49	0.58	0.64	0.69	0.74	0.77	0.80	0.82	0.85	0.87	0.88	0.64	0.51	0.42	0.36	0.31	0.26	0.23	0.20	0.18	0.15	0.13	0.12
14	0.40	0.52	0.61	0.67	0.72	0.76	0.79	0.82	0.84	0.86	0.88	0.89	0.91	0.92	0.67	0.54	0.45	0.38	0.32	0.28	0.24	0.21	0.19	0.16
16	0.45	0.57	0.65	0.70	0.75	0.78	0.81	0.84	0.86	0.87	0.89	0.90	0.92	0.93	0.94	0.94	0.69	0.56	0.46	0.39	0.34	0.29	0.25	0.22
18	0.52	0.63	0.70	0.75	0.79	0.82	0.84	0.86	0.88	0.89	0.91	0.92	0.93	0.94	0.95	0.95	0.96	0.96	0.71	0.58	0.48	0.41	0.35	0.30

无罩设备和用具显热散热冷负荷系数

连续使用小时数	开始使用后的小时数																							
	1	2	3	4	5	6	7	8	9	10	11	12	13	14	15	16	17	18	19	20	21	22	23	24
2	0.56	0.64	0.15	0.11	0.08	0.07	0.06	0.65	0.04	0.04	0.03	0.03	0.02	0.02	0.12	0.02	0.01	0.01	0.01	0.01	0.01	0.01	0.01	0.01
4	0.57	0.65	0.71	0.75	0.23	0.18	0.14	0.12	0.10	0.08	0.07	0.06	0.05	0.05	0.04	0.04	0.03	0.03	0.02	0.02	0.02	0.02	0.01	0.01
6	0.57	0.65	0.71	0.76	0.79	0.82	0.29	0.22	0.18	0.15	0.13	0.11	0.10	0.08	0.07	0.06	0.06	0.05	0.04	0.04	0.03	0.03	0.03	0.02
8	0.58	0.66	0.72	0.76	0.80	0.82	0.85	0.87	0.33	0.26	0.21	0.18	0.15	0.13	0.11	0.10	0.09	0.08	0.07	0.06	0.05	0.04	0.04	0.03
10	0.60	0.68	0.73	0.77	0.81	0.83	0.85	0.87	0.89	0.90	0.36	0.29	0.24	0.20	0.17	0.15	0.13	0.11	0.10	0.08	0.07	0.07	0.06	0.05
12	0.62	0.69	0.75	0.79	0.82	0.84	0.86	0.88	0.89	0.91	0.92	0.93	0.38	0.31	0.25	0.21	0.18	0.16	0.14	0.12	0.11	0.09	0.08	0.07
14	0.64	0.71	0.76	0.80	0.83	0.85	0.87	0.89	0.90	0.92	0.93	0.93	0.94	0.95	0.40	0.32	0.27	0.23	0.19	0.17	0.15	0.13	0.11	0.10
16	0.67	0.74	0.79	0.82	0.85	0.87	0.89	0.90	0.91	0.92	0.93	0.94	0.95	0.96	0.96	0.97	0.42	0.34	0.28	0.24	0.20	0.18	0.15	0.13
18	0.71	0.78	0.82	0.85	0.87	0.89	0.90	0.92	0.93	0.94	0.94	0.95	0.96	0.96	0.97	0.97	0.97	0.98	0.43	0.35	0.29	0.24	0.21	0.18

Y-1 型离心喷嘴

（a）构造；（b）喷水量与喷水压力、喷嘴孔径的关系

1—喷嘴本体；2—喷头

图 (a) 标注：剖视 ABCD，23.5，20，R_A，2.5，7，7，12，1/2″，16，d，1，2，46.5，6，A，B，C，D

图 (b) 纵坐标：喷水量 q (kg/h)，100、150、200、300、400、500、600、700、800；横坐标：喷水压力 P (10^5Pa)，0.6、0.7、0.8、0.9、1.0、1.5、2.0、2.5、3.0；曲线标注：d=5.5，d=5，d=4.5，d=4，d=3.5，d=3

喷水室热交换效率实验公式的系数和指数

[实验条件：离心喷嘴；喷嘴密度 $n = 13$ 个/(m²·排)；$\upsilon\rho = 1.5\sim3.0$ kg/(m²·s)；喷嘴前水压 $P_0 = 0.1\sim0.25$ MPa(工作压力)]

喷嘴排数	喷孔直径(mm)	喷水方向	热交换效率	冷却干燥 A或A'	冷却干燥 m或m'	冷却干燥 n或n'	减焓冷却加湿 A或A'	m或m'	n或n'	绝热加湿 A或A'	m或m'	n或n'	等温加湿 A或A'	m或m'	n或n'	增焓冷却加湿 A或A'	m或m'	n或n'	加热加湿 A或A'	m或m'	n或n'	逆流双级喷水室的冷却干燥 A或A'	m或m'	n或n'
1	5	顺喷	η_1	0.635	0.245	0.42	—	—	—	—	—	—	0.37	0	0.05	0.885	0	0.61	0.86	0	0.09	—	—	—
			η_2	0.662	0.23	0.67	—	—	—	0.8	0.25	0.4	0.89	0.06	0.29	0.8	0.13	0.42	1.05	0	0.25	—	—	—
		逆喷	η_1	0.73	0	0.35	—	—	—	—	—	—	—	—	—	—	—	—	—	—	—	—	—	—
			η_2	0.88	0	0.38	—	—	—	0.8	0.25	0.4	—	—	—	—	—	—	—	—	—	—	—	—
	3.5	顺喷	η_1	—	—	—	—	—	—	—	—	—	0.81	0.1	0.135	0.82	0.09	0.11	0.875	0.06	0.07	0.945	0.1	0.30
			η_2	—	—	—	—	—	—	—	—	—	0.88	0.03	0.15	0.84	0.05	0.21	1.01	0.06	0.15	1	0	0
		逆喷	η_1	—	—	—	—	—	—	1.05	0.1	0.4	—	—	—	—	—	—	0.923	0	0.06	—	—	—
			η_2	—	—	—	—	—	—	0.75	0.15	0.29	—	—	—	—	—	—	1.24	0	0.27	—	—	—
2	5	一顺	η_1	0.746	0.07	0.265	0.76	0.12	0.234	—	—	—	—	—	—	—	—	—	—	—	—	—	—	—
			η_2	0.755	0.12	0.27	0.835	0.04	0.23	—	—	—	—	—	—	—	—	—	—	—	—	—	—	—
		一逆	η_1	0.56	0.29	0.46	0.54	0.35	0.41	—	—	—	—	—	—	—	—	—	—	—	—	—	—	—
			η_2	0.73	0.15	0.25	0.62	0.3	0.44	—	—	—	—	—	—	—	—	—	—	—	—	—	—	—
		两逆	η_1	—	—	—	—	—	—	—	—	—	—	—	—	—	—	—	—	—	—	—	—	—
			η_2	—	—	—	—	—	—	—	—	—	—	—	—	—	—	—	—	—	—	—	—	—
	3.5	一顺	η_1	—	—	—	—	—	—	—	—	—	—	—	—	—	—	—	0.931	0	0.13	—	—	—
			η_2	—	—	—	—	—	—	—	—	—	—	—	—	—	—	—	0.89	0.95	0.125	—	—	—
		一逆	η_1	0.655	0.33	0.33	—	—	—	0.873	0.1	0.3	—	—	—	—	—	—	—	—	—	—	—	—
			η_2	0.783	0.18	0.38	—	—	—	—	—	—	—	—	—	—	—	—	—	—	—	—	—	—
		两逆	η_1	—	—	—	—	—	—	—	—	—	—	—	—	—	—	—	—	—	—	—	—	—
			η_2	—	—	—	—	—	—	—	—	—	—	—	—	—	—	—	—	—	—	—	—	—

注: $\eta_1 = A(\upsilon\rho)^m \mu^n$; $\eta_2 = A'(\upsilon\rho)^{m'} \mu^{n'}$。

冷却器型号	排　　数	迎面风速 v_y(m/s)			
		1.5	2.0	2.5	3.0
B 型或 U-Ⅱ型 GL 型或 GL-Ⅱ型	2	0.543	0.518	0.499	0.484
	4	0.791	0.767	0.748	0.733
	6	0.905	0.887	0.875	0.863
	8	0.957	0.946	0.937	0.930
JW 型	2*	0.590	0.545	0.515	0.490
	4*	0.841	0.797	0.768	0.740
	6*	0.940	0.911	0.888	0.872
	8*	0.977	0.964	0.954	0.945
SXL-B 型	2	0.826	0.440	0.423	0.408
	4*	0.970	0.686	0.665	0.649
	6	0.995	0.800	0.806	0.792
	8	0.999	0.824	0.887	0.877
KL-1 型	2	0.466	0.440	0.423	0.408
	4*	0.715	0.686	0.665	0.649
	6	0.848	0.800	0.806	0.792
	8	0.917	0.824	0.887	0.877
KL-2 型	2	0.553	0.530	0.511	0.493
	4*	0.800	0.780	0.762	0.743
	6	0.909	0.896	0.886	0.870
KL-3 型	2	0.450	0.439	0.429	0.416
	4	0.700	0.685	0.672	0.660
	6*	0.834	0.823	0.813	0.802

注：表中有 * 号的为试验数据,无 * 号的是根据理论公式计算出来的。

部分水冷式表面冷却器的传热系数和阻力试验公式

型　号	排数	作为冷却用之传热系数 K [W/(m²·℃)]	干冷时空气阻力 ΔH_g 和湿冷时空气阻力 ΔH_s (Pa)	水　阻　力 (kPa)	作为热水加热用之传热系数 K [W/(m²·℃)]	试验时用的型号
B 或 U-Ⅱ型	2	$K=\left[\dfrac{1}{34.3v_y^{0.781}\xi^{1.03}}+\dfrac{1}{207w^{0.8}}\right]^{-1}$	$\Delta H_s=20.97v_y^{1.39}$			B-2B-6-27
B 或 U-Ⅱ型	6	$K=\left[\dfrac{1}{31.4v_y^{0.857}\xi^{0.87}}+\dfrac{1}{281w^{0.8}}\right]^{-1}$	$\Delta H_g=29.75v_y^{1.98}$ $\Delta H_s=38.93v_y^{1.84}$	$\Delta h=64.68w^{1.854}$		B-6B-8-24
GL 或 GL-Ⅱ型	6	$K=\left[\dfrac{1}{21.1v_y^{0.845}\xi^{1.15}}+\dfrac{1}{216.6w^{0.8}}\right]^{-1}$	$\Delta H_g=19.99v_y^{1.862}$ $\Delta H_s=32.05v_y^{1.695}$	$\Delta h=64.68w^{1.854}$		GL-6R-8.24
JW	2	$K=\left[\dfrac{1}{42.1v_y^{0.52}\xi^{1.03}}+\dfrac{1}{332.6w^{0.8}}\right]^{-1}$	$\Delta H_g=5.68v_y^{1.89}$ $\Delta H_s=25.28v_y^{0.895}$	$\Delta h=8.18w^{1.93}$	$K=34.77v_y^{0.4}w^{0.079}$	小型试验样品
JW	4	$K=\left[\dfrac{1}{39.7v_y^{0.52}\xi^{1.03}}+\dfrac{1}{332.6w^{0.8}}\right]^{-1}$	$\Delta H_g=11.96v_y^{1.72}$ $\Delta H_s=42.8v_y^{0.992}$	$\Delta h=12.54w^{1.93}$	$K=31.87v_y^{0.48}w^{0.08}$	小型试验样品
JW	6	$K=\left[\dfrac{1}{41.5v_y^{0.52}\xi^{1.02}}+\dfrac{1}{325.6w^{0.8}}\right]^{-1}$	$\Delta H_g=16.66v_y^{1.75}$ $\Delta H_s=62.23v_y^{1.1}$	$\Delta h=14.5w^{1.93}$	$K=30.7v_y^{0.485}w^{0.08}$	小型试验样品
JW	8	$K=\left[\dfrac{1}{35.5v_y^{0.58}\xi^{1.0}}+\dfrac{1}{353.6w^{0.8}}\right]^{-1}$	$\Delta H_g=23.8v_y^{1.74}$ $\Delta H_s=70.56v_y^{1.21}$	$\Delta h=20.19w^{1.93}$	$K=27.3v_y^{0.58}w^{0.075}$	小型试验样品
SXL-B	2	$K=\left[\dfrac{1}{27v_y^{0.425}\xi^{0.74}}+\dfrac{1}{157w^{0.8}}\right]^{-1}$	$\Delta H_s=17.35v_y^{1.54}$ $\Delta H_s=35.28v_y^{1.4}\xi^{0.183}$	$\Delta h=15.48w^{1.97}$	$K=\left[\dfrac{1}{21.5v_y^{0.526}}+\dfrac{1}{319.8w^{0.8}}\right]^{-1}$	
KL-1	4	$K=\left[\dfrac{1}{32.6v_y^{0.57}\xi^{0.987}}+\dfrac{1}{350.1w^{0.8}}\right]^{-1}$	$\Delta H_g=24.21v_y^{1.828}$ $\Delta H_s=24.01v_y^{1.913}$	$\Delta h=18.03w^{2.1}$	$K=\left[\dfrac{1}{28.6v_y^{0.656}}+\dfrac{1}{286.1w^{0.8}}\right]^{-1}$	
KL-2	4	$K=\left[\dfrac{1}{29v_y^{0.622}\xi^{0.758}}+\dfrac{1}{385w^{0.8}}\right]^{-1}$	$\Delta H_g=27v_y^{1.43}$ $\Delta H_s=42.2v_y^{1.2}\xi^{0.18}$	$\Delta h=22.5w^{1.8}$	$K=11.16v_y+15.54w^{0.276}$	KL-2-4-10/600
KL-3	6	$K=\left[\dfrac{1}{27.5v_y^{0.778}\xi^{0.843}}+\dfrac{1}{460.5w^{0.8}}\right]^{-1}$	$\Delta H_g=26.3v_y^{1.75}$ $\Delta H_s=63.3v_y^{1.2}\xi^{0.15}$	$\Delta h=27.9w^{1.81}$	$K=12.97v_y+15.08w^{0.13}$	KL-3-6-10/600

JW 型表面冷却器技术数据

型　号	风　量 L (m³/h)	每排散热面积 F_d (m²)	迎风面积 F_Y (m²)	通水断面积 f_W (m²)	备　注
JW10-4	5000~8350	12.15	0.944	0.00407	共有四、六、八、十排四种产品
JW20-4	8350~16700	24.05	1.87	0.00407	
JW30-4	16700~25000	33.40	2.57	0.00553	
JW40-4	25000~33400	44.50	3.43	0.00553	

D_{ZS} 型干蒸汽加湿器性能表

额定加湿量 (kg/h)

型　号 喷孔孔径 (mm) 供汽压力 (MPa)	$D_{ZS}\text{-}1$ φ6	$D_{ZS}\text{-}2$ φ8	$D_{ZS}\text{-}3$ φ10	$D_{ZS}\text{-}4$ φ12	$D_{ZS}\text{-}5$ φ14
0.02	63	20	32	50	80
0.1	10	40	80	125	200
0.2	25	63	125	200	315
0.3	40	80	160	315	500
0.4	63	125	250	400	630

冷冻除湿机主要技术性能表（一）

型 号	除湿量 (kg/h)	压缩机 型 号	压缩机 工 质	压缩机 功率 (kW)	通风机 风量 (m³/h)	通风机 功率 (kW)	机组功率 (kW)	电 压 (V)	质 量 (kg)	外形尺寸 长×宽×高 (mm)	生产厂
KQF-5A	3	2FM4	R22	1.5	1000	0.18		380	110	650×450×925	上海空调机厂
KQF-6	6	2FM4G	R22	2.6	2000	0.37		380	160	730×500×1450	上海空调机厂
J3	3	2FM4	R22	2	1000	0.18	2.18	380	110	925×705×450	上海新新机器厂
KQF-5	3	2FM4	R22	1.5	860	0.18		380	120	450×650×950	
KQF-3	3		R22		860		1.5	220	80	420×530×900	长沙仪器仪表厂
KQF-3S	3		R22		860		1.5	380	80	420×530×900	
KQS-3	3.4		R22	2.2	1100		电加热 3kW	380	110	600×410×1270	天津医疗器械厂
XSH-3	3		R22		1000		2.2	220	100	660×450×1040	广州胜风电子机械工业公司
CF0.63D	0.63				200		0.52	220	33	377×390×670	
CF1.2D	1.2				403		1.04	220	50	480×350×597	
CF2.2D	2.2				680		1.15	220	69	560×410×892	
CF5	5				1200		2.8	380	130	740×460×1423	太仓冷冻机厂
KQF-3	3				860		2	380	100	650×450×960	
KQF-6	6				1700		2.82	380	195	740×485×1400	
KQD-0.3	0.3				138		0.24	220	20	320×219×520	
KQD-1	1				200		0.48	220	31	377×390×670	
KQD-1.8	1.8				560		1.05	220	50	480×351×695	
KQD-2.8	2.8				680		1.5	220	73	560×410×892	

冷冻除湿机主要技术性能表(二)

型号	除湿量 (kg/h)	压缩机			通风机 (用户自备)		电控柜	电压 (V)	质量 (kg)	冷却水 (t/h)	外形尺寸 长×宽×高(mm)	生产厂
		型号	工质	功率 (kW)	风量 (m³/h)	功率 (kW)						
CT-40	40	4FV7BX1	R22	15	9000			380/220	1300	16	1870×1408×1790	北京冷冻机厂
CT-60	60	6FW7BX1	R22	22	13500			380/220	1400	24	2060×1408×2306	
C35	35	4FV7BX1	R22	15	9000			380/220	1300	—	1870×1408×1790	
C55	55	6FW7BX1	R22	22	13500			380/220	1400	—	2060×1408×2306	
LC401	40	316HFN	R22	22	13000	13.0	电控柜 500×460×1100	380	1200	—	1500×860×2150	南京冷冻机总厂
CLGT80	80	LG10CF	R22	30	20000		电控柜 XLY3-30	380		26.2	制冷机组 1950×1005×1490 除湿风箱 1450×1300×2300	武汉冷冻机厂
CLGT160	160	LG12.5CF	R22	65	40000		电控柜 XLY3-65	380		60.0	制冷机组 2600×1300×1665 除湿风箱	

QHW 型换热器的换热效率和压力损失

规 格 型 号			温度效率	湿度效率	焓效率(%)		压力损失
系 列	型 号	额定风量(m³/h)	（%）	（%）	冬季平均	夏季平均	(Pa)
40	4041	1280	80	56	72	65	180
	4042	2560					
	4043	3800					
	4044	5120					
	4045	6400					
	4041	1440	78	48	68	58	210
	4042	2880					
	4043	4320					
	4044	5760					
	4045	7200					
	4041	1600	77	42	66	54	230
	4042	3200					
	4043	4800					
	4044	6400					
	4045	8000					
100	10041	4000	77	40	64	52	320
	10042	8000					
	10043	12000					
	10044	16000					
	10045	20000					

T701 三种管式消声器的规格及消声性能

型号名称	序 号	消声器规格(mm)				下述频率(Hz)的衰减量(dB)					
		A	B	a	b	100	200	400	800	1600	3150
T701-2 矿棉管式消声器系列	1	320	320	200	200	8	15	21	23	26	27
	2	320	420	200	300	6	13	17	19	22	15
	3	320	520	200	400	6	11	16	18	20	13
	4	370	370	250	250	6	12	17	18	21	14

型号名称	序 号	消声器规格(mm)				下述频率(Hz)的衰减量(dB)					
		A	B	a	b	100	200	400	800	1600	3150
T701-2 矿棉管 式消声 器系列	5	370	495	250	375	5	10	14	16	18	12
	6	370	620	250	500	5	9	13	14	16	11
	7	420	420	300	300	5	10	14	16	18	12
	8	420	520	300	450	4	8	12	13	15	10
	9	420	720	300	600	4	8	10	12	13	9
T701-3 聚氨酯 泡沫塑 料管式 消声器 系列	1	300	300	200	200	3	11	26	9	24	26
	2	300	400	200	300	3	10	22	16	20	14
	3	300	500	200	400	2	8	19	14	18	12
	4	350	350	250	250	2	9	21	15	19	13
	5	350	475	250	375	2	7	17	12	16	11
	6	350	600	250	500	2	7	16	11	15	10
	7	400	400	300	300	2	7	17	12	16	11
	8	400	550	300	450	1	6	14	10	13	9
	9	400	700	300	600	1	5	12	9	12	8
T701-4 卡普隆 纤维管 式消声 器系列	1	360	360	200	200	6	18	30	30	30	27
	2	360	460	200	300	6	15	25	25	25	22
	3	360	560	200	400	6	13	23	23	22	20
	4	410	410	250	250	6	14	24	24	24	21
	5	410	535	250	375	5	12	20	20	20	18
	6	410	660	250	500	5	11	18	18	18	16
	7	460	460	300	300	6	12	20	20	20	18
	8	460	610	300	450	4	10	17	17	16	15
	9	460	760	300	600	4	9	15	15	15	14

盘式散流器性能表

附录 15-1

流程 R / 性能 / 喉部直径 d_0(mm)	1.5m(间距 3m)				2m(间距 4m)				2.5m(间距 5m)				3m(间距 6m)				4m(间距 8m)				5m(间距 10m)			
	v_0 (m/s)	L_0 (m^3/h)	l_0 [m^3/(m^2·h)]	$\frac{v_x}{v_0}$ $\frac{\Delta t_x}{\Delta t_0}$	v_0 (m/s)	L_0 (m^3/h)	l_0 [m^3/(m^2·h)]	$\frac{v_x}{v_0}$ $\frac{\Delta t_x}{\Delta t_0}$	v_0 (m/s)	L_0 (m^3/h)	l_0 [m^3/(m^2·h)]	$\frac{v_x}{v_0}$ $\frac{\Delta t_x}{\Delta t_0}$	v_0 (m/s)	L_0 (m^3/h)	l_0 [m^3/(m^2·h)]	$\frac{v_x}{v_0}$ $\frac{\Delta t_x}{\Delta t_0}$	v_0 (m/s)	L_0 (m^3/h)	l_0 [m^3/(m^2·h)]	$\frac{v_x}{v_0}$ $\frac{\Delta t_x}{\Delta t_0}$	v_0 (m/s)	L_0 (m^3/h)	l_0 [m^3/(m^2·h)]	$\frac{v_x}{v_0}$ $\frac{\Delta t_x}{\Delta t_0}$
150	5	318	35	0.07																				
	4	254	28	0.07																				
	3	191	21	0.07																				
200	4	452	50	0.10	5	565	35	0.07																
	3	339	38	0.10	4	452	28	0.07																
	2	226	25	0.10	3	339	21	0.07																
250					4	707	44	0.09	5	883	35	0.07												
					3	530	33	0.09	4	707	28	0.07												
					2.5	442	28	0.09	3	530	21	0.07												
300					3.5	890	56	0.11	4	1017	41	0.08	5	1272	35	0.07								
					3	763	48	0.11	3	763	31	0.08	4	1017	28	0.07								
					2.5	636	40	0.11	2.5	636	25	0.08	3	763	21	0.07								
350									4	1385	55	0.10	4	1385	38	0.08								
									3	1039	42	0.10	3	1039	29	0.08								
									2	692	28	0.10	2.5	865	24	0.08								
400													4	1809	50	0.09	5	2261	35	0.07				
													3	1356	38	0.09	4	1809	28	0.07				
													2	904	25	0.09	3	1356	21	0.07				
500																	4	2826	44	0.09	5	3533	35	0.07
																	3	2120	33	0.09	4	2826	28	0.07
																	2	1413	22	0.09	3	2120	21	0.07
600																	3.5	3560	56	0.11	4	4069	41	0.08
																	3	3052	48	0.11	3	3052	31	0.08
																	2	2034	32	0.11	2	2034	20	0.08
700																					4	5539	55	0.10
																					3	4154	42	0.10
																					2	2769	38	0.10

圆形直片式散流器性能表

喉部直径 d₀ (mm)	1.25m(间距2.5m) v_0(m/s)	L_0(m³/h)	l_0[m³/(m²·h)]	$\frac{v_x}{v_0}$ $\frac{\Delta t_x}{\Delta t_0}$	1.5m(间距3m) v_0(m/s)	L_0(m³/h)	l_0[m³/(m²·h)]	$\frac{v_x}{v_0}$ $\frac{\Delta t_x}{\Delta t_0}$	1.75m(间距3.5m) v_0(m/s)	L_0(m³/h)	l_0[m³/(m²·h)]	$\frac{v_x}{v_0}$ $\frac{\Delta t_x}{\Delta t_0}$	2m(间距4m) v_0(m/s)	L_0(m³/h)	l_0[m³/(m²·h)]	$\frac{v_x}{v_0}$ $\frac{\Delta t_x}{\Delta t_0}$	2.5m(间距5m) v_0(m/s)	L_0(m³/h)	l_0[m³/(m²·h)]	$\frac{v_x}{v_0}$ $\frac{\Delta t_x}{\Delta t_0}$	3m(间距6m) v_0(m/s)	L_0(m³/h)	l_0[m³/(m²·h)]	$\frac{v_x}{v_0}$ $\frac{\Delta t_x}{\Delta t_0}$
110	5	171	27	0.05																				
	4	137	22	0.05																				
140	5	278	44	0.07	5	278	31	0.07																
	4	222	36	0.07	4	222	25	0.07																
	3	166	27	0.07																				
170	3	240	38	0.10	5	408	45	0.10	5	408	33	0.05												
	2.5	204	33	0.10	4	327	36	0.10	4	327	27	0.05												
	2	163	26	0.10	3	245	27	0.10																
200					3	339	38	0.10	5	565	46	0.07	5	565	35	0.05								
					2.5	283	31	0.10	4	452	37	0.07	4	452	28	0.05								
					2	226	25	0.10	3	339	28	0.07												
240									3	488	40	0.10	4.5	732	46	0.08								
									2.5	407	33	0.10	4	651	41	0.08								
									2	326	27	0.10	3	488	31	0.08								
260													3	573	36	0.10	5	955	38	0.05				
													2.5	478	30	0.10	4	764	31	0.05				
													2	382	24	0.10								
310																	4.5	1222	49	0.08				
																	4	1086	43	0.08				
																	3	815	33	0.08				
355																	3	1068	43	0.12	4.5	1603	45	0.08
																	2.5	890	36	0.12	4	1425	40	0.08
																	2	705	28	0.12	3	1068	30	0.08
360																					3	1100	31	0.10
																					2.5	916	25	0.10
																					2	732	20	0.10

水管摩擦阻力计算表

（R_1,R_2 分别为绝对粗糙度 $K=0.2$mm,$K=0.5$mm 时的比摩阻值）　　　附录 16-1

动压 P_d (Pa)	水流速 v (m/s)		公称管径 DN(mm)															
			15	20	25	32	40	50	65	80	100	125	150	200	250	300	350	400
20	0.2	L	0.04	0.07	0.11	0.20	0.26	0.44	0.73	1.03	1.57	2.45	3.53	6.72	10.5	15.0	21.2	26.1
		R_1	68	45	33	23	19	14	10	8	6	5	4	2	2	1	1	1
		R_2	85	56	40	27	23	16	11	9	7	5	4	3	2	2	1	1
45	0.3	L	0.03	0.11	0.17	0.30	0.40	0.66	1.09	1.54	2.35	3.68	5.29	10.1	15.8	22.5	31.9	39.2
		R_1	143	95	69	48	40	29	21	17	13	10	8	5	4	3	3	2
		R_2	183	120	86	59	49	35	25	20	15	11	9	6	4	4	3	3
80	0.4	L	0.03	0.14	0.23	0.40	0.53	0.88	1.45	2.06	3.14	4.90	7.06	13.4	21.0	29.9	42.5	52.2
		R_1	244	163	111	82	63	49	36	28	22	16	13	9	7	5	4	4
		R_2	319	209	150	102	85	60	43	34	26	20	15	10	8	5	5	4
125	0.5	L	0.10	0.18	0.29	0.50	0.66	1.10	1.81	2.57	3.92	6.13	8.82	16.8	26.3	37.4	53.1	65.3
		R_1	371	248	180	125	101	75	54	43	33	25	20	13	10	8	7	6
		R_2	492	323	231	158	131	93	67	53	40	30	24	16	12	10	8	7
180	0.6	L	0.12	0.21	0.34	0.60	0.79	1.32	2.18	3.09	4.70	7.35	10.6	20.2	31.6	44.9	63.7	78.3
		R_1	525	351	255	176	147	106	77	61	47	35	28	19	14	11	9	8
		R_2	702	460	330	225	187	132	95	76	57	43	34	22	17	14	11	10
245	0.7	L	0.14	0.25	0.40	0.70	0.92	1.54	2.54	3.60	5.49	8.58	12.4	23.5	36.8	52.4	74.3	91.4
		R_1	705	471	343	237	193	142	103	82	63	48	38	25	19	15	12	11
		R_2	948	622	446	304	253	179	129	102	73	58	46	30	23	18	15	13
319	0.8	L	0.16	0.28	0.45	0.80	1.05	1.76	2.90	4.12	6.27	9.80	14.1	26.9	42.1	59.9	84.9	104.4
		R_1	911	609	443	306	256	183	133	106	81	61	49	33	25	20	16	14
		R_2	1232	808	580	395	328	233	167	133	101	75	60	40	30	24	19	17
404	0.9	L	0.18	0.32	0.51	0.90	1.19	1.98	3.26	4.63	7.06	11.0	15.9	30.2	47.3	67.4	95.6	117
		R_1	1142	764	555	384	321	230	167	134	102	77	61	41	31	25	20	13
		R_2	1553	1019	731	498	414	293	210	167	127	95	75	50	37	30	24	21
499	1.0	L	0.19	0.35	0.57	1.00	1.32	220	3.63	5.14	7.84	12.3	17.6	33.6	52.6	74.9	106	131
		R_1	1400	936	681	471	394	282	205	164	125	95	75	50	38	31	25	22
		R_2	1912	1254	900	613	509	361	259	206	156	117	92	61	46	37	30	26
604	1.1	L	0.21	0.39	0.63	1.10	1.45	2.42	3.99	5.66	8.62	13.5	19.4	37.0	57.9	82.3	117	144
		R_1	1685	1126	819	566	473	339	246	197	151	114	90	61	46	37	30	26
		R_2	2307	1513	1086	739	614	435	313	248	188	141	112	74	56	44	36	31
719	1.2	L	0.23	0.42	0.69	1.20	1.53	2.64	4.35	6.17	9.41	14.7	21.2	40.3	63.1	89.8	127	157
		R_1	1995	1334	970	671	561	402	292	233	179	135	107	72	54	44	35	31
		R_2	2739	1797	1289	878	729	517	371	295	224	163	132	88	66	953	42	37
844	1.3	L	0.25	0.46	0.74	1.30	1.71	2.86	4.71	6.69	10.2	15.9	22.9	43.7	68.4	97.3	138	170
		R_1	2331	1559	1134	784	655	470	341	273	209	157	125	84	63	51	41	36
		R_2	3208	2105	1510	1029	854	605	435	345	262	196	155	103	77	62	50	44

动压 P_d (Pa)	水流速 v (m/s)		公称管径 DN(mm)													L—流量(L/s) R_1,R_2—每米长水管的摩擦阻力(Pa/m)		
			15	20	25	32	40	50	65	80	100	125	150	200	250	300	350	400
978	1.4	L	0.27	0.50	0.80	1.40	1.85	3.08	5.08	7.20	11.0	17.2	24.7	47.0	73.6	105	149	183
		R_1	2693	1801	1310	906	757	543	394	315	241	182	145	97	73	59	48	42
		R_2	3714	2437	1748	1191	989	701	503	400	304	227	180	119	90	72	58	51
1123	1.5	L	0.29	0.53	0.86	1.50	1.98	3.30	5.44	7.72	11.8	18.4	26.5	50.4	78.9	112	159	196
		R_1	3082	2061	1499	1036	867	621	451	361	276	208	166	111	84	67	54	48
		R_2	4258	2793	2004	1365	1134	803	577	458	348	260	206	136	103	82	66	58
1278	1.6	L	0.31	0.57	0.91	1.60	2.11	3.52	5.80	8.23	12.5	19.6	28.2	53.8	84.2	120	170	209
		R_1	3496	2338	1701	1176	983	705	512	409	313	236	188	126	95	77	62	54
		R_2	4838	3174	2277	1551	1289	913	656	521	395	296	234	155	117	93	75	66
1442	1.7	L	0.33	0.60	0.97	1.70	2.24	3.74	6.16	3.74	13.3	20.8	30.0	57.1	89.4	127	180	222
		R_1	3937	2633	1915	1324	1107	794	576	461	353	266	212	142	107	86	70	61
		R_2	5456	3579	2568	1749	1453	1029	739	587	446	334	264	175	132	105	85	74
1617	1.8	L	0.35	0.64	1.03	1.80	2.37	3.96	6.53	9.26	14.1	22.1	31.8	60.5	94.7	135	191	235
		R_1	4404	2945	2142	1481	1238	888	644	515	394	298	237	158	120	96	78	69
		R_2	6110	4009	2876	1959	1627	1153	828	658	499	374	295	196	147	118	95	83
1802	1.9	L	0.37	0.67	1.09	1.90	2.50	4.18	6.89	9.77	14.9	23.3	33.5	63.8	99.9	142	201	248
		R_1	4896	3274	2382	1647	1377	987	717	573	439	331	263	176	133	107	87	76
		R_2	6802	4462	3202	2181	1812	1284	922	732	556	416	329	218	164	131	105	93
1996	2.0	L	0.39	0.71	1.14	2.00	2.64	4.40	7.25	10.3	15.7	24.5	35.3	67.2	105	150	212	261
		R_1	5415	3621	2634	1821	1523	1092	793	634	485	366	291	195	148	119	96	84
		R_2	7531	4940	3545	2415	2006	1421	1021	811	615	461	364	241	182	145	117	103
2201	2.1	L	0.41	0.74	1.20	2.10	2.77	4.62	7.61	10.8	16.5	25.7	37.0	70.6	110	157	223	274
		R_1	5960	3985	2899	2004	1676	1202	872	698	534	403	320	214	162	131	105	93
		R_2	8297	5443	3905	2660	2210	1566	1124	893	678	508	401	266	200	160	129	113
2416	2.2	L	0.43	0.78	1.26	2.20	2.90	4.85	7.98	11.3	17.3	27.0	38.8	73.9	116	165	234	287
		R_1	6531	4367	3177	2196	1837	1317	956	765	585	441	351	235	178	143	115	102
		R_2	9099	5969	4283	2918	2423	1717	1233	979	744	557	440	292	219	176	141	124
2640	2.3	L	0.45	0.81	1.31	2.30	3.03	5.07	8.34	11.8	18.0	28.2	40.6	77.3	121	172	244	300
		R_1	7128	4766	3468	2397	2005	1437	1043	835	639	482	383	256	194	156	126	111
		R_2	9939	6520	4678	3187	2647	1875	1347	1070	812	608	481	318	240	192	154	135
2875	2.4	L	0.47	0.85	1.37	2.40	3.16	5.29	8.70	12.4	18.8	29.4	42.3	80.6	126	180	255	313
		R_1	7751	5183	3771	2607	2180	1563	1135	907	694	524	417	279	211	170	137	121
		R_2	10816	7096	5091	3468	2881	2041	1466	1164	884	662	523	347	261	209	168	147
3119	2.5	L	0.49	0.89	1.43	2.51	3.29	5.51	9.06	12.9	19.6	30.6	44.1	84.0	131	187	265	326
		R_1	8400	5617	4087	2825	2363	1694	1230	984	753	568	452	302	229	184	149	131
		R_2	11730	7695	5522	3761	3124	2214	1590	1263	959	718	567	376	283	226	182	160

动压 P_d (Pa)	水流速 v (m/s)		公称管径 DN(mm) L—流量(L/s) R_1, R_2—每米长水管的摩擦阻力(Pa/m)															
			15	20	25	32	40	50	65	80	100	125	150	200	250	300	350	400
3374	2.6	L	0.51	0.92	1.49	2.61	3.43	5.73	9.43	13.4	20.4	31.9	45.9	87.3	137	195	276	339
		R_1	9075	6069	4415	3052	2553	1830	1329	1063	813	614	488	327	247	199	161	141
		R_2	12681	8319	5969	4066	3377	2393	1719	1365	1036	776	613	406	306	245	196	173
3639	2.7	L	0.53	0.96	1.54	2.71	3.56	5.95	9.79	13.9	21.2	33.1	47.6	90.7	142	202	287	352
		R_1	9776	6538	4756	3288	2750	1972	1431	1145	876	661	526	352	266	214	173	152
		R_2	13669	8968	6434	4383	3641	2580	1853	1471	1117	836	661	438	330	264	212	186
3913	2.8	L	0.54	0.99	1.60	2.81	3.69	6.17	10.2	14.4	22.0	34.3	49.4	94.1	147	210	297	365
		R_1	10504	7024	5110	3533	2955	2118	1538	1230	94.1	710	565	378	286	230	186	164
		R_2	14695	9640	6917	4712	3914	2773	1992	1582	1201	899	711	471	354	284	228	200
4198	2.9	L	0.56	1.03	1.66	2.91	3.82	6.39	10.5	14.9	22.7	35.5	51.2	97.4	153	217	308	378
		R_1	11257	7528	5477	3786	3167	2270	1648	1318	1009	761	605	405	307	247	199	175
		R_2	15757	1033	7417	5052	4197	2973	2136	1696	1288	964	762	505	380	304	244	215
4492	3.0	L	0.58	1.06	1.71	3.01	3.95	6.61	10.9	15.4	23.5	36.8	52.9	101	158	225	319	392
		R_1	12037	8049	5856	4049	3386	2428	1762	1409	1079	814	647	433	328	264	213	188
		R_2	16856	11058	7934	5405	4489	3181	2285	1815	1378	1031	815	540	406	325	261	230

附录 16-2 水管路计算图

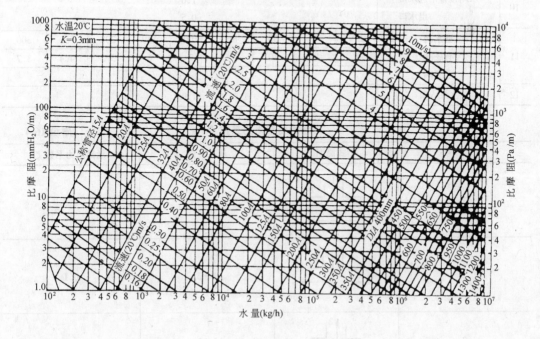

序号	名　称	局部阻力系数 ζ						
1	截止阀　普通型	4.3~6.1						
	斜柄型	2.5						
	直通型	0.6						
2	止回阀　升降式	7.5						
	旋启式	DN	150		200		250	300
		ζ	6.5		5.5		4.5	3.5
3	蝶阀	0.1~0.3						
4	闸阀	DN	15	20~50	80	100	150	200~250	300~450
		ζ	1.5	0.5	0.4	0.2	0.1	0.08	0.07
5	旋塞阀	0.05						
6	变径管　缩小	0.10						
	扩大	0.30						
7	普通弯头　90°	0.30						
	45°	0.15						
8	焊接弯头	DN	80	100	150	200	250	300
	90°	ζ	0.51	0.63	0.72	0.72	0.87	0.78
	45°	ζ	0.26	0.32	0.36	0.36	0.44	0.39
9	弯管(煨弯)90°	$\dfrac{d}{R}$	0.5	1.0	1.5	2.0	3.0	4.0	5.0
	(R—曲率半径;d—管径)	ζ	1.2	0.8	0.6	0.48	0.36	0.30	0.29
10	水箱接管　进水口	1.0						
	出水口	0.5						
11	滤水网	DN	40	50	80	100	150	200	250	300
	有底阀	ζ	12	10	8.5	7	6	5.2	4.4	3.7
	无底阀	2~3						
12	水泵入口	1.0						

序　号	型式简图	流　向	局部阻力系数 ζ
1		2→3	1.5
2		1→3	0.1
3		1→2	1.5

序　号	型式简图	流　向	局部阻力系数 ζ
4		1→3	0.1
5		$\frac{1}{3}$→2	3.0
6		2→$\frac{1}{3}$	1.5
7		2→3	0.5
8		3→2	1.0
9		2→1	3.0
10		3→1	0.1

参 考 文 献

1. 范惠民主编．通风与空气调节工程．北京：中国建筑工业出版社，1993
2. 孙一坚主编．工业通风．第三版．北京：中国建筑工业出版社，1994
3. 陆耀庆主编．供暖通风设计手册．北京：中国建筑工业出版社，1987
4. 苏汝维等编．工业通风与防尘工程学．北京：北京经济学院出版社，1990
5. 孙一坚主编．简明通风设计手册．北京：中国建筑工业出版社，1997
6. 陆耀庆主编．实用供热空调设计手册．北京：中国建筑工业出版社，1993
7. 龚崇实、王福祥主编．通风空调工程安装手册．北京：中国建筑工业出版社，1989
8. 中华人民共和国国家标准：采暖通风与空气调节设计规范（GBJ 19—87）．北京：中国计划出版社，1989
9. 建设部建筑设计院编著，顾兴鋆主编．民用建筑暖通空调设计技术措施．第二版．北京：中国建筑工业出版社，1996
10. 何耀东主编．暖通空调制图与设计施工规范应用手册．北京：中国建筑工业出版社，1999
11. 冯永芳编著．实用通风空调风道计算法．北京：中国建筑工业出版社，1995
12. 电子工业部第十设计研究院主编．空气调节设计手册．第二版．北京：中国建筑工业出版社，1995
13. 赵荣义、范存养、薛殿华、钱以明编．空气调节．第三版．北京：中国建筑工业出版社，1994
14. 单寄平主编．空调负荷实用计算法．北京：中国建筑工业出版社，1989
15. 赵荣义主编．简明空调设计手册．北京：中国建筑工业出版社，1998
16. 邢振禧主编．空气调节技术．北京：中国商业出版社，1997
17. 何耀东、何青主编．中央空调．北京：冶金工业出版社，1998
18. 廖传善、叶振猷、卢紫珊编著．空调设备与系统节能控制．北京：中国建筑工业出版社，1984
19. 钱以明编著．高层建筑空调与节能．上海：上海同济大学出版社，1990
20. 黄素逸、林秀诚、叶志瑾编著．采暖空调制冷手册．北京：机械工业出版社，1997
21. 刘锦梁主编．简明建筑设备设计手册．北京：中国建筑工业出版社，1991
22. 北京制冷学会《制冷与空调设备手册》编辑委员会编．制冷与空调设备手册（第二部分）．北京：国防工业出版社，1987
23. 周谟仁主编．流体力学泵与风机．第二版．北京：中国建筑工业出版社，1985
24. ［苏］Б.М. 托尔戈弗尼科夫等编著，利光裕、宋云耀译．工业通风设计手册．北京：中国建筑工业出版社，1987
25. 中华人民共和国国家标准．建筑设计防火规范（GBJ 16—87）．北京：中国计划出版社，1989